AF566587

von Senger

Moulüe – Supraplanung

Harro von Senger

Moulüe – Supraplanung

Unerkannte Denkhorizonte
aus dem Reich der Mitte

3., aktualisierte Auflage

HANSER

Print-ISBN: 978-3-446-47334-8
E-Book-ISBN: 978-3-446-47740-7

Bibliografische Information der Deutschen Nationalbibliothek:
Die Deutsche Nationalbibliothek verzeichnet diese Publikation in der Deutschen Nationalbibliografie; detaillierte bibliografische Daten sind im Internet unter http://dnb.d-nb.de abrufbar.

www.hanser-fachbuch.de
Lektorat: Lisa Hoffmann-Bäuml
Herstellung: Carolin Benedix
Covergestaltung: Max Kostopoulos
Titelmotiv: © Büro plan.it, München, Stephan Rönigk und Max Kostopoulos
Satz: Eberl & Koesel Studio, Kempten
Druck: Hubert & Co – eine Marke der Esser bookSolutions GmbH, Göttingen
Printed in Germany

Vorwort zur dritten Auflage von „Moulüe – Supraplanung“

Überschrift: Marx entdeckte das Entwicklungsgesetz der menschlichen Geschichte
Von unten nach oben:
Im Rechteck: die Menschen müssen vor allen Dingen zuerst essen, trinken, wohnen und sich kleiden
Im Oval: ehe sie Politik, Wissenschaft, Kunst, Religion usw. treiben können
Bild: Karl Marx
Das vollständige Zitat findet sich auf S. XIII f.
Das Schaubild stammt aus dem Webportal, abrufbar unter:
http://www.12371.cn/special/jjmks/dsjj/, a.a. 18.09.2023.

[Wir] erläutern Dir Marx[3]

Das gesamte Bild sehen

Es sei „zwingend geboten, das gesamte Bild zu sehen“. Das sagte der Bundeswirtschaftsminister Robert Habeck (Bündnis 90/Die Grünen) bei der Begründung des Verbots der Übernahmen von deutschen Chip-Fertigungen durch chinesische Investoren. „Und das gesamte Bild heißt, dass wir unsere kritische Infrastruktur in verschiedenen Produktionsbereichen besser schützen müssen“, fügte Habeck hinzu.[1]

Die Mainstream-Chinaberichterstattung ist gekennzeichnet durch Eintagsfliegen-Journalismus, der sich auf Tagesereignisse konzentriert, und einen Tunnelblick, der nur kleine Ausschnitte des sich über China spannenden Himmels wahrnimmt. Angesichts dessen ist die Aussage Habecks lobenswert. Nur sollte nicht nur „das gesamte Bild“ Deutschlands, sondern auch jenes der Volksrepublik China (VR China) erfasst werden.

Zu dem „gesamten Bild“ gehört die Kenntnis des einzigartigen chinesischen Konzepts der Wirklichkeitsgestaltung namens „Moulüe – Supraplanung“ und des Sinomarxismus. Man sollte auch ein „gesamtes Bild“ von den Menschrechten haben und in diesem Zusammenhang von einschlägigen Dokumenten der Vereinten Nationen[2] sowie vom angeblich durch und durch liberalen und demokratischen Westen, der sich als Alternative zur VR China sieht. Auf all diese Aspekte gehe ich in der dritten Auflage von „Moulüe – Supraplanung. Unerkannte Denkhorizonte aus dem Reich der Mitte“ ein. Im vorliegenden Buch wird versucht, zumindest annähernd ein „gesamtes Bild“ dieses Landes zu zeichnen. Es werden Aspekte der Politik der VR China eingeführt, die im Westen unerkannt geblieben sind.

China nicht nur wahrnehmen, wie es ist, sondern auch, wie es sein soll

Zunächst ist auf zwei Arten der Chinawahrnehmung hinzuweisen. Die phänomenologische Betrachtung findet einzelne Bäume interessant, sieht aber nicht den Wald. Sie konzentriert sich auf Einzelereignisse, die als bemerkenswert empfunden werden. Solche Einzelereignisse waren im November 2022 die Proteste in China gegen die restriktive Null-Covid-Politik. Sie wurden hierzulande ausgiebig kommentiert.[4] Immer wieder kommt es in der VR China zu Protesten. Mehrere Zehntausend „Massenvorfälle", wie die Propaganda sie nennt, kommen in China jedes Jahr vor. Demonstrationen wegen Umweltverschmutzung etwa, weil eine Fabrik Chemikalien in einen Fluss leitet. Proteste gegen einen korrupten Dorfobersten, der in die Stadtkasse greift.[5]

Im vorliegenden Buch werden, wie schon in dessen erster und zweiter Auflage, die phänomenologische mit der normativwissenschaftlichen Betrachtungsweise kombiniert, was dazu beiträgt, ein „gesamtes Bild" zu zeichnen. Die normativwissenschaftliche Betrachtung blickt nicht allein auf das Bild, das die VR China aufgrund von Einzelereignissen darbietet, sondern weitet den Blick auf die in offiziellen Dokumenten ersichtliche amtliche Darstellung der Lage in der VR China aus. Das wichtigste chinesische Dokument, nämlich die Satzung der Kommunistischen Partei Chinas (KPCh), dokumentierte bereits 2017 die Unzufriedenheit der chinesischen Bevölkerung. Davon berichtete ich 2018 in der zweiten Auflage dieses Buches im Abschnitt „Laut der KPCh hat das chinesische Volk derzeit kein schönes und gutes Leben."[6] Aufgrund dieser vom höchsten chinesischen Führungsorgan, der KPCh, publizierten Einschätzung konnte man seit 2018 voraussehen, dass es immer wieder wegen irgendwelcher

Missstände zu öffentlichen Protesten kommen werde. Unmutsbekundungen der Bevölkerung wie die Aussage „Unser Leben fühlt sich schrecklich an“[7] sind Symptome eines von der KPCh offen und transparent eingestandenen grundlegenden unbefriedigenden Zustands der VR China, der noch lange nicht behoben sein wird, nämlich des nicht schönen und nicht guten Lebens der chinesischen Bevölkerung.

Ein chinesisches Konzept der Zukunftsgestaltung außerhalb westlicher Denkhorizonte

„China ist eines der Länder mit der längsten Geschichte in der Welt.“ Mit diesem Satz beginnt die Verfassung der VR China vom 11.03.2018. Immer wieder, so in seiner Rede am 13.03.2023 an der Schlusssitzung des 14. Nationalen Volkskongresses, spricht Xi Jinping, der Generalsekretär der KPCh und Präsident der VR China, von der über 5000-jährigen chinesischen Zivilisation.[8] Zum „gesamten Bild“, das zu sehen „zwingend geboten ist“, gehört die mehrtausendjährige Geschichte Chinas. Diese beeinflusst ohne offizielles Zutun untergründig das Denken und Handeln in der VR China. Dazu kommt, dass die chinesische Kultur der vormodernen Zeit von der KPCh gemäß der Polaritätsnorm[9] „Altes für die Gegenwart nutzbar machen“[10] als Schatztruhe betrachtet wird, die wertvolle Anregungen für die Lösung von Problemen der Gegenwart und kostbare Erfahrungen mit Bezug auf schlechtes Regieren bereithält. Eine im Westen infolge vorherrschender gegenwartszentrierter Froschperspektive unerkannte geistige Ressource aus der chinesischen Antike ist das einzigartige chinesische Konzept der Wirklichkeitsgestaltung

„Moulüe - Supraplanung" unter Einschluss der chinesischen Kunst der List. So kommt im amerikanischen „2020 China Military Power Report"[11] das ganz im westlichen Militärdenken verharrende Wort „strategy" 146 Mal vor, das chinesisches Denken widerspiegelnde Wort „Moulüe" aber nicht ein einziges Mal.

Der „Moulüe - Supraplanung" und der chinesischen Kunst der List sind zwei Kapitel gewidmet, die praktisch unverändert aus der zweiten Auflage übernommen werden konnten.

Der hierzulande unbekannte deutsche Exportschlager Nr. 1 in der VR China

„China will Weltmacht werden, aber Marxismus ist das schon lange nicht mehr. China ist eine gewöhnliche Ein-Parteien-Diktatur [...]."[12] In dieser oder ähnlicher Weise wird im Westen der in der VR China praktizierte Marxismus, den ich Sinomarxismus nenne, als inexistent hingestellt. Dieser unerkannten Doktrin widme ich ein Kapitel, das ich, wenn auch unter Berücksichtigung neuester Entwicklungen, weitgehend unverändert aus der zweiten Auflage übernehmen konnte. Der Sinomarxismus besteht aus dem Marxismus-Leninismus, ergänzt durch Beiträge von fünf Chinesen, angefangen mit den Mao-Zedong-Ideen, gefolgt von der Deng-Xiaoping-Theorie sowie je einem Beitrag des Generalsekretärs der KPCh (1989 - 2002) Jiang Zemin und des KPCh-Generalsekretärs (2002 - 2012) Hu Jintao sowie mit den Xi-Jinping-Gedanken als Schlusslicht.

Satzung der Kommunistischen Partei Chinas vom 24.10.2017

„Die Kommunistische Partei Chinas betrachtet den **Marxismus-Leninismus**, die Mao-Zedong-Ideen [seit 1945], die Deng-Xiaoping-Theorie [seit 1997], die wichtigen Ideen des ‚Dreifachen Vertretens [seit 2002], das wissenschaftliche Entwicklungskonzept [seit 2012] und die Xi-Jinping-Gedanken über den Sozialismus chinesischer Prägung für eine neue Ära [seit 2017] **als die Richtschnur ihres Handelns.**“

„Marx ist wieder da“ wird in einer Titelzeile der Neuen Zürcher Zeitung behauptet.[13] Der zugehörige Artikel richtet den Blick allein auf den Westen. Aber in der VR China war der Marxismus seit Maos Tod (09.09.1976) ununterbrochen „da“ und wurde die in einer Titelgeschichte des Spiegels gestellte Frage „Hatte Marx doch recht?“[14] seit jeher bejaht. Jahrzehntelang wurde der Sinomarxismus aber im Westen ignoriert.

Ignoriert wird er in Deutschland, dem Ursprungsland des Marxismus, auch noch im Jahr 2023. Wie in anderen westlichen Staaten wird auch in Deutschland die „systemische Rivalität mit China“ (China-Str 23, S. 8, 10, 11, 16, 34) hervorgehoben. Zwar wird das deutsche System als durch Offenheit gekennzeichnete „freiheitlich-demokratische Grundordnung“ (a.a.O., S. 11, 43) charakterisiert. Ein einziges Mal erfährt man etwas über das System der VR China: „Die systemische Rivalität zeigt sich darin, dass Deutschland und China in wichtigen Bereichen unterschiedliche Vorstellungen über die Prinzipien der internationalen Ordnung haben. Mit Sorge betrachtet die Bundesregierung Bestrebungen Chinas, die internationale Ordnung entlang der Interessen seines Einparteiensystems zu beeinflussen und dabei auch Grundfesten der regelbasierten Ordnung, wie bspw. die Stellung der Menschenrechte, zu relativieren“ (a.a.O., S. 10). Das ist eine unausgewogene Gegenüberstellung der beiden Systeme.

Denn von Deutschland wird nicht gesagt, es beeinflusse die internationale Ordnung entlang der Interessen seines Mehrparteiensystems. Während sich Deutschland an einer freiheitlich-demokratischen Grundordnung ausrichtet, versucht China angeblich einzig und allein „entlang der Interessen seines Einparteiensystems“ die internationale Ordnung zu beeinflussen und die Grundfesten der regelbasierten Ordnung, wie bspw. die Stellung der Menschenrechte, zu relativieren. Bei Stellungnahmen zu internationalen Fragen und bei Abstimmungen in der UNO hat die VR China angeblich nur eines im Sinn: die Interessen des Einparteienstaates. Wenn also die VR China am 16.12.2021 in der UNO-Vollversammlung für die Resolution A/RES/76/149 „Bekämpfung der Verherrlichung des Nazismus, des Neonazismus und anderer Praktiken, die dazu beitragen, zeitgenössische Formen von Rassismus, Rassendiskriminierung, Fremdenfeindlichkeit und damit verbundener Intoleranz zu schüren“[15] stimmte, dann geschah dies laut deutscher China-Strategie einzig und allein „entlang den Interessen des Einparteienstaates“!

Besagte Resolution wurde übrigens nur von zwei Staaten abgelehnt, von den USA und der Ukraine. Deutschland und die Schweiz übten Stimmenthaltung. Will man der deutschen China-Strategie Glauben schenken, befürwortete China – im Gegensatz zu Deutschland, das „Nein“ stimmte – am 07.03.2023 einzig und allein „entlang den Interessen des Einparteienstaates“ im UNO-Menschenrechtsrat die mit 30 gegen 12 Stimmen bei 5 Enthaltungen angenommenen Resolution A/HRC/53/L.26 betreffend den „Beitrag der Entwicklung zum Genuss aller Menschenrechte“.[16]

Die Schmalspurbeschreibung des Systems der VR China in der deutschen China-Strategie liefert keine Antwort auf die Frage, gestützt auf was für Denkmuster Führungskräfte der VR China tatsächlich „unterschiedliche Vorstellungen über die Prinzipien der internationalen Ordnung haben“ (China-

Str 23, S. 10) und westliche Vorstellungen von einer regelbasierten Ordnung sowie westliche Menschenrechtskonzepte in Zweifel ziehen. Dass die VR China auf einer sinomarxistischen Grundordnung beruht, die idealtypisch und sehr oft ganz real das Denken und Planen der chinesischen Führungskräfte beeinflusst, scheint in den Kreisen, die die deutsche China-Strategie konzipiert haben, unbekannt zu sein. Laut dieser Strategie ist China ein Land ohne Marxismus, ja ohne irgendeine Ideologie. Und laut der deutschen China-Strategie spielt auch die Supraplanung einschließlich der chinesischen Kunst der List keine Rolle in der VR China.

Nach dem 20. Parteitag der KPCh (16. bis 22.10.2022) veröffentlichte Kevin Rudd, eine „globale Autorität in Sachen China"[17], einen Beitrag mit dem Titel „Die Rückkehr von Rotchina. Xi Jinping bringt den Marxismus zurück."[18] Das ist Eintagsfliegen-Journalismus. Xi Jinping bringt den Marxismus nicht zurück. In einem mehrfach preisgekrönten[19] Buch mit dem Titel „Maoismus", das *Die Zeit* am 27.04.2023 auf der Sachbuch-Bestsellerliste auf Platz 1 stellte (S. 52), ist von „der heutigen partiellen Wiederbelebung des Maoismus" in der VR China die Rede.[20] Eine solche Aussage zeugt von einem Tunnelblick nur gerade auf den Beitrag Maos zum chinesischen Marxismus. In Wirklichkeit dominierte der Marxismus in Gestalt des nicht bloß aus dem „Maoismus"[21] bestehenden Sinomarxismus nach dem Tode Maos ununterbrochen die gesamte Politik der VR China. Das habe ich bereits in der ersten Auflage dieses Buches (SP 2008, S. 57 ff.) und in dessen zweiten Auflage (SP 2018, S. 105 ff.) aufgezeigt und schon seit 1978 immer wieder in Zeitungsartikeln und Büchern dargelegt.[22]

So kann ich in dieser dritten Auflage meine Ausführungen über den Sinomarxismus aus der zweiten Auflage vollumfänglich aufrechterhalten. Seit 2018 sind in dieser Hinsicht keine wesentlichen Veränderungen zu verzeichnen.

Ein Hauptinhalt der Xi-Jinping-Gedanken ist die unaufhörliche Lobpreisung des Marxismus.

> So rühmte Xi Jinping 14 Mal den Marxismus am 16. Oktober 2022 in seiner Ansprache vor dem 20. Parteitag der KPCh. Seine eigenen Gedanken waren ihm 6 Erwähnungen, die Mao-Zedong-Ideen und die Deng-Xiaoping-Theorie gar nur je einen Hinweis wert (Bericht 2022). Ständig hebt Xi Jinping den Marxismus hervor. In einer Rede auf einer Gedenkveranstaltung zum 120. Geburtstag Mao Zedongs (26.12.2013) sagte Xi Jinping: „Die arxistischen Grundsätze stellen eine universale Wahrheit dar und sind Gedankengut von ewigem Wert."[23] An der Gedenkfeier zum 200. Geburtstag von Karl Marx rühmte im Mai 2018 Xi Jinping Karl Marx in einer Weise, in der er über Konfuzius nie gesprochen hat: „Heute gedenken wir Marx, um dem größten Denker der Menschheitsgeschichte Tribut zu zollen und auch unseren festen Glauben an die wissenschaftliche Wahrheit des Marxismus zu bekunden"[24].

An was für einer wissenschaftlichen Wahrheit des Marxismus dürfte Xi Jinping einen festen Glauben haben? In erster Linie wohl an das von Marx entdeckte „Entwicklungsgesetz der menschlichen Geschichte" (s. S. V):

> „Wie Darwin das Gesetz der Entwicklung der organischen Natur, so entdeckte Marx das Entwicklungsgesetz der menschlichen Geschichte: die bisher unter ideologischen Überwucherungen verdeckte einfache Tatsache, dass die Menschen vor allen Dingen zuerst essen, trinken, wohnen und sich kleiden müssen, ehe sie Politik, Wissenschaft, Kunst, Religion usw. treiben können; dass also die Produktion der unmittelbaren materiellen Lebensmittel und damit die jedesmalige ökonomische Entwicklungsstufe eines Volkes oder eines Zeitabschnitts die Grundlage bildet, aus der sich die Staatseinrichtungen, die Rechtsanschauungen,

> die Kunst und selbst die religiösen Vorstellungen der betreffenden Menschen entwickelt haben.“[25]

Diese Worte von Friedrich Engels zitierte Xi Jinping beispielsweise am 15.01.2020 in einem Vortrag über den Sinomarxismus.[26]

Die Hochachtung für den Marxismus in der VR China beginnt nicht erst unter Xi Jinping.[27] So sagte der Vor-Vor-Vorgänger von Xi Jinping, der KPCh-Generalsekretär Hu Yaobang (1915–1989) im Jahr 1983:

> „Heute versammeln wir uns zu dieser feierlichen Kundgebung zum 100. Todestag von Karl Marx, der hervorragendste Revolutionär und Wissenschaftler in der Geschichte der Menschheit, der große Lehrer des Proletariats und aller ausgebeuteten und unterdrückten Volksmassen der Welt und der Begründer des wissenschaftlichen Kommunismus. Karl Marx war ein Deutscher […].“[28]

Diese Feststellung drängt sich auf: Der deutsche Exportschlager Nr. 1 in der VR China ist nicht etwa Volkswagen, sondern der Marxismus. Damit setzt man sich im Heimatland von Karl Marx nicht auseinander. Man verschließt davor die Augen, mit Aussagen wie jener des berühmten deutschen Philosophen Peter Sloterdijk: „Deutschland ist, als Heimat von Karl Marx, die grösste Exportnation für Irrtümer, die die Welt bewegten.“[29]

Gegenteiliger Meinung war der angeblich „grosse Pragmatiker“[30] Deng Xiaoping (1904–1997). Er formulierte 1979 die vier grundlegenden Prinzipien[31], die bis heute in der Satzung der KPCh und in der Verfassung der VR China verankert sind, darunter das Prinzip: „Festhalten am Marxismus-Leninismus“ (siehe Abschnitt 2.8).

Das im Westen unerkannte Zentralanliegen der VR China

Die überragende Rolle des Marxismus hat zur Folge, dass auf absehbare Zeit nicht etwa Geopolitik, die Rivalität mit den USA, das Streben nach Weltherrschaft oder die weltweite Verbreitung des Einparteiensystems, sondern der innerchinesische Wirtschaftsaufbau das Zentralanliegen ist.[32] Kein Wunder, dass in der Satzung der KPCh vom Oktober 2022 wie schon in früheren Satzungen betont wird: „Bei der Führung der sozialistischen Sache muss die KPCh daran festhalten, den Wirtschaftsaufbau als Mittelpunkt zu betrachten, alle anderen Arbeiten [im Rahmen der Innen- und Außenpolitik] müssen diesem Mittelpunkt untergeordnet sein und ihm dienen."

Weil genau nach dieser marxistischen wirtschaftszentrierten Sichtweise Jahrzehnte lang Politik betrieben wurde, löste die VR China im Jahr 2011 Japan als zweitgrößte Wirtschaftsmacht der Welt ab.[33] Aber die Totalfokussierung auf den Wirtschaftsaufbau ging auf Kosten beispielsweise der Umwelt. Das wurde schon seit Längerem u. a. in Karikaturen gebrandmarkt.

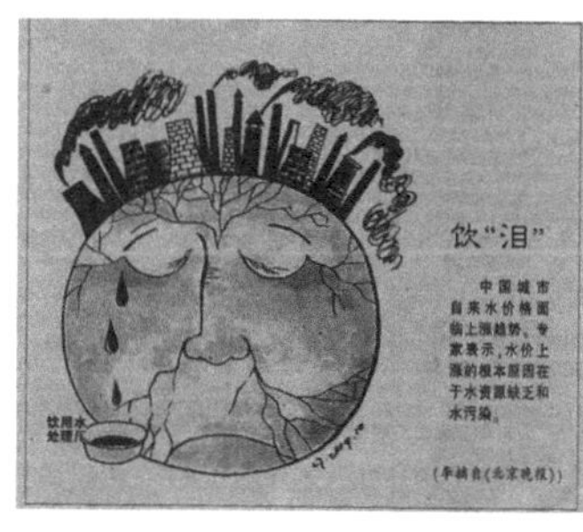

[Die Erde] trinkt „Tränen", aus: *Gongren Ribao* (Arbeiter-Tageszeitung), Beijing, 31. 10. 2009, S. 7

Zudem steht China, was das Einkommen chinesischer Individuen angeht, keineswegs gut da. Zwar wurden über 700 Millionen Menschen aus der absoluten Armut befreit.[34] Aber 600 Millionen Arme verfügen nur über ca. 140 US-Dollar Monatseinkommen (Ministerpräsident Li Keqiang, Mai 2020)[35]. Daher besteht der 2017 festgelegte und vom 20. Parteitag 2022 nicht angetastete Hauptwiderspruch weiterhin im „Widerspruch zwischen den wachsenden Bedürfnissen des Volkes nach einem schönen und guten Leben und der unausgewogenen und ungenügenden Entwicklung“.

Die Kommunistische Partei Chinas vermittelt ein keineswegs rosiges Bild von der VR China

Haupttitel: Unausgewogen
Untertitel: Die chinesischen Wirtschaftsreformen sollten auf einen Gleichschritt von Geschwindigkeit und Qualität des Wirtschaftswachstums hinzielen
Schriftzug auf dem rechten dünnen Bein: Qualität
Schriftzeug auf dem linken dicken Bein: Geschwindigkeit
Schriftzug auf dem Leibchen: GDP
Aus: *RRH*, 11.11.2014, S. 3

Indirekt gibt die KPCh zu, dass das Leben des Volkes nicht schön und gut, also ziemlich miserabel ist. Der Weg zu einem „schönen und guten Leben“ wird jedoch nach marxistischer Art in erster Linie wirtschaftlich gesehen. Zwar werden Belange wie Umweltschutz etc. jetzt auch ernst genommen.

Aber der aus dem Buch des Meisters Guan (ca. 400 – 300 v. u. Z.) stammende, die über 2000 Jahre später von Bertolt Brecht formulierte Sentenz „Erst das Fressen, dann die Moral" vorwegnehmende, auch schon von Xi Jinping zitierte[36] Ausspruch „Sind die Speicher voll, dann kennt man die Moral und die Etikette, hat man genügend Kleidung und Nahrung, dann weiß man, was ehrenhaft und beschämend ist" dürfte weiterhin die Innen- und Außenpolitik Chinas dominieren.

Im Vordergrund steht die auf jahrzehntelangen mühseligen Erkundungen beruhende Beschreibung chinesischer Sachverhalte, nicht deren Bewertung

Auf diese hier skizzierten Aspekte wurde schon in der ersten und zweiten und wird in der vorliegenden dritten Auflage dieses Buches ausführlich eingegangen, und zwar deskriptiv. Mit Werturteilen halte ich mich zurück. Werturteile abzugeben ist vergleichsweise einfach. Zum Beispiel lässt sich leicht sagen, eine Kommunistische Partei sei auf jeden Fall schlecht und Marxismus sei von Übel. Aber herauszufinden, wie die KPCh 1400 Millionen Menschen führt und wie Marxismus in der VR China verstanden und gehandhabt wird, ist schwierig und zeitraubend. Mein Part ist es zu beschreiben, was ich bezüglich der VR China im Laufe vieler Jahrzehnte und ausgerüstet mit soliden chinesischen Sprachkenntnissen in Wort und Schrift herausgefunden habe. Den von mir als mündig betrachteten Leserinnen und Lesern bleibt es überlassen, das von mir Beschriebene zu benoten.

Die Wiedergabe der Bilder ist nicht perfekt, aber sie mögen trotzdem zum Verständnis des Textes beitragen.

Rechtsanwalt Dr.iur. Dr.phil. Harro von Senger, Prof. im Ruhestand der Universität Freiburg i. Br., Fachbereich Sinologie

Willerzell, 01. 08. 2023

Anmerkungen

1 ELMOS SEMICONDUCTOR SE (ELG): „Habeck nennt Sicherheitsbedenken als Grund für blockierte Übernahmen“, 09.11.2022, https://ch.marketscreener.com/kurs/aktie/ELMOS-SEMICONDUCTOR-SE-3877801/news/Habeck-nennt-Sicherheitsbedenken-als-Grund-fur-blockierte-Ubernahmen-42254748/, a. a. 25.03.2023.

2 Siehe hierzu Harro von Senger: „The Impact of International Human Rights Law in China“, in: Mauro Bussani, Lukas Heckendorn Urscheler (Hg.): *Comparisons in Legal Development. The Impact of Foreign and International Law on National Legal Systems*, Schulthess Juristische Medien AG, Zürich 2016, S. 105 – 130.

3 „共产党员网_中共中央组织部“ (Mitgliedsnetzwerk der Kommunistischen Partei), Organisationsabteilung des Zentralkomitees der KPCh, *http://www.12371.cn/special/jjmks/dsjj/*, a. a. 14.09.2023.

4 28. November 2022: „Die internationale Presseschau. Einziges Thema in dieser Ausgabe sind die Proteste in China gegen die restriktive Null-Covid-Politik von Präsident Xi Jinping“, *https://www.deutschlandfunk.de/die-internationale-presseschau-6812.html*; Francis Pike: „Aufruhr in China. Xi Jinping hat deutlich gemacht, dass er die Kommunistische Partei fest im Griff hat“, in: *Die Weltwoche*, 01.12.2022, S. 8.

5 Georg Fahrion, Christoph Giesen, Bernhard Zand: „Das Dilemma des Xi Jinping“, in: *Der Spiegel*, Nr. 49/2022, S. 141.

6 Harro von Senger: *Moulüe – Supraplanung*, 2. Aufl., München 2018, S. 160 ff.; im vorliegenden Buch Abschnitt 2.29.

7 Florian Müller, Lea Sahay: „‚Unser Leben fühlt sich schrecklich an‘. Ungleichheit in China. Während der Nationale Volkskongress über eine rosige Zukunft redet, sieht die Realität für die einfachen Chinesinnen und Chinesen anders aus. Wanderarbeiter und kleine Angestellte trifft die Krise besonders hart“, in: *TA*, 06.03.2023, S. 10.

8 Xi Jinping: „Zai di shisi jie Quanguo Renmin Daibiao Dahui di yi ci huiyi shang de jianhua“ (2023 nian 3 yue 13 ri) (Rede auf der ersten Sitzung des XIV. Nationalen Volkskongresses (13. März 2023)), *http://www.gov.cn/xinwen/2023-03/13/content_5746530.htm*, a. a. 15.03.2023.

9 Siehe Abschnitt 2.49.

10 Siehe Abschnitt 2.56.

11 „Military and Security Developments Involving the People’s Republic of China 2022. Annual Report to Congress. Pursuant to the National Defense Authorization for Fiscal Year 2000“, *https://navyleaguehonolulu.org/maritime-security/*

ewExternalFiles/2022-military-and-security-developments-involving-the-peoples-republic-of-china.pdf, *https://media.defense.gov/2020/Sep/01/2002488689/-1/-1/1/2020-DOD-CHINA-MILITARY-POWER-REPORT-FINAL.PDF*, a. a. 17.03.2023.

[12] „‚Existenzieller Kampf' gegen China", Leserbrief von Peter Bolliger, Münsingen, in: *NZZ*, 15.03.2023, S. 18.

[13] Klaus-Rüdiger Mai: „Marx ist wieder da", in: *NZZ*, 09.01.2023, S. 32, *https://www.nzz.ch/feuilleton/achtung-marx-ist-wieder-da-was-der-gruene-sozialismus-verspricht-ld.1719978*, a. a. 11.01.2023.

[14] „Hatte Marx doch recht? Warum der Kapitalismus so nicht mehr funktioniert [...]", in: *DS*, Nr. 1, 30.12.2022.

[15] „Combating glorification of Nazism, neo-Nazism and other practices that contribute to fuelling contemporary forms of racism, racial discrimination, xenophobia and related intolerance", *https://digitallibrary.un.org/record/3951466*; *https://hrcmeetings.ohchr.org/HRCSessions/RegularSessions/53/DL_Resolutions/A_HRC_53_L.26/Result%20of%20the%20vote.pdf*, a. a. 21.07.2023.

[16] Meeting Title: „HRC 53. A/HRC/53/L.26 (as orally revised) The contribution of development to the enjoyment of all human rights", Date 2023-07-14, Time 12.20, *https://hrcmeetings.ohchr.org/HRCSessions/RegularSessions/53/DL_Resolutions/A_HRC_53_L.26/Result%20of%20the%20vote.pdf*, a. a. 21.07.2023.

[17] „Kevin Rudd, ehemaliger Premierminister, Australien", *https://www.swisseconomic.ch/speakers/kevin-rudd/*, a. a. 21.07.2023.

[18] „A global authority on China", in: Kevin Rudd: *The Return of Red China Xi Jinping Brings Back Marxism*, 2022.

[19] Julia Lovell: *Maoismus*, Suhrkamp 2023, *https://www.suhrkamp.de/buch/julia-lovell-maoismus-t-9783518431160*, a. a. 03.05.2023.

[20] Julia Lovell: *Maoismus. Eine Weltgeschichte*. Aus dem Englischen von Helmut Dierlamm und Norbert Juraschitz, Suhrkamp Verlag, 2023, S. 623.

[21] Mehr zum fragwürdigen Terminus „Maoismus" in Harro von Senger, Marcel Senn (Hg.): *Maoismus oder Sinomarxismus? Rechtswissenschaftlich-sinologische Tagung an der Universität Zürich, 5. und 6. Dezember 2014*, Franz Steiner Verlag, Stuttgart 2016.

[22] Siehe: Veröffentlichungen Harro von Sengers über den Sinomarxismus, *http://www.supraplanung.ch/sinomarxismus.html*, a. a. 26.03.2023.

[23] Xi Jinping: „Den Geist der Mao-Zedong-Ideen fortführen. Rede auf einer Gedenkveranstaltung zum 120. Geburtstag Mao Zedongs" (gehalten am 26.12.2013), in: Xi Jinping: *China regieren*, Verlag für fremdsprachige Literatur, Beijing 2024, S. 32.

[24] Xi Jinping: „Zai jinian Makesi danchen 200 zhou nian dahui shang de jianghua 的讲话" (Rede auf der großen Versammlung anlässlich des 200. Geburtstags von Marx), gehalten am 4. Mai 2018 von Xi Jinping, in: *RRH*, 05.05.2018, S. 2, *http://paper.people.com.cn/rmrbhwb/html/2018-05/05/content_1852364.htm*; *http://cpc.people.com.cn/n1/2018/0505/c64094-29966415.html*, a. a. 26.03.2023.

[25] Friedrich Engels: „Das Begräbnis von Karl Marx", in: *Marx/Engels: Werke*, Band 19, Dietz Verlag, Berlin 1976, S. 335 f.; *http://www.mlwerke.de/me/me19/me19_335.htm*; „Fei ... Engesi (F. Engels): Zai Makesi mu qian de Jianghua" (Ansprache am Grab von Marx), *https://www.marxists.org/chinese/engels/mia-chinese-engels-18830317.htm*, a. a. 30.07.2023.

26 Xi Jinping: „Jianchi lishi weiwuzhuyi buduan kaipi dangdai Zhongguo Makesizhuyi fazhan xin jingjie“ (Am historischen Materialismus festhalten und unablässig neue Bereiche für die Entwicklung des zeitgenössischen Sinomarxismus erschließen), 15.01.2020, *http://www.xinhuanet.com/politics/2020-01/15/c_1125465509.htm*, a.a. 20.03.2023.

27 „Foreign Affairs“, November 9, 2022, *https://www.foreignaffairs.com/china/return-red-china?utm_medium=newsletters&utm_source=twofa&utm_campaign=The%20Return%20of%20Red%20China&utm_content=20221111&utm_term=FA%20This%20Week%20-%20112017*, a.a. 26.03.2023.

28 Hu Yaobang: *Das Licht der großen Wahrheit des Marxismus erhellt unseren Weg vorwärts. Rede anlässlich des 100. Todestags von Karl Marx*, (13. März 1983) Verlag für fremdsprachige Literatur, Beijing 1983, S. 1f.

29 Peter Sloterdijk: „Deutschland ist die grösste Exportnation für Irrtümer“, in: *NZZ*, 24.11.2022, S. 31, *nzz.ch/feuilleton/peter-sloterdijk-ueber-zeitenwende-und-weltkerklaerungen-ld.1713217*, a.a. 01.05.2023.

30 „The great pragmatist: Deng Xiaoping“, *https://www.theguardian.com/business/2008/dec/18/globaleconomy-economics*, a.a. 26.03.2023.

31 Deng Xiaoping: „An den vier grundlegenden Prinzipien festhalten (29. März 1879)“, in: Deng Xiaoping: *Ausgewählte Schriften (1975–1982)*, Verlag für fremdsprachige Literatur, Beijing 1985, S. 192ff.

32 Siehe „Ist das eigentliche Problem Europas und der USA mit China unerkannt?“, *http://www.supraplanung.ch/pdf/us-fehleinschaetzungen-dervrch.pdf*, a.a. 30.04.2023.

33 Manager Magazin: „China löst Japan als zweitgrößte Kraft ab“, 14.02.2020, *https://www.manager-magazin.de/politik/weltwirtschaft/a-745374.html*, a.a. 26.03.2023.

34 „China jetzt ohne extreme Armut“, 17. April 2021, *https://www.heise.de/tp/features/China-jetzt-ohne-extreme-Armut-6018707.html?seite=all*, a.a. 26.03.2023.

35 „Zenme kan ‚6 yi ren mei yue shouru 1000 yuan‘“ (Welche Sichtweise ist angesagt angesichts der Meldung, dass „600 Millionen Menschen 1000 Yuan pro Monat verdienen“, 22.06.2020, *http://www.xinhuanet.com/politics/2020-06/22/c_1126144559.htm*, a.a. 26.03.2023; „China has over 600 million poor with $140 monthly income: Premier Li Keqiang“, May 28, 2020, *https://www.cnbctv18.com/economy/china-has-over-600-million-poor-with-140-monthly-income-premier-li-keqiang-6024341.htm*, a.a. 26.03.2023.

36 „Xi Jinping ‚dian‘ liang quan renlei gontong jiazhi. Canglin shi er zhi lijie, yi shi zu er zhi rongru“ (Xi Jinping stellt gemeinsame Werte der Menschheit ins Rampenlicht. Sind die Speicher voll, dann kennt man die Riten und die Etikette, hat man genügend Kleidung und Nahrung, dann weiß man, was ehrenhaft und beschämend ist), *https://news.cctv.com/2022/06/27/ARTI6kqGMvb7hBQYHnyNB57D220626.shtml*, a.a. 26.03.2023. Das Zitat stammt aus dem 1. Kapitel in: Teng Xincai, Rong Tingjin (Übersetzung und Kommentare): *Guan Zi Baihua Jin Yi* ([Das Buch des] Meisters Guan in moderner [chinesischer] Übersetzung), Zhonghua Shuju, Beijing 1994, S. 1 und 6.

Inhalt

Einleitung

Alle drei im Westen unerkannten Denkhorizonte aus dem Reich der Mitte, die ich in der ersten Auflage dieses Buches (Carl Hanser Verlag, München 2008) geschildert habe und auch in dieser Auflage vorstelle, sind 2023, also 15 Jahre später, innerhalb der VR China so aktuell wie im Westen unerkannt. Was die VR China angeht, so wurden inzwischen von höchster Stelle die Existenz und die Wichtigkeit der drei Denkhorizonte bestätigt.

Schrieb ich 2008 in der ersten Auflage, das Wort „Moulüe" („Supraplanung") „habe ich in einem offiziellen chinesischen Dokument noch nie vorgefunden",[1] so kann ich im Jahr 2023 in der vorliegenden Ausgabe zwei Aussagen Xi Jinpings, des chinesischen Staatspräsidenten, Generalsekretärs der KPCh und Oberbefehlshabers der Streitkräfte, zitieren, in denen er „Moulüe" hervorhebt. Habe ich in der Ausgabe von 2008 in allgemeinen Worten die Bedeutung der 36 Strategeme hervorgehoben,[2] so kann ich in dieser Ausgabe eine Anfang 2018 veröffentlichte Fotografie von drei Büchern wiedergeben, die Xi Jinping schätzt, darunter an zentraler Stelle eine Luxusausgabe des Traktats über die 36 Strategeme. Habe ich in der ersten Ausgabe in einem langen Kapitel über den Sinomarxismus keinen Politiker der VR China anführen können, der den Ausdruck „Zhongguo Makesizhuyi“ (was man mit „Sinomarxismus“ übersetzen kann) verwendet hat,[3] so könnte ich in dieser Ausgabe gar nicht all die vielen Aussagen chinesischer Führungspersonen über den Sinomarxismus wiedergeben. Hier zitiere ich lediglich den wichtigsten Politiker der VR China, Xi Jinping, der in seinem dem 19. Parteitag der KPCh am 18.10.2017 erstatteten Bericht sagte: „Der Sinomarxismus des 21. Jahrhunderts wird bestimmt imstande sein, eine noch stärkere, überzeugendere Wahrheitskraft zu entfalten.“ Diese Lobpreisung des Sinomarxismus prangte am 02.01.2018 auf der ersten Seite der *Volkszeitung*[4], des Sprachrohrs des ZK der KPCh, und der überregionalen Beijinger Tageszeitung *Guangming*.[5] Auf einer Feier anlässlich des 200. Geburtstags von Marx sagte Xi Jinping in Beijing in der Großen Halle des Volkes am 04.05.2018: „Wir müssen […] fortwährend für den zeitgenössischen Sinomarxismus und für den Marxismus des 21. Jahrhunderts neue Horizonte eröffnen.“[6]

Das Marxismus Institut der Shanghaier Fudan Universität stellte am 02.03.2020 einen vierzehnteiligen Kurs über Sinomarxismus ins Internet (*https://som.fudan.edu.cn/ddzg/list.htm* a.a. 11.08.2023).

Das bislang einzige westliche Buch über Moulüe – Supraplanung

Der wirtschaftliche Aufstieg der VR China seit 1978 mit dessen die ganze Welt überspannenden, auch außenpolitischen Auswirkungen verblüfft hierzulande viele Beobachterinnen und Beobachter. „Geschickt" – so kennzeichnet Frank Sieren, gemäß *London Times* „einer der führenden deutschen China-Spezialisten", in seinem Buch *Der China Code* mehrfach chinesische Vorgehensweisen.[7] „Geschickt", so der indische Ökonom und Nobelpreisträger Amartya Sen, „habe China die globalen Märkte benutzt."[8] „Bis heute hat die chinesische Führung alles richtig gemacht", schreibt Professor Eberhard Sandschneider, Leiter des Arbeitsschwerpunktes Politik China und Ostasiens der Freien Universität Berlin und Vertrauensdozent der Friedrich-Ebert-Stiftung.[9] „Die enormen Leistungen Chinas" werden in einem Positionspapier der CDU/CSU-Fraktion im Deutschen Bundestag zur Asienpolitik gewürdigt.[10] „Im Grunde genommen machen die Chinesen in ihrem Sinn alles richtig."[11] Diese Zitate brachte ich in der ersten und zweiten Auflage dieses Buches 2008 und 2018. Im Jahr 2023 lassen sich derartige Lobpreisungen im westlichen Schrifttum kaum noch finden. Nunmehr wird die VR China in ein trübes Licht getaucht. So wird behauptet, China sei für die USA die „grösste Bedrohung seit dem Zweiten Weltkrieg".[12] Doch selbst in solch einer dramatischen Aussage wird unterschwellig, wenn auch mit Bedauern, ja mit Angst und Schrecken, anerkannt, dass die VR China seit Maos Tod (09.09.1976) wirtschaftlich und politisch einen gewaltigen Sprung nach vorn vollbracht, sich also aus chinesischer Sicht überaus erfolgreich entwickelt hat. Die positiven Würdigungen der VR China werden also indirekt bestätigt.

Aus welchen geistigen Quellen speist sich das „geschickte" und „richtige" Verhalten von Politikern der VR China? Immer wieder verweist man im Westen auf den chinesischen „Pragmatismus".[13] Noch nie habe ich indes eine Stellungnahme aus der VR China gelesen, die das auch so monokausal darstellen würde, zumal „Pragmatismus" (shiyongzhuyi) ein eher verpöntes Wort ist.[14]

Irgendwie begreift man die Hintergründe „des phänomenalen wirtschaftlichen Aufstiegs Chinas in den zurückliegenden Jahrzehnten"[15] nicht so recht. Wer im Westen hat in diesem Zusammenhang das chinesische Konzept der Zukunftsgestaltung „Moulüe" gewürdigt? Hierzu schreibt der Journalist Fu Jing am 02. 06. 2017 in *China Daily*, der größten und ältesten in der VR China erscheinenden englischsprachigen Tageszeitung:

> „[Harro von Sengers] Buch *Moulüe*, das in deutscher Sprache 2008 veröffentlicht wurde, ist bislang das einzige westliche Buch über diesen Gegenstand."[16]

Fu Jing bezieht sich auf die erste Auflage des vorliegenden Buches aus dem Jahr 2008. Auch im Jahr 2023 lässt sich feststellen, dass es nach wie vor kein zweites westliches Buch mit dem Wort „Moulüe" im Titel zu geben scheint.[17] Wieso hat seither kein anderer westlicher China-Experte dem Konzept „Moulüe" ein Buch gewidmet? Braucht man „Moulüe" bei der Untersuchung des „immensen Aufholprozesses, den das einst bitterarme Land seit […] vierzig Jahren hinter sich gebracht hat"[18], nicht in Betracht zu ziehen?

Den eigenen „kodierten Blick“ zurückstellen und sich auf den „kodierten Blick“ von Chinesen einlassen

In diesem Zusammenhang erscheint mir Michel Foucaults Hinweis auf die in unterschiedlichen Epochen und Kulturräumen vorherrschende ungleiche „Ordnung der Dinge“ als hilfreich. Die jeweilige „Ordnung der Dinge“ beeinflusst die Sprache und die Wahrnehmungsschemata der im betreffenden Kulturraum lebenden Menschen[19] und formt deren „kodierten Blick“[20]. Dieser wird vom kulturellen Gedächtnis geprägt, „die Tradition in uns, die über Generationen, in jahrhunderte-, ja teilweise jahrtausendelanger Wiederholung gehärteten Texte, Bilder und Riten, die unser Zeit- und Geschichtsbewusstsein, unser Selbst- und Weltbild prägen“.[21]

> „Es ist eine Binsenweisheit, dass in China die Uhren anders ticken. Wer sich anmasst, durch eine westliche Brille auf das asiatische Land zu schauen, wird viele Dinge nie verstehen.“[22]

Aber es gibt viele Gemeinsamkeiten von Menschen im Abendland und im Reich der Mitte. Das kann ich bezeugen aufgrund eines durchwegs angenehmen, ungetrübten zweijährigen Zusammenlebens mit Chinesen in einem Viererzimmer in einem ausschließlich von Chinesen bewohnten Campus der Rechtsfakultät der Nationaluniversität Taiwan, verbunden mit einem nur unter Chinesinnen und Chinesen verbrachten Studienaufenthalt ebenda (Taipeh 1971–1973)[23]. Und nach einem je einjährigen Zusammenleben mit einem chinesischen Soldatenstudenten und einem Funktionärsstudenten in einem Zweierzimmer der Beijing-Universität (1975–1977). Ja, ich glaube, im antiken China eine regelrechte „Philosophie der Schweiz“ gefunden zu haben.[24]

Aufgrund der Gemeinsamkeiten sollte man aber Unterschiede nicht übersehen, haben doch „Chinas Geschichte und gegenwärtige Situation eine Einzigartigkeit und Komplexität, wie sie in anderen Ländern beispiellos ist“.[25] Man kann daher in der VR China nicht unbedingt immer dieselbe „Ordnung der Dinge“ vorfinden, wie sie im zeitgenössischen westlichen Kulturraum üblich ist und wie sie sich beispielsweise in der Abgrenzung verschiedener Bereiche, z. B. von Politik und Recht oder von Politik und Religion, niederschlägt.

Xi Jinping spricht von „Moulüe“

Chinesen mit ihrer während Jahrtausenden von Europa unbeeinflussten Zivilisation haben ein anderes kulturelles Gedächtnis als Menschen des Abendlandes. Kein Wunder, dass in der VR China teilweise eine andere „Ordnung der Dinge“ als im zeitgenössischen Westen vorherrscht. Wenn man dies nicht zur Kenntnis nimmt, läuft man Gefahr, chinesische Dinge mittels westlicher Kategorien und Termini zu beschreiben und auf diese Weise zu entsinisieren bzw. zu europäisieren.[26] So lässt sich in der VR China eine chinaspezifische Ordnung des zukunftsgestaltenden Denkens feststellen. Sie tritt im Konzept „Moulüe“ zutage. Nur wenn man sich des eigenen eurozentrisch „kodierten Blicks“ erstens bewusst wird und ihn zweitens zurückstellt und wenn man sich drittens auf den chinesischen „kodierten Blick“ und viertens die diesem entsprechende, westlichen Menschen fremde Terminologie einlässt, wird man angesichts folgender Aussagen in der chinesischen Presse hellhörig:

Meldung vom 13.08.2013:

> „[...] in *Sun Zi. Kunst des Krieges* werden erst all die Schäden infolge von Kriegen erläutert, worauf der Gedanke ‚unversehrt siegen‘ hervorgehoben wird. Das heißt, mittels ‚Moulüe‘ wird erreicht, dass beide Seiten das allerhöchste Ziel erreichen, nämlich auf friedlichem Weg gemeinsam Gewinn davonzutragen.“[27]

Titel eines Artikels in der *Renmin Ribao* (Volkszeitung), dem Sprachrohr des Zentralkomitees der Kommunistischen Partei Chinas, vom 08.06.2014, und ein Zitat aus diesem Artikel:

> „Bei der Truppenführung und bei der Führung eines Krieges steht Moulüe an erster Stelle. [...] Die Moulüe-Kultur ist ein wichtiger Bestandteil der chinesischen Kultur, und sie ist erst recht eine unersetzliche militärische Geheimwaffe (fabao), dank der unsere Armee [in der Lage war und ist,] aus einer Position der Schwäche heraus ein [Gegenüber], das sich in einer Position der Stärke befindet, zu bezwingen und [so] den Feind zu besiegen.“[28]

Meldung vom 01.03.2015:

> „Genosse Xi Jinping tritt besonders dafür ein, dass man über Moulüe verfüge.“[29]

Meldung vom 26.05.2016:

> „‚Ein Gürtel – eine Straße‘ [gemeint ist die Seidenstraßen-Strategie]: Große Moulüe und große Weisheit.“[30]

Meldung vom 04.11.2017:

> „Am 3. November [2017] besichtigte Xi Jinping, Generalsekretär des Zentralkomitees der Kommunistischen Partei Chinas, Staatspräsident sowie Vorsitzender der Zentralen Militärkommission [...], die [die verschiedenen Truppengattungen] vereinigende Kommandozentrale der Militärkommission des ZKs der KPCh. Er sagte: Die Militärkommission muss [...] sich in Moulüe gut auskennen.“[31]

Kommentar vom 05.01.2018:

> „Für die Reformen braucht man Methoden, aber noch mehr benötigt man Moulüe.“[32]

Wer gefangen im abendländischen kulturellen Gedächtnis und eingeengt durch den westlichen „kodierten Blick“ in Aussagen wie den soeben zitierten auf das Wort „Moulüe“ stößt, wird es entweder überlesen oder er wird versuchen, es mit einem westlichen Terminus wiederzugeben.

Nur wenige westliche Menschen haben die chinesische Sprachschranke überwunden. Zu Aussagen von Chinesen in *chinesischsprachigen* Texten oder Gesprächen und dabei zutage tretenden *authentisch-chinesischen* Denkbahnen haben Menschen im Abendland in der Regel keinen Zugang. Sie bleiben bei der Begegnung mit dem Reich der Mitte gestützt auf westlichsprachige Quellen meist in europäischen Vorstellungen verhaftet. In der Regel „sehen wir China nur mit unseren Augen und bewerten es nach unseren Maßstäben, aus unserer ethnozentrischen Perspektive“.[33]

Als Schweizer Jurist in Maos „kulturrevolutionärem“ China

Kaum jemand im Westen denkt zu Beginn des 21. Jahrhunderts im Zusammenhang mit der VR China an den Marxismus. Nun ist der in der VR China angewandte, sinisierte Marxismus zu Beginn des 21. Jahrhunderts im Reich der Mitte grundsätzlich ähnlich wirklichkeitsgestaltend wie irgendwann zur Herrschaftszeit Mao Zedongs (1893–1976).

Wie komme ich dazu, eine derartige Behauptung aufzustellen?

Hier darf ich einige Hinweise auf meinen Lebenslauf einflechten. Nach dem Erwerb des Dr.-iur.-Titels an der Universität Zürich (1969) und des Zürcherischen Rechtsanwaltspatents (1971) absolvierte ich in chinesischer Sprache – nach je zweijährigen Studienaufenthalten in Taibei und Tokyo – einen von kaum einem Dutzend westlichen Studierenden, darunter politische Maoisten, besuchten einjährigen Fortgeschrittenenkurs über Marxismus-Leninismus und Mao-Zedong-Ideen an der Beijing-Universität (1976/77). Dieser Kurs fand an der Philosophischen Fakultät statt und trug den Titel „Philosophie“.

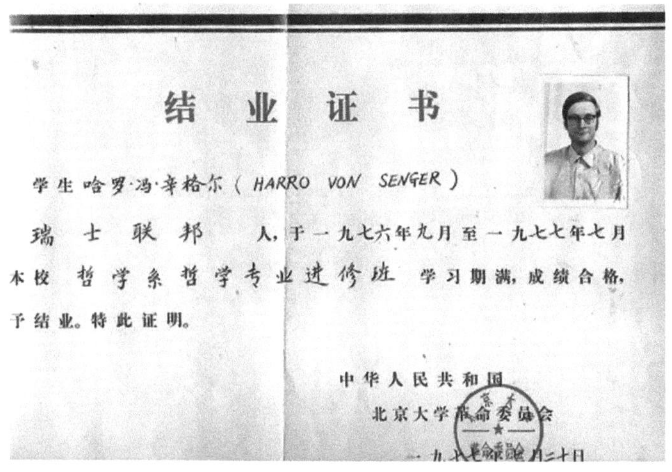

结业证书

学生哈罗·冯·辛格尔（HARRO VON SENGER）

瑞士联邦人，于一九七六年九月至一九七七年七月

本校哲学系哲学专业进修班学习期满，成绩合格，

予结业。特此证明。

中华人民共和国

北京大学革命委员会

一九[illegible]月二十日

Die Urkunde, die bestätigt, dass ich einen einjährigen Fortgeschrittenenkurs in Philosophie an der Universität Beijing abgeschlossen habe. Das Wort „Graduierung“ galt damals als „bourgeois“ und war deshalb verpönt. Stattdessen sprach man von „Studienabschluss“.

AMBASSADE DE SUISSE

Der Schweizer Student Harro von Senger hat den vom September 1976 bis Juli 1977 an der Philosophischen Fakultät der untenstehenden Universität durchgeführten Fortgeschrittenen Kurs über das Spezialfach Philosophie absolviert. Seine Leistungen entsprechen den Anforderungen. Wir bestätigen hiermit seinen Studienabschluss.

Volksrepublik China
Revolutionskomitee der Universität
Peking

20. Juli 1977

Urkunde (Studienabschluss ausländischer Studenten an der Universität Peking) Nr. 77019

Deutsche Übersetzung der chinesischen Urkunde

Die Pflichtlektüre während des Fortgeschrittenenkurses in marxistischer Philosophie umfasste folgende Werke:

- Mao Zedong: *Fünf philosophische Monographien*
- Karl Marx: *Thesen über Feuerbach*
- Friedrich Engels: *Dialektik der Natur*
- Friedrich Engels: *Anti-Dühring*

- Wladimir I. Lenin: *Materialismus und Empiriokritizismus*
- Wladimir I. Lenin: *Staat und Revolution*

Das Kapital von Karl Marx spielte keine Rolle. Dieses Buch ist für die marxistische politische Ökonomie wichtig, nicht aber für die marxistische Philosophie, die „Seele des Marxismus“, worauf ich im Kapitel über Sinomarxismus zu sprechen kommen werde.

Im Jahr zuvor hatte ich einen Fortgeschrittenenkurs über chinesische Geschichte an der Historischen Fakultät derselben Universität besucht, ebenfalls in chinesischer Sprache. In dem historischen Fortgeschrittenenkurs nahm eine Vorlesung über Philosophie eine zentrale Stelle im Studienplan ein. Unter „Philosophie“ verstand man in der VR China zu jener Zeit die marxistische Philosophie. Ich habe mich also während zweier Jahre an der Beijing-Universität intensiv mit marxistischem Gedankengut auseinandergesetzt, nämlich in den Jahren 1975 bis 1977. Das waren das letzte Lebensjahr Maos und das erste Jahr nach seinem Tode. Mao starb also in der Mitte meines zweijährigen Beijinger Studienaufenthaltes. Daher befand ich mich in der einzigartigen Lage, an einer führenden Hochschule der VR China den geistig-politischen Übergang von der Mao- zur Nach-Mao-Zeit zu erleben und zu untersuchen. Dies tat ich nicht als Maoist, wie viele meiner damaligen westlichen Kommilitoninnen und Kommilitonen an der Beijing-Universität, sondern als Schweizer Jurist, der zudem 1968 eine die Mainstream-„68er“ herausfordernde Studentengruppe (Studentenring) mitgegründet und bis zur Abreise nach Taibei (1971) ideell betreut hatte.[34] Ich war einer von insgesamt zwei Juristen, die damals in der VR China studierten. Aber der andere Jurist war Mitglied eines australischen maoistischen Grüppchens. Deshalb war er parteiisch von der damals herrschenden „Klassenkampf“-Ideologie eingenommen. US-Amerikanern waren zu jener Zeit die chinesischen Hochschulen verschlossen, sodass kein US-Amerikaner die Erfahrungen, über die ich verfüge, vorzuweisen vermag. Abgesehen von einigen wenigen US-Diplomaten, die zu jener Zeit in Beijing residierten, kennen US-Amerikaner die zwei Jahre, die ich in der VR China erlebt habe, nur aus Büchern. Ich dürfte einer von wenigen westlichen Menschen, ja vielleicht der einzige westliche Mensch sein, der als neutraler, um reine wissenschaftliche Erkenntnis bemühter westlicher, juristisch ausgebildeter Beobachter zu jener Zeit an einer Hochschule der VR China danach strebte, den Sinomarxismus mit chinesischen Augen zu sehen und von einer chinesischen Warte aus zu begreifen.

Ideologien wie Sprachen lernen

Ich schrieb soeben, es sei mein Anliegen gewesen, den Sinomarxismus mit chinesischen Augen zu sehen und von einer chinesischen Warte aus zu begreifen. Diese Formulierung mag befremdlich wirken. Sie bedarf einer Erläuterung. Während meiner studentenpolitischen Tätigkeit an der Universität Zürich (1964–1971) war mir der Schweizer Astrophysiker Fritz Zwicky (1898–1974)[35] begegnet. Ich organisierte einen Vortragszyklus mit ihm und traf ihn mehrere Male. Mich überzeugte sein Postulat, man müsse an Probleme multiperspektivisch herangehen, sie also von möglichst vielen Ansätzen her betrachten. Denn nur so bekomme man nahezu umfassend alle relevanten Aspekte ins Gesichtsfeld. Und nur in Kenntnis möglichst aller Aspekte eines Problems könne man dieses optimal und nachhaltig lösen. Den multiperspektivischen Ansatz fand ich – über Fritz Zwicky hinausgehend – erst dann gegeben, wenn man lernte, Probleme u. a. von verschiedenartigen ideologischen Perspektiven her zu betrachten. Denn verschiedene Ideologien heben unterschiedliche Aspekte ein und derselben Wirklichkeit hervor. Bisweilen sieht eine Ideologie vielleicht sogar gewisse Aspekte der Wirklichkeit, vor der eine andere Ideologie die Augen verschließt. Und so legte ich 1970, also fünf Jahre vor dem Beginn meines Studienaufenthaltes in der VR China, in der Zürcher *Neuen Studentenzeitung* dar, man solle sich nicht nur Fremdsprachen möglichst perfekt aneignen. Auch fremde Ideologien solle man so gut erlernen, dass man von deren Anhängern, wenn man mit ihnen über irgendwelche Probleme rede, als ihresgleichen anerkannt werde.[36] Man sollte also lernen, sich die Perspektiven der jeweils anderen so anzueignen, dass man die Welt von deren Standpunkt aus zu sehen vermochte. Optimalerweise sollte man simultan von der eigenen und von der anderen Perspektive aus die Welt polyfon betrachten können. Dieses Postulat versuchte ich, bei meinem Studium der sinomarxistischen Philosophie an der Beijing-Universität in die Praxis umzusetzen. Meine Einstellung zu dem sinomarxistischen Lehrstoff bestand also nicht darin, meine an sich vorhandene diesbezügliche große Skepsis bei jedem neuen Lehrsatz bestätigt zu finden. Vielmehr ging mein Bestreben dahin, so weit es nur ging zu begreifen, was diese Ideologie für Chinesen bedeutete. Mein Lernansatz war dabei zutiefst juristisch geprägt. Ich fragte mich also vor allen Dingen, wie der Sinomarxismus in praktischer, gesellschaftsgestaltender Hinsicht funktioniere. In dem einjährigen, in chinesischer Sprache abgehaltenen sinomarxistischen Fortbildungskurs stellte ich daher immer wieder Fragen über die Leitfunktion des Sinomarxismus in der innenpolitischen und außenpolitischen Praxis der VR China, und ich erhielt auf meine Fragen in den Seminaren in der Regel von den Dozenten und einer Dozentin der Beijing-Universität brauchbare Antworten.

Mit dem westlichen „kodierten Blick“ vermag man den Sinomarxismus nicht wahrzunehmen. Man erkennt seine Existenz und Wichtigkeit nur, wenn man sich auf einen chinesischen „kodierten Blick“ einlässt. Den im Westen üblichen „kodierten Blick“ habe ich dank meiner Methode, Ideologien wie Sprachen zu erlernen, überwunden. So vermochte der Sinomarxismus in mein Gesichtsfeld zu treten und konnte von mir „erlernt“ werden. Seit meinem Studium an der Beijing-Universität (1975–1977) habe ich die Entwicklung des Sinomarxismus jahrzehntelang bis auf den heutigen Tag verfolgt.[37] Aber meine dem Sinomarxismus gewidmeten Veröffentlichungen blieben unbeachtet. Anfang 2018 stellt Professor Sebastian Heilmann, Gründungsdirektor des Mercator Instituts für China-Studien in Berlin und Professor für Vergleichende Regierungslehre/Politik und Wirtschaft Chinas an der Universität Trier, fest:

> „Was den Sinomarxismus angeht, so hat die westliche Chinabeobachtung die Wirkkraft dieser besonderen ideologischen Traditionslinie seit Maos Tod vernachlässigt und unterschätzt. Harro von Senger hat zum Verständnis des Sinomarxismus jahrzehntelange Pionier- und Kärrnerarbeit geleistet. Viel zu wenige westliche Forscher befassen sich ernsthaft mit diesem – vermeintlich anachronistischen – Thema.“[38]

Bei Hinweisen auf den Sinomarxismus in einem von ihm in den USA 2017 herausgegebenen Buch[39] erwähnt Sebastian Heilmann neben eigenen Schriften nur solche aus meiner Feder, darunter die 2008 erschienene erste Auflage dieses Buches,[40] und er schreibt:

> „Trotz der verbreiteten Ökonomisierung des Denkens in Gesellschaft und Funktionärsschicht haben Grundelemente des Sinomarxismus aber als Methodik der politischen Analyse, Kommunikation, Mobilisierung und Disziplinierung

innerhalb der KPCh weiterhin eine praktische Wirksamkeit. Die westliche Chinaforschung und Chinaberichterstattung tendiert dazu, diese Funktion der Ideologie in China zu unterschätzen und zu ignorieren. Unter dem Druck zentral gelenkter Parteikampagnen in den ersten Jahren der Amtszeit Xi Jinpings als Generalsekretär wurden jedoch die politischen Funktionen der sinomarxistischen Funktionärsideologie deutlich vor Augen geführt."[41]

Das Traktat *Die 36 Strategeme* in der Bibliothek Xi Jinpings

Im Jahr 1988 war es mir vergönnt, das erste westliche Buch über die 36 Strategeme zu veröffentlichen.[42] Dass die 36 Strategeme 30 Jahre später von unverminderter Aktualität sind, bezeugt eine Fotografie, die die älteste und größte in der VR China erscheinende englischsprachige Tageszeitung *China Daily* unter dem Titel „Xi Jinpings Bücherregal"[43] am 05.01.2018 veröffentlichte.

CHINADAILY 中国日报网 .COM.CN

中文

1. Top News

Xi's bookshelves: From military history to culture

chinadaily.com.cn | Updated: 2018-01-05 08:47

The fourth category is military books, including*History of Chinese People's Liberation Army,*

*An Encyclopedia of the Chinese Military History*and*A Brief History of Chinese Military History*. Ancient Chinese works on the military also take a place on Xi's bookshelf, such as *The Six Secret Teachings* and*Thirty-six Stratagems*, and foreign military works including *The Theory on War*by *Carl Von Clausewitz.*

Umrahmt von der *Militärgeschichte der chinesischen Volksbefreiungsarmee* (links) und vom Werk *Vom Kriege* von Carl von Clausewitz (rechts) steht in der Mitte eine Prachtausgabe des ca. 500 Jahre alten Traktats *Die 36 Strategeme*.

Die 36 Strategeme in einem westlichen Nirwana

Wenn man die westliche Mainstream-Berichterstattung über die VR China während einer längeren Zeitspanne verfolgt, kann man sich des Eindrucks nicht erwehren, dass bei westlichen China-Beobachtern listige Komponenten in chinesischen Vorgängen in einem Nirwana außerhalb des von ihrem abendländischen „kodierten Blick" eingeengten Gesichtsfeldes verschwinden.

Nur ein bruchstückhaftes, schemenhaftes Wissen ist vorhanden, worauf ich u. a. in einem 2013 erschienenen Buch hingewiesen habe.[44] So berichtet Evan Osnos, von 2005 bis 2013 China-Korrespondent der *Chicago Tribune* und des *New Yorker*, in einem Buch, das u. a. mit dem National Book Award 2014 in der Kategorie Nonfiction ausgezeichnet wurde:

> „In Bahnkreisen war es üblich, die eigentlich benötigten Materialien durch billigere zu ersetzen; dafür gab es sogar einen eigenen Ausdruck: ‚touliang huanzhu' – Balken stehlen, um Säulen daraus zu machen."[45]

Aufgrund seiner Formulierung, „touliang huanzhu" sei ein „eigener Ausdruck" in „Bahnkreisen", erweckt Evan Osnos den Eindruck, von der Existenz der 36 Strategeme keine Kenntnis zu haben. Seine Übersetzung des „Ausdrucks" (der, was Osnos nicht zu wissen scheint, das Strategem Nr. 25 im Katalog der 36 Strategeme umschreibt: „Balken stehlen, um Säulen daraus zu machen"[46]) stimmt nicht. „Touliang huanzhu" bedeutet „Balken stehlen und Stützpfosten austauschen".[47]

Dasselbe Strategem Nr. 25, das Osnos 2014 verschämt als einen „Ausdruck" bezeichnet, den er unrichtig übersetzt, erwähnt im Dezember 2017 ebenfalls unrichtig James Kynge,

Emerging Markets Editor der *Financial Times*.[48] Seine Version lautet: „replacing their beams with rotten timbers".[49] Zudem behauptet James Kynge unzutreffenderweise, die 36 Strategeme stammten aus dem fünften Jahrhundert v. u. Z.[50]

Michael Pillsbury, Direktor des Center of Chinese Strategy at the Hudson Institute und Mitglied des Council of Foreign Relations und des International Institute for Strategic Studies, verweist in einem 2015 erschienenen Buch mehrmals auf „The Thirty-Six Stratagems", deren englische Übersetzung er allerdings nur anhand einer einzigen, und zwar einer englischsprachigen, Webseite dokumentiert.[51] Er arbeitet also nicht, „wie es sich für einen seriösen Forscher gehört, mit den Originaltexten".[52] Den chinesischen Originalausdruck „sanshiliu ji" übersetzt Pillsbury nicht mit „the Thirty-Six Stratagems", sondern mit „the Thirty-Six Deceptions"[53]. Wenn Michael Pillsbury also von „36 Stratagems" spricht, dann versteht er darunter „36 Deceptions". Am Anfang eines Kapitels seines Buches zitiert er eines der 36 Strategeme:

> „Loot a burning house
>
> The Thirty-Six Stratagems".[54]

Es handelt sich um das Strategem Nr. 5. Was hat das Ausrauben eines brennenden Hauses, das womöglich von Schaulustigen beobachtet oder von das Feuer bekämpfenden Helfern belagert wird, mit Täuschung zu tun? Ist zudem die Vorstellung nicht unsinnig, dass sich jemand in ein brennendes Haus begibt, um es zu plündern? In der Tat gibt Pillsbury das Strategem Nr. 5, dessen chinesische Formulierung „cheng huo dajie" er offenbar nicht kennt, unrichtig wieder. Es ist das Strategem „Eine Feuersbrunst für einen Raub ausnützen" bzw. „Taking advantage of a conflagration to commit robbery".[55] Von einem „Haus" ist in dem Strategem keine Rede. Falls es sich um eine Feuersbrunst in einem Haus handelt, dann benutzt der Strategemanwender die Gelegenheit, um ungestört in der Umgebung des brennenden Hauses, dort, wo die Menschen – entweder aus Neugier oder aus Hilfsbereitschaft – zur Feuersbrunst geeilt sind, Räubereien zu begehen. In einem übertragenen Sinn handelt es sich um das „Notausnutzungs-Strategem“, das gegenüber dem wirtschaftlich angeschlagenen Griechenland die chinesische Großreederei COSCO im Jahr 2016 beim Kauf des größten griechischen Hafens Piräus[56] und das der chinesische Geely-Konzern angewandt hat, als er „Volvo im Jahr 2010 während einer dramatischen Krise [des schwedischen Autoherstellers] übernahm“.[57]

Im deutschen Sprachraum hat die chinesische Listkunde einen gewissen Bekanntheitsgrad erlangt. Aber zu einem Teil des chinabezogenen Grundlagenwissens von Medienleuten ist sie nicht geworden. So findet sich in einer China gewidmeten Titelgeschichte des *Spiegel* folgende Stelle:

> „An Seoul hat Peking ein Exempel statuiert. Die ganze Welt soll sehen, was einer Nation widerfährt, die Chinas Willen zuwiderhandelt. Das Chinesische hat ein Sprichwort für diese Art von Diplomatie: Töte das Huhn, um die Affen zu erschrecken.“[58]

Es geht hier nicht einfach nur um ein Sprichwort, sondern um ein Strategem.[59] Aber Hinweise auf die Verwendung von Strategemen in deutschsprachigen China-Berichten sind so selten wie Goldstücke an den Ufern des Rheins. So erwähnt Petra Kolonko, politische Korrespondentin für Ostasien, 2016 einmal das „Strategem der schönen Frau“[60], nachdem sie das Wort „Strategem“ jahrelang nie verwendet hatte. Insgesamt gesehen ist die deutschsprachige so wie die englischsprachige China-Berichterstattung weitgehend als listenblind einzustufen. Kein Wunder, hat doch die List im westlichen „kodierten Blick“ keinen Stellenwert.

Die normative Kraft des Normativen in der VR China

Bei der Beurteilung der VR China pflegt man in den westlichen Massenmedien den phänomenologischen, also den ganz auf Augen und Ohren zugängliche „Fakten" ausgerichteten Ansatz zu bevorzugen. Das mag damit zusammenhängen, dass westliche oder zumindest deutschsprachige Massenmedien, soweit bekannt, noch nie einen Volljuristen oder eine Volljuristin als China-Korrespondenten oder -Korrespondentin eingesetzt haben und dass umgekehrt westliche Rechtssinologen in der Regel nur für einen kleinen Kreis von Fachjuristen über spezifisch juristische Themen, aber kaum je über gesetzesexterne Aspekte Chinas zu berichten pflegen.

Gemäß phänomenologischem Ansatz konzentriert man sich, abgesehen von den Themen Demokratie und Menschenrechte, auf Einzelaspekte – visuelle Eindrücke, Ereignisse, Skandale, Statistiken, die eine oder andere politische Maßnahme, die eine oder andere Anekdote, „Umweltverschmutzung, Technologieklau und neuerdings auch Aufrüstung und Absonderliches. Oder besser, was man dafür hält".[61] Dann und wann wird auch ein angeblich aufschlussreiches internes amtliches Dokument thematisiert. Die „Fakten" werden durch Reisen und Augenschein vor Ort, Interviews, Feldforschungen und gestützt auf Fallbeispiele etc. ermittelt und anhand westlicher politologischer, soziologischer, ökonomischer oder gar historischer[62] Modelle im Hinblick auf gegenwartsbezogene oder zukünftige Entwicklungen in der VR China analysiert.

Was in Betracht gezogen wird, sind Mosaiksteinchen. Die im Westen um sie herum konstruierten Kontexte sehen in der Regel anders aus als das Mosaik, zu welchem eine Vielzahl von Einzelphänomenen in der VR China aus der Sicht ihrer

Führer zusammengesetzt sind, und zwar im Rahmen normativer Vorstellungen über die Gestaltung von Chinas Zukunft, die bei näherem Hinsehen keineswegs westlichen landläufigen Vorstellungen entsprechen.

Die normativen Vorstellungen chinesischer Führungspersonen fließen auch in die Presse der VR China ein. Diese versteht man nicht, wenn man darin nach puren Informationen über reine Fakten sucht. Vielmehr spiegeln die Medien oft ein normatives China-Bild wider, also das Bild eines Chinas, wie es sein sollte. Dem normativen Bild gemäß werden Tatsachen, die durchaus auch mitgeteilt werden, ausgelesen bzw. übergangen. Liest man die chinesischen Massenmedien nicht stets auch mit einer normativen, sondern allein mit einer phänomenologischen Brille, wird man Mühe haben, den Durchblick zu bewahren.

Um das von der chinesischen Führung ins Auge gefasste Mosaik von chinesischen Einzelphänomenen wahrzunehmen, sollte man nach meiner Meinung der selbstverständlich unentbehrlichen phänomenologischen Herangehensweise einen zweiten, im Westen unüblichen Ansatz beigesellen, und zwar den „normativen" Ansatz.[63] Man macht sich, bevor man das „phänomenologische China" näher betrachtet, sorgfältig über das „normative China" kundig, indem man die in Dokumenten der KPCh und des chinesischen Staates festgelegten amtlichen Zielsetzungen und Vorhaben studiert und daraus Schlüsse auf das von der chinesischen Obrigkeit in der Gegenwart und in der Zukunft „gewollte China" zieht.

Die auf die normative Kraft des Normativen abstellende China-Betrachtung stützt sich auf die Annahme, dass das offensichtlich durchsetzungsstarke Regime mit einer gewissen Wahrscheinlichkeit seine Ziele in etwa erreichen wird. Die Effizienz der chinesischen politischen Führung ist ziemlich unbestritten. Man betrachte z. B. die Entwicklung des chinesischen Pro-Kopf-Einkommens. Betrug es 1978 160 US-Dollar[64], so lag es Ende 2017 „bei über 8000 US-Dollar“.[65] Innerhalb von 35 Jahren sind zwischen 600 und 700 Millionen Menschen aus extremer Armut befreit worden. „Das ist beeindruckend und außergewöhnlich“, meint Philipp Alston, UNO-Sonderberichterstatter für extreme Armut und Menschenrechte.[66] „In der Geschichte der Menschheit ist diese rasante Entwicklung einzigartig.“[67]

„Die Entwicklung zum Kommunismus geht über die Diktatur des Proletariats und kann auch gar nicht anders gehen.“[68] Gemäß diesem Diktum Lenins bezeichnet sich die VR China in Art. 1 Abs. 1 ihrer Verfassung vom 04.12.1982 bzw. 11.03.2018 ausdrücklich als „Diktatur“. In dieser werden Top-down-Planungen in vielen Fällen recht wirkungsvoll in die Praxis umgesetzt. „Wenn die chinesische Regierung etwas will, dann setzt sie das normalerweise eben auch um.“[69] „Die Regierung hat einen enormen Durchgriff“, stellt Uli Sigg fest, 1995–1998 Schweizer Botschafter in Beijing, Gestalter des ersten chinesisch-westlichen Joint Ventures und Gründer des zeitgenössischer chinesischer Kunst gewidmeten Museums M+ in Hongkong.[70]

Die chinesischen amtlichen Planungen werden durch Normen gesteuert. Sie schreiben vor, was in welchen Bereichen geschehen soll, und stellen ein China dar, das sich die Obrigkeit herbeiwünscht.[71]

Die VR China: Ein „geführter“ Staat

In der Verfassung 1982 wie auch in der Verfassung 2018 heißt es in Art. 1 Abs. 1, die VR China sei ein „sozialistischer Staat, der von der Arbeiterklasse geführt wird“. Die VR China ist also ein von einer übergeordneten Instanz „geführter“ Staat. Die übergeordnete Instanz ist die Arbeiterklasse. In leninistischer Weise bezeichnet sich die KPCh in ihren Satzungen seit jeher als „die Vorhut der chinesischen Arbeiterklasse“. Daraus ergibt sich, dass die VR China ein Staat ist, der von der KPCh geführt wird. Dieser bislang in der Verfassung eher indirekt zum Ausdruck gebrachte Sachverhalt tritt nach der Revision der Verfassung vom 11.03.2018 in aller Deutlichkeit zutage, wurde doch in Art. 1 Abs. 2 der Verfassung folgender Satz neu eingefügt:

> „Die Führung der KPCh ist das wesentlichste Merkmal des Sozialismus mit chinesischen Besonderheiten.“

Die KPCh führt die VR China in der Regel nicht mittels Einzelfälle regelnder individuell-konkreter Verfügungen, sondern mittels generell-abstrakter Normen. Die wichtigsten Weichenstellungen nimmt also nicht der chinesische Staat mittels Gesetzen und Verordnungen, sondern die Kommunistische Partei Chinas mittels der von ihr gesetzten Normen vor.

Es sind dies mit zunehmender Langzeitwirkung die Politnormen, die Polaritätsnormen, die politische Linie und die Grundlinie der KPCh. Die Parteinormen wiederum werden keineswegs „pragmatisch“, wie im Westen immer wieder behauptet wird, sondern gestützt auf den Sinomarxismus festgelegt.

Der Roman *Frösche*[72] des Literatur-Nobelpreisträgers Mo Yan zeigt drastisch, wie unnachgiebig beispielsweise Familienplanungsnormen aufoktroyiert worden seien. Aber nicht alle amtlichen Normen konnten befolgt werden, man denke an die Zeit des „Großen Sprungs“ von 1958 bis Anfang 1962, als unsinnige Zielvorgaben scheiterten.[73] Aus derartigen Fehlschlägen scheint die KPCh ihre Lehren gezogen zu haben. Seit dem Tod Maos (09.09.1976) setzte sie eher realitätsnahe Ziele.

Die Satzungen 2012 und 2017, jeweils Art. 3 Ziff. 1, schreiben vor:

> „Die Parteimitglieder müssen die folgenden Pflichten erfüllen:
>
> (1) [...] [sie müssen eifrig] die Linie, Polaritätsnormen, Politnormen[74] und Beschlüsse der Partei studieren, [...] sie müssen [...] das Gesetzesrecht studieren [...]."

Die Normenhierarchie kommt in dieser Bestimmung klar zum Ausdruck. An erster Stelle stehen die Parteinormen, an zweiter Stelle steht das Gesetzesrecht. Was das Gesetzesrecht betrifft, so ist zwischen „soft law" und „hard law" zu unterscheiden. Rechtsnormen, die die Souveränität und die territoriale Integrität der VR China betreffen und die Herrschaft der KPCh tangieren, bilden das chinesische „hard law" und werden unerbittlich durchgesetzt. Diese Bereiche nicht berührende Rechtsnormen wie z.B. betreffend Patent- und Markenschutz bilden das chinesische „soft law". Dieses kann Gegenstand einer kreativen Umsetzung sein und wird nicht in jedem Fall konsequent durchgesetzt.

Ein 1985 verkündetes Ziel für China im Jahr 2049

„‚Dies ist ein Artikel über [das] Ziel [Chinas für das Jahr] 2049', sagt von Senger, und er fügt hinzu, dass China solch ein langfristiges Ziel bereits in den 1980er-Jahren diskutiert habe. ‚Vor 32 Jahren wusste ich, dass China ein ganz, ganz langfristiges Ziel verfolgte', sagt von Senger." Diese Zeilen sind in der englischsprachigen chinesischen Tageszeitung *China Daily* vom 02.06.2017 nachzulesen.[75]

In der Tat zitierte ich am 10.04.1985 in der *Neuen Zürcher Zeitung* in meinem Artikel „China im Jahr 2049 – Zukunftsziele im Reich der Mitte" aus einer Rede, die der damalige Generalsekretär der KPCh, Hu Yaobang, am 19.01.1985 gehalten hatte. Er sagte u.a., dass „wir hoffen, nach Ablauf von 100 Jahren seit der Gründung der Volksrepublik China, also bis zum Jahr 2049, die höchstentwickelten kapitalistischen Länder in ökonomischer Hinsicht eingeholt zu haben". Er sagte ferner: „Bis unser Land reich und stark wird, müssen wir nach der Jahrhundertwende noch etwa 30 bis 50 Jahre lang eifrig kämpfen."

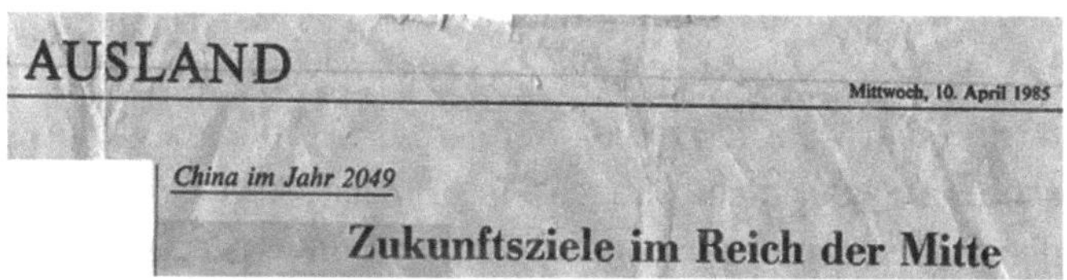
AUSLAND

Mittwoch, 10. April 1985

China im Jahr 2049

Zukunftsziele im Reich der Mitte

Artikel in der *NZZ*

Den Artikel in der *NZZ* verfasste ich in der Schweiz, gestützt auf eine normative China-Betrachtung, ohne eine Reise nach China und ohne Augenschein vor Ort, ohne Interviews, ohne Feldforschungen etc., nur aufgrund der Lektüre chinesischer Zeitungen, die ich abonniert hatte, und insbesondere einer der zahlreichen, angeblich langweiligen und irrelevanten, nur Propaganda verbreitenden offiziellen Reden.

Nun veröffentlichte ich 1985 bloße Worte einer chinesischen Führungsperson. Von Konfuzius stammt der Rat „ting qi yan, guan qi xing"[76], d.h., man sollte nicht nur auf die Worte eines Gegenübers hören, sondern auch dessen Taten beobachten. Hat sich nun die VR China seit 1985 nicht tatsächlich über die Jahrzehnte hinweg Schritt um Schritt aktiv dem 1985 verkündeten Ziel angenähert? 22 Jahre nach Hu Yaobangs

Vortrag konnte man jedenfalls lesen: „Blickt man auf die Wachstumsraten der chinesischen Volkswirtschaft oder auf die persönlichen Lebensumstände und Vermögensverhältnisse von mehreren hundert Millionen Chinesen, so muss man vorbehaltlos anerkennen, dass die chinesische Führung vor allem für die letzten zwei Jahrzehnte einen Leistungsausweis vorzeigen kann, der praktisch alle anderen Regierungen dieser Welt, seien sie nun demokratisch gewählt oder nicht, in den Schatten stellt.“[77] Womöglich wird Hu Yaobangs Zukunftsvorstellung schneller als vorgesehen Wirklichkeit, soll doch laut dem Centre for Economics and Business Research (CEBR) in London die chinesische Volkswirtschaft bis 2032 die USA überholen und den ersten Platz übernehmen.[78] Am Beispiel von Hu Yaobangs 1985 geäußerten Worten dürfte man wohl feststellen können, dass offizielle chinesische Aussagen nicht einfach als Propaganda abgetan, sondern aufmerksam zur Kenntnis genommen werden sollten.

Das normative China wird real: Tarnkappenbomber, Flugzeugträger im Keim bereits 1978 vorhanden

In einem Leitartikel der *Neuen Zürcher Zeitung*, erschienen 2011,[79] heißt es: „Wenn sich China an die Entwicklung von Tarnkappenbombern und den Bau eines Flugzeugträgers macht, spielt es solche Anstrengungen herunter und verweist auf seine grosse Rückständigkeit.“ Der Verfasser des Artikels spricht in diesem Zusammenhang von „einem neuen langen Marsch“ Chinas.

Leider scheint er einen wichtigen Normativtext nicht zu kennen, nämlich die Verfassung der VR China vom 05.03.1978.

Kundgetan wurde darin die Absicht, „vier Modernisierungen“ zu verwirklichen, darunter die Modernisierung der Landesverteidigung.[80] Hätte der Verfasser des Artikels 1978 die Verfassung gelesen und ernst genommen, dann hätte er sich schon 1978 über den damals begonnenen, also keineswegs „neuen“ langen Marsch in Richtung auf allermodernste Waffen Gedanken machen können.

Im chinesischen Drängen „zu den Weltmeeren“ erblickt der Verfasser des erwähnten Artikels einen isolierten außenpolitischen „Vormarsch“ zur Schaffung einer weitgespannten „maritimen Einflusszone“ und zur Kontrolle „aller wichtigen Seewege zwischen dem Mittleren und dem Fernen Osten“ „im Poker mit den USA“.

Wie wäre es mit folgender alternativer These? Sie geht erneut von einem Normativtext aus. In der Satzung der KPCh vom 06.09.1982 wird statuiert, die Mittelpunktaufgabe der KPCh bestehe darin, das chinesische Volk „um sich zu scharen“, auf dass es die genannten vier Modernisierungen verwirkliche, und der Arbeitsschwerpunkt der KPCh bestehe darin, das chinesische Volk dabei anzuführen, eine „modernisierte Wirtschaft“ aufzubauen. Aus dieser Mittelpunktaufgabe und dem Arbeitsschwerpunkt ergibt sich u. a. ein enormer, welt(meere)übergreifender Rohstoff- und Energiebedarf. Um diesen zu befriedigen, versucht die VR China überall in der Welt, auch etwa durch den Bau von Häfen und die erstmalige Errichtung eines ausländischen Stützpunktes im Sommer 2017 in Dschibuti „zum Schutz der Schifffahrt im Golf von Aden und in somalischen Meeresgewässern und zur Leistung von humanitärer Hilfe“[81], den Nachschub und die Transportwege entlang der Hauptschlagadern ihres Handels zu sichern.

In dem Leitartikel der *NZZ* wird ausgeführt, dieser Prozess werde „von der Weltöffentlichkeit, die noch immer im Bann des chinesischen Wirtschaftswunders steht, kaum beachtet“, und es wird von einem „neuen Nationalismus“ gesprochen, „der zunehmend in den asiatisch-pazifischen Raum und den Indischen Ozean ausstrahlt“. Könnte es sich aber nicht so verhalten, dass das Drängen Chinas „zu den Weltmeeren“ tatsächlich unter dem Gesichtspunkt des „chinesischen Wirtschaftswunders“ zu begreifen ist? Wenn dem so wäre, dann stünde hinter Chinas Drängen „zu den Weltmeeren“, hinter den „Streitereien um exotische Inseln im Südchinesischen Meer“, ja sogar hinter der Ignorierung des Entscheids eines internationalen Schiedsgerichts in Den Haag,[82] das konkrete Motiv der Ressourcensicherung im Hinblick auf die schon 1978 proklamierten vier Modernisierungen und den Aufbau einer modernisierten Wirtschaft und nicht ein schwammiger, uferloser „neuer Nationalismus“. Als Kollateraleffekt fände gewiss ein außenpolitischer Machtzuwachs statt, aber nicht, wie es in dem *NZZ*-Artikel heißt, „im Poker mit den USA“, sondern zur globalen Absicherung des Vollzugs der innenpolitischen Mittelpunktaufgabe sowie des innerchinesischen Arbeitsschwerpunkts.

Anmerkungen

1 *SP 2008*, S. 190.

2 *SP 2008*, Kap. 3.

3 *SP 2008*, Kap. 2.

4 „Kaiqi xin zhengcheng puxie xin shishi – Yi Xi Jinping tongzhi wei hexin de Dang Zhongyang yinling Zhongguo tese shehuizhuyi jinru xin shidai“ (Zu einer neuen Reise aufbrechen und ein neues Epos verfassen – Das Zentralkomitee der Partei mit dem Genossen Xi Jinping als Kern führt den Sozialismus mit chinesischen Besonderheiten in eine neue Ära), in: *RR*, 02.01.2018, S. 1.

5 Gleicher Titel wie in Anm. 4, in: *GMRB*, 02.01.2018, S. 1.

6 Xi Jinping: „Zai jinian Makesi danchen 200 nian dahui shang de jianghua“ (Rede auf der großen Versammlung anlässlich des 200. Geburtstags von Marx), 4.5.2018, *http://www.xinhuanet.com/2018-05/04/c_1122784792.htm*, a. a. 02.01.2023.

7 Frank Sieren: *Der China Code. Wie das boomende Reich der Mitte Deutschland verändert*, Econ Verlag, Berlin 2005, S. 253, 312, 345.

8 Martin Kämpchen: „Indien und China im Wettstreit. Zweimal Reich der Mitte“, in: *NZZ*, 05.04.2018, S. 10.

9 Eberhard Sandschneider: *Globale Rivalen. Chinas unheimlicher Aufstieg und die Ohnmacht des Westens*, Carl Hanser Verlag, München 2006, S. 57.

10 „Asiens Aufstieg: Herausforderung für uns. Wir setzen auf universelle Werte, nachhaltiges Wachstum und Stabilität. Beschluss vom 16.10.2012", S. 8, *https://www.cducsu.de/sites/default/files/121016_Asienstrategie_121018.pdf*, a.a. 02.01.2023.

11 Beat U. Wieser, in: *MoS*, S. 47.

12 Peter Winkler: „Washington: China ist für die USA die ‚grösste Bedrohung seit dem Zweiten Weltkrieg'", in: *NZZ*, 04.12.2020, *https://www.chinadaily.com.cn/kindle/2017-06/04/content_29609486.htm*, a.a. 18.03.2023.

13 S. z.B. Beat U. Wieser: „Chinas wirtschaftlicher Pragmatismus als Verlockung für den Westen", in: *MoS*, S. 35 ff; Claus Leggewie, Dirk Messner: „China strotzt vor Kraft, aber taugt es auch als Vorbild?", in: *NZZ*, 05.02.2018, S. 8; Falk Hartig: „Pekings Projekt", in: *Cicero*. Magazin für politische Kultur, Nummer über „Machtspiel. Wie China nach der Welt greift", April 2018, S. 25.

14 Harro von Senger: „Chinesisch-westliche Pragmatismus-Divergenzen", in: *MoS*, S. 245 ff.

15 Stefan Baron, Guangyan Yin-Baron: *Die Chinesen*, Econ Verlag, Berlin 2018, S. 58, s. auch S. 349.

16 „[...] his book Moulue, which was published in German in 2008, [...] is so far the only Western book on this topic." Fu Jing: „How Switzerland adopted the wisdom of China", in: *China Daily*, Beijing, 02.06.2017, S. 22, *http://europe.chinadaily.com.cn/epaper/2017-06/02/content_29587174.htm*, a.a. 18.03.2023.

17 E-Mail-Auskunft vom 14.12.2022 der sinologischen Bibliotheksmitarbeiterin der Universität Freiburg i. Br. Dr. phil. Carmen Paul, *https://www.sinologie.uni-freiburg.de/Mitarbeiterinnen/bibliotheksmitarbeiterinnen*, sowie E-Mail-Auskunft vom 16.02. und 20.03.2023 von Prof. Dr. Marc Winter, UB-Liaison Librarian der Sinologie, tätig am Asien-Orient-Institut der Universität Zürich, *https://www.aoi.uzh.ch/de/sinologie/persons/privatdozierende/winter.html*, a.a. 20.03.2023.

18 Matthias Müller: „Es geht um mehr als um Stahl und Sojabohnen", in: *NZZ*, 28.03.2018, S. 12.

19 Michel Foucault: *Die Ordnung der Dinge*, Suhrkamp Verlag, Frankfurt am Main 1974, S. 22.

20 A.a.O., S. 23.

21 „Jan und Aleida Assmann gewinnen den Balzan-Preis [...]", in: *Blick*, Zürich, 18.11.2017, S. 7.

22 Matthias Müller: „Wenn der Stellvertreter der Chef seines Chefs ist", in: *NZZ*, 28.03.2018, S. 24.

23 S. die Fotografie des Viererzimmers, in dem ich zwei Jahre wohnte, mit meinen drei Zimmergenossen in: Sheng Ya Lü (Harro von Senger): *Yi ge Rui shi ren zai Tai wan (Ein Schweizer in Taiwan)*, Taizhong (Taiwan), 1989, Bildteil; s. ferner den Eintrag in dem Tagebuch vom 28.04.1972, a.a.O., S. 24, in dem ich meine Zufriedenheit mit meiner Wohnweise bekunde, *https://freidok.uni-freiburg.de/data/7996*, a.a. 01.01.2023; s. auch Harro von Senger: *Das Tao der Schweiz*, NZZ Libro Verlag, Zürich 2017, S. 16f.

24 Harro von Senger: Das Tao der Schweiz, s. Anm. 23.

[25] Zhou Haofang, Rechtsstudent der Chinesischen Universität für Politik und Recht: „Shenti lixing jianxing xianfa jingshen" (Den Geist der Verfassung mit aller Kraft in die Tat umsetzen), in: *RR*, 05.12.2017, S. 18.

[26] S. hierzu Zhang Jian: „Cong wenhua gehe dao wenhua jiaoliu hujian" (Von der Kluft zwischen den Kulturen zum Austausch zwischen den Kulturen und wechselseitigen Zurateziehen), in: *GMRB*, 15.11.2017, S. 13.

[27] „Zhong-E fankong junyan shifang wu da xinhao" (Fünf wichtige vom chinesisch-russischen Antiterrormanöver ausgesandte Signale), in: *RRH*, 13.08.2013, S. 1, *http://www.chinanews.com/mil/2013/08-13/5153603.shtml*, a.a. 01.01.2023.

[28] „*Renmin Ribao* yuanwangtai: Lingbing dazhang: Moulüe wei xian (Fernsichtplattform" ([Rubrik in der] *Volkszeitung*: Bei der Truppenführung und in einem Krieg: Moulüe an erster Stelle), in: *RR*, 08.06.2014, S. 6, *http://opinion.people.com.cn/n/2014/0608/c1003-25118244.html*, a.a. 01.01.2023.

[29] „*Xi Jinping Yongdian* jiedu 135 diangu" ([Im Buch] *Von Xi Jinping benutzte klassische Literaturstellen* werden 135 Redewendungen erläutert), in: *Beijing Wanbao* (Beijinger Abendzeitung), 01.03.2015, *http://www.chinanews.com/cul/2015/03-01/7089683.shtml*, a.a. 02.01.2023.

[30] „Lingdao ganbu ziliao ku. ‚Yi dai yi lu': Da moulüe yu da zhihui" (Chinesische Kader-Datenbank: „Ein Gürtel – eine Straße": Große Moulüe und große Weisheit), in: Zhongguo Gongchandang Xinwenwang (Nachrichten-Netzwerk der KPCh), 26.05.2016, *http://cpc.people.com.cn/n1/2016/0526/c64387-28382173.html*, a.a. 02.01.2023.

[31] „Xi Jinping: Junwei bixu dong dazhang, shan moulüe, hui zhihui" (Xi Jinping: Die Militärkommission muss kriegsführungskompetent sein, sich in Supraplanung gut auskennen und fähig sein, das Kommando zu führen), Meldung vom 04.11.2017, *http://news.youth.cn/sz/201711/t20171104_10961636.htm*, a.a. 02.01.2023; die Aussage Xi Jinpings findet sich u.a. auch in: „Xi Jinping zai shicha junwei lianhe zuozhan zhihui zhongxin shi qiangdiao [...] quanmian tigao xin shidai daying nengli" (Xi Jinping unterstreicht bei der Inspektion der [die verschiedenen Truppengattungen] vereinigenden Kommandozentrale der Militärkommission, [... man müsse] die Fähigkeit, den Sieg zu erringen, umfassend erhöhen), in: *RR*, 04.11.2017, S. 1.

[32] Xin Shiping: „Pindu Xi Jinping zhuxi 2018 xinnian heci" (Lektüre der Neujahrsbotschaft 2018 des Vorsitzenden Xi Jinping), 05.01.2018, *http://www.81.cn/jmywyl/2018-01/05/content_7896910.htm*, a.a. 05.04.2018.

[33] Stefan Baron, Guangyan Yin-Baron: *Die Chinesen*, Econ Verlag, Berlin 2018, S. 61.

[34] S. Valentin Landmann, Harro von Senger, Peter Wiesendanger: *Die anderen 68er*, Münster Verlag, Basel 2018.

[35] Aus Anlass des 120. Geburtstags von Fritz Zwicky wurde am 14.02.2018 die ein Jahr dauernde Sonderausstellung „Fritz Zwicky – Das Glarner Universalgenie" im Ortsmuseum von Mollis, dem Bürgerort Fritz Zwickys im Kanton Glarus (Schweiz), eröffnet.

[36] S. Harro von Senger: „Morphologie und China", in: Paul Wild (Hg.): Erfolg mit Morphologie, Baeschlin Verlag, Glarus 1993, S. 7ff.; ders.: Weltoffenheit gegen geistige Enge, in: Valentin Landmann; Harro von Senger; Peter Wiesendanger, a.a.O., S. 236.

[37] S. „Veröffentlichungen Harro von Sengers über den Sinomarxismus" (seit Mai 1978) in: *http://www.supraplanung.eu/sinomarxismus.html*, a.a. 08.03.2018.

[38] Von Sebastian Heilmann mit E-Mail vom 06.01.2018 freigegebene Stellungnahme.

[39] Sebastian Heilmann (Hg.): *China's Political System*, Rowmann & Littlefield, New York/London 2017, S. 51, 53, 54.

[40] Sebastian Heilmann (Hg.): *Das politische System der Volksrepublik China*, 3. Aufl., Springer VS, Wiesbaden 2016, S. 32, 34, 35, 465; Sebastian Heilmann 2017, S. 51, 53, 54, 491.

[41] Sebastian Heilmann 2016, S. 37; Sebastian Heilmann 2017, S. 56.

[42] Harro von Senger: *Strategeme*, Scherz Verlag, Bern 1988.

[43] Eine Luxusausgabe von „Sanshiliu Ji (Miben Bingfa) (Die 36 Strategeme (Das geheime Buch der Kriegskunst))" in Xi Jinpings Bücherregel, siehe: „Xi [Jinping]'s bookshelves: From military history to culture", in: *China Daily*, Beijing 05.01.2018, *http://www.chinadaily.com.cn/a/201801/05/WS5a4eb6c6a31008cf16da5296_4.html*, *http://www.straitstimes.com/asia/east-asia/from-military-history-to-culture-books-on-china-president-xi-jinpings-bookshelves*, a.a. 02.01.2023.

[44] *Klaviatur*, S. 62 ff.

[45] Evan Osnos: *Große Ambitionen. Chinas grenzenloser Traum*, aus dem Englischen von Laura Su Bischoff. Suhrkamp Verlag, Berlin 2015, S. 336.

[46] „Robbing the beams to put in the pillars", Evan Osnos: *Age of Ambition*, Farrar, Straus and Giroux, New York 2014, S. 243; „voler les poutres pour installer les piliers", Evan Osnos: *Chine. L'age des ambitions*, Traduit de l'américain par Pierre Reignier, Editions Albin Michel, Paris 2015, S. 309.

[47] S. *Strategeme 2*, Kap. 25 „Die Tragbalken stehlen und die Stützpfosten austauschen."

[48] James Kynge, *https://www.ft.com/comment/columnists/james-kynge*, a.a. 02.01.2023.

[49] James Kynge: „China's ancient strategies create a new challenge to the west. Beijing's authoritarian system shows it is able to nurture world-class industries", *https://www.ft.com/content/25975472-ea30-11e7-8713-513b1d7ca85a*, a.a. 02.01.2023, s. auch den auf James Kynges Artikel Bezug nehmenden Bericht „Cong sanshiliu ji kan Zhong-Mei boyi" (Das chinesisch-amerikanische Spiel aus der Sicht der 36 Strategeme), *http://www.ftchinese.com/story/001075663?full=y*, a.a. 02.01.2023.

[50] Zum ältesten Traktat über die 36 Strategeme s. Harro von Senger: *Strategeme 1*, „Die 36 Strategeme des ehrenwerten Herrn Tan."

[51] Michael Pillsbury: *The Hundred-Year Marathon*, Henry Holt and Company, New York 2015, S. 236, Anm. 11. Pillsbury verweist auf die Webseite *http://wengu.tartarie.com/wg/wengu.php?l=36ji&no=5* mit einem Text von Stefan H. Verstappen: „a Canadian author, researcher, and adventurer. He has written dozens of articles for various magazines and newspapers and is the author of 8 books including; The Way of the Warrior, The Thirty-Six Strategies of Ancient China, and The Art of Urban Survival", *http://www.chinastrategies.com/about/*, a.a. 02.01.2023.

[52] Otfried Höffe: „Im Sprechen erschaffen wir die Welt. Sprache ist mehr als Mitteilung – Charles Taylor zeigt, wie sie den Menschen zum Menschen macht", in: *NZZ*, 19.01.2018, S. 36.

[53] Michael Pillsbury, a.a.O., S. 247, Anm. 31.

[54] Michael Pillsbury, a.a.O., S. 80.

[55] S. *36SfM*, S. 3; Harro von Senger: *The 36 Stratagems for Business*, Marshall Cavendish Business, Singapur/London 2006, S. 3.

[56] „Griechenland verkauft Hafen Piräus an chinesische Reederei“, 08.04.2016, *http://www.spiegel.de/wirtschaft/soziales/griechenland-verkauft-hafen-piraeus-an-chinesische-reederei-a-1086152.html*, a.a. 02.01.2023; s. auch *36SfM*, S. 112ff.

[57] Stefan Willeke: „Die lautlose Revolution: Ein Chinese leitet die Wende ein“, 28.02.2018, *http://www.zeit.de/2018/10/volvo-automobilindustrie-china-daimler-autohaeuser/seite-2*, a.a. 02.01.2023.

[58] „Der hellwache Riese“, in: *DS*, Nr. 46/2017, S. 18.

[59] S. *Strategeme 1*, Kap. 13 „Ein Huhn töten, um den Affen einzuschüchtern.“

[60] „Chinesische Spioninnen verführen Diplomaten“, in: *FAZ*, aktualisiert am 21.10.2016, *http://www.faz.net/aktuell/gesellschaft/spionage-china-setzt-frauen-auf-botschafter-an-14490421.html#GEPC*, a.a. 02.01.2023.

[61] Stefan Baron, Guangyan Yin-Baron: *Die Chinesen*, Econ Verlag, Berlin 2018, S. 22.

[62] S. z.B. Jürgen Osterhammel: „Der sanfte Hegemon“, in: *SZ*, 02.11.2017, a.a. 05.03.2018.

[63] S. hierzu auch „Chinas angebliche Abkehr vom Marxismus“, in: *MoS*, S. 119f.

[64] „Chaoyue ‚zhongdeng shouru xianjing‘: Jiejue quanqiu bupingdeng de Zhongguo jingyan yu fang'an“ (Die „Falle des mittleren Einkommens“ überwinden: Die Erfahrung und das Programm Chinas betreffend die Lösung [des Problems] der globalen Ungleichheit), in: *Hongqi Wengao* (Manuskripte im Zeichen der roten Fahne), Beijing, Nr. 23/2017, S. 32.

[65] Ren Zhongping: Linghang, sixiang de liliang kaipi xin shidai (Was die Steuerung des [Staats]schiffes anbelangt, so eröffnet die Kraft der Ideologie eine neue Ära), in: *RR*, 05.12.2017, S. I.

[66] S. Michael Radunski: *Zutaten für ernsthafte Probleme,* in: *NZZ*, 27.08.2016, S. 5.

[67] Matthias Müller: „Viele Wege führen nach China“, in: *NZZ*, 25.05.2018, S. 9.

[68] Wladimir Iljitsch Lenin: *Staat und Revolution*, Verlag für fremdsprachige Literatur, Beijing 1971, S. 109.

[69] Prof. Dr. Stefan Bratzel, Professor für Automobilwirtschaft, Fachhochschule der Wirtschaft, Bergisch Gladbach, zitiert aus: „China dominiert die Autobranche“, „Echo der Zeit“, Schweizer Radio, 2. Programm, 11.03.2018, 19.24 Uhr.

[70] Claudia Gnehm: „Sigg: ‚Die Regierung in China hat einen enormen Durchgriff‘“, in: *Blick*, 12.11.2018, *https://www.handelszeitung.ch/konjunktur/uli-sigg-warnt-vor-dem-kaufhunger-der-chinesen-177699*, a.a. 30.04.2023.

[71] Siehe aber Abschnitt 2.68; siehe ferner „Stufen der Entstehung und Durchsetzung amtlicher Normen in der VR China“, in: Harro von Senger: *Einführung in das chinesische Recht*, Verlag C.H. Beck, München 1994, S. 320ff.

[72] Mo Yan: *Frösche*, dtv Verlagsgesellschaft, München 2014.

[73] S. Harro von Senger: „Von Maos mörderischem ‚Grossen Sprung‘ zu Dengs befreiendem Konsumwunder“, in: *Bücher am Sonntag*, Beilage zur *NZZaSo*, 27.04.2014, S. 21.

[74] S. „Die drei grundlegenden Arten von Parteinormen der KPCh: I. Die politische Linie der Partei; II. Die Polaritätsnormen der Partei; III. Die Politnormen der Partei“, in: *Einführung*, S. 290ff.

[75] „‚This is an article I had written on the goals of 2049,‘ says von Senger, adding that China had already discussed such a long-term goal in the 1980s, and it

aimed to be a developed country then. ‚Thirty-two years ago, I knew China had a very long, long-term goal,' von Senger says"; Fu Jing: „How Switzerland adopted the wisdom of China", in: *China Daily*, Beijing, 02.06.2017, S. 22, *http://europe.chinadaily.com.cn/epaper/2017-06/02/content_29587174.htm*, a.a. 02.01.2023.

[76] „Früher vertraute ich den Menschen, wenn ich nur ihre Worte hörte. Heute hingegen höre ich die Worte der Menschen, betrachte aber zugleich auch ihre Taten", *Lunyu*, Gongye Zhang Kap. V Abschnitt 9.2., zitiert aus: *Konfuzius. Gespräche*. Aus dem Chinesischen übersetzt und herausgegeben von Ralf Moritz, Reclam-Verlag Leipzig, 1982, S. 60.

[77] Urs Schoettli: „Chinas Kommunisten halten am Machtmonopol fest", in: *NZZ*, 25.07.2007, S. 5.

[78] „China wird die USA bis 2032 überholen", in: *NZZ*, 28.12.2017, S. 22; Huang Taiyan: „Shehui zhuyao maodun de zhuanhua guilü ji qi zhengce quxiang" (Die dem Wandel des gesellschaftlichen Hauptwiderspruchs [zugrunde liegenden] Gesetzmäßigkeiten und die Implikationen für die Politnormen), in: *GMRB*, 21.11.2017, S. 11.

[79] Beat U. Wieser: „China drängt zu den Weltmeeren", in: *NZZ*, 18./19.06.2011, S. 1.

[80] S. Harro von Senger: „Drei Welten und vier Modernisierungen - Der NVK verabschiedet die dritte Verfassung", in: *TA*, 18.04.1978, S. 45.

[81] „Zhongguo shou ge haiwai baozhang jidi touru shiyong" (Die erste überseeische chinesische Unterstützungsbasis [es heißt ausdrücklich nicht „Militärstützpunkt"] wird in Betrieb genommen), in: *RR*, 01.08.2017, S. 3, *http://chinalporg.cn/newsitem/277951146*, a.a. 02.01.2023.

[82] „Südchinesisches Meer. Schiedshof in Den Haag rügt China im Inselstreit. China hat im Südchinesischen Meer einige Riffe besetzt. Zu Unrecht, sagt der Ständige Schiedshof in Den Haag. Er gibt damit der Klage der Philippinen statt. Peking will das Urteil nicht akzeptieren", 12.07.2016, *http://www.spiegel.de/politik/ausland/suedchinesisches-meer-schiedshof-in-den-haag-ruegt-china-im-inselstreit-a-1102538.html*, a.a. 02.01.2023; Nina Belz, Matthias Müller: „‚Chinas Ansprüche sind nicht gerechtfertigt.' In den vergangenen Jahren hat China seine Gebietsansprüche im Südchinesischen Meer immer aggressiver geltend gemacht. Nun hat ein internationales Schiedsgericht entschieden: Dafür gibt es keine rechtliche Grundlage", in: *NZZ* 12.07.2016, *https://www.nzz.ch/international/territorialstreit-im-suedchinesischen-meer-chinas-ansprueche-sind-nicht-gerechtfertigt-ld.105274*, a.a. 02.01.2023.

1

Moulüe: Supraplanung – ein unerkanntes chinesisches Konzept der Zukunftsgestaltung

1.1 Moulüe: Ein 1700 Jahre altes Wort in modernem Gebrauch

Eine der ältesten Belegstellen für „Moulüe“ findet man in der *Geschichte der Späteren Han-Dynastie* von Fan Ye (398 – 445 u. Z.).[1] Bei einer im März 2018 durchgeführten Internetrecherche fand ich in der E-Buchhandelsplattform Dangdang, einem chinesischen Pendant von Amazon, unter dem Stichwort „moulüe“ 3898 Einträge.[2] Da gibt es Bücher mit Titeln wie *Grundlagen der modernen Moulüe-Ausbildung*[3], *Moulüe-Theorie*[4], *Sun Zi. Die Kunst des Krieges und Moulüe in der Wirtschaftsführung*[5], *100 [Kapitel über] kaufmännisches Moulüe*[6], *Führungsmoulüe*[7], *Das Moulüe-Denken*[8], *Durch das Studium der Geschichte Moulüe erlernen*[9], *Moulüe bei der Regelung von Rechtsfällen im alten China*[10], *Moulüe für den Rechtsanwalt*[11], *Krieg und Moulüe*[12], *Moulüe des Weisen*[13], *Über Mao Zedongs militärische Moulüe-Theorie*[14], *20 Moulüe-Klassiker, die man gelesen haben* muss[15] und für Kinder *Das Redewendungs-Versteckspiel - Ausgabe Weisheit und Moulüe*[16] sowie *Inspirierende kleine Geschichten für Schüler aus dem Fundus der nationalen Gelehrsamkeit: Herzensgüte - Moulüe - Lauterkeit*[17].

Die hohe Wertschätzung, derer sich Moulüe in der VR China erfreut, kann man aus der Tatsache ersehen, dass der Marschall und Verteidigungsminister der VR China in den Jahren 1978 bis 1981 Xu Xiangqian (1901–1990) den Titel eines Moulüe-Buches kalligrafiert hat.[18]

1.2 25 Jahre für die Übersetzung eines chinesischen Wortes

Eine der spirituellen Quellen, aus denen chinesische Führer schöpfen, ist das chinesische Konzept der Zukunftsgestaltung „Moulüe". Über mein Verständnis von „Moulüe" äußert die in Beijing erscheinende englischsprachige Tageszeitung *China Daily* am 02.06.2017:

> „Ein amerikanischer Gelehrter, der als ‚einer der führenden China-Experten der US-Regierung' gilt, übersetzt ‚moulüe' mit ‚täuschende Strategie'[19], was sehr oberflächlich sei, sagt [Harro von Senger].
>
> So prägte er das englische Wort supra-planning[20], das dem ‚strategischen Denken', welches im Westen als höchste Planungsebene gilt, überlegen ist.
>
> ‚Manchmal müssen wir ein neues Wort prägen, um auf ein einzigartiges Phänomen einer anderen Zivilisation aufmerksam zu machen', sagt von Senger."[21]

„Es ist durchaus möglich, dass wir es mit Strukturen und Entwicklungen zu tun haben, die sich unseren westlichen Begrifflichkeiten entziehen", meint Dieter Ruloff, Professor für politische Wissenschaft an der Universität Zürich, mit Blick auf China.[22] Das ist eine richtige Feststellung. Aber man darf nicht bei ihr stehen bleiben. Es stellt sich vielmehr die Aufgabe, solche Strukturen und Entwicklungen westlichen Menschen zu erschließen. Das ist eine der Aufgaben der Sinologie.

Es ist für einen europäischen Menschen schwierig, gewisse chinesische Wörter und Konzepte zu begreifen. Mein allmähliches Verständnis von Moulüe ist das Ergebnis von Jahrzehnten der Beschäftigung mit eben diesem einen Wort.[23]

Erstmals begegnete mir das das Wort „moulüe" im Jahr 1981 im Ausdruck „Moulüexue".[24] „Xue" bedeutet „Kunde" oder „Lehre". 1988 übersetzte ich diesen Ausdruck mit „Strategemkunde".[25] Immer wieder beschäftigte ich mich mit dem Wort „Moulüe." Ich las chinesische Bücher wie etwa „Über Moulüe",[26] „Der Moulüespeicher"[27], „Praktisches Lexikon der Moulüekunde"[28] und „Der Weg der militärischen Moulüe"[29].

In einer 1996 veröffentlichten Abhandlung übersetzte ich „Moulüe" immer noch mit „Strategem". Ich schrieb u. a.: „Die chinesischen Bücher listigen Inhaltes, in deren Titel das Wort ‚Moulüe' vorkommt, lassen sich gar nicht alle aufzählen. Beispiele sind etwa Zhonghua Moulüe Wuqian Nian (Fünftausend Jahre chinesischer Strategeme) und Moulüejia (Der Strategemkundige).[30] Eins ums andere Mal befragte ich – natürlich in chinesischer Sprache – chinesische Fachleute über den Begriffsgehalt des Wortes ‚Moulüe'." Im zweiten Band meines Buchs „Strategeme", Bern 2000, relativierte ich meine 1988 publizierte Übersetzung von „Moulüexue". Ich schrieb nun: „Was ich hier mit ‚Strategemkunde' übersetze, wird im Chinesischen ‚Moulüexue' genannt und umfasst mehr als nur gerade die 36 Strategeme, doch diese spielen eine wichtige inhaltliche Rolle in diesem im Entstehen begriffenen Fachgebiet."[31] Weitere Bücher wie „[Deng] Xiaopings Moulüe"[32] und „Mao Zedongs Moulüekunde"[33] verhalfen mir zu einem vertieften Verständnis von „Moulüe". So gelangte ich zur Einsicht, dass meine Übersetzung von

„Moulüe“ mit „Strategem“ zu kurz griff. Da ich nicht dem Irrtum verfallen war zu glauben, dass die chinesische Sprache mit der deutschen oder einer anderen westlichen Sprache deckungsgleich sei, dass also die deutsche Sprache für jedes chinesische Wort ein genau entsprechendes deutsches Wort bereitzustellen imstande sei, erschuf ich in der ersten Auflage dieses Buches für „Moulüe“ das Wort „Supraplanung“ Unter meiner Ägide verfasste der Amerikaner Christopher Detweiler die – soweit bekannt – bisher einzige westliche Doktorarbeit über „Moulüe“ unter dem Titel „Eine Einführung in die moderne chinesische Wissenschaft der militärischen Supraplanung“.[34]

1.3 Zwei Alleinstellungsmerkmale von Moulüe

„Supra“ ist nicht im Sinne von „super“, also „hervorragend“, zu verstehen, sondern nur im Sinne von „über“. Es soll also nur die durch zwei Alleinstellungsmerkmale gekennzeichnete Position dieser Art von Planung angegeben werden.

Die zwei Alleinstellungsmerkmale von „Moulüe“ fasst die englischsprachige chinesische Tageszeitung *China Daily* vom 02.06.2017 in komprimierter Weise zusammen:

> „[Harro von Senger] sagt, dass Supraplanung bzw. Moulüe eine breit gefächerte Planungskunst sei, die nur in China entwickelt worden sei. Er erläutert Moulüe anhand des Yin-Yang-Symbols.
>
> Der [helle] Yang-Teil verweist auf Gesetze, Verordnungen, Sitten und Routine. Aber der [dunkle] Yin-Teil verweist auf verborgene Wege der Problemlösung und erfordert Weis-

> heit [im chinesischen Sinne[35]] und Kreativität. [...] Zur Yin-Yang-Charakteristik der Supraplanung tritt, so von Senger, noch als eine weitere Eigenheit das langfristige Denken hinzu."[36]

Die zwei Alleinstellungsmerkmale müssen nicht kumulativ vorhanden sein. Ein Merkmal genügt, damit Moulüe vorliegt.

Zunächst möchte ich mich der Yu-Gong-Dimension zuwenden, einem aus westlicher Sicht außergewöhnlich langen Durchhaltevermögen im Hinblick auf eine weit in die Zukunft reichende Zielsetzung.

Yu Gong[37], der törichte Greis, störte sich an zwei großen Bergen, die den Weg, der von seiner Haustür nach Süden führte, versperrten. Trotz seines hohen Alters fasste er den Entschluss, die Berge mit Hacken abzutragen. Er begann mit seinen Söhnen, den ersten Berg auszuheben. Ein anderer Greis lachte, als er sie sah, und meinte: „Ihr treibt aber wirklich Unfug; ihr paar Leute könnt doch unmöglich zwei solche riesigen Berge abtragen!" Yu Gong antwortete ihm: „Sterbe ich, bleiben meine Kinder; sterben die Kinder, bleiben die Enkelkinder, und so werden sich die Generationen in einer endlosen Reihe ablösen. Diese Berge sind zwar hoch, aber sie können nicht mehr höher werden; um das, was wir abtragen, werden sie niedriger: Warum sollten wir sie da nicht abtragen können?"[38]

Unter „Planung" versteht man gemeinhin „den geistigen, auch organisatorisch und institutionell ausgeformten Vorgang, durch Abschätzungen, Entwürfe und Entscheidungen festzulegen, auf welchen Wegen, mit welchen Schritten, in welcher zeitlichen und organisatorischen Abfolge, unter welchen Rahmenbedingungen und schließlich mit welchen Kosten und Folgen ein bestimmtes Ziel erreicht werden soll".[39] Bei der durch die Yu-Gong-Dimension gekennzeichneten Supraplanung geht es vor allem um die weit in die Zukunft reichende Zielfestsetzung und nicht um die minutiöse Festlegung von Wegen zum Ziel. Infolge der Yu-Gong-Dimension steht Supraplanung über der höchsten Stufe des im Westen üblichen planenden Denkens und Handelns, nämlich der strategischen Stufe.

Man sagt, in den Vereinigten Staaten denke man in zehn Jahren […], während man in China in Jahrhunderten denkt." Das sagte der frühere US-Präsident Nixon am 5. September 1985 bei einem Vortrag an der Pekinger Universität für Außenwirtschaft und Handel. „Zehn Jahre sind ungefähr die maximale Zeit, in der wir als Nation ein stabiles Ziel verfolgen und unser Ziel erreichen können", sagte der ehemalige Vizepräsident der USA, Al Gore. Das Apollo-Programm ist ein Beispiel für kurzfristige Planung in den USA. Am 25. Mai 1961 kündigte Präsident John F. Kennedy das Ziel an, noch vor Ende des Jahrzehnts einen Amerikaner sicher zum Mond zu schicken und ihn auf die Erde zurückzubringen. Nach sechs erfolgreichen Mondlandungen endete das Apollo-Programm 1972. Es war ein kurzes Feuerwerk, das sehr schnell verglühte. Weitere Planungen waren damit nicht verbunden. Im März 2000 verkündete der Europäische Rat die sogenannte Lissabon-Strategie, um die Europäische Union innerhalb von zehn Jahren „zur wettbewerbsfähigsten und dynamischsten wissensbasierten Wirtschaft der Welt" zu machen.[40] Die Strategie Europa 2020 wurde von der Europäischen Kommission am 3. März 2010 als Nachfolgestrategie der nicht verwirklichten Lissabon-Strategie (2000 – 2010) unter dem Motto „eine Strategie für intelligentes, nachhaltiges und integratives Wachstum" verabschiedet.[41] Beide Strategien sind auf zehn Jahre befristet.

Das Yin-Yang-Symbol

Das zweite Alleinstellungsmerkmal ist die Yin-Yang-Dimension. „Moulüe“ umfasst in jedem Fall und auf allen Ebenen neben dem transparenten und berechenbaren Denken in regulären Bahnen immer auch die nicht unbedingt offengelegte strategemische Komponente. Hinter konventionell anmutenden Maßnahmen können jederzeit „hidden agendas“ lauern. Westliches Planungsdenken verfügt über keine Yin-Yang-Dimension, sondern konzentriert sich auf herkömmliche Methoden. List spielt keine nennenswerte Rolle. So schreibt Carl von Clausewitz in seinem Buch *Vom Kriege* in Kapitel 3.10:

> „Je schwächer aber die Kräfte, welche der strategischen Führung unterworfen sind, um so zugänglicher wird diese der List sein, so daß dem ganz Schwachen und Kleinen, für den keine Vorsicht, keine Weisheit mehr ausreicht, auf dem Punkt, wo ihn alle Kunst zu verlassen scheint, die List sich als die letzte Hilfe desselben anbietet. Je hilfloser seine Lage ist, je mehr sich alles in einen einzigen verzweiflungsvollen Schlag zusammendrängt, um so williger tritt die List seiner Kühnheit zur Seite. Von aller weiteren Berechnung loslassend, von aller späteren Entgeltung befreit, dürfen Kühnheit und List einander steigern und so einen unmerklichen Hoffnungsschimmer auf einen einzigen Punkt vereinigen, zu einem einzigen Strahl, der allenfalls noch zu zünden vermag.“[42]

Wie man sieht, haben Strategeme nach diesem klassischen westlichen Strategiebuch nur eine Randfunktion. Sie sind nicht das Produkt sorgfältiger Planung, sie sind „von aller weiteren Berechnung loslassend, von aller späteren Entgeltung befreit“, und sie helfen nur in letzter Minute, sie haben eine rein taktische Relevanz. Auch das berühmte „Harvard-Konzept“, um nur ein modernes Beispiel zu nennen, vernachlässigt Strategeme.[43]

Meines Wissens gibt es kein westliches Planungskonzept, das sowohl eine Yin-Yang-Dimension als auch eine Yu-Gong-Dimension aufweist. Daher kann man füglich sagen, dass Moulüe, ob sie nun nur die Yin-Yang-Dimension oder nur die Yu-Gong-Dimension aufweist, über westlichen Planungsanleitungen steht. „Über“ lautet auf lateinisch „supra“. Mir scheint, dass der Terminus „Supraplanung“ geeignet ist, das westliche Publikum für die Besonderheiten von Moulüe zu sensibilisieren.

Supraplanung bedeutet einen dynamischen Prozess auf ein Ziel hin und nicht ein starres Festhalten an einer ein für alle Mal fixierten, detailliert im Voraus ausgearbeiteten Schrittfolge. Vielmehr können innerhalb der durch die Supraplanung vorgezeichneten großen Richtung (chinesisch: fangxiang) auf ein Ziel hin infolge einer plötzlichen Änderung einer Konstellation nötigenfalls ad hoc unterschiedliche und gänzlich unvorhergesehene Wege eingeschlagen werden. Diese mögen dem Nichteingeweihten als „pragmatisch“ erscheinen. Supraplanerisches Denken ist demgemäß flexibles, langfristiges und weiträumiges, zielgerichtetes Denken, das ständig zwischen orthodoxem und unorthodoxem strategemischem Verhalten hin und her oszilliert. In einem verdünnten Sinne reduziert es sich auf eine womöglich rein taktische oder einem Augenblicksbedarf dienliche sowohl strategem- als auch routinekompetente Intelligenz von überdurchschnittlicher Raffinesse.

1.4 Wie ein Chinese ein deutsches Universitätslogo auslegt

Hier möchte ich kurz auf Herrn Ge Cungen (geb. 1976) zu sprechen kommen. Er ist Verfasser eines Buches über die Anwendung der 36 Strategeme in der Wirtschaft und Autor der ersten Magisterarbeit über die 36 Strategeme, die an einer Universität der VR China angenommen wurde.[44] Von Oktober 2007 bis Oktober 2008 hielt er sich auf meine Einladung hin als Bundeskanzler-Stipendiat der Alexander von Humboldt-Stiftung im Fachbereich Sinologie der Albert-Ludwigs-Universität Freiburg i. Br. auf. Wiederholt habe ich mit ihm meine Deutung von „Moulüe“ erörtert. Dieser chinesische Strategemforscher legte das folgende Logo im Sinne der Supraplanung aus:

Jubiläumslogo der Albert-Ludwigs-Universität Freiburg

Gemäß diesem Logo bezeichnet die Gesamtkontur gewissermaßen den Zielzustand, den man durch Supraplanung erreichen will. Aber auf dem Weg zum Ziel sind im Rahmen eines dynamischen Prozesses viele zum Teil plötzliche Windungen und Wendungen vorzunehmen. Sie sind jeweils mittels untergeordneter Strategien und Taktiken je nach Situation und Erfordernis immer wieder aufs Neue zu konzipieren, zu evaluieren, anzupassen oder wieder aufzugeben und durch andere oder bessere Strategien und Taktiken zu ersetzen. So ist Supraplanung nicht als ein starres Handlungskonzept, sondern als eine flexible Zielausrichtung zu verstehen. Supraplanung legt das Ziel fest. Ein ganzer, durch die Supraplanung koordinierter Verbund von Einzelstrategien und -taktiken soll dann dafür sorgen, dass das relativ feste und unveränderliche Ziel planmäßig erreicht werden kann. Wenn man nur die konkrete Einzelstrategie oder -taktik wahrnimmt oder sich ganz in konkrete Geschäftstransaktionen verstrickt, dann wird man natürlich von der Supraplanung nichts merken. Dies wird wohl für die meisten westlichen Geschäftsleute in China gelten. Sie sehen nur konkrete Geschäftsabläufe, die ihnen alle als ausgesprochen „pragmatisch“ vorkommen dürften.

1.5 Was in Europa nicht gedacht worden ist

„Es gibt ganz gewiss Dinge, die China nicht gedacht hat.“[45] Dieser Feststellung des angesehenen französischen Philosophen François Jullien ist zuzustimmen. Aber es gibt umgekehrt auch Dinge, die Europa nicht gedacht hat. Ein dynamisches Konzept wie das der Supraplanung, das ein Denken in derartigen Zeitdimensionen und mit solch einer Betonung von ständig aktivierbarer Strategemkompetenz empfiehlt, scheint es im westlichen Bewusstsein nicht zu geben.[46] „Was nicht benannt ist, das ist nicht.“[47] Wörter sind Grundkomponenten des Denkens und des Zugriffs auf die Wirklichkeit, so wie sie sich der Mensch schafft. Daher können fehlende Wörter zu fehlenden Denkinhalten und mangelhaften Wirklichkeitswahrnehmungen führen. Da dem so ist, dürften die Wörter „Supraplanung" und „Supraplanungskunde" zur blitzlichtartigen Erhellung des „Moulüe"-Konzepts aus dem Reich der Mitte und vieler dort zu beobachtender, mit „Moulüe" zusammenhängender Geschehnisse dienlich sein.

Supraplanung beschäftigt sich mit Lageanalysen und Chancenverwertungen. Insofern sie auch Konstellationskreationen (zaoshi)[48] umfasst, geht es keineswegs immer nur darum, um Bismarck zu zitieren, „abzuwarten, bis man den Schritt Gottes durch die Ereignisse hallen hört, dann vorzuspringen und den Zipfel seines Mantels zu fassen"[49].

Rein passiv und ziellos lediglich ein vorhandenes Situationspotenzial bis zur Neige ausnutzen – so mögen Chinesen manchmal vorgehen. Oft geht es Chinesen aber darum, eine Ereigniskette aktiv zu gestalten. Sowohl konstellationsausnützend als auch konstellationsgestaltend verhält sich die KPCh. Stets verfolgt sie irgendwelche Ziele.

Neben der großen Gesamtschau verlangt die Supraplanung, auch kleinste Details in Betracht zu ziehen und mit größter Sorgfalt zu erledigen.[50] Dafür kennt die chinesische Sprache den Ausdruck „jinxiao-shenwei" (außerordentliche Umsicht bei Kleinigkeiten). Der amerikanische Harvard-Professor William C. Kirby staunte darüber, dass sich 1957/58 der chinesische Ministerpräsident Zhou Enlai (1898–1976) höchstpersönlich das entscheidende Wort über Chinas Sojabohnenexporte in die DDR vorbehielt.[51] Der Versorgung des chinesischen Binnenmarktes mit Schweinefleisch gewidmet war auch schon einmal eine ordentliche Sitzung des Staatsrates unter der Leitung des chinesischen Ministerpräsidenten Wen Jiabao.[52] „Xi Jinping erteilte unlängst eine wichtige Weisung.

Er betonte, man müsse unentwegt eine ‚Toiletten-Revolution' vorantreiben, um eifrig Defizite zu beheben, welche die Lebensqualität der Massen beeinflussen." So lautet am 28.11.2017 der Titel eines Leitartikels in einer überregionalen Beijinger Tageszeitung.[53] Und am folgenden Tag verkündet der Titel eines weiteren Leitartikels: „Ein großes [Mit]gefühl für eine [scheinbar] kleine Angelegenheit im Leben des Volkes. Bemerkungen zu Generalsekretär Xi Jinpings Eintreten für die Durchführung einer ‚Toiletten-Revolution'."[54]

Das Achten auf Kleinigkeiten macht supraplanerisch durchaus einen Sinn. Denn „an Details erkennt man, ob jemand [ernsthaft Verantwortung] auf sich nimmt"[55], und „manchmal scheitert alles an einem kleinen Detail"[56], ja „Details entscheiden über die Geschichte"[57]. „Ein falscher Schritt, und schon wird möglicherweise eine ganze Epoche verspielt."[58]

Eine chinesische Redewendung umschreibt ein Verhalten, dem keine Chance, aber auch keine Einzelheit entgeht: „Yan guan liulu, er ting bafang" (die Augen auf die sechs Wege richten, die Ohren nach den acht Richtungen hin spitzen).

1.6 Definition von „Supraplanung"

Das Bild auf S. XLVIII in der Einleitung zeigt eine Fotografie von drei Büchern, die sich in Xi Jinpings Bibliothek befinden. Hervorheben möchte ich, dass neben dem Traktat *Die 36 Strategeme* das Werk *Vom Kriege* von Carl von Clausewitz aufgestellt ist. *Die 36 Strategeme* mit lauter Anleitungen zu listkundigem Verhalten stehen für Problemlösungen im dunklen Yin-Bereich, wogegen *Vom Kriege* mit einem winzigen Abschnitt über die List stellvertretend für Problemlösungen im hellen Yang-Bereich steht. Kombiniert man das in beiden Büchern präsentierte Wissen, dann ergibt sich Moulüe-Kompetenz.

In *Vom Kriege* findet sich der Satz: „Die Strategie ist die Lehre vom Gebrauch der Gefechte zum Zweck des Krieges, die Taktik [ist] die Lehre vom Gebrauch der Streitkräfte im Gefecht.“[59]

Demgegenüber möchte ich „Moulüe“ wie folgt definieren: „Moulüe ist die Lehre vom kurz- oder sehr langfristigen Gebrauch unlistiger und listiger Strategien und Taktiken zum Erzielen eines Erfolges in einer zivilen Auseinandersetzung bzw. im sicherheitspolitischen Bereich zum Zwecke des Sieges, optimalerweise unter Vermeidung eines Krieges und daher ohne den Gebrauch der Streitkräfte.“

Am 02.07.2013 erschien in der *Renmin Ribao* (Volkszeitung), dem Sprachrohr des ZK der KPCh, ein ganzseitiges Inserat über eine „Sammlung von 30 überlieferten klassischen chinesischen Werken“.[60] Sie wurde in einer limitierten Auflage von 500 Exemplaren zum Preis von 36 000 Yuan angeboten. In der Mitte der obersten abgebildeten Buchreihe war das Buch *Die 36 Strategeme* zu sehen, und zwar auf derselben Stufe wie die seitlich positionierten *Gespräche*, das wichtigste Werk des Konfuzianismus, und das *Daodejing*, das grundlegende Werk des Taoismus.

Der dem Traktat *Die 36 Strategeme* gewidmete Werbetext lautet:

> „Dieses Buch verallgemeinert das Strategem[wissen] der Militärexperten der chinesischen Antike. Es ist ein berühmtes Werk der militärischen Moulüe und der Inbegriff der Militärexpertise und des Einfallsreichtums der aufeinanderfolgenden Epochen [der chinesischen Geschichte]. Nicht nur für angemessene Maßnahmen im militärischen Bereich und im politischen Kampf, sondern auch im gesamten sozialen Leben, in der Wirtschaft und in der Diplomatie sowie im zwischenmenschlichen Umgang ist es im höchsten Maße anwendbar.“

Man sollte nun nicht glauben, dass Chinesen unaufhörlich immer nur in den Kategorien von Strategemen denken und vorgehen. Als Quintessenz der chinesischen Listkunde sind die 36 Strategeme vielmehr einzuordnen in die chinesische Kunst der Planung, die Moulüe genannt wird. Dies geht aus dem oben zitierten Werbetext hervor.

1.7 Womit auch zu rechnen ist: Chinesische Hast

In den vielen Jahrzehnten, in denen ich mich immer wieder in der VR China aufhielt, fiel mir nur ein einziges Mal auf einer Anzeigetafel ein Konfuzius-Zitat auf. Im November 2017 sah ich am Rand einer Beijinger Ringstraße auf einem Schild den Ausspruch „Yu su, ze bu da (Wenn du schnell sein willst, kommst du nicht ans Ziel)".[61]

Dass es Konfuzius (551 – 479 v. u. Z.) für notwendig erachtete, vor hastigem Handeln zu warnen, beweist, dass dieses bereits in alter Zeit in China verbreitet war.

Davon zeugt auch eine Geschichte im Werk des Menzius (372 – 289), des zweitwichtigsten Vertreters des Konfuzianismus. „Es war einmal ein Mann in Song, der war traurig darüber, dass sein Korn nicht wuchs, und daher zog er es in die Höhe. Ahnungslos kam er nach Hause und sagte zu den Seinigen: Heute bin ich müde geworden, ich habe dem Korn beim Wachsen geholfen. Sein Sohn lief schnell hinaus, um nachzusehen, da waren die Pflänzchen alle welk."[62] Diese Geschichte lebt in der Redewendung „ba miao zhu zhang (an einem Sprössling ziehen, um ihm beim Wachsen zu helfen. Sie nimmt das bei Chinesinnen und Chinesen bisweilen zu beobachtende Streben nach schnellen Erfolgen aufs Korn.[63] Häufig begegnete mir dieser Ausdruck bei der Lektüre chinesischer Zeitungen als Ausdruck der Kritik an der Einstellung gewisser Amtsträger, ja sogar Mao Zedongs[64], der 1958 glaubte, durch einen „großen Sprung nach vorn“ in Rekordzeit das kommunistische Zeitalter erreichen zu können.[65] Kein Wunder, dass für den Ausdruck „Ji yu jiu cheng (auf einen schnellen Erfolg erpicht sein)“ „Baidu“, das chinesische Pendant zu Google, im April 2023 100 000 000 Fundstellen aufwies.

Aus den dramatischen Folgen von Maos Ungeduld[66] hat die KPCh ihre Lehren gezogen. Maos Hast hat sie weitgehend durch Supraplanung ersetzt.

Siehe auch „Jagd nach schnellen Erfolgen [...]“ (Abschnitt 2.67).

1.8 Blick in ein Moulüe-Lehrbuch für chinesische Funktionäre

Die Yin-Yag-Komponente von Moulüe möchte ich anhand des Buches *Moulüe Zhi Dao (Moulüe-Weg[leitungen])* veranschaulichen. Es erschien 2015 in der „Reihe von Lehrmaterialien zur landesweiten Unterweisung von Führungskadern in traditioneller chinesischer Gelehrsamkeit“.[67]

Das Buch umfasst vier Kapitel:

- 1. Kapitel Wirtschaftliche Moulüe
- 2. Kapitel Politische Moulüe
- 3. Kapitel Militärische Moulüe
- 4. Kapitel Diplomatische Moulüe

Zu den 16 Moulüe-Anleitungen, die im Kapitel „Wirtschaftliche Moulüe“ aufgezeigt werden, gehören:

> Zhiguo zhi dao, bi xian fu min (Auf dem Weg zu einem geordneten Staatswesen muss man als Erstes das Volk wohlhabend machen).

Im Kapitel „Politische Moulüe“ werden ebenfalls 16 Moulüe-Anleitungen empfohlen, darunter:

> Cang qiao shou zhuo, taoguang yanghui (Seine Fertigkeiten verbergen und sich dumm stellen, die eigenen Lichtstrahlen abdunkeln und sich im Verborgenen aufbauen).

23 Moulüe-Anleitungen sind Gegenstand des Kapitels „Militärische Moulüe“, wie etwa:

> Bu zhan er qu ren zhi bing (Ohne einen Waffengang die Streitmacht der Männer der Gegenseite gefügig machen).

Das Kapitel „Diplomatische Moulüe“ empfiehlt neben elf anderen Moulüe-Anleitungen:

> Yuan jiao jin gong (Sich mit dem fernen Feind verbünden, um den nahen Feind anzugreifen).

Wie man sieht, gehören einzelne Moulüe-Anleitungen wie „Auf dem Weg zu einem geordneten Staatswesen muss man als Erstes das Volk wohlhabend machen“ in den hellen Yang-Bereich, wogegen andere Moulüe-Anleitungen im dunklen Yin-Bereich angesiedelt sind, wie z. B. „Sich mit dem fernen Feind verbünden, um den nahen Feind anzugreifen“. Es handelt sich hierbei um das Strategem Nr. 23 in der Liste der 36 Strategeme (*Strategeme 2,* Kap. 23.1).

1.9 Die Schweiz als Backstein

Aus Anlass der Unterzeichnung des chinesisch-schweizerischen Freihandelsabkommens erschien in einer führenden chinesischen Tageszeitung ein Kommentar mit dem Titel:

„Chinesisch-schweizerisches Freihandelsabkommen: Die Schweiz ist der Backstein, die EU ist der Jadestein."

Das ist eine eindeutige Anspielung auf das Strategem Nr. 17 „Einen Backstein hinwerfen, um einen Jadestein zu erlangen". In dem Artikel wird sinngemäß dargelegt, dass das Freihandelsabkommen mit der kleinen Schweiz eigentlich etwas Geringfügiges sei, vergleichbar mit einem Backstein. Ein Freihandelsabkommen mit der EU wäre dagegen für China von großem Wert, vergleichbar mit einem Jadestein. Durch das Freihandelsabkommen mit der Schweiz erhoffe man sich in China, dass nun auch die EU auf den Geschmack kommen und ein Freihandelsabkommen mit China vereinbaren werde.

Dieses Beispiel veranschaulicht das chinesische, Konventionelles und Listiges überwölbende Moulüe-Denken. Während westliche Menschen ein Freihandelsabkommen wohl nur unter juristischem Blickwinkel betrachten, wird es in China gleichzeitig als ein rechtlicher Vorgang und als eine Strategemanwendung wahrgenommen.

1.10 Ein 50-Jahres-Plan zur Errichtung eines über 2000-jährigen Kaiserreichs

Ein geschichtliches Beispiel für die Yu-Gong-Dimension chinesischer Supraplanung liefert gemäß der chinesischen Moulüe-Literatur[68] Fan Sui (gest. 255 v.u.Z.) gegen Ende des Zeitalters der Streitenden Reiche (5.–3. Jh. v.u.Z.). Er war im Staate Qi unter falschen Verdacht geraten und gelangte 271 v.u.Z. in den westlich gelegenen Staat Qin. Dort herrschte

König Zhao (306 – 251 v. u. Z.). Um das Jahr 268 v. u. Z. lud König Zhao Fan Sui zu einer Audienz ein.

In dessen Verlauf schlug ihm Fan Sui vor, gestützt auf das Strategem Nr. 23 „Sich mit dem fernen Feind verbünden, um den nahen Feind anzugreifen", die Einigung ganz Chinas durchzuführen. Herzog Zhao ließ sich von Fan Sui überzeugen und verzichtete fortan auf Feldzüge gegen ferngelegene Ziele. Wenn Qin einen nahen Staat angriff, erreichte es Qin durch Diplomatie immer wieder, dass sich potenzielle in der Ferne gelegene Verbündete des angegriffenen Staates neutral verhielten. So wandte sich Qin zunächst gegen die Nachbarstaaten Han und Wei und dann gegen den Staat Zhao. Der spätere Reichseiniger Qin Shihuang (259 – 210 v. u. Z.) setzte Fan Suis Strategem weiterhin in die Tat um. „Durch Intrigen und Bündnisse isolierte er die am nächsten liegenden Staaten, griff sie an und verleibte sich so einen nach dem anderen ein. [Im Jahre 221 v. u. Z.] war China geeint, und der Zerfleischung der Staaten untereinander war ein Ende gesetzt. Das erste [...] Kaiserreich der chinesischen Geschichte mit zentralistischer Macht war geboren."[69] Mit dem von ihm in Worte gefassten Strategem hat Fan Sui bei der Reichseinigung durch Qin „eine riesige Rolle gespielt"[70] (s. *Strategeme 2*: Kap. 23.1). In diesem Fall ist das Strategem nicht auf der niederen taktischen Ebene, sondern auf der Höchstebene, jener der die Strategien und Taktiken für die Kriege gegen die einzelnen Staaten überwölbenden Supraplanung, angesiedelt. Die Supraplanung selbst ist strategemisch konzipiert.

1.11 Das Zwiegespräch in Longzhong

Dreimal musste Liu Bei (161 – 223) den „Schlafenden Drachen" Zhuge Liang (181 – 234) in dessen Strohhütte in Longzhong aufsuchen, bis dass er ihn endlich traf und um Rat fragen konnte. Diesen in China landauf, landab bekannten Vorgang und die Hintergründe habe ich in meinem Buch *Strategeme 1* (Kap. 16.21 „Drei Mal die Strohhütte aufsuchen") ausführlich geschildert. Liu Bei wollte nach dem Ende der Han-Dynastie (221 v. u. Z. bis 206 u. Z.) in China die Nummer eins werden. Aber es schien, als hätten sich bereits überall Machtgruppen etabliert. Nun war ihm zu Ohren gekommen, dass der „Schlafende Drache" ein Ratgeber von überragender Geisteskraft sei.

Zhuge Liang auf einer Briefmarke, die ich am 22. November 2017 in Beijing erstanden habe

Als er Zhuge Liang endlich gegenübersaß, entspann sich das Zwiegespräch in Longzhong. Es wird in der heutigen chinesischen „Moulüe"-Literatur als Beispiel der Supraplanung gewürdigt.[71] Nach der herrschenden Historikermeinung fand das Gespräch im Jahr 207 u. Z. statt. Zhuge Liang schilderte seinen mehrere Jahrzehnte überspannenden Plan, wie Liu Bei das Reich zu gewinnen vermöchte. Er schlug Liu Bei vor, sich zunächst das Gebiet der heutigen Provinz Sichuan als Machtbasis zu sichern. Dann solle er sich mit Sun Quan, dem König des östlich davon gelegenen Reiches Wu, gutstellen, die Fremdvölker im Westen und im Süden gewinnen und mit geballter Kraft gegen Cao Cao, den Herrscher des nördlichen Reiches Wei, vorgehen. So könne er die Han-Dynastie wiederherstellen und das Reich einigen.[72]

Dieses Zwiegespräch ist der *hohen Supraplanung* (da moulüe) zuzuordnen.[73] Es ist dies gewissermaßen der über allen anderen Planungsebenen schwebende Gipfelpunkt.

Auf dieser Höchststufe der Supraplanung ging es nach einer modernen, von Mao inspirierten Diktion um die Schaffung einer lang dauernden „Einheitsfront". Für den weiteren Gang der Dinge entscheidend war die Schlacht an der Roten Wand (208 u. Z.). Dank dem Geschick Zhuge Liangs trug Liu Bei in Koalition mit Sun Quan, der die Hauptlast des Kriegszuges trug, über Cao Cao den Sieg davon. Nicht nur das! Liu Bei erzielte einen viel größeren Profit als sein Bündnispartner Sun Quan (s. *Strategeme 1*, Kap. 9.1). Bei Zhuge Liangs und Liu Beis Gesamtkonzeption der Schlacht an der Roten Wand ging es um eine *mittlere Supraplanung*, und zwar die strategische Planungsebene. Die verschiedenen siegbringenden Strategeme im Vorfeld und während der Schlacht an der Roten Wand (*Strategeme 2*, Kap. 33.11; 34.1; 35.1) sind auf der *niederen Ebene der Supraplanung* angesiedelt, die gemäß üblichem Wortgebrauch der taktischen Planungsebene entspricht.[74] Die Ereignisse auf der mittleren und niederen

Supraplanungsebene ergaben nur im Kontext der *hohen Supraplanung* ihren wahren Sinn. Ohne die *hohe Supraplanung* hätte Liu Bei keinen Koalitionskrieg mit Sun Quan gegen Cao Cao angestrebt. Natürlich war der Sieg in der Schlacht an der Roten Wand nur einer von vielen Meilensteinen auf Liu Beis Weg zum schlussendlich erzielten zumindest teilweisen Erfolg gemäß den im Zwiegespräch in Longzhong festgelegten Langzeitleitlinien. Seinem 207 entworfenen Supraplan folgend gestaltete übrigens Reichskanzler Zhuge Liang während 27 Jahren, nämlich bis zu seinem Tod (s. *Strategeme 1*, Kap. 14.6 „Der tote Sieger“), die Geschicke des dank seiner Weitsicht entstandenen Staates Shu.

1.12 Panorama-Aussicht auf eine breite Palette von Handlungsoptionen

Generalmajor Li Bingyan (geb. 1945), der Verfasser des weltweit erfolgreichsten Buches über die 36 Strategeme (annähernd zwei Millionen verkaufte Exemplare), hat grundlegende Werke über militärische „Moulüe“ veröffentlicht. Seit Mitte der 1980er-Jahre habe ich ihn beinahe bei jedem meiner Beijinger Aufenthalte, so auch am 20.11.2017, zu einem Fachgespräch getroffen.

Im Jahre 1996 wurden 39 Wissenschaftler für ihre herausragenden Leistungen ausgezeichnet, und zwar 36 Natur- und drei Gesellschaftswissenschaftler. Darunter befand sich Li Bingyan, der auch schon einen armeeinternen Preis erhalten hatte. Er empfing für seine Verdienste beim Ausbau des Unterrichts der militärischen „Moulüe“-Kunde umgerechnet etwa 6000 Euro und wurde vom Staatspräsidenten Jiang Zemin empfangen. Nicht zuletzt dank den Bemühungen von

Li Bingyan hat die militärische „Moulüe“-Lehre Eingang in das System der chinesischen militärwissenschaftlichen Forschung gefunden.[75]

Li Bingyan sagt über die „Moulüe“-Kunde:

> „Die ‚Moulüe-Kunde‘ steht über der Strategie- und Taktikkunde.“[76]

Auch Luo Zhihua, ein anderer bedeutender chinesischer Moulüe-Forscher, betont:

> „Zwischen militärischer Moulüe einerseits sowie Strategie und Taktik andererseits besteht dieselbe Beziehung wie zwischen Allgemeinem und Besonderem. Militärische Moulüe ist etwas weitaus Allgemeineres als Strategie und Taktik.“[77]

Losgelöst von materiellen und technischen Bedingungen kann Moulüe nicht eingesetzt werden, aber die materiellen und technischen Bedingungen beherrschen sollte der denkende Mensch.[78] „Technik vermag Kampfkraft und ‚Moulüe‘ nicht zu ersetzen“, schreiben auch Qiao Liang und Wang Xianghui in ihrem Buch *Schrankenloser Krieg*, das in den USA großes Aufsehen erregte.[79]

Immer wieder betont Li Bingyan, dass „Moulüe“ über der Strategie und Taktik sowie anderweitigen Denkebenen wie jener von Operations Research oder Systemtheorie stehe.[80] „Moulüe“ zielt auf die bestmögliche Lösung gestützt auf eine allumfassende Makro- und Mikrobetrachtung von Konfrontationen mithilfe menschlichen Einfallsreichtums und kunstvoller Überlegungen. Dabei seien Computerberechnungen hilfreich, aber nicht der entscheidende Faktor.[81] Durch Moulüe werde der Geist auf einen Gipfelpunkt erhoben, von welchem aus er eine ausgebreitete Panorama-Aussicht auf die ganze Fülle von Handlungsoptionen genießt.

Der „Moulüe“ geht es darum, den richtigen Weg zu weisen, es geht zunächst nicht um Präzision. Denn im militärischen Bereich – und das lässt sich auch auf den wirtschaftlichen Konkurrenzkampf übertragen – herrschen Ungradlinigkeit, Unklarheit, Wechselhaftigkeit usw. Deshalb lässt sich vieles schwerlich quantifizieren und genau festlegen. Präzision kann daher nur relativ sein. Ja, sie erweist sich überhaupt erst dann als nutzbringend, wenn der eingeschlagene Lösungsweg richtig ist.

1.13 „Wer nicht für 10 000 Generationen plant ...“

Geisteskraft, die dank Sachkenntnis und Erfahrungen Problemlösungskompetenz vermittelt, Weisheit, die auf Analyse- und Urteilsfähigkeit beruht sowie zu Erfindungen und Kreativität befähigt, und praktische Intelligenz, die den zweckbestimmten und konstellationsadäquaten Gebrauch von Informationen ermöglicht, das sind drei geistige Quellgründe der Supraplanung. Sie werden nicht in einem luftleeren Raum entfaltet, sondern in zwischenmenschlichen Konfrontationen. Supraplanung entspringt der vom Entscheidungsträger bei einer Konfrontation entfalteten Geisteskraft, strategemischen Weisheit und praktischen Intelligenz. Dabei zielen die eigenen Entscheidungen darauf ab, diejenigen des Gegenübers zu beeinflussen und zu hemmen mit dem Ziel, eine der eigenen Seite nützliche und der Gegenseite abträgliche Konstellation zu schaffen. Man verwickelt den Gegner „in einen Prozess, der ihn nach und nach dazu bringt, sich aufgelöst, hilflos, fassungslos etc. wiederzufinden, sodass er sein Potenzial verliert“.[82] Es geht also darum, sich selbst in eine überlegene und das Gegenüber in eine unterlegene Lage zu manövrieren und es dazu zu verleiten, in die von der eigenen Seite gewünschte Richtung hin zu agieren.

Wer Supraplanung betreibt, muss erstens auf allen Ebenen stets fähig sein, konventionelle unlistige mit außerroutinemäßigen strategemischen Handlungsoptionen zu verknüpfen und je nachdem bald diese, bald jene Handlungsoption praktisch umzusetzen. Zum Zweiten bedarf er eines weiten zeitlichen und räumlichen Denkraumes. Wie sagte doch der Gelehrte Chen Danran (1859–1930)[83] im Zusammenhang mit Planspielen betreffend die Verlegung der chinesischen Hauptstadt angesichts möglicher künftiger ausländischer Aggressionen: „Wer nicht für die Gesamtlage plant, ist unfähig, auch nur für einen Bereich zu planen, wer nicht für 10 000 Generationen plant, vermag nicht für eine Ära zu planen."[84]

Diese Aussage, auf die sich auch schon Xi Jinping bezogen hat[85], erinnert an das japanische Sprichwort „Aktion ohne Vision ist ein Albtraum". Der frühere US-Oberbefehlshaber Sanchez erwähnte es, als er im Herbst 2007 das amerikanische Vorgehen im Irak geißelte.[86] Innerhalb des weiten Denkraums sollten auch Kleinigkeiten unter genauer Beobachtung stehen. Der weite Zielhorizont muss drittens mit einer gründlichen Kenntnis der jeweiligen Epoche und der sie kennzeichnenden Zeitumstände verknüpft sein. Viertens setzt Supraplanung voraus, dass man den Gegner möglichst restlos kennt, und zwar so gründlich, dass man, wie ein chinesischer Militärtheoretiker spaßhaft, aber mit ernstem Hintergrund meint, sogar weiß, wie viele Streifen WC-Papier er auf der Toilette zu brauchen pflege. Fünftens muss man die eigenen Stärken und Schwächen schonungslos vor sich selbst offenlegen. Nur so kann man, auf der Grundlage der umfassenden Kenntnis des Gegners, dessen Schwächen mittels der eigenen Stärken erfolgreich ausnützen. Als Nächstes muss man optimalerweise eine Konstellation herbeiführen, in der man „Wasser über ein abschüssiges Dach kippen" (gao wu jian ling), also so gewaltig wie herabstürzende Wassermassen operieren kann.[87]

Diesen Ausdruck kann man auch etwas zurückhaltender mit „von einer günstigen Position aus operieren" übersetzen. Er erschien in Artikeln über den 17. Parteitag der KPCh (15.–21.10.2007) und wird offiziellerseits immer wieder in den Mund genommen, beispielsweise im Oktober 2017 von Qi Yumin, dem CEO des Automobilherstellers Brilliance China Auto (Huachen Qiche),[88] und Anfang Januar 2018 vom chinesischen Botschafter in Japan.[89] Man ist also optimalerweise dank eigener Stärke nicht mehr besiegbar und kann auf einen Fehler des Gegenübers warten, um ihn zu Fall zu bringen.

An Supraplanungsgrundsätze gemahnen immer wieder Schlagzeilen in der chinesischen Presse wie „Die chinesisch finanzierten Banken *wandeln den [auf sie ausgeübten] Druck in Antriebskraft um*"[90], „Eine Krise in eine Chance *verwandeln*"[91], „Made in China: *Die Herausforderung in eine Chance umpolen*"[92] oder – unter Anspielung auf die Olympischen Spiele in Beijing 2008 – *„Die Konstellation ausleihen*, das Image pflegen und den Markenwert steigern"[93].

1.14 Wie hängt die Maus der Katze ein Glöckchen an den Hals?

Eine Schar Mäuse hielt Rat, wie man sich vor der Katze schützen könne. Sie überlegten hin und her. Schließlich sagte eine Maus: „Am besten wäre es, wenn man der Katze ein Glöckchen an den Hals hängen würde. Dann würden wir sie hören, wenn sie sich anschleicht." Die Mäuse waren begeistert von dieser Idee, legten all ihr Geld zusammen und kauften eine Glocke. Dann aber fragte eine Maus: „Wie soll es uns schwachen Mäusen gelingen, der Katze das Glöckchen an den Hals zu hängen? Wer übernimmt diese Aufgabe?" Da ließen die Mäuse die Köpfe hängen. Denn keine von ihnen wusste einen Rat.[94]

Im Westen nimmt die Parabel ein solches für die Mäuse ergebnisloses Ende. Gemäß einer deutschsprachigen Version kauft zuletzt ein Wiesenzwerg den Mäusen die niedliche Glocke ab und schenkt sie einer schönen Blume auf der Wiese. Und seit der Zeit gibt es Glockenblumen.[95] Denn laut westlicher Vorstellung „bekommt immer der Leistungsfähigste recht, der Schwächere hat das Nachsehen"[96] und kommen „nur die Harten in den Garten"[97]. Die Parabel soll übrigens laut chinesischen Internetseiten auf Äsop zurückgehen.[98] Das stimmt aber offenbar nicht.[99]

Im Reich der Mitte fänden die Mäuse Mittel und Wege, um die übermächtige Katze mit einem Glöckchen zu versehen, meint Li Bingyan, der wichtigste Moulüe-Forscher der VR China.[100] Denn China verfüge über die alte strategemdurchtränkte Denktradition „Moulüe", dank derer der Schwache den Starken überwinden könne. So könnten die Mäuse in der Tierpresse eine an die Eigentümer der Katze gerichtete Werbekampagne ins Werk setzen, wonach Halsglöckchen für Katzen der letzte Modeschrei seien. Nur altmodische Leute versäumten es, ihrer Katze ein Glöckchen an den Hals zu hängen. Welcher Katzenbesitzer wollte da schon als altmodisch gelten! Auf diese Weise würden es die Mäuse fertigbringen, dass die gefährliche Katze plötzlich mit einem Glöckchen herumläuft. Nach einer anderen Version wird eine Maus beauftragt, sich direkt an die Katze zu wenden. Sie sagt zur Katze, sie sei doch so mächtig und Respekt einflößend. Warum sie denn nicht ein Glöckchen trage, um ihrer

Ausstrahlung zusätzlichen Glanz zu verleihen. Dieser Vorschlag leuchtet der Katze ein. „Her damit“, spricht sie, „sonst fress ich dich auf.“ Die Maus holt einen Halsreifen mit einem daranhängenden Glöckchen hervor und übergibt ihn der Katze, die ihn von nun an trägt, stolz und vergnügt. Nach einer dritten Version der Geschichte präparieren die Mäuse einen für die Katze bestimmten Fisch mit einem Schlafmittel. Während sie schläft, binden ihr die Mäuse ein Glöckchen um den Hals.

1.15 Mittels Supraplanung die Spieltheorie umgehen

Von dieser Geschichte mit dem von den Mäusen der Katze umgehängten Glöckchen ausgehend, wendet sich der „Begründer der militärischen ‚Moulüe‘-Kunde“[101] Li Bingyan der westlichen Spieltheorie zu. Ins Chinesische wird „Spieltheorie“ unterschiedlich übersetzt. Li Bingyan verwendet die Bezeichnung „duicelun“ (wörtlich: Gegenmaßnahmenlehre). Andere chinesische Namen für die Spieltheorie sind „saijulun“ (Wettkampfplatztheorie) und „boyilun“ (Spieltheorie). Als ein typisches „Spiel“, mit der sich diese Theorie beschäftigt, wird Go genannt.[102] Gestützt auf die Spieltheorie wären nach Li Bingyans Ansicht die Mäuse hilflos geblieben.[103] Diese gehe von Konstellationen aus, die man mathematisch erfassen könne. Aber traditionelle chinesische „Moulüe“-Erwägungen bewegen sich außerhalb des Berechenbaren im nicht quantifizierbaren Bereich jenseits der herkömmlichen Routinerationalität. „Schöpferische Leistung lässt sich nur schwer mathematisch modellieren.“[104] Während die Spieltheorie Probleme innerhalb des Spielgeheges nach feststеhenden Regeln zu lösen trachte, verlasse der Anwender von „Moulüe“ die Spielwiese und „löse den Widerspruch außerhalb des Widerspruchs“. Der „Moulüe“-Anwender beobachte in erster Linie das Gegenüber und versuche zu ergründen, was dieses im Schilde führe. Habe er die Agenda des Gegenübers erfasst, dann versuche der „Moulüe“-Anwender, die sich durch die Vorhaben des Gegenübers ergebende Konstellation auszunutzen und das Gegenüber, ohne dass es diesem bewusst werde, zu Schrittfolgen zu verleiten, die dem „Moulüe“-Anwender den größtmöglichen Nutzen einbringen. Die Spieltheorie gehe von blutleeren Abstraktpersonen aus, wogegen sich die „Moulüe“-Kunde geistig regsamen Menschen mit ihren Gefühlen und individuellen Besonderheiten zuwende.

Bei der Spieltheorie sei, so Li Bingyan, die Konstellation vorgegeben und bekannt, auch die Mitspieler und die Spielregeln seien fixiert. Die Spieler dürfen Handlungsoptionen nur unter den ihnen zur Verfügung gestellten Wahlmöglichkeiten aussuchen.[105] Eine Quintessenz der Supraplanung aber sei die Konstellationskreation (zuoju, auch zaoshi genannt). Auf eine vorteilhafte Konstellation wird also nicht unbedingt passiv gewartet, sondern sie wird oft aktiv herbeigeführt, indem man „Faktoren günstig *macht*“.[106] Eine vorteilhafte Konstellation entsteht nicht nach vorgegebenen Regeln und gemäß einer von den in die Konstellation eingebundenen Personen getroffenen Vereinbarung, sondern einseitig durch das Konstellationsdesign des Supraplaners. Je weiter die von ihm geschaffene Konstellation von den Erwartungen der anderen Konstellationsbeteiligten abweiche, umso besser. So gesehen beschäftigt sich die Supraplanungskunde mit der Erforschung irregulärer, regelloser, vorvertraglicher menschlicher Auseinandersetzungen.[107] Es versteht sich von selbst, dass Chinesen mit ihrer Tendenz zu inklusivem Denken die Spieltheorie keineswegs in Bausch und Bogen ablehnen, sondern anerkennen, dass sie auch ihre Anwendungsmöglichkeiten und ihren Nutzen hat. Aus ihrer Sicht tritt Moulüe zur Spieltheorie hinzu und schließt das Tor auf zu Aktionsradien außerhalb ihres Einzugsbereichs.[108]

Gemäß einer anderen Wortmeldung zielt man in der westlichen Kriegsführung auf den größtmöglichen Nutzen bei kleinstmöglichem Schaden, wobei man das Hauptaugenmerk auf rechnerisch erfassbare Kräfteverhältnisse und weniger auf die gegnerischen Absichten und Pläne lege. Demgegenüber versuche man, gestützt auf die Supraplanung in erster Linie die Absichten des Gegners zu ergründen, um dann gestützt auf die sich daraus ergebende Konstellation das Beste herauszuholen. Ja, man versuche gar, den Gegner auf Entscheidungen hinzusteuern, die, ohne dass ihm dies bewusst wird, der eigenen Seite den größtmöglichen Vorteil einbringen. Man erreicht eigene Ziele weniger durch das Ausspielen eigener überlegener militärischer oder technischer Macht, sondern indem man Fehlentscheide des Gegners ausnutzt oder herbeiführt. Übrigens habe Robert S. Leonhard, ein Forscher der amerikanischen Rand Corporation, 481 Kriege der weltweiten Kriegsgeschichte untersucht und herausgefunden, dass in der Mehrzahl der Fälle (272 Kriege) die nach konventionellen Gesichtspunkten unterlegene Partei gesiegt habe. Auch das zeige die Wichtigkeit der Supraplanung, nicht zuletzt im Hinblick auf das moderne technisierte und digitale Zeitalter.[109]

1.16 Von der „kapitalistischen“ zur „sozialistischen“ Marktwirtschaft

Der Supraplanungs-Denkansatz findet weit über den militärischen Bereich hinaus zunehmend Verbreitung in der Politik, im „Wirtschaftskrieg“[110], in der Diplomatie, im Management, im Sport, kurz in allen möglichen menschlichen Lebensbereichen.[111] So wird Mao Zedongs und Deng Xiaopings Politik unter dem Gesichtspunkt der Supraplanung betrachtet.[112]

Allein schon die Art und Weise, wie Deng das nach der „Kulturrevolution“ (1966 – 1976) am Boden liegende China durch eine landesweite Diskussion über die „Praxis als das einzige Kriterium der Wahrheit“ geistig umpolte und von den „kulturrevolutionären“ radikalen, klassenkämpferischen Parolen abbrachte, um das Land auf den späteren jahrzehntelangen Modernisierungskurs einzustimmen, gilt als Glanzleistung der Supraplanung. Ganz zu schweigen von Dengs mannigfaltigen anderweitigen Grundsatzentscheiden bis hin zu seiner 1992 getroffenen Feststellung: „Planwirtschaft ist nicht identisch mit Sozialismus, im Kapitalismus gibt es auch Pläne; Marktwirtschaft ist nicht identisch mit Kapitalismus, im Sozialismus gibt es auch einen Markt.“[113] Dieses Verdikt ähnelt einer Feststellung Francis Fukuyamas: „Alle modernen kapitalistischen Staaten haben einen großen öffentlichen Sektor, und sozialistische Staaten haben private wirtschaftliche Betätigungen in gewissem Rahmen erlaubt.“[114] Durch seine Einschätzung der Marktwirtschaft machte Deng diese in der VR China hoffähig. Vorher war die Marktwirtschaft als ein Wesensmerkmal des Kapitalismus angesehen worden. Führte man sie also ein, würde dies zu einer Wesensveränderung des sozialistischen Chinas führen. Aufgrund von Dengs Aussage wurde der Entscheid zugunsten der „sozialistischen“ – wie sie in der VR China genannt wird – Marktwirtschaft nicht mehr als ein Systementscheid angesehen, sondern als ein Entscheid für ein nützliches wirtschaftliches Werkzeug. Die Marktwirtschaft gilt nun lediglich als ein in jedem politischen System anwendbares ökonomisches Instrument zur Optimierung der Güterverteilung und zur Verbesserung der Produktqualität. In diesem Sinne wird sie in der VR China als ein Erfolgsmodell gelobt.[115] Die chinesische „sozialistische" Marktwirtschaft unterscheidet sich zweifellos von liberalen Marktwirtschaften westlicher Staaten. So gibt es beispielsweise keine Gewerkschaften westlichen Typs.[116] Bis Dezember 2017 haben zwar 81 Staaten[117], darunter die Schweiz[118], China als Marktwirtschaft anerkannt, nicht aber dessen drei größte Handelspartner, nämlich die Europäische Union, die USA und Japan.[119] Die „sozialistische Marktwirtschaft" der VR China wird nicht vorwiegend durch eine unsichtbare Hand gelenkt. Vielmehr wird sie durch eine recht deutlich sichtbare, von der KPCh gesteuerte staatliche Hand zumindest tendenziell einer recht rigiden gesetzlichen Makrokontrolle (hongguan tiaokong) unterzogen. „Beim Aufbau einer Marktwirtschaft muss man auf die unsichtbare Hand des Marktes bauen, sich aber auch auf die öffentliche Macht der Regierung stützen. Die Situation in China ist so, dass man sich nicht nur auf die Hand des Marktes abstützen kann, aber es darf auch nicht nur die Hand der Regierung geben", meint sinodialektisch der renommierte Rechtsprofessor Jiang Ping von der Chinesischen Universität für Politik und Recht. Das erfolgreiche Rezept sei „Markt plus Rechtsordnung".[120] Wer an dem gewaltigen Geflecht an Normen zur Regulierung der Marktwirtschaft zweifelt, ist eingeladen, das Schweizerische Institut für Rechtsvergleichung in Lausanne zu besuchen. Dort kann er in der China-Sektion der Bibliothek die voluminöse chinesische Wirtschaftsgesetzgebung zur Kenntnis nehmen. Sie weist China als einen Staat mit einem gemischten Wirtschaftssystem aus. Dabei geben die

KPCh bzw. der Staat und nicht die Privatwirtschaft letztlich den Ton an, z.B. in Form der chinesischen Industriepolitik mit der gezielten Förderung „nationaler Industrien".[121] Der Vollzug all der vielen staatlichen Regelungen in dem Milliardenvolk steht natürlich auf einem anderen Blatt. Gesetzesvollzugsprobleme gibt es indes in jedem Staat.

1.17 Chen Fengs verpatztes Treffen mit Klaus Wowereit

Dass in der VR China mitnichten, wie vielfach behauptet wird, offiziell Manchester-Kapitalismus betrieben wird, beweist die Tatsache, dass am *China Europe Business Meeting*, einer Unternehmerkonferenz in Frankfurt am Main, die in der zweiten Novemberwoche 2007 stattfand, 120 der angemeldeten 150 chinesischen Teilnehmer absagten. Blieben sie der Tagung etwa aus ökonomischen Erwägungen fern? Nein. Sie „sagten ab *auf ausdrücklichen Wunsch des Pekinger Außenministeriums*".[122] Dieses wollte so die offizielle Verärgerung der VR China über den Empfang des Dalai Lama durch Bundeskanzlerin Angela Merkel zum Ausdruck bringen. Das ist ein kleines Anzeichen für die enge Verflechtung des chinesischen Unternehmertums, ja der ganzen chinesischen Wirtschaft mit der chinesischen Politik und letztlich mit der offiziellen chinesischen Supraplanung. Chen Feng, Gründer und Chef der Hainan-Gruppe[123], der die Fluggesellschaft Hainan Airlines (abgekürzt: HNA, im Jahr 2007 10 000 Angestellte, Börsenkapitalisierung von sechs Milliarden Euro) gehört, „durfte" nicht nach Deutschland reisen. Eine Verabredung mit dem damals in Berlin regierenden Bürgermeister Klaus Wowereit hatte er schon. „Er *musste* alles in letzter Minute absagen." „,Ich bin Unternehmer, aber eben ein *chinesischer* Unternehmer', sagte Chen. Er will damit ausdrücken, dass seine geplanten Investitionen in Flüge nach Deutschland zurzeit *politisch* nicht erwünscht sind."[124]

„Chen kleidet sich wie ein Kommunist, doch innerlich ist er Kapitalist", titelt die deutsche Wochenzeitung *Zeit*.[125] Doch der „Kapitalist" Chen Feng untersteht, wie man sieht, der strengen politischen, keineswegs rein ökonomisch motivierten Kontrolle der KPCh. Und so wird der ganze angebliche „Kapitalismus" in der VR China letztendlich von der KPCh gesteuert. Gerd Koenen ist zuzustimmen, wenn er schreibt, dass die KPCh „jederzeit ihre diktatorische Kontrolle auszuüben vermag, nicht nur über die [...] Staatsbetriebe, die Schlüsselbereiche besetzt halten, sondern auch über die neuen, superreichen Privatunternehmen, die so etwas wie Konzessionäre sind und ganz überwiegend selbst der Partei angehören und im Volkskongress sitzen"[126]. Übrigens sollte nach Marx und Engels eigentlich jede Gesellschaft das Stadium des Kapitalismus durchlaufen. Ein solches Stadium scheint in der chinesischen Geschichte zu fehlen. „Bis zur Mitte des 19. Jahrhunderts kann man von industriellem Kapitalismus in China nicht reden."[127] Sollte also tatsächlich derzeit in der VR China ein von der KPCh gelenkter „Kapitalismus" nachgeholt werden, dann erschiene dies nicht einmal als unmarxistisch.

1.18 *Sun Zi. Die Kunst des Krieges* – Urquell der Supraplanung

Carl von Clausewitz mit seinem Werk *Vom Kriege* verkörpert gemäß Li Bingyan die westliche gewaltbetonende Militärdoktrin.

Demgegenüber vertritt Sun Zi (Meister Sun) eine ganzheitliche, nicht eng auf den Krieg fixierte Auffassung. Sun Zi, auch Sun Tsu, Sun Tzu oder Sun Tse genannt, soll ein Zeitgenosse des Konfuzius (551–479 v. u. Z.) gewesen sein. Ihm wird das älteste Militärtraktat der Welt, *Sun Zi. Die Kunst des Krieges*, zugeschrieben. Die deutsche Übersetzung des chinesischen Titels „Bingfa“, nämlich „Die Kunst des Krieges“ ist im Sinne von „Die Kunst des Umgangs mit dem Krieg“ zu verstehen. Es geht in diesem Buch nicht nur um die Kunst, ein Ziel mittels Kriegführung, sondern auch um die Kunst, ein Ziel mittels Kriegsvermeidung zu erreichen (Sun Zi 2023, S. 82). Auf diese jahrtausendealte Schrift, die nicht Waffengänge als höchste Form der Konfliktlösung empfiehlt, lässt sich das chinesische Planungskonzept „Moulüe“ zurückführen. Eine solche supraplanerische Auffassung von der „Kunst des Krieges“ fehlt im Westen. *Vom Kriege* von Carl von Clausewitz hilft da nicht weiter. Und die hier besprochene zentrale Stelle in *Sun Zi. Die Kunst des Krieges* wird im Westen nicht begriffen. Nur konkrete bittere Erfahrungen, nämlich zahlreiche kriegerische Misserfolge der USA im Kalten Krieg, führen nun zur Einsicht: „Washington [...] muss aufhören, militärische Abenteuer als die beste Lösung für alle potenziellen Bedrohungen zu betrachten“.[128]

Sun Zi. Die Kunst des Krieges ist reich an faszinierenden supraplanerischen Gedanken wie z. B. hinsichtlich des Ideals eines „intakten“ Sieges ohne Zerstörungen, also unter Wahrung der Unversehrtheit der betroffenen Länder und Menschen.[129] In dem Meister Sun zugeschriebenen Buch finden sich Maximen wie „Einer, der sich gut in der Kriegsführung auskennt, [...] besiegt [...] einen bereits der sicheren Niederlage geweihten Feind.“[130], indem er sich in eine unbesiegbare Position versetzt[131] bzw. indem er sich, erst nachdem er die Bedingungen für einen Sieg geschaffen hat, auf einen Waffengang einlässt[132]. „Dass man keine Niederlage erleidet, ist abhängig vom geschickten Einsatz von Gewöhnlichem und Außergewöhnlichem.“[133] Derartige Sentenzen zeugen von einer Weitsicht, die hiesiges landläufiges strategisches Denken in den Schatten stellt.

Einer der berühmtesten Sätze, wenn nicht gar der prominenteste Satz in *Sun Zi. Die Kunst des Krieges* lautet: „Bu zhan er qu ren zhi bing shan zhi shan zhe ye.“ Dieser Satz wird in westliche Sprachen wie folgt übersetzt:

Samuel Griffith (Translation and introduction). Foreword by Liddell Hart: *Sun Tzu. The Art of War*, London, Oxford, New York, Reprint 1980, S. 77:

> „To subdue the enemy without fighting is the acme of skill.“

Roger Ames (Translation, introduction and commentary): *Sun-Tzu. The Art of Warfare. The First English Translation Incorporating the Recently Discovered Yin-ch'üeh-shan Texts*, New York 1993, S. 111:

> „The highest excellence is to subdue the enemy's army without fighting at all.“

Ralph D. Sawyer With the collaboration of Mei chün Lee Sawyer (Translation, introductions and commentary): *Sun-tzu. The Art of War*, Boulder Colorado 1994, S. 177:

> „Subjugating the enemy's army without fighting is the true pinnacle of excellence.“

John Minford (Translation, introduction, commentary): *The Art of War. Sun-tzu (Sunzi). The essential translation of the classic book of life*, New York 2003, S. 14:

> „Ultimate excellence lies not in winning every battle but in defeating the enemy without ever fighting."

Henry Kissinger: *On China*, aus dem Amerikanischen Englisch übertragen von Helmut Dierlamm et al., C. Bertelsmann, 3. Aufl., München 2011, S. 41:

> „Die größte Leistung besteht darin, den Widerstand des Feindes ohne einen Kampf zu brechen."

Lawrence Freedman: *Strategy. A History*, Oxford University Press, New York 2013, S. 44:

> „Rather it was better to subdue the ennemy without fighting."

General David Petraeus, über 37 Jahre lang Dienst in der US-Armee, dann Direktor der CIA: Vorwort von *The Art of War* by Sun Tzu, translated, edited and introduced by Peter Harris, Everyman's Library, London 2018:

> „Troops that bring the enemy to heel without fighting at all – that is ideal."[134]

Valérie Niquet (Traduction et édition critique): *Sun Zi. L'art de la guerre*, Paris 2006, S. 112:

> „Le mieux est de soumettre l'ennemi sans combattre."

Volker Klöpsch (Übertragung aus dem Chinesischen und Nachwort): *SUNZI. Die Kunst des Krieges*, Frankfurt am Main, Leipzig, 2009, S. 17:

> „... der Inbegriff der Tüchtigkeit... ist... derjenige, der sich die Truppen des Gegners ohne Kampf unterwirft."

Meine auf dem Konzept von *Moulüe – Supraplanung* fußende wörtliche Übersetzung lautet demgegenüber:

> „Ohne einen Waffengang die Streitmacht der Männer der Gegenseite gefügig machen ist erst das Gute vom Guten.“

Das Wort „Feind“ oder „Gegner“ (di 敵 kommt in *Sun Zi. Die Kunst des Krieges* 70 Mal vor, aber nicht in diesem Satz. Im Urtext steht in diesem Satz klar und deutlich das Wort „ren“ = „Mensch“ bzw. „Mann“. Anstatt in das Wort „ren“ = „Mensch“, „Mann“ die Bedeutung „Feind“ hineinzuinterpretieren, übersetze ich das Wort „ren“ = „Mensch“, „Mann“ wortgetreu:

> „Männer [der Gegenseite; man könnte auch „Menschen der Gegenseite“ formulieren, sollte aber darauf aufmerksam machen, dass zur Zeit des Sun Zi politische und militärische Entscheide ausschließlich von Männern getroffen wurden]“.

Indem ich das fragliche chinesische Schriftzeichen wörtlich mit „Männer, Menschen“ übersetze und mich davor hüte, es umzudeuten in „Feind“, erhält die Aussage eine Zeitdimension, die viel weitgespannter ist, und eine Raffinesse, die viel tiefschichtiger ist, als dies bei der nicht wortgetreuen Übersetzung „Feind“ der Fall ist. Die Übersetzung „Feind“ erscheint als kurzatmig. Sie ist gefesselt an das westliche strategisch-taktische Militärdenken und dessen letztlich engen Horizont. Sie erhellt nicht die durch genaue wörtliche Übersetzung ans Tageslicht gebrachte, bereits eine Vorkriegsphase überspannende, ja deren Entwicklung bis hin zum Ausbruch eines Krieges unterbindende supraplanerische Denkweite von *Sun Zi. Die Kunst des Krieges*, dem Urquell der modernen chinesischen „junshi moulüe“ (militärische Supraplanung).[135]

Da im chinesischen Urtext das Wort „Feind“ vermieden wird, drängt sich die Schlussfolgerung auf, dass es laut *Sun Zi. Die Kunst des Krieges* optimalerweise darum geht, nicht erst einen tatsächlichen Feind, sondern weitblickend ein Gegenüber mit einem in ferner Zukunft gefährlichen Potenzial zu einem Zeitpunkt, in dem eine offene Feindschaft noch gar nicht ausgebrochen ist, ja vielleicht sogar eine Partnerschaft besteht, durch unkriegerische Mittel, also auf friedliche Weise, vorsorglich botmäßig zu machen.

Oder wie es der chinesische Journalist Nie Xiaoyang darlegt: „Harro von Senger vertritt die Ansicht, Meister Sun trete nicht dafür ein, ‚ohne einen Waffengang die Streitmacht des Feinds gefügig zu machen', sondern dafür, ‚ohne einen Waffengang die Streitmacht der Männer der Gegenseite gefügig zu machen', weil diese Weisheit[smaxime] nicht nur auf die beiden Seiten eines Schlachtfeldes, sondern auch auf eine Zeit des Friedens, in der noch kein Krieg ausgebrochen ist, anwendbar sei. Nur wenn man in Friedenszeiten einen konkreten politischen Generalplan verfolgt, kann man ‚tief liegende Ursachen' eines Krieges entschärfen und latente Gefahren, die zum Ausbruch eines Krieges führen könnten, beseitigen."[136]

Das Gegenüber soll nicht, wie immer wieder behauptet wird, ohne „Kampf" gefügig gemacht werden. Natürlich soll man laut *Sun Zi. Die Kunst des Krieges* kämpfen. Aber nicht mit Waffengewalt, sondern mit Geisteskraft, gestützt auf Strategeme.

Dank meiner wortgetreuen Übersetzung des Wortes „ren" mit „Mensch" bzw. „Mann" auf der Grundlage alter und neuester chinesischer und japanischer Kommentare und zahlreicher persönlicher, in der VR China mit chinesischen Meister-Sun-Fachleuten geführter Gespräche tritt ein Hauptanliegen von Meister Suns Botschaft in den Vordergrund: Am besten löst man Konflikte im Keimzustand ohne Blutvergießen durch weitsichtige unkriegerische, „supraplanerische", insbesondere strategemische Vorgehensweisen. So gesehen erscheint *Sun Zi. Die Kunst des Krieges* nicht in erster Linie als eine Anleitung zum Kriegführen, sondern vordringlich als eine - durchaus kämpferische - Friedensschrift, die dazu anregt, politische Ziele mittels kriegsvermeidender Maßnahmen, vornehmlich durch die ausgeklügelte Anwendung von Strategemen, zu erreichen. Dieses nicht auf Waffen, sondern auf Weisheit im chinesischen Sinn setzende Modell der Konfliktlösung, das aus chinesischer Sicht aufgrund einer gewissen Einseitigkeit nicht nur Gutes bewirkt hat,[137] dürfte im Nuklearzeitalter zweifellos von hoher Aktualität sein. Weisheit (zhi) im chinesischen Sinne umfasst Strategemkompetenz. Es fällt auf, dass Xi Jinping in dem Bericht, den er am 18.10.2017 dem 19. Parteitag der KPCh erstattet hat, seiner Zuversicht Ausdruck verlieh, dass die VR China Beiträge voller „chinesischer Weisheit" für den Fortschritt der politischen Zivilisation der Menschheit zu leisten vermöge und dass er in seinem am 16.10.2022 am 20. Parteitag der KPCh vorgelesenen Bericht in Aussicht stellte, dass die KPCh und das chinesische Volk für die Lösung der gemeinsamen Probleme der Menschheit chinesische Weisheit beisteuern werde.[138]

1.19 Nicht erst den Feind gefügig machen[139]

„Taiwan ist ein Teil des heiligen Territoriums der Volksrepublik China. Es ist die heilige Pflicht des ganzen chinesischen Volkes, einschließlich der Landsleute in Taiwan, die große Aufgabe der Wiedervereinigung des Vaterlandes zu vollbringen." Das ist nicht etwa ein Kommentar Xi Jinpings den Besuchen westlicher Delegationen in Taiwan, sondern eine Bestimmung in der Verfassung der Volksrepublik China von 1982.

Im Westen steht eine mögliche kriegerische Eroberung Taiwans durch die VR China im Mittelpunkt des Interesses. Aber Krieg ist gemäß chinesischem Militärdenken eine suboptimale Art der Konfliktlösung. Im Vordergrund steht der Satz aus *Sun Zi. Die Kunst des Krieges*: „Ohne Waffengang die Streitmacht der Menschen eines Gegenübers gefügig machen." So ist im chinesischen Weißbuch vom 10.08.2022 zur „Taiwan-Frage"[140] von einer friedlichen Wiedervereinigung 66 Mal die Rede und nur dreimal von einem „Einsatz von Gewalt (unterschiedlich umschrieben mit shiyong wuli, fei heping fangshi, guoduan cuoshi, in der englischen Version[141] immer gleich mit ‚use of force' wiedergegeben)".[142] So widmete der Sprecher von Chinas Büro für Taiwan-Angelegenheiten, Ma Xiaoguang, am 29.12.2021 in einer Medienkonferenz[143] einen großen Teil seiner Ausführungen der Wirtschaft als dem wichtigsten Pfeiler in den grenzüberschreitenden Beziehungen an der Taiwanstraße. Er verwies darauf, dass Pekings 14. Fünfjahresplan (2021–2025)[144] für taiwanesische Geschäftsleute viele Möglichkeiten biete. Und er äusserte eine Hoffnung, dass „[...] taiwanesische Landsleute und taiwanesische Unternehmen auf der richtigen Seite der Geschichte stehen und eine klare Linie zu den separatistischen Kräften der Unabhängigkeit Taiwans ziehen werden". [...] Taiwanesische Geschäftsleute und Unternehmen müssten „praktische Massnahmen ergreifen, um die friedliche Entwicklung der Beziehungen über die Taiwanstrasse aufrechtzuerhalten".[145]

Zutreffend wird dieser Bericht der *NZZ* über die Aussagen Ma Xiaoguangs in einer Online-Version unter den Titel gestellt: „China will von Firmen aus Taiwan Hilfe zur ‚Wiedervereinigung'".[146]

Ohne Zweifel will die VR China das taiwanesische Gegenüber möglichst ohne Waffengang gefügig machen. Hat sie es in der Tat seit den 1980er-Jahren u.a. mittels diverser wirtschaftlicher Vorzugspolitnormen (youhui zhengce) nicht etwa zustande gebracht, Taiwan immer enger an sich zu binden?

Kein Gebiet „ist wirtschaftlich so abhängig von China wie die kleine Inselrepublik".[147]

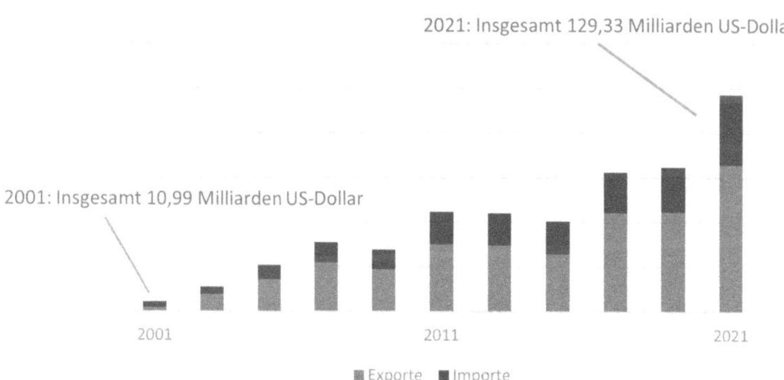

Wachsende Wirtschaft in Taiwan (Quelle: Taiwan At A Glance, Published by the Ministry of Foreign Affairs, Republic of China (Taiwan), September 2022, S. 53; *https://multilingual.mofa.gov.tw/web/web_UTF-8/MOFA/glance2022-2023/2022-2023%20Taiwan%20at%20a%20Glance%20(English).pdf*, a. a. 03. 05. 2023)

„Ähnlich wie in Hongkong wollen ausgerechnet die [taiwanesischen] Kapitalisten gute Beziehungen zum kommunistisch regierten China. Dort stehen die Fabriken der taiwanesischen Unternehmen – mehr als 200 Milliarden US-Dollar haben sie dort investiert. Fast die Hälfte der Exporte Taiwans geht auf das chinesische Festland. Davon profitieren nicht nur die Unternehmer, sondern auch die Arbeiter und Angestellten dieser Firmen. Auch Taiwans Popstars und Schlagersänger treten vor allem in der Volksrepublik auf, dem riesigen chinesischsprachigen Festland".[148]

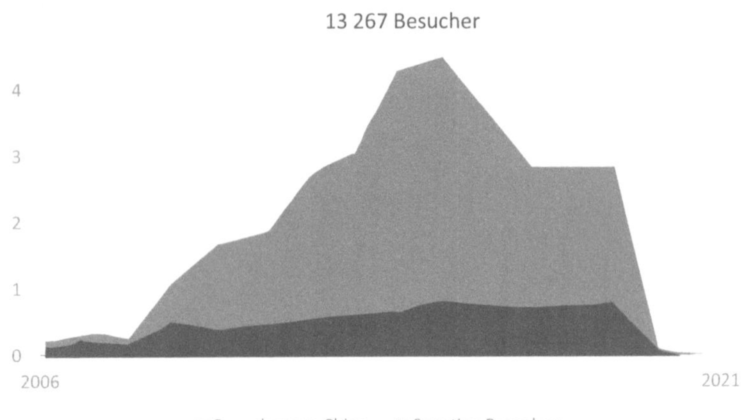

Besuchten 1987 nur etwa 50 000 Personen aus dem chinesischen Festland Taiwan oder umgekehrt aus Taiwan das chinesische Festland und betrug das wechselseitige Handelsvolumen lediglich 1,5 Milliarden US-Dollar, so umfasste vor der Corona-Epidemie, beispielsweise im Jahr 2016, der Besucherstrom von und nach Taiwan 9,39 Millionen Personen und erreichte das gegenseitige Handelsvolumen einen Wert von 179,6 Milliarden US-Dollar. Das ist ein Zuwachs um das 187- bzw. 120-Fache.[149]
(Quelle: Taiwan at a Glance, September 2022, S. 56)

Hat die VR China mittels der unkriegerischen (insbesondere wirtschaftlichen) Maßnahmen nicht schon längst auf leisen Pandapfoten Taiwan, dessen „Wirtschaft sich enorm stark auf das chinesische Festland ausgerichtet hat"[150], nahezu einer ökonomischen Wiedervereinigung unterzogen?

Hat auf diese sanfte Weise die VR China die von gewissen taiwanesischen Politikern angestrebte Ausrufung einer unabhängigen „Republik Taiwan" nicht bereits weitgehend verunmöglicht, und zwar infolge der Widerstände seitens ganz und gar chinaabhängig gewordener maßgeblicher taiwanesischer Wirtschaftskreise? Hat mithilfe des Kraftentziehungsstrategems Nr. 19, „Unter dem Kessel das Brennholz wegziehen", die VR China der taiwanesischen Unabhängigkeitsbewegung bereits ziemlich viel Wasser abgegraben?

Allerdings hat China seine Gewaltbereitschaft auch immer wieder vor Augen geführt. Dabei erscheint das militärische Muskelspiel der letzten Zeit längst nicht so gravierend wie die 44-tägige Kinmen-Krise von 1958, in deren Verlauf knapp eine halbe Million Geschosse auf die taiwanesische Insel Kinmen gefeuert und auf der Seite Taiwans 456 Soldaten getötet wurden.[151] Schon damals hat die Episode allerdings nicht zu einer weiteren Eskalation geführt, und so ist auch heute, wenn die westlichen Umarmungen Taiwans nicht übermäßig reizen, dass es beim Säbelrasseln bleibt.

Im Hinblick auf die Möglichkeit, dass sich die Lage zuspitzen sollte, gibt es Stimmen, die statt eines kriegerischen Zugriffs auf Taiwan das „Beijinger Modell" empfehlen, und zwar unter Berufung auf Sun Zis Empfehlung, ohne Waffengang die Gegenseite gefügig zu machen. Das „Beijing-Modell" bezieht sich auf einen Vorgang während des Bürgerkriegs zwischen der Kuomintang Tsiang Kaisheks und der KPCh (1946–1949). Im Jahr 1949 kontrollierte die KPCh die gesamte Region Nordchina. Beijing war umzingelt. Angesichts der Aussichtslosigkeit einer Gegenwehr gab der Kuomintang-Kommandant Beijings klein bei, und so kam es zur „friedlichen Befreiung Beijings"[152].

Im Übrigen sollte man sich bei gewissen Schlagzeilen[153] vor Augen führen, dass in der VR China die Maxime des Vegetius (um 390 u.Z.) wohl bekannt ist: „Si vis pacem para bellum (Wenn du den Frieden willst, dann bereite den Krieg vor[154]; 如果你想要和平, 请准备战争[155])".

1.20 Mittels Supraplanung der Thukydides-Falle ausweichen

Immer wieder weisen chinesische Massenmedien auf das in *Sun Zi. Die Kunst des Krieges* empfohlene Konzept „unversehrt siegen“ hin. Das lässt darauf schließen, dass China danach strebt, in diversen internationalen Konkurrenzfeldern die Oberhand ohne Waffeneinsatz und Blutvergießen zu gewinnen.

So hebt unter dem Titel „Fünf wichtige vom chinesisch-russischen Antiterrormanöver ausgesandte Signale“[156] ein Leitartikel in der Überseeausgabe der *Volkszeitung*, des Sprachrohrs der KPCh, Folgendes hervor: „In *Sun Zi. Die Kunst des Krieges* werden erst all die Schäden infolge von Kriegen erläutert, worauf der [...] Gedanke ‚unversehrt siegen‘ hervorgehoben wird. Das heißt, mittels ‚Moulüe‘ wird erreicht, dass beide [in eine Rivalität involvierten] Seiten das allerhöchste Ziel erreichen, nämlich auf friedlichem Weg gemeinsam Gewinn davonzutragen.“

Und in dem Leitartikel „Analyse der [auf die Regelung der chinesisch-amerikanischen Beziehungen zielenden, aus] vierzehn - Schriftzeichen [bestehenden] Polaritätsnorm[157] des [chinesischen Außenministers] Wang Yi“[158] lässt das Zitat „Ohne einen Waffengang die Streitmacht der Männer der Gegenseite gefügig zu machen ist erst das Gute vom Guten“ aufhorchen. Es wird im Hinblick auf die chinesischerseits angestrebte Gestaltung der chinesisch-amerikanischen Beziehungen gestützt auf die Polaritätsnorm „Kein Konflikt, keine Konfrontation, gegenseitiger Respekt, Kooperation und Win-win-Situation“ ins Feld geführt.

In diesem Zusammenhang rückt die „Thukydides-Falle“ ins Gesichtsfeld, die in der westlichen und chinesischen Presse hie und da kommentiert wird, etwa in einem Aufsatz mit dem Titel „Kommt es zum Krieg zwischen den USA und China?“[159] Der Ausdruck „Thukydides-Falle“ verweist auf eine Aussage des griechischen Historikers Thukydides[160]. Über den Ausbruch des Peloponnesischen Kriegs im fünften Jahrhundert v. u. Z. schrieb er: „Es waren der Aufstieg Athens und die Furcht, die das in Sparta auslöste, was den Krieg unausweichlich machte.“[161] Mit „Thukydides-Falle“ ist also gemeint, dass zwischen einer etablierten Macht und einer aufsteigenden neuen Macht letztendlich der Ausbruch einer blutigen kriegerischen Auseinandersetzung unvermeidbar sei. Aus den wiederholten chinesischen Bezugnahmen auf das Konzept „unversehrt siegen“ kann man schließen, dass die VR China eher nicht auf einen militärischen Sieg in einem künftigen Krieg mit den USA hinsteuert, sondern zuversichtlich damit rechnet, mithilfe von Moulüe der „Thukydides-Falle“ und damit einer kriegerischen Auseinandersetzung mit den USA aus dem Wege gehen zu können.

Das Postulat der Sieg-Erringung dank einem gleichsam auf zivilem Wege geführten Kampfeinsatz legt Zeugnis ab von einem weiten planerischen Denkhorizont. Dieser lässt übliches westliches kriegsstrategisches Denken als vergleichsweise kleinformatig erscheinen. Das Leben von Menschen und die Landesressourcen sollen laut Meister Sun möglichst geschont, Kriegsverluste minimiert, ja wenn möglich ganz vermieden werden. Meister Sun beschränkt das Kriegshandwerk also nicht auf den bloßen Umgang mit Rüstungspotenzial. Für ihn sind nicht nur militärische Mittel für die Kampfkraft entscheidend, sondern vielmehr auch die Fähigkeit zur Anwendung von Strategemen und diplomatischen Mitteln. Denn Kriegshandlungen aller Art sollten letztlich zum Frieden und zur Konsolidierung eines Staates, ja zum ersprießlichen Zusammenleben mit dem besiegten Staat führen. Wenn die Ressourcen in einem Krieg jedoch in unverhältnismäßiger Weise zerstört werden, so ist die Konsolidierung des siegreichen Staates und womöglich erst recht des besiegten Landes schwerlich zu erreichen. „In hundert Waffengängen hundert Siege erringen, ist nicht das Allerbeste. Das Land des Gegenübers in unversehrtem Zustand, also ohne Waffengewalt und Blutvergießen, gefügig machen ist das Beste. Die Armee des Gegenübers in unversehrtem Zustand, also ohne Waffengewalt und Blutvergießen, gefügig machen ist das Beste, weil dann auch die eigene Streitmacht keinen Kampfeinsatz durchführen muss und folglich keine Verluste erleidet."[162] „Daher besteht die beste Kriegsführung darin, mittels Strategemen gegen die Planungen des Gegenübers vorzugehen, sodass sie versanden und das Gegenüber ohnc Waffengang gefügig gemacht wird. Dem nachgeordnet ist es, gegen die diplomatischen Beziehungen des Gegenübers vorzugehen, es zu isolieren und so gefügig zu machen. Dem nachgeordnet ist es, in einem Waffengang gegen die Streitmacht des Gegenübers vorzugehen. Das Schlechteste ist es, Städte des Gegenübers anzugreifen. Greift man zum Mittel des Angriffs auf Städte, so tut man dies, weil nichts anderes übrig bleibt."[163] So ist ein Meister der Kriegskunst des allerhöchsten Grades in der Lage, das Gegenüber unter Verzicht auf einen Waffengang unschädlich zu machen. Er erobert die Stadt des Gegenübers, ohne sie anzugreifen. Er bringt dem Land des Gegenübers eine Niederlage bei, ohne einen langwierigen Feldzug durchzuführen. Er will unbedingt unter Wahrung der Unversehrtheit der eroberten Gebiete die Vorherrschaft über die Länder unter dem Himmel erkämpfen. Daher bleiben die eigene und die feindliche Streitmacht unversehrt und kann der Nutzen einer auf diese Weise gewonnenen Auseinandersetzung, da keinerlei Schäden entstehen, vollkommen sein.[164]

Dies, so ein chinesischer Generalmajor, „verkörpert die Auffassung von der Allüberlegenheit der Supraplanung. Ein Krieg ist nicht nur eine Frage des Militärs, sondern auch der Politik, der Wirtschaft und der Diplomatie. Nur dank einem umfassenden Einsatz vielfältiger Kampfesmittel und einer hinreichenden Entfaltung der aufeinander abgestimmten Funktionen aller Bereiche vermag man die Oberhand zu gewinnen.“[165] Erstrebenswert ist es also, durch „politische Supraplanung den Krieg unsichtbar zu machen.“[166]

Chinesische Autoren können sich in diesem Zusammenhang spöttische Bemerkungen über die USA mit ihrer „selbstsicheren Überschätzung der technischen Überlegenheit“[167] nicht verkneifen. Es sei für die US-Armee zwar ein Leichtes gewesen, im Irak-Krieg von 2003 „die Städte des Feindes anzugreifen“, also gestützt auf die laut Meister Sun primitivste Form der Kriegsführung zu einem schnellen Etappensieg zu gelangen. „Aber allein durch den Einsatz von militärischer Gewalt [...] wurden die angestrebten Ziele nicht erreicht.“ Die USA haben es nicht zustande gebracht, „das Gegenüber ohne Waffengang zu unterwerfen. Mit anderen Worten, sie sind mit ihrem Planen nicht auf die Höchstebene der Kriegsführung vorgedrungen.“[168] „Amerikaner sind gut im Moulüe mittlerer und unterer Stufe, aber Probleme haben sie mit Moulüe hoher Stufe“, sagte mir im Oktober 2007 in Beijing ein chinesischer Moulüe-Fachmann. Auch Francis Fukuyama scheint von der amerikanischen Weitsicht nicht überzeugt zu sein. Es mangle der US-Regierung an einer „überzeugenden Strategie oder Doktrin“. So „versäumten sie, im Irak einen angemessenen Plan für die Besatzung aufzustellen, und erwiesen sich danach als unfähig, schnell auf Fehlentwicklungen zu reagieren“.[169]

Außer Meister Suns Gedanken gibt es noch andere geistige Erbstücke aus dem vormodernen China, die die moderne chinesische Lehre von der Supraplanung inspirieren.

1.21 Supraplanung und ein Jahrtausende umspannendes Geschichtsbewusstsein

Auf die Frage, wie sich die Französische Revolution 200 Jahre danach auf die Welt auswirke, entgegnete der Ministerpräsident Zhou Enlai (1898–1976), für eine schlüssige Antwort sei es noch zu früh.[170] Diese Antwort lässt die historische Weiträumigkeit chinesischen Denkens erahnen. Das Denken in langen Zeiträumen wird Chinesen nur schon durch einen Blick auf die eigene Geschichte nahegebracht, die immer größere Ausmaße annimmt. In Beijing entstand zur Millenniumsfeier 2000 ein „Stadion“ der 5000-jährigen Geschichte Chinas mit der „ewigen heiligen Flamme des Volkes“.[171] Wurde der Beginn der Geschichte der chinesischen Zivilisation bisher auf etwa 5000 Jahre zurückdatiert, soll er gemäß neuesten Erkenntnissen gar etwa 8000 Jahre in die Vergangenheit zurückreichen.[172] Demgegenüber entstand die erste dauerhafte englische Kolonie auf dem amerikanischen Kontinent vor 400 Jahren![173] Erst im Jahr 2026 können die USA das 250. Jahr ihrer Entstehung feiern.[174]

China ist die älteste ununterbrochen in stets demselben geografischen Raum sesshafte Kulturnation auf unserem Globus. Viele Völker, die in der Antike eine Rolle gespielt haben, sind untergegangen: die alten Ägypter, Babylonier, Assyrer, Hethiter, Hellenen, Phönizier, Etrusker, Gallier, Römer, Hunnen, Azteken, Mayas, ganz zu schweigen von den Indianerstämmen Nordamerikas. Nur zwei Völker, die es bereits um 1000 v. u. Z. gegeben hat, existieren mehr oder weniger unversehrt noch heute weiter: Juden und Chinesen. Mit großem Interesse nahm ich daher am 10.10.2004 an der Eröffnungssitzung der *Internationalen Akademischen Konferenz über die Rechtskulturen Chinas und Israels (Zhongguo yu Yiselie Falü*

Wenhua Guoji Xueshu Yantaohui) im Beijinger *Hubei Mansion* teil und hielt dort einen Vortrag. An diesem Symposium wurde eine chinesisch-jüdische Gemeinsamkeit, nämlich die uralte Geschichte eines jeden dieser beiden Völker, hervorgestrichen. Während aber Juden über Jahrhunderte hinweg in alle Himmelsrichtungen verstreut waren und 2018 erst seit etwa 70 Jahren wieder über einen Staat verfügen, ist das chinesische Volk nie vertrieben worden. Es hat sein angestammtes Gebiet nie verloren.

1.22 Geschichte als Religionsersatz

Eine nachgerade unermesslich lange Geschichte kennzeichnet das Reich der Mitte. Über sie sagte der bekannte chinesische Schriftsteller Zhang Xianliang im Dezember 2006 in Shanghai auf einem Symposium über *Das zeitgenössische Verständnis der traditionellen Kultur* Folgendes: „In einem gewissen Sinne ist die Geschichte die eigentliche Religion des chinesischen Volkes." Zur Begründung dieser erstaunlichen Feststellung führte er aus: „Wir betrachten stets die Geschichte als einen Spiegel und suchen in ihr nach Anleitungen. Zudem kommt der Geschichte auch die Funktion einer das chinesische Volk integrierenden Kraft zu. Sie vermittelt uns in spiritueller Hinsicht eine Superstabilität und verbindet uns aufs Engste."[175]

„Kein anderes Volk in der Welt hegt für das Auf und Ab in der Geschichte tiefere Empfindungen als das chinesische Volk."[176] In der Tat, „wie in kaum einem anderen Land der Welt hat in China die Geschichte ihre identifikatorische Kraft entfaltet und kulturelles Selbstverständnis, Gemeinschaftsgefühl, ja sogar das Alltagsleben eines geschichtsbewussten, wenn nicht geschichtsbesessenen Volkes geprägt".[177] Aber es wird doch auch hie und da über in China vorkommenden „Geschichtsnihilismus" geklagt.[178]

1.23 Jahrtausendbau und Jahrtausendvision

Wie immer man zu dieser Einschätzung der Bedeutung der chinesischen Geschichte für das chinesische Volk stehen mag, eines ist sicher: Die unendliche Geschichte ihres Landes ist Chinesen sehr bewusst, und zwar nur schon wegen vieler Familiennamen. Diese sind teilweise bis zu 3000 Jahre alt.[179]

In keinem westlichen Land gibt es Familiennamen mit einer solch langen Tradition. Etwa 1000 der heute gebräuchlichen chinesischen Schriftzeichen lassen sich auf Orakelknocheninschriften zurückführen, die aus dem zweiten Jahrtausend v. u. Z. stammen. Beispielsweise ist das chinesische Schriftzeichen für „eins" seit über 3000 Jahren unverändert geblieben. Immer wieder erinnern aktuelle Zeitungsartikel an die rekordverdächtig lange ununterbrochene Entwicklung der chinesischen Schrift.[180] Viele heute gebräuchliche Redewendungen gehen auf historische Begebenheiten und Schriften aus dem ersten Jahrtausend v. u. Z. zurück, darunter die Strategemformeln Nr. 2 „Wei belagern, um Zhao zu retten", Nr. 4 „Ausgeruht den erschöpften Feind erwarten" und Nr. 7 „Aus einem Nichts etwas erzeugen", ferner die Strategemformeln Nr. 8, 11, 16, 23, 24, 28 und 33. Welches andere Land der Erde verfügt über ein Bauwerk wie die Große Mauer, an der bereits unter dem ersten Kaiser von China (221 – 209 v. u. Z.) gebaut[181], die aber erst unter der Ming-Dynastie (1368 – 1644), also über 1500 Jahre später, in der heutigen Form fertiggestellt wurde?[182] Der Kölner Dom (Baubeginn: 1248; Weihe nach dem letzten Bauabschnitt: 1880)[183] kann sich damit nicht messen. Mit der Großen Mauer könnte man freilich die Wiedergeburt des Staates Israel im Jahre 1948 dank einer während Jahrtausenden aufrechterhaltenen Vision vergleichen. Angesichts der Äonen überdauernden Wirkkraft dieser Vision erscheint die Sentenz des deutschen Altbundeskanzlers Helmut Schmidt „Wer Visionen hat, soll zum Arzt gehen" als fragwürdig. Die eigene Geschichte wird Chinesen durch den in der VR China sehr ernst genommenen Geschichtsunterricht immer wieder bewusst gemacht. „Die Vergangenheit korrekt verstehen, die Gegenwart kennen und die Zukunft im Griff haben", so lautet eine Schlagzeile in *Wahrheitssuche*, einem Sprachrohr des ZK der KPCh aus Anlass der Herausgabe eines neuen Geschichtslehrgangs.[184] Immer wieder wurde innerhalb der Kommunistischen Partei Chinas dazu aufgerufen, die Geschichte zu studieren.[185] Durch Wettbewerbe wird das Geschichtsbewusstsein der Jugend stimuliert.[186]

Eingeübt im Denken in langen Zeiträumen werden Chinesen durch sehr häufige Hinweise auf die chinesische Geschichte in den Massenmedien der VR China. Die Geschichte erscheint als weitaus präsenter als beispielsweise in den deutschsprachigen Massenmedien. Immer wieder wird von Ausgrabungen oder alten Kulturgütern berichtet, unter Titeln wie:

> „In den Ruinen von Tashan wurden Bronzegefäße aus der Shang- und Zhou-Zeit [zweites und erstes Jahrtausend v. u. Z.] entdeckt."[187]
>
> „In der Provinz Jiangsu wurde der früheste Stadtteich des Staates Wu entdeckt: Das Relikt ist etwa 3000 Jahre alt."[188]
>
> „In Ningbo wurden 6000 Jahre alte Bronzegefäße ausgegraben."[189]

„In Shanxi wurden [im Dorf] Lushanmao Ruinen entdeckt, die ein Alter von 4500 Jahren aufweisen.“[190]

„Die UNESCO nahm [im November 2017] die chinesische Orakelknocheninschriften […] aus dem 14. bis elften Jahrhundert v. u. Z. […] in das ‚Register des Gedächtnisses der Welt‘ auf.“[191]

„Die Orakelknocheninschriften sind zu einem kreativen Quellcode geworden und lassen Ihre Mobiltelefonhüllen, T-Shirts und PC-Mappen [mit Orakelknocheninschriften] überfluten.“[192]

1.24 Gedenkveranstaltung für den sagenhaften Gelben Kaiser

Spektakuläre Funde erinnern regelmäßig an die alte chinesische Geschichte, so die Terrakotta-Armee der 1974 entdeckten Grabanlage bei Xi'an. Erstellt wurde sie zwischen 221 und 210 v. u. Z. für den ersten Kaiser von China. Bei Weitem noch nicht vollständig erschlossen,[193] besteht sie aus mehr als 7000 überlebensgroßen Kriegern und etwa 600 Pferden.[194]

Bei traditionellen Festen gedenkt man Ereignissen, die über 2000 Jahre zurückliegen, so beim alljährlichen Drachenbootfest des Staatsmanns Qu Yuan (um 340 – 278 v. u. Z.) (s. *Strategeme 2*, Kap. 27.28 „Die Welt als Fußbecken“). An neu inszenierten Veranstaltungen – das Strategem Nr. 14 lässt grüßen – wird sogar an die sagenhafte Urgeschichte erinnert. So wurde am Totengedenktag im Kreis Huangling in der Provinz Shanxi unter Tausenden von Chinesen aus dem In- und Ausland eine große Gedenkveranstaltung für den sagenhaften Gelben Kaiser durchgeführt.[195] Einer historischen

Persönlichkeit wurde das Symposium „Lin Xiangru und die Kultur der Harmonie“ gewidmet.[196] Lin Xiangru stand im dritten Jahrhundert v. u. Z. dem König von Zhao zur Seite (s. *Strategeme 2*, Kap. 33.17 „Eintracht zwischen General und Kanzler“). Immer häufiger zitieren Chinesen aus Schriften des vormodernen Chinas, darunter auch jenen des Konfuzius (551 – 479 v. u. Z.). Über Mao berichtet der Beijinger Ökonom Hu Angang, er habe nur Bücher, die älter waren als 2000 Jahre, gelesen.[197]

Das ist wohl etwas übertrieben. In seinen Werken bringt er allerdings mehr Zitate aus antiken chinesischen Schriften als aus modernen marxistischen Werken. Auch Ministerpräsident Wen Jiabao (im Amt von 2003 bis 2013)[198] liebte es, seine Ausführungen mit Zitaten aus teilweise über 2000 Jahre alten Texten auszuschmücken. Weit übertroffen wird er in dieser Hinsicht vom chinesischen Staatspräsidenten Xi Jinping (im Amt seit 2013, seit 2012 Generalsekretär der KPCh).[199] Chinesische Wissenschaftler finden bisweilen Gefallen daran, die Lage Chinas in der heutigen Welt mit Konstellationen aus der chinesischen Geschichte zu vergleichen. So konnte man beispielsweise Aussagen chinesischer Gelehrter lesen wie: „Will man das internationale Umfeld des beginnenden 21. Jahrhunderts verstehen, dann sollte man am besten den Blick zurückwenden auf das China der Frühlings- und Herbstzeit und des Zeitalters der Streitenden Reiche [770 – 221 v. u. Z.].“[200] Das erinnert an Mao, der während des Widerstandskrieges Chinas gegen Japan im Zweiten Weltkrieg (1937–1945) sagte, es handle sich um einen Dreiparteienkonflikt: „Tsiang, Japan und wir – drei Königreiche.“ „Damit spielte er auf die Ära in der chinesischen Geschichte an, die als die Zeit der Drei Reiche [220 – 280] bekannt ist.“[201] Man spricht mit Bezug auf die gegenwärtige globale Lage gar schon vom „Neuen Zeitalter der Streitenden Reiche [475 – 221 v. u. Z.]“.[202] Teilweise werden für internationale Lagebeurteilungen Termini aus jener Epoche wie z. B. „Längs- und Querallianzen“ benutzt.[203]

Zur Umschreibung eines der Ziele der derzeitigen Politik, nämlich des „bescheidenen Wohlstandes“, benutzt die KPCh das über 2000 Jahre alte „Xiaokang“-Konzept[204]. Im konfuzianischen Klassiker *Aufzeichnungen der Riten* beschreibt „xiaokang“ eine stabile Gesellschaft, in der alle Grundbedürfnisse befriedigt sind. Aber „die Güter und die Arbeit dienen nur dem eigenen Nutzen“.[205] Bezeichnenderweise ist es jene Gesellschaft, die noch eine Stufe unter der konfuzianischen Idealgesellschaft der „Großen Gemeinschaft“ (Da Tong) steht,[206] die Xi Jinping immer wieder heraufbeschwört, so in seinem am 18.10.2017 dem 19. Parteitag erstatteten Bericht[207] und in einer Rede, die er am 01.12.2017 auf der Tagung „Hochrangiger Dialog der Kommunistischen Partei Chinas mit politischen Parteien der Welt“ gehalten hat.[208]

In Deutschland habe „die Nachfrage nach der traditionellen klassischen Sinologie klar abgenommen“.[209] Daraus resultiert eine verbreitete Ignoranz hinsichtlich der immer stärkeren Bedeutung des klassischen chinesischen Altertums und Schrifttums in der VR China. Angesichts dessen kann man die Wichtigkeit, ja Aktualität der klassischen chinesischen Sinologie gar nicht nachdrücklich genug hervorheben.

1.25 Zehn Erbstücke aus der Schatzkammer der chinesischen Geschichte

Zehn Elemente – allesamt als Tendenzen und nicht als starre Gegebenheiten anzusehen – aus dem kaiserlichen und zum Teil vorkaiserlichen China wirken in der VR China teilweise untergründig weiter, teilweise von Amts wegen – gestützt auf die Polaritätsnorm „Altes für die Gegenwart nutzbar machen“ – gefördert. Sie verdienen hier – ohne Anspruch auf Vollzähligkeit – eine besondere Erwähnung, zumal sie teilweise noch heutzutage Fundamente für zukunftsgerichtete langfristige Vorhaben im Reich der Mitte bilden:

1. **Die Einheitsstaatlichkeit:** Es gab gewiss Epochen, in denen China zersplittert war. Aber das Ziel chinesischer Politiker war letzten Endes in der Regel stets die Einigung des ganzen Reiches. Ein regionaler Jahrtausendkonflikt wie in Europa jener zwischen Deutschland und Frankreich fehlt. Kein Wunder, dass heutzutage die Idee eines unabhängigen Taiwans in der VR China nicht populär ist.

2. **Die Zentralstaatlichkeit:** Über 2000 Jahre war China – von Zeiten der Zersplitterung abgesehen – ein zentralisierter Staat. Daher dürfte der Föderalismus im Reich der Mitte wenig Chancen haben.

3. **Die Pyramidenstruktur:** Von 211 v.u.Z. bis 1911 u.Z. stand in den Zeiten der Reichseinigung der Kaiser als Einzelperson über der hierarchisch aufgebauten Bürokratie. Da erscheint es als nicht sehr erstaunlich, dass China in politischer Hinsicht auch zu Beginn des 21. Jahrhunderts nach dem Modell einer Pyramide mit einer Einzelperson an der Spitze aufgebaut ist. Eine Demokratie nach westlichem bürgerlich-liberalen Modell ist in der chinesischen Geschichte nicht entstanden und im Rechtsdenken kaum angedacht worden.[210]

4. **Der Werkzeugcharakter und die Relativität des Gesetzesrechts:** In der über 2000 Jahre währenden Zeit des kaiserlichen Chinas (221 v.u.Z. bis 1911 u.Z.) gab es Gesetze, aber über ihnen stand der Kaiser. Er amtierte sowohl als Gesetzgeber wie auch als oberster Gesetzes-

anwender. Eine Entwicklung in Richtung auf eine „rule of law“, eine auch den obersten Herrscher in die Knie zwingende Gesetzesherrschaft, ist, von der chinesischen Rechtsgeschichte her gesehen, nicht angelegt. Demgemäß wird „Rechtsstaat“ in der VR China vorwiegend im Sinne eines Staates verstanden, in dem Herrschaft gestützt auf das Gesetz ausgeübt wird: Nicht „rule of law“, sondern „rule by law.“[211] Das kommt der Auffassung von der instrumentalen Rolle des Rechts nahe, wie sie die Legisten[212] propagiert haben.[213] Sie waren die Schöpfer der „seit dem vierten Jahrhundert v. u. Z. [geltenden] Staatsideologie des expandierenden Militärstaates Qin, dessen Herrscher […] ganz China unterwarf.“[214] Die Auffassung von der Bedingtheit des Gesetzesrechts geht auf Konfuzius zurück. Aus seiner Sicht regelt das Gesetzesrecht nur äußeres Verhalten und entfaltet daher eine begrenzte Wirkung. Er legte größeren Wert auf den inneren, moralischen Antrieb der Menschen. So treten denn die Satzungen 2002, 2007, 2012 und 2017 für eine „Herrschaft gestützt auf Gesetzesrecht *in Verknüpfung mit Herrschaft gestützt auf Tugendhaftigkeit*“ ein.

5. **Diesseitigkeitsdenken:** Konfuzius, der zweifellos einflussreichste Denker des alten Chinas, stellte fünf *zwischenmenschliche* Beziehungen in den Mittelpunkt seiner Lehre, ließ aber die Beziehung zu einem Gott links liegen. Damit erscheint der Konfuzianismus, anders als die jesuitischen Missionare des Mittelalters annahmen, weniger als eine Vorform des Christentums denn als eine Hinwendung zur Diesseitigkeit. Dies mag die Einführung des atheistischen Marxismus-Leninismus in das Reich der Mitte begünstigt haben.

6. **Einschließendes und nicht ausschließendes Denken:** Im kaiserlichen China (221 v. u. Z. bis 1911 u. Z.) vermochten sich beispielsweise Konfuzianismus und Daois-

mus gegenseitig zu befruchten (ru dao hubu),[215] und in der chinesischen Rechtsgeschichte konnte der Konfuzianismus mit dem Legismus verschmelzen. Das wird mit dem Ausdruck „konfuzianisch nach außen, legistisch im Innern“ (ru biao fa li) gekennzeichnet.[216] Da erscheint es nicht als außergewöhnlich, dass heutzutage alle möglichen Denkschulen zu einem Potpourri verbunden werden. So wird folgende für einen Oberkommandierenden geprägte Formel verbreitet: „Mit konfuzianischem Äußeren und legistischer Einstellung auf der Grundlage des Leitweges die Kriegskunst ausüben“ (ru biao fa li, dao ben bing yong).[217] Kein Wunder auch, dass in den Sinomarxismus Elemente aus der klassischen chinesischen Philosophie, beispielsweise aus dem Konfuzianismus, eingebaut werden.[218] Im Hinblick auf die internationalen Beziehungen wird das Konfuzius-Zitat „He er bu tong“ im Sinne von „Friedliches Zusammenleben unter Wahrung der Unterschiede“ empfohlen, beispielsweise in der, auf der Tagung „Hochrangiger Dialog der KPCh mit politischen Parteien der Welt“[219] am 03.12.2017 verabschiedeten, „Beijinger Initiative“.[220] Aber auch Tendenzen aus dem Daoismus, der das Weibliche und Niedrige hervorhebt und vor den an einer Spitzenstellung drohenden Gefahren warnt, kommen zu Ehren. So formte Deng Xiaoping für die chinesische Außenpolitik folgende Maxime: „Das Licht unter den Scheffel stellen und den rechten Augenblick abwarten“, „auf keinen Fall eine Führerrolle [in der Dritten Welt] übernehmen“ und „ein niederes Profil wahren“.[221] Der frühere Carter-Berater Zbigniew Brzeziński meinte, keine andere Macht könne „die Rolle des globalen Führers besser übernehmen als Amerika“.[222] „Führungsmacht“ – viermal kommt dieses Wort, auch in Bezug auf die VR China, im 20-seitigen Strategiepapier einer deutschen Partei vor.[223] Eine solche Vokabel fehlt in der offiziellen chinesischen außenpolitischen Selbstdarstellung weitgehend. Xi Jinping spricht nicht von einer „chinesischen Führungsmacht“ und würde sich wohl hüten, die untaoistische Losung „China first“ in die Welt zu posaunen. Damit ist nicht gesagt ist, dass er nicht entsprechend handelt. Für China in der Rolle einer „Führungsnation“ (qiantouguo) - übrigens zusammen mit anderen Führungsnationen - fand ich im März 2018 im Internet nur einen Beleg, und zwar im Zusammenhang mit der Festlegung einer technischen Regulierung für Elektroautos.[224] In seiner taoistisch angehauchten Rhetorik ging Deng so weit zu sagen: „Sollte sich China eines Tages [...] in eine Supermacht verwandeln und [...] in der ganzen Welt wie ein Tyrann herumkommandieren, überall die anderen demütigen, angreifen und ausbeuten, dann müssen die Völker der Welt diesem China das Schild des Sozialimperialismus umhängen, es entlarven, bekämpfen und mit dem chinesischen Volk gemeinsam niederschlagen.“[225]

7. **Einheitlichkeit des offiziellen Denk- und Wertesystems:** Auch dies hängt mit dem zur Staatsdoktrin des kaiserlichen Chinas aufgestiegenen Konfuzianismus zusammen, der mit dem Legismus verschmolz. Der Legismus duldete ebenfalls keine Denkabweichungen. Diese Tradition verträgt sich schlecht mit Vorstellungen von einer liberal-bürgerlichen Zivilgesellschaft, passt aber sehr gut zum Marxismus-Leninismus. Ein Schisma wie im Abendland zwischen Katholizismus und Protestantismus hat es in China nie gegeben.

8. **Dialektisches Denken:** Das traditionelle Yin-Yang-Denken, das sowohl konfuzianischen als auch taoistischen Wurzeln entspringt, dürfte ebenfalls dazu beigetragen haben, dass Chinesen im 20. Jahrhundert ausgerechnet den Marxismus-Leninismus mit seiner materialistischen

Dialektik als anheimelnd empfanden und zur Staatsdoktrin erhoben.

9. **Militärkultur:** Diese ist so alt wie der Konfuzianismus, wird sie doch auf Meister Sun, einen Zeitgenossen des Konfuzius (551–479 v.u.Z.), zurückgeführt. Das militärische Denken übte in der Periode des kaiserlichen Chinas einen beträchtlichen Einfluss aus. In der VR China gibt es Stellungnahmen, wonach es angängig sei, anzunehmen, die chinesische Militärkultur sei ein Hauptkennzeichen der chinesischen Kultur und ein grundlegender Inhalt des chinesischen Volkscharakters.[226]

10. **Antiautoritäre Tendenzen:** Das vormoderne chinesische Recht stattete den Einzelnen nicht mit subjektiven Rechten aus. Aber Chinesen verließen sich oft auf ihr eigenes, von den Behörden nicht kontrollierbares Urteilsvermögen und fanden schlaue Wege, um ihre eigenen Ziele entgegen den offiziellen Normen zu erreichen. Das hohe Selbstwertgefühl von Chinesinnen und Chinesen kommt in einem bemerkenswerten Satz im Werk des Mencius (372–289 v.u.Z.), des zweitwichtigsten Vertreters des Konfuzianismus, zum Ausdruck: „Wenn ich mich prüfe [und finde, dass] ich [auf dem] recht[en Weg] bin, [dann] trete ich auch Hunderttausenden entgegen."[227]

    Das Mädchen Zhu Yingtai aus der östlichen Jin-Dynastie (317–420 u.Z.) ist seit Jahrhunderten beliebt. Es wird berichtet, dass es sich als Junge verkleidet hatte, um Zugang zu einer Schulbildung zu erhalten, die Frauen im alten China verschlossen war. Dank ihres erfolgreichen Einsatzes der List verwirklichte Zhu Yingtai ein individuelles Menschenrecht, wenn man ihr Handeln aus heutiger Sicht betrachten will, nämlich das Recht auf Bildung (Universelle Erklärung der Menschenrechte, Art. 26, Ziff. 1).[228]

Der König von Wu beabsichtigte, den großen Staat Chu zu bekriegen, und er verkündete: „Wer sich etwa untersteht, Einwände zu erheben, ist des Todes." Da war unter den Beamten des Palastes ein Wachoffizier, der gern Vorhaltungen gemacht hätte, es aber nicht wagte. So steckte er Kugeln ein, ergriff eine Armbrust und schweifte umher im Hintergarten des Palastes. Der Tau durchnässte sein Kleid, denn er blieb die Nacht draußen bis zum Morgen. So trieb er es drei Tage lang. Da sprach der König von Wu: „Komm her! Warum hast du dir dein Kleid so elend durchnässt?" Der Wachoffizier antwortete: „Im Garten war ein Baum. Auf ihm saß eine Zikade. Die Zikade saß hoch oben, sang klagend, trank den Tau und wusste nicht, dass die Gottesanbeterin eben hinter ihr war. Die Gottesanbeterin bog ihren Körper, duckte sich und wollte die Zikade fangen. Sie wusste nicht, dass der Zeisig sich neben ihr befand. Der Zeisig reckte den Hals lang und wünschte, die Gottesanbeterin aufzupicken. Aber dabei ahnte er nicht, dass meine Armbrust und Kugeln unter ihm warteten. Diese drei wünschten alle ihren Vorteil zu gewinnen, ohne dabei das hinter ihnen drohende Unheil zu berücksichtigen." Der König von Wu sprach: „Gut." Darauf stellte er die Kriegsvorbereitungen ein.

In dieser Geschichte aus „Frühlinge und Herbste der Staaten Wu und Yue" von Xu Tianyou (Mitte des 13. Jahrhunderts u. Z.) spielen sich töricht verhaltende Tiere die Rolle des „Maulbeerbaums". Die Geschichte lebt weiter in der Redewendung „Die Gottesanbeterin fängt die Zikade, aber dahinter lauert schon der Zeisig".[229]

Aus der Sicht der Universellen Erklärung der Menschenrechte (Art. 19) hat der Wachoffizier das Recht auf freie Meinungsäußerung auf listige Weise verwirklicht, listig

> in dem Sinne, dass er seine Meinung nicht geradeheraus, sondern über den Umweg eines Gleichnisses kundgetan hat, aber doch so, dass der Herrscher die Botschaft verstanden hat. Der Wachoffizier kritisierte das unvorsichtige Verhalten von Tieren, aber der Herrscher begriff, dass die Kritik ihm galt, und er befolgte den ihm klausuliert vermittelten Rat. Das Vorgehen des Wachoffiziers kann dem Strategem Nr. 26 „Die Akazie schelten, dabei aber auf den Maulbeerbaum zeigen“ zugeordnet werden. Die vor Kopflosigkeit warnende Geschichte lebt weiter in der Redewendung „Die Gottesanbeterin fängt die Zikade, aber dahinter lauert schon der Zeisig“.
>
> Wie die Beispiele von Zhu Yingtai und des Wachoffiziers zeigen, setzten Menschen im vormodernen China ihre individuellen Menschenrechte um, allerdings nicht auf der Grundlage von Gesetzen, sondern mithilfe von List, und zwar gesteuert nicht von irgendeinem Wissen um schriftlich verkündete Menschenrechte, sondern von einem naturrechtlich verankerten Gefühl, auf dem, wie Menzius sagte, „rechten Weg“ zu sein.

Unterschiede zwischen der autochthonen europäischen und der chinesischen Kultur sollten nicht überbetont werden. Die gemeinsame Menschlichkeit überwiegt. Man sollte nicht sagen, dass individuelle Menschenrechte mit der alten chinesischen Kultur unvereinbar seien. Sie existierten im alten China nicht in den offiziellen Gesetzestexten und auch nicht unbedingt in philosophischen Texten, sondern im Naturrecht, das in den Herzen von Chinesinnen und Chinesen verankert war und aus individueller Initiative in die Praxis umgesetzt wurde. Chinesisch-westliche Parallelen in der chinesischen und europäischen Kulturgeschichte sollte man nicht übersehen.

1.26 Eine an Supraplanung gemahnende Kalligrafie Hu Jintaos

Den weiten Denkhorizont zwingt Chinesen ihre lange Geschichte geradezu auf. Zumindest gebildeten Chinesen sind Episoden, Anekdoten und Gedanken aus Jahrtausenden geistig präsent. Wenn man sich mit ihnen in chinesischer Sprache unterhält, muss man auf Schritt und Tritt damit rechnen, dass sie mit Verweisen auf Geschehnisse oder Formulierungen aus drei Jahrtausenden herumjonglieren. Manchmal empfinden Chinesen ihre schier unendlich lange Geschichte freilich auch als Last. In Europa wird die Geschichte seit dem antiken Hellas nicht im gleichen Maße, wie dies in China hinsichtlich der chinesischen Geschichte der Fall ist, als ein Kontinuum und als eine unerschöpfliche Erfahrungsquelle und Fundgrube empfunden. Die folgende Aussage Deng Xiaopings über die angestrebte Wiedervereinigung mit Taiwan mag zwar bildlich gemeint sein, zeigt aber exemplarisch chinesische Denkdimensionen: „Die staatliche Einheit ist ein Wunsch des Volkes. Wenn die Einheit innerhalb von 100 Jahren nicht vollzogen wird, so wird man doch auch noch in 1000 Jahren die Einigung erreichen wollen.“[230]

Als Journalisten Deng Xiaoping während seines Japan-Besuchs (Oktober 1978) nach einer umstrittenen Insel fragten, antwortete dieser langzeitperspektivisch:

> „Unsere Generation ist für dieses Problem nicht klug genug. Lasst uns diese Frage durch eine nachfolgende weisere Generation lösen.“[231]

Der lange geistige Atem spiegelt sich in chinesischen Redewendungen wie z. B.: „Die Vorfahren pflanzen Bäume, die Nachkommen genießen den kühlen Schatten“ (qianren zhong shu, houren chengliang) und „ein Plan von grundlegender

Bedeutung für Jahrhunderte" (bainian da ji). Gewisse in den chinesischen Medien häufig benutzte Ausdrücke atmen den Geist der Supraplanung, wie etwa „tongchou quanju" (bei der Planung der Gesamtsituation Rechnung tragen), „shen mou yuan lü" (tiefgründig planen und sich weitblickend Gedanken machen), „deng gao wang yuan" (in die Höhe steigen und von dort aus in die Ferne blicken) und „gao zhan yuan zhu" (von hoher Warte aus betrachten und weit blicken).

„Gao zhan yuan zhu": Die allererste Kalligrafie, mit der Xi Jinpings Vorgänger Hu Jintao (2002 - 2012 Vorsitzender der KPCh, 2003 - 2013 Staatspräsident der VR China, 2004 - 2012 Vorsitzender der Militärkommission der VR China) an die Öffentlichkeit getreten ist.[232] Von Xi Jinping wird gesagt, er habe „von hoher Warte aus betrachtend und weit blickend" am 18.10.2017 dem 19. Parteitag der KPCh Bericht erstattet.[233] Den Gedanken an Supraplanung aufkommen lässt auch der erste Satz in den „Verhaltensregeln von Hochschulstudierenden": „Zhi cun gao yuan" (hochgesteckte und weit gespannte Ziele haben).[234]

Aufgrund des die Jahrtausende überwölbenden Geschichtswissens sind Chinesen daran gewohnt, retrospektiv in langen Zeiträumen zu denken. Kein Wunder, dass es ihnen womöglich nicht so schwerfällt, umgekehrt auch weit in die Zukunft hinein zu denken. Vielleicht fasst es daher der eine oder andere Chinese nicht einfach nur als eine leere Floskel auf, wenn er beim Eintritt in die KPCh folgenden Satz unter Eid ausspricht: „Ich werde mich für [die Verwirklichung des in weiter Ferne liegenden] Kommunismus ein Leben lang einsetzen."[235]

Supraplanung auf taktischer Ebene

Hohe Supraplanung vereinigt einen langen Zeithorizont mit einer großflächigen Perspektive und ist durch ständiges Evaluieren nicht nur konventioneller, sondern auch strategemischer Problemlösungsvarianten bemüht. Bei der mittleren und niederen Supraplanung werden Zeit- und Raumhorizont immer kleiner. Was aber bis in die unterste Ebene gleich bleibt, ist der über Routineüberlegungen hinausgreifende, die Kunst der List voll ausschöpfende, umfassende, im chinesischen Sinne „weise" Geisteshorizont. Insofern verdient auch die niedere Moulüe, „Supraplanung" geheißen zu werden, zumal im Reich der Mitte Strategemanwendungen sehr ausgeklügelt sein können.

Der offen angekündigte Hinterhalt auf dem Huarong-Pfad

Nach der verlorenen Schlacht an der Roten Wand (208 u. Z.) floh der geschlagene Machthaber des nördlichen Reiches Wei, Cao Cao, mit einem kleinen Trupp von Reitern. Schließlich gelangte er an eine Stelle, von der zwei Wege ausgingen. Sie führten beide zu demselben Ziel. Der eine Weg war breit und befand sich in einer eher ebenen Gegend. Der andere, kürzere Weg, der Huarong-Pfad, war eng, schwer passierbar und wand sich durch Berggebiet. Allerdings war dieser Weg 50 Meilen kürzer als die Landstraße. Cao Cao ließ die Pferde anhalten und hieß Späher von einem Hügel aus Umschau halten. Die Männer berichteten, dass von den Hügeln, durch welche sich der Gebirgsweg schlängelte, Rauchwolken aufstiegen. In der Umgebung der breiten Landstraße sei alles ruhig. Darauf befahl Cao Cao seinen Leuten, auf dem schmalen Bergweg emporzuklimmen.

Als sie nach dem Grund der Wahl dieses Weges fragten, entgegnete Cao Cao: „Habt ihr nicht gehört, dass es in Militärtraktaten heißt: ‚Was leer erscheint, soll man als voll betrachten; was voll erscheint, soll man als leer betrachten.‘ Mein Gegenspieler Zhuge Liang ist äußerst listenreich. Daher lässt er entlang dem Bergpfad Rauchschwaden aufsteigen. So will er verhindern, dass wir diesen Weg einschlagen. Doch in Wirklichkeit hat er bei der Landstraße einen Hinterhalt gelegt. Das habe ich durchschaut. Ich werde seinem Strategem nicht zum Opfer fallen.“ Cao Caos Begleiter waren hungrig und die Pferde erschöpft. Die Verwundeten hatten kaum noch Kräfte. Es war eisige Winterszeit, sodass Mensch und Tier unendlich litten. Der Weg war in einem jämmerlichen Zustand. Man musste ihn erst mühselig ausbessern, um überhaupt weitermarschieren zu können. Plötzlich lachte Cao Cao und spottete über seine Feinde. Wenn sie wirklich etwas taugten, hätten sie ihn auf diesem Weg schon längst aus einem Hinterhalt heraus überwältigt. In diesem Augenblick war ein lauter Knall zu hören. 500 Krieger, angeführt von Liu Beis Blutsbruder Guan Yu, erschienen und versperrten Cao Cao den Weg, dem vor Schreck beinahe die Seele aus dem Leibe wich.

Zhuge Liang hatte auf dem Bergweg „die Fülle als Fülle gezeigt“, d. h. den vorbereiteten Hinterhalt durch Rauchschwaden angekündigt, und auf der Landstraße „die Leere als Leere gezeigt“, d. h. signalisiert, dass dort kein Hinterhalt lauere. Genau dies aber verwirrte Cao Cao und veranlasste ihn zu umgekehrten Schlüssen. Er wagte nicht, den tatsächlich gefahrlosen Weg zu wählen, und entschied sich für jenen, den er für sicher hielt.

Durch eine besonders raffinierte Anwendung des Strategems Nr. 32, des Strategems der leeren Stadt bzw. der leeren Landstraße, brilliert hier Zhuge Liang. Er wusste, dass Cao Cao strategemkompetent und darauf bedacht war, Zhuge Liangs Strategeme zu durchschauen. Indem Zhuge Liang einen Hinterhalt durch Rauchschwaden ankündigte, also sein Strategem transparent machte, vermochte er, Cao Caos Misstrauen gegenüber der sicheren Landstraße zu aktivieren.

1.27 Drei Stufen über dem höchsten europäischen Strategemkompetenzniveau

Man kann die Listenblindheit, beispielsweise Adams und Evas angesichts der Schlange, als die Stufe 0 der Listwahrnehmung bezeichnen. Wer vage eine List wahrnimmt, befindet sich auf der Stufe 1 der Listwahrnehmung. So erwähnt Machiavelli im siebten Kapitel seines Werks *Der Fürst* ausdrücklich eine „Hinterlist“ Cesare Borgias. Aber ansonsten schreibt er nur: „Er konnte seine Gesinnung so verbergen, dass die Orsini sich mit ihm versöhnten [...] und ihre Einfältigkeit sie ihm in Sinigallia in die Hände führte“[236], wo er sie ermorden ließ. Wenn man darüber hinaus fähig ist, unterschiedliche Strategeme zu identifizieren und zu benennen, hat man die Stufe 2 der Listwahrnehmung erreicht. Auf dieser Stufe der Listwahrnehmung befinden sich Chinesen. Europäer haben diese Stufe nie erreicht. Wäre Machiavelli ein Chinese gewesen, hätte er möglicherweise nicht bloß nebulös von einer „Hinterlist“ Cesare Borgias gesprochen, sondern diese durch die Erwähnung des Strategems Nr. 10 „Hinter dem Lächeln den Dolch verbergen“ auf den Punkt gebracht. Indem Zhuge Liang die antizipierte Strategemwahrnehmung Cao Caos einkalkulierte und diesen durch die Offenlegung seines Strategems verwirrte, erstieg er auf der Leiter der Listwahrnehmung noch zwei weitere Stufen. Cao Cao gewärtigt das Strategem 32 (Stufe 2). Diese Strategemwahrnehmung wittert seinerseits Zhuge Liang (Stufe 3). Er manipuliert die Wirklichkeit in listiger Weise so, dass Cao Cao von der Stufe 2 auf die Stufe 0 sinkt. Damit erklimmt Zhuge Liang die Stufe 4 der Strategemwahrnehmung und -planung. Obwohl seine Strategemanwendung auf bloß taktischer Ebene angesiedelt ist, kann sie wahrlich als „supraplanerisch" eingestuft werden. Peter von Matt schildert in seinem Buch *Die Intrige* (Carl Hanser Verlag, München 2006; dtv Verlagsgesellschaft 2008) keine in der westlichen Literatur dargestellte Listanwendung dieses Raffinessegrades. In der Tat übersteigt Zhuge Liangs Strategemkompetenz in diesem Fall die – nach allem, was ich weiß – höchste im Westen erreichte Listkompetenzstufe um drei Stufen.

1.28 Strategie und Taktik – tendenziell im Westen vermengt, in China unterschieden

„Es heißt, in den USA denke man in Zehnjahreseinheiten, [...] wogegen man in China in Jahrhunderten denke." Das sagte der ehemalige US-Präsident Nixon am 05.09.1985 in einem Vortrag an der Beijinger Universität für Außenwirtschaft und -handel.[237]

Nixon konstatiert also ein eher kurzfristiges Denken in den USA. Diesen Befund scheint für den deutschsprachigen Raum der inflationäre Gebrauch des Wortes „Strategie" zu bestätigen. „Strategie" ist zu einem Modewort verkommen, das in aller Munde und daher der Gefahr der Beliebigkeit ausgesetzt ist. Dies ist problematisch. Allzu oft wird undifferenziert von „strategischem Handeln" zur Bezeichnung irgendeiner zielgerichteten Tat gesprochen. Noch das kleinste taktische Augenblickspläncher wird „Strategie" genannt. Bei dem, was ich im Folgenden darlege, geht es um mehr als bloße sprachliche Feinheiten. Es geht, nach einer Formulierung des Managementspezialisten Fredmund Malik, um eines der „gefährlichen Wörter". Bei deren Verwendung fehlt es oft an Klarheit und Präzision, worunter das Denken und Handeln leiden kann.[238]

Im zeitgenössischen chinesischen wird anders als im zeitgenössischen deutschsprachigen Sprachgebrauch recht klar zwischen „zhanlüe" (Strategie) und „zhanshu" (Taktik) unterschieden. Dies gilt insbesondere für das politische und wirtschaftliche Handeln. Eine kleine Statistik[239] mag diese These ansatzweise belegen:

> *Zhanlüe xingwei (strategisches Handeln)* im chinesischsprachigen Google mit chinesischen Schriftzeichen eingegeben: 48 800 Suchergebnisse.
>
> *Zhanshu xingwei (taktisches Handeln)* im chinesischsprachigen Google mit chinesischen Schriftzeichen eingegeben: 14 300 Suchergebnisse.
>
> *Strategisches Handeln* im deutschsprachigen Google: 45 500 Suchergebnisse.
>
> *Taktisches Handeln* im deutschsprachigen Google: 2230 Suchergebnisse.

Ursprünglich bezeichnet „Strategie" im klassischen europäischen Militärdenken eine „langfristige, grundsätzliche Planung", wogegen sich „Taktik" auf kurzfristige Schritte zum Erreichen strategischer, also langfristiger und grundlegender Ziele bezieht.[240] Auf das Wort „operativ", das mehrere zusammengehörige taktische Schritte bezeichnet, soll hier nicht weiter eingegangen werden. Aus chinesischer Sicht kann jedes Strategem je nach Bedarf sowohl auf der höchsten Supraplanungsebene als auch strategisch und taktisch eingesetzt werden. Die im chinesischen Schrifttum selbstverständliche Unterscheidung zwischen taktischer und strategischer Strategemanwendung kann man im deutschsprachigen Raum nicht vornehmen, wenn man „strategisch“, wie heutzutage üblich, in einem uferlosen Sinne benutzt und auch taktische, d.h. kurzfristige Handlungen als „strategische Handlungen“ ausgibt. Denn dann wird unter der Bezeichnung „strategisches Handeln“ sowohl das taktisch-kurzfristige wie auch das strategisch-langfristige Handeln subsumiert. Der Ausdruck „strategische Strategemanwendung“ hat dann keinen Aussagewert mehr, schert er doch sowohl die taktisch-kurzfristige wie die strategisch-langfristige Listanwendung über einen Kamm. So gesehen erscheint der moderne deutsche Wortgebrauch als unnuanciert und unexakt. Will man auf globaler Ebene mithalten, kommt man nicht darum herum, auch im deutschsprachigen Raum die Unterscheidung von strategischem (langfristig-grundsätzlichem) und taktischem (kurzfristigem) zielgerichtetem Handeln wiederzubeleben. Nur so kann man sprachlich und damit auch geistig mit Chinesen Schritt halten. Denn diese pflegen den nuancierten aus Europa übernommenen Wortgebrauch besser als Europäer und halten im Allgemeinen „Strategie“ und „Taktik“ getreu klassischem europäischem Militärdenken auseinander. Natürlich fördert diesen differenzierten Wortgebrauch das chinesische Denken in supraplanerischen Dimensionen.

1.29 Westliches „strategisches Handeln" – definitionsgemäß ohne List?

„Strategisches Handeln" erscheint gemäß der üblichen westlichen Sicht[241] als listfrei bzw. als an Regeln gebunden:

> „Ein strategischer Handlungsplan ist offenbar so weit durchführbar, wie die möglicherweise entstehenden Situationstransformationen vorhersehbar sind, insbesondere wie eine vollständige Übersicht über die Handlungsmöglichkeiten des Gegners gewonnen werden kann. Eine solche Übersicht ist dann zu erreichen, wenn diese Möglichkeiten *durch ein Regelwerk eingegrenzt* sind, d. h., soweit das Handeln als Spiel aufgefasst werden kann. Somit ist das Spiel die bevorzugte Domäne des strategischen Handelns bzw. der Strategien; exemplarisch dafür ist das Schachspiel. Die Untersuchung und Systematisierung derartiger Aktionsmöglichkeiten ist die Spieltheorie, in der alle Unwägbarkeiten der gegnerischen Entscheidungen als Wahrscheinlichkeitsgrößen modelliert werden. Damit entsteht ein neues, über die einfache und die strategisch gestufte Zweckrationalität hinausgehendes Verständnis von rationalem Handeln unter Risiko. Gegen solche spieltheoretischen Modellierungen wurde u. a. von J. Habermas eingewandt, dass sie trotz ihres unter Umständen großen wahrscheinlichkeitstheoretischen Aufwandes eine krude Vereinfachung wirklicher Handlungssituationen darstellen. Der Andere kommt dabei nicht als Subjekt vor, seine Freiheit wird als Wahrscheinlichkeit von Selektionen aus begrenzten Handlungsalternativen abgebildet, womit der zunehmende Einsatz derartiger Modellierungen, nicht nur ethisch, sondern auch pragmatisch betrachtet, problematisch ist. Habermas selbst verwendet den Ausdruck ‚strategisches Handeln' für ein

> erfolgsorientiertes (im Unterschied zum verständnisorientierten ‚kommunikativen Handeln') soziales Handeln (im Unterschied zum erfolgsorientierten nicht sozialen ‚instrumentellen Handeln')."[242]

Diese Ausführungen über „strategisches Handeln" kommen nicht an den weiten Horizont chinesischer Supraplanung heran, für welche regelkonformes, unlistiges *und* außerroutinemäßiges, listiges Vorgehen stets simultan in Betracht zu ziehen sind. Im westlichen Sprachraum weckt auf den ersten Blick Thomas C. Schellings *Strategy of Conflict* Assoziationen an die chinesische Supraplanung. Sobald man aber Schellings Definition von „strategy" liest, erkennt man, dass diese US-amerikanische Konfliktstrategie nicht an die chinesische Supraplanung heranreicht. Schelling übernimmt das Wort „Strategie" aus der Spieltheorie. Diese unterscheidet Zufalls-, Geschicklichkeits- und „Strategie"spiele. „Bei Strategiespielen hängt die beste Handlungsoption für jeden Spieler davon ab, was die anderen Spieler machen. Der Ausdruck soll die wechselseitige Abhängigkeit der Entscheidungen der Gegenspieler und deren Erwartungen hinsichtlich des Verhaltens der Mitspieler hervorheben."[243] Man ersieht aus dieser Strategiedefinition, dass kurz- und langfristiges Verhalten in einen Topf geworfen werden. Mit listigem Verhalten, welches völlig aus dem Rahmen dessen fällt, was die Mitspieler voneinander erwarten, scheint Schelling gemäß der von ihm präsentierten Strategiedefinition nicht zu rechnen. Ich frage mich, inwieweit man mit einer derart ausgedünnten Strategiekonzeption, die glaubt, das Wort „Taktik" abschaffen und eine listfreie Welt fingieren zu können, chinesische Verhaltensweisen beispielsweise gemäß der sinomarxistischen Maxime „taktische Freundschaft, strategische Feindschaft" zu verstehen vermag. Im Geiste dieser Maxime bildete Mao Zedong in den Jahren 1937 bis 1945 mit seinem Todfeind Tsiang Kaishek eine „Einheitsfront" gegen Japan.[244]

Der Ausdruck „strategisches Handeln“ ist, wohl auch wegen der Spieltheorie, derart fest eingebürgert, dass man ihn im Westen nicht abzuschaffen vermag. In der VR China ist der Ausdruck weniger gebräuchlich. Zur Herstellung einer genauen Ausdrucksweise und zur Wahrung der Chance, zum chinesischen Denken aufschließen zu können, möchte ich vorschlagen, den Terminus „strategisches Handeln“ durch das Hinzufügen des Wortes „taktisch“ zu optimieren. Es entsteht dann der Ausdruck „taktisch-strategisches Handeln“. Durch die Verknüpfung mit dem Wort „Taktik“ wird der eigentliche Sinn des Wortes „Strategie“ bewusst und die dieses Wort behelligende Sinnentleerung rückgängig gemacht. „Taktisch“ wird vorangestellt, weil menschliches Handeln, zumindest im Abendland, überwiegend kurzfristig-fragmentiert und nicht in umfassende Strategien eingebettet ist. Würde man den Ausdruck „strategisch-taktisches Handeln“ prägen, dann könnte der umgekehrte, nicht zutreffende Eindruck entstehen.

Anmerkungen

1 *Hanyu Da Cidian (Großes Wörterbuch der chinesischen Sprache)*, Bd. 11, Hanyu Da Cidian Chubanshe, Shanghai 1993, S. 329.

2 *http://search.dangdang.com/?key=%22 %E8 %B0 %8B%E7 %95 %A5 %22&act=input&category_path=01.00.00.00.00.00&type=01.00.00.00.00.00*, a. a. 18.03.2018.

3 Shi Qingming: *Xiandai Moulüe Xunlian Jichu*, Guofang Daxue Chubanshe, Beijing 1988.

4 Chai Yuqiu: *Moulüelun*, Lantian Chubanshe, Beijing 1991.

5 Liu Zhihai: *„Sun Zi Bingfa“ yu Jingying Moulüe*, Renmin Youdian Chubanshe, Beijing 2007.

6 Tian Xing: *Jingshang Moulüe 100*, Guangdong Lüyou Chubanshe, Guangzhou 2007.

7 Wang Yu: *Lingdao Moulüe*, Zhongguo Fangzhi Chubanshe, Beijing 2006.

8 Xie Xiezheng, Xie Ji: *Moulüe Siwei*, Shanghai Kexue Jishu Wenxian Chubanshe, Shanghai 2004.

9 Zheng De: *Du Shi Xue Moulüe*, Jiu Zhou Chubanshe, Beijing 2005.

10 Guo Maode: *Gudai Ban'an Moulüe*, Zhejiang Kexue Jishu Chubanshe, Hangzhou 2006.

11 Zhu Dekai: *Lüshi Moulüe*, Falü Chubanshe, Beijing 2. Nachdruck 2007.

[12] Chai Yuqiu: *Zhanzheng yu Moulüe*, Zhongguo Fazhan Chubanshe, Beijing 2007.

[13] Zhang Yun et al.: *Zhizhe de Moulüe*, Shanghai Jiaotong Daxue Chubanshe, Shanghai 2001.

[14] Niu Li: *Mao Zedong Junshi Moulüe Lun*, JC, 2. Aufl., Beijing 2007.

[15] Yu Hongfeng: *20 bu Bidu de Moulüe Jingdian*, Beijing Gongye Daxue Chubanshe, Beijing 2006.

[16] *Chengyu Zhuomicang: Zhihui Moulüe Pian*, Ershiyi Shiji Chubanshe Jituan, Nanchang 2016.

[17] *Xuesheng Lizhi Guoxue Xiao Gushi. Ren'ai, Moulüe, Lianzheng*, Jilin Chuban Jituan Gufen Youxian Gongsi, Changchun 2017.

[18] Xue Yu (Hg.): *Shijie Moulüe Daquan (Weltkompendium der Supraplanung)*, Zhongguo Renmin Daxue Chubanshe, Beijing 1991.

[19] „Deceptive strategy", S. Michael Pillsbury: *The Hundred-Year Marathon [...]*, Henry Holt and Company, New York 2015, S. 261, Anm. 14; es scheint dies eine feststehende US-Interpretation von Moulüe zu sein, ist doch auch im Abschnitt „Deception in Chinese Military Strategy" auf S. 14 des *Annual Report to Congress* des Office of the Secretary of Defence über *Military Power of the People's Republic of China 2006* von „moulüe, or strategic deception" die Rede, *https://fas.org/nuke/guide/china/dod-2006.pdf*, a. a. 16.01.2018.

[20] Harro von Senger: „Moulüe (supraplanning). On the problem of the transfer of earthbound words and concepts in the context of cultural exchange between China and the West", in: *Zhongguo Bijiao Yanjiu – Journal of China in Comparative Perspective*, London, Vol. 1 No. 1, Januar 2014, S. 127ff., *http://www.ccpn-global.com/kcfinder/upload/files/JCCP-1-1-senger.pdf*, a. a. 11.01.2018.

[21] „One American scholar, who is said to be ‚one of the US government's leading China experts', translates moulüe as ‚deceptive strategy', which is very superficial, he says.<break/>So he coined the English word supra-planning, which he says is superior to the ‚strategic thinking' considered in the West to be the highest level of planning.<break/>‚Sometimes, we need to coin a word to call attention to a unique phenomenon of another civilization,' von Senger says", in: Fu Jing: „How Switzerland adopted the wisdom of China", *China Daily*, Beijing, 02.06.2017, S. 22.

[22] Dossier Asien: „Weltordnung wird umgewälzt", in: [Zürcher] *Unimagazin*, Nr. 4/2006, S. 25.

[23] S. im Einzelnen Harro von Senger: „Recht und Moulüe", in: Kerstin Storm, Jonas Polfuss (Hg.): *Rechtskultur und Gerechtgkeitssinn in China, Jahrbuch der Deutschen Vereinigung für Chinastudien 11*, Harrassowitz Verlag, Wiesbaden 2017, S. 78ff.

[24] In: Li Bingyan: *Sanshiliu Ji Xin Bian* (Die 36 Strategeme in moderner Bearbeitung), Beijing 1981, Vorwort, S. 3.

[25] Harro von Senger: *Strategeme*, Band 1, Scherz Verlag, Bern 1988, S. 30.

[26] *Moulüe Lun*, Beijing 1991.

[27] *Moulüe Ku*, 4. Aufl. Beijing 1991.

[28] *Shiyong Moulüexue Cidian*, Harbin 1992.

[29] Luo Zhihua: *Junshi Moulüe Zhi Dao*, Beijing 1995.

[30] Harro von Senger: „Strategemische Weisheit: chinesische Wörter im Sinnbezirk der List", in: *Archiv für Begriffsgeschichte*, Bd. XXXIX, Bonn 1996, S. 79.

[31] Harro von Senger: *Strategeme*, Band 2, Scherz Verlag, Bern 2000, S. 23.

[32] He Kaiyao: *Xiaoping Moulüe*, Beijing 2004; Inhaltsverzeichnis: *http://www.shuxiu.cc/book/9_detail_3752.htm*, a. a. 26.03.2023.

[33] Xiao Shimei: *Mao Zedong Moulüexue*, Beijing 2005; Inhaltsverzeichnis: *https://baike.baidu.com/item/%E6%AF%9B%E6%B3%BD%E4%B8%9C%E8%B0%8B%E7%95%A5%E5%AD%A6/12146003#reference-[2]-11456613-wrap*, a. a. 26.03.2023.

[34] Christopher Detweiler: „An introduction to the modern chinese science of military supraplanning", Volltext einsehbar unter *http://www.freidok.uni-freiburg.de/volltexte/7726/*, a. a. 26.03.2023.

[35] Zur chinesischen Weisheit s. *36SfM*, S. 17 f.

[36] „He says supra-planning, or moulüe, is a broad-based art of planning only developed in China. He explains moulüe by using the yinyang symbol. The yang part refers to laws, regulations, customs and routine. But the yin part refers to hidden ways to solve problems and requires wisdom and creativity. […] In addition to the yin-yang peculiarity of supra-planning, von Senger says its other feature is long-term thinking", in: Fu Jing, ibid.

[37] Die älteste Belegstelle für diese Fabel findet sich im Buch „Liezi", das dem taoistischen Philosophen Lie Zi (Meister Lie, 4. Jh. v. u. Z.) zugeschrieben wird, 愚公移山 [yú gōng yí shān], *https://baike.baidu.com/item/%E6%84%9A%E5%85%AC%E7%A7%BB%E5%B1%B1/8262*; Liezi Daoist literature, *https://www.britannica.com/topic/Chinese-philosophy*, a. a. 29.03.2023.

[38] Mao Tse-tung: „YÜ GUNG VERSETZT BERGE 愚公移山", *https://seenthis.net/messages/882168*, a. a. 17.03.2023.

[39] *Brockhaus Enzyklopädie in 30 Bänden*, 12., völlig neu bearbeitete Ausgabe, Bd. 21, F. A. Brockhaus, Leipzig/Mannheim 2006, S. 544.

[40] Hans-Jürgen Bieling: „Die Lissabon-Strategie und das Europäische Sozialmodell", *https://link.springer.com/chapter/10.1007/978-3-663-01618-2_8*, a. a. 17.03.2023.

[41] „Europa 2020: die Strategie der Europäischen Union für Wachstum und Beschäftigung", *https://eur-lex.europa.eu/DE/legal-content/summary/europe-2020-the-european-union-strategy-for-growth-and-employment.htm; https://eur-lex.europa.eu/legal-content/DE/TXT/?uri=celex%3A52010DC2020l*, a. a. 17.03.2023.

[42] Carl von Clausewitz: *Vom Kriege*. 3. Buch. Von der Strategie überhaupt. 3.10 Die List, S. 118, O. Corff, Berlin, den 16. August 2010, *https://static.clausewitz-gesellschaft.de/wp-content/uploads/2014/12/VomKriege-a4.pdf*, a. a. 17.03.2023.

[43] Florian W. Mehring: *Die Hohe Schule der Kriegskunst bei Geschäftsverhandlungen. Kommentierte Übersetzung eines an Chinesen gerichteten Ratgebers des Verhandlungsforschers Liu Birong*, Verlag Dr. Kovac, Hamburg 2017, *https://www.verlagdrkovac.de/978-3-8300-7966-8.htm*, a. a. 17.03.2023.

[44] Ge Cungen: *Da Dao Zhi Jian: Sanshiliu Ji Yu Zhongguo Qieye Zhanlüe Siwei (Der Königsweg ist von größter Einfachheit: Die 36 Strategeme und das strategische Denken chinesischer Unternehmen)*, Jingji Guanli Chubanshe, Beijing 2006.

[45] Jullien, S. 88.

[46] S. die Ausführungen über das Harvard-Konzept in: Florian W. Mehring: *Die Hohe Schule der Kriegskunst bei Geschäftsverhandlungen. Kommentierte Übersetzung eines an Chinesen gerichteten Ratgebers des Verhandlungsforschers Liu Birong*, Verlag Dr. Kovac, Hamburg 2017, S. 311 ff.

[47] Verena Lenzen, Professorin für Judaistik an der Universität Luzern: „Ich hatte eine Grenze überschritten", in: *NZZaSo*, 26.12.2004, S. 65.

[48] *Da Moulüe*, S. 304 ff.

[49] Helmut Kohl: *Erinnerungen 1990 - 1994*, Verlag Droemer Knaur, München 2007, S. 166.

[50] Jiang Jinqiang: „Tichang ‚shen wei'" (Aufforderung zum „vorsichtigen Umgang mit Winzigkeiten"), in: *Q*, Nr. 8, 2007, S. 54; Wang Zhongqiu: *Xijie jueding chengbai (Details entscheiden über Erfolg oder Misserfolg)*, Xinhua Chubanshe, 3. Aufl., Beijing 2006.

[51] William C. Kirby: „China's internationalization in the early People's Republic: Dreams of a socialist economy", in: *The China Quarterly*, 2006, S. 887.

[52] „Wen Jiabao zhuchi Guowuyuan changwu huiyi bushu cujin shengzhu shengchan he wending shichang gongying" (Wen Jiabao leitet eine ordentliche Sitzung des Staatsrates und trifft Anordnungen, um die Schweinezucht zu fördern und das Marktangebot zu stabilisieren), in: *RRH*, 30.07.2007, S. 1.

[53] „Xi Jinping jinri zuochu zhongyao zhishi qiangdiao: jianchi buxie tuijin ‚cesuo geming' nuli buqi yingxiang qunzhoung shenghuo pinzhi duanban", in: *GMRB* 28.11.2017, S. 1.

[54] „Minsheng xiao shi da qianghuai. Ji Xi Jinping zongshuji changdao tuijin ‚cesuo geming'", in: *GMRB*, 29.11.2017, S. 1; „Xiao cesuo da minsheng" (Kleines WC großes Volkswohl), Foto aus dem Dorf Dianzi in der Provinz Shandong, in: *RR*, 10.12.2017, S. 4.

[55] Li Jian: „Xijie zhi zhong jian dandang", in: *RR*, 17.11.2017, S. 5.

[56] Loulou de la Falaise, zitiert aus: *Welt am Sonntag*, 03.04.2005, S. 68.

[57] Wu Dongfeng et al.: „Changzheng: ‚Xijie jueding lishi'" (Der Lange Marsch: „Details entscheiden über die Geschichte"), in: *XW*, Nr. 22, 2006, S. 96.

[58] Wang Dan: „Ying keji chongxin dingyi Zhongguo liliang" (Durch harte Wissenschaft und Technik wird die Stärke Chinas neu definiert werden), in: *GMRB*, 21.11.2017, S. 2; s. hierzu „What Is the Difference Between Hard Science and Soft Science?", 23.01.2018, *https://www.thoughtco.com/hard-vs-soft-science-3975989*, a.a. 28.03.2023.

[59] Carl von Clausewitz: *Vom Kriege*, 17. Aufl., Dümmler, Bonn 1966, S. 169.

[60] „Zhongguo Jingdian Chuanshi Zangshu 30 Bu" (Sammlung von 30 überlieferten klassischen chinesischen Werken), in: *RR*, 02.07.2013, S. 12; s. auch *http://www.xsjsclp.com/product-4432.html* und *http://bjscsc.blog.bokee.net/bloggermodule/blog_viewblog.do?id=14820140*, a.a. 13.03.2018.

[61] *Konfuzius. Gespräche*, neu übersetzt und kommentiert von Hans van Ess, C.H. Beck, München 2023, Kapitel 13.17, S. 536.

[62] „Gung-Sun Tschou". Abschnitt A. 2. Die Ruhe des Gemüts, in: *Mong Dsï* (Mong Ko) [Werke], aus dem Chinesischen verdeutscht und erläutert von Richard Wilhelm, Eugen Diederichs Verlag, Jena 1921, *https://www.projekt-gutenberg.org/mongdsi/werke/titlepage.html*, a.a. 28.04.2023.

[63] „Ba miao zhu zhang shi shenme yisi" (Was bedeutet „die Setzlinge hochziehen, damit sie wachsen"?), *https://zhidao.baidu.com/question/29209960.html*, a.a. 28.04.2023.

[64] „Guanyu jianguo yilai dang de ruogan wenti de jueyi (1981nian 5 yue 27 ri Zhongguo Gongchandang di shiyi jie Zhongyang Weiyuanhui di liu ci quanti huiyi tongguo)" (Resolution über einige historische Fragen der Partei seit der Gründung

der VR China (Angenommen auf der Sechsten Plenarsitzung des Elften Zentralkomitees der KPCh am 27.06.1981), Punkt 17, *https://www.12371.cn/2021/11/09/ARTI1636454249781129.shtml*, a.a. 28.04.2023.

[65] „Da yuejin Yi cheng ji yu qiu cheng de shiyan" (Der große Sprung: Ein Experiment, das auf schnellen Erfolg erpicht war), 21.10.2020, *http://book.newdu.com/m/view.php?aid=522185*, a.a. 28.04.2023.

[66] Yang Jisheng: *Grabstein – Mubei. Die große chinesische Hungerkatastrophe 1958–1962*, S. Fischer Verlag, Frankfurt am Main 2012; Frank Dikötter: *Maos grosser Hunger: Massenmord und Menschenexperiment in China (1958–1962)*, aus dem Englischen von Stefan Gebauer, Klett-Cotta, Stuttgart 2014.

[67] *Moulüe Zhi Dao (Moulüe-Weg[leitungen])*, Zhongguo Guoxue Wenhua Yishu Zhongxin zubian (Organisiert und zusammengestellt vom Chinesischen Zentrum für Kultur und Kunst [im Geiste] chinesischer Gelehrsamkeit), Zhongguo Renmin Daxue Chubanshe, Beijing 2015.

[68] Zhen Bei: *Moulüe de Gushi (Die Supraplanung [veranschaulichende] Geschichten)*, Haichao Chubanshe, Beijing 2005, S. 42

[69] Wu Xiaocong, Guo Youmin (Chefred.): *Die Tonarmee des ersten Kaisers von China: Vom sensationellen Fund bis zur jüngsten Analyse*, Tourismusverlag Chinas, Beijing 2002, S. 10f.

[70] Lu Taiwei, in: ZQB, 22.08.1998, S. 8.

[71] Beispielsweise in: Zhao Chengyuan (Chefred.): *Zhi shi yu Moulüe (Weise Politikberater und [deren] Supraplanung)*, Shandong Daxue Chubanshe, Jinan 2001, S. 309f.; Li Guyin: *Zhongguo Gudai Congzheng Moulüe (Supraplanung in der Politikgestaltung im chinesischen Altertum)*, Zhongguo Wen-Shi Chubanshe, Beijing 2006, S. 61f.

[72] Xue Yu (Hg.): *Shijie Moulüe Daquan (Weltkompendium der Supraplanung)*, Zhongguo Renmin Daxue Chubanshe, Beijing 1991, S. 116.

[73] „Wu Jiaxiang: Rushi xin fa" (Weltzugewandte Psychotechniken), *http://www.mbahome.com/newss/Article/zhuanti/mbahomeact/y2007/wenzhang/200703/23084_7.shtml*, a.a. 17.11.2007.

[74] „Da mou, zhong mou he xiao mou" (Hohe, mittlere und niedere Ebene der Supraplanung), *http://lz.book.sohu.com/chapter. php?id=6760&volume=3&chapter=7*, a.a. 17.11.2007; „Guimoulun [...]. Diyi zhang. Mou yu Guimou" (Über die Heimtücke. [...] 1. Kapitel. Planung und Heimtücke), *http://blog.sina.com.cn/s/blog_614f07d40100e1w4.html*, a.a. 19.01.2018.

[75] *Da Moulüe*, S. 4.

[76] Yang Qingwang, Li Bingyan (Redaktoren): *Shiyong Moulüexue Cidian (Praktisches Supraplanungs-Wörterbuch)*, Harbiner Verlag, Beijing 1992, S. 2.

[77] Luo Zhihua: *Junshi Moulüe zhi Dao (Der Weg der militärischen Supraplanung)*, JC 1998, S. 19.

[78] Li Bingyan, Sun Jing: *Junshi Moulüexue (Militärische Supraplanungskunde)*, Bd. 1, JC 1989, S. 8.

[79] Qiao Liang, Wang Xianghui: *Chaoxian Zhan: Dui Quanqiuhua Shidai Zhanzheng yu Zhanfa de Xiangding (Schrankenloser Krieg: Gedanken und Feststellungen über Krieg und Kriegsmethoden im Zeitalter der Globalisierung)*, Jiefangjun Wenyi Chubanshe, Beijing 1999, S. 185.

[80] Li Bingyan, Sun Jing, a.a.O., S. 9.

[81] Li Bingyan, Sun Jing, a.a.O., S. 9f.

82 Jullien, S. 44.

83 Chen Danran, *https://baike.baidu.com/item/%E9 %99 %88 %E6 %BE%B9 %E7 %84 %B6/5333267?fr=aladdin*, a. a. 20.01.2018.

84 Chen Danran: *Jiangbiao Zhong Lüe (Dynastietreue Planvorschläge aus dem Gebiet südlich des Jangtse-Flusses)*, Wenhai Chubanshe, o. O., 1900, S. 577.

85 Xi Jinping: *Tan Zhiguo Lizheng (Aussagen darüber, wie man das Land in Ordnung hält und die Regierungsgeschäfte führt)*, Waiwen Chubanshe, Beijing 2014, S. 88; ders.: *China regieren*, Verlag für fremdsprachige Literatur, Beijing 2014, S. 108.

86 „Ex-Kommandeur rügt Bushs Irak-Politik: Früherer Oberbefehlshaber Sanchez kritisiert US-Strategie im Zweistromland", in: *Rhein-Hunsrück-Zeitung*, 15.10.2007, S. 6.

87 S. z. B. Xin Qi: „Gao wu jian ling zhe si hongyuan: Xuexi Zhong Gong Shi-qi Da baogao guanyu Taiwan wenti de zhongyao lunshu" (Wasser über ein abschüssiges Dach kippende kluge Gedanken von grandioser Weitsicht: Die wichtigen Darlegungen zur Taiwan-Frage in dem am 17. Parteitag [der KPCh erstatteten] Bericht studieren), in: *RRH*, 30.10.2007, S. 3.

88 Huachen Qiche Qi Yumin (Qi Yumin, [Präsident der] Brilliance Auto [Group]): „Shijiu Baogao gaowu jianling you cuoshi juti" (Der am 19. Parteitag erstattete Bericht [wirkte so gewaltig wie] Wasser, das über ein abschüssiges Dach geschüttet wird, wartete aber auch mit konkreten Maßnahmen auf), 19.10.2017, *http://www.sohu.com/a/198856951_430289*, a. a.28.03.2023.

89 Ibid.; „Yi shiji xingdong tuijin Zhongguo tese daguo waijiao" (Die Diplomatie einer Großmacht mit chinesischen Besonderheiten mittels praktischer Maßnahmen vorantreiben), in: *RRH*, 05.01.2018, S. 2.

90 „Zhong-wai yinhang jingzheng zhong qianjin [...] Zhongzi yinhang zhuan yali wei dongli" (Die ausländisch und die chinesisch finanzierten Banken marschieren im [wechselseitigen] Wettbewerb voran. [...] Die chinesisch finanzierten Banken wandeln den [auf sie ausgeübten Druck] in Antriebskraft um), in: *RRH*, 05.02.2007, S. 1.

91 „Hua weiji wei jiyu: Wuxi zhong zhi cheng cheng zhan lanzao jishi" (Eine Krise in eine Chance umwandeln: Tatsachenbericht von der Bekämpfung der Blaualgen in der Stadt Wuxi [gestützt auf die Maxime] Einigkeit ist die stärkste Stadtmauer), in: *RRH*, 29.06.2007, S. 5; „hua wei wei ji" (Eine Gefahr in eine Chance umwandeln), zitiert aus: Shiqing: Gongxian wanshan quanqiu zhili de Zhongguo fang'an (Die Weltlage: ein chinesisches Programm für eine Verbesserung [des Regimes] globaler Regulierungen), in: *RRH*, 09.08.2017, S. 5.

92 Ding Gang: „‚Zhongguo zhizao': Bian tiaozhan wei jiyu" („Made in China": die Herausforderung in eine Chance umpolen), in: *RRH*, 16.07.2007, S. 1.

93 Chu Fuling (Vorsteher des Fachbereichs Sozialversicherung des Versicherungsinstituts der Zentralen Universität für Finanzen und Wirtschaft): „Zhongguo jingji de Ao-Yun jiyu (15) Ao-Yun baoxian de ‚dan'gao' you duo da? Ao-Yun fengxian xuyao yunyong baoxian huajie – Baoxianye mianlin Ao-Yun de juda shangji – Ji shi shuli xingxiang pinpai jiazhi" (Die sich der chinesischen Wirtschaft dank der Olympischen Spiele darbietenden Chancen. [15. Folge]. Wie groß wird „der Kuchen" des olympischen Versicherung[sgeschäfts] sein? Die mit den Olympischen Spielen verbundenen Gefahren müssen durch Versicherungen aufgefangen werden – Das Versicherungsgewerbe steht vor einer durch die Olympischen Spiele ausgelösten gewaltigen Geschäftschance – Die Konstellation ausleihen,

das Image pflegen und den Markenwert steigern), in: *RRH*, 01.08.2007, S. 5. „Ambush-Marketing" bzw. „Parasiten-Marketing" wird in der VR China allerdings bekämpft, „Beijing launches decree to fight ambush marketing", *http://en.people.cn/english/200111/01/eng20011101_83679.html*, a.a. 28.03.2023; möglicherweise wird „Ambush-Marketing" in der VR China in einem engeren Sinne verstanden als im Westen, zur westlichen Deutung dieses Ausdrucks s.: „Ambush-Marketing kennt verschiedene Wahrheiten", in: *NZZ*, 04.10.2007, S. 63.

94 „Shui qu gei ‚mao'er gua lingdang'?" (Wer geht hin und hängt der Katze die Glocke an?), *https://story.beva.com/21/content/gei-mao-er-gua-ling-dang-3*, s. auch: *http://www.hekaya.de/fabeln/wer-haengt-der-katze-die-schelle-an--fabel_europa_128.html*, a.a. 20.01.2018.

95 Wie die Glockenblumen entstanden sind, s.: „Beikraut in Flammen",11.08.2017, *http://www.liebseeligkeiten.de/tag/blumen/page/3/*, a.a. 20.01.2017.

96 Edmund Stoiber: „Ein starker Staat braucht Mut zur Stärke", in: *Bild*, 26.09.2007, S. 2.

97 Sascha Buchbinder: „Große Jungen weinen eigentlich nicht", in: *TA*, 25.11.2005, S. 8.

98 „Ti mao daishang lingdang Yisuo yuyan gushi" (Der Katze eine Schelle umhängen. Parabel von Äsop), *https://www.youtube.com/watch?v=5o-x99avmeE*, a.a. 20.01.2018.

99 Es gibt zwar eine Äsop-Fabel mit dem Titel „Die Katze und die Mäuse", aber sie hat einen ganz anderen Inhalt; Äsop: *Fabeln Griechisch-Deutsch*, Reclam, Stuttgart 2005, S. 82f.

100 *Da Moulüe*, S. 54.

101 Shao Jie: „Li Bingyan: Junshi Moulüexue dianjiren" (Li Bingyan: der Grundsteinleger der militärischen Supraplanungslehre), in: *Zhonghua Yingcai (Chinas Talente)*, Nr. 14, 2000, S. 50.

102 Boyilun (Spieltheorie), *http://zh.wikipedia.org/wiki/%E5 %8D%9A%E5 %BC%88 %E8 %AE%BA*, a.a. 20.01.2018.

103 *Da Moulüe*, S. 54; s. auch: „Zhongguo chuantong Moulüe yu Xifang duicelun" (Die traditionelle chinesische Moulüe und die westliche Spieltheorie), *http://www.psychcn.com/enpsy/200204/34932892.shtml*, a.a. 20.01.2018.

104 Hanns Abele: „Ein Prophet, der im eigenen Land nichts gilt: Grosser Einfluss der Österreichischen Schule der Nationalökonomie auf die Volkswirtschaftslehre", in: *NZZ*, 27./28.10.2007, S. 31.

105 S. hierzu auch „Ein blinder Fleck der Spieltheorie" in: *Klaviatur*, S. 37ff., und die Bemerkungen über das Gefangenendilemma unter dem Gesichtspunkt des Strategems Nr. 22, a.a.O., S. 209ff.

106 Jullien, S. 54.

107 Li Bingyan: „Guanyu ‚Moulüe' gainian de bianxi" (Begriffsanalyse von „Moulüe"), in: *Jiefangjun Bao (Volksbefreiungsarmee-Zeitung)*, 16.04.2002, S. 6.

108 *Da Moulüe*, S. 54.

109 „Zhongguo chuantong Moulüe yu Xifang duicelun" (Die traditionelle chinesische Moulüe und die westliche Spieltheorie), *http://www.psychcn.com/enpsy/200204/34932892.shtml*, a.a. 20.01.2018.

110 *Da Moulüe*, S. 365.

111 Fu Laixu: „Shi tan ‚Moulüexue' lilei de wenti" (Versuch einer Plauderei über die

[bibliothekarische] Klassifizierung der „Supraplanungskunde"), in: *Tushuguanxue Yanjiu (Researches in Library Science)*, Nr. 3, 1996, S. 39.

[112] Xiao Shimei: *Mao Zedong Moulüexue (Mao Zedongs Supraplanungskundigkeit)*, Zhongguo Chang'an Chubanshe, Beijing 2005;<break/>He Kaiyao: *Xiaoping Moulüe ([Deng] Xiaopings Supraplanung)*, Baihua Zhou Wenyi Chubanshe, Nanchang 2004; Xu Liping: „Deng Xiaoping zhizheng zhiguo moulüe sixiang chutan" (Erste Erörterung des supraplanerischen Denkens Deng Xiaopings bei dessen Regierung und Staatsführung), in: *Dangshi Yanjiu yu Jiaoxue (Die Geschichte der [Kommunistischen] Partei [Chinas] in der Forschung und im Unterricht)*, Nr. 6, 2005, S. 39 ff.

[113] Xu Liping, a. a. O., S. 42.

[114] Francis Fukuyama: *Das Ende der Geschichte. Wo stehen wir?*, Kindler Verlag, München 1992, S. 81.

[115] Lin Yan: „Zhongguo kao shenme jueqi" (Gestützt auf was erfolgt Chinas Aufstieg?), in: *ZQB*, 16.09.2007, S. 2.

[116] Gewerkschaft der Privatangestellten Druck – Journalismus – Papier: „Marktwirtschaftsstatus für China – worum geht es da?", undatiert, *https://www.gpa-djp.at/cs/Satellite?blobcol=urldata&blobheadername1=content-type&blobheadername2=content-disposition&blobheadervalue1=application%2Fpdf&blobheadervalue2=inline%3B+filename%3D%22Download_Marktwirtschaftsstatus_f%25C3%25BCr_China_-_gewerkschaftlicher_Blick.pdf%22&blobkey=id&blobnocache=false&blobtable=MungoBlobs&blobwhere=1342613592251&ssbinary=true&site=A03*, a. a. 20.01.2018.

[117] „Yi you duoshao ge guojia chengren Zhongguo wanquan shichang jingji diwei?" (Wie viele Staaten gibt es bereits, die Chinas vollumfänglichen Status einer Marktwirtschaft anerkennen?), 01.12.2017, *https://zhidao.baidu.com/question/1580563895987681020.html*, a. a. 20.01.2018.

[118] „Ruishi chengwei di 75 ge chengren Zhongguo wanquan shichang jingji diwei de guojia" (Die Schweiz ist der 75. Staat, der Chinas vollumfänglichen Status einer Marktwirtschaft anerkennt), Mitteilung der Agentur Neues China vom 09.07.2007, *http://www.chn-consulate-fukuoka.or.jp/chn/xwdt/t338627.htm*, a. a. 20.01.2018.

[119] Wissenschaftlicher Dienst des Europäischen Parlaments. Laura Puccio: *Die Zuerkennung des Marktwirtschaftsstatus an China. Eine Analyse der WTO-Vorschriften und der Politik ausgewählter WTO-Mitglieder*, November 2015, S. 4, *http://www.europarl.europa.eu/RegData/etudes/IDAN/2015/571325/EPRS_IDA(2015)571325_DE.pdf*, a. a. 20.01.2018; s. auch: Europäische Union. Europäisches Parlament. Generaldirektion Externe Politikbereiche. Fachabteilung. Eingehende Analyse. Barbara Barone: *Nur noch ein Jahr: Die Zuspitzung der Debatte über die Zuerkennung des Marktwirtschaftsstatus an China*, Dezember 2015, *http://www.europarl.europa.eu/RegData/etudes/IDAN/2015/570453/EXPO_IDA%282015%29570453_DE.pdf*, a. a. 20.01.2018.

[120] Zitiert aus: „Guandian jicui" (Sammlung von Perspektiven), in: *RRH*, 09.10.2007, S. 5.

[121] *Asien als strategische Herausforderung und Chance für Deutschland und Europa. Asienstrategie der CDU/CSU-Bundestagsfraktion. Beschluss vom 23.10.2007*, S. 11, *https://www.cducsu.de/sites/default/files/asienstrategie_web.pdf*, a. a. 24.03.2018.

[122] Georg Blume: „Sie wollen hier investieren", in: *DZ*, 08.11.2007, S. 36.

[123] Christoph Giesen: „Chinesischer Investor HNA Group. Auf den Spuren eines geheimnisvollen Milliardärs", 19.09.2017, *http://www.sueddeutsche.de/wirtschaft/chinesischer-investor-hna-group-auf-den-spuren-eines-geheimnisvollen-milliardaers-1.3672890*, a.a. 15.01.2018; Christoph Giesen, Meike Schreiber, Kai Strittmatter: „Chen Feng geht einkaufen. Deutsche Bank, Flughafen Hahn, Hilton: Eine einst kleine Airline aus China kauft Anteile an immer mehr Unternehmen", 19.09.2017, *http://www.sueddeutsche.de/wirtschaft/hna-group-chen-feng-geht-einkaufen-1.3671798?reduced=true*, a.a. 15.01.2018.

[124] Georg Blume, ibid.

[125] Georg Blume, ibid.

[126] Gerd Koenen: *Die Farbe Rot. Ursprünge und Geschichte des Kommunismus*, Verlag C.H.Beck, München 2017, S. 1010; s. auch Shen Lin: „Yi ge dangyuan qiyejia de baoguo meng – Zhuiji Jiangsu Hengshen Gufen Youxian Gongsi yuan dongshizhang Qian Yubao" (Der Traum eines Unternehmers, der Parteimitglied ist, sich für das eigene Land einzusetzen – Im Gedenken an den ehemaligen Vorsitzenden der Jiangsu Hengshen GmbH), in: *RR*, 07.11.2017, S. 9; *http://politics.people.com.cn/n1/2017/1107/c1001-29630423.html*.

[127] Shien-yen Kuo: *Kapitalismus und Grundeigentum in China*, Dissertation, Frankfurt am Main 1930, S. 7.

[128] Jennifer Kavanagh, Bryan Frederick: „Why Force Fails. The Dismal Track Record of U.S. Military Interventions", in: *Foreign Affairs*, März 2023, *https://www.foreignaffairs.com/united-states/us-military-why-force-fails?utm_medium=newsletters&utm_source=fatoday&utm_campaign=Diplomats%20in%20Robes?&utm_content=20230330&utm_term=FA%20Today%20-%20112017*, a.a. 30.03.2023.

[129] Shao Jie: „Junshi Moulüexue dianjiren Li Bingyan" (Li Bingyan, der Grundsteinleger der militärischen Supraplanungslehre), in: *Zhonghua Yingcai (Chinas Talente)*, Nr. 14, 2000, S. 50ff.

[130] *Sun Zi 2023*, S. 22.

[131] *Sun Zi 2023*, ebenda.

[132] *Sun Zi 2023*, ebenda.

[133] *Sun Zi 2023*, S. 24.

[134] General David Peträus: „‚*The Art of War*': As relevant now as when it was written", *https://www.irishtimes.com/culture/books/the-art-of-war-as-relevant-now-as-when-it-was-written-1.3440724*, 26.03.2018.

[135] „Junshi moulüe" (Militärische Supraplanung), *http://www.moulue.com.cn/* bzw. *http://www.moulue.com.cn/index.php?m=content&c=index&a=lists&catid=11*, a.a. 14.01.2018.

[136] Reporter der Agentur Xinhua Nie Xiaoyang: Xinhua She Ruishi Dawosi 1 yue 22 ri dian. Zhuanfang (Nachrichtenagentur Neues China, Davos, Schweiz. Depesche vom 22.01.[2018]. Interview): „‚Da bang zhe xia liu.' Ruishi hanxuejia changtan Zhongguo chuantong zhexue de xiandai qidi" (‚Das große Reich stellt sich unter das kleine' – Ein Schweizer Sinologe äußert sich freimütig über in der Gegenwart von der chinesischen traditionellen Philosophie [ausgehende] Impulse), *http://news.sina.com.cn/o/2018-01-22/doc-ifyqtycx1874680.shtml*, a.a. 13.06.2018.

[137] *Sun Zi 2023*, S. 163ff.

[138] Xi Jinping: Bericht 2017; ders., Bericht 2022.

[139] Siehe auch Abschnitt 5.15.

[140] „Taiwan Wenti Yu Xin Shidai Zhongguo Tongyi Shiye“ (Die Taiwan-Frage und das Anliegen von Chinas Einigung im neuen Zeitalter (August 2022). Büro für Taiwan-Angelegenheiten des Staatsrates), *http://www.scio.gov.cn/zfbps/32832/Document/1728489/1728489.htm*, a.a. 27.03.2023.

[141] „The Taiwan Question and China’s Reunification in the New Era, The Taiwan Affairs Office of the State Council and The State Council Information Office“, August 2022, *https://english.news.cn/20220810/df9d3b8702154b34bbf1d451b99bf64a/c.html*, a.a. 27.03.2023.

[142] Full Text: „The Taiwan Question and China’s Reunification in the New Era Source: Xinhua 2022-08-10 10“, *https://english.news.cn/20220810/df9d3b8702154b34bbf1d451b99bf64a/c.html*, a.a. 16.04.2023.

[143] „2021 Niasn 12 yue 29 ri ì Guowuyuan Ban xinwen fabuhui“ (29. Dezember 2021 Pressekonferenz des Büros für Taiwan-Angelegenheiten des Staatsrates) *http://www.itaiwannews.cn/20211229/97332b0d-7836-5118-9594-4c5ff536c5a2.html*, a.a. 29.03.2023.

[144] „Newsletter der Chinesischen Botschaft in Deutschland – Sonderausgabe 14. Fünfjahresplan – April 2021“, *http://de.china-embassy.gov.cn/det/zt/Newsletter/202104/P020210912054562562053.pdf*, a.a. 27.03.2023.

[145] „Peking piesackt taiwanesische Firmen“, in: *NZZ*, 03.01.2021, S. 21.

[146] Matthias Sander: „China will von Firmen aus Taiwan Hilfe zur ‚Wiedervereinigung‘“, 03.01.2022, *https://www.nzz.ch/technologie/china-will-von-firmen-aus-taiwan-beitrag-zur-wiedervereinigung-ld.1662600*, a.a. 27.03.2023.

[147] Martin Kölling: „Wann zückt Peking die Handelswaffe gegen Taiwan?“, in: *NZZ*, 10.08.2022, S. 22.

[148] Stefan Aust, Adrian Geiges: *Xi Jinping*, 4. Aufl., Piper Verlag, München 2021, S. 241.

[149] Guo Zongxin: „Tuidong liang an guanxi heping fazhan“ (Die friedliche Entwicklung der Beziehungen zwischen den beiden Ufern vorantreiben), in: *GMRB*, 20.11.2017, S. 2.

[150] Beat U. Wieser: „China drängt zu den Weltmeeren“, in: *NZZ*, 18./19.06.2011, S. 1.

[151] Szilvia Akbar: „USA gedenken mit Taiwan der letzten Schlacht mit der KP Chinas 1958“, 24.09.2020, *https://www.epochtimes.de/politik/ausland/usa-gedenken-mit-taiwan-an-letzte-schlacht-mit-kp-chinas-1958-a3319801.html*, a.a. 16.04.2023.

[152] „He tong wu wang wu tong dengchang? Zhong Gong de ‚Beijing moshi‘ suanpan: Taiwan zhenshe, bu zhan er qu“ (Wenn für eine friedliche Vereinigung [] Taiwans mit Festlandchina keine Hoffnung besteht und eine kriegerische Vereinigung vor der Türe steht [, was dann]? Das Kalkül der KPCh mit dem „Beijing-Modell“: Taiwan einschüchtern und es ohne Waffengang gefügig machen), 10.12.2020, *https://insidechina.rti.org.tw/news/view/id/2086614*, a.a. 07.08.2023.

[153] „Xi Jinping bereitet Chinesen auf einen Krieg vor“, in: *NZZ*, 22.07.2023, S. 5, *https://www.nzz.ch/technologie/xi-jinping-bereitet-china-auf-einen-krieg-vor-nzz-ld.1747702*, a.a. 24.07.2023.

[154] „Flavius Vegetius Renatus“, *http://www.flavius-vegetius-renatus.de/*, a.a. 24.07.2023.

[155] Ruguo ni xiang yao heping, qing zhunbei zhanzheng zhe ju hua shi shui shuo de" (Wer hat den Satz gesagt, wenn du den Frieden willst, dann bereite den Krieg vor?), *https://zhidao.baidu.com/question/32892163.html*, a.a. 24.07.2023; „Xi Jinping tan junshi bianzhengfa: Zhunbei da cai neng bubi da, yue bu neng da yue keneng ai da" (Xi Jinping spricht über militärische Dialektik: Nur wenn man kampfbereit ist, braucht man möglicherweise nicht zu kämpfen. Je weniger man fähig ist zu kämpfen, desto wahrscheinlicher ist es, dass man Schläge erleidet), *https://www.guancha.cn/military-affairs/2016_08_12_371014_1.shtml*, a.a. 07.08.2023.

[156] „Zhong-E fankong junyan shifang wu da xinhao", in: *RRH*, 13.08.2013, S. 1, *http://paper.people.com.cn/rmrbhwb/html/2013-08/13/content_1282528.htm*, a.a. 31.01.2018.

[157] S. „Einleitung", Anm. 74.

[158] „Wang Yi shisi zi fangzhen xi", in: *RRH*, 29.03.2013, S. 1, *http://paper.people.com.cn/rmrbhwb/html/2013-09/23/content_1302083.htm*, a.a. 31.01.2018.

[159] Artikel von Alfred Defago in: *NZZ*, 07.12.2017, S. 43.

[160] Thukydides: *Die Geschichte des Peloponnesischen Krieges*, Buch 1, Kapitel 23, Absatz 6; s. *http://www.gottwein.de/Grie/thuk/thuk1023.php*.

[161] Stephan Bierling: „Stehen China und die USA vor einem bewaffneten Konflikt?", 23.09.2017, *https://www.nzz.ch/meinung/kommentare/stehen-china-und-die-usa-vor-einem-bewaffneten-konflikt-ld.1317908*, a.a. 31.01.2018. Der Originalsatz lautet in der Übersetzung von Prof. Hans-Christian Günther, Seminar für Griechische und Lateinische Philologie, Universität Freiburg i. Br.: „Der wahrhaftigste Grund nun aber[, der zum Kriegsausbruch führte,] war, [...] dass die Athener groß wurden, den Spartanern Furcht einflößten und sie so in den Krieg hineinzwangen", E-Mail-Auskunft Prof. H.C. Günthers vom 31.01.2018.

[162] *MSK*, S. 14.

[163] *MSK*, S. 15.

[164] *MSK*, S. 15f.

[165] Xu Fenlin: „Sunzi Bingfa yu xinxi shidai junshi douzheng zhunbei" (Sun Zi. Die Kunst des Krieges und die Vorbereitung auf den militärischen Kampf im Informationszeitalter), in: *GMRB*, 08.05.2006, S. 7.

[166] Li Jie (Chefred.): *Sanshiliu Ji – Sunzi Bingfa (Die 36 Strategeme – Sun Zi. Die Kunst des Krieges)*, Harbin 2006, Vorwort S. 1.

[167] Allister M. Fuchs: „Rache des kurzsichtigen Minimalismus", in: *Die Synthese*, Dezember 2005, S. 2.

[168] Xia Qing: *„Sunzi Bingfa" Yanjiu Duben (Lesebuch zur Erforschung von Sun Zi. Die Kunst des Krieges)*, Zhongguo Linye Chubanshe, Beijing 2006, S. 15.

[169] Francis Fukuyama: „Die USA stoßen an die Grenzen ihrer Macht. Selbstzerstörerische Vorherrschaft", in: *TA*, 31.10.2007, S. 11.

[170] Ernst Herb: „Hongkong weist China den Weg", in: *Finanz und Wirtschaft*, 04.07.2007, S. 1.

[171] Herbert Kremp: „Chinas Grenzen und das Mandat", in: *DW*, 11.04.2001, S. 9.

[172] Zhou Yixing: „Zhonghua wenming gai cong he shi suanqi" (Ab wann sollte man den Beginn [des Zeitalters] der chinesischen Zivilisation zu zählen beginnen), in: *RRH*, 05.04.2007, S. 1.

[173] Katja Gelinsky: „Keimzelle mit Indianern. Jamestown feiert die Geburt Amerikas, und Königin Elisabeth kommt zum Gratulieren", in: *FAZ*, 03.05.2007, S. 9.

[174] „The US will be 250 years old in 2026 - a quarter of a millennium. Promoted by Selma Finance", Januar 2016, *https://www.quora.com/The-US-will-be-250-years-old-in-2026-a-quarter-of-a-millennium-Will-that-be-a-bigger-milestone-than-the-Bicentennial*, a. a. 16.01.2018.

[175] „Bu shi jiu wu be ke chuangxin" (Ohne Kenntnis alter Dinge kann man nichts Neues schaffen), in: *Wenxue Bao (Literaturzeitung)*, 04.01.2007, S. 1.

[176] Ren Zhongping: „Linghang, sixiang de liliang kaipi xin shidai" (Was die Steuerung des [Staats-]Schiffes anbelangt, so eröffnet die Kraft der Ideologie eine neue Ära), in: *RR*, 05.12.2017, S. 2.

[177] Kai Vogelsang: *Geschichte als Problem: Entstehung, Formen und Funktionen von Geschichtsschreibung im Alten China*, Harrassowitz Verlag, Wiesbaden 2007, S. 1.

[178] „„Xuexi guanche dang de Shijiu Da jingsheng fandui lishi xuwuzhuyi'yantaohui zai Jing zhaokai" (Das Symposium „Den Geist des 19. Parteitags studieren und umsetzen, den Geschichtsnihilismus bekämpfen"), in: *GMRB*, 03.01.2018, S. 11; Liang Junjian: „Dujue lishi xuwuzhuyi [...]" (Dem Geschichtsnihilismus einen Riegel vorschieben [...]), in: *GMRB*, 29.03.2018, S. 16.

[179] Chen Mingyuan, Wang Zonghu: *Huaxia Xingshi Qutan (Amüsante Plauderei über chinesische Familiennamen)*, Beijing 1993.

[180] „Yin Xu shen yi chenggong zhi hou de zai sikao" (Neue Überlegungen nach der [im Jahre 2006] mit Erfolg [gekrönten] Bewerbung um die Anerkennung der Ruinen von Yin als Weltkulturerbe), in: *RRH*, 06.11.2007, S. 7, *http://www.chinaqw.com/hwjy/hjsp/200711/06/93956.shtml*, a. a. 20.01.2018.

[181] Wolfram Eberhard: *Geschichte Chinas*, Alfred Kröner Verlag, Stuttgart 1971, S. 78; Thomas Jansen: „Qin-Dynastie", in: *DGCL*, S. 598.

[182] Leif Littrup: „Ming-Dynastie", in: *DGCL*, S. 502.

[183] *Der neue Brockhaus. Allbuch in fünf Bänden*, 3. Aufl., 3. Bd., F. A. Brockhaus, Wiesbaden 1955, S. 161.

[184] „Zhengque di liaojie guoqu, renshi xianzai, bawo weilai: jiu ‚Zhongguo Jin-xiandai Shi Gangyao' chuban fang Sha Jiansun, Li Wenhai, Cheng Zhongyuan, Tian Jujian" (Die Vergangenheit korrekt verstehen, die Gegenwart kennen und die Zukunft im Griff haben: Besuch [bei den Historikern] Sha Jiansun, Li Wenhai, Cheng Zhongyuan und Tian Jujian aus Anlass der Veröffentlichung des ‚Abrisses der modernen chinesischen Geschichte'), in: *Q*, Nr. 10, 2007, S. 37.

[185] A. a. O., S. 39 f.

[186] „„Ai wo Zhonghua' dushi zhishi jingsai ti" (Fragen zum Lektüre- und Wissenswettbewerb ‚Ich liebe mein China'), in: *GMRB*, 23.04.2007, S. 7.

[187] „Tashan yizhi faxian Shang Zhou qingtongqi", in: *RRH*, 14.11.2007, S. 4.

[188] „Jiangsu Sheng faxian Wu guo zui zao chengchi: Gai yizhi ju jin jin 3000 nian", in: *RRH*, 22.09.2007.

[189] „Ningbo chutu 6000 nian qian qingtongqi", in: *RRH*, 14.11.2007, S. 2.

[190] „Shanxi faxian 4500 nian qian Lushanmao yizhi", in: *GMRB*, 02.01.2018, S. 9, *http://news.sina.com.cn/o/2018-01-02/doc-ifyqcsft9116640.shtml*, a. a. 09.03.2018.

[191] Song Zhenhao: „Xunyi Zhongguo sixiang yuansou de zui zhenshi sucai - Xie zai jiaguwen ruxuan ‚Shijie Jiyi Minglu' zhi ji" (Auf der Suche nach dem authentischsten Material aus der Urstätte des chinesischen Denkens - Geschrieben aus Anlass der Aufnahme der Orakelinschriften in das [UNESCO-]„Register des

Gedächtnisses der Menschheit"), in: *GMRB*, 19.11.2017, S. 12, *http://news.gmw.cn/2017-11/19/content_26829265.htm* a.a. 03.04.2018; „UNESCO adds Chinese oracle-bone inscriptions to Memory of World Register", *Global Times*, 28.11.2017, *http://www.kaogu.cn/en/News/Academic_activities/2017/1128/60250.html*, a.a. 19.01.2018.

192 „Jiaguwen cheng chuangyi yuan daima rang ni de shouji ke, diannao bao chao qilai", in: *RR*, 09.11.2017, S. 12, *http://www.sohu.com/a/203242527_123753*, a.a. 18.03.2018.

193 „Xi'an und die Terrakotta-Armee des ersten Kaisers von China – 2200 Jahre alte Tonsoldaten und die längste Stadtmauer Chinas", 20.10.2017, *https://www.silvertravellers.de/xian-und-die-terrakotta-armee-des-ersten-kaisers-von-china/*, a.a. 16.01.2018.

194 Souren Melikian: „A Chinese emperor's cultural revolution", in: *International Herald Tribune*, 15./16.09.2007, S. 19.

195 Foto mit Bildlegende in: *RRH*, 06.04.2007, S. 1, sowie ganzseitiger Bildbericht in *RRH*, 06.04.2015, S. 8, *http://paper.people.com.cn/rmrbhwb/html/2015-04/06/content_1550710.htm*, a.a. 20.01.2018.; s. hierzu auch: Michael Friedrich: „Chinesische Mythen und chinesische Mythologie", in: Reinhardt Brandt, Steffen Schmidt: *Mythos und Mythologie*, Akademie Verlag, Berlin 2004, S. 237ff.

196 „Gu Xian baiye Lin Xiangru" (Im Kreis Gu [in der Provinz Shanxi] wird [der Grabstätte von] Lin Xiangru ein ehrerbietiger Besuch abgestattet), in: *RRH*, 06.09.2007, S. 7; Gu Xian jianjie (Einfache Einführung in den Kreis Gu), *http://www.tuniu.com/guide/d-guxian-40268/jianjie/*, a.a. 19.01.2018.

197 Kai Strittmatter im Gespräch mit Hu Angang: „In China sind viele Leute unzufrieden", in: *TA*, 08.11.2002, S. 5.

198 Wen Jiabao, *https://baike.baidu.com/item/%E6 %B8 %A9 %E5 %AE%B6 %E5 %AE%9D/115402?fr=aladdin*, a.a. 16.01.2018.

199 S. *Xi Jinping Yongdian* (*Von Xi Jinping benutzte klassische Literaturstellen*), Renmin Ribao Chubansche (Volksverlag), Beijing 2015.

200 *Da Moulüe*, Vorwort, S. 5.

201 Jung Chang, Jon Halliday: *Mao. Das Leben eines Mannes. Das Schicksal eines Volkes*, Karl Blessing Verlag, München 2005, S. 269.

202 26 000 Suchergebnisse im Internet beim Stichwort „xin zhanguo shidai" („neues Zeitalter der Streitenden Reiche"), *https://www.google.ch/search?source=hp&ei=dqNjWvrvGsa6Uef0ifgO&q=%22 %E6 %96 %B0 %E6 %88 %98 %E5 %9B%BD%E6 %97 %B6 %E4 %BB%A3 %22&oq=%22 %E6 %96 %B0 %E6 %88 %98 %E5 %9B%BD%E6 %97 %B6 %E4 %BB%A3 %22&gs_l=psy-ab.13..0i30k1.5431.20031.0.22920.26.24.2.0.0.0.128.2309.14j10.24.0 ....0 ... 1c.1.64.psy-ab..0.15.1256 ... 0j0i131k1j0i10k1j0i12i10k1j0i12k1j0i12i10i42k1j0i7i30k1j0i13i30k1.0.Eh8L1MEnRs4*, a.a. 20.01.2018; Wen Yang: „Xin Zhanguo Shidai zhong de Shanghe junyan" (Das Militärmanöver der Shanghai Organisation für Zusammenarbeit im neuen Zeitalter der streitenden Reiche), in: *OSJD*, 01.07.2007, S. 11; s. auch Wang Jian et al.: *Xin Zhanguo Shidai (Das neue Zeitalter der Streitenden Reiche)*, Xinhua Verlag, Beijing 2004.

203 „Yuyan 2007 nian Zhongguo waijiao: Daguo juqi, ying ruhe hezong lianheng" (Voraussagen für die chinesische Diplomatie [im Jahre 2007]: Wie sollte [China beim] Aufstieg zu einer Großmacht von Quer- und Vertikalbündnissen Gebrauch

machen?), in: *NFZM*, 25.01.2007; „Fayanren qiangying zhi shi huoli ceyan, zhe cai shi 2016 nian Zhongguo waijiao de jingdian zhanyi“ (Beim harten Auftreten des [Regierungs]sprechers handelte es sich lediglich um eine Feuerprobe, [was nachher folgte,] war 2016 erst eine klassische Auseinandersetzung im Rahmen der chinesischen Diplomatie), *https://baijiahao.baidu.com/s?id=155403303291 3588&wfr=spider&for=pc*, a.a. 19.01.2018.

[204] Christiane Kühl: „Jiang Zemin bringt seine Schützlinge in Stellung“, in: *Financial Times Deutschland*, 18.11.2002, S. 17.

[205] *Li Gi: Das Buch der Riten, Sitten und Gebräuche*, aus dem Chinesischen übersetzt und hg. von Richard Wilhelm, Diederichs, Düsseldorf/Köln 1981, S. 57.

[206] „Ruhe fanyi ‚quanmian jianshe xiaokong shehui‘“ (Wie soll man „umfassend eine Gesellschaft des kleinen Wohlstandes aufbauen“ übersetzen?), Language Tips> Columnist> Ding Hengqi, *http://language.chinadaily.com.cn/columnist/ 2006-09/14/content_689014_3.htm*, a.a. 20.01.2018.

[207] Xi Jinping: Bericht auf dem 19. Parteitag der KPCh (18.10.2017), *http:// german.china.org.cn/txt/2017-11/20/content_50064368.htm*, a.a. 26.03.2018.

[208] Xi Jinping: „Xieshou jianshe gengjia meihao de shijie“ (Hand in Hand eine bessere Welt aufbauen), in: *RR*, 02.12.2017, S. 2.

[209] Eberhard Sandschneider, S. „China – Markt, Wettbewerber oder Rivale?“, *http://www.zo.uni-heidelberg.de/sinologie/shan/nl-archiv/2006_NL01.html*, a.a. 20.01.2018.

[210] Elmar Holenstein: „Fortsetzung der europäischen Tradition der Philosophie durch Personen mit einem nichteuropäischen Hintergrund“, in: Franz Gmainer-Pranzl, Lara Hofner (Hg.): *Polylog als Aufklärung? Interkulturell-philosophische Impulse*, Facultas Verlags- und Buchhandels-A, Wien 2023, S. 222.

[211] S. *The Laws of the People's Republic of China 1999, Compiled by the Legislative Affairs Commission of the Standing Commission of the National People's Congress of the PRCh*, Law Press China, Beijing 2000, S. 5. Ungenaue westliche Übersetzung: *China (People's Republic of China)'s Constitution of 1982 with Amendments through 2004*, Art. 5 Abs. 1, *https://www.constituteproject.org/ constitution/China_2004.pdf?lang=en http://www.usconstitution.net/china. html*, a.a. 20.01.2018.

[212] „Legalist“ ist eine andere Benennung dieser Denkschule. Es ging deren Vertretern aber weniger um „Legalität“ als um den Gebrauch von Gesetzen (lateinisch: leges) als Werkzeuge zur Lenkung der Bevölkerung auf die Staatsziele hin. Mir erscheint daher „Legismus“, „Legist“ als die angemessenere Übersetzung des zugrunde liegenden chinesischen Ausdrucks „fajia“.

[213] Fu Zhengyuan: *China's Legalists: The Earliest Totalitarians and Their Art of Ruling*, Routledge Publishing, New York 1996, S. 66ff.

[214] „Der chinesische Legalismus“, In: *Der Brockhaus. Philosophie*, Leipzig/Mannheim 2004, S. 281.

[215] „Yu Wang Shuren tan *Chuantong Zhihui Zaifaxian*“ (Geplauder mit Wang Shuren über [dessen Buch] *Die Wiederentdeckung der traditionellen Weisheit*), in: *WHB*, 30.11.1996, S. 7.

[216] Qin Hui: „‚Ru biao fa li‘ yu Zhongguo chuantong“ („Konfuzianismus nach außen und Legismus im Innern“ und die chinesische Tradition), 27.09.2006. *http:// view.news.qq.com/a/20060927/000062.htm*, a.a. 20.01.2018.

217 „Wei shuaizhe, zonghe gu-jin zhong-wai, ke guijie wei ba ge zi: Ru biao fa li, dao ben bing yong" (Für die Ausübung der Oberkommandos lassen sich die Erkenntnisse und Erfahrungen aus der Vergangenheit und der Gegenwart sowie aus China und dem Ausland letztendlich auf acht Schriftzeichen komprimieren: Mit konfuzianischem Äußeren und legistischer Einstellung auf der Grundlage des Leitweges die Kriegskunst ausüben), letzter Satz von: Ru biao fa li, dao ben bing yong, *http://blog.sina.com.cn/s/blog_614375770102essn.html*, a.a. 20.01.2018.

218 Feng Tianyu: „Taijitu yu hexie shehui" (Die Tafel des höchsten Äußersten und die harmonische Gesellschaft), in: *RRH*, 02.08.2007, S. 1.

219 Ting Shi: „China Gets 300 Political Parties to Endorse Xi as Peacemaker", 04.12.2017, *https://www.bloomberg.com/news/articles/2017-12-04/china-gets-300-political-parties-to-endorse-xi-as-peacemaker*, a.a. 29.03.2018.

220 „2017 nian Zhongguo waijiao tujing" (Ein Bild von der chinesischen Diplomatie im Jahr 2017), 05.01.2018, *http://www.sohu.com/a/214811343_617943*, a.a. 29.03.2018; „Zhongguo Gongchandang yu shijie zhengdang gaoceng duihuahui Beijing Changyi 2017 nian 12 yue 3 ri" (Hochrangiger Dialog der KPCh mit politischen Parteien der Welt. Beijinger Initiative. 03.12.2017), in: *RR*, 04.12.2017, S. 4.

221 *Strategeme 2*, Kap. 27.30 „Lob des Unten", S. 484; Tao Yongxiang, Wang Chaoxiang: *Deng Xiaoping de Shizai Hua (Was Deng Xiaoping wirklich gesagt hat)*, Huawen Chubanshe, Beijing 2006, S. 279 ff.; Will Hutton: *The Writing on the Wall. China and the West in the 21st Century*, Little, Brown, London 2007, S. 220.

222 Jürg Maurer: „Ethik gilt weltweit", in: *NZZaSo*, 07.10.2007, S. 25.

223 *Asien als strategische Herausforderung und Chance für Deutschland und Europa. Asienstrategie der CDU/CSU-Bundestagsfraktion. Beschluss vom 23.10.2007*, S. 4, 7, 17.

224 „Zhongguo wei zhuyao qiantouguo. Diandong qiche anquan quanqiu jishu fa" (China ist eine wichtige Führungsnation. [Das betrifft die] globale technische Regulierung [EVS-Gtr] für Autos mit Elektroantrieb), 23.03.2018, *http://www.cnncw.cn/2018/0323/218903.shtml*, a.a. 24.03.2018.

225 *Rede von Deng Hsiao-ping, dem Leiter der Delegation der VR China, auf der Sondertagung der UNO-Vollversammlung (10. April 1974)*, Verlag für fremdsprachige Literatur, Beijing 3. Nachdruck 1977, S. 19 f.

226 Cheng Fangping in: *GMRB*, 17.02.1994, S. 3.

227 *Mong Dsi. Die Lehrgespräche des Meisters Meng K'o*, übersetzt von Richard Wilhelm, Eugen Diederichs Verlag, Köln 1992, S. 68.

228 Harro von Senger (Hg.): *Die List*, 5. Aufl., Suhrkamp Verlag, Frankfurt am Main 2017, S. 29.

229 Sheng Yalü: *Zhimou* (Strategeme), Shanghai Renmin Chubanshe (Shanghaier Volksverlag), 2006, Band 2, S. 523.

230 Tao Yongxiang, Wang Chaoxiang, a.a.O., S. 136.

231 Li Ying, Cheng Meidong (Hg.): *Yu Deng Xiaoping Yiqi Qinli Lishi (Mit Deng Xiaoping zusammen durchlebte Geschichte)*, Hubei Renmin Chubanshe, Wuhan 2005, S. 335.

232 Hu Jintao 2005 nian wei Shenzhou liu hao feichuan tizi „gao zhan yuan zhu" (Hu Jintao hat im Jahr 2005 für das Raumschiff Shenzhou Nr. 6 die Widmung „Hoch stehen und weit blicken" geschrieben), 13.12.2007, *http://news.ifeng.com/mainland/200712/1213_17_330536.shtml*, a.a. 20.01.2018.

[233] Ning Jizhe: „Jianshe xiandaihua jingji tixi" (Modernisierte wirtschaftliche Strukturen aufbauen), in: *RR*, 05.12.2017, S. 7.

[234] „Gaodeng xuexiao xuesheng xingwei zhunze" (Verhaltensregeln von Hochschulstudierenden), vom Erziehungsministerium am 01.04.2005 verkündet, *http://www.moe.edu.cn/jyb_xxgk/gk_gbgg/moe_0/moe_495/moe_1073/tnull_11916.html*, a.a. 18.03.2018.

[235] „‚Rudang shici' de neirong shi shenme" (Welches ist der Inhalt der Eidesformel beim Eintritt in die [Kommunistische] Partei [Chinas]?), 28.03.2017, *https://www.liuxue86.com/a/3137627.html*, a.a. 15.07.2018.

[236] S. *36SfM*, S. 27.

[237] Ying Fan (Hg. und Übersetzer): *Ying-Han Duizhao Waiguo Lingdaoren Fang Hua Jianghua Xuanbian (English-Chinese Selected Speeches of Visiting Foreign Leaders)*, Zhongguo Duiwai Fanyi Chuban Gongsi, Beijing 1988, S. 210f.

[238] „Disziplinierte Sprache", in: *NZZ*, 28.09.2007, S. B 7.

[239] Internetrecherche vom 19.01.2018.

[240] Bei dieser Bedeutungsumschreibung stütze ich mich auf das Werk *Vom Kriege* von Carl von Clausewitz: „Es ist also nach unserer Einteilung die Taktik die Lehre vom Gebrauch der Streitkräfte im Gefecht, die Strategie die Lehre vom Gebrauch der Gefechte zum Zweck des Krieges."

[241] *Historisches Wörterbuch der Philosophie*, Bd. 10: St–T, Darmstadt1998, Spalte 263.

[242] A.a.O., Spalte 263.

[243] „[...] games of strategy, [...] in which the best course of action for each player depends on what the other players do. The term is intended to focus on the interdependence of the adversaries' decisions and on their expectations about each other's behavior." Thomas C. Schelling: *The Strategy of Conflict*, Harvard University, Cambridge Massachusetts, 4. Aufl. 1970, S. 3, Fußnote 1.

[244] „Zhong Gong Zhongyang Tongyi Zhanxian Gongzuo Bu" (Abteilung des ZK der KPCh für die Einheitsfrontarbeit): „Kang Ri Zhanzheng de weida de shengli ji Kang Ri minzu tongyi zhanxian de zhuyao jingyan" (Der großartige Sieg im antijapanischen Krieg und die hauptsächlichen Erfahrungen mit der antijapanischen nationalen Einheitsfront), Abschnitt über „You lianhe you douzheng de yuanze" (Der Grundsatz der Verknüpfung von Bündnis und Kampf), *http://cpc.people.com.cn/GB/64107/65708/65722/4445132.html*, a.a. 20.01.2018.

2

Sinomarxismus – eine im Westen verkannte geistige Triebkraft des chinesischen Wirtschaftsaufstiegs

2.1 Beijing 1900 und Beijing 2000

Im Jahre 2000 hielt sich am englischen Royal Military College of Science studienhalber Jin Yinan, Professor für Strategiekunde (zhanlüexue) der Beijinger Hochschule für Landesverteidigung, auf. Er wurde dazu auserkoren, in einem Vortrag Grundwissen über sein Heimatland zu vermitteln. Ein tschechischer Offizier sprach ihm gut zu. Er brauche nicht über die Ideologie und deren Daseinsberechtigung zu sprechen. Es genüge, wenn er über Land und Leute, Natur und Produktion rede. Die Politik könne er weglassen. Aber Jin Yinan wusste nur zu gut, worüber viele Studierende etwas erfahren wollten, nämlich über politische Fragen, die in China so ganz anders wie in ihren Ländern angegangen werden. Das waren Fragen wie: Warum braucht es die Führung der KPCh? Warum braucht es das sozialistische System? Warum braucht es den Glauben an den Marxismus?

Als er ans Rednerpult trat, benutzte er einen Vergleich, der in einfachster und unmittelbar verständlicherweise auch jenen, die gar nichts über China wussten, Klarheit verschaffte: „Vor 100 Jahren“, sagte er, „also im Jahre 1900, wurde China von einer Koalitionsarmee aus acht Nationen angegriffen, die in Beijing einmarschierte.[1] Zu allem musste China den westlichen Kriegsalliierten dann auch noch 450 Millionen Silberlinge an Reparationen bezahlen. Ausgeplündert und erniedrigt wurde China vor 100 Jahren von den Westmächten. Und wie sieht es im Jahre 2000 aus? China ist unabhängig und selbständig. Es genießt wachsenden Wohlstand. In Bezug auf Stahl, Kohle, Zement, Düngemittel, TV-Geräte und andere Industrieprodukte steht es weltweit an der Spitze. Es hat die zweithöchsten Devisenreserven der Welt. Noch nie war China so stark wie heute. Was hat die welterschütternden, alles auf den Kopf stellenden Umwälzungen in diesen 100 Jahren bewirkt? Es ist der Marxismus, der China verwandelt hat. Es ist die Kommunistische Partei, die China verwandelt hat. Es ist der Sozialismus, der China verwandelt hat. Nachdem das chinesische Volk 1000 Schwierigkeiten und 10 000 Gefahren überwunden hat, hat es endlich den Weg gefunden, der dem Land Rettung und Entwicklung beschert."[2]

Dies ist eine in der VR China immer wieder verbreitete Sicht der Dinge. Wie erklären westliche Menschen die im Vergleich zum Jahre 1900 bessere Situation Chinas 100 Jahre später? Ihre Erklärungen lauten völlig anders als die Jin Yinans. Marktwirtschaft, Kapitalismus, Pragmatismus, Nationalismus[3] und Konfuzianismus – das sind im Hinblick auf die Erfolge der VR China übliche westliche Erklärungsmuster. Demgegenüber sagte beispielsweise 1983 Hu Yaobang (1915–1989), der Generalsekretär der KPCh:

> „Es war die marxistische Theorie, die uns chinesische Kommunisten, das chinesische Proletariat und die Volksmassen aller Volksgruppen auf den richtigen Weg der Revolution und zur Befreiung in einem großen und rückständigen Land des Ostens geführt hatte. Wir sind dabei […] für den Aufbau der sozialistischen materiellen und geisti-

> gen Zivilisation […] zu kämpfen. Wir empfinden nun tiefer, dass wir der marxistischen Lehre unser Heute zu verdanken haben. Wir haben in der Vergangenheit von Marx gelernt, gewissenhaft seine Werke studiert und daraus Weisheit und Kraft geschöpft, und das werden wir auch in Zukunft tun. Bezeugen wir hier, im Osten der Welt, auf dieser Kundgebung, unser tiefes Gedenken an Marx und unsere Dankbarkeit für ihn, der in London in ewigem Frieden ruht."[4]

2017 kann man in der chinesischen Presse über den Marxismus, „diese das Vaterland und das Volk rettende Wahrheit"[5] „von ewigem ideologischem Wert"[6], lesen: „Nach den drastischen Veränderungen in Osteuropa und dem Zusammenbruch der Sowjetunion gab es im Westen Menschen, die die Meinung vertraten, der Marxismus sei bereits ‚überholt'. Aber die Entwicklung Chinas hat diese Meinung in eindringlicher Weise Lügen gestraft. Dass wir jetzt dem Ziel des großen Wiederaufstiegs des chinesischen Volkes so nahe sind wie noch nie zuvor, dass wir jetzt dem Zentrum der Weltbühne so nahe sind wie nie zuvor, ist darauf zurückzuführen, dass unsere Partei unentwegt den Marxismus, diese wissenschaftliche Theorie, als Richtschnur ihres Handelns betrachtet, und es ist darauf zurückzuführen, dass unsere Partei vollumfänglich an den Marxismus glaubt und sich absolut mit ihm identifiziert."

Am 1. Juli 2021 würdigte Xi Jinping, der Präsident der VR China, in seiner Rede auf der Feier zum 100. Gründungstag der KPCh nur ein einziges Mal die Mao-Zedong-Ideen, dagegen zehn Mal den von Marx und Engels – zwei Deutschen – erschaffenen Marxismus. In einer Rede auf einer Gedenkveranstaltung zum 120. Geburtstag Mao Zedongs (26.12.2013) sagte er u. a.:

> „Der Marxismus ist die grundlegende Leitideologie unserer Partei und unseres Landes, er ist die Seele und das Banner unserer Partei."

> „Warum ist die Kommunistische Partei Chinas [so] fähig, warum ist der Sozialismus mit chinesischen Besonderheiten [so] gut, letzten Endes deshalb, weil der Marxismus funktioniert!"

> „Wir müssen … den Marxismus benutzen, um [unser] Zeitalter zu beobachten, um [unser] Zeitalter im Griff zu haben [und] um [unser] Zeitalter zu lenken, [und wir müssen] den zeitgenössischen Sinomarxismus, den Marxismus des 21. Jahrhunderts, weiter entwickeln."[7]

In seinem am 16.10.2022 auf dem XX. Parteitag der KPCh erstatteten Bericht erwähnte Xi Jinping einmal die Mao-Zedong-Ideen und zweimal die Xi-Jinping-Ideen „des Sozialismus chinesischer Prägung im neuen Zeitalter". Ganze 14 Mal hob er den Marxismus hervor. Er sagte u. a.:

> „Der Marxismus war schon bei der Gründung und ist auch für den Aufschwung von Partei und Land der grundlegende Leitgedanke."

> „Die chinesischen Kommunisten sind zu folgender tiefer Einsicht gelangt: Nur wenn wir die grundlegenden Prinzipien des Marxismus mit den konkreten Gegebenheiten unseres Landes und der hervorragenden traditionellen chinesischen Kultur verbinden und die Anwendung des dialektischen und des historischen Materialismus beibehalten, wird es uns auch in Zukunft gelingen, auf die großen Fragen, die Zeit und Praxis an uns herantragen, die richtigen Antworten zu finden und die schwungvolle Vitalität und sprühende Lebenskraft des Marxismus fortwährend aufrechtzuerhalten."

Kann man angesichts dieser Aussagen Xi Jinpings allen Ernstes sagen, er stelle „den Nationalismus, der andere Völker, Nationen und Kulturen abwertet, ins Zentrum seiner Herrschaft“[8]?

2.2 Der einem westlichen „blinden Fleck“ anheimgefallene Sinomarxismus

Eine zentrale geistige Grundlage für das Denken und Planen von Führungspersönlichkeiten der VR China ist gemäß deren eigenen Aussagen der Marxismus-Leninismus chinesischer Prägung, „Zhongguo Makesizhuyi“ genannt, was man mit „chinesischer Marxismus“[9], aber auch mit „Sinomarxismus“ übersetzen kann. Ich bevorzuge die Übersetzung „Sinomarxismus“[10]. Die westlichen Meinungen über den chinesischen Marxismus sind meilenweit von der seit Maos Tod offiziell in der VR China vertretenen Marxismusauffassung entfernt. Hier ist die Kluft zwischen dem chinesischen offiziellen Eigenbild und dem westlichen chinabezogenen Fremdbild besonders ausgeprägt.[11] So wird ein wesentlicher Aspekt des in der VR China gepflegten offiziellen Denkens ausgeblendet. Und das offizielle Denken ist in der VR China letztendlich entscheidend. Dort gibt es keinen Lech Walesa und keinen Solschenizyn. Sämtliche Wirtschaftsbeziehungen mit diesem Land laufen über offizielle Kanäle. Geschäftsbeziehungen mit Partnern in der VR China spielen sich nie in einem rechtsfreien Raum ab, sondern unterliegen stets der Makrosteuerung der chinesischen Regierung.

Dabei behaupte ich nicht, dass offizielle Würdenträger der VR China nicht auch von gänzlich unmarxistischen, darunter traditionellen Vorstellungen beeinflusst seien. Aber bestimmt spielt das vorgeschriebene offizielle Denken eine nicht zu unterschätzende Rolle. Es zu ignorieren erscheint als fahrlässig.

Der Sinomarxismus verschwindet in dem gänzlich einem abendlandzentrierten „kodierten Blick" verfallenen Westen in einem blinden Fleck. Dieser ist fest verankert in der hierzulande felsenfesten Überzeugung vom „globalen Bankrott des Marxismus".[12] Die Abscheu gegenüber dem Marxismus ergibt sich aus den miserablen Erfahrungen mit dem Marxismus in der untergegangenen Sowjetunion und in ehemaligen europäischen Ostblockstaaten. Professor Jordan Peterson, laut *New York Times* der „derzeit einflussreichste Intellektuelle der westlichen Welt", erinnert an „jene marxistischen Doktrinen, die im 20. Jahrhundert mindestens 100 Millionen Menschen töteten".[13] Diese Aussage dürfte sich auch auf die VR China beziehen, die unter der Herrschaft Mao Zedongs in den Jahren 1959 bis 1962 durch die größte Hungersnot der Weltgeschichte betroffen wurde. Yang Jisheng, ein Mitglied der KPCh und offenbar unbehelligt in der VR China lebend, spricht von 36 Millionen Menschen, die in der genannten Zeitspanne verhungert seien: „Es sind mehr als alle Toten des gesamten Ersten Weltkriegs." Als Hauptverantwortlichen bezeichnet er Mao Zedong. Nicht zuletzt unter dem Einfluss stalinistischer Vorgehensweisen wähnte er, mittels des „Klassenkampfes" als des „Hauptkettenglieds" und Methoden wie Planwirtschaft, Errichtung von Volkskommunen, Vernichtung der Familie sowie Abschaffung des Privateigentums einen „möglichst schnellen Übergang Chinas zum Kommunismus" herbeiführen zu können. Mit einem „Großen Sprung nach vorn" sollte China von einem Land der Dritten Welt zu einer Industrienation werden.[14] Katastrophale Folgen mit bis zu einer Million Toten hatte die von Mao Zedong im Zeichen des „Klassenkampfes" entfesselte „Kulturrevolution" (1966–1976).[15]

Wie grauenhaft die „Kulturrevolution“ (1966–1976) gewütet haben muss, geht aus dem Science-Fiction-Roman *Drei Körper*[16] hervor. Der Verfasser Liu Cixi erhielt als erster asiatischer Autor überhaupt den Hugo Award, einen der wichtigsten Preise für Science-Fiction-Literatur. Die Auszeichnung bescherte ihm prominente Leser. Barack Obama las das Buch im Winterurlaub, Mark Zuckerberg empfahl es auf Facebook. Der Vater einer chinesischen Astrophysikerin war während der „Kulturrevolution“ auf grausame Weise umgebracht worden. Unmittelbar nach der „Kulturrevolution“, im Jahr 1979, nahm aus der Gegend von Alpha Centauri ein Vertreter einer außerirdischen Zivilisation über ungefähr vier Lichtjahre hinweg mittels Radiowellen Kontakt mit ihr auf und warnte sie vor einer Invasion. Deshalb solle sie sich nicht mehr melden. Um sich aber für das erlittene Unrecht „an der gesamten Menschheit zu rächen“, wandte sich die Chinesin an die Aliens mit den Worten: „Kommt her! […] Unsere Zivilisation ist nicht mehr in der Lage, ihre Probleme selbst zu lösen. Sie braucht euer kraftvolles Eingreifen.“ Und sie bietet den Außerirdischen ihre Hilfe bei der Eroberung der Erde an.[17]

Nach all dem Schlimmen, das man über den Marxismus gehört und aus der Ferne miterlebt hat, ist für Menschen im westlichen Abendland wirtschaftlicher Aufschwung gestützt auf Marxismus denkunmöglich. Und so reagiert man nach der Denkfigur „Was nicht sein kann, ist nicht“. Man glaubt, wenn man zu Beginn des 21. Jahrhunderts den Sinomarxismus nicht zur Kenntnis nehme, sei er nicht vorhanden. Die Existenz des Sinomarxismus ist aber ein Faktum. „Fakten […] kann man leugnen oder totschweigen, aber das schafft sie nicht aus der Welt.“[18]

2.3 Xi Jinping – laut einem New Yorker Professor geistig unterbelichtet?

Am 12.02.2015 wurde eine Diskussion über die Frage „Ist Mao immer noch tot?"[19] auf dem Internet-Portal *ChinaFile* in Gang gesetzt. Dieses wird betrieben von der Asia Society mit Sitz in New York. Sie sei „Amerikas führende, sich der Förderung des Verständnisses von Asien und der Kommunikation zwischen Amerikanern und Völkern Asiens und des Pazifiks widmende […] Institution."[20]

U.a. beteiligte sich Andrew J. Nathan, Class of 1919 Professor of Political Science at Columbia University Columbia, New York[21], an der Diskussion.[22] Er behauptet: „Wir wissen nicht, welches die letzten Ziele sind, für die [Xi Jinping] diese [bei ihm zentralisierte] Macht einsetzt."[23] Andres J. Nathan hat also noch nie etwas von den zwei 100-Jahres-Zielen gehört, die Xi Jinping seit 2012 ständig erwähnt. Sie gründen auf dem Sinomarxismus. Diesen kennt Andrew J. Nathan nicht. Er spricht lediglich von einer „Wiederbelebung des Maoismus", und darüber sagt er: „Der Inhalt [dieser] Ideologie […] ist null."[24] Da es laut Andrew J. Nathan einen Sinomarxismus nicht gibt, ist dieser erst recht null. Nur leere Worthülsen enthalten nach Andrew J. Nathan all die Lehrbücher und Kommentare über den aus seiner Sicht inexistenten Sinomarxismus.

Was jede Intellektuelle und jeder Intellektuelle von der Oberen Mittelschule bis zum Doktorat mehrfach obligatorisch lernen muss und worüber sie Examina ablegen müssen, und zwar immer wieder,[25] ist nichtiges Gerede ohne jeden Inhalt, kurz null.

Gemäß Andrew J. Nathan erweist sich Xi Jinping als geistig unterbelichtet. Denn er hält die Funktionäre und alle Intellektuellen des Landes an, ihre doch eigentlich kostbare Zeit mit einem unsinnigen Studienstoff zu vergeuden. Zu welchem Zweck legt Xi Jinping Wert auf die Ideologie? Laut Andrew J. Nathan einzig und allein zum Schutz gegen westlich-liberal eingestellte chinesische Intellektuelle, also zur Unterdrückung der Meinungsäußerungsfreiheit: „Ich betrachte die Wiederbelebung der Ideologie als ein Rückzugsgefecht, das [Xi Jinping] dazu dient, die eigene Flanke gegen die liberalen Intellektuellen zu schützen, deren Ideen in gefährlicher Weise attraktiv sind. Ein solches Rückzugsgefecht ist gerade deshalb notwendig, weil niemand an den Maoismus glaubt.“[26] Xi Jinping benutzt also ausschließlich zu dem Zweck, seine individuelle Machtstellung zu festigen, eine Ideologie, die inhaltlich „null“ ist und an die niemand glaubt. Kann man über solch eine Analyse sagen, sie diene der „Förderung des Verständnisses von“ China? Übrigens: Weshalb geht Andrew J. Nathan der Frage aus dem Weg, warum Xi Jinping den angeblich inhaltslosen „Maoismus“ und nicht – was für den chinesischen Führer doch viel naheliegender wäre – den durchaus autoritären Konfuzianismus predigt?

Es dürfte schwerfallen, einen westlichen Beobachter zu finden, der die Ansicht vertritt, der Marxismus habe einen bedeutenden Beitrag zur heutigen Stellung Chinas in der Welt geleistet. Hält die nachgerade flächendeckende westliche Negierung der Rolle des Marxismus in der VR China einer näheren Überprüfung stand?

2.4 KPCh = Kapitalistische Partei Chinas? Konfuzianische Partei Chinas? Kommunistische Partei Chinas?

Allgemein wird seit dem Untergang der Sowjetunion im Westen oft behauptet:

> „Der Kommunismus ist tot. […] Der weltanschauliche Gehalt des Kommunismus war längst beliebig und nebensächlich geworden. Die Ideologie diente bloß noch der Rechtfertigung einer Politik im Interesse eines Klüngels von Machthabern in Partei, Staatssicherheitsdienst und Armee."[27]

> „Bald 30 Jahre […] ist es her, dass der real existierende Sozialismus kollabiert ist."[28]

John Naisbitt, der mehrere US-Präsidenten beraten hat und als der erfolgreichste Zukunftsforscher der Welt gilt, behauptet mit Bezug auf China:

> „Es gibt noch ein Einparteiensystem, aber keine Kommunisten mehr."[29]

Ins gleiche Horn stößt der Dalai-Lama:

> „In den Jahren 1954/55 [wurde] […] China von einer Gruppe Menschen geführt, die sich voll und ganz von ihrer Ideologie haben leiten lassen. Dieses China gibt es heute nicht mehr. Heute gibt es ein totalitäres System, mit Polizeikräften und staatlicher Kontrolle, *aber ohne eine echte Ideologie*. Was sie Sozialismus nennen, ist heute in Wahrheit Kapitalismus. Sie arbeiten völlig gegen die ursprüngliche marxistische Idee, die ich in China studiert habe. Als halber Marxist darf ich mir dieses Urteil erlauben."[30]

Dem Dalai-Lama pflichten die regimetreuen iranischen Basidsch-Milizen der Teheraner Universität bei:

„Der Marxismus ist im Müll gelandet.“[31]

In eintöniger Weise hört man allenthalben Stellungnahmen wie diese:

„Wer ist heute schon noch Marxist?“[32]

„Der Marxismus kann nicht wiederbelebt werden.“[33]

In Bezug auf die VR China wurden Aussagen verbreitet wie:

„Der rote Gott, der Große Vorsitzende Mao, ist tot. Mao hatte einst mit seiner bloßen physischen Präsenz das metaphysische Bedürfnis des Volks und der Intellektuellen – und natürlich der Partei – befriedigen können. Wo der Große Vorsitzende stand, da wehte für die Ewigkeit die rote Fahne, was der Große Vorsitzende sagte, das war einst noch heiliger als Gottes Wort. „Nichts davon ist geblieben. Für die kommunistische Ideologie interessieren sich nicht einmal mehr alte Klassenkämpfer.“[34]

„Die Anrufung und Beschwörung von Mao oder Marx im heutigen China – durch Xi Jinping […] – hat nichts mit Maoismus oder Marxismus zu tun […].“[35]

„Der Marxismus hat ausgedient.“[36]

„Um ihr Überleben zu sichern, ließ die Kommunistische Partei [Chinas] von ihrer heiligen Schrift ab, hielt jedoch an ihrem Heiligen fest: Sie gab Marx‘ Theorien auf, beließ Maos Antlitz allerdings, wo es war: am Tor des Himmlischen Friedens, von dem es auf den Tiananmen-Platz hinabblickt.“[37]

„Die Epoche kommunistischer Regimes und Massenparteien fand mit dem Zusammenbruch der UdSSR ein Ende, denn selbst dort, wo sie noch überlebt haben, wie in China […], gaben sie in Wirklichkeit das alte Vorhaben des leninistisch geprägten Marxismus auf.“[38]

> „Die KPCh konnte nur auf eine Art überleben: indem sie den Sozialismus über Bord warf.“[39]

> „Die kommunistische Ideologie erweist sich als weitestgehend unbrauchbar für die Lösung der realen Probleme.“[40]

Daneben sind es visuelle Eindrücke, mithin Äußerlichkeiten, welche die Einschätzung der Rolle des Sinomarxismus prägen:

> „In China ist Mao Geschichte. [...] Die jungen Männer und Frauen, die, nach dem letzten Modeschrei gekleidet, auf Pekings und Shanghais Boulevards flanieren, haben keine Ähnlichkeit mit den blaugrau uniformierten, radelnden Brigaden, die zu Maos Lebzeiten das Straßenbild bestimmten. Sein Einfluss hat sich bei vielen Chinesen auf die Kenntnis von ein paar Sprüchen reduziert.“[41]

Über Deng Xiaoping wird behauptet:

> „Deng Xiaoping [...] ersetzte die ideologische Starre durch pragmatisches Machertum.“[42]

> „Dengs Politik [...] war durch großen Pragmatismus, kollektive Führung und internationale Zurückhaltung gekennzeichnet.“[43]

Vor allem auch der wirtschaftliche Aufstieg der VR China wird als Zeichen für die Irrelevanz des Sinomarxismus gedeutet:

> „Wirtschaftswunder: Die Rückbesinnung auf den chinesischen Pragmatismus.“[44]

> „Aufhebung des chinesischen Kommunismus durch den Markt.“[45]

Weg vom Marxismus, hin zum Kapitalismus – so der Tenor vieler Kommentare:

> „Seit 1978, seit der Machtübernahme des großen kleinen Mannes Deng Xiaoping, ist China auf Reformkurs Richtung Kapitalismus.“[46]

> „Irgendwo war mal zu lesen: Der Kommunismus ist tot, aber seine Leiche wurde nicht gefunden. Die verfassungsmäßige Sicherung des privaten Eigentums […] erfüllt die pragmatische Logik des großen Türöffners Deng Xiaoping. Dem war es egal, welche Farbe eine Katze hatte, sofern sie nur Mäuse fing. […] Wie variabel und pragmatisch die Partei sein kann, wird am Beispiel Hongkongs deutlich: ‚Ein Land, zwei Systeme' heißt nichts anderes als ‚Wenn es dem Geschäft nützt, kann die Dose jeden Inhalt haben'. Nur das Markenlabel mit dem K darf nicht verändert werden."[47]

> „Vom Kommunismus in den Kapitalismus."[48]

> „China […] begab sich nach Maos Tod auf den Weg des Kapitalismus […]."[49]

> „China, […] ein durch und durch kapitalistisches Land."[50]

> „China ist nominell bis heute kommunistisch, faktisch aber turbokapitalistisch."[51]

Wie ein Land, in dem sich nicht ein Quadratmillimeter Land im Privateigentum befindet (Art. 10 der Verfassung der VRCh vom 04.12.1982 in der Fassung vom 11.03.2018), kapitalistisch oder gar turbokapitalistisch sein kann, wird nie erörtert.

Oft weist man auf die sogenannte „Realität" hin, um die Abkehr von Mao und damit vom Sinomarxismus zu unterstreichen:

> „Die heutige gesellschaftliche, wirtschaftliche und kulturelle Realität im Reich der Mitte hat […] mit den Zeiten von Maos Herrschaft überhaupt nichts mehr gemein. Anstatt der permanenten Revolution und des gewaltsamen Klassenkampfes, die im Zentrum des Maoismus stehen, predigt die vierte chinesische Führungsgeneration unter dem Vorsitz von Staats- und Parteichef Hu Jintao heute die Harmonie."[52]

Kurz, es steht

> „das sozialistische Vermächtnis der Gründerväter der VR diametral Deng Xiaopings Öffnungspolitik Ende der 70er-Jahre gegenüber […]“.[53]

Nach dem 20. Parteitag der KPCh wurde behauptet:

> „China bricht nun mit jahrzehntelangem politischen, wirtschaftlichen und außenpolitischen Pragmatismus und Anpassungswillen.“[54]

Laut dieser Aussage war in der VRCh jahrzehntelang, bis 2022, allein Pragmatismus maßgebend. Marxismus spielte keine Rolle!

Wenn man die aktualitätsbezogene China-Literatur durchliest, kann man ob deren Eintönigkeit hinsichtlich der negativen Bewertung bzw. Ignorieren der Rolle des Sinomarxismus nicht umhin, an die chinesische Redewendung zu denken: „Yi quan fei, bai quan jiao“ (Ein Hund bellt, 100 Köter kläffen nach).

Da man dem Sinomarxismus jegliche Bedeutung abspricht, verweist man immer wieder auf uralte chinesische Denker. So widmet die französische Zeitschrift *Le Point* eine ganze Ausgabe nicht etwa Marx und Mao Zedong, sondern

> „Confucius, Lao-Tseu, Tchouang-Tseu: Les textes fondateurs de la pensée chinoise“ (Konfuzius, Lao Zi, Zhuang Zi: die Grundlagentexte des chinesischen Denkens).[55]

Die Londoner Zeitschrift *Economist*[56] titelte:

> „Ideology in China: Confucius makes a comeback.“

Da wollen auch die *NZZ* und *Le Monde diplomatique* nicht zurückstehen:

> „Die Rückkehr des Konfuzius. Was hat es für den Westen zu bedeuten, wenn sich in China Xi Jinping auf die Philosophie des Großen Weisen besinnt?“[57]

„Chinas Aufstieg. Mit Kapital, Kontrolle und Konfuzius.“[58]

„Konfuzianisch gedeutet“ wird Chinas Umgang mit kleineren Nachbarn im Südchinesischen Meer.[59] Kein Zweifel. Alte Schriften sind für China noch heute wichtig und üben nach wie vor einen gewissen Einfluss aus. Aber die Grundlagentexte zum Verständnis des offiziellen Denkens und Planens in der VR China sind sie nicht.

Im Folgenden wird der Versuch unternommen, nachzuweisen, dass die Thesen betreffend die Abkehr der VR China vom Sinomarxismus einer näheren Überprüfung nicht standhalten. Es soll dargelegt werden, dass die Annahme, wonach das Kürzel KPCh faktisch dahin gehend auszulegen sei, dass die VR China von einer Kapitalistischen Partei Chinas regiert werde, nicht den Tatsachen entspricht.

2.5 Westlicher Boykott chinesischen ideologischen Schrifttums der Zeit nach Mao

Während der „Kulturrevolution“ (1966 - 1976) konnten westliche politische Maoisten das „Rote Büchlein“ Mao Zedongs nicht eifrig genug studieren. Seit Dengs Machtantritt ist die Lektüre offiziellen chinesischen Schrifttums aus der Mode gekommen. Ja, es scheint systematisch nicht zur Kenntnis genommen zu werden. Für ein Mal ist dem über eine sinologische Ausbildung verfügende ehemalige australische Premierminister Kevin Rudd zuzustimmen. Zu Recht kritisiert er westliche Führer und Analytiker. Sie „haben oft eher ein Bild ihrer Wunschvorstellungen auf China projiziert, anstatt sich Gedanken zu machen über die tatsächlichen Stellungnahmen von Chinas eigenen Führern“.[60] „Im [Rahmen der]

KPCh [geäußerte] Wörter sind wichtig".[61] Deshalb sollte man Dokumente der KPCh, aber auch des chinesischen Staates, sorgfältig lesen und studieren.

Die Weigerung, sich mit amtlichen chinesischen Stellungnahmen auseinanderzusetzen, halte ich für verfehlt. Daher werte ich offizielle chinesische Dokumente aus. Es sind dies staatliche, aber auch Parteidokumente, insbesondere solche normativen und ideologischen Inhalts. Meines Erachtens sind solche offizielle Dokumente ernst zu nehmen und genau zu lesen. Abgesehen davon stütze ich mich auf den Augenschein im Reich der Mitte, u. a. ermöglicht durch zahlreiche Reisen als Mitglied offizieller Schweizer Juristendelegationen (nach Ningxia, Fujian, Guizhou, Xinjiang, Tibet etc.). Des Weiteren schöpfe ich aus unzähligen chinesischsprachigen Briefwechseln und Gesprächen mit Chinesinnen und Chinesen, häufig solchen mit einer juristischen Ausbildung. Chinesische Juristinnen und Juristen, darunter auch ein Uigure, standen mir seit den 1980er-Jahren ununterbrochen als Stipendiaten oder Mitarbeiter im Schweizerischen Institut für Rechtsvergleichung in Lausanne für Fachgespräche zur Verfügung.

„Mit ihrer oberflächlichen, meist nur an Sensationen oder Absonderlichkeiten interessierten Berichterstattung", so Urs Schoettli, Korrespondent der *Neuen Zürcher Zeitung*, „tragen die Medien dazu bei, dass [...] die Europäer [...] über Asien einen beschämend tiefen Stand selbst an elementarsten Kenntnissen besitzen."[62] Wenn man westlicherseits das Interesse zu einseitig auf den chinesischen Non-Mainstream lenkt oder dann zu viele Hoffnungen auf die Auswechslung einzelner Führungspersonen legt, dann vermag man, meine ich, das, was in China geschieht, nicht umfassend zu verstehen. Wer über das offizielle China mit seiner angeblich „diffusen Ideologie"[63], seinem „alten begrifflichen Besteck"[64], „allerlei Floskeln“[65], „Ritualien“[66], „Rhetorik“[67], „Worthülsen und Fortschrittsphrasen“[68], „creaky, wooden-tongued slogans“[69] und einer „gestanzten Sprache“ (langue de bois)[70] die Nase rümpft und dessen offizielle Verlautbarungen glaubt, in den Wind schlagen zu können, der dürfte sich auf dem Holzweg befinden.

2.6 Nicht unsichtbare amtliche Denkweisen ausblenden!

„KPCh“ bedeutet nicht „Kapitalistische Partei Chinas“ und schon gar nicht „Konfuzianische Partei Chinas“, sondern immer noch „Kommunistische Partei Chinas“. Sie gilt als die mächtigste Partei der Welt.[71] Dass in der VR China eine marxistisch-leninistische Kommunistische Partei, mit über 96 Millionen Mitgliedern und 4,936 Millionen Parteiorganisationen an der Basis (Stand: Juni 2022)[72], das Zepter schwingt, scheint man im Westen zwar schon irgendwie zu wissen. Aber man nimmt es nicht recht zur Kenntnis, sondern versucht, es zu übersehen. Als ein „konfuzianisches Land“ bezeichnet z.B. der Harvard-Professor Samuel Huntington in seinen Publikationen über den von ihm konstruierten Zusammenprall der Zivilisationen die VR China.[73] Als Klaus Kinkel noch deutscher Außenminister war, wies er auf ein „konfuzianisches Menschenrechtsverständnis“[74] der VR China hin. In einem 2018 erschienenen China-Buch finden sich im „Register“ 38 Einträge für Konfuzius, aber nur drei Einträge für Marx und bloß ein Eintrag für Lenin.[75]

Hinsichtlich der chinesischen „Hardware“ - Hochhäuser, Autobahnen, Fabrikanlagen, Supermärkte, „der glitzernden Skyline Shanghais oder Pekings“[76], des visuell wahrnehmbaren Glanzes und Glitters aller Art – sind gewaltige Veränderungen seit Mitte der 1970er-Jahre unbestreitbar. Aber die beim oberflächlichen Hinsehen unsichtbare „Software" – die Ideologie – ist im Wesentlichen gleich geblieben.

Die VR China ist nach wie vor ein Staat mit einem marxistisch-leninistischen Verfassungsverständnis und u. a. an Mao-Zedong-Ideen orientiert. Das stellt man z. B. fest, wenn man wichtige Stichwörter in der Präambel der Verfassungen der VR China vom 04.12.1982 und vom 11.03.2018 betrachtet. Termini wie „halbkolonial und halbfeudal", „neudemokratische Revolution", „Imperialismus, Feudalismus und bürokratischer Kapitalismus", „alle Kräfte konzentrieren", „sich auf die eigene Kraft verlassen", „sich mit allen Kräften vereinigen, mit denen ein Zusammenschluss möglich ist" usw. sind alles Zitate aus Werken Mao Zedongs. Kein Wunder, dass es in einem Verfassungskommentar heißt:

> „In den mehr als 50 Jahren, seit Mao Zedong die zentrale Volksregierung gegründet hat, hat sich das *Wesen* des chinesischen Staates keineswegs grundlegend geändert [...]."[77]

Demgegenüber meinen westliche Beobachter in aller Regel, die VR China habe seit dem Tode Maos einen grundlegenden Wandel erfahren. Dieser führe das Reich der Mitte von Maos Gedankengut immer weiter weg. Diese herrschende westliche „Lehrmeinung" lässt sich, abgesehen von der Fixierung auf visuelle Eindrücke und von der Vorliebe für die Beschäftigung mit Ansichten sogenannter Dissidenten, auf eine im ganzen Okzident verbreitete Einstellung zurückführen, die ich als „akademischen Maoismus"[78] bezeichne. Dieser geht auf die westlichen *politischen* Maoisten zurück, die zur Zeit der 1968er-Bewegung in den Straßen Berlins und anderswo im Abendland das Rote Büchlein mit Mao-Zitaten schwangen und einen „als schick empfundenen Mao-Kult" pflegten.[79]

Von derartigen politischen Maoisten aus Deutschland, Kanada, Frankreich, Italien usw., die im Westen einen bis in die Gegenwart das VR-China-Bild beeinflussenden nachgerade flächendeckenden akademischen Maoismus verbreiten, war ich während meines zweijährigen Studiums als offizieller Schweizer Austauschstudent (1975–1977) an der Beijing-Universität umgeben. Ich erinnere mich noch gut daran, wie für sie eine Welt zusammenbrach, als im Oktober 1976 nach dem Tod Maos die sogenannte „Viererbande" verhaftet wurde und sich ein Umschwenken Chinas auf die Politik des kurz zuvor, nämlich im April 1976, gestürzten angeblich „pragmatischen"[80] Deng Xiaoping abzeichnete.

2.7 Im Westen immer wieder aufgewärmt: Deng Xiaopings Katzengleichnis aus dem Jahr 1962

Eines der Lieblingswörter zur Beschreibung dessen, was in der VR China nach Maos Tod (1976) und vor Xi Jinpings Amtsantritt (2012) vor sich ging, lautet „Pragmatismus": Als Pragmatiker wird insbesondere Deng Xiaoping (1904–1997) hervorgehoben.

> „Deng, der Pragmatiker."[81]

> „Deng Xiaoping [...] ersetzte die ideologische Starre durch pragmatisches Machertum."[82]

> „Was für ein Kommunist. Einer, den die Ideologie nicht im Geringsten scherte. Einer, der den Kapitalismus kurzerhand rot lackiert und verkündet, das sei nun ‚Sozialismus mit chinesischen Besonderheiten'."[83]

> „Dengs Pragmatismus. Seit Deng Xiaoping vor 22 Jahren seine Reform- und Öffnungspolitik begonnen hat, ist die Ideologie auf dem Rückzug und der Markt auf dem Vormarsch. In nur zwei Jahrzehnten ist China zur zehntgrössten Handelsmacht geworden, sammelte es die zweithöchsten Devisenreserven an und lockte mehr als 300 000 ausländische Unternehmen ins Land, die hier 220 Milliarden Dollar investierten.“[84]

> „Deng Xiaoping, einer der Vorgänger von Herrn Xi, sagte bekanntlich, dass es ihm egal sei, ob Katzen weiß oder schwarz seien, solange sie Mäuse fangen.“[85]

> „Trotz seiner autoritären Natur war China in den vergangenen Jahren für einen mitunter überraschenden Pragmatismus bekannt – verewigt in der Sentenz des Reformpatriarchen Deng Xiaoping, wonach es keinen Unterschied mache, ob eine Katze schwarz oder weiß sei, solange sie Mäuse fange.“[86]

> „Chinas Wiederaufstieg zur Weltmacht und sein stürmischer Sprung an die Spitze der Weltwirtschaft waren die Folge einer bemerkenswerten Zuwendung zum Pragmatismus, der in den historischen Reformen von Deng Xiaoping seinen Niederschlag fand.“[87]

Deng Xiaoping war im letzten halben Jahr der „Kulturrevolution“ in einer landesweiten Massenkampagne von den Anhängern der „Viererbande“ als „Antimarxist“ und „Kapitalist“ angeprangert worden. „Deng Xiaoping verrät allseitig den Marxismus“ titelte die deutschsprachige in Beijing erscheinende *Peking Rundschau* am 8. Juni 1976. Unzählige Wandzeitungen mit derartigen Angriffen auf Deng Xiaoping las ich in den Monaten vor Maos Tod im Campus der Beijing-Universität.

Auf diesen Wandzeitungen wurde Deng vorgeworfen, er habe gesagt, es sei gleichgültig, ob die Katze schwarz oder weiß sei. Die Hauptsache sei, dass sie Mäuse fange. Diese Kritik wurde durch die *Peking Rundschau* weltweit verbreitet. Es handelt sich hierbei um eine Wochenzeitschrift, die in Beijing in deutscher, englischer, französischer, spanischer und japanischer Sprache gedruckt wurde. Die *Peking Rundschau* behauptete beispielsweise:

> „Deng Xiaoping, der oberste besserungsunwillige Parteimachthaber auf dem kapitalistischen Weg, [...] predigte den Unsinn ‚Ob weiss oder schwarz, solange die Katze Mäuse fängt, ist sie eine gute Katze' und ‚entfachte einen Wind der Einzelwirtschaft [...] – ein Versuch, das Rad der Geschichte zurückzudrehen.'"[88]

Deng Xiaoping kämpfte gegen das Prinzip, den Klassenkampf als das Hauptkettenglied zu betrachten, blieb bei seinem alten Thema „weiße Katze, schwarze Katze" und machte keinen Unterschied zwischen Marxismus und Imperialismus. Das führt unvermeidlich auf den kapitalistischen Weg und unterminiert die sozialistische Produktion. Was er „Modernisierung" nannte, war in der Tat eine kapitalistische Modernisierung, die im Interesse der Bourgeoisie verwirklicht werden sollte, und hätte China in ein wirtschaftliches Anhängsel des Imperialismus und Sozialimperialismus [= die damalige Sowjetunion] verwandelt.[89]

Dengs Katzengleichnis würde man im Westen ohne die 1976 landesweit in der ganzen VR China unter der Ägide der „Viererbande" betriebene Anti-Deng-Propaganda wohl nicht kennen. Wenn heute so gut wie alle westlichen Medien Deng als Pragmatiker bezeichnen, zitieren sie in der Regel stets sein Katzengleichnis. In das Guinness-Buch der Rekorde sollte dieser Ausspruch als der im Westen bekannteste Deng-Ausspruch[90] aufgenommen werden. Wohl abertausende Mal dürfte er von westlichen Massenmedien immer und immer wieder verbreitet worden sein. So heißt es etwa: „Deng sagte auf chinesisch praktische Art: ‚Egal, ob die Katze schwarz oder weiß ist – solange sie Mäuse fängt, ist es eine gute Katze.‘ So lautet seither das hundertprozentig chinesische Glaubensbekenntnis.“[91]

Deng machte aber diese Äußerung in einem bestimmten Zusammenhang. Im Westen pflegt man das Zitat aus dem historischen Kontext herauszulösen und zu verabsolutieren.

> „Ob Kommunismus, Sozialismus oder Demokratie; ob die Katze schwarz oder weiß ist: Hauptsache, sie fängt Mäuse.“[92]

Auf diese Weise zeichnet man ein falsches Bild von Dengs Ausspruch. 1962 äußerte sich Deng in Bezug auf spontane, in gewissen Bauerndörfern durchgeführte Versuche zur landwirtschaftlichen Entkollektivierung. Dabei wurde die Verantwortung für die Bewirtschaftung einzelner Landparzellen dem Kollektiv entzogen und einzelnen Bauernhaushalten übertragen (bao chan dao hu). Am 07.07.1962 äußerte Deng zu den Delegierten eines Kongresses des chinesischen Kommunistischen Jugendverbandes: „Genosse Liu Bocheng hat oft eine Redewendung aus [der Provinz] Sichuan benutzt: ‚Ob die Katze nun gelb oder schwarz ist, wenn sie nur Mäuse fängt, dann ist sie eine gute Katze.‘ Das sagte er im Hinblick auf die Kriegsführung. Dass wir Jiang Kaischek besiegen konnten, hat darin seinen Grund, dass wir nicht eingefahrenen Regeln gehorchten und nicht alten Wegen des Kampfes folgten, sondern uns stets nach den Umständen richteten und allein den Sieg als maßgebend betrachteten. Jetzt geht es darum, die Landwirtschaft wieder auf die Beine zu bringen. Man sollte die jeweilige Situation ins Auge fassen. Je nachdem darf man sich bei der Gestaltung der Produktionsverhältnisse nicht in jedem Fall einer einzigen festen, unveränderlichen Form bedienen. Man muss schauen, welche Form den Enthusiasmus der Massen aktiviert und dann diese

Form wählen.“[93] In den 1980er Jahren fragte der chinesische Wirtschaftsexperte und Politiker Bo Yibo (1908 – 2007) Deng Xiaoping, was er von seiner Äußerung über die gelbe und schwarze Katze halte. Deng antwortete, erstens nehme er sie nicht zurück und zweitens sei sie zeit- und situationsbezogen gewesen. Dengs Äußerung bezog sich auf die Organisation der Landwirtschaft, also auf die Produktion. Hinsichtlich des Wirtschaftsaufbaus hat Dengs Katzen-Hinweis sicherlich eine gewisse Aussagekraft. Wenn eine Maßnahme die Produktion ankurbelte, dann war sie aus Dengs Sicht grundsätzlich zu befürworten. Aber Deng verstand seine Aussage keineswegs als allgemeine Maxime und bezog sie nicht auf die politische Grundstruktur der VR China.

Die Karikatur über Dengs Einstellung zum Status von Taiwan als eines Teils der VR China veranschaulicht, dass Deng Xiaoping keineswegs in jedem Fall gleichgültig war, welche Katze zum Einsatz kommen solle. Auf der von Deng Xiaoping einzig und allein in Betracht gezogenen schwarzen Katze steht geschrieben „Ein Land, zwei Systeme.“ Dies ist bis heute (2023) das amtliche chinesische Konzept für die Zukunft Taiwans. Die Inschriften auf den beiden anderen Katzen lauten „Accept Taiwan as a political entity“ und „Renounce the use of force against Taiwan“. Beide Optionen kamen für den angeblich pragmatischen Deng Xiaoping genauso wenig in Frage wie für den angeblich Dengs Pragmatismus ablehnenden Xi Jinping.

Aus: *The Free China Journal*, Taipeh, 12.11.1992, S. 6. Rechts ein taiwanesischer Politiker (wahrscheinlich der damalige Unterhändler der taiwanesischen Straits Exchange Foundation, Hsu Hui-yo 許惠祐), links Deng Xiaoping.

Die unerschütterliche Führungsmacht der KPCh hat er nie durch das Katzengleichnis zur Disposition stellen wollen. Dieses wird denn auch heutzutage (2023) in der VR China keineswegs als Beleg für Dengs Pragmatismus gedeutet. Der „Pragmatismus" hat in der VR China keinen guten Ruf, gilt er doch als eine „zeitgenössische philosophische Richtung der Kapitalistenklasse".[94] Vorgeworfen wird dieser „bourgeoisen" Denkrichtung, dass sie „die Objektivität der Wahrheit leugnet" und „die Wahrheit mit der Nützlichkeit gleichsetzt". Das Denken sei „lediglich ein Werkzeug des Individuums zur Auseinandersetzung mit seiner Umgebung und zur Lösung von Problemen"[95], also keine Widerspiegelung objektiver Gegebenheiten[96]. Bezeichnet man Deng als einen „Pragmatiker", dann beschimpft man ihn also aus offizieller chinesischer Sicht geradezu. So wird denn in der VR China sein Katzengleichnis als Ausdruck seiner materialistischen, also streng realitätsbezogenen, „die Wahrheit in den Tatsachen suchenden" Denkweise angesehen.[97]

Nun gibt es in der chinesischen Sprache zwei Ausdrücke, die laut Wörterbuch mit „pragmatisch“ übersetzt werden können: „shiyongzhuyi“ und „wushi“.[98] Das erstgenannte Wort ist negativ, das zweite positiv konnotiert. Das negativ konnotierte Wort wird im chinesischsprachigen Schrifttum kaum auf Deng Xiaoping angewendet, wohl aber das positiv konnotierte Wort, das aber besser mit „Faktualismus“ statt mit „Pragmatismus“ übersetzt werden sollte.

Wandspruch in einem Fabrikgebäude von JAC (Jianghuai Automobile Co., Ltd.) in Hefei, Provinz Anhui, Foto aufgenommen von Harro von Senger am 21.03.2012. Die zwei Schriftzeichen rechts oben lauten: „wushi“. Es ist dies das positiv konnotierte Wort für „Pragmatismus“. Es wird mit „Factualism“ übersetzt, die Übersetzung „Pragmatismus“ wird gemieden.

2.8 Im Westen weitgehend ignoriert: Deng Xiaopings vier Grundprinzipien aus dem Jahr 1979

Die Farbe wechseln konnte laut Deng nur die Wirtschaftskatze, die Farbe der tonangebenden Politkatze musste immer rot bleiben. Mit Bezug auf die Politik gilt nicht Dengs Gleichnis von den Katzen mit unterschiedlichen Farben.

Dengs Meinungsäußerung aus dem Jahr 1962 wurde seit 1978 im von Amtes wegen kaum je in der VR China erwähnt. Aber die westliche Welt scheint nach wie vor von Dengs Katzengleichnis verzaubert zu sein. Nicht zur Kenntnis genommen wird eine wichtige aktuellere, nämlich vom 30. März 1979, stammende Aussage Dengs.[99] Auf diese Aussage habe ich in meinen Publikationen seit den 1980er Jahren immer wieder hingewiesen. Ich meine Dengs Aussage über die folgenden unumstößlichen „vier Grundprinzipien“[100]:

- Festhalten am sozialistischen Weg
- Festhalten an der Führung der Kommunistischen Partei
- Festhalten am Marxismus-Leninismus und Mao-Zedong-Denken und
- Festhalten an der Diktatur des Proletariats [gemäß Leninismus vertreten durch die Kommunistische Partei[101]

1987 sagte Deng dem ehemaligen US-Staatssekretär Schulz: „Im Ausland haben einige Leute mich als Mitglied der Reformfaktion und andere Personen als Mitglied der konservativen Faktion angesehen. Ich sei einer von der Reformfaktion, das ist nicht falsch. Aber wenn man das Festhalten an den vier Grundprinzipien als konservativ ansieht, dann bin ich auch ein Mitglied der konservativen Faktion. Daher ist es wohl korrekter zu sagen, dass ich zur Faktion, welche die Wahrheit in den Tatsachen sucht, gehöre.“[102]

2.9 Die vier Grundprinzipien im Schnelldurchgang

Grundprinzip 1: „sozialistischer Weg" – Davon will man im Westen nicht sprechen, obwohl sich in der VR China seit 1956 nicht ein Quadratmillimeter Boden im Privateigentum befindet. Die grundsätzlich stete Verfügbarkeit über den Boden war und ist eine der Bedingungen für den rasanten staatlich gelenkten Infrastrukturaufbau. Denn komplizierte Bodenenteignungsverfahren erübrigen sich, es gibt nur relativ simple Bodenentnutzungsverfahren.

Grundprinzip 2: „Führung der KPCh", auch über die Privatunternehmen und Technikfirmen.[103] Von der Führung der KPCh spricht man im Westen kaum. Man spricht vorwiegend von der Führung durch Xi Jinping. Die KPCh und deren Satzung braucht man nicht zu beachten. In westlicher Sicht existiert nur die Einzelperson Xi Jinping, und man scheint zu glauben, er schreibe allein seine vielen Reden und konzipiere allein die vielen amtlichen Lenkungsmaßnahmen.

Grundprinzip 3: Marxismus-Leninismus und Mao-Zedong-Gedanken. Inzwischen ergänzt um weitere Beiträge von Chinesen. Dass Xi Jinping Karl Marx, also einen Deutschen, und nicht etwa Konfuzius, als den „größten Denker in der Geschichte der Menschheit" bezeichnet, blieb im Westen weitgehend unbeachtet.[104]

Grundprinzip 4: „Diktatur" – Im Allgemeinen werden im Westen nur einzelne konkrete Auswirkungen der Diktatur wahrgenommen und kritisiert, z. B., dass der Friedensnobelpreisträger Liu Xiaobo ins Gefängnis gesteckt wurde oder dass Menschen rigide überwacht werden. Aber dass die von Deng Xiaoping, von dessen „reformist era" der australische Politiker Kevin Rudd schwärmt[105], ohne Rücksicht auf das in diesem Zusammenhang völlig irrelevante Katzengleichnis als unverrückbar bezeichnete und von ihm durch seinen Schießbefehl vom 06.04.1989 mit aller Konsequenz durchgesetzte[106] Diktatur in Art. 1 der Verfassung von 1982 ausdrücklich und völlig transparent verankert ist, wurde und wird im Westen nicht wirklich wahrgenommen.

DIE WELTWOCHE Nr. 24 15. Juni 1989 AUSLAND

Der Sino-Marxismus, ein machttechnisches Instrumentarium: Die Reformpolitik wurde im Westen missverstanden

Dass Deng schiessen liess, das lag in Dengs Logik

VON HARRO VON SENGER

Deng: «Wir sollten auf keinen Fall von dem kapitalistischen System, von widerwärtigen und dekadenten Dingen lernen oder sie übernehmen

Foto: AP

Ich dokumentierte im Juni 1985 in einem Zeitungsartikel Deng Xiaopings mit aller Härte durchgeführte Umsetzung nicht des Katzengleichnisses, sondern der vier Grundprinzipien.[107]

In der VR China wird argumentiert, dass Dengs Schießbefehl dem Aufstieg Chinas den Weg bereitet habe. Wäre im Juni 1989 den Protestierenden das Feld überlassen worden, wäre China heute nicht dort, wo es ist. Demgegenüber wird im Westen die Deng-Ära verklärt: „Vor 44 Jahren leitete Deng Xiaoping die Periode der ‚Reform und Öffnung' ein, die China von einer armen, autarken Nation in eine aufstrebende Weltmacht verwandelte. Präsident Xi Jinping beendete diese Ära [...]. Chinas große kapitalistische Revolution unter Deng und seinen Nachfolgern ist nun Geschichte."[108] Diese Zeilen legen Zeugnis ab von der nachgerade flächendeckenden westlichen Nichtbeachtung von Dengs nicht nur auf dem Papier gebliebenen Aussage über die Unverrückbarkeit der vier Grundprinzipien und von der weit verbreiteten oberflächlichen hiesigen Chinawahrnehmung.

2.10 1000 Wege führen auf die Bergeshöhe

„Die 72 Verwandlungen des Affenkönigs Sun Wukong" in dem Roman aus der Ming-Zeit (14.–16. Jh.) *Die Reise in den Westen*[109] erwähnt Mao Zedong in seiner Schrift ‚Über den Widerspruch'".[110] In eine Pille oder in ein Insekt verwandelt sich der Affenkönig, aber er bleibt doch immer der Affenkönig.

Zweifellos hat sich in der VR China rein visuell und auch was die Wirtschaftsstatistiken angeht, seit Maos Tod enorm viel verändert. „China im Orkan des Wandels", lautet eine Artikelüberschrift.[111] Aber die wesentliche „Software", gemäß welcher dieses Land funktioniert, ist unverändert geblieben.

„Zhan wu bu sheng de Mao Zedong Sixiang wan sui! 10 000 Leben für die unbesiegbaren Mao-Zedong-Ideen!" In großen weißen Schriftzeichen auf rotem Untergrund erblickte ich in Beijing diesen Spruch genau so wie 1975/76 in Maos letztem Lebensjahr unverändert auch im November 2017 sowie 2021 am Vorabend der Feier des 100. Jahrestags der Gründung der KPCh auf der Mauer rechts beim Eingang zum Zhongnanhai, dem Regierungssitz der VR China.[112] Wie lauten doch zwei chinesische Sinnsprüche: „Wan bian bu li qi zong: 10 000 Richtungsänderungen vornehmen, aber das Ziel nie aus den

Augen verlieren“ bzw. – in einer anderen Übersetzung – „Trotz allen äußeren Änderungen vom Wesentlichen nicht abrücken“ und „Yi bu bian ying wan bian: Dank Unwandelbarkeit mit 10 000 Wandlungen fertig werden“. Derselbe Grundgedanke noch in einer poetischen Umschreibung:

> „Deng shan qian tiao lu tong yang yi yue gao: 1000 Wege [durch Gestrüpp und unwegsames Gebiet] führen auf die Bergeshöhe. Doch für alle gilt das gleiche Ziel, [schlussendlich] den Blick empor auf den in der Höhe schwebenden Mond richten zu können.“

2.11 Führt Marxismus zwangsläufig in eine wirtschaftliche Sackgasse?

Nach wie vor wird die VR China von der Kommunistischen Partei Chinas allein geführt und sind der Marxismus-Leninismus und die Mao-Zedong-Ideen, inzwischen ergänzt u. a. durch die Deng-Xiaoping-Theorie und die Xi-Jinping-Gedanken über den Sozialismus chinesischer Prägung für eine neue Ära,[113] von zentraler Wichtigkeit. Nun kommt der Einwand, die Marktwirtschaft und das Privateigentum von Produktionsmitteln – also Kernelemente des kapitalistischen Wirtschaftssystems – hätten inzwischen in China große Verbreitung gefunden. Aber sogar Mao hat zeitweise das Privateigentum – sogar jenes von Großgrundbesitzern – an Produktionsmitteln gutgeheißen. Nie habe ich deswegen aus dem Mund eines westlichen „Marxismuskenners“ das Urteil vernommen, Mao sei ein Nichtmarxist gewesen. Doch von Maos Eintreten für das Grundeigentum von Großgrundbesitzern später mehr.

Was ist Marxismus? Für sehr viele westliche Menschen ist der Marxismus die Bezeichnung eines Wirtschaftssystems. Dieses sei gekennzeichnet durch die Planwirtschaft. Werde diese relativiert oder aufgegeben, dann werde damit der Marxismus relativiert oder aufgegeben. Zur Gleichsetzung des Marxismus mit zentraler Planwirtschaft tritt eine zweite, mit der zentralen Planwirtschaft organisch verknüpfte Gleichsetzung: Infolge der zentralen Planwirtschaft führt Marxismus zwangsläufig in die Armut, in sozialistische Tristesse, in graue Hoffnungslosigkeit, in wirtschaftliche Stagnation. „Die Tugend des Sozialismus ist die gerechte Verteilung des Elends.“[114] „Die Marktwirtschaft schafft Wohlstand, der Sozialismus Elend.“[115] „Was passiert, wenn man in der Sahara den Sozialismus einführt? – Dann wird der Sand knapp.“[116]

„L’envers du décor“ (Hinter den Kulissen), Karikatur in: *La Suisse libérale*, Neuenburg/Schweiz, 09.03.1928

Wenn nun in der VR China das Elend bzw. die Armut nicht zu-, sondern abnimmt, ergibt sich aus diesem Marxismus- und Sozialismusverständnis logischerweise, dass in der VR China der Marxismus keine Rolle spielt.

Ist aber das Wesen des Marxismus wirklich nur wirtschaftlich zu definieren? Hat er nicht auch eine „emotionale und ideologische Anziehungskraft“[117]? Ist die Gleichsetzung von Marxismus mit zentraler Planwirtschaft tatsächlich die einzig mögliche Interpretation dessen, was den Marxismus ausmacht? Wenn dem so wäre, warum bezeichnet man dann beispielsweise einen Jean-Paul Sartre[118] oder einen Bertolt Brecht als „Marxisten“? Meines Wissens ist keiner der beiden als Direktor oder als Arbeiter eines staatseigenen Unternehmens oder als Theoretiker der zentralen Planwirtschaft hervorgetreten.

Gehören zum Marxismus flächendeckende „Armut und Unterentwicklung“[119], wie ich sie im letzten Lebensjahr Maos in der VR China beobachten konnte? Ist die von einem US-amerikanischen Journalisten in einem Gespräch mit Deng benutzte, von Deng nicht zurückgewiesene, aber von Deng selber nicht gemachte Aussage, reich werden sei ruhmreich,[120] wirklich ein Schlag gegen den Marxismus? „Wir haben einige Jahrzehnte Revolution betrieben und über 30 Jahre Sozialismus durchgeführt. Im Jahre 1978 angelangt, verdienten Arbeiter einen durchschnittlichen Monatslohn von lediglich 40 bis 50 Yuan [ca. zehn Euro], und auf dem Land verharrten die meisten Gegenden in Armut. Wie konnte man da von der Überlegenheit des Sozialismus reden? Daher hob ich mit Nachdruck hervor, dass man schnell und entschlossen den Arbeitsschwerpunkt auf den Aufbau der Wirtschaft verlegen müsse. Das 3. Plenum des 11. ZK hat dieses Problem [im Dezember 1978 durch die [faktische] Festlegung des neuen wirtschaftszentrierten Hauptwiderspruchs anstelle des alten klassenkampfzentrierten Hauptwiderspruchs[121]] gelöst. Das war eine wichtige Wende." Wieso sollten diese Worte Deng Xiaopings vom 18.09.1982[122] unmarxistisch sein?

Ist es ein Verstoß gegen den Marxismus, wenn „800 Millionen Menschen in China in den letzten 40 Jahren aus der extremen Armut aufgestiegen sind"?[123] Entspräche es denn etwa dem „einzig wahren Marxismus" bzw. dem „Maoismus", den westliche „Marxismusexperten" zu kennen glauben, wenn 800 Millionen Menschen in China in den letzten 40 Jahren in die extreme Armut herabgesunken wären?

2.12 Die Wohlstandsverheißung des Karl Marx

Ich erinnere mich an die Zeit des Übergangs (1976–1978) von der durch Mao entfesselten „Kulturrevolution" zu der von Vorstellungen Deng Xiaopings bestimmten Phase. Damals wurde in der chinesischen Presse zur Einstimmung der Bevölkerung auf die neue Phase des „sozialistischen Wirtschaftsaufbaus" darauf hingewiesen, das Endziel sei die kommunistische Gesellschaft. Darüber wisse man wenig. Denn das Wissen stamme aus der Praxis. Mit einer kommunistischen Gesellschaft, die ja noch nicht existiere, habe man aber noch keine praktischen Erfahrungen sammeln können. Auch Marx und Engels hätten daher logischerweise wenig über die kommunistische Gesellschaft geäußert. Aber etwas hätten sie doch vorausgesagt, nämlich dass die künftige kommunistische Gesellschaft nicht am Hungertuch nagen werde. Marx meinte, „nachdem alle Springquellen des genossenschaftlichen Reichtums voller fließen", werde die Gesellschaft auf ihre Fahnen schreiben können: „Jedem [...] nach seinen Bedürfnissen."[124] Dieses Zitat brachte beispielsweise die überregionale Beijinger Tageszeitung *Guangming* am 23.12.2017.[125] Marx sprach also im Hinblick auf die künftige kommunistische Gesellschaft ausdrücklich von „Reichtum". Engels sagte eine Gesellschaftsordnung voraus, in der „durch planmäßige Ausnutzung [...] der ungeheuren Produktivkräfte [...] auch die Mittel zum Leben, zum Lebensgenuss [...] gleichmäßig und in stets wachsender Fülle zur Verfügung stehn".[126] Und Lenin prophezeite: „Wenn wir dereinst im Weltmaßstab gesiegt haben, dann werden wir, glaube ich, in den Straßen einiger der größten Städte der Welt öffentliche Bedürfnisanstalten aus Gold bauen."[127] Aus derartigen in marxistischen Schriften verbreiteten Prophezeiungen wurde nach Maos Tod (09.09.1976) in der VR China gefolgert, dass in der künftigen kommunistischen Gesellschaft nicht Armut, sondern Wohlstand herrschen werde. Denn ohne Wohlstand könne nicht jeder „nach seinen Bedürfnissen" leben. Also habe Maos die Armut nicht beseitigende „kulturrevolutionäre" Politik China auf einen nicht marxismuskonformen Holzweg geführt. Wolle die VR China in Richtung kommunistische Gesellschaft voranschreiten, dann entspreche es vollumfänglich dem Marxismus, für allgemeinen, steigenden Wohlstand zu sorgen. Natürlich könne dies nicht auf einen Schlag im ganzen Lande erreicht werden. Daher steht in den Satzungen 1992, 1997, 2002, 2007, 2012 und 2017 (jeweils AP):

> „Man muss einen Teil der Gebiete und der Menschen ermutigen, als Erste wohlhabend zu werden, die Armut schrittweise beseitigen [dieser Passus wurde in der Satzung 2022 gestrichen], [Satzung 2022: allmählich] den gemeinsamen Wohlstand [Satzung 2022: des gesamten Volkes] verwirklichen und auf der Grundlage der Entwicklung der Produktion und des Zuwachses des gesellschaftlichen Reichtums die wachsenden materiellen und kulturellen Bedürfnisse des Volkes [Satzung 2017 und 2022: die wachsenden Be-

dürfnisse des Volkes nach einem schönen und guten Leben] ständig befriedigen.“

Übrigens wurde sogar in der DDR – der die herrschende westliche Meinung den „marxistisch-leninistischen“ Charakter nicht abspricht – verbreitet:

> „Das grundlegende Ziel in allen Etappen der kommunistischen Gesellschaftsformation ist die immer bessere Befriedigung der materiellen und kulturellen Bedürfnisse der Menschen durch die rasche Entwicklung der Produktivkräfte [...].“[128]

Im Sinne solch einer in der – allgemein als marxistischen Staat angesehenen – DDR angestellten Überlegung heißt es in den Satzungen 2002, 2007, 2012, 2017 und 2022 (jeweils AP):

> „Das höchste Ideal des Kommunismus, das die chinesischen Kommunisten anstreben, kann nur auf der Grundlage der vollen Entwicklung und des hochgradigen Gedeihens der sozialistischen Gesellschaft realisiert werden.“[129]

2.13 War Mao kein Marxist?

Das *Philosophische Wörterbuch*[130] entstand in der DDR in einer Zeit, da die DDR, ideologisch gesehen, dem Sinomarxismus feindselig gegenüberstand. Es spiegelt die Auffassungen der Sowjetunion wider, die der VR China damals ebenfalls alles andere als gewogen war.

Unter dem Stichwort „Maoismus“ heißt es in dem Wörterbuch:

> „Kleinbürgerlich verwurzelte politisch-ideologische Strömung“, die ihrem „Wesen nach ein prinzipiell feindliches Verhältnis zum Marxismus-Leninismus hat“.[131]

Des Weiteren wird „der ausgesprochen pragmatische Charakter des Maoismus“ angeprangert. In jener DDR-Enzyklopädie heißt es ferner:

> „Der Marxismus-Leninismus wurde aus dem öffentlichen Leben der VR China verbannt.“

Maos Außenpolitik der „Annäherung an den Imperialismus“ wird eine „pseudomarxistische Maskierung“ vorgeworfen.[132]

Während westliche China-„Experten“ davon überzeugt sind, dass in Maos China ein wahrer Marxismus geherrscht habe, von dem sich das China nach Maos Tod (09.09.1976) losgesagt habe, hatte gemäß dieser DDR-Enzyklopädie bereits Maos China dem Marxismus den Rücken gekehrt.

Über die Frage, was Marxismus in China bedeute, gehen die Meinungen offensichtlich schon seit jeher auseinander. In den 1970er-Jahren, als das DDR-Wörterbuch nicht anerkannte, dass es in der VR China einen Marxismus gebe, vertraten westliche politische Maoisten exakt den offiziellen chinesischen Standpunkt. Für sie war die VR China der Hort des wahren Marxismus und Mao *der* marxistische Theoretiker in der Welt. Heutzutage werden offizielle chinesische Verlautbarungen von Alt-Maoisten und deren Nachbetern ignoriert. Die Führer der VR China können noch so oft beteuern, sie hielten am Marxismus fest, die westlichen Mainstream-China-„Experten“ wollen das nicht wahrnehmen. Wenn Xi Jinping an einer aufwendigen Feier aus Anlass des 200. Geburtstags von Karl Marx sagt „Heute gedenken wir Marx, um dem größten Denker in der Geschichte der Menschheit Tribut zu zollen und um unseren festen Glauben in die wissenschaftliche Wahrheit des Marxismus zu verkünden,“[133] dann wird das im Westen mit einem Achselzucken abgetan. Mit den offiziellen chinesischen Bekenntnissen zum Marxismus wollen sich westliche Mainstream-China-„Experten“ nicht auseinandersetzen. Im Magazin *ZEIT Geschichte* 3/2018 mit dem Titel „200 Jahre Karl Marx“ ist die Stellung des Marxismus in der VR China kein Thema. *„Der Spiegel. Edition Geschichte.* 200. Geburtstag. Karl Marx“, April 2018, widmet von 154 Seiten nur gerade 5 Textseiten der Volksrepublik China, und zwar den Personen Xi Jinping und Ai Weiwei und deren Vätern. Den Schwerpunkt legt der Mini-Beitrag auf die „Kulturrevolution“ (1966–76), ohne Karl Marx und den Marxismus und deren Rolle in der „Kulturrevolution“ oder gar in der Volksrepublik China im 21. Jahrhundert auch nur mit einem Wort zu erwähnen.

2.14 Wo befindet sich die Weltakkreditierungsagentur für Marxismus?

Den „weltweiten Zusammenbruch der kommunistischen Systeme in den späten 1980er-Jahren“ glaubte Francis Fukuyama feststellen zu können,[134] und auch Pankaj Mishra spricht vom „Zusammenbruch des Kommunismus“.[135] „Der Zusammenbruch der Sowjetunion wie auch die liberalen Reformen in China führen in ausreichendem Masse die Undurchführbarkeit des Sozialismus vor Augen.“[136] „Faschismus und Kommunismus, diese so mächtigen wie tödlichen Bewegungen, wurden niedergerungen.“[137] „Mit dem Zusammenbruch der sozialistischen Staaten ab Ende der 1980er-Jahre verschwand der Marxismus-Leninismus.“ Das wird in keinem geringeren Buch als in *Der Brockhaus. Philosophie* (Leipzig 2004, S. 207) behauptet. Die These ist aufschlussreich. Sie unterstellt, dass bis Ende der 1980er-Jahre in der Sowjetunion und z.B. in der DDR, welche dem „Maoismus“ die marxistisch-leninistische Qualität absprach, Marxismus-Leninismus herrschte. Sie ignoriert auf der anderen Seite die

Tatsache, dass gemäß dem Selbstverständnis, das in der VR China offiziell gepflegt wird, in der VR China der Marxismus-Leninismus nach wie vor die maßgebende Ideologie ist. So legt die größte politische Partei der Welt in ihren Satzungen der Jahre 1982, 1992, 2002, 2008, 2012, 2017 und 2022 fest:

> „Die KPCh betrachtet den Marxismus-Leninismus [...] als die Richtschnur ihres Handelns [...].“[138]

Vielleicht werden zahlreiche Leser über diese Zeilen den Kopf schütteln. „Die VR China hat doch die Marktwirtschaft eingeführt, Punkt Schluss. Damit ist sie nun ein kapitalistischer Staat.“ Das sagte mir ein westlicher Unternehmer, von seinen profunden Marxismus-Kenntnissen zutiefst überzeugt. Jeder weiteren Diskussion mit ihm über Sinomarxismus war der Boden entzogen. Ein weiteres Argument für die scheinbar unwiderlegbare Behauptung, in der VR China herrsche nicht der Marxismus, ist der Hinweis auf die nach Maos Tod um sich greifende „Korruption“[139]. Wer so argumentiert, hat das letzte Jahr der „Kulturrevolution“ nicht in China verbracht. Über Lautsprecher, die im ganzen Land aufgestellt waren, wurden ständig ideologische Parolen verlesen, in erster Linie Einsichten Maos. Sicher mehr als 100-mal habe ich über die dröhnenden Campus-Lautsprecher der Beijing-Universität in den Monaten vor Maos Tod (09.09.1976) eine der letzten Thesen Maos vernommen:

> „Die Kapitalistenklasse [...] sitzt mitten in der Kommunistischen Partei. Es sind die Machthaber innerhalb der [Kommunistischen] Partei, die den kapitalistischen Weg gehen.“[140]

Mao führte kurz vor seinem Tode weiter aus:

> „[...] Sie sind hohe Beamte und schützen die Interessen der hohen Beamten. Sie haben schöne Häuser. Sie haben Autos. Sie haben hohe Löhne. Dazu haben sie Personal, das

> sie bedient. Sie treiben es noch schlimmer als die Kapitalisten [...]!“[141]

Eine derart „enttäuschte Bilanz“[142] zog Mao nach zehn Jahren „Kulturrevolution“! Die KPCh war nach seiner Ansicht alles andere als rein und lauter. In ihrem Schoß eingenistet hatte sich vielmehr die Kapitalistenklasse – für Mao der Inbegriff der Dekadenz und Korruption. „Kapitalismus“ war also nach Maos eigener Einschätzung noch zu seinen Lebzeiten und aller seiner Kampagnen zum Trotz in China auf Schritt und Tritt vorhanden. Daher seine Meinung, es werde noch viele „Kulturrevolutionen“ brauchen[143], bis die „Kapitalistenklasse“ vollends liquidiert sei. So gesehen ist die Anfang des 21. Jahrhunderts getroffene westliche Feststellung von dem in China grassierenden Kapitalismus nichts Aufsehenerregendes und schon gar nichts Neues. Der Meinung von der weiten Verbreitung der Kapitalistenklasse in China, die sich im Funktionärsgewand der staatlichen Wirtschaft bemächtigt habe und sie nicht zum Wohle des Volkes leite, sondern zu ihrem eigenen Nutzen ausbeute, war schon Mao, und zwar am Ende seines Lebens 1976, als er nachgerade allmächtig war.

2.15 Gibt es im Westen einen roten Papst?

Kapitalismus in China zu Maos oder nach Maos Lebzeiten hin oder her, wer entscheidet darüber, ob die KPCh Anfang des 21. Jahrhunderts am Marxismus-Leninismus festhält, wie sie selbst so gut wie in jeder politischen Verlautbarung immer und immer wieder aufs Neue beteuert? Entscheiden darüber westliche Beobachter? Oder entscheidet darüber die

KPCh? Westliche Beobachter dekretieren, seit dem Machtantritt des „Pragmatikers“ Deng habe die VR China mit dem Marxismus-Leninismus nichts mehr am Hut. Benehmen sich solche Leute hinsichtlich ihrer Überzeugung, den „richtigen“ vom „falschen“ Marxismus unterscheiden zu können, nicht wie Papst Benedikt XVI. (im Amt von 2005 bis 2013)? Dieser glaubte bekanntlich, er habe zu entscheiden, welches die wahre Kirche sei.[144] Er scheint den Vatikan als eine Art von Akkreditierungsinstitut für das Label „Kirche“ betrachtet zu haben. Gebärdet sich nicht jeder westliche Mensch, der die offizielle Aussage der KPCh, sie richte sich nach dem Marxismus-Leninismus, als falsch bezeichnet, wie ein globaler Marxismus-Akkreditierungspapst? Welche Qualifikation ermächtigt solche Leute, sich als eine derartige Urteilsinstanz aufzuspielen und der KPCh Lektionen in Sachen Marxismus-Leninismus zu erteilen?

Hier ist auf das Eigenrecht und die Selbstauslegungstradition[145] einer politischen Partei, ja eines Landes, hinzuweisen. Wenn die KPCh sich auf den Marxismus-Leninismus beruft, dann sollte man das nach meiner Meinung interessiert zur Kenntnis nehmen und neugierig die Frage stellen, was sie darunter versteht und wie sie den Marxismus-Leninismus auslegt. Führt das nicht weiter, als wenn man die Berufung der KPCh auf den Marxismus-Leninismus in Zweifel zieht? Zeitigt das nicht die unausweichliche Folge, dass man sich mit einem derartigen „Pseudomarxismus“ nicht mehr weiter beschäftigt? Wenn man auch nur ein bisschen Wissbegierde aufbringen würde, könnte man beispielsweise in Erfahrung bringen, dass man in der VR China den Marxismus in einem „weiten Sinne“ versteht. Engels habe viele Gedanken zum Marxismus beigetragen. Und doch spreche man nicht von „Marxismus-Engelismus“. So umfasse denn auch in der VR China „Marxismus“ sowohl „die Beiträge von Marx und Engels als auch jene Lenins sowie Mao Zedongs, Deng Xiaopings, Jiang Zemins usw."[146] und seit Oktober 2017 auch jene Xi Jinpings.

Wer in der westlichen Welt hat von wem die Lizenz erhalten, als roter Papst darüber zu entscheiden, was der „wahre", der „einzig richtige" Marxismus-Leninismus beinhalte? Wer in der westlichen Welt hat die Qualifikation, die KPCh des „Abfalls" vom „wahren" Marxismus zu überführen? Dass es im Christentum und Islam verschiedene Strömungen gibt, ist weit herum unbestritten. Warum sollte es nicht auch eine chinesische Marxismus-Leninismus-Variation geben? Sagte Lenin nicht:

„Wir betrachten die Theorie von Marx keineswegs als etwas Abgeschlossenes und Unantastbares; wir sind im Gegenteil davon überzeugt, dass sie nur das Fundament der Wissenschaft gelegt hat, die die Sozialisten nach allen Richtungen weiterentwickeln müssen, wenn sie nicht hinter dem Leben zurückbleiben wollen. Wir sind der Meinung, dass es für die russischen Sozialisten besonders notwendig ist, die Theorie von Marx selbständig weiterzuentwickeln, denn diese Theorie liefert lediglich die allgemeinen Leitsätze, die im einzelnen auf England anders angewandt werden als auf Frankreich, auf Frankreich anders als auf Deutschland, auf Deutschland anders als auf Russland."[147]?

Und auf China anders als auf die genannten westlichen Länder, folgert die Kommunistische Partei Chinas.

Hierzulande herrscht indes die Überzeugung vor: „Zur Lösung der aktuellen Probleme kann ein orthodoxer Marxismus nichts beitragen."[148] Aber so wie es „nicht einen Islam"[149] gibt, gibt es auch nicht einen Marxismus. Vielmehr existieren „eine ganze Reihe [von] Marxismen"[150]. Im 20. Jahrhundert gab es eine „sowjetische Variante"[151], zu Beginn des 21. Jahrhunderts haben wir es mit einer „chinesischen Variante des Marxismus-Leninismus"[152] zu tun. Übrigens gibt es auch nicht nur „einen“ Kapitalismus, sondern insgesamt angeblich mehr als 750 verschiedene Arten.[153]

Tatsache ist, dass sich die KPCh wie eh und je auf den Marxismus beruft. So bezeichnet Xi Jinping die KPCh als eine „mit der marxistischen Theorie bewaffnete fortschrittliche politische Partei“,[154] und er führt aus: „Der Marxismus ist eine wissenschaftliche Wahrheit, die die chinesischen Kommunisten vom Ausland gelernt haben.“[155] Angesichts dessen wie die drei Äffchen zu reagieren, die nichts sehen, nichts hören und nichts sagen wollen, und das Desinteresse mit Behauptungen zu rechtfertigen wie „Marx ist, um es so zu sagen, nie in China angekommen“[156], erscheint als überheblich. Der Frage, wie der Marxismus-Leninismus zu Beginn des 21. Jahrhunderts von der KPCh verstanden und umgesetzt wird, sollte man nicht aus dem Wege gehen.

2.16 Drei Bestandteile des Marxismus

Woraus besteht nun der Marxismus aus der Sicht unterschiedlicher marxistischer Lager? Ich vergleiche die Aussagen in der schon einmal zurate gezogenen DDR-Enzyklopädie mit jenen in einem wichtigen Nachschlagewerk der VR China. Laut der DDR-Enzyklopädie besteht der Marxismus nicht nur aus einer ökonomischen Komponente oder, noch mehr verkürzt, aus ultimativen Darlegungen über die Planwirtschaft. Nein, der Marxismus besteht aus *drei* Bestandteilen. Diese Auffassung geht auf das Werk *Anti-Dühring* von Engels zurück.[157] Die drei Bestandteile des Marxismus sind:

1. der dialektische und historische Materialismus, der das allgemein-theoretische und methodologische Fundament des gesamten Marxismus bilde;

2. die marxistisch-leninistische politische Ökonomie, welche die wirtschaftlichen Verhältnisse der Menschen und die Geschichte der Entstehung, Entwicklung und Ablösung der verschiedenen Produktionsweisen und ihre objektiven Gesetze erforsche, insbesondere die unter den Bedingungen des sozialistischen Aufbaus;
3. der wissenschaftliche Sozialismus, der sich mit der Strategie und Taktik u. a. beim Aufbau des Sozialismus befasse.[158]

Welcher ist gemäß dieser Marxismus-Interpretation der wichtigste Bestandteil? Ist es etwa die politische Ökonomie mit ihren planwirtschaftlichen Modellen? Nein. „Die materialistische Dialektik ist nach Lenin die ‚lebendige Seele', die ‚fundamentale theoretische Grundlage' und nach Engels das ‚beste Arbeitsmittel', die ‚schärfste Waffe' des Marxismus-Leninismus."[159]

Sofern ich diese Äußerungen richtig verstehe, ist man dann ein Marxist, wenn man die materialistische Dialektik beherrscht, wenn man also in den Bahnen des dialektischen und historischen Materialismus denkt.

Was versteht eine wichtige chinesische Enzyklopädie, die den Namen *Cihai (Wörtermeer)* trägt, unter „Marxismus"? Dasselbe wie die DDR-Enzyklopädie. Unter dem Stichwort „Makesi-Lieningzhuyi" (Marxismus-Leninismus) steht hier:

> „Der Marxismus enthält drei wichtige Bestandteile: eine Philosophie, und zwar den dialektischen Materialismus und den historischen Materialismus, eine politische Ökonomie und den wissenschaftlichen Sozialismus."[160]

Über die marxistische Philosophie wird ausgesagt, sie sei

> „die Weltanschauung und Methodologie des Proletariats".[161]

Weiter heißt es:

> „Der Marxismus-Leninismus ist kein erstarrtes Dogma, sondern eine Anleitung zum Handeln, er ist keine endgültige Wahrheit, sondern eine sich entwickelnde Lehre.“[162]

Das scheint keine den Marxismus erneuernde oder verfälschende chinesische These zu sein, sprach doch Friedrich Engels einen Satz aus, der in der VR China eifrig zitiert wird:

> „Aber die ganze Auffassungsweise von Marx ist nicht eine Doktrin, sondern eine Methode. Es gibt keine fertigen Dogmen, sondern Anhaltspunkte zu weiterer Untersuchung und die Methode für diese Untersuchung.“[163]

Wie funktioniert der Marxismus-Leninismus im Reich der Mitte als „Methode“? Keineswegs, indem man seitenweise Zitate aus den Schriften der „Klassiker“ wie Marx, Engels oder Mao auswendig hersagt. Die marxistischen „Klassiker“ sollen nicht wie „Kochbücher“ mit lauter sofort anwendbaren konkreten Rezepten für alle möglichen Probleme betrachtet werden. Die Zeit des berühmten Roten Büchleins, das man auswendig lernen musste, war eine kurze Episode. Schon während meines Studiums an der Beijing-Universität (1975–1977) sprach niemand mehr von der Roten Mao-Fibel. Das „Kleine Rote Buch“ war nur einige wenige Jahre lang, in der ersten Hälfte der „Kulturrevolution“ (1966–1976), „zum Talisman für Maos China“[164] geworden.

2.17 Ein von Mao empfohlenes Dreigespann als Kern des Sinomarxismus

> „Mit dem 16. Parteitag [der KPCh] im November 2002 wurden […] die Kernelemente der marxistisch-leninistischen Ideologie aufgegeben, wie etwa die Ziele der Abschaffung des Privateigentums, der Auslöschung der privaten Unternehmerschicht, der Bekämpfung der kapitalistischen Klasse und der Dominanz des öffentlichen Eigentums."[165]

Stimmt diese Behauptung? Die Frage zielt nicht auf den Umstand, dass in dem zitierten Text gewisse Entscheide der KPCh als statisch und für alle Zukunft gültig angesehen werden. In Wirklichkeit könnte die Wiederaufwertung des Privateigentums auch eine zeitweilige Maßnahme sein, die im Rahmen eines längeren Prozesses des „sozialistischen Aufbaus" später wieder relativiert oder rückgängig gemacht werden könnte.

Vielmehr ist Folgendes zu fragen: Ist die Einstellung zum Privateigentum der Kern der marxistischen Ideologie? Privateigentum oder Kollektiveigentum spielt sicher eine Rolle im Marxismus-Leninismus, aber eher im Bereich der politischen Ökonomie. In der VR China wird indes unter Marxismus-Leninismus nicht nur die politische Ökonomie verstanden, sondern z. B. auch „der wissenschaftliche Sozialismus", der sich mit der Strategie und Taktik des „sozialistischen Aufbaus" befasst und beispielsweise während des 17. Parteitages der KPCh im Oktober 2007,[166] aber auch zehn bzw. 15 Jahre später am 18.10.2017 bzw. am 16.10.2022 von Xi Jinping in seinem dem 19. bzw. 20. Parteitag der KPCh erstatteten Bericht hervorgehoben wurde.[167] Entscheide der KPCh können auf der Grundlage des „wissenschaftlichen Sozialismus" immer auch unter dem Aspekt der gerade verfolgten „Taktik", also unter dem Gesichtspunkt der Einstweiligkeit, betrachtet werden. Hier sei aber noch ein weiteres Element der Ideologie erwähnt.

Eingeführt hat es Mao Zedong. Im Jahr 1941 wies er in einer Rede darauf hin, es komme darauf an, sich durch das Studium marxistischer Werke den *Standort*, die *Optik* und die *Methode* von Marx, Engels und Lenin anzueignen und gestützt auf diese Trinität ganz neue Probleme, mit denen Marx und Engels nicht konfrontiert waren, auf marxistische Weise zu analysieren und zu lösen.[168] Während der „Kulturrevolution" (1966–1976) waren die Mao-Zedong-Gedanken als der „vollkommenste und lebendigste Marxismus-Leninismus" gepriesen worden. Diese Auffassung kritisierte im zweiten Jahr nach Maos Tod (09.09.1976), am 08.05.1978, die *Volkszeitung*, das Sprachrohr des ZK der KPCh. Marx und Engels hätten nicht sämtliche Fragen gelöst, die sich fortlaufend im Zuge der menschlichen Entwicklung der menschlichen Erkenntnis stellten. Dazu seien sie objektiv gar nicht in der Lage gewesen. Denn die Erkenntnisfähigkeit eines jeden Menschen werde durch die geschichtlichen Umstände, in denen er lebe, eingeschränkt. Gewiss müsse man die Werke der marxistischen Klassiker und Maos zurate ziehen. Doch entwickle sich die objektive Welt unablässig weiter, und es stellten sich stets wieder neue Fragen. Mit Bezug auf diese sei es verkehrt, in den Werken von Marx, Engels, Lenin und Mao nach vorgegebenen Rezepten zu suchen. Vielmehr gelte es, sich den Standort, die Optik und die Methode des Marxismus anzueignen, um gestützt darauf selbständig neuartige Probleme auf marxistische Weise zu analysieren und zu lösen.[169] 32 Jahre später unterstrich Xi Jinping die fundamentale Wichtigkeit von Standort, Optik und Methode des Marxismus.[170]

2.18 Das Denkgehäuse, in dem jeder chinesische Funktionär heimisch sein sollte

Laut dem australischen Politiker Kevin Rudd, Präsident der Asia Society, stellt der von Xi Jinping am 16.10.2022 dem 20. Parteitag [...] vorgelegte „Arbeitsbericht" fest, „dass die Parteimitglieder nun aufgefordert werden, ‚sowohl die Weltanschauung als auch die Methodik des Marxismus-Leninismus zu begreifen' und die ‚analytischen Werkzeuge des dialektischen und historischen Materialismus' anzuwenden, um ‚die großen Herausforderungen der Zeit' zu verstehen."[171] Kevin Rudd betreibt Eintagsfliegen-Journalismus. Denn die Parteimitglieder werden nicht „nun" zu den erwähnten Anforderungen aufgefordert, sondern diese Aufforderung wurde lange vor dem Amtsantritt Xi Jinpings in einem amtlichen Dokument vorgeschrieben und schon am 08.05.1978 im erwähnten Artikel der Volkszeitung angekündigt.

Die Beherrschung von Standort, Optik und Methode des Marxismus verlangen Vorschriften vom 09.07.2002[172] bzw. vom 05.01.2014 betreffend die Arbeiten der Auswahl und Anstellung der führenden Funktionäre von Partei und [staatlicher] Verwaltung.[173] Gemäß Art. 4 dieser Vorschriften finden dieselben Anwendung auf die Auswahl und Anstellung von Führungsmitgliedern des ZK der KPCh, aber auch staatlicher Organe, so des Ständigen Ausschusses des Nationalen Volkskongresses, also des chinesischen Parlaments, des Staatsrates, also der chinesischen Regierung, ferner auf die Führungsmitglieder des Obersten Volksgerichts, der Obersten Volksstaatsanwaltschaft sowie auf die Führungsmitglieder der Parteikomitees der KPCh, der Ständigen Ausschüsse der Volkskongresse, der Regierungen, Volksgerichte und Volksstaatsanwaltschaften von der Kreisebene an aufwärts. Mit anderen Worten: Alle maßgebenden Funktionäre der KPCh und des Staates VR China unterliegen diesen Vorschriften, und zwar auch in der revidierten Fassung vom 17.03.2019[174]. Diese Übereinstimmung zwischen den Vorschriften von 2014 und 2019 gilt auch für die im Folgenden erwähnten Artikel.

Gemäß Art. 2 Ziff. 1 der Vorschriften muss bei der Auswahl und Anstellung von führenden Funktionären von Partei und Staat an sechs Grundsätzen festgehalten werden, darunter an erster Stelle am Grundsatz, wonach die Partei die Funktionäre kontrolliert.

Laut Art. 7 Ziff. 1 der Vorschriften besteht die erste Grundvoraussetzung, welche die führenden Funktionäre von Partei und Staat zu erfüllen haben, darin, fähig zu sein, den *Standort*, die *Optik* und die *Methode* des Marxismus zur Analyse und Lösung von Problemen zu benutzen.

Erstmals wurden nun die drei Kernelemente der sinomarxistischen Philosophie in einer Satzung der KPCh verankert, und zwar in jener, die der 19. Parteitag der KPCh am 24.10.2017 beschlossen hat (Art. 36 Ziff. 1):

> „Die führenden Funktionäre der Partei aller Stufen sollten die folgenden Grundvoraussetzungen erfüllen: [sie sollten] […] eifrig Standort, Optik und Methode des Marxismus zur Analyse und Lösung von praktischen Problemen benutzen […].“[175]

Diese Bestimmung wurde in der vom 20. Parteitag am 22.10.2022 beschlossenen Satzung beibehalten. Was den *Standort* angeht, so geht es innerchinesisch darum, dass nicht ein bourgeoiser, die Interessen von reichen Leuten verteidigender Standort, und außenpolitisch, dass nicht der Standort der entwickelten Länder des Nordens eingenommen wird. Was die *Optik* angeht, so geht es darum, dass nicht eine christliche, islamische, buddhistische oder sonstige „idealistische", also etwas Geistigem den Vorrang einräumende Optik vertreten wird. Was die *Methode* angeht, so geht es darum, dass nicht eine – wie es in der VR China genannt wird – „metaphysische", also die Dinge als statisch und isoliert betrachtende Methode benutzt wird.

Es geht vielmehr um einen „proletarischen" bzw. „marxistischen Standort", eine „materialistische Optik" und eine „dialektische Methode". Dabei ist in Betracht zu ziehen, dass Optik und Methode ineinanderfließen. Die „materialistische Optik" schlägt sich zugleich auch in materialistischen Denkmethoden nieder, und umgekehrt ist die Dialektik nicht nur eine Methode, sondern auch eine Optik.[176]

Der „proletarische" bzw. „marxistische Standort" verknüpft idealtypischerweise innenpolitisch das Eintreten für die „Arbeiterklasse", die „Bauernklasse" sowie allgemein für die „breiten Volksmassen" mit der Vision der zukünftigen „Verwirklichung des Kommunismus". Dieses Fernziel ist u.a. in den Satzungen 1982, 2002, 2007, 2012, 2017 und 2022 verankert (AP, Abs. 1).

2.19 Rückendeckung im UNO-Menschenrechtsdiskurs

Nicht die Seidenstraße, sondern der marxistische Standort verschafft der VR China im UNO-Menschenrechtsdiskurs Rückendeckung

Außenpolitisch beinhaltet der „proletarische" bzw. „marxistische Standort" das grundsätzliche Eintreten für die Belange des Globalen Südens und die Bekämpfung von „Imperialismus" und „Hegemonismus". Nicht etwa – kleinräumig – als einen Repräsentanten Asiens sieht sich die VR China, sondern – viel raumgreifender – als „das größte Entwicklungsland der Erde“[177]. Dass sich die VR China, auch wenn es von Indien hinsichtlich Bevölkerungszahl im Frühjahr 2023 überholt worden ist, nicht willkürlich als Entwicklungsland betrachtet, zeigen diese Feststellungen: „China ist 2001 der WTO mit dem Status eines Entwicklungslandes beigetreten; es profitiert dadurch von den Vorteilen einer besonderen Behandlung“; „China tritt u.a. in der Klimarahmenkonvention der Vereinten Nationen (UNECCC) als Entwicklungsland auf“ (China-Str 23, S. 53, 28). In der wichtigsten chinesischen Zeitung wird verbreitet: „Egal wie weit sich China entwickeln wird, China wird immer Mitglied der Entwicklungsländer sein und an ihrer Seite stehen [...]. Unentwegt wahrt China die gemeinsamen Interessen der Entwicklungsländer.“[178] Die VR China bezeichnet sich also keineswegs als „Supermacht“ – diese Etikettierung Chinas ist nur im Westen gang und gäbe –, sondern stets als „Entwicklungsland.“ So vertritt die VR China offiziell keineswegs irgendwelche „asiatischen“ oder gar – noch verengter – „chinesischen Werte“, sondern zumeist einen auf die ganze Südhalbkugel ausgreifenden Drittweltland-Standort und zahlreiche, sehr oft Sichtweisen von Drittweltländern widerspiegelnde UNO-Positionen. Auf der globalen Ebene profitiert die VR China davon, dass sie nicht wie der Westen „nach den Verbrechen des Kolonialismus heute mit dem Rücken zur Wand steht.“[179]

Während man etwa in Deutschland einen „Kampf um die Stimmen des globalen Südens“ führen will[180], kann die VR China dank ihrem marxistischen Standort auf der internationalen Bühne in der Regel auf die Unterstützung der Länder des Südens, also auf die Mehrheit der Länder dieser Erde, zählen. Dabei kann die VR China vom Grundwiderspruch zwischen Süden und Norden profitieren, der sich bereits Anfang der fünfziger Jahre des 20. Jahrhunderts abzeichnete und seit den sechziger Jahren dauerhaft etabliert hat. Von den 193 UNO-Mitgliedstaaten machen die Entwicklungsländer die große Mehrheit aus.[181] Die wenigen westlichen Länder – etwa 30 von 193 UNO-Mitgliedern – umfassen kaum 25 Prozent, die 27 EU-Staaten gar nur 7 Prozent der Weltbevölkerung. Daher befinden sich die westlichen Länder, selbst wenn sie einen festen Block bilden würden, in der UNO-Generalversammlung strukturell in der Minderheit. Das gilt auch für den in Genf domizilierten UNO-Menschenrechtsrat. Dieses Gremium hat 47 Mitglieder, die von der Generalversammlung für drei Jahre gewählt werden: 13 Sitze für afrikanische Staaten, 13 für asiatische und pazifische, 8 für lateinamerikanische und karibische, 6 für osteuropäische und 7 für westeuropäische und andere Staaten.[182] Mit der wachsenden Zahl junger Mitgliedstaaten kippte die UNO-Generalversammlung im Lauf der siebziger Jahre ganz auf diese Seite. In der UNO-Generalversammlung entwickelte sich ein systematischer Ansturm gegen die liberale Menschenrechtskonzeption. Das Argument lautete, das vordringlichste Menschenrechtsproblem sei für die Völker der Entwicklungsländer die Überwindung von Misere und Analphabetismus.

Bisher ist es, soweit bekannt, westlichen Staaten noch nie gelungen, in einer direkten Konfrontation mit der VR China im Rahmen der UNO eine Mehrheit von Staaten auf die eigene Seite zu ziehen. So versuchten westliche Staaten in den 15 Jahren nach dem Militäreinsatz in Beijing am 04.06.1989 elf Mal, in der UNO-Menschenrechtskommission, dem Vorgängerorgan des UNO-Menschenrechtsrates, China wegen Menschenrechtsverletzungen zu verurteilen. Jedes Mal scheiterten die USA und mit ihr der Westen. Elf Mal stellte sich eine Mehrheit der Länder auf die Seite der VR China.[183] Und das lange vor dem Machtantritt Xi Jinpings und ohne dass sich infolge des Seidenstraßenprojekts „Chinas Einfluss auf mehr als 140 Länder ausgeweitet hat“.[184] Seit eh und je, nicht erst unter Xi Jinping „vereinnahmt China den globalen

Süden".[185] Nicht erst jetzt hat Beijing „den globalen Süden im Auge"[186], um internationalen Einfluss auszuüben. Gewiss lobbyierte die VR China bei vielen Ländern mit welchen Mitteln auch immer. Aber sie verfügt über eine wichtige politische Softpower. Als Entwicklungsland, das seit dem Opiumkrieg 1840 – 42[187] an die 100 Jahre lang Angriffen westlicher Staaten ausgesetzt war, konnte die VR China lange vor Xi Jinping mit dem Goodwill von Ländern des Südens rechnen. Kein Wunder, brachte es die VR China, gewissermaßen als Wortführerin von Drittweltstaaten, zustande, dass am 08.10.2021 im UNO-Menschenrechtsrat „mit überwältigender Mehrheit," wie es die chinesische Presse darstellte, die Resolution „Negative Auswirkungen der Hinterlassenschaften des Kolonialismus auf die Wahrnehmung der Menschenrechte"[188] angenommen wurde. Sogar die westlichen Staaten kuschten vor der VR China, wagte doch keiner von ihnen, gegen die Resolution zu stimmen. So lautete das Abstimmungsergebnis 27 Zustimmungen bei 20 Enthaltungen. Laut einem chinesischen Kommentar wird die Verabschiedung der Resolution den Menschen der Länder, die unter dem Kolonialismus gelitten haben, helfen, eine Plattform zur Lösung der vom Kolonialismus hinterlassenen Probleme zu schaffen.[189] Am 06.10.2022 vermochte die VR China ferner die Resolution A_HRC_51_L.6 betreffend „Debate on the situation of human rights in the Xinjiang Uyghur Autonomous Region, China", abzuwehren (19 Ablehnungen, 17 Zustimmungen, 11 Enthaltungen u.a. von Indien).[190] Die Resolution war von 17 Nationen, darunter die USA[191], Deutschland, Kanada, Dänemark, Finnland, Island, Norwegen, Schweden, Großbritannien und Nordirland eingebracht worden. Seit dem Scheitern der Resolution sind westliche Vorhaltungen betreffend die Uiguren in Xinjiang merklich leiser geworden.

2.20 Denkbahnen, die sich jede(r) chinesische Intellektuelle aneignen muss

Das Kriterium, nach dem sich bestimmt, ob die VR China marxistisch regiert wird oder nicht, ist nicht das Vorhandensein von Planwirtschaft, sondern das Festhalten an oder das Aufgeben der auf Standort, Optik und Methode des Marxismus abgestützten Herangehensweise an Probleme seitens maßgebender Führungspersonen des Milliardenvolkes.

Ob die breite Bevölkerung und ob die vielen chinesischen Geschäftsleute, mit denen westliche Manager zu tun haben, dieses Denken beherrschen oder teilen, ist von untergeordneter Bedeutung. Man sollte nicht vergessen, dass die beiden grundlegenden theoretischen Schriften Maos, jene über die Praxis und über den Widerspruch, jahrzehntelang der Öffentlichkeit vorenthalten wurden. Parteiintern wurden sie zwar 1937 verbreitet. Diese „Veröffentlichung" wurde 2007[192] und 2017[193] in der chinesischen Presse gefeiert. Die beiden „philosophischen Schriften"[194] wurden ausschließlich als Lehrmaterial zur internen Schulung von Funktionären benutzt. Erst nach der Gründung der VR China erhielt das chinesische Volk Kenntnis von diesen Mao-Schriften.[195]

Der Sinomarxismus ist also vor allem eine Funktionärsdoktrin, keine „Volksreligion". Aber gemäß der Verfassung der VR China vom 04.12.1982 und vom 11.03.2018 führt „der Staat im Volk eine Erziehung im Geist des dialektischen und historischen Materialismus durch" (Art. 24 Abs. 2).

Ein Aspekt dieser Erziehung besteht darin, dass die marxistische Philosophie zu Beginn des 21. Jahrhunderts landesweit in der VR China Pflichtfach in sämtlichen Oberen Mittelschulen, im Universitätseintrittsexamen, im BA-Examen, im

MA-Examen und im Doktorexamen ist.[196] Sämtliche Intellektuelle der VR China, also Absolventen der Oberen Mittelschule und höherer Bildungsstätten, müssen das sinomarxistische Denken erlernen, und zwar wiederholt. Auch ihnen werden in erster Linie der Standort, die Optik und die Methode des Marxismus beigebracht.

Junge Gebildete aus der VR China werden, wenn man sie danach fragt, oft abschätzig antworten, man lerne den marxistischen Philosophiestoff nur gerade für die Examina, um ihn dann gleich wieder zu vergessen. Aber etwas ernstere Gesprächspartner gestehen ein, dass die immer wieder aufs Neue eingetrichterte marxistische Philosophie zumindest im Unterbewusstsein eines jeden chinesischen Intellektuellen weiterwirke. Sie gebrauchen den Ausdruck „subtile Einwirkung" (qianyi-mohua). Etwas stärker sei, kann man hören, die durch den Unterricht bewirkte sinomarxistische Prägung von Naturwissenschaftlern und Technikern, weil diese im Gegensatz zu Human- und Gesellschaftswissenschaftlern sehr stark auf ihre Fachdisziplinen ausgerichtet seien und daher außerfachlich kaum mit etwas anderem als dem in der Schule erlernten sinomarxistischen Denksystem in Berührung kämen. Der Münchner Sinologie-Professor Hans van Ess teilte mir während des XXX. Deutschen Orientalistentags in Freiburg i. Br. (24.-28.09.2007) die Beobachtung mit, dass Studierende aus der VR China, die sich über die von ihnen empfangene politisch-ideologische Erziehung lustig machten, in ihren Hausarbeiten dann eben doch von „Sklavenhaltergesellschaft", „Widersprüchen" und dergleichen sprachen. Das beweise, dass sie von der marxistischen Terminologie mit ihren Denkmustern in keiner Weise emanzipiert seien. An einem Symposium im Dezember 2014 sagte Professor van Ess: „Erst kürzlich erfuhr ich von einem amerikanischen Studenten, der sich in Peking für Physik eingeschrieben hatte, aber an den Studienanforderungen scheiterte, weil er den Kurs in chinesischer Ausbildung zu Marxismus-Leninismus nicht bestanden hatte."[197]

Wenn Chinesen mit einem westlichen Menschen reden, sollte man übrigens darauf gefasst sein, dass sie „oft so antworten, wie sie denken, dass es der Befrager erwartet oder wie es ‚richtig' ist".[198] Man sollte daher Hinweise von Chinesen auf die Belanglosigkeit der ideologisch-politischen Erziehung nicht überschätzen.

Vernimmt man in chinesischer Sprache verbreitete offizielle Verlautbarungen, etwa eines Deng Xiaoping, eines Jiang Zemin, Hu Jintao oder Xi Jinping, so bewegen sich deren Äußerungen in der Regel im Rahmen sinomarxistischer Denkmuster. Laut Konfuzius sollte man indes nicht nur auf die Worte hören, sondern auch auf die Taten achten.[199] Die Taten, also nicht nur die Worte der Führerpersonen der VR China erscheinen mir beim genauen Hinsehen weitgehend durch den Standort, die Optik und die Methode, so, wie ich sie umrissen habe, geprägt zu sein.

Es ist nicht anzunehmen, dass solche Führungspersonen nicht tatsächlich darum bemüht sind, die Realität sinomarxistisch zu analysieren und zu deuten und zu bewältigen. Wenn dem nicht so wäre, wären sie schizophren. Dann wären die unbestreitbaren Erfolge der VR China in den letzten 30 Jahren von Geisteskranken, die in ärztliche Behandlung gehören, erzielt worden.

2.21 In China hervorgehobene zwei Funktionen der marxistischen Philosophie

Immer wieder wird in der VR China dieser Ausspruch von Marx zitiert:

> „Die Philosophen haben die Welt nur verschieden interpretiert, es kommt aber darauf an, sie zu verändern.“[200]

Illustration in: *GMRB*, 17.05.2017, S. 15.[201] Die Bildlegende lautet: „Im Foyer der Humboldt-Universität ist ein berühmter Ausspruch des Alumnus Karl Marx eingraviert: ‚Die Philosophen haben die Welt nur verschieden interpretiert, es kommt aber darauf an, sie zu verändern.‘“[202]

Gemäß diesem Ausspruch von Marx hat die marxistische Philosophie zwei Funktionen, nämlich eine erkenntnisanleitende, wobei es darum geht, die Welt zu interpretieren, und eine handlungsanleitende, die darauf zielt, die Welt zu verändern. Wenn ich im Folgenden von „Sinomarxismus" spreche, so meine ich, wenn ich nicht ausdrücklich auf den „wissenschaftlichen Sozialismus" oder die politische Ökonomie des Marxismus hinweise, stets die sinomarxistische Philosophie, insbesondere in deren Funktion als Handlungsanleitung. Denn die sinomarxistische Philosophie als Handlungsanleitung ist die Urquelle von so gut wie allen amtlichen Normen in der VR China. Die handlungsanleitende Funktion des Sinomarxismus wird in den Satzungen der KPCh von 1982, 1992, 1997, 2002, 2007, 2012, 2017 und 2022 (jeweils AP, Abs. 2) hervorgehoben:

> „Die Kommunistische Partei Chinas betrachtet den Marxismus-Leninismus, die Mao-Zedong-Ideen [seit 1945], die Deng-Xiaoping-Theorie [seit 1997], die wichtigen Ideen des ‚Dreifachen Vertretens' [seit 2002], das wissenschaftliche Entwicklungskonzept [seit 2012][203] und die Xi-Jinping-Gedanken über den Sozialismus chinesischer Prägung für eine neue Ära [seit 2017] als die Richtschnur ihres Handelns."

„Proletarischer Standort", „materialistische Optik" und „dialektische Methode" bilden zusammen den Kerngehalt des als „Richtschnur des Handelns", also als Anleitung zum Erkennen und Lösen von Problemen, verstandenen Sinomarxismus.

Zuerst erwähnt wird in den Satzungen der KPCh und tonangebend ist der Marxismus-Leninismus. In erster Linie beruft sich die KPCh also auf zwei Deutsche, nämlich Karl Marx und Friedrich Engels, in dritter Linie auf einen Russen, und erst gewissermaßen „unter ferner liefen" auch auf Chinesen wie Mao Zedong und Deng Xiaoping und – an letzter Stelle – auf Xi Jinping.

Könnte man sich vorstellen, dass in Deutschland eine einflussreiche Partei – nennen wir sie „Deutsche Fortschrittspartei" – ihre Satzung mit diesem Bekenntnis beginnen würde:

> „Die Deutsche Fortschrittspartei betrachtet den Konfuzianismus, die Ideen Jean Monnets und das Gedankengut Ludwig Erhards als Richtschnur ihres Handelns."

Wohl kaum. Auch mit Bezug auf andere westliche Länder würde man Derartiges in den Bereich „Science-Fiction" verweisen. Erscheint es da nicht als – gelinde gesagt – außergewöhnlich, dass sich die mit über 96 Millionen Mitgliedern weltweit größte politische Partei und zugleich am zweitlängsten am Ruder befindliche Regierungspartei der Welt, Alleinherrscherin über das größte Volk des Planeten, und zwar ein nichteuropäisches Volk mit einer „über 5000 Jahre alten Zivilisation"[204], einer ebenso langen weitestgehend eigenständigen „Entwicklungsgeschichte [und] Kultur"[205], „einem unvergleichlich tiefen kulturellen Erbe"[206] und vielen glänzenden Denkern, zum Vorrang politischer Handlungsanleitungen deutscher und russischer Herkunft bekennt?

Kann man einer asiatischen Partei, die drei westliche Ausländer als ihre Hauptbezugspersonen in den Vordergrund stellt, ohne jede Einschränkung einen „ausgeprägten Nationalismus"[207] nachsagen?

2.22 Welt voller Widersprüche

Die dialektische Methode beruht auf der Annahme, dass die ganze Welt, so auch die chinesische Gesellschaft, ein Konglomerat von „Widersprüchen" darstelle und aus ihren Widersprüchen zu begreifen sei. Das Wort „Widerspruch" hat Marx schon früh fleißig benutzt.[208]

„Widerspruch" wird hier nicht im logischen, sondern im materiellen Sinne verstanden. So zitiert Mao Lenin: „Im eigentlichen Sinne ist die Dialektik die Erforschung des Widerspruchs im Wesen der Gegenstände selbst."[209]

Als „Widerspruch" gilt ein Gesamtkomplex von miteinander verbundenen Antithesen. Insofern das dialektische Denken die objektiv gegebenen Verknüpfungen zwischen den Dingen, insbesondere zwischen Antithesen, „widerspiegelt", ist es ein vernetzendes und nicht ein isolierendes Denken. Probleme sind „Widersprüche". Ja, jedes Ding ist ein „Widerspruch". Die Welt ist ein „Widerspruch" in sich, jede konkrete Gesellschaft ist ein „Widerspruch" in sich. China ist ein „Widerspruch" in sich, die Volkswirtschaft ist ein „Widerspruch" in sich. Die Volkswirtschaft beispielsweise zerfällt in die „Antithesen" Industrie und Landwirtschaft, Binnen- und Außenhandel, Kollektiv- und Privatwirtschaft. In der Außenwirtschaft gilt es z. B., den „Widerspruch" zwischen Export und Import zu regeln. So sind Widersprüche den Dingen immanent, und die Dinge sind selbst Widersprüche. Widersprüche sind überall vorhanden. Das ist die sogenannte „Allgemeinheit der Widersprüche"[210]. Angesichts der Ubiquität von Widersprüchen bedeutet Politik, ständig ringsum Widersprüche zu analysieren und zu regeln. Da Denken laut Sinomarxismus die Wirklichkeit „widerspiegeln" sollte, ist dialektisches Denken ein Denken in Widersprüchen.

Jeder Widerspruch hat seine Besonderheit. Daher ist neben der „Allgemeinheit der Widersprüche" auch die sogenannte „Besonderheit" eines jeden Widerspruchs zu beachten.[211] Auf die These von der Besonderheit der Widersprüche lässt sich die in der VR China mit Bezug auf alle möglichen Regelungsbereiche hervorgehobene Betonung der „chinesischen Besonderheiten" oder der „chinesischen Prägung" zurückführen. So ist in der Verfassung der VR China vom 04.12.1982 und 11.03.2018 von „Sozialismus mit chinesischen Besonderheiten" die Rede (Präambel, Abs. 7). Auch eine „sozialistische Menschenrechtstheorie mit chinesischen Besonderheiten" ist im Gespräch.[212]

2.23 Den Ochsen am Nasenring führen: Die Hauptwiderspruchsmethode

An grundlegenden, auf Mao Zedong zurückgehenden Problemlösungsmethoden haben Deng Xiaoping, Jiang Zemin, Hu Jintao und auch Xi Jinping nicht gerüttelt.[213] Vor allem unangetastet geblieben ist die Führungsmethode der durch die KPCh vorgenommenen Definition eines sogenannten „Hauptwiderspruchs". „Das [Erfordernis,] den Hauptwiderspruch anzupacken, das ist eine grundlegende Erfahrung unserer Partei, die sich im Laufe der lange Jahre währenden Revolution [vor der Gründung der VR China], beim Aufbau [der VR China] und [im Zeitalter] der Reformen herangebildet hat. Man braucht nur den Hauptwiderspruch anzupacken, dann lassen sich alle Probleme leicht lösen."[214] Aufgrund dieser Überzeugung kanalisiert die KPCh mit den ihr nach wie vor zu Gebote stehenden Machtmitteln sämtliche Energien des Milliardenvolkes auf die Lösung des Hauptwiderspruchs.

> „Die Lösung des Hauptwiderspruchs hat einen entscheidenden Einfluss auf die Gesamtlage. Die verschiedenen anderen Widersprüche unterstehen dem Hauptwiderspruch. Wird der Hauptwiderspruch gelöst, dann lässt sich auch alles andere leichter lösen. Die Existenz und die Entwicklung des Hauptwiderspruchs bestimmen die Existenz und die Entwicklung der anderen Widersprüche. Will man die Lösung der anderen Widersprüche vorantreiben, müssen die Kräfte konzentriert und muss der Hauptwiderspruch gelöst werden. Oder wie man im Volksmund sagt: ‚Führt man einen Ochsen, dann am Nasenring.'"

Das sind Zeilen aus einem 1983 in fünfter Auflage in der Provinz Jilin erschienenen Lehrbuch für Hochschulstudenten über Prinzipien der marxistischen Philosophie.[215]

Das Konzept des „Hauptwiderspruchs" wurde von Mao theoretisch begründet und machtvoll in die politische Praxis umgesetzt, ist aber keine chinesische Erfindung. Erstmals scheint dieses Konzept in einem 1931 in Leningrad veröffentlichten *Lehrgang des dialektischen Materialismus* von Sirokov und Eisenberg vorgestellt worden zu sein. Dieser Lehrgang wurde ins Chinesische übersetzt und von Mao in der Zeit von November 1936 bis September 1941 studiert.[216] Seit Mao das Konzept des Hauptwiderspruchs eingeführt hat (1937), ist der jeweilige Hauptwiderspruch der überragende politische Bezugspunkt.

Auch in DDR-Büchern über Marxismus tauchte das Wort „Hauptwiderspruch" auf:

> „Es ist zur Bestimmung [der Hauptentwicklungsrichtung] notwendig, innerhalb der die Entwicklung des Systems bestimmenden dialektischen Widersprüche den Hauptwiderspruch herauszufinden, von dessen Lösung die Entwicklung des Systems in erster Linie abhängt."[217]

Freilich war in der DDR von einem Hauptwiderspruch *innerhalb* der DDR oder des Sozialismus offensichtlich nicht die Rede. Wenn das DDR-Buch zur Veranschaulichung des Konzepts des Hauptwiderspruchs auf die „kapitalistische Gesellschaft“ verwies, so mag das ein Indiz dafür sein, dass innerhalb des sozialistischen Lagers kein „Hauptwiderspruch“ zu regeln war. Nach allem, was ich erfuhr, spielte das Konzept des Hauptwiderspruchs im gesamten Ostblock, von der Sowjetunion bis zur DDR, in der politischen Praxis keine Rolle. Gorbatschow beispielsweise wollte anscheinend alles Mögliche, Politik, Wirtschaft etc., gleichzeitig reformieren. Es gab keinen Schwerpunkt. Prompt lief seine in alle Richtungen ausgreifende Perestroika aus dem Ruder und ging die Sowjetunion unter. Die Lehre vom Hauptwiderspruch scheint im Ostblock eine reine Kopfgeburt geblieben und erst noch unscharf erfasst worden zu sein. Demgegenüber hat Mao dem Konzept des Hauptwiderspruchs im Rahmen des maßgeblich von ihm geformten Sinomarxismus eine zentrale praktische Funktion zugewiesen. Worüber im Ostblock nur in Lehrbüchern räsoniert wurde, das wurde in der VR China in die Praxis umgesetzt.

2.24 1937 bis 2017: Vier Hauptwidersprüche

Wie die marxistische Philosophie in der VR China praktiziert wird, soll am Beispiel von Mao Zedongs Schrift *Über den Widerspruch* vom August 1937 erläutert werden. Zunächst schreibt Mao Zedong erkenntnisanleitend:

> „Im Entwicklungsprozess eines komplexen Dinges gibt es eine ganze Reihe von Widersprüchen, unter denen stets einer der Hauptwiderspruch ist; seine Existenz und seine Entwicklung bestimmen oder beeinflussen die Existenz und die Entwicklung der anderen Widersprüche.“

Dann aber gibt er praxisanleitend eine Anweisung, was zu tun ist, er präsentiert also eine „Richtschnur des Handelns“:

> „Infolgedessen muss man sich beim Studium eines komplizierten Prozesses, der zwei oder noch mehr Widersprüche enthält, die größte Mühe geben, den Hauptwiderspruch herauszufinden. Sobald dieser festgestellt ist, kann man alle Probleme leicht lösen.“

Genau nach dieser „Richtschnur des Handelns“ hat die KPCh von 1937 bis Oktober 2017 hintereinander mehrere Male einen Hauptwiderspruch proklamiert, nicht, damit er zum besseren Weltverständnis von Professoren in Seminaren behandelt werde, sondern damit die KPCh dessen Lösung zur alles andere dominierenden Hauptaufgabe des chinesischen Volkes erheben könne, auf dass dieses alle Energien auf die Bewältigung dieser zentralen Aufgabe fokussiere.

In der Zeitspanne von 1937 bis zum 24.10.2017 stand die VR China im Zeichen von vier Hauptwidersprüchen, die die KPCh der Reihe nach festlegte. Es waren dies:

1. der Hauptwiderspruch „ganzes chinesisches Volk unter Einschluss des Klassenfeindes Tsiang Kaishek als des Führers der Guomindang [= der Regierungspartei in der Republik China bis 1949 auf dem chinesischen Festland und nach 1949 mehrere Jahrzehnte lang in Taiwan], unter Einschluss aller von der Guomindang vertretenen sozialen Klassen auf der einen Seite gegen Japan auf der anderen Seite“ mit der Niederringung Japans als der Hauptaufgabe (1937–1945);

2. der Hauptwiderspruch „Kommunistische Partei Chinas gegen die Guomindang Tsiang Kaisheks“ mit der Niederringung der Guomindang auf dem chinesischen Festland als der Hauptaufgabe (1945–1949);
3. der Hauptwiderspruch „Proletariat/Bauernklasse gegen Bourgeoisie/Grundherrenklasse“ mit dem „Klassenkampf“ bzw. der Eliminierung der Bourgeoisie und der Grundherrenklasse als der Hauptaufgabe (1949–1976/78)[218];
4. der von 1978 bis zum 24.10.2017 vom chinesischen Volk zu lösende Hauptwiderspruch „zwischen den wachsenden materiellen und kulturellen Bedürfnissen des Volkes und der rückständigen gesellschaftlichen Produktion“ mit der Niederringung der Armut und Rückständigkeit als der Hauptaufgabe. „Seit 1978 waren sämtliche Arbeiten und Aufgaben unserer Partei und unseres Staates auf die Lösung [dieses…] Hauptwiderspruchs fokussiert, sie dienten allesamt zu dessen Lösung.“[219] Er entsprach weitgehend dem bereits im Jahr 1956 vom 8. Parteitag der KPCh festgelegten Hauptwiderspruch.[220] Von diesem Hauptwiderspruch distanzierte sich Mao sehr rasch und hielt bis zu seinem Lebensende am „Klassenkampf“-Hauptwiderspruch fest.[221]

2.25 Hauptwiderspruch und Nebenwidersprüche

Beim Hauptwiderspruch geht es jeweils um die Lösung eines – wie wir sagen würden – Hauptproblems. Allerdings wird dieses in der VR China sprachlich in Form eines „Widerspruchs zwischen A und B“ gekleidet. In Deutschland würde man beispielsweise schlicht sagen, das „Hauptproblem“ sei die Arbeitslosigkeit. Demgegenüber würde man in der VR China in sinomarxistischer Terminologie sagen, der „Hauptwiderspruch“ sei der „Widerspruch zwischen dem künftigen Ziel der Vollbeschäftigung und der derzeitigen großen Zahl an Arbeitslosen“.

Während deutsche Politiker bisweilen ein „Hauptproblem“ als „Chefsache“ bezeichnen, nennen Politiker der VR China die Lösung des Hauptwiderspruchs „Mittelpunktaufgabe“ (zhongxin renwu). „Der gesellschaftliche Hauptwiderspruch benennt das Grundproblem, und das Grundproblem benennt die Mittelpunktaufgabe.“ Die Lösung des Hauptwiderspruchs „ist für die KPCh das zu lösende Grundproblem und die zu bewältigende Mittelpunktaufgabe“.[222] Die „Mittelpunktaufgabe“ wird auch „Hauptaufgabe“ (zhuyao renwu) genannt. Meines Wissens fehlt eine westliche politologische Theorie über das Verhältnis zwischen „Chefsache“ und „Nichtchefsachen“. Demgegenüber verfügt der Sinomarxismus über ein ausgeklügeltes Konzept betreffend die Beziehungen zwischen dem Hauptwiderspruch und den sogenannten Nebenwidersprüchen.

„Bei der Lösung [des] Hauptwiderspruchs sind gleichzeitig auch die anderen Widersprüche zu lösen.“ So stand es noch in der Satzung 1982 (AP, Abs. 7). Diese Bestimmung wurde anlässlich der Satzungsrevision vom 18.12.1992 gestrichen. Wahrscheinlich ging man davon aus, dass es zum nicht erwähnenswerten sinomarxistischen Allgemeinwissen einer jede Führungsperson in der VR China gehöre, dass jeweils nicht nur ein einziger Widerspruch, nämlich der Hauptwiderspruch, sondern „auch die anderen Widersprüche“, die im Hinblick auf den Hauptwiderspruch allesamt als Nebenwidersprüche erscheinen, ins Auge zu fassen und sachgemäß zu regeln seien. Verantwortliche Personen neigen indes dazu, sich auf den Hauptwiderspruch und nur auf diesen zu versteifen, dessen beispielsweise soziale Komponenten sie ausblenden. Diese fatale Tendenz kommt in Sätzen wie diesen über chinesische Unternehmen, deren Sinnen und Trachten allein auf Gewinnmaximierung ausgerichtet ist, zum Vorschein:

> „Hinsichtlich ihres sozialen Verantwortungsbewusstseins haben chinesische Unternehmen im Vergleich zu solchen in entwickelten Ländern der Welt einen sehr großen Nachholbedarf."[223]

Die Nebenwidersprüche sind nicht gleichrangig, sondern je nachdem vordringlich oder weniger vordringlich. Diese Gewichtung nimmt grundsätzlich die KPCh vor, vor allem durch die Festlegung von Polaritätsnormen.

Die „Nebenwidersprüche" sind zu lösen, damit sie nicht überhandnehmen und die Lösung des Hauptwiderspruchs gefährden. Denn aus supraplanerischer Sicht können gerade „Details" in Form von vielleicht zunächst unscheinbaren Nebenwidersprüchen äußerst wichtig sein.

Die Nebenwidersprüche sind dem Hauptwiderspruch untergeordnet. Im Zentrum steht die Lösung des Hauptwiderspruchs. So hat man denn auch bei der Lösung der Nebenwidersprüche Rücksicht auf den Hauptwiderspruch zu nehmen: Die Nebenwidersprüche sind *hauptwiderspruchslösungskonform* zu regeln. Ihre Regelung muss der Lösung des Hauptwiderspruchs nützen und darf sie nicht behindern oder verlangsamen.

So gut wie identisch mit den Aussagen über den Hauptwiderspruch und die Nebenwidersprüche, wie ich sie während meines Philosophiestudiums (1976–1977) an der Beijing-Universität vernahm, sind die folgenden Ausführungen in einem maßgebenden Nachschlagewerk der DDR. Die für das Verständnis der Auswirkungen des Hauptwiderspruchskonzepts auf die Politik der VR China besonders wichtigen Stellen gebe ich kursiv wieder.

> „In einer Gesamtheit von Widersprüchen ist [...] zwischen wesentlichen und unwesentlichen Widersprüchen zu unterscheiden. *Den wesentlichen Widerspruch*, der den Charakter und die Entwicklung einer gegebenen Erscheinung bestimmt und *dem alle anderen Widersprüche* dieser Gesamtheit untergeordnet sind, bezeichnet man auch *als* den *Hauptwiderspruch. Die Widersprüche* hingegen, die in dem gegebenen Zusammenhang unwesentlich sind, die keinen bestimmenden Einfluss auf die Entwicklung der Erscheinung ausüben, *die dem Hauptwiderspruch untergeordnet sind und deren Lösung in Abhängigkeit von der Lösung des Hauptwiderspruchs erfolgt, nennt man Nebenwidersprüche. Für die aktive und bewusste Beeinflussung eines Entwicklungsprozesses ist es von großer Wichtigkeit, den jeweiligen Hauptwiderspruch zu ermitteln, da von seiner Lösung die Entwicklung und Lösung aller anderen Widersprüche des gegebenen Systems wesentlich beeinflusst wird. Diese methodologische Folgerung [...] spielt [...] eine große Rolle bei der Festlegung der Strategie und Taktik* der marxistisch-leninistischen Partei *in der jeweiligen Etappe* des revolutionären Kampfes."[224]

Diese Zeilen, obwohl in der dem „Maoismus" gegenüber feindseligen DDR veröffentlicht, beschreiben umrisshaft recht genau, was in der VR China abläuft.

So weist der jeweilige Hauptwiderspruch der gesamten chinesischen Politik auf allen Ebenen bis auf die Basis hinab in etwa die Richtung. Jedes politische und wirtschaftliche Problem, auch in der Außenpolitik, ist grundsätzlich so anzupacken und zu lösen, dass damit die Lösung des Hauptwiderspruchs vorangetrieben oder zumindest nicht behindert wird. Jeder Funktionär und Diplomat der VR China hat somit einen recht einfachen, leicht zu verstehenden Politkompass zur Hand, auf dem die Nadel unentwegt in Richtung auf die Lösung des Hauptwiderspruchs zeigt.

Gemäß sinomarxistischer Hauptwiderspruchslogik durchdringt und dominiert der Hauptwiderspruch alle Probleme, deren Lösungen folgerichtigerweise so zu gestalten sind, dass sie die Lösung des Hauptwiderspruchs fördern. So wird beispielsweise im ersten Absatz der *Politnormen betreffend die Entwicklung der Autobranche* vom 21.05.2004 sowie in deren revidierter Fassung vom 01.09.2009[225] auf den Hauptwiderspruch „zwischen den wachsenden materiellen und kulturellen Bedürfnissen des Volkes und der rückständigen gesellschaftlichen Produktion" angespielt, heißt es hier doch, diese Politnormen dienten dazu, „die wachsenden Bedürfnisse der Konsumenten hinsichtlich Autoprodukten zu befriedigen".[226]

2.26 Vier Modernisierungen und zwei 100-Jahres-Ziele

Der vierte Hauptwiderspruch (1978–2017), also der „Widerspruch zwischen den wachsenden materiellen und kulturellen Bedürfnissen des Volkes und der rückständigen gesellschaftlichen Produktion", konnte aus der Sicht der chinesischen Führung mit einer rückständigen Landwirtschaft, mit veralteten Industrieanlagen, mit einer überholten Wissenschaft und Technik sowie einer antiquierten Landesverteidigung nicht gelöst werden. Darum proklamierte die KPCh in der von ihr inspirierten Verfassung der VR China vom 05.03.1978 die „vier Modernisierungen" der Landwirtschaft, Industrie, Wissenschaft und Technik sowie Landesverteidigung. Aufgrund der angekündigten Modernisierung von Wissenschaft und Technik konnte man schon 1978 vorausahnen, dass die VR China in nicht allzu ferner Zukunft Weltraumstationen[227] und Mondraketen[228] ins All schicken werde. So wie die Verfassung von 1978 proklamiert auch die Verfassung 2018 die „vier Modernisierungen". Dass zum Beispiel die Modernisierungen der Landesverteidigung und der Wissenschaft und Technik noch nicht abgeschlossen sind, zeigen Aussagen wie: „Noch kann Chinas Armee den US-Streitkräften nicht das Wasser reichen"[229] und „China deckt den Großteil seines jährlich wachsenden Bedarfs an Halbleitern mit Importen aus Taiwan"[230]. Das dritte Plenum des 18. ZK der KPCh (9.–12.11.2013) proklamierte noch eine fünfte Modernisierung,[231] und zwar „die [systemimmanente] Modernisierung des Regierungssystems und der Regierungsfähigkeit des Staates".[232] Dabei geht es etwa um administrative Reformen zur Verbesserung der Mechanismen bei der Korrektur illegaler und unangemessener Verwaltungsakte und um wirksamere behördliche Dienstleistungsangebote auf der untersten Ebene zugunsten der von vielen Problemen geplagten Bevölkerung. So sind nur etwas über 6 % der Chinesinnen und Chinesen mit der Qualität staatlicher Aufsicht und Kontrolle, z. B. in den Bereichen Lebensmittel, Arzneien, Umweltschutz oder Sicherheit in Produktionsprozessen, zufrieden.[233]

Zudem setzte die KPCh im Hinblick auf die Lösung des Hauptwiderspruchs „zwei 100-Jahres-Ziele" fest. Den Ausdruck „zwei 100-Jahres-Ziele" prägte ich vor 15 Jahren in der ersten Auflage dieses Buches.[234] Dies würdigt die größte und älteste in der VR China erscheinende englischsprachige Tageszeitung *China Daily* am 02.06.2017:

> „Die öffentliche Debatte über die beiden Ziele wurde in China erst 2011 populär, aber er [= Harro von Senger] hat bereits in seinem Buch *Moulüe,* das 2008 auf Deutsch erschien, darüber geschrieben."[235]

In der Tat kam die komprimierte Kurzformel „zwei 100-Jahres-Ziele“ – in chinesischer Sprache „liang ge yibai nian mubiao“ – in der VR China erst drei Jahre nach dem Erscheinen meines Buches auf.

Martin Winter schreibt in seinem Buch „China 2049. Wie Europa versagt“, die KPCh habe China im Jahr 2017 unter Xi Jinping zwei Jahrhundertziele gesetzt.[236] Das ist unzutreffend. Erstmals proklamiert hat die zwei 100-Jahres-Ziele am 12.09.1997 indes der Generalsekretär der KPCh Jiang Zemin in dem von ihm dem 15. Parteitag der KPCh erstatteten Bericht.[237] In der Satzung der KPCh von 2002 wurden sie wie folgt umschrieben und in den Satzungen 2007 und 2012 aufrechterhalten:

> „Die [...] Ziele für die wirtschaftliche und gesellschaftliche Entwicklung [...] sind es, [...] bis zum 100. Gründungstag der Partei [2021] eine Gesellschaft mit bescheidenem Wohlstand [...] fertig aufzubauen und bis zum 100. Gründungstag der Volksrepublik [2049] das Pro-Kopf-Bruttoinlandsprodukt auf das Niveau eines Schwellenlandes zu heben und die Modernisierung im Wesentlichen zu realisieren.“

Am 01.07.2021 sagte Xi Jinping:

> „Wir haben unser erstes 100-Jahres-Kampfesziel erreicht, [... indem wir] das Problem der absoluten Armut gelöst haben. Nun bewegen wir uns energisch auf das zweite 100-Jahres-Kampfesziel (di er ge bai nian fendou mubiao) zu, nämlich [bis 2049] ein modernisiertes, starkes sozialistisches Land umfassend aufzubauen.“[238]

Peking lasse „uns über seine langfristigen Ziele bewusst im Unklaren“ und bediene sich einer „offiziellen Verhüllungsrhetorik“, wird behauptet.[239] „Wir wissen nicht, was sie denken, und ahnen nicht einmal, was sie planen.“[240] Das Gegenteil trifft zu, wie das oben wiedergegebene Zitat aus den Satzungen 2002, 2007 und 2012 beweist.

> Bundeskanzlerin Angela Merkel meinte einmal, es sei „wichtig, dass wir nicht nur in Zyklen der Entwicklung eines Automotors denken, sondern versuchen, uns vorzustellen, wie das Ganze in 50 oder 100 Jahren aussieht".[241]

In der VR China hat man klare Vorstellungen darüber, wie dieses Land nach Erreichen des das Jahr 2049 anpeilenden 100-Jahres-Ziel in etwa aussehen soll.

2.27 Das 100-Jahres-Ziel im Blick

China betrachtet nicht das Feuer am gegenüberliegenden Ufer

Was lässt sich über die Haltung der VR China zum „E Wu Zhanzheng (russisch-ukrainischen Krieg)"[242] bzw. „E Wu Chongtu (russisch-ukrainischen Konflikt)"[243], wie er dort genannt wird, unter supraplanerischem Gesichtspunkt sagen?

Im Westen wurde gemutmaßt, die VR China könne versucht sein, den Krieg Russlands gegen die Ukraine, der die westliche Aufmerksamkeit in Beschlag nimmt, auszunutzen, um Taiwan zu erobern. In diesem Fall hätte China das Strategem Nr. 6 „Lärm im Westen, Angriff im Osten" eingesetzt. Doch in China steht *Sun Zi. Die Kunst des Krieges* in hohem Ansehen. Gemäß *Sun Zi* ist es am besten, ein Gegenüber ohne Waffengang gefügig zu machen. Die grundsätzlich auch infrage kommende, aber schlechteste Option ist es, die Städte des Gegenübers anzugreifen. Was Taiwan betrifft, so dürfte die Führung der VR China die Lage nicht als derart dramatisch einschätzen, dass sie die schlechteste Option wählt. Die schon seit Jahrzehnten praktizierte enge wirtschaftliche Anbindung Taiwans an das Festland erscheint als eine viel subtilere Art der Lösung der Taiwanfrage (siehe auch Abschnitt 1.19).

Anfang April 2022 verbreitete das chinesische Außenministerium eine in der westlichen Presse offenbar nicht beachtete Mitteilung mit dem Titel: „Außenminister Wang Yi: In der Ukraine-Frage steht China nicht der Sinn danach, das Feuer am gegenüber liegenden Ufer zu beobachten."[244] Wang Yi dementierte also die Anwendung des neunten der 36 Strategeme „Ge an guan huo". Dieses Strategem kann als Fluchtstrategem, aber auch als Ausmünzungsstrategem verstanden werden.[245] Als Fluchtstrategem dient es dem Selbstschutz. „Auf dem Berge sitzend schaut man dem Kampf der Tiger zu." Man greift in eine Krisensituation nicht ein, um selbst nicht in die Krisensituation hineingezogen werden. Die Schweizer Neutralität kann als eine ständige Anwendung des so verstandenen Strategems Nr. 9 interpretiert werden.[246] Als Ausmünzungsstrategem dient das Strategem Nr. 9 dazu, sich scheinbar von einer Krise fernzuhalten, um aber in Wirklichkeit fortlaufend oder in einem späteren günstigen Zeitpunkt davon zu profitieren.

Wie Wang Yi beteuerte sein – inzwischen nicht mehr amtierender – Nachfolger Qin Gang bei einer Pressekonferenz in Berlin am 09.05.2023: „China wird nicht das Feuer am gegenüber liegenden Ufer beobachten, es wird aber auch kein Öl ins Feuer gießen."[247] Das Strategem Nr. 9 gab der chinesische Simultanübersetzer nicht authentisch wieder, sondern umschrieb es in ungelenkem Deutsch: „Wir werden nicht aus der Krise den eigenen Nutzen herausbilden" (siehe hierzu auch Abschnitt 5.24). Offensichtlich beeinflusst durch den chinesischen Übersetzer wurde das Strategem Nr. 9 auch in westlichen Presseorganen umschifft, in Formulierungen wie „China says it won't seek to benefit from war in Ukraine"[248] und „Wir wollen keinen Nutzen aus der Krise ziehen"[249]. Wenn man auf eine wörtliche Übersetzung des Strategems Nr. 9, so wie es von den beiden chinesischen Außenministern allem Anschein nach verstanden wurde, verzichten will, dann könnte die sinngemäße Wiedergabe in etwa lauten: „Wir wollen nicht bloße Zuschauer der Krise sein."

Den USA wurde vorgeworfen, das Strategem Nr. 9 als Ausmünzungsstrategem anzuwenden. So heißt es etwa: „Die Vereinigten Staaten als Initiator der Ukraine-Krise sind zu deren größten Nutznießer geworden. [Ohne selbst militärisch involviert zu sein] beobachten sie [sicher und geschützt] das Feuer am gegenüberliegenden Ufer und fahren eine reiche Ernte ein."[250]

Wieder zurück zu Wang Yi. Er sagte, „Chinas grundsätzliche Haltung in der Ukraine-Frage bestehe darin, für Frieden zu sorgen und Gespräche zu fördern. Präsident Xi Jinping hat Chinas Position und Anliegen bei vielen Gelegenheiten umfassend dargelegt."

In der Tat hat sich Xi Jinping am 25. Februar 2022 in einem Telefonat mit Putin für Verhandlungen Russlands mit der Ukraine und eine internationale Ordnung auf der Grundlage des Völkerrechts mit der UNO im Mittelpunkt eingesetzt.[251] Ähnliche Telefonate führte Xi Jinping mit französischen, deutschen, EU- und anderen Führungspersonen.[252]

Wang Yi führte weiter aus: „Die Wahrung des Friedens und die Ablehnung von Krieg ist ein von uns konstant aufrecht erhaltenes außenpolitisches Postulat. In der Ukraine-Frage (Wukelan wentig) verfolgt China kein geopolitisches Eigeninteresse, neigt nicht dazu, das Feuer am gegenüber liegenden Ufer zu beobachten, und wird nichts unternehmen, um Öl ins Feuer zu gießen. Es gibt nur ein Ziel, das wir aufrichtig ersehnen, und das ist Frieden."

Dass die VR China für eine friedliche Lösung des russisch-ukrainischen Konflikts eintritt, erscheint angesichts der politischen Agenda der VR China als nachvollziehbar. Der Vor-Vor-Vor-Vorgänger Xi Jinpings, Hu Yaobang (1915–1989), verkündete 1985 das immer noch aufrecht erhaltene 100-Jahres-Ziel, wonach die VR China bis zur Mitte dieses Jahrhunderts die höchst entwickelten kapitalistischen Länder in ökonomischer Hinsicht einholen wolle. Dieses sogenannte „100-Jahres-Ziel" ist kein außenpolitisches, sondern ein innenpolitisches sowie wirtschaftliches Ziel. Angesichts des marxistisch-leninistischen Staatsverständnisses der KPCh ist es nicht erstaunlich, dass die VR China den Fokus auf den innerchinesischen Wirtschaftsaufbau legt, dem auch das Seidenstraßenprojekt dienen soll. Die absolute Priorität des innerchinesischen Wirtschaftsaufbaus wird seit einem Vierteljahrhundert in der Satzung der KPCh betont: „Der Wirtschaftsaufbau ist als Mittelpunkt zu betrachten. Alle anderen Arbeiten müssen diesem Mittelpunkt untergeordnet sein und ihm dienen."[253] Also steht die gesamte Außenpolitik im Dienste des innerchinesischen Wirtschaftsaufbaus.

„Wenn überall die Flammen des Krieges auflodern, kann es keine gedeihliche Entwicklung geben", heißt es in einer ellenlangen Stellungnahme in der *Renmin Ribao* (Volkszeitung), dem Organ des Zentralkomitees der KPCh am 15. 04. 2022.[254] Nur in einem friedlichen globalen Umfeld kann die VR China weitgehend unbehelligt möglichst allseitiges „business as usual" betreiben und so die Verwirklichung des 100-Jahres-Ziels vorantreiben. In diesem Sinne zu verstehen sind das 11-Punkte-Papier „Chinas Position zur politischen Regelung der Ukraine-Krise"[255] vom 24. 02. 2023 und die Initiative Pekings, mithilfe eines Sondergesandten zwischen den Kriegsparteien zu vermitteln.[256]

2.28 2017 bis 2049: Der fünfte Hauptwiderspruch

Rückblickend schreibt im November 2017 in einem Artikel mit dem Titel „Der für die neue Ära wegweisende und eine neue Praxis anleitende Sinomarxismus des 21. Jahrhunderts“[257] der Direktor des Zentrums für die Erforschung des theoretischen Systems des Sozialismus mit chinesischen Besonderheiten der Chinesischen Akademie für Gesellschaftswissenschaften namens Jiang Hui:

> „Der 1981 vom 6. Plenum des 11. ZK der KPCh [formell] festgelegte gesellschaftliche Hauptwiderspruch [also der Widerspruch zwischen den wachsenden materiellen und kulturellen Bedürfnissen des Volkes und der rückständigen gesellschaftlichen Produktion“] hat […] bereits 36 Jahre lang Bestand gehabt. Dieser gesellschaftliche Hauptwiderspruch, so wie er damals eingeschätzt worden und wie man ihm gemäß seither […] vorgegangen ist, hat auf die Linie, die Polaritätsnormen und die Politnormen (luxian fangzhen zhengce), die unsere Partei festgelegt hat, eine dominierende Rolle ausgeübt. Das historische Verdienst dieses Hauptwiderspruchs ist gigantisch. Aber er kann bereits nicht mehr korrekt die nach 40 Jahren Reform und Öffnung entstandenen Besonderheiten der Situation in unserem Land und die nach diesen 40 Jahren eingetretenen gewaltigen Veränderungen widerspiegeln.“

Dementsprechend verankerte der 19. Parteitag der KPCh (18.–24.10.2017) in der am 24.10.2017 verabschiedeten Satzung der KPCh einen neuen Hauptwiderspruch, den die vom 20. Parteitag der KPCh vom 22.10.2022 beschlossene Satzung aufrechterhält[258]:

> „In der gegenwärtigen Etappe ist der Hauptwiderspruch in der chinesischen Gesellschaft der Widerspruch zwischen den wachsenden Bedürfnissen des Volkes nach einem schönen und guten Leben und der unausgewogenen und ungenügenden Entwicklung."[259]

Es ist dies der seit 1937 fünfte Hauptwiderspruch. Der 20. Parteitag der KPCh (16.–22.10.2022) hat diesen Hauptwiderspruch aufrechterhalten. Die Neuformulierung des Hauptwiderspruchs begründete XI Jinping in einer Rede vom 18.10.2017: „Unser Land hat [...] das Problem der Versorgung mit Kleidung und Lebensmitteln für mehr als eine Milliarde Menschen gelöst, im Großen und Ganzen einen bescheidenen Wohlstand erreicht und wird in unmittelbarer Zukunft den Aufbau einer Gesellschaft mit bescheidenem Wohlstand umfassend vollenden."[260] Bis 2020 soll mehr als 40 Millionen Chinesen der Weg aus „absoluter Armut" (juedui pinkun) gewiesen werden.[261] Da sich also der Lebensstandard des chinesischen Volkes verbessert habe und dessen grundlegende Bedürfnisses im Wesentlichen gedeckt seien, und da Mangelwirtschaft und ungenügendes Konsumangebot, worunter man in der VR China lange Zeit gelitten habe, überwunden seien, erscheine die Formulierung „wachsende materielle Bedürfnisse des Volkes" als zu eng.[262]

Zudem sei in den letzten ca. 40 Jahren das Niveau der Produktivkräfte in der VR China erheblich angestiegen, ja, in sehr vielen Bereichen an die Weltspitze gelangt. Deshalb entspreche die Formulierung „rückständige gesellschaftliche Produktion" nicht mehr den Tatsachen.

Der fünfte Hauptwiderspruch geht unmittelbar aus dem vierten Hauptwiderspruch hervor und beinhaltet lediglich eine Akzentverschiebung, weg von der rein wirtschaftlichen Fokussierung hin auf das Wohl der chinesischen Bevölkerung. Da die beiden Hauptwidersprüche organisch miteinander verbunden sind, gelten so gut wie alle normativen Vorgaben aus der Zeit des vierten Hauptwiderspruchs auch unter dem fünften Hauptwiderspruch grundsätzlich weiter.

Die „gegenwärtige Etappe", die im Zeichen des neuen Hauptwiderspruchs steht, unterteilt sich laut Xi Jinping in zwei Abschnitte. Bis 2035 soll eine „sozialistische", also von der KPCh gelenkte, „Modernisierung" erreicht werden. Dieses Ziel soll 14 Jahre früher, als unter dem vorangegangenen Hauptwiderspruch angenommen worden war, erreicht werden. Bis 2035 sollen die wirtschaftliche und die wissenschaftlich-technologische Kraft China im großen Maße erhöht und die Institutionen sowie die Regierungstechnik umfassend perfektioniert werden. Der Anteil der Menschen mit mittlerem Einkommen soll beträchtlich ansteigen.

Bis Mitte des Jahrhunderts soll die Modernisierung des Regierungssystems und der Regierungsfähigkeit des Staates verwirklicht werden, und die umfassende Landesstärke und Chinas internationaler Einfluss sollen eine führende Position einnehmen. Der gemeinsame Wohlstand der gesamten Bevölkerung soll im Wesentlichen realisiert sein.

Nach der Festlegung des fünften Hauptwiderspruchs für die Zeitspanne 2017 bis 2049 konnte man in der chinesischen Presse lesen:

> „Man muss [...] sich gründlich Rechenschaft ablegen darüber, dass es sich bei der neuen Formulierung [des Hauptwiderspruchs] nicht um eine enge und auch nicht um eine kurzfristige Begrifflichkeit handelt, sondern dass mit dieser Formulierung das Erreichen des zweiten 100-Jahres-Ziels bis Mitte dieses Jahrhunderts anvisiert wird."[263]

Und so wurden in der Satzung 2017 die beiden 100-Jahres-Ziele präzisiert. Sie lauten nun:

> „Bis zum 100. Gründungstag der Partei [2021] soll umfassend eine Gesellschaft mit bescheidenem Wohlstand aufgebaut werden, und bis zum 100. Gründungstag des neuen Chinas (2049) soll umfassend ein sozialistisches modernisiertes starkes Land aufgebaut werden."

Der Aufbau eines „sozialistischen modernisierten starken Landes" ist ein altes Anliegen der VR China, hat doch dazu bereits am 13.01.1975, noch während der „Kulturrevolution" (1966–1976), der damalige chinesische Ministerpräsident Zhou Enlai aufgerufen.[264]

2.29 Laut KPCh: Derzeit kein schönes und gutes Leben des chinesischen Volkes

Durch den Wortlaut des neuen Hauptwiderspruchs gibt die KPCh indirekt zu, dass die Lebensqualität von Chinesen „in der gegenwärtigen Etappe" nicht „schön und gut" ist. Wenn zudem in der Satzung der KPCh vom 24.10.2017 und vom 22.10.2022 (AP) und in der Verfassung vom 11.03.2018 (Präambel, Abs. 7) vom Aufbau Chinas zu einem wohlhabenden, zivilisierten, harmonischen und schönen Land die Rede ist, dann wird hinter diesen wohlklingenden kontrafaktischen Wörtern eine gegenteilige Realität sichtbar.

Schon im Jahr 2013 beklagte Xi Jinping: „Die Kluft zwischen städtischen und ländlichen Gebieten und in der Einkommensverteilung der Einwohner ist immer noch groß. Gesellschaftliche Widersprüche haben markant zugenommen. Es gibt viele Probleme in Bezug auf lebenswichtige Interessen der Massen in den Bereichen Bildung, Beschäftigung, soziale Wohlfahrt, medizinische Versorgung, Wohnen, ökologische

Umwelt, Lebensmittel- und Arzneimittelsicherheit, Sicherheit in der Produktion, soziale Ordnung sowie Rechtsvollzug und Justiz. Ein Teil der Massen hat ein schwieriges Leben. [Aufseiten der Funktionäre] springen Probleme wie Formalismus, Bürokratie, Hedonismus und Tendenzen zu Luxus und Verschwendung in die Augen: In einigen Gebieten sind Passivität und Korruption häufig vorkommende Phänomene, und die Situation im Anti-Korruptionskampf ist immer noch kritisch."[265] Beklagt werden auch in der Resolution des Zentralkomitees der KPCh über die großen Erfolge und historischen Erfahrungen des hundertjährigen Kampfes der Partei[266] sowie in den Satzungen 2017 und 2022 „Formalismus, Bürokratismus, Hedonismus sowie Extravaganz, auf Privilegien ausgerichtetes Denken und Handeln, Machtmissbrauch und Eigennutz" (jeweils Art. 36 Ziff. 5).

Die Unzufriedenheit in der chinesischen Bevölkerung hängt u.a. mit der Art und Weise zusammen, wie die KPCh den alten Hauptwiderspruch, also „den Widerspruch zwischen den wachsenden materiellen und kulturellen Bedürfnissen des Volkes und der rückständigen gesellschaftlichen Produktion", umgesetzt hat.

Die in diesem Hauptwiderspruch streng marxistisch-materialistisch an erster Stelle stehenden „materiellen Bedürfnisse des Volkes" hat die KPCh jahrzehntelang ungemein eng ausgelegt, nur beschränkt auf das Wachstum des Bruttoinlandsprodukts. Daraus resultierte zwar die den Westen verblüffende rasante Entwicklung der chinesischen Volkswirtschaft. Wie mir unlängst ein chinesischer, 1978 geborener Jurist erzählte, gab es in seiner Kindheit in seinem Bauerndorf, das inzwischen wirtschaftlich aufgeblüht sei, kein Toilettenpapier. Man musste sich mit Steinen und Blättern behelfen. Diese Rückständigkeit sei schon Ende der 1980er-Jahre verschwunden, wofür man Deng Xiaoping dankbar sein müsse. Die weitgehende Beseitigung der „rückständigen gesellschaftlichen

Produktion“ geschah indes auf Kosten der Umwelt. Reine Luft und sauberes Wasser gehörten für die KPCh jahrzehntelang nicht zu den „materiellen Bedürfnissen des Volkes“.

Die im alten Hauptwiderspruch erwähnten kulturellen Bedürfnisse des Volkes wurden hintangestellt. Allein Produktionsziffern zählten, vor allem auch auf den unteren regionalen Ebenen. Mehr und mehr stellte Geld immaterielle Werte in den Schatten. Allerdings begann man vom Aufbau „zweier Zivilisationen“ zu sprechen, nämlich einer materiellen und einer spirituellen. Auch werden offiziell an alte, teilweise konfuzianische Tugenden anknüpfende Moralvorstellungen propagiert,[267] wie z.B. in Gestalt der in den Satzungen 2012, 2017 und 2022 sowie in der Verfassung vom 11.03.2018 (Art. 24 Abs. 2) verankerten „sozialistischen Kernwerte“.[268] Es sind dies Wohlstand und Stärke, Demokratie (im sinomarxistischen Sinn des Wortes), Zivilisiertheit, Harmonie, Freiheit. Gleichheit, Gerechtigkeit, Regieren mittels Gesetz, Patriotismus, Hingabe (an die Arbeit), Integrität und Freundschaft.[269] Gleichwohl stach die tendenziell vorwiegend ökonomische Auslegung des Hauptwiderspruchs in die Augen.

Nun „stellt die Bevölkerung immer höhere Ansprüche an das materielle und kulturelle Leben, auch ihre Bedürfnisse in Bereichen wie Demokratie, Rechtsstaatlichkeit, Fairness, Gerechtigkeit, Sicherheit und Umwelt wachsen ständig“[270]. Dem steht jedoch eine unausgewogene und ungenügende Entwicklung entgegen, mit Folgen wie einer zum Teil krassen Kluft zwischen Arm und Reich, einer in weiten Teilen Chinas ungenügenden Infrastruktur, großen Unterschieden zwischen Stadt und Land sowie zwischen Küsten- und Binnenchina.

„Für mich ist China insgesamt kein reiches Land“, sagt Pascal Lamy, früher Generalsekretär der Welthandelsorganisation WTO und Handelskommissar der EU.[271] „In der Summe befindet sich die chinesische Wirtschaft an der zweiten Stelle in der Welt, aber in der Pro-Kopf-Rangliste rangiert sie eher im hinteren Feld."[272] „Der weltweite Einfluss von China pro Einwohner gerechnet ist sehr schwach. [...] Entscheidend für das Wohlergehen der Einwohner [eines Landes] ist nicht die Summe von Erfolg und BIP, sondern Erfolg pro Kopf und BIP pro Kopf."[273] Aber „2017 belief sich das BIP pro Kopf in China erst auf ein Siebtel von demjenigen der USA und ein Zehntel von demjenigen in der Schweiz."[274] 2023 übertrifft das kaufkraftbereinigte BIP pro Kopf der USA dasjenige Chinas noch um das 3,5-fache.[275] „Insbesondere in den abgelegenen westlichen Regionen sind die Bedingungen oft karg. Dort ist die Wirtschaftsleistung pro Kopf gerade einmal halb so hoch wie an der prosperierenden Ostküste."[276] Es kann daher nicht erstaunen, dass die KPCh durch die Formulierung des neuen Hauptwiderspruchs zugibt, dass die Bevölkerung der VR China, gesamthaft gesehen, kein schönes und gutes Leben genießt. Daran hat sich grundsätzlich nichts geändert, auch wenn im Jahr 2020 China das erste Jahrhundertziel erreicht hat, nämlich den Sieg über die absolute Armut und den Aufbau einer Gesellschaft mit bescheidenem Wohlstand.[277] Doch damit ist die Armut in China längst nicht beseitigt. So sagte Premierminister Li Keqiang im Mai 2020, dass rund 600 Millionen Chinesen, also rund 40 Prozent der Bevölkerung, weniger als 1000 RMB (knapp 140 Euro) im Monat verdienen, und das chinesische Wirtschaftsmagazin *Caixin* schreibt, dass die nun veröffentlichten Zahlen lediglich Durchschnittswerte seien. Das verdecke die Tatsache, dass „einzelne Familien oder Gemeinschaften noch immer im Elend leben".[278]

2.30 Indiz für soziale Unrast: Die Losung von der „harmonischen Gesellschaft“

Wenn Xi Jinpings Vorgänger Hu Jintao (KPCh-Chef von 2002 bis 2012) von einer „harmonischen Gesellschaft“ und von einem „wissenschaftlichen Entwicklungskonzept“ im Sinne einer „umfassenden, koordinierten und nachhaltigen Entwicklung“[279] sprach, womit indirekt eingestanden wurde, dass bis dahin das Entwicklungskonzept unwissenschaftlich, nicht umfassend, unkoordiniert und nicht nachhaltig gewesen war, so bedeutete dies zwar den Versuch einer Korrektur von Auswüchsen infolge der bisherigen allein auf schnelles Wirtschaftswachstum zielenden Lösung des Hauptwiderspruchs. Aber der Wirtschaftsaufbau blieb im Mittelpunkt allen offiziellen Strebens und Trachtens. Die Betonung der „harmonischen Gesellschaft“ und des in der Satzung 2007 (AP, Abs. 7) erstmals erwähnten „wissenschaftlichen Entwicklungskonzepts“ zeigte, dass sich die Beijinger Führung zahlreicher drängender, den Alltag vieler Chinesinnen und Chinesen störender Nebenwidersprüche bewusst geworden war, ohne deren erfolgreiche Regelung die Lösung des Hauptwiderspruchs verzögert oder gefährdet war. Kein Wunder, dass in der Satzung 2007 erstmals das Wort „Harmonie“ vorkommt. Gleich viermal wird „Harmonie“ in Bezug auf die chinesische Gesellschaft und zweimal hinsichtlich Mensch und Natur sowie einmal in außenpolitischem Zusammenhang heraufbeschworen.[280] In gleicher Weise betonen die Parteisatzungen von 2012, 2017 und 2022 die Harmonie. In der Verfassung vom 11.03.2018 ist erstmals, und zwar gleich zweimal, von „harmonischen Beziehungen“ zwischen den Ethnien Chinas die Rede (Präambel Abs. 11, Art. 4 Abs. 1). Das deutet auf in Wirklichkeit ziemlich zerrüttete interethnische Beziehungen in der VR China hin.

Viele schwerwiegende ungelöste Nebenwidersprüche lassen sich aus den Parteisatzungen und der Verfassung herauslesen. U.a. wurde schon 2007 gefordert, es sei bis zum Jahr 2050 eine ökologische Modernisierung Chinas durchzuführen mit dem Ziel, eine global gesehen mittlere Position zu erreichen, also zu einem der führenden 40 ökologisch modernisierten Länder aufzuschließen.[281] „Ökologische Zivilisation" wurde zu einem neuen Schlagwort.[282]

2.31 Grundschülerin mit Frostbeulen an den Händen

Farbfotografie: Grundschüler kauern auf einem Schulhof in gleißender Sonne im Sand vor Sitzhockern, die sie als kleine Schreibpulte benutzen. Sie sind in dicke, warme Kleider gehüllt, denn trotz der Sonne ist es bitterkalte Winterszeit. An einer Wand steht eine Lehrerin mit einer offenbar gefütterten Lederjacke und überwacht das Geschehen. Aus der Bildlegende erfährt man, dass die Grundschule in einem Dorf in der Provinz Shanxi zu wenig Heizkohle zugeteilt erhielt, sodass die Zimmertemperatur nicht den Erfordernissen entspricht. Weil es im Freien wärmer als in der Schulstube ist, wird das Examen im Schulhof durchgeführt.

Farbfotografie: Ein Mädchen in dickem Pullover und mit durchfrorenem Gesicht ist am Lesen und Schreiben. Auf beiden Händen erblickt man zahlreiche offene Stellen.

Gemäß der Bildlegende repetiert diese Grundschülerin in einem Schulzimmer. Infolge der hier herrschenden eisigen Kälte hat sie Frostbeulen an den Händen.[283]

In der südwestchinesischen Provinz Yunnan war der achtjährige Knabe Wang Fuman, der ohne Eltern aufwächst, da diese auswärts als Wanderarbeiter tätig sind, ohne Winterjacke eine Stunde lang bei minus neun Grad zur 4,5 Kilometer entfernten Schule gelaufen, sein Haar mit Eis überzogen. Der Lehrer machte ein Foto vom durchfrorenen Knaben und stellte es am 09.01.2018 ins Internet. Der achtjährige „binghua nanhai“ (Eisjunge) erregte landesweit Aufsehen und wurde zum Symbol für die Kinderarmut in den ländlichen Regionen Chinas, wo viele Kinder unterernährt sind und in ärmlichen Verhältnissen leben.[284]

Eigentlich liegt es auf der Hand, dass die Bildung stark gefördert werden müsste. Denn unwissende Chinesen werden die vier Modernisierungen nicht zustande bringen. Wie aber diese Fotografien exemplarisch zeigen, kommt es vor, dass das Erziehungswesen in der VR China sträflich vernachlässigt wird.

Die Konzentration auf den Hauptwiderspruch birgt also die Gefahr in sich, dass man die Nebenwidersprüche links liegen lässt. Zu Beginn des 21. Jahrhunderts ist dies beispielsweise der Nebenwiderspruch zwischen wohlhabend gewordenen und arm gebliebenen Schichten der Bevölkerung oder derjenige zwischen Wirtschaftsaufbau und Umweltschutz.[285]

Farbfotografie: Ein Mann mit einem langen Stab in der Hand steht auf einer Bootsspitze. Im Wasser bis nah ans Auge des Betrachters schweben, seitlich gedreht, zahllose verendete Fische. Aus der Bildlegende erfährt man, dass im Longyang-See in Wuhan (wahrscheinlich durch Industrieabwässer) verschmutztes Wasser den Tod einer großen Menge von Fischen verursacht habe.[286]

Die Farbfotografie veranschaulicht die Verabsolutierung des rein wirtschaftlich verstandenen Hauptwiderspruchs und die Vernachlässigung des Umweltschutzes.

2.32 Bloß Rädchen in einem riesigen Getriebe

Die Lenkung des chinesischen Volkes auf die Lösung eines Hauptwiderspruchs erweckt sicher bei manchen Chinesen den Eindruck, bloße Rädchen in einem riesigen Getriebe zu sein, auf dessen Lenkung sie wenig Einfluss haben. Das war auch schon unter Mao so. Denn auch Mao lenkte China gestützt auf die Hauptwiderspruchsmethode.

„Die chinesische Gesellschaft ist nicht eine Gesellschaft, in der der Einzelne über allem steht, die Interessen des Einzelnen dürfen nie und nimmer die Gesamtinteressen des Volkes zurückdrängen."[287] Ein Hauptanliegen des chinesischen Gesetzesrechts sind Anfang des 21. Jahrhunderts nicht das Individuum und dessen Selbstverwirklichung, sondern die Umsetzung der Grundlinie der Partei. Dabei gilt das Hauptaugenmerk dem Volk. In seinem dem 20. Parteitag der KPCh am 16.10.2022 erstatteten Bericht erwähnte Xi Jinping 180-mal das Wort „Volk" (renmin), 31-mal das Wort „Mensch" (ren), 23-mal das Wort „Menschheit" (reinlei), das Wort „Individuum" (geren) viermal, davon einmal negativ, und das Wort „Individualismus" (gerenzhuyi) einmal und zwar gänzlich abwertend.[288] In seinem am 19. Parteitag der KPCh am 18.10.2017 erstatteten Bericht hatte er das Wort „Individualismus" einmal – in einem negativen Zusammenhang – erwähnt.[289] In seinem dem Nationalen Volkskongress am 05.03.2018 vorgetragenen Regierungsbericht verbreitete der chinesische Ministerpräsident eine Fülle von Informationen über die Entwicklung in den zurückliegenden fünf Jahren, darunter über das Wachstum des gesamten Bruttoinlandsprodukts, aber über die Entwicklung des Bruttoinlandsprodukts pro Kopf seit 2013 verlor er kein Wort.[290]

Man kann davon ausgehen, dass die chinesische Bevölkerung zumindest teilweise unter einem nicht geringen Stress steht, der dazu führt, dass es um deren psychische Verfassung nicht zum Besten steht. Alljährlich nehmen sich in der VR China etwa 250 000 Menschen das Leben und kommt es zu über zwei Millionen Suizidversuchen.[291] Die Zahl der Suizide hat zwar abgenommen, ist aber immer noch hoch. Gemäß einer Schätzung der WHO ereigneten sich 2019 in der VR China 116 324 Suizide, darunter 72 515 Suizide von Männern und 43 809 von Frauen.[292]

In Zeitungen und sozialen Netzwerken erscheinen immer wieder Berichte über Selbstmorde und Selbstmordversuche von Schülern und Studenten.[293] In Shanghai arbeiteten gemäß einer Untersuchung von 1000 Arbeitnehmern 66 % im Schnitt mehr als zehn Stunden am Tag, und zwar ständig, ohne Ruhetage und ohne geregelte Mahlzeiten. Sie litten an Überarbeitung, ein Phänomen, das wie in Japan vermehrt auch in China zu Todesfällen führt.[294]

Etwa 90 Millionen Menschen leiden an Depressionen.[295] 15 % der Bevölkerung haben psychische Probleme,[296] mehr als 100 Millionen Menschen in China sind psychisch krank.[297] In der VR China wurde berichtet, dass etwa 30 Millionen Jugendliche psychische Probleme unterschiedlicher Art haben. Verursacht werden sie durch nicht errungene Erfolge, entgangene berufliche Stellungen etc. Psychischer Druck wirkt sich schon in jungen Jahren aus. Zwischen 21,6 % und 32 % der Grund- und Mittelschüler und zwischen 16 % und 25,4 % der Universitätsstudierenden leiden unter psychischen Störungen.[298]

Diese Probleme seien zumindest teilweise der Preis der Modernisierung mit dem dadurch hervorgerufenen enormen Konkurrenzdruck beispielsweise bei Prüfungen, meinte mir gegenüber ein Beijinger Hochschulprofessor.[299] Kein Wunder, dass Chinesen in die Spiritualität entfliehen, wie zeitweise die Anziehungskraft von Falun Gong[300] zeigte.

Die „Maßregeln betreffend die Ethik bei der menschliche Körper berührenden humanbiomedizinischen Forschung" vom 12.10.2016 (50 Artikel) sowie die „Maßregeln zur ethischen Überprüfung von Menschen berührenden Biowissenschaften und medizinischen Forschungen" (Entwurf zur Stellungnahme) vom 19.03.2021 (52 Artikel) sind, selbst wenn man „Regeln für die Untersuchung von und den Umgang mit unseriöser wissenschaftlicher Forschung" vom 25.08.2022 (53 Artikel)[301] mit in die Betrachtung einschließt, im Vergleich zu entsprechenden ausländischen Regeln, z.B. dem in Australien 2007 erlassenen *National Statement on Ethical Conduct in Human Research (2017) - Updated 2018*[302], ungenügend.[303] So kommt es immer wieder zu Medikamenten- oder Nahrungsmitteltests mit schlecht instruierten Versuchspersonen, was bei der Bevölkerung Unwillen hervorruft.

Genveränderte Nahrung ist umstritten. Forscher, die sich dazu äußern, sind oft Berater von Firmen, die genmanipulierte Nahrung im Programm haben. Cui Yongyuan[304], ein Reporter des Zentralen chinesischen Fernsehens, reiste in die USA und untersuchte dort die Einstellung von Amerikanern zu genveränderter Nahrung. Er habe festgestellt, dass viele Amerikaner deshalb sorglos mit genveränderter Nahrung umgehen, weil sie darüber gar nicht informiert sind. Das dokumentierte Cui in einem Film, den das Zentrale chinesische Fernsehen nicht ausstrahlte. Darauf stellte Cui Yongyuan den Film ins Internet.[305]

Die chinesische Regierung wage es nicht, sich in großem Stil für genveränderte Nahrung einzusetzen, sagte mir am 28.10.2017 ein chinesischer Jurist. Nur der Anbau und Verkauf von gentechnisch veränderter Papaya und Baumwolle seien offiziell erlaubt.[306] Massenmedien berichten aber, in gewissen Gegenden würden heimlich genveränderte Pflanzen angebaut. Das nagt an der Glaubwürdigkeit der Regierung. Es ist denkbar, dass Unternehmen, die genverändertes Saatgut herstellen, lokale Regierungen bestechen, oder dass Wissenschaftler, die solches Saatgut herstellen, dieses direkt an Bauern verkaufen. So wisse man in der VR China nicht, ob das Getreide, das man isst, genverändert sei oder nicht.

2.33 Die Umwelt erst verschmutzen…

Abgesehen von seelischen Schwierigkeiten, die zweifellos zumindest teilweise durch den allzu eng ausgelegten Hauptwiderspruch hervorgerufen wurden, türmten sich auch physische Probleme auf, allein nur schon wegen des Raubbaus an der Umwelt zugunsten eines einseitigen Wirtschaftsaufbaus. Im Jahr 2007 befand sich die VR China hinsichtlich Umweltschutz in einer Rangfolge von 118 Staaten auf Platz 100.[307] Rund 300 Millionen Menschen tranken Wasser, das nicht den Standards der Weltgesundheitsorganisation (WHO) entsprach.[308] Wegen unreinen Wassers hatten alljährlich 190 Millionen Menschen gesundheitliche Probleme und starben 30 000 Kinder an Diarrhöe. 30 von 32 chinesischen Millionenstädten litten unter chronischem Wassermangel.[309]

> „Da sich in den letzten Jahren aufgrund der rasanten wirtschaftlichen Entwicklung der Prozess der Urbanisierung beschleunigt hat und das Bewusstsein für den Umweltschutz schwach ausgeprägt war, sind in ehemals heimatlichen Gefilden viele kleine Bäche, von denen [zahlreiche in Städte umgesiedelte] Menschen in ihren Erinnerungen schwelgen, in den Schlick von Flussbettverlandungen hineingeraten, ihre Wasserqualität hat sich verschlechtert oder sie sind gar ausgetrocknet.“[310]

Karikatur [311]: Ein offensichtlich bequem auf einem Sessel sitzender, gelangweilt in die Ferne schauender Funktionär, mit einem „Wissenschaftliches Entwicklungskonzept" betitelten Dokument in der Rocktasche, beugt sich auf verschränkten Armen über ein Rednerpult und spricht ins Mikrofon: „Die Umweltverschmutzung ist eine Etappe, durch die man beim Wirtschaftsaufbau zwangsläufig hindurch muss." Vor ihm fließt ein Strom schwarz-schmutzigen Wassers, aus dem ihn die fahlen Gesichter von Ertrinkenden anblicken und in dessen Fluten mehrere Leichen dahintreiben.[312]

Die Spitze von Partei und Staat kann noch lange ein „wissenschaftliches Entwicklungskonzept" predigen! An der Basis wird oft nach der Maxime „shang you zhengce, xia you duice" (Politnormen oben, Gegenmaßregeln unten) vorgegangen. Immer wieder stößt man auf das Phänomen von „Menschen mit zwei Gesichtern".[313]

Karikatur[314]: In der Mitte ein dreistöckiges Haus. An der rechten Wand führt eine Leitung Wasser hinauf auf das Dach, wo es in einen notdürftig reparierten, offenen Kessel, auf dem der Schriftzug „erci gongshui" (Sekundärwasserversorgung) zu lesen ist, fließt. Neben der Wasserleitung steht „hege" = normgerecht(es Wasser). Vom Kessel auf dem Dach führt an der linken Hauswand entlang eine zweite Leitung Wasser zu einem Bewohner des Hauses. Neben dieser Wasserleitung steht „buhege" = nicht normgerecht(es Wasser). Das aus der Leitung fließende Wasser wirkt denn auch bedrohlich. Ein chinesischer Gewährsmann erzählte mir, als ich ihm diese Karikatur zeigte, in China gebe es Häuser mit solch einer Trinkwasserversorgung. Das Trinkwasser werde in gutem Zustand in einen Wasserbehälter auf das Dach des Haus geleitet, um von dort genügend Druck bei der Verteilung in die Wohnungen zu haben. Aber oft werde das Wasser auf dem Dach nicht sorgfältig gespeichert und könne daher leicht durch vom Wind herangewirbelten Staub etc. verunreinigt werden. In seinem Dorf könne man Leitungswasser auch nicht einfach trinken. Es müsse zuvor gekocht werden. Denn die Wasserleitungen verlaufen in seinem Dorf teilweise oberirdisch, wo sie schlecht geschützt seien.

Wegen Smog feierte Beijing am 15.02.2018 Neujahr ohne Feuerwerk.[315] Rund 15 % der Einwohner Chinas leidet unter extremem Smog – betroffen sind vor allem der Norden und Osten des Landes. Immer mehr Patienten müssen mit Atemwegs- und Augenproblemen ins Krankenhaus.[316] Zwei der zehn Städte mit der weltweit größten Belastung mit $PM_{2,5}$ liegen in China.[317] Über 17 000 Städte verfügen über keine Kläranlagen, die Fäkalien von annähernd einer Milliarde Menschen werden nicht sachgemäß entsorgt.[318] Aber bis zum Jahr 2020 will China Abwasserkläranlagen in allen Städten und Kreisen bauen.[319] 16 der 20 schmutzigsten Städte der Welt befinden sich in der VR China.[320] Hinsichtlich des Bruttoinlandsprodukts betrage der Weltanteil der VR China 5,5 %, in Bezug auf den Energieverbrauch aber etwa 15 %.[321] Im Jahr 2009 soll China nach Berechnungen der Internationalen Energieagentur die Vereinigten Staaten als weltgrößten Energieverbraucher abgelöst haben. China zog die Statistik allerdings infrage und verwies auf Erfolge bei der Energieeinsparung.[322]

Die Einsicht greift um sich, dass der alte Weg „die Umwelt erst verschmutzen und dann reinigen“ in die Irre führe.[323] Im Zuge des Übergangs von einer „durch Schnelligkeit gekennzeichneten Entwicklung“ zu einer „durch hohe Qualität gekennzeichneten Entwicklung“ wurde erstmals eine regionale Rangliste für das Jahr 2016 gestützt auf einen „grünen Entwicklungsindex“ veröffentlicht. Der Index umfasst 55 Indikatoren, darunter Energieverbrauch, CO_2-Emissionen und Luftqualität. Beijing und die zwei Provinzen Fujian und Zhejiang nahmen gemäß „objektiver Evaluation“ die Spitzenstellungen ein, aber gemäß der „gefühlten Evaluation“ seitens der Bevölkerung schnitten das Autonome Gebiet Tibet sowie die

Provinzen Guizhou und Hainan am besten und die Provinz Hebei sowie die Städte Beijing und Tianjin am schlechtesten ab. Der Index soll zur Bewertung der Leistungen lokaler Regierungen in Bezug auf grünes Wachstum und ökologische Entwicklung dienen. Die Ergebnisse der Überprüfung werden eine wichtige Referenz bei der Beförderung von Beamten und bei der Bestrafung von Fehlverhalten sein.[324]

Rund die Hälfte von Chinas Seen ist verschmutzt, und große Landflächen sind zu verseucht für Landwirtschaft.[325] Ende März 2018 erfuhr man, dass es in China etwa 7,4 Millionen industrielle und etwa eine Million landwirtschaftliche Verursacher von Umweltverschmutzung gebe.[326] Chinas Regierungschef Li Keqiang sagte am 05.03.2014 vor dem chinesischen Volkskongress in seinem Regierungsbericht, dass der allgegenwärtige Smog und die Umweltverschmutzung eine „rote Ampel der Natur“ seien, die China wegen seines blinden Wachstums gezeigt bekomme. „Wir erklären der Umweltverschmutzung den Krieg“, rief Li Keqiang aus.[327] „[Wirtschafts]wunder ja, aber nicht zu einem ‚tödlichen‘ Preis“ – so die Schlagzeile in einer Wochenzeitung aus Guangzhou.[328] Und eine andere chinesische Zeitung bringt auf der Frontseite einen langen Bericht über die verheerenden Folgen von Umweltschäden auf die chinesische Volksgesundheit. In die Augen stechen folgende Schlagzeilen:

> „Papa ist tot, Mama lebt nicht mehr, der Sohn ist dahingerafft, Enkel werden nie geboren werden. Wenn wir zur gegebenen Zeit tatsächlich fertig entwickelt sein werden, was wird das nützen! Was wird am ‚Tag danach‘ sein?“[329]

Untermalt wird der Artikel mit erschütternden Fotos. Sie zeigen u.a. eine infolge vergifteten Trinkwassers sterbende, bis auf die Rippen abgemagerte Frau, eine verqualmte Ortschaft und einen verwüsteten Landstrich.

Die Zahl der Geburtsfehler ist in China stark angestiegen. Alle 30 Sekunden kommt ein Baby mit einem angeborenen Defekt zur Welt. Von 2001 bis 2007 erhöhte sich die Zahl von krank geborenen Säuglingen um fast 40%. Schuld daran dürfte u.a. die Umweltverschmutzung in weiten Teilen des Landes gewesen sein.[330] Bodengifte wie Blei, Arsen oder Cadmium, welche von Industriebetrieben ausgestoßen werden, gelangen über Ackerpflanzen in Lebensmittel. Das gilt als ein Grund für die hohe Zahl an Geburtsfehlern in manchen der alten Industrieregionen in China.[331] Gemäß einem vom Ministerium für Ökologie und Umwelt (Shengtai Huanjing Bu) am 26.05.2022 veröffentlichten 54-seitigen Bulletin über den Zustand von Ökologie und Umwelt in China im Jahr 2021 wurden zahlreiche Maßnahmen zur Verbesserung des Umweltschutzes in neun Bereichen wie Atmosphäre, Süßwasser, Meer, Boden, akustische Umgebung, Strahlung etc. ergriffen.[332]

Nicht nur auf die Umweltverschmutzung, sondern auch auf ungesunde Ernährung und erhöhten Stress bei der Arbeit wird die zunehmende Anfälligkeit von Chinesinnen auf Brustkrebs zurückgeführt.[333] Zur fehlenden Fürsorge für die Umwelt treten andere vernachlässigte Nebenwidersprüche hinzu, z.B. im Bereich des Arbeitsrechts. Angeprangert wurden „ausbeuterische Blut- und Schweißfabriken“, die sich aus reiner Profitgier keinen Deut um die Interessen ihrer Arbeiter kümmern.[334] Ungelöste Nebenwidersprüche im Bereich der Sozialfürsorge führten u.a. zu einer Zunahme von Bettlern.[335] Auch Bauerndörfer werden von zahlreichen Problemen heimgesucht.[336] Dazu gehören die Überalterung und die annähernd zehn Millionen Kinder, die weitgehend sich selbst überlassen werden, weil beide Elternteile gezwungen sind, in einer fernen Gegend ihr Geld zu verdienen.[337]

2.34 Widerstand gegen Atommüll in China

Der Anteil des durch Kernkraftwerke erzeugten Stroms betrage nur etwa 3 % der gesamten chinesischen Stromproduktion, was viel niedriger sei als der Weltdurchschnitt (11 %), wurde Anfang 2017 berichtet. Daher müsse der Bau von Kernkraftwerken vorangetrieben werden.[338] 2017 waren in der VR China 38 Kernkraftwerke in Betrieb.[339]

Eine Frage, die in der VR China zunächst eher kein Unbehagen auszulösen schien, war die sichere Zwischen- und Endlagerung des radioaktiven Mülls der immer zahlreicheren chinesischen Atomkraftwerke.[340] Vereinzelt wurde die Zwischenlagerung radioaktiven Abfalls im chinesischen Internet angesprochen.[341] *Aber inzwischen ist das Problembewusstsein gewachsen. So begaben sich Bewohner der Stadt Lianyungang in der ostchinesischen Provinz Jiangsu nur an einem Wochenende auf die Straße*, um gegen eine geplante Wiederaufarbeitungsanlage für Atommüll zu demonstrieren. Das reichte offensichtlich aus. Die Stadtverwaltung teilte mit, dass die Arbeiten zur Standortwahl „ausgesetzt" worden seien.[342] Hintergrund der Proteste waren Pläne der staatlichen Atomgesellschaft CNNC, zusammen mit dem französischen Energiekonzern Areva eine Wiederaufarbeitungsanlage zu errichten. Die beiden Unternehmen hatten sich 2012 auf den Bau geeinigt, aber noch keinen Standort genannt.[343] 2013 war es in der südchinesischen Ortschaft Jiangmen in der Provinz Guangdong Bürgern ebenfalls gelungen, mit Protesten den Bau einer Atomanlage zu stoppen. „Aus Respekt vor dem Willen des Volkes", hieß es damals, habe sich die Regierung zum Abbruch der Planungen für eine Urananreicherungsanlage entschieden.[344]

2.35 Moralischer Notstand

Eine neue Ideologie, wird geklagt, sei entstanden, und zwar der Ökonomismus, der die Wirtschaft über alles setze. Der Ökonomismus habe zwar entscheidend zur positiven wirtschaftlichen Transformation der VR China in den letzten Jahrzehnten beigetragen. Aber wenn er sich ins Extrem entwickle, entstünden viele Probleme. Geld und materieller Profit seien vielfach praktisch die einzigen sozialen und politischen Kriterien geworden. Dies führe, gefördert durch Missstände im Rechtswesen und einen allgemeinen Vertrauensverlust innerhalb der Gesellschaft sowie im Verhältnis Gesellschaft – Politik, dazu, dass Menschen mit allen Mitteln versuchten, zu Geld und Gut zu kommen. Die Moral der Gesellschaft breche zusammen.[345] Auf dem Land etwa schröpften Dorfobere Bauern nach Belieben, wirtschafteten in die eigenen Taschen, trieben illegitime Steuern ein und verleihen ihrem Unrecht vielfach mit Gewalt Nachdruck.[346] Illegal betreiben viele Leute private Minen.[347] Jedes Jahr kommen Tausende Bergwerksarbeiter ums Leben.[348] All das dürfte eine Folge der Art und Weise sein, wie man den Hauptwiderspruch vielfach interpretiert und gelöst hat. Mittels der Propagierung einer „harmonischen Gesellschaft" (Satzungen 2007, 2012, 2017) unternimmt die Beijinger Führung den Versuch, dem puren Ökonomismus entgegenzuwirken.[349]

Spricht man mit Chinesen über die enormen sozialen Kosten des „sozialistischen Wirtschaftsaufbaus", dann kann man hören, das sei in der Tat ein trauriges Kapitel. Die vielen tragischen menschlichen Schicksale rührten ans Herz. Aber schließlich gehe es um den Wiederaufstieg Chinas. Daher seien solche Opfer, so sehr man sie betrauern müsse, in Kauf zu nehmen. So wie etwa im antijapanischen Widerstandskrieg (1937–1945). Millionen von Chinesen kamen damals um. Aber es ging um Chinas Freiheit von japanischer Besetzung. Deshalb seien die Opfer nicht umsonst gewesen.

2.36 Konfuzius ohne Ego

Eigentlich sollte man das „kleine Ich“ stets zusammen mit dem „großen Ich“, dem Kollektiv, berücksichtigen. Aber das tun keineswegs alle Chinesen. An anderer Stelle habe ich eine Liste psychologischer Barrieren gegen den Sinomarxismus präsentiert.[350]

Als ich am 08.10.1989 Gelegenheit hatte, anlässlich der Feier des 2540. Geburtstags von Konfuzius bei einem Treffen in kleinem Kreis im Beijing Hotel den frisch eingesetzten Generalsekretär der KPCh Jiang Zemin zu fragen, welche Konfuzius-Zitate er schätze, antwortete er u.a. mit einer Aussage aus *Die Gespräche*, der wichtigsten konfuzianischen Schrift: „Frei von vier Dingen war der Meister: Er war frei von Voreingenommenheit, von Absolutheit, die keinen Zweifel zulässt, von Starrsinn und *von Egoismus (wu wo)*.“[351] Wenn Freiheit von Egoismus alle Zeitgenossen des Konfuzius ausgezeichnet hätte, wäre diese Konfuzius nachgesagte Eigenschaft nicht als erwähnenswert empfunden worden. Auch heute werden in der VR China Modellmenschen, welche die KPCh landesweit propagiert, immer wieder vor allem gelobt, weil sie „nicht selbstsüchtig“ (wu si) seien. Daraus lässt sich folgern, dass all die nicht als Modellmenschen herausragenden Chinesen ziemlich selbstsüchtig sein dürften. „Es ist der nackte Egoismus, der die Chinesen antreibt.“[352] Wenn ostasiatische Politiker heute an Tugenden wie Aufrichtigkeit, Ehrlichkeit und moralische Unbestechlichkeit, also Werte, die schon von Konfuzius gefordert wurden, appellieren, oder sich selbst, wie Xi Jinping, als „wu wo“, „frei von Egoismus“, bezeichnen[353], dann wohl deshalb, weil „gerade diese Werte nicht hoch im Kurs stehen“.[354]

2.37 Ein beherrschender Satz an der Spitze der chinesischen Normenpyramide

Ob es sich nun um den in den Satzungen 1982, 1992, 1997, 2002, 2007 und 2012 verankerten stets gleich formulierten oder um den in der Satzung 2017 verkündeten neu formulierten Hauptwiderspruch handelt – ein einziger Satz genügt zu dessen Festlegung. Gemäß der handlungsanleitenden Funktion des Sinomarxismus impliziert die Festlegung des Hauptwiderspruchs die Aufforderung, den Hauptwiderspruch zu lösen und so „die Welt zu verändern“. Die Lösung des Hauptwiderspruchs ist die Hauptaufgabe des chinesischen Volkes.

Die Definition des Hauptwiderspruchs beeinflusst sämtliche in der VR China geltenden amtlichen Normen. „Nur wenn man sich über den gesellschaftlichen Hauptwiderspruch ein zeitgemäßes, korrektes und wissenschaftliches Urteil bildet, kann man Klarheit über die einzuschlagende Richtung gewinnen und eine […] angemessene Grundlinie, angemessene Polaritätsnormen und angemessene Politnormen festlegen und unser Land […] von Erfolg zu Erfolg führen.“[355] So gut wie alles, was in der VR China offiziell aufgrund amtlicher, auf verschiedenen Stufen geltender Normativvorgaben geschieht, also auch die Schaffung neuer staatlicher Behörden wie (zur umfassenderen Bekämpfung der die Bevölkerung abstoßenden Korruption) der Nationalen Überwachungskommission (Guojia Jiancha Weiyuanhui) durch die am 11.03.2018 neu in die Verfassung eingefügte Ziff. 7 von Art. 62,[356] dient unmittelbar oder mittelbar der Lösung des Hauptwiderspruchs: „Man muss daran festhalten, von einer hohen Warte aus die Gesamtsituation zu bedenken und dafür zu sorgen, dass die Lösung des [vom 19. Parteitag der KPCh im Oktober 2017 festgelegten] Hauptwiderspruchs die Funktion erfüllt, die Entwicklung der Belange der Partei und des Staates zu lenken und anzuleiten. Bei der Neuformulierung des Hauptwiderspruchs in dem Bericht, den [Xi Jinping] dem 19. Parteitag vorgetragen hat, geht es nicht um eine rein begriffliche Änderung, sondern darum, dass [der neue Hauptwiderspruch] in jedem Bereich, in jeglicher Hinsicht, in allen Arbeiten praktisch umgesetzt wird. [...] [Der neu festgelegte Hauptwiderspruch] wird bestimmt [...] für eine lange Zeitspanne von wegleitender Bedeutung sein.“[357]

Der Satz, der den Hauptwiderspruch und damit die Hauptaufgabe des chinesischen Volkes festlegt, ist gewissermaßen, um einen vom berühmten Juristen Hans Kelsen (1881–1973) geprägten Terminus heranzuziehen, die Grundnorm[358] im amtlichen Normensystem der VR China. Bezeichnet wird sie als „politische Linie der Partei“ (dang de zhengzhi luxian).[359]

Von 1978 bis zum 24.10.2017 lautete die politische Linie: „In der gegenwärtigen Etappe ist [von der KPCh und dem von ihr gelenkten Staat und Volk] der Hauptwiderspruch in der chinesischen Gesellschaft zwischen den wachsenden materiellen und kulturellen Bedürfnissen des Volkes und der rückständigen gesellschaftlichen Produktion zu lösen.“

Seit dem 24.10.2017 lautet die politische Linie: „In der gegenwärtigen Etappe ist [von der KPCh und dem von ihr gelenkten Staat und Volk] der Hauptwiderspruch in der chinesischen Gesellschaft zwischen den wachsenden Bedürfnissen des Volkes nach einem schönen und guten Leben und der unausgewogenen und ungenügenden Entwicklung zu lösen.“

Die politische Linie wird wie folgt erläutert:

> „Die ideologische Linie,[360] die politische Linie und die organisatorische Linie[361] der Partei sind untrennbar miteinander verbunden und funktionieren [nur] im wechselseitigen Zusammenwirken. […] Am wichtigsten ist die politische Linie. […] Sie ist die grundlegende Norm, welche die Gesamtlage umfassend beherrscht. Die politische Linie wird von der KPCh gemäß der in jeder einzelnen der [aufeinanderfolgenden] Etappen der historischen Entwicklung gegebenen Situation der gesellschaftlichen, politischen und wirtschaftlichen Revolution bzw. [der nach einer erfolgreichen Revolution gegebenen Situation] des gesellschaftlichen, politischen und wirtschaftlichen Aufbaus und gemäß dem [jeweils] zu lösenden Hauptwiderspruch festgelegt. Die politische Linie entscheidet darüber, in welche Richtung sich die Sache der Revolution [bzw. nach deren erfolgreicher Durchführung der gesellschaftliche, politische und wirtschaftliche Aufbau] entwickeln [soll], und sie ist die Grundlage für die von der Partei für die konkreten Arbeiten festgelegten Polaritäts- und Politnormen."[362]

Die politische Linie weist allen anderen amtlichen Normen die Richtung. Die anderen amtlichen Normen regeln die dem Hauptwiderspruch untergeordneten anderen Widersprüche, die als Nebenwidersprüche angesehen werden und auf unterschiedlichen Stufen der Wichtigkeit stehen. Die Regelung sämtlicher Nebenwidersprüche mittels Polaritäts-, Polit- und Rechtsnormen hat in einer die Umsetzung der politischen Linie fördernden Weise zu geschehen.

> „Nur weil unsere Partei in den letzten annähernd 40 Jahren gemäß dem Hauptwiderspruch eine korrekte Linie sowie korrekte Polaritäts- und Politnormen festgelegt und an ihnen festgehalten hat, konnte der sozialistische Modernisierungsaufbau gewaltige Fortschritte erzielen."[363]

Die „politische Linie" verwandelt die pure Feststellung des Hauptwiderspruchs in die normative Aufforderung, den Hauptwiderspruch zu lösen. Da sich dieser auf eine Etappe eines ganzen Entwicklungsprozesses bezieht und seine Lösung einen langen Zeitraum in Anspruch nehmen kann, wird die politische Linie möglicherweise während Jahrzehnten konstant aufrechterhalten. Mit Bezug auf die Gesamtlage ist sie auf der Ebene der Supraplanung positioniert. Für die Regelung von Nebenwidersprüchen von supraplanerischer oder strategischer Bedeutung in Teilbereichen werden Polaritätsnormen, und für die Lösung von Nebenwidersprüchen in konkreten Bereichen Politnormen[364] eher taktischen Zuschnitts, eingesetzt. Der Implementierung aller drei Arten von Parteinormen dienen Gesetzesrechtsnormen.[365]

Wenn man die Tragweite der aus einem einzigen Satz bestehenden „politischen Linie" versteht, begreift man nach meiner Meinung, ohne irgendwelche angloamerikanischen Theorien und Modelle bemühen zu müssen, grundsätzlich die gesamte Innen- und Außenpolitik der VR China. Sie enthüllt sich in glasklarer Transparenz. Westliche Menschen, die diese Aussage lesen, werden sich bestimmt gegen sie sträuben. Wahrscheinlich wollen sie lieber die These hören, chinesische Politik sei „pragmatisch" und setze heute eine schwarze und morgen eine weiße Katze ein. Daher sei sie im Grunde undurchschaubar und unvorhersehbar. Ich vertrete diese These nicht.

Man beachte die parallele hierarchische Personal- und Normenstruktur in der VR China: ein die Partei-, Staats- und Militärmacht dominierender Politiker an der Spitze der Pyramide der Führungspersonen, seit 2012 Xi Jinping, und eine alle anderen amtlichen Normen dominierende Grundnorm, bestehend aus einem einzigen Satz, an der Spitze der offiziellen chinesischen Normenpyramide: die politische Linie.

2.38 Die Welt in stetem Wandel

Gemäß der materialistischen Optik gibt es keinen Gott. Die Materie, die sich ständig aufgrund ihrer inneren Widersprüche verändert, ist das Ursprüngliche und alles Geistige das daraus Entstandene. Geistige Inhalte sind Widerspiegelungen objektiver Gegebenheiten. Sämtliche Erkenntnisse der Menschen stammen aus der gesellschaftlichen Praxis. Die „Praxis" wird definiert als die umweltverändernde soziale Aktivität der Menschen. Alles und jedes, auch z.B. Menschenrechte, ja selbst der Marxismus, wird als Prozess aufgefasst und befindet sich demnach in stetiger dynamischer Entwicklung.

Mit der fortschreitenden gesellschaftlichen Praxis verändert sich fortlaufend die menschliche Erkenntnis. Anders gesagt, sie hat ständig mit der sich verändernden Praxis Schritt zu halten. Die gesellschaftliche Praxis ist kein chaotischer Ablauf, sondern folgt objektiv gegebenen Gesetzmäßigkeiten, die der Mensch erkennen und zur Lenkung der Praxis einsetzen kann. Jede menschliche Erkenntnis ist nicht ein fixes Resultat, sondern ein fortlaufender Vorgang. Menschliche Erkenntnisse sollten praxisorientiert sein, und die Praxis gilt als der einzige Maßstab der Wahrheit. Das betonte nicht erst Deng Xiaoping, sondern schon Mao Zedong, ja Karl Marx, sagte dieser doch: „In der Praxis muss der Mensch die Wahrheit [...] seines Denkens beweisen."[366]

Insofern sind ständige Änderungen und Schwankungen in den offiziellen (politischen, juristischen, wirtschaftlichen etc.) Maßregeln der Beijinger Partei- und Staatsführung gewissermaßen ideologisch vorprogrammiert. Keine Entscheidung, so auch nicht jene betreffend den Schutz von Privateigentum im Rahmen des Sachenrechtsgesetzes von 2007, sollte als grundsätzliches Wertebekenntnis mit Ewigkeitscharakter angesehen werden. Solche Entscheide können in einer durch einen neuen Hauptwiderspruch ausgelösten neuen Etappe der Entwicklung wieder rückgängig gemacht werden. Dabei sind die politische Linie, die Grundlinie und die Polaritätsnormen der KPCh und das staatliche Gesetzesrecht noch vergleichsweise stabil. Die ständig wechselnden, dem „objektiven Verlauf der gesellschaftlichen Praxis" angepassten Erkenntnisse der chinesischen Obrigkeit schlagen sich vor allem in den von der KPCh und von staatlichen Stellen erlassenen Politnormen (zhengce) nieder. Bemerkenswerterweise wird das Wort „Taktik" in den Werken Lenins bisweilen mit „zhengce" übersetzt.[367] Das scheint auf den taktischen Charakter der Politnormen hinzudeuten. Deren Existenz als einer eigenständigen, äußerst wichtigen, da Einzelheiten regelnden Normenart wird im jurizentrisch denkenden Westen kaum zur Kenntnis genommen.[368] Nicht in den Bereich des Gesetzesrechts, sondern der staatlichen Politnormen[369] fiel beispielsweise der *Wegleitende Katalog von Branchen für Investitionen ausländischer Geschäftsleute (im Jahre 2004 revidiert)* mit den drei Abschnitten „Produktionsbereiche, in denen ausländische Geschäftsleute zu Investitionen ermutigt werden", „Produktionsbereiche, in denen Investitionen ausländischer Geschäftsleute beschränkt sind" und „Produktionsbereiche, in denen Investitionen ausländischer Geschäftsleute verboten sind".[370,371]

Im Jahr 2007 und 2017 trat jeweils ein *Wegleitender Katalog von Branchen für Investitionen ausländischer Geschäftsleute* mit denselben drei Abschnitten wie in dem *Wegleitenden Katalog* von 2004 in Kraft. Seit 2020 finden sich in dem Katalog die Abschnitte „Nationales Verzeichnis von Branchen, in den zu investieren ausländische Geschäftsleute ermutigt werden (13 Branchen, 480 Investitionsvorschläge)" und „Verzeichnis von für Investitionen ausländischer Geschäftsleute günstigen Branchen in zentralen und westlichen Regionen [Chinas]

(22 Gebietskörperschaften)".[372] Am 01.01.2023 erschien ein neues *Verzeichnis von Branchen, in denen zu investieren ausländische Geschäftsleute ermutigt werden*, wieder mit den Abschnitten „Nationales Verzeichnis von Branchen, in den zu investieren ausländische Geschäftsleute ermutigt werden (13 Branchen, 519 Investitionsvorschläge)" und „Verzeichnis von für Investitionen ausländischer Geschäftsleute günstigen Branchen in zentralen und westlichen Regionen [Chinas] (22 Gebietskörperschaften)".[373] Infolge der seit jeher recht umsichtigen Regelungen, die auch auf Risikoprävention ausgerichtet waren, ist in der VR China „De-Risking (qufengxianhua)" zum „Schutz kritischer Infrastrukturen" (China-Str 23, S. 40) anders als in Deutschland (China-Str 23, S. 24, 25, 34, 37) seit jeher eine Selbstverständlichkeit (siehe auch Abschnitt 3.10).

2.39 Hauptwiderspruchsorientiertes etappenbezogenes Denken

> „Man muss die Industrie, die Landwirtschaft und den Warenverkehr energisch entwickeln. Man muss Kapitalisten aus anderen Gegenden heranziehen, falls sie gewillt sind, in unseren […] Gebieten Unternehmen zu gründen. Man muss die Privatunternehmen fördern und die Staatsunternehmen nur als einen Sektor der Gesamtwirtschaft betrachten. […] Bürgerlich liberalen Pädagogen, Kulturschaffenden, Journalisten, Gelehrten und Technikern muss gestattet werden, in unsere […] Gebiete zu kommen und mit uns im Schul- und Pressewesen sowie auf anderen Gebieten zusammenzuarbeiten."

Die Zitate stammen von Mao Zedong, allerdings aus der antijapanischen Hauptwiderspruchsphase, in der der Klassenkampf in den Hintergrund getreten war.[374] In Hauptwiderspruchsphasen mit dem Klassenkampf als dem „Hauptkettenglied“ war Maos Diktion eine völlig andere.

Durch die Ermittlung und Festlegung eines Hauptwiderspruchs wird eine bestimmte *Etappe* abgesteckt. Die „Etappe“ kann unterschiedlich bezeichnet werden, z. B. als „Epoche“, „Phase“ oder „Ära“. Solange der Hauptwiderspruch nicht gelöst ist, dauert die „Etappe“ an. Eine Etappe der Entwicklung unterscheidet sich von einer anderen durch den unterschiedlichen Hauptwiderspruch. In der VR China war von Ende 1978 bis zum 24.10.2017 von einer sogenannten „Neuen Epoche“ (xin shiqi) die Rede. Die annähernd 40 Jahre dauernde „Neue Epoche“ stand im Zeichen des Hauptwiderspruchs „die wachsenden materiellen und kulturellen Bedürfnisse des Volkes gegen die rückständige gesellschaftliche Produktion“. Die Satzung der KPCh vom 24.10.2017 proklamierte einen neuen Hauptwiderspruch, und dementsprechend ist seither von einer „neuen Ära“ die Rede. In unterschiedlichen „Etappen“ wechseln die Maßnahmen der KPCh teilweise fundamental. Kein Wunder, dass man in der DDR Mao unmarxistischen „Pragmatismus“ vorwarf. Kennt man allerdings die zentrale Rolle des jeweiligen Hauptwiderspruchs als Dreh- und Angelpunkt sinomarxistischer Politik, dann werden die Bocksprünge chinesischer Politik von einer Etappe zur nächsten durchschaubar, und eine Supraplanung hoher Stufe, die durch die verschiedenen Etappen hindurchwirkt, tritt ins Blickfeld.

2.40 1937 bis 2023: Klassenkampf, mal zentral, mal peripher, aber nie abgeschafft

> „Vom revolutionären Klassenkampf, dem A und O einer kommunistischen Partei, ist längst nicht mehr die Rede."

Das behauptete der *Spiegel* Anfang 2007.[375] Diese Behauptung war im Jahr 2007 falsch und ist im Jahr 2023 immer noch falsch.

Der Klassenkampf wurde nach dem Tode Maos (09.09.1976) keineswegs abgeschafft, wie man im Westen gebetsmühlenartig behauptet. Vielmehr heißt es in den Satzungen der KPCh von 1982, 1992, 1997, 2002, 2007, 2012, 2017 und 2022 übereinstimmend:

> „Infolge inländischer Faktoren und internationaler Einflüsse wird der Klassenkampf in begrenztem Umfang noch lange Zeit existieren und sich unter bestimmten Bedingungen sogar verschärfen können, aber er ist nicht mehr der Hauptwiderspruch."[376]

Beispielsweise wird die Auseinandersetzung mit dem Dalai-Lama nach wie vor als „Klassenkampf" eingestuft. Der Dalai-Lama wird als Vertreter der gestürzten tibetischen Sklavenhalterklasse dargestellt, die wieder an die Macht gelangen will.[377] Liest man chinesische Schulbücher, so wird der bürgerliche Westen wie eh und je durch die Brille der auf den Klassenkampf zielenden Klassenanalyse dargestellt. Die im März 2018 gestellte Frage „Warum ist China so feindselig geworden?"[378] kann nur jemand stellen, der die Satzungen 1982, 1992, 1997, 2002, 2007, 2012 und 2017 der KPCh nie gelesen hat. Denn in diesen wurde all die Jahrzehnte hinweg zwar nicht hervorgehoben, aber gleichwohl deutlich kommuniziert, dass aus amtlicher chinesischer Sicht der Klassenkampf und damit die Feindseligkeit gegen die „Kapitalistenklasse“ – auch auf internationaler Ebene – nie aufgehört haben.

Mao Zedong hat keineswegs während der ganzen Zeitspanne, in der er die Herrschaft ausübte, immer und fortwährend den Klassenkampf hervorgehoben. In der Epoche des ersten Hauptwiderspruchs (1937–1945) argumentierte Mao – so wie dies nach seinem Tod (09.09.1976) in den Satzungen der KPCh von 1982, 1992, 1997, 2002, 2007, 2012, 2017 und 2022 geschah –, dass der „Klassenkampf“ von einem anderen Widerspruch in den Hintergrund gedrängt werde, und zwar vom Widerspruch China gegen Japan, das ganz China erobern wollte. Mao bildete eine sogenannte Einheitsfront mit der Guomindang unter Tsiang Kaishek. Innerhalb dieser ging er allerdings nach der sinomarxistischen Polaritätsnorm „You lianhe you douzheng“ ([Nach außen hin demonstrierte] Einheit *und* [gleichzeitig im Verborgenen Klassen-] Kampf [gegen den Klassenfeind Tsiang Kaishek])[379] vor. Gegen Kriegsende war Tsiangs Staat außerordentlich geschwächt, wogegen Mao als Befehlshaber über eine riesige Armee von 1,3 Millionen Mann aus dem Konflikt hervorging. Er benutzte den antijapanischen Krieg also zur Vergrößerung seiner Machtbasis. Bei Kriegsbeginn lag das Kräfteverhältnis zwischen den Armeen von Tsiang und Mao bei 60 zu eins, bei Kriegsende dagegen bei drei zu eins.[380] Im Rahmen der „Einheitsfront“ verbündete sich die KPCh nominell mit Kapitalisten, Großgrundbesitzern und was sonst noch an Angehörigen „feindlicher Klassen“ vorhanden war, und verbrüderte sich offiziell mit ihnen, wenn sie nur eine Bedingung erfüllten, nämlich gegen Japan einzutreten. *Damals war Mao sogar ein Vorkämpfer bürgerlicher individueller Menschenrechte.*

2.41 Mao Zedong als Befürworter von Menschenrechten und Garant des Grundeigentums

Während der „Kulturrevolution“ (1966–1976) wurden die Menschenrechte mit Füßen getreten und als Strategem der Bourgeoisie zur geistigen Kastrierung des Proletariats hingestellt. Und doch konnte man während dieser menschenrechtsfeindlichen Phase ein Buch kaufen, in welchem individuelle Menschenrechte befürwortet wurden. Und zwar ausgerechnet ein Buch Maos.

Im zweiten Band von Maos *Ausgewählten Werken* stieß ich auf folgende Stelle:

> „Es muss festgelegt werden, dass alle nicht gegen den [antijapanischen] Widerstandskrieg eingestellten Grundherren und Kapitalisten in gleicher Weise wie die Arbeiter und Bauern *Menschenrechte (renquan)* und Vermögensrechte, das Wahlrecht, Rede-, Versammlungs-, Koalitions-, Gedanken- und Glaubensfreiheit genießen.“

Allerdings ist das Wort „renquan“ (Menschenrechte) nur im chinesischen Urtext enthalten.[381] Wer diesen nicht lesen konnte, dem entging die menschenrechtsfreundliche Aussage Maos. In der offiziellen deutschen Übersetzung wird „renquan“ vernebelnd mit „persönliche Rechte“[382] übersetzt.

Wenn die Menschenrechte im Jahre 2004 in der chinesischen Verfassung verankert wurden, so ist dies für jemanden, der die gesamte Herrschaftsepoche Mao Zedongs überblickt, keine Neuigkeit und schon gar nicht eine Sensation.

So ergingen in der Zeit des Zweiten Weltkrieges, als Mao Zedong nicht als „Klassenkämpfer“ hervortrat, in den von der KPCh beherrschten Gebieten zahlreiche Rechtserlasse zum Schutze der Menschenrechte, so etwa:

Die Vorschriften zum Schutz der Menschenrechte in der Provinz Shandong, verkündet am 11.11.1940.

Die Vorschriften zum Schutz der Menschenrechte und Vermögensrechte im Grenzgebiet von Shanxi, Gansu und Ningxia, verkündet im Februar 1942.

Die Vorschriften zum Schutz der Menschenrechte in Nordwest-Shanxi, verkündet im November 1942.

Die Ausführungsregeln zu den Vorschriften zum Schutz der Menschenrechte im Bohai-Gebiet, verkündet im Februar 1943.

Als das chinesische Parlament am 16.03.2007 ein Sachenrechtsgesetz[383] verabschiedete, das gewisses Privateigentum besser schützen sollte, wurde behauptet, dieses Gesetz „bricht die Grundfesten von Maos China“.[384] Würde diese Einschätzung zutreffen, so hieße das, dass bereits Mao Zedong selbst „die Grundfesten von Maos China“ gebrochen hat. Denn in den unter seiner Ägide im Februar 1942 verkündeten Vorschriften zum Schutz der Menschen- und Vermögensrechte im Grenzgebiet von Shanxi, Gansu und Ningxia wird das Privateigentum sämtlicher die Japaner bekämpfender Volksangehöriger, *sogar noch unter Einschluss des* in der VR China Privatpersonen verwehrten *Grundeigentums,* gewährleistet (Art. 3). Selbst Großgrundbesitzern wird ihr Grundeigentum ausdrücklich garantiert (Art. 4).[385] Dass diese keineswegs klassenkämpferischen Normen in etwa in die Praxis umgesetzt wurden, bestätigen selbst die scharfen Mao-Kritiker Jung Chang und Jon Halliday. Sie weisen darauf hin, dass in dieser Hauptwiderspruchsphase in den „riesigen Gebieten im ländlichen Norden Chinas in der Hand der Kommunisten [...] die Praxis, ‚Klassenfeinde‘ zu enteignen und zur Zwangsarbeit einzusetzen, stark an Bedeutung verlor“.[386]

2.42 „Volk“ und „Volksfeinde“

Wenn die KPCh in den Satzungen 2007, 2012, 2017 und 2022 (jeweils AP, Abs. 1) gelobt, die grundlegenden Interessen der überwiegenden Mehrheit des chinesischen Volkes zu vertreten, sollte man das Wort „Volk“, das auch im Namen „‚Volks'republik China“ vorkommt, nicht missverstehen. Es hat nicht dieselbe Bedeutung wie heutzutage im deutschsprachigen Raum. „Volk“ beinhaltet alle chinesischen Bürger, „die den Aufbau des Sozialismus billigen, unterstützen und dafür arbeiten“. Jene, die gegen das Regime sind, gehören nicht zum „Volk“, sondern sind „Feinde des Volkes“. Diese auf die Französische Revolution zurückgehende[387] enge marxistische Bedeutung des Wortes „Volk“ wurde von Mao 1957 sanktioniert.[388] In den Satzungen 1982, 1992, 1997, 2002, 2007, 2012, 2017 und 2022 (jeweils AP) wird die auf Mao zurückgehende Unterscheidung von „zwei dem Wesen nach unterschiedlichen Widersprüchen“, den „Widersprüchen im Volk“ und „Widersprüchen zwischen uns und den Feinden [des Volkes]“ ausdrücklich aufrechterhalten.[389] Allerdings „hat sich der Bereich des Volkes enorm ausgeweitet. Das Volk umfasst nicht mehr nur die Arbeiter, Bauern und Intellektuellen, sondern auch sämtliche Patrioten, die den Sozialismus und die Einheit des Vaterlandes unterstützen.“ Zu den „Volksfeinden“ zählt nur noch „eine winzige Zahl von Personen, die das sozialistische System feindselig betrachten“.[390] Es handelt sich dabei um „einige wenige Verbrecher, die im Landesinnern ihr Unwesen treiben und die Sicherheit des Staates gefährden, oder die in gravierender Weise die sozialistische Wirtschaft sabotieren bzw. Ruhe und Ordnung in der Gesellschaft beeinträchtigen“.[391]

2.43 Menschenrechte gemäß Hauptwiderspruchslogik

„In letzter Zeit", verkündete Deng Xiaoping in einer am 30.03.1979 gehaltenen Rede, „stiftete eine kleine Zahl von Leuten mancherorts Unruhe. Statt die Anleitung, den Rat und die Erläuterungen seitens der Verantwortlichen der Partei und der Regierung zu akzeptieren, stellten gewisse schlechte Elemente alle möglichen Forderungen, die heute noch unerfüllbar oder völlig unsinnig sind. Sie hetzten einen Teil der Massen auf oder verführten ihn, Partei- und Regierungsorgane zu überfallen, Büros zu besetzen, Sitz- und Hungerstreiks abzuhalten und den Verkehr zu behindern, wodurch die Produktion, andere Arbeiten und die öffentliche Ordnung ernsthaft gestört wurden."

„Darüber hinaus", so Deng Xiaoping, „stellten sie reißerische Schlagworte auf, etwa ‚Kampf dem Hunger!' und ‚Fordert Menschenrechte!'. Unter diesen Losungen hetzten sie die Leute zu Demonstrationen auf und unternahmen vorsätzlich den Versuch, Ausländer auf ihre Worte und Taten aufmerksam zu machen, sodass diese sie weltweit publik machen würden. Es gibt eine sogenannte chinesische Menschenrechtsgruppe, die sogar so weit ging, Wandzeitungen anzuschlagen, in welchen sie forderte, dass der Präsident der Vereinigten Staaten für die Menschenrechte in China ‚Sorge tragen' solle. Können wir eine derart offenkundige Aufforderung zur Einmischung in die inneren Angelegenheiten Chinas zulassen? Es gibt ferner eine sogenannte Tauwetter-Gesellschaft, die in einer Deklaration die Diktatur des Proletariats offen bekämpfte und sie als ‚Spaltung der Menschheit' brandmarkte. Können wir diese Art von ‚Redefreiheit' dulden, die den Prinzipien unserer Verfassung offenkundig zuwiderläuft?"

„In Shanghai gibt es“, fährt Deng Xiaoping fort, „ein sogenanntes Demokratie-Forum. Einige seiner Mitglieder haben Genossen Mao Zedong verleumdet und große konterrevolutionäre Transparente aufgestellt, auf denen sie erklärten, dass ‚die Diktatur des Proletariats die Wurzel allen Übels‘ sei und es gelte, ‚die Kommunistische Partei Chinas entschieden und gründlich zu verurteilen‘. Sie behaupteten, der Kapitalismus sei besser als der Sozialismus, und China solle daher statt der vier Modernisierungen die von ihnen genannten ‚sozialen Reformen‘ durchführen, was einer Einführung des Kapitalismus entspricht. [...] Manche haben sogar heimlich Kontakt mit Geheimdiensten der Guomindang aufgenommen und Sabotage geplant.“

„Es ist offensichtlich“, schließt Deng Xiaoping, „dass diese Leute kein Mittel unversucht lassen wollen, *unsere Bemühungen um die Verlagerung des Schwergewichts unserer Arbeit [weg vom Klassenkampf] auf die Verwirklichung der Modernisierung zu stören*. Wenn wir diese schwerwiegenden Erscheinungen ignorieren, werden unsere Partei- und Regierungsorgane der verschiedenen Ebenen dermaßen behindert, dass sie unmöglich ihre Arbeit leisten können. *Wie können wir uns dann auf die vier Modernisierungen konzentrieren?*“[392]

Diese Aussage Deng Xiaopings veranschaulicht die Hauptwiderspruchsmethode und die dieser verpflichtete Logik. Es geht ihm nicht um Menschenrechte im Sinne eines abstrakten Wertes an sich. Sein Denken kreist vielmehr um die Lösung des Hauptwiderspruchs in Form der vier Modernisierungen. Das ist sein zentrales Anliegen, um das sich alles drehen muss. Die hier wiedergegebenen Deng-Worte stehen Pars pro Toto für das amtliche Denken in der VR China, zumindest jenes auf höchster Ebene. Grundsätzlich sämtliche Probleme, die es zu lösen gilt, werden von Führern der VR China stets unter dem Gesichtspunkt des Hauptwiderspruchs betrachtet und bewertet.

Im UNO-Menschenrechtsrat wurden in der Zeitspanne 2006 bis 2010 286 Resolutionen verabschiedet. 209 Resolutionen, zumeist Themenresolutionen, wurden „ohne Abstimmung“, also gewissermaßen einstimmig verabschiedet, 77 umstrittene Resolutionen wurden nach einer Kampfabstimmung angenommen. Dabei befand sich die VR China 68-mal auf der Siegerseite, fünfmal auf Verliererseite, und viermal übte sie Stimmenthaltung. Demgegenüber befand sich die Schweiz 15-mal auf der Siegerseite, 23-mal auf der Verliererseite, und 24-mal übte sie Enthaltung.[393] Das Abschneiden der Schweiz kann hier stellvertretend für jenes westlicher Staaten herangezogen werden. Wie man sieht, hat im UNO-Menschenrechtsrat die VR China in strittigen Menschenrechtsfragen eine stärkere Stellung als westliche Staaten (siehe auch Abschnitt 2.19). Aber die VR China hütet sich davor, westlichen Staaten ihr schwaches Abschneiden auf der globalen Plattform des Genfer Gremiums vorzuhalten. Denn das wäre dem chinesischen Bemühen um Goodwill bei westlichen Staaten und um möglichst exzellente wirtschaftliche Beziehungen mit diesen um der Lösung des Hauptwiderspruchs willen abträglich. Insofern wird Deng Xiaopings außenpolitische Maxime, wonach die VR China ein niederes Profil wahren sollte,[394] selbst unter Xi Jinping aufrechterhalten.

2.44 Zur Problematik der Hauptwiderspruchsmethode

Offensichtlich hat die Hauptwiderspruchsmethode aus der Sicht der chinesischen Führung positive Seiten. Dank dieser Methode vermag die chinesische Regierung sämtliche Kräfte des Ein-Milliarden-Volkes auf ein Ziel hin zu fokussieren.

Allein in der Zeitspanne 1980 bis 2007 „ist die chinesische Volkswirtschaft um 878 % gewachsen, die indische um 319 % – die der USA im Vergleich dazu um 121 % und die deutsche um bescheidene 58 %.“[395] Die seit 1978 stattfindende „schnellste einzelne wirtschaftliche Transformation, welche die Welt je gesehen hat“[396], kann bei Kenntnis der Kräfte, welche die Hauptwiderspruchsmethode zu bündeln vermag, nicht in Erstaunen versetzen.

Eine negative Seite dieser Führungsmethode wird dann offensichtlich, wenn der Hauptwiderspruch auf einer Einbildung beruht. So hat Mao nach der post„kulturrevolutionären“ Einschätzung seitens der KPCh in seinen letzten zwei Lebensjahrzehnten an einem irrealen Hauptwiderspruch festgehalten, nämlich am Hauptwiderspruch zwischen dem „Proletariat“ und der „Kapitalistenklasse“. Mit dieser falschen Einschätzung des Hauptwiderspruchs habe er die VR China an den Rand des Abgrunds geführt.

In der Tat hatte nach der bis 1956 in der VR China erfolgten „Expropriation aller Expropriateure“ und der daraus resultierenden Eliminierung der „Ausbeuterklassen“ bereits der 8. Parteitag der KPCh im Jahre 1956 den Hauptwiderspruch in etwa so, wie er von 1978 bis 2017 lautete, festgelegt und postulierte drei Modernisierungen, die sogar Mao 1957 einmal kurz befürwortete.[397] Aber er rückte von dem vom 8. Parteitag proklamierten Hauptwiderspruch seit 1957, unter dem Eindruck des Ungarn-Aufstandes 1956 und anderer Ereignisse, ab und beharrte bis zu seinem Tod am Hauptwiderspruch „Klassenkampf“. Kein Wunder, dass Chen Yun (1905–1995), einer der nach der „Kulturrevolution“ (1966–1976) in den 1980er-Jahren wieder auferstandenen alten Führer Chinas, gesagt haben soll, es wäre am besten gewesen, wenn Mao 1956 gestorben wäre.[398]

Bis zu Maos Tod wogte ein „Kampf zweier politischer Linien“. Im Klartext ging es dabei um zwei unterschiedliche Einschätzungen des Hauptwiderspruchs. Schlussendlich gewann die vom 8. Parteitag der KPCh 1956 verkündete Definition des Hauptwiderspruchs. Diese erscheint als recht realistisch. Deshalb bereitete es mir keine Mühe, 1994 zu prophezeien, dass die politische Linie der „sozialistischen Modernisierung“ „auch über den Tod Deng Xiaopings [1997] hinaus“ „relativ personenunabhängig“ „eine reelle Chance hat, über einen gewissen Zeitraum hinweg in Kraft zu bleiben“.[399]

29 Jahre später, im Jahr 2023, möchte ich auf diese Prognose verweisen und sie im Hinblick auf die nähere Zukunft, ja kommenden Jahrzehnte unverändert wiederholen. Solche Voraussagen hinsichtlich der chinesischen Politik sind vergleichsweise leicht zu machen, wenn man sich nur auf deren Hauptwiderspruchslogik einlässt. Gestützt auf die Hauptwiderspruchslogik nicht voraussehen lassen sich überraschende, außergewöhnliche Ereignisse, welche immer wieder in den Lauf des Geschehens einbrechen können.

2.45 Hauptwiderspruchsparallelen

Wenn westliche Beobachter den Unterschied zwischen der „Kulturrevolution“ Maos (1966 – 1976) und der Ära seit Maos Tod (09.09.1976) als gewaltig betrachten, so waren die Unterschiede zwischen der Mao-Ära in der Zeitspanne 1937 bis 1945, als die antijapanisch eingestellten Grundeigentümer gehätschelt und deren Menschenrechte geschützt wurden, und der Mao-Ära in der Zeitspanne 1945 bis 1956, als dieselben Grundeigentümer im Zeichen des „Klassenkampfes“ verfolgt und teilweise hingerichtet wurden, mindestens ebenso gewaltig.

Westliche Beobachter versuchen mit den sie anheimelnden Vorstellungsmustern die zweifellos großen Veränderungen in der VR China seit Maos Tod zu verstehen. Ein wichtiges Analysemittel ist der „Pragmatismus". Aber den Verfassern der oben erwähnten DDR-Enzyklopädie kam bereits Maos Politik „pragmatisch" vor. Was an Mao oder unter seinen Nachfolgern als „Pragmatismus" erscheint, ist, aus der chinesischen Binnenperspektive betrachtet, nichts anderes als die – supraplanerisch gesehen – Hauptwiderspruchslogik.

Der 1978 definierte Hauptwiderspruch weist mit dem Hauptwiderspruch der Zeitspanne 1937 bis 1945 große Ähnlichkeiten auf. Damals waren nicht Ausbeuterklassen der Hauptfeind, sondern Japan, nach 1978 waren erneut nicht Ausbeuterklassen, sondern Armut und Rückständigkeit der Hauptfeind. Im Zweiten Weltkrieg war die KPCh unter Mao Zedong über die von ihr unterstützte Guomindang-Regierung Tsiang Kaisheks gar mit den USA verbündet. So wie damals eine auch Angehörige der „Feindesklassen" umfassende „Einheitsfront" gebildet wurde, aktiviert heute die KPCh eine weltumspannende Einheitsfront gegen Armut und Rückständigkeit. Weltweit jeder, der dazu beiträgt, Armut und Rückständigkeit in der VR China zu überwinden, ist ein willkommener Bundesgenosse. So werden alle die Ausländer, auch Angehörige der westlichen Monopolbourgeoisie, die z. B. durch Joint-Venture-Gründungen oder die Etablierung von vollständig in ausländischem Eigentum stehenden Unternehmen einen Beitrag zum chinesischen Modernisierungsaufbau leisten, in der VR China mit offenen Armen empfangen.

2.46 Die Grundlinie der Partei: Eine mittels der Methode der Widerspruchssynthese festgelegte Norm

Die Führung der VR China zieht ihre sich auf alle möglichen Aktionsfelder erstreckende Politik zur Umsetzung der politischen Linie mit eiserner Konsequenz allseitig durch.

Dazu dienen in erster Linie Parteinormen der KPCh, nämlich neben der politischen Linie die ebenfalls fundamentale Grundlinie, die Polaritätsnormen und die Politnormen der KPCh, in zweiter Linie das Gesetzesrecht der VR China (Verfassung, Gesetze, Rechtserlasse unterhalb der Gesetzesebene, lokale Rechtserlasse) und internationales Recht, ferner Initiativen und Strategien, Pläne etc.

Die KPCh ist davon überzeugt, sie sei dank der sinomarxistischen Dialektik, die an das altüberlieferte chinesische Yin-Yang-Denken anknüpfen kann, imstande, gleichsam „auf zwei mentalen Klaviaturen gleichzeitig spielen“.[400] Sie erachtet sich daher als fähig, ja als darin spezialisiert, gleichsam Feuer und Wasser zu vereinen, und zwar nach der – auf westliche Menschen banal wirkenden – Methode „Zwei zu einem vereinen“. Bei genauerem Hinsehen steckt eine nicht geringe Raffinesse hinter dieser Formel. Gemeint sind zwei widersprüchliche Aspekte oder Dinge, die miteinander so verknüpft werden, dass sie koexistieren oder gar einander fördern. Derartige Widerspruchskonstrukte stellt die KPCh durch amtliche Normen her, die unterschiedliche Namen tragen.

Als eine grundlegende Parteinorm immer wieder heraufbeschworen wird in den Satzungen der KPCh, von den Partei- und Staatsführern sowie in den Massenmedien der VR China die sogenannte „Grundlinie der KPCh“[401]. Die „Grundlinie der KPCh“ regelt Widersprüche von langfristiger, supraplanerischer Relevanz. Auf seiner Reise in den Süden (1992) sagte Deng Xiaoping, dass man an der Grundlinie der Partei „100 Jahr lang, ohne zu wanken, festhalten solle“[402]. Gemäß ihr soll das Milliardenvolk bis 2049 fokussiert sein auf

- *ein Zentrum* – den Wirtschaftsaufbau (also die Grundlage für die Lösung des Hauptwiderspruchs) – und
- *zwei grundlegende Punkte*, nämlich
  - [die beiden zur Durchführung des Wirtschaftsaufbaus wichtigsten einzuschlagenden Wege] Reform und Öffnung
  - [die zur Gewährleistung der Voraussetzungen für die Existenz des sinomarxistischen Staates VR China als unabdingbar angesehenen] vier grundlegenden Prinzipien, die Deng Xiaoping am 30.03.1979 formuliert hat[403] (siehe auch Abschnitt 2.8) und die in der Präambel den Verfassungen der VR China von 1982 und 2018 verankert sind:
    - „Festhalten an der Führung durch die KPCh;
    - Festhalten an der ‚Diktatur des Proletariats‘ bzw. an der ‚demokratischen Diktatur des Volkes‘;
    - Festhalten am sozialistischen Weg;
    - Festhalten am Marxismus-Leninismus und an den Mao-Zedong-Ideen [und weiteren chinesischen Marxismus-Ergänzungen, darunter seit dem 11.03.2018 die Xi-Jinping-Gedanken über den Sozialismus chinesischer Prägung für eine neue Ära].“[404]

Von dieser komplexen Parteinorm, der „Grundlinie der Partei“, die in der VR China ständig eingetrichtert wird, nehmen westliche Beobachter gewöhnlich nur gerade ein Element wahr, nämlich „Reform und Öffnung“. So ist nach der Meinung der deutschen Bundesregierung die VR China in den letzten Jahrzehnten allein dank der „Reform- und Öffnungspolitik" sowie der vermehrten internationalen Zusammenarbeit zu einem gewissen Wohlstand gelangt (China-Str 23, S. 8, 25). Westliche Beobachter pflegen, die „Reform und Öffnung" in Unkenntnis der Grundlinie der Partei isoliert zu betrachten und in ein Mosaik westlicher Polittheorien und Wunschvorstellungen zu transplantieren.[405] Sie entfernen also „Reform und Öffnung" aus dem Gesamtkontext der „Grundlinie der Partei", deuten die beiden Wörter im westlichen Sinne um[406] und sind jeweils bitter enttäuscht, wenn schon wieder ein Jahr ohne die westlicherseits heiß ersehnten politischen Reformen vergangen ist. Diese sind gemäß als unfehlbar angesehener westlicher Theorien unausweichlich. Westliche Beobachter reagieren auf die Grundlinie der Partei, die aus westlicher Sicht Dinge miteinander verknüpft, die sich gegenseitig ausschließen, nämlich Wirtschaftsaufbau mit Diktatur und Marxismus-Leninismus, wie die drei Äffchen: nichts hören, nichts sehen, nichts sagen.

Dass steigender Wohlstand keineswegs zwangsläufig zu einer Demokratie westlichen Zuschnitts führen muss, sondern mit einem autoritären Umfeld vereinbar ist, und zwar über lange Zeiträume hinweg, zeigt ein Blick auf Hongkong. „Mehr als 100 Jahre hätte das Vereinigte Königreich von Großbritannien Zeit gehabt, in Hongkong demokratische Institutionen einzuführen."[407] Doch nie hat Großbritannien der Bevölkerung von Hongkong Teilhabe an der westlichen Demokratie gewährt. Nicht einmal dem Schutz der Europäischen Menschenrechtskonvention wurde Hongkong durch Großbritannien unterstellt, obwohl seitens der Hongkonger Bevölkerung ein diesbezügliches Bedürfnis spürbar war.[408]

Sogar noch den letzten britischen Gouverneur Hongkongs durfte die Hongkonger Bevölkerung nicht wählen. Er wurde von London eingesetzt. Nie saß ein Vertreter Hongkongs im britischen Unterhaus, nicht einmal in den 1980er-Jahren, als

Großbritannien – ohne demokratische Legitimation – mit der VR China über die Rückgabe Hongkongs an China verhandelte. Und nie hat es meines Wissens unter der Bevölkerung Hongkongs je irgendeine ernsthafte Demokratiebewegung gegen das autoritäre britische Kolonialregime gegeben. „Die in Hongkong lebenden Menschen wollten nie ‚primär demokratische Institutionen'. Sie wollten eine funktionierende Infrastruktur, [...] und sie wollten Geld verdienen und mit diesem auch etwas kaufen können."[409] Das zeigt, dass sich in einem Regime ohne westliche Demokratie Wohlstand offenbar sehr gut genießen lässt – ohne Verlangen nach westlich-demokratischen Reformen. „Womöglich [...] passen der Kapitalismus und ein autoritärer Staat [...] besser zusammen, als dem Westen lieb sein kann. Auch in der Welt der Wirtschaft gibt es schließlich keine Mehrheitsentscheidung; geführt wird von oben nach unten."[410] Die Demokratie westlichen Zuschnitts scheint keine absolute Gewähr für eine wirtschaftliche Blüte zu bieten, gibt die der VR China gegenüber sehr kritisch eingestellte Journalistin He Qinglian zu bedenken: „Lebt denn das Volk in einigen lateinamerikanischen Staaten, die sich demokratisiert nennen, nicht nach wie vor in einem Zustand extremer Not?"[411]

2.47 Westliche Komponentenisolierung versus chinesische Komponentenverknüpfung

Wenn jemand sagen würde, die wirtschaftlichen Erfolge in der VR China seien in Tat und Wahrheit auf die Marktwirtschaft zurückzuführen, dann würde man ihm in der VR China offiziellerseits wohl entgegnen, dass dies eine typisch westliche eindimensionale, nicht vernetzende Sicht der Dinge sei. Nicht die Marktwirtschaft als Einzelfaktor, sondern das Gesamtkonzept der Grundlinie der Partei mit der Verknüpfung ihrer verschiedenen, aus westlicher Sicht unvereinbaren Teilelemente sei der Schlüssel zum Erfolg. Dank der Grundlinie der Partei sei gewährleistet, dass die Marktwirtschaft unter der Führung der KPCh in die Tat umgesetzt werde, die konstant das Heft in der Hand halte, die Marktwirtschaft einer gesetzesrechtlichen Makroregulierung unterziehe und, was das politische Umfeld angehe, dauerhaft, wenn nötig mit drakonischen Mitteln, für Stabilität, Ruhe und Ordnung sorge. Hätte man in China seit 1980 alle vier Jahre Wahlen nach westlichem Muster durchgeführt, so dürfte offiziellerseits argumentiert werden, dann wäre China heute auch nicht besser dran – im Gegenteil.

Westliche Menschen, die vom Sinomarxismus nichts wissen, meinen wohl, eine bemerkenswerte Beobachtung zu machen, wenn sie monieren: „Während China seine wirtschaftlichen Strukturen modernisiert, ist das politische System starr geblieben.“[412] Die wirtschaftliche Modernisierung bei gleichzeitiger Beibehaltung des marxistisch-leninistischen Einparteienstaates scheint westliche Menschen geradezu Schmerzen zu bereiten. Sie empfinden das als einen unerträglichen und zum Scheitern verurteilten „Widerspruch“, als etwas unvereinbar Gegensätzliches. „Marktwirtschaft und Kommunismus lassen sich nicht vermählen“, heißt es etwa.[413]

Gemeint ist wohl die angebliche Unvereinbarkeit von Marktwirtschaft und Sozialismus. Denn „Kommunismus“ ist ein offizielles Fernziel, kein gegenwärtiger Zustand. Die VR China hat sich noch nie als „kommunistisches Land“ bezeichnet. Vielmehr heißt es, China befinde sich im „Anfangsstadium des Sozialismus“. Das sei „ein unüberschreitbares historisches Stadium im wirtschaftlich und kulturell rückständigen China, das mehr als 100 Jahre in Anspruch nehmen werde“

(Satzungen 1992, 1997, 2002, 2007, 2012, 2017 und 2022, AP).

Unbekannt scheint im Westen zu sein, dass Führungspersönlichkeiten der KPCh Widersprüche als das Allernormalste in der Welt betrachten und sich selbst als Meister in deren Handhabung – Analyse, Regulierung, Herstellung und Beherrschung – betrachten. Diese Führungspersönlichkeiten meinen, dass gerade ein solch widersprüchliches „Yin-Yang-Konzept" wie die Grundlinie der Partei *den* Schlüssel zum Erfolg bilde. Wer widerlegt sie?

2.48 Versuchsballon-Politik: Erst testen, dann institutionalisieren

In keinem Land der Welt dürfte die Methode der gezielten Durchführung gesellschaftlicher Pilotprojekte[414] so verbreitet sein wie in der VR China.[415] Schon vor Maos Tod war das so.[416] Diese in westlichen Ländern längst nicht in einem mit China vergleichbaren Ausmaß eingesetzte Methode gründet in der sinomarxistischen Erkenntnislehre.[417] Danach entspringen alle Erkenntnisse der Praxis. Diese ist das Kriterium der Wahrheit. Nicht am grünen Tisch könne man entscheiden, ob eine Gesetzesnorm oder eine Institution funktioniere. Diese müsse man vielmehr zunächst einer praktischen Anwendung unterziehen. Erst danach könne man die Tauglichkeit der ins Auge gefassten Gesetzesnorm oder Institution feststellen.

Neue Rechtsnormen oder Institutionen etc. werden daher in der VR China oft in sogenannten „Versuchspunkten" (shidian) getestet und, falls sie sich dort in der Praxis bewähren, in der Folge, gegebenenfalls nach Vornahme von Korrekturen, „vom [Versuchs-]Punkt aus über die ganze Fläche verbreitet“ (yi dian dai mian).[418] Offiziell werden also landesweit (oder, falls im kleineren Rahmen, in einer Region) die mit dem Pilotprojekt gemachten „Erfahrungen verbreitet“ (tuiguang jingyan). So waren und sind die Wirtschaftssonderzonen im Süden Chinas u.a. große institutionelle und juristische Versuchslabors für ganz China. Über die Wirtschaftssonderzone Shenzhen, die „Experimentalzone des chinesischen Wirtschaftswunders“, etwa heißt es, sie solle eine „auf Kultur gegründete Stadt“ und „auch damit ein Vorreiter für das ganze Land“[419] werden.[420]

Das Schulfach „Chinesische Tradition“ hat die KPCh Mitte der 1990er-Jahre in einer Million Grundschulen als Feldversuch eingeführt, ausgeweitet aber wurde es nie.[421]

Im Februar 2007 erließ das Erziehungsministerium „Ansichten betreffend die umfassende Durchführung von Erziehung zur Lauterkeit in Hoch-, Mittel- und Primarschulen.“[422] Dabei wurde ein *Lesebuch für Mittel- und Grundschulen der Stadt Beijing für die Erziehung zur Lauterkeit* einem Test unterzogen. Im Rahmen dieses Tests wurden Einwände geäußert, und zwar dahin gehend, dass es nicht opportun sei, schon Jugendliche mit dem in dem Schulbuch beschriebenen korrupten Verhalten von Erwachsenen zu konfrontieren.[423]

Im Verkehrsnetz der Stadt Shanghai wurden für stillende Mütter sogenannte „Mutter-und-Kind-Zimmer“, beispielsweise auf Flughäfen oder in Bahnhöfen, getestet.[424] Offenbar wurde dieser Test als erfolgreich eingestuft und das Konzept eines „Mutter-und-Kind-Zimmers“ „vom Versuchspunkt aus über die Fläche verbreitet“. Denn im November 2017 erblickte ich im Beijing Marriott Hotel City Wall ein „Center of Mom“.

Im Rahmen der digitalen Transformation werden „in mehreren chinesischen Städten […] Sozialkreditsysteme erprobt, die bis 2020 flächendeckend auf nationaler Ebene zum Einsatz kommen sollen. Tausende von Daten werden erfasst und analysiert, das Verhalten des einzelnen Bürgers gläsern gemacht. Kriterien für die Ermittlung der Reputation sind beispielsweise die Kreditwürdigkeit, das Strafregister und das soziale und politische Verhalten.“[425]

Zahlreiche Rechtserlasse sind mit dem Vermerk „versuchsweise in Kraft gesetzt“ versehen. Aber die praktische Umsetzung der materialistischen Optik im Rechtsbereich der VR China lässt zu wünschen übrig. Es fehlt an einer institutionalisierten regelmäßigen Überprüfung von versuchsweise in Kraft gesetzten Rechtserlassen, sodass sie teilweise veralten, aber formell nach wie vor weitergelten.[426]

2.49 Wirklichkeitslenkung nach Yin-Yang-Art: Die im Westen unerkannten Polaritätsnormen

Der Widerspruchsregelung gemäß der Formel „Zwei zu einem vereinen“ dienen die – im Westen nicht wahrgenommenen – sogenannten Polaritätsnormen (fangzhen).[427] Mittels Polaritätsnormen erfasst die KPCh „Nebenwidersprüche“ strategischer, teilweise sogar supraplanerischer, also langfristiger Natur und regelt das Verhältnis von deren gegensätzlichen Seiten.

2.50 Nicht bloß „Pragmatismus“: Flexibilität mit Grundsatztreue verknüpfen

Die sinomarxistische dialektische Synthese gemäß der sinomarxistischen Methode „Zwei zu einem vereinen“ kommt in zahlreichen Polaritätsnormen zum Ausdruck, wie z. B. „Flexibilität mit Grundsatztreue verknüpfen“.[428]

Da man im Westen den Sinomarxismus und daher auch beispielsweise diese von der KPCh hochgehaltene Maxime nicht kennt, sieht man meist nur die Flexibilität chinesischen Verhaltens. Das hat zur Folge, dass man im Westen mit Blick auf die VR China oft von „Pragmatismus“ redet. Aber wie die Grundlinie der Partei zeigt, gibt es in der chinesischen Politik gewisse unverrückbare Gegebenheiten. Flexibles Einzelverhalten mag man „pragmatisch“ nennen können, aber auf das *flexibel-unflexible Gesamtverhalten* passt das Wort „pragmatisch“ nicht. Will man dieses Gesamtverhalten im Auge behalten, sollte man das Wort „pragmatisch“ meiden. Das Gesamtverhalten ist als sinomarxistisch-dialektisch und nicht als „pragmatisch“ zu kennzeichnen. Nur in Anbetracht des Gesamtverhaltens und nicht nur der flexiblen Seite desselben vermag man amtliche Vorgehensweisen in der VR China realistisch einzuschätzen.

Wer an der Befolgung der Maxime „Flexibilität mit Grundsatztreue verknüpfen“ zweifelt, der versuche bitte, auf dem Platz des Himmlischen Friedens ein Transparent mit der Inschrift „Nieder mit der KPCh“, „Freiheit für Ostturkestan (Xinjiang)“ oder „Ja zum UNO-Beitritt Taiwans“ hochzuhalten. Er wird nicht mit einer „pragmatischen“, sondern mit einer harten Reaktion zu rechnen haben. Bei dieser Gelegenheit könnte er ja auch noch die westliche These vom durch und durch kapitalistischen China ausprobieren und den Sicherheitskräften, die ihn sofort wegschaffen werden, eine

Bestechungssumme von sagen wir zehn Millionen US-Dollar in bar anbieten, damit sie ihn das Transparent weiterhin hochhalten lassen. Auch das wird nicht gelingen. Denn in der VR China ist, anders als im Westen geglaubt wird, nicht in jeglicher Hinsicht Geld der alles bestimmende oberste Wert. Nur insofern es der Lösung des Hauptwiderspruchs nützt, spielen, idealtypischerweise, kommerzielle Gesichtspunkte eine Rolle. Es gibt immer wieder Vollzugsprobleme - auch hinsichtlich der in der Realität gewiss hindernisreichen Lösung des Hauptwiderspruchs.

2.51 Ein Land, zwei Systeme

Die Polaritätsnorm „Ein Land, zwei Systeme“[429] hat Deng Xiaoping am 11.01.1982 im Hinblick auf die Eingliederung Hongkongs, Macaus sowie auch Taiwans in die VR China formuliert.[430] Königin Elisabeth pries auf einem Bankett zu Ehren Xi Jinpings[431] am 20.10.2015 „Deng Xiaopings visionäres Konzept ‚Ein Land, zwei Systeme‘, das den Weg für die Rückkehr Hongkongs [in die] Souveränität [der VR China] im Rahmen der chinesisch-britischen gemeinsamen Erklärung [von 1984] eröffnete.“[432]

In einer gemeinsamen chinesisch-britischen Erklärung zur Hongkong-Frage, unterzeichnet in Peking am 19. Dezember 1984[433], wird die Polaritätsnorm „Ein Land, zwei Systeme“ völkerrechtlich verankert.

Die Komponente „Ein Land“ kommt in folgenden Bestimmungen dieser Erklärung zum Ausdruck:

Die Regierung des Vereinigten Königreichs erklärt, dass sie Hongkong mit Wirkung vom 1. Juli 1997 an die VR China zurückgeben wird.

Die Regierung der VR China erklärt,

- dass sie die Souveränität über Hongkong mit Wirkung vom 1. Juli 1997 ausüben wird;
- dass sie gemäß Artikel 31 der chinesischen Verfassung[434] Hongkong den Status eines Sonderverwaltungsgebiets gibt, das direkt der chinesischen Zentralregierung untersteht;
- dass das Sonderverwaltungsgebiet Hongkong ein hohes Maß an Autonomie genießen wird – „in Hongkong hat Peking entgegen seiner Zusagen und völkerrechtlichen Verpflichtungen die Autonomie der Stadt ausgehöhlt" (China-Str 23, S. 20). Das ist eine nicht zutreffende Behauptung. Die VR China hat Hongkong keine Autonomie schlechthin, sondern lediglich ein „hohes Mass an Autonomie" zugesagt. „Hohes Mass an [...]" ist eine Gummiformulierung,[435] deren weite oder enge Interpretation im freien Ermessen der chinesischen Amtsstellen steht –, dass aber die Außen- und Verteidigungsangelegenheiten in die Zuständigkeit der Zentralregierung fallen.

Die Komponente „zwei Systeme" kommt in folgenden Bestimmungen der gemeinsamen Erklärung mit Bezug auf eine Zeitspanne von 50 Jahren ab 1997 (also nicht für alle Ewigkeit) zum Ausdruck:

> [System Nr. 1: der westlich-kapitalistische Lebensstil] Die derzeitigen sozialen und wirtschaftlichen Systeme in Hongkong bleiben unverändert, ebenso wie der Lebensstil. Privateigentum, Eigentum an Unternehmen, legitimes Erbrecht und ausländische Investitionen werden gesetzlich geschützt.
>
> [System Nr. 2: Das englische Rechtssystem] Die derzeit in Hongkong geltenden englischen Common-Law-Gesetze bleiben im Wesentlichen [also nicht total] unverändert.
>
> [...]

Die völkerrechtliche Vereinbarung wurde im innerstaatlichen chinesischen Recht verankert. So statuiert das vom Nationalen Volkskongress, gestützt auf Art. 62 Ziff. 13 der Verfassung vom 04.12.1982[436], am 04.04.1990 verabschiedete Grundgesetz des Sonderverwaltungsgebiets Hongkong[437]:

> Artikel 5: Das sozialistische System und die sozialistische Politik sollen im Sonderverwaltungsgebiet Hongkong nicht praktiziert werden, und das bisherige kapitalistische System und die Lebensweise sollen für 50 Jahre unverändert bleiben.
>
> Artikel 8: Die zuvor in Hongkong geltenden Gesetze, d.h. Common Law, Billigkeitsregeln, Verordnungen, untergeordnete Gesetze und Gewohnheitsrecht, werden beibehalten, mit Ausnahme von Regelungen, die gegen dieses Gesetz verstoßen, und vorbehaltlich einer Änderung durch den Gesetzgeber des Sonderverwaltungsgebiets Hongkong.

Gleichlautend sind die Art. 5 und 8 im Grundgesetz des Sonderverwaltungsgebiets Macao[438], das am 20.12.1999 gegründet wurde.

Die chinesisch-englische Erklärung über Hongkong wurde im Jahr 1985 vereinbart. Damals herrschte in Hongkong, seit 1842 eine Kolonie Englands, keine Demokratie. Es ist schleierhaft, wie man sich dazu hinreißen lässt, von einer „langjährigen demokratischen Tradition in Hongkong" zu sprechen.[439] Politische Mitbestimmung hat England den Einwohnern Hongkongs nie gewährt. Regiert wurde Hongkong von einem Gouverneur – stets ein Engländer, nie ein Hongkonger Chinese –, ernannt durch die Königin, und zwei Kammern, deren Mitglieder ebenfalls nicht gewählt, sondern vom Gouverneur eingesetzt wurden. „Demokratie ist die schlechteste Regierungsform, abgesehen von all den anderen Formen, die von Zeit zu Zeit ausprobiert wurden." Das sagte Churchill am 11.11.1947 in einer Rede vor dem britischen

Unterhaus[440]. Offensichtlich meinte Churchill mit „Demokratie“ die westliche liberale Demokratie. Sie erschien britischen Politikern, auch Churchill, nur in westlichen Staaten als praktikabel. Denn sonst hätten sie während der von 1842 bis 1997 währenden britischen Herrschaft über Hongkong dort die Demokratie eingeführt. Nie saß eine Vertreterin oder ein Vertreter Hongkongs im Westminster Parlament. Der chinesische Volkskongress verabschiedete am 11.03.2021 eine Wahlrechtsreform für Hongkong. Künftig wird ein neues Komitee die Kandidatinnen und Kandidaten für wichtige politische Ämter auswählen. Das prodemokratische Lager wird so chancenlos. „Zynisch lässt sich anmerken, das Wahlsystem in Hongkong werde nun wieder britischer.“[441]

England hat zwar, gestützt auf Art. 56 Ziff. 1 der Europäischen Menschenrechtskonvention vom 04.11.1950[442], dafür gesorgt, dass der in dieser Konvention gewährleistete Menschenrechtsschutz in vielen von England abhängigen Gebieten, z. B. seit 1964 in den Falklandinseln[443], Anwendung findet, nie aber in Hongkong.[444]

Vom 11.–19. August 2019 befand ich mich in Macao und Hongkong. In jenen Tagen wurde nach zwei Monaten mit Protesten und Auseinandersetzungen zwischen Demonstrierenden und der Polizei der Flughafen Hongkong besetzt. Der Flugverkehr, gerade auch für Touristen, wurde teilweise eingestellt.[445]

Angesichts der nicht enden wollenden Proteste wäre theoretisch ein Einsatz der seit 1997 in Hongkong stationierten Volksbefreiungsarmee möglich gewesen. Aber die Pekinger Zentralregierung zog es vor, die Lage juristisch zu regeln, und zwar mittels des Gesetzes der VR China zur Wahrung der nationalen Sicherheit im Sonderverwaltungsgebiet Hongkong vom 30. Juni 2020.[446]

Gewiss werden durch dieses Gesetz gewisse Freiheiten eingeschränkt, und zwar mit Gummibegriffen, die von den chinesischen Amtsstellen eng oder weit ausgelegt werden können, aber die Behauptung, durch dieses Gesetz seien die „zwei Systeme", also das englische Rechtssystem und das kapitalistische Wirtschaftssystem, schlechterdings abgeschafft worden und Hongkong unterstehe jetzt dem Recht der Kern-Volksrepublik China und praktiziere deren sozialistisches Wirtschaftssystem, ist unzutreffend. So gilt in Hongkong weder die Verfassung der VR China von 1982 noch das am 1. Januar 2021 in Kraft gesetzte Zivilgesetzbuch[447] der VR China.

Über die in den Satzungen 2002, 2007, 2012, 2017 und 2022 verankerte Polaritätsnorm „Ein Land, zwei Systeme" las ich in der Presse der VR China:

> „Das Gesetz von der Einheit der Gegensätze […] ist die theoretische Grundlage des Konzepts […] ‚Ein Land, zwei Systeme'. Dessen Wert besteht darin, dass in einem sozialistischen Land einige kapitalistische Gebiete beibehalten werden können. Obwohl man in solchen Gebieten den Kapitalismus praktiziert, dient [Ein Land, zwei Systeme] doch dem Aufbau des Sozialismus."[448]

> „Die Polaritätsnorm […] ‚Ein Land, zwei Systeme' durchbricht den traditionellen Rahmen ‚Ein Land, ein System' […] und löst das Problem, wie man in einem geeinten Land eine friedliche Koexistenz von zwei entgegengesetzten Gesellschaftssystemen herbeizuführen vermag."[449]

Durch diese Polaritätsnorm werden neben den „Antithesen" Kapitalismus und Sozialismus auch die „Antithesen" britisches Common-Law-System (in Hongkong) und sozialistisches kontinentalrechtlich orientiertes Rechtssystem (im Stammland der VR China) unter einen Hut gebracht. Beide Rechtssysteme gelten unter dem Dach der VR China.

Die Umsetzung der sinomarxistischen dialektisch geformten Polaritätsnorm „Ein Land, zwei Systeme" in der Zehnjahresperiode 1997 bis 2007 wurde im Allgemeinen als erfolgreich bezeichnet.[450] „Neun Jahre nach Hongkongs Rückkehr nach China kann eine insgesamt positive Bilanz gezogen werden."[451] Die positive Entwicklung Hongkongs unter besagter Polaritätsnorm bestätigte mir Serge G. Fafalen, Managing Partner und Schweizer Rechtsanwalt mit Sitz in Hongkong, in einem am 27.09.2007 geführten Gespräch. Im Jahr 2013 sagte der ehemalige Botschafter der Schweiz in der VR China Uli Sigg: „Hongkong bewahrt noch 34 Jahre lang sein Rechtssystem, das im Blick auf die Meinungsäußerungsfreiheit britisch geprägt ist" (*SZ*, 06.10.2013, S. 43). Unter dem Titel „Hongkong markiert den 28. Jahrestag der Niederschlagung [der Proteste] auf dem Platz des Himmlischen Friedens" wurde am 04.06.2017 folgende Meldung verbreitet: „Zehntausende von Hongkongern hielten am Sonntag eine Kerzenlicht-Mahnwache ab, um den Opfern der brutalen Militäraktion der chinesischen Regierung gegen Demonstranten auf Pekings Platz des Himmlischen Friedens zu gedenken. Die Organisatoren, eine Dachorganisation pro-demokratischer Organisationen, schätzten, dass 110000 Menschen anwesend waren. Die jährliche Abendmahnwache in Hongkong ist auf dem Territorium [der VR China] das einzige große Gedenken an das Tiananmen-Blutvergießen. Die Erinnerung an die Ereignisse, ob öffentlich oder privat, bleibt [andernorts in der VR China] ein Tabu."[452]

Auch wenn derartige Gedenkfeiern in Zukunft nicht mehr möglich sein sollten, so wurden sie doch zwei Jahrzehnte lang geduldet. Auf die Formel „Ein Land, zwei Systeme" wäre wohl nach 1989 im Hinblick auf die deutsche Wiedervereinigung infolge fehlenden dialektischen Denkens kein Politiker der Bundesrepublik Deutschland gekommen.

2.52 Selbstvertrauen auf die eigene Kraft als Grundlage, Streben nach fremder Hilfe als Ergänzung

Eine andere wichtige Polaritätsnorm wurde schon 1958 formuliert[453] und regelt die „Antithesen“ Autarkie und wirtschaftliche Abhängigkeit vom Ausland. Nach dieser Polaritätsnorm ist der chinesische Wirtschaftsaufbau „in erster Linie aus eigener Kraft, subsidiär durch Inanspruchnahme ausländischer Hilfe“ durchzuführen. Dieser Polaritätsnorm entspricht der auf eine stärkere wirtschaftliche Unabhängigkeit zielende „Doppelkreislauf“ (shuang xunhuan), auch „duale Zirkulation“ genannt (China-Str 23, S. 37), in dem der große inländische Wirtschaftskreislauf die Hauptrolle spielt und der inländische und der internationale Kreislauf einander fördern (Bericht 2022, Punkt 4). Letztendlich dient die Inanspruchnahme ausländischer Hilfe und Technologie dazu, „unsere Fähigkeit zum Wirtschaftsaufbau aus eigener Kraft zu stärken.“[454] In diesem Sinne ist die gesamte chinesische Außenhandelsgesetzgebung darauf angelegt zu gewährleisten, dass die Fremdhilfe nie zur „Hauptseite“ des Widerspruchs werde. Das heißt, die Fremdhilfe darf nie dominant werden. Letztendlich will die VR China wirtschaftlich und technologisch möglichst zur Gänze auf den eigenen Beinen stehen können und Herrin im eigenen Haus bleiben. Diese Polaritätsnorm soll verhindern, dass Ausländer der VR China gegenüber das Strategem Nr. 30 „Die Rolle des Gastes in die des Gastgebers umkehren“ umsetzen.

Die Tragweite dieser Polaritätsnorm kann man ermessen, wenn man nur schon einige Zeitungsschlagzeilen zur Kenntnis nimmt wie:

- „CRH [= China Railway High-speed] ist da: China ist in das Zeitalter der [eigenfabrizierten] Hochgeschwindigkeitszüge eingetreten.“[455] – „Ein im Inland eigenproduzierter Hochgeschwindigkeitszug ist auf der Schiene [von Shanghai nach Hangzhou] in Betrieb genommen worden.“[456]
- „In Bezug auf breiträumige U-Bahn-Züge wurde die inländische Eigenproduktion verwirklicht: Das Monopol transnationaler Firmen ist gebrochen.“[457]
- „Ein in Shanghai durch eigenständige Forschung und Entwicklung hergestellter Omnibus mit Wasserstoffantrieb tritt ins Rampenlicht.“[458]
- „Zum Ruhme des Vaterlandes: Tatsachenbericht über den Bau des ersten inländischen [eigenproduzierten] kommerziell nutzbaren großen Kernkraftwerks.“[459]
- „Eine eigenproduzierte Cäsium-Fontänen-Atomuhr [wird noch] in sechs Millionen Jahren nicht um eine Sekunde [von der exakten Zeit] abweichen: China verfügt über ein unabhängiges integrales Zeitmesssystem.“[460]

Teilchenbeschleuniger von Shanghai (2009); Tiefenrekord des Forschungs-Tauchschiffs Jialong (2012), Premiere der Mondlandesonde Chang'e 3 (2013), Hochrisikolabor des Virologie-Instituts von Wuhan (2015) und 2017: Chinas erster Röntgensatellit, das weltgrößte Radioteleskop und der weltweit erste Satellit für Quanten-Kommunikation.[461]

Bei einer Umfrage der Deutschen Handelskammer in China hätten mehr als 40 Prozent aller dort vertretenen Unternehmen angegeben, dass China in ihrer Branche in fünf Jahren zum Innovationsführer aufsteigen werde, berichtet der Handelskammer-Manager Jens Hildebrandt.[462]

2.53 „Ausländisches für China nutzbar machen"

Die Polaritätsnorm „Ausländisches für China nutzbar machen" hat Mao 1964 formuliert. Diese Polaritätsnorm regelt die „Antithesen" Ausland und China. Bei der Öffnung, die in der VR China nicht als Selbstzweck, sondern als Werkzeug zur Lösung des Hauptwiderspruchs gesehen wird, kommt die Methode „Eins in zwei zerteilen" zur Anwendung. Diese Methode wirkt auf westliche Menschen nichtssagend. Dahinter verbirgt sich indes die sinomarxistische dialektische Analysemethode. Gestützt auf diese wird die Gesamtheit der ausländischen Dinge hinsichtlich ihres widersprüchlichen Charakters analysiert, worauf die Spreu vom Weizen getrennt wird. Als „Weizen" zählen die Dinge, die laut Einschätzung der KPCh für Chinas Modernisierungsaufbau gut und daher zurate zu ziehen oder gar zu übernehmen sind (marktwirtschaftliche Mechanismen, effizienzsteigernde Managementmethoden, gewisse Rechtsinstitutionen, westliche naturwissenschaftliche Erkenntnisse, sämtliche fortschrittlichen Technologien, Know-how etc.). Als „Spreu" betrachtet werden die Dinge, die als dem Modernisierungsaufbau nicht dienlich angesehen und daher zurückgewiesen werden, wie etwa westliche Gewaltenteilung, bürgerliches Mehrparteiensystem, aber auch der „demokratische Sozialismus".[463] In diesem Sinne wird die Polaritätsnorm „Ausländisches für China nutzbar machen" abwehrend umgesetzt. Andererseits geraten viele westliche Einflüsse in den Sog dieser Polaritätsnorm, vom amerikanischen „Soft Power"-Konzept bis hin zur sogenannten „Kreativwirtschaft". Dem „Soft Power"-Konzept wird gar ein Hauch von Supraplanung nachgesagt, da die USA damit „Siege ohne einen Waffengang erringen"[464] und ihren Einfluss auf Katzenpfoten mit kulturellen statt mit militärischen Waffen sichern und weltweit ausbauen. Im Rahmen der Kreativwirtschaft konnte das avantgardistische Kunstquartier 798 in Beijing mit offiziellem Segen immer wieder durch spektakuläre Ereignisse von sich reden machen.[465]

Fotografie: Ein junges Paar steht mit offenem Mund vor einem merkwürdigen Gebilde, das auch die Blicke zweier im Hintergrund befindlicher junger Frauen auf sich zieht. „Die Beijinger Stadtbevölkerung lässt sich von avantgardistischer Kunst beeindrucken“, so der Titel der Bildlegende, in der auf eine Ausstellung im Beijinger Kunstquartier 798 hingewiesen wird.[466]

Die Wirksamkeit der Polaritätsnorm „Ausländisches für China nutzbar machen“ unterstrich schon am 14.06.1979 die Shanghaier *Befreiungstageszeitung (Jiefang Ribao)* in einem Artikel mit dem Titel:

> „‚Ausländisches für China nutzbar machen‘ eröffnet neue Wege – Bericht über den Vorgang der Modernisierung eines alten Betriebs am Beispiel der Shanghaier Zahnpasta-Fabrik.“

Es wird geschildert, wie die Shanghaier Zahnpastafabrik ihre Exportkapazität durch Importe westlicher Ausrüstung erhöhte und die ausländische Technologie entsprechend ihren spezifischen Bedürfnissen änderte, also „sinisierte“ (zhongguohua). Der Schlusssatz lautet:

> „Vom Import zum Export, vom Lernen zur Neuschöpfung, diese Ergebnisse erzielte die Fabrik dank der über zehnjährigen Befolgung der Polaritätsnorm ‚Ausländisches für China nutzbar machen.‘“[467]

Was hat doch Sebastian Kurz (von Dezember 2017 bis Mai 2019 und von Januar 2020 bis Oktober 2021 österreichischer Bundeskanzler) erlebt! Sein Vater Josef Kurz bangte um seine Stelle bei Philips. Die Geschäftsführung versuchte, auch Mitarbeiter aus der Entwicklungsabteilung, in der Josef Kurz arbeitete, in andere Werke zu schicken, nach China. Josef Kurz: „Wir haben dann gefragt: Sollen wir denen [in China] das nur erklären, damit wir unnötig werden? Als Antwort kam dann, dass wir immer wichtig bleiben würden, dass die Entwicklung und das Know-how nur hier in Wien passieren können. Aber uns war klar, dass eine Entwicklung ohne Produktion dauerhaft keinen Sinn macht. Als sie mich gefragt haben, ob ich nach China gehen will, habe ich Nein gesagt, ich will mir doch nicht mein eigenes Grab schaufeln. Ein Kollege von mir ist dann gegangen, der sollte die Chinesen ausbilden. Nach einem Jahr haben die Chinesen dann zu ihm gesagt: Wir können das jetzt allein, und haben ihn entlassen. Er hat dann einen Herzinfarkt bekommen."[468]

2.54 Ausländisches nicht mit Haut und Haaren verschlingen!

„Das Ausländische" analysiert man erst dialektisch, d.h., man entscheidet, ob es geeignet sei, China zu nützen oder nicht. Wie sagte doch Mao, dem die VR China in dieser Hinsicht weiterhin folgt: „Alles Ausländische muss jedoch so behandelt werden wie unsere Speise, die im Mund zerkaut, im Magen und Darm verarbeitet, mit Speichel und Sekreten des Verdauungsapparates durchsetzt, in verwertbare und wertlose Bestandteile zerlegt wird, worauf die Schlacken ausgeschieden und die Nährstoffe absorbiert werden, sodass unser Körper Nutzen von der Speise hat; das Ausländische darf keineswegs mit Haut und Haaren roh verschlungen, kritiklos einverleibt werden. Eine ‚pauschale Verwestlichung' zu befürworten ist falsch."[469]

Diese dialektische Auffassung erstreckte Mao – wie Anfang des 21. Jahrhunderts nach seinem Vorbild Führungspersönlichkeiten der KPCh – auf ein besonderes ausländisches Ding, den Marxismus. „Ebenso müssen auch die chinesischen Kommunisten bei der Anwendung des Marxismus auf die chinesischen Verhältnisse die allgemeingültige Wahrheit des Marxismus mit der konkreten Praxis der chinesischen Revolution in vollem Ausmaß und in angemessener Weise vereinigen, d.h. mit den nationalen Besonderheiten Chinas integrieren, und nur dann wird der Marxismus – durch eine bestimmte nationale Form – brauchbar sein; auf keinen Fall darf er [...] schematisch angewendet werden. [...] Die chinesische Kultur muss ihre eigene Form, d.h. die nationale Form, haben.“[470]

2.55 Chinesische Autobranche: Auf der Überholspur an die Spitze

Mit einem Krümel Mondgestein, gerade ein Gramm schwer, 1978 als Geschenk dem chinesischen Volk übergeben, demonstrierten die USA dem weltgrößten Entwicklungsland China ihre Freundschaft und Überlegenheit. Knapp drei Jahrzehnte später, am 24.10.2007, schickte die VR China erstmals eine Sonde zum Mond. Das ist ein Indiz dafür, so konnte man 2007 lesen, dass bei modernen Schlüsseltechnologien, etwa der Nutzung von Kommunikations- oder Navigationssatelliten, Chinesen schon bald nicht mehr davon abhängig sein dürften, dass Amerikaner, Russen, Europäer oder Japaner sie an ihren Entwicklungen teilhaben lassen.[471] Hier sieht man die Polaritätsnormen des Strebens nach Entwicklung in erster Linie gestützt auf die eigene Kraft und „Ausländisches für China nutzbar machen“ in Aktion.

Die mit Unwillen zur Kenntnis genommene Abhängigkeit vom Ausland veranschaulicht am Beispiel der chinesischen konventionellen Automobilproduktion eine Karikatur.

Karikatur[472]: Auf der untersten Schale steht: Schlüsseltechnologie. Aus dieser Schale wächst eine Pflanze durch eine obere Schale hindurch. Diese wird von einem etwas entgeistert dreinblickenden Chinesen gehalten, neben ihm der Schriftzug „inländisches Unternehmen". Die Pflanze wächst durch den mittleren Topf, auf den das chinesische Unternehmen Zugriff hat, hindurch und bildet ein Doppelblatt, Darauf befindet sich ein Auto. Auf diesem steht „Auto made in China". Den aus dem mittleren Topf hinaufwachsenden Stengel hat ein breiter von rechts ins Bild ragender Arm fest im Griff. Auf dem Ärmel steht: „Monopol eines ausländischen Unternehmens". Diese Karikatur will zeigen, dass die traditionelle chinesische Autoindustrie trotz Joint-Venture-Gesetz nach wie vor technologisch von ausländischen Unternehmen beherrscht wird. Durch die Entwicklung sogenannter „Neo-Energieautos"[473], darunter insbesondere Elektroautos, hofft man, die in sich ruhende westliche klassische Autoindustrie überholen zu können und im unkonventionellen Neo-Energieautomobilsektor technisch führend zu werden und die Marktführerschaft übernehmen zu können. So wird seit dem 10. Fünfjahresplan (2001 – 2005) die „Strategie der Energiespar- und Neo-Energieautos" verfolgt.[474]

Am 28.06.2012 verbreitete der Staatsrat der VR China den „Plan betreffend die Entwicklung der Energiespar- und Neo-Energieautoindustrie (2010 – 2020)"[475]. In diesem Dokument wird die Wichtigkeit der beschleunigten Entwicklung der Energiespar- und Neo-Energieautobranche zur Milderung der Energieknappheit und Umweltbelastung, zur Förderung der Transformation und Niveauanhebung der chinesischen Autoindustrie und zur Heranbildung eines neuen wirtschaftlichen Wachstumszweigs hervorgehoben. Gemäß dem Plan sollen reine Elektroautos die hauptsächliche bei der Transformation der Autoindustrie zu verfolgende strategische Stoßrichtung sein. Erstrebt wurden bis 2020 eine Gesamtproduktion und ein Gesamtumsatz von fünf Millionen reinen Elektroautos und plug-in-hybridbetriebenen Autos. Allerdings wurden 2017 nur 800 000 Neo-Energieautos verkauft, die Millionengrenze soll 2018 erreicht werden.[476] Bis 2020 sollte der durchschnittliche Kraftstoffverbrauch der dann produzierten Pkws auf 5,0 Liter pro 100 Kilometer sinken und die Technologie betreffend Neo-Energieautos, Antriebsbatterien und Schlüsselkomponenten insgesamt gesehen das fortschrittliche internationale Niveau erreichen. Gemäß dem Plan sollten mehrere Maßnahmen zum Ziel führen, wie die Verbreitung von Test- und Demonstrationsstandorten, der Bau von Ladestationen und Batteriewechselanlagen[477], die Perfektionierung von Standards, die Unterstützung des Vorgangs durch Politnormen betreffend steuerliche Maßnahmen und Finanzbeihilfen sowie die Zusammenarbeit mit dem Ausland.

Im Januar 2023 wurde gemeldet, hinsichtlich Produktion und Verkauf von Neoenergiefahrzeugen (New Energy Vehicles) stehe die VR China seit acht Jahren in Folge weltweit an erster Stelle. 2022 wurde ein Jahresumsatz von 6,887 Millionen bei einer Jahresproduktion von 7,058 Millionen Fahrzeugen erzielt (davon u.a. 5,365 Millionen reine Elektrofahrzeuge, 1,518 Millionen Plug-in-Hybridfahrzeuge). 679 000 Einheiten wurden exportiert.[478]

Das Streben nach Eigenständigkeit erstreckt sich auf vielerlei Bereiche. Von der Begründung einer Managementwissenschaft mit chinesischen Besonderheiten ist die Rede. Sie könne Entwicklungsländern wertvolle Erfahrungen vermitteln.[479] Ferner strebt China nach einer bodenständigen Kinderliteratur. „China schreibt seine eigenen Geschichten." So lautet der Titel eines Artikels über die Bestseller-Buchreihe

Der Lausebengel Ma Xiaotiao.[480] Im Gegensatz zu den Harry-Potter-Büchern mit einer Auflage von acht Millionen chinesischen Exemplaren habe es diese chinesische Eigenschöpfung auf mehr als zehn Millionen verkaufte Exemplare gebracht.[481] Bis 2013 wurden 30 Millionen Exemplare verkauft,[482] und bis 2016 erschienen 24 Bände.[483] Auf der internationalen Bühne wird jedoch nur von koreanischen, englischen und französischen Ausgaben berichtet.[484] Auch mit eigenen Zeichentrickfilmen, Cartoons und Comics möchte China weltweit Furore machen.[485] Im Bestreben, mit Eigenständigem in die Welt hineinzuwirken, gründete die VR China im Ausland Konfuzius-Institute.[486] Bis Herbst 2017 zählte man in 142 Ländern 516 Konfuzius-Institute und in Mittel- und Primarschulen 1076 Konfuzius-Lehrzimmer.[487] Ja, man konnte sogar Sätze lesen wie: „Mittels der chinesischen Kultur die globale Kultur neu konfigurieren."[488] Die Konfuzius-Institute werden dies aber wohl kaum zustandebringen, stoßen sie doch in westlichen Ländern zunehmend auf Ablehnung.

2.56 „Altes für die Gegenwart nutzbar machen"

Konfuzius in dialektischer Analyse

Die Polaritätsnormen „Altes für die Gegenwart nutzbar machen" hat Mao 1964 zusammen mit der Polaritätsnorm „Ausländisches für China nutzbar machen" formuliert. Diese Polaritätsnorm regelt die „Antithesen" Vergangenheit und Gegenwart. Mit der alten chinesischen Kultur verfährt man in der VR China entsprechend dieser Polaritätsnorm gestützt auf die dialektische Analysemethode. Nur diejenigen alten Dinge, die aus der Sicht der KPCh für das heutige China, insbesondere für die Lösung des Hauptwiderspruchs, nützlich sind, werden anerkannt und propagiert. Die Rückbindung auf gewisse Komponenten aus der Vergangenheit geschieht aufgrund der Überzeugung, dass man bei der Errichtung des „Sozialismus mit chinesischen Besonderheiten“ „in der Kultur und Tradition Chinas verwurzelt sein müsse“.[489]

In den Vorworten zahlreicher Bücher über die 36 Strategeme stößt man auf die Polaritätsnorm „Altes für die Gegenwart nutzbar machen“. Offensichtlich gilt das der „militärischen Supraplanung“ (junshi moulüe) zugeordnete[490] Traktat über die 36 Strategeme als ein wertvolles Erbstück aus der Vergangenheit, das der VR China auf dem Weg in die Zukunft, insbesondere im globalen Wirtschaftskampf, nützliche Dienste zu leisten vermag.

Wenn chinesische Funktionäre aus z. B. konfuzianischen, aber auch aus anderen antiken chinesischen Texten zitieren, dann nicht aufgrund einer konservativen Hinwendung zur Tradition. Vielmehr werden solche Zitate in der Regel gemäß der sinomarxistischen Polaritätsnorm „Altes für die Gegenwart nutzbar machen“ sorgfältig im Hinblick auf aktuelle Anliegen der KPCh ausgewählt. Formulierungen wie „Versöhnung von Konfuzianismus und Sinomarxismus“[491] und „die KPCh hat sich für ihre Begriffe heute völlig mit dem Konfuzianismus verkuppelt“[492] beruhen auf der Unkenntnis dieser Polaritätsnorm. Worum es geht, ist eine Instrumentalisierung von ausgewählten Aspekten des Konfuzianismus durch die KPCh.

Wenn beispielsweise „Lernen“ das allererste Wort im wichtigsten konfuzianischen Klassiker, in den *Gesprächen (Lunyu)* ist, dann passt diese konfuzianische Hervorhebung der Wichtigkeit des Studiums gut in den derzeitigen sozialistischen Modernisierungsaufbau. Denn dieser könnte ohne fleißiges Studium, insbesondere westlicher Naturwissenschaft und

Technologie, nicht erfolgreich verlaufen. Nicht empfohlen werden u.a. despektierliche Aussagen des Konfuzius über Frauen. Sie gelangen auf das Abstellgleis der „für die Gegenwart unbrauchbaren“ alten Dinge.[493]

So wird der Konfuzianismus keineswegs in Bausch und Bogen gutgeheißen. Vieles an ihm wird nach wie vor kritisiert.[494]

„Ende des 20. Jahrhunderts feiern politische Führer Chinas im Konfuzianismus die Quelle des chinesischen Fortschritts“, behauptet Samuel Huntington.[495] In Wirklichkeit fällt die amtliche Bewertung des Konfuzianismus in der VR China differenziert aus. In sinomarxistischem Geiste heißt es etwa im Sprachrohr des Zentralkomitees der KPCh:[496]

> „Worauf es im Prozess der wirtschaftlichen Globalisierung [...] ankommt, ist, wie man die Wettbewerbskraft der chinesischen Kultur stärkt. Um die Wettbewerbskraft der chinesischen Kultur zu steigern, muss man sich in erster Linie gut darin verstehen, die *erfolgreichen* Erfahrungen der entwickelten Staaten in sich aufzunehmen. Die chinesische Kultur hat eine lange Geschichte, aber in Bezug auf die neuzeitliche und gegenwärtige internationale Gesellschaft sind wir immer noch Nachzügler. Alle *wertvollen* Güter, gleichgültig ob materieller oder geistiger Art, sind der Menschheit gemeinsam gehörende Güter, sie alle können und sollen von uns genutzt werden. [...] Was China gleich wie andere sich in einer wirtschaftlichen und gesellschaftlichen Transformationsphase befindliche Staaten derzeit am dringendsten benötigt, sind eine gesunde Marktordnung und in verschiedenen Bereichen wirksame gesetzliche Absicherungen.
>
> Bisher gab es in der Praxis noch keinen Präzedenzfall einer gestützt auf die ‚konfuzianische Lehre‘ zustande gebrachten Industrialisierung. Auch in Zukunft wird es wahrscheinlich sehr schwierig sein, gestützt auf die ‚konfuzianische Lehre‘ einen sozialistischen, modernisierten und starken Staat aufzubauen.

Deshalb sollte sich die chinesische Kultur die *nützlichen* Errungenschaften anderer Kulturen aneignen, auf dass sie für den sozialistischen Modernisierungsaufbau Chinas eine starke kulturelle Stütze bilden. Als Söhne und Töchter Chinas sollten wir natürlich die *hervorragenden* Hinterlassenschaften der traditionellen Kultur übernehmen, aber es sollte ein rationales und kreatives Übernehmen sein. Es sollte mit einer gründlichen Selbstbesinnung gegenüber der eigenen Kultur einhergehen. Im *Buch der Lieder* heißt es: ‚Obwohl Zhou ein alter Staat ist, ist es sein himmlischer Auftrag, Neuerungen durchzuführen.‘ Nur wenn wir gewissenhaft am ‚reformerischen‘ und kritischen Geist festhalten, brauchen wir uns wirklich nicht vor unseren Vorfahren zu schämen. [...]

Wenn wir an die ältere Generation keine übertrieben hohe Messlatte legen, kann man sagen, dass die kritische Einstellung der Bewegung vom 4. Mai [1919] gegenüber der konfuzianischen Lehre und ihr Eintreten für die Entfaltung der Individualität und Lu Xuns[497] Anprangerung der traditionellen Despotie und seine Geißelung der Sklavennatur als eines Bestandteils des chinesischen Volkscharakters im Wesentlichen die neue kulturelle Orientierung des chinesischen Volkes repräsentieren. Die Vorkämpfer der Bewegung vom 4. Mai erkannten, dass nur wenn die Würde des Einzelnen gegeben ist, es auch die Würde der Nation geben kann, und nur wenn die Lebenskraft des Einzelnen gegeben ist, es auch die Lebenskraft der Nation und des Staates gibt. Und gerade in diesem Punkt hat die chinesische traditionelle Kultur die gesellschaftliche Entwicklung behindert.“

Man beachte bitte im zitierten Text die Adjektive vor Hauptwörtern, die ausländische oder traditionelle Dinge bezeichnen. Adjektive wie „erfolgreich[e Erfahrungen]“, „wertvoll[e Güter]“ und „nützlich[e Errungenschaften]“ usw. signalisieren eine zugrunde liegende dialektische Analyse. Sie sondert das aus zeitgenössischer offizieller chinesischer Sicht Schlechte aus.

2.57 Nachbesserung der fünf konfuzianischen zwischenmenschlichen Beziehungen

In der Tat ist z.B. die Modernisierung Japans während der Meiji-Reformation (1867–1912) nicht dank einer landesweiten Umsetzung des Konfuzianismus, sondern durch die Übernahme westlicher Technologie und westlichen Know-hows sowie auch westlichen Rechts gelungen. So wird der Konfuzianismus als Gesamtdoktrin erst recht nicht in der VR China als eine geistige Grundlage für die künftige Entwicklung Chinas angesehen.[498] Die fünf von Konfuzius in den Mittelpunkt gestellten zwischenmenschlichen Beziehungen zwischen Vater und Sohn, Herrscher und Untertan, Ehemann und Ehefrau, älterem und jüngerem Bruder sowie zwischen Freund und Freund werden nicht unbesehen für gut befunden, sondern sollen um vier weitere Beziehungen ergänzt werden. Es sind dies die Beziehungen zwischen der Gesellschaft und dem Individuum, zwischen dem Menschen und der Natur, zwischen Internetnutzern und zwischen Staaten.[499]

Die VR China bekennt sich zu den Mao-Zedong-Ideen. Demgemäß ist die heutige offizielle Einstellung zu Konfuzius und anderen Altertümern Mao-treu. Denn dieser sagte in der Phase des Hauptwiderspruchs „chinesisches Volk gegen Japan“ (1937–1945), „das heutige China“ sei „das Entwicklungsprodukt der chinesischen Geschichte“. „Wir dürfen den Faden der geschichtlichen Kontinuität nicht abschneiden. Wir müssen unsere Geschichte von Konfuzius bis Sun Yat-sen zusammenfassen und von diesem wertvollen Erbe Besitz ergreifen. Das wird uns in bedeutendem Maße helfen, die große Bewegung der Gegenwart zu lenken.“[500] „In der langen Periode des Bestehens der Feudalgesellschaft in China wurde die glänzende Kultur der alten Zeit geschaffen. Es ist eine unerlässliche Bedingung für die Entwicklung der neuen nationalen Kultur und für die Hebung des nationalen Selbstvertrauens, dass wir den Entwicklungsprozess der klassischen Kultur sichten, ihre feudalen Schlacken wegräumen und die in ihr enthaltenen demokratischen Werte assimilieren; unter keinen Umständen darf man alles in Bausch und Bogen kritiklos übernehmen. Man muss einen Unterschied machen zwischen all dem faulen Zeug aus alter Zeit, das von der herrschenden Feudalherrenklasse hinterlassen wurde, und der herrlichen alten Volkskultur [...].“[501] Mao fügte hinzu, was die „chinesische Kultur der alten Zeit“ betreffe, so dürfe „diese nicht blindlings kopiert werden“.[502]

2.58 Ein Feuerwerk von Top-down-Vorkehrungen

Verwirklichung der vier Modernisierungen und Umsetzung der zwei 100-Jahres-Ziele

Gesetzesrechtsnormen

Abgesehen von den über allem stehenden Parteinormen, von denen ich die politische Linie, die Grundlinie und einige Polaritätsnormen eingeführt habe, setzt die KPCh das Gesetzesrecht als Instrument zur Lösung des Hauptwiderspruchs ein. Die Lösung des Hauptwiderspruchs und damit der Hauptaufgabe des chinesischen Volkes geschieht durch die Verwirklichung der vier Modernisierungen und die Umsetzung der zwei 100-Jahres-Ziele. So enthält die Verfassung vom 04.12.1982 einen Artikel, der zur Zeit des Klassenkampf-Hauptwiderspruchs unmöglich in die chinesische Verfassung hätte aufgenommen werden können. Er handelt sich um Art. 18:

> „Die VR China erlaubt ausländischen Unternehmen, anderen ausländischen Wirtschaftsorganisationen oder ausländischen Individuen, in China zu investieren oder mit chinesischen Betrieben oder anderen chinesischen Wirtschaftsorganisationen in verschiedener Form wirtschaftlich zu kooperieren, sofern dies den gesetzlichen Bestimmungen der Volksrepublik China entspricht."

Man kann sagen, dass das gesamte durch diese Verfassungsnorm auf eine legale Basis gestellte Außenwirtschaftsrecht der VR China der Lösung des Hauptwiderspruchs dient. Den Anfang machte das Joint-Venture-Gesetz vom 01.07.1979.[503]

Auch die Einbindung in internationale Organisationen dient der Lösung des Hauptwiderspruchs, so Chinas Beitritt zur Welthandelsorganisation WTO am 11.12.2001[504] und bilaterale und multilaterale völkerrechtliche Vereinbarungen. Am 18.07.2013 sagte der chinesische Staatspräsident Xi Jinping in Beijing dem Schweizer Bundespräsidenten Ueli Maurer im Hinblick auf die Signierung des chinesisch-schweizerischen Freihandelsabkommens, des ersten Freihandelsabkommens der VR China mit einem kontinentaleuropäischen Staat: „China hat sich zwei 100-Jahres-Ziele gesetzt. Damit diese Ziele erreicht werden, bedarf es [...] der internationalen Zusammenarbeit."[505] Aus dieser Aussage geht hervor, dass der Abschluss eines Freihandelsabkommens aus chinesischer Sicht nicht eine isolierte Maßnahme darstellt, sondern mit den zwei innenpolitischen 100-Jahres-Zielen verknüpft ist und dazu dient, diese zu erreichen. Die Verknüpfung mit der Hauptaufgabe und den zwei 100-Jahres-Zielen dürfte allgemein die internationalen Auftritte und völkerrechtlichen Bindungen der VR China kennzeichnen, wie etwa das Engagement Chinas in der Gruppe der 20 wichtigsten Industrie- und Schwellenländer, in der Staatengruppe BRICS (Brasilien, Russland, Indien, China, Südafrika), in der Shanghaier Organisation für Zusammenarbeit[506] und in der Asiatisch-Pazifischen Wirtschaftsgemeinschaft (APEC) sowie das Eintreten Chinas für freien Welthandel, für das Pariser Klimaabkommen und die UNO-Agenda 2030 für nachhaltige Entwicklung wie auch die Einberufung der Tagung „Hochrangiger Dialog der Kommunistischen Partei Chinas mit politischen Parteien der Welt" (30.11. bis 03.12.2017). An der Tagung nahmen über 600 Vertreter von fast 300 politischen Parteien und Organisationen aus mehr als 120 Ländern teil.[507] Während sich „westliche Außenpolitik auf das möglichst intelligente Aneinanderreihen pragmatischer Ad-hoc-Entscheidungen beschränkt"[508], erscheinen chinesische außenpolitische Aktivitäten nicht als isolierte, von der Innenpolitik abgenabelte Vorgänge, sondern dienen der Schaffung und Bewahrung eines möglichst friedlichen, den innenpolitischen Primärzielsetzungen dienlichen internationalen Umfelds. „Chinas Führung will eine an chinesischen Interessen und Leitprinzipien angepasste, stabile Weltordnung ohne neue Krisenherde."[509]

Strategien

Zur Lösung des Hauptwiderspruchs verfolgt die VR China zahlreiche Strategien (zhanlüe) wie z. B.:

- seit Oktober 2000:[510] Die „Strategie der großen Erschließung des [chinesischen] Westens (Xibu da kaifa zhanlüe)." Von dieser Strategie profitieren sollen etwa 400 Millionen Chinesen, u. a. in Chongqing, Yunnan, Tibet, Xinjiang, in der Inneren Mongolei und Guangxi. Die Strategie erstreckt sich auf zwölf Provinzen, Autonome Gebiete etc. und eine Fläche von 6,85 Millionen Quadratkilometer, also 71,4% der Gesamtfläche Chinas;[511]

- seit 2013: Die „Breitband-China"-Strategie („Kuandai Zhongguo" de zhanlüe). Sie erstreckt sich bis zum Jahr 2020.[512] „Bis zum Jahr 2020 soll die Lücke zwischen dem Niveau der Internet-Breitband-Infrastrukturentwicklung unseres Landes und jener in den entwickelten Ländern verkleinert werden und sollen die Landsleute in den vollen Genuss des durch das Breitband herbeigeführten Wirtschaftswachstums, des erleichterten Zugangs zu Dienstleistungen und neuen Entwicklungsmöglichkeiten gelangen. Das Breitband-Internet [soll] Stadt und Land vollständig abdecken, die Verbreitungsrate von Festnetz-Breitband-Haushalten [soll] 70%, jene von 3G/LTE-Haushalten 85% erreichen, und der Anteil der Verwaltungsdörfer mit Breitband soll die 98%-Grenze überschreiten."[513]

In seinem am 18.10.2017 dem 19. Parteitag der KPCh erstatteten Bericht erwähnte Xi Jinping die folgenden Strategien[514], die alle, außer der zuletzt genannten betreffend Nahrungsmitteln, auch in der Satzung 2022 hervorgehoben werden:

- die Strategie, das Land durch Wissenschaft und Bildungswesen zum Aufschwung zu bringen (kejiao xingguo zhanlüe);
- die Strategie, das Land durch Fachkräfte stark zu machen (rencai qiangguo zhanlüe);
- die Strategie der innovationsgetragenen Entwicklung (chuangxin qudong fazhan zhanlüe);
- die Strategie des ländlichen Aufschwungs (nongcun zhenxing zhanlüe);
- die Strategie der koordinierten Entwicklung verschiedener Regionen (quyu xietiao fazhan zhanlüe);

- die Strategie der nachhaltigen Entwicklung (kechixu fazhan zhanlüe);
- die Strategie der Sicherheit von Nahrungsmitteln (shipin anquan zhanlüe).

In der Satzung 2022 wird noch die folgende Strategie hervorgehoben:

- die Strategie einer Militärisches und Ziviles integrierenden Entwicklung (jun min ronghe fazhan zhanlüe).

Dann gibt es noch Strategien wie

- die Freihandelszonen-Strategie (ziyou maoyi qu zhanlüe);[515]
- die Strategie der integrierten Entwicklung der militärischen und zivilen Ressourcen (junmin ronghe fazhan zhanlüe, wird auch in Satzung 2022 erwähnt);[516]
- die Big-Data-Strategie (da shuju zhanlüe);[517]
- die Strategie zum Aufbau eines Landes mit gesunder Bevölkerung (jiankang Zhongguo zhanlüe).[518]

Langfristige Programme und Pläne

Ferner setzt die VR China zur Lösung des Hauptwiderspruchs Anleitungen, die mannigfaltig bezeichnet werden und sich auf einen Zeitraum von mehr als fünf Jahren erstrecken, ein. Dazu gehören:

- Der am 21.09.1992 von der chinesischen Regierung genehmigte Dreistufenplan für die chinesische bemannte Raumfahrt, genannt „Projekt 921“[519], das am 25.09.2010 vom Ständigen Ausschuss des Politbüros der KPCh genehmigte „Programm für die Umsetzung des Projektes einer bemannten Raumstation“[520], und der Plan der Entwicklung der Luft- und Raumfahrt im Rahmen des 13. Fünfjahresplans (2016–2020).[521] Gemäß den verschiedenen

Plänen soll im Jahr 2020 der Mars durch einen Orbiter, ein Landegerät und einen Rover erkundet werden.[522] Bis zum Jahr 2022 soll eine ausschließlich von der VR China betriebene bemannte Raumstation entstehen,[523] bis 2027 soll Weltraumtourismus Wirklichkeit werden,[524] und bis zum Jahr 2045 will die VR China zu einer „starken Raumfahrtnation" (hangtian qiangguo[525]) werden.[526]

- Der *998-Staatssicherheitsplan* „Schwert des Kriegers" vom August 1999 u.a. zur Entwicklung einer Reihe von als „Trumpfkarten" einsetzbaren Waffen und zur Beschaffung „der asymmetrischen Mittel, mittels derer der Schwache den Starken besiegen könnte."[527]
- Der z. B. am 05. 01. 2018 von der *Volkszeitung* erwähnte[528] *Grundriss des Nationalen Programms für die mittel- und langfristige Entwicklung von Wissenschaft und Technik (2006 – 2020)*[529] mit 16 Schlüsselbereichen, das der VR China dabei helfen soll, zu einem „naturwissenschaftlich-technisch starken Land" (ke-ji qiangguo)[530] zu werden.
- Der *Nationale mittel- und langfristige Kernenergieentwicklungsplan (2005 – 2020)*[531], in dessen Rahmen an der Meeresküste der Provinzen Fujian, Zhejiang, Shandong und Liaoning etc. Standorte für Kernkraftwerke evaluiert wurden[532], wobei Ende 2016 35 kommerzielle Kernkraftwerke im Betrieb waren und bis 2020 zahlreiche weitere Kernkraftwerke erstellt werden sollen.[533]
- Das Aktionsprogramm „Made in China 2025" vom 08. 05. 2015.[534]

  Gemäß diesem bis auf die Jahrhundertmitte angelegten Programm soll China zu einem „starken Qualitätsland" (zhiliang qiangguo)[535] werden, eine Transformation vom Herstellen zum Kreieren durchführen[536] und in einem ersten Schritt bis 2025 von einem großen zu einem starken Fertigungsland werden und zur Reihe der starken Fertigungsländer aufschließen.

- In einem zweiten Schritt soll bis 2035 die Fertigungsindustrie der VR China insgesamt „im Lager der starken Fertigungsländer das mittlere Niveau erreichen".
- Bis zum 100. Jahrestag der Gründung des neuen Chinas [2049] soll die Stellung eines starken Fertigungslandes noch mehr konsolidiert sein und die VR China in Bezug auf die Gesamtstärke in die vordere Reihe der weltweit starken Fertigungsländer eingetreten sein. Dann sollen die wesentlichen Bereiche der [chinesischen] Fertigungsbranche zu Innovationen und Pionierarbeit befähigt sein und über eindeutige Wettbewerbsvorteile verfügen, und es soll ein weltweit führendes technologisches [...] System aufgebaut sein.[537]
- Mithilfe dieses Aktionsprogramms will die VR China die „Falle des mittleren Einkommens" vermeiden. Ein in dieser Falle befindliches Land ist „eingeklemmt zwischen der Konkurrenz von armen Tieflohnländern, die bestimmte Industrien dominieren, und den Innovationen aus reichen Ländern, die einen raschen technologischen Wandel durchmachen. [...] Ein Land tappt in die Falle, wenn es seinen Wettbewerbsvorteil für den Export von Gütern verliert, weil die Lohnkosten steigen."[538] Durch einen beschleunigten Aufbau der Realwirtschaft mithilfe von naturwissenschaftlich-technischen Innovationen will China der Falle aus dem Wege gehen. Es soll sichergestellt werden, dass bis 2020 40% und bis 2025 70% von grundlegenden Kernkomponenten und wichtigen Basismaterialien in

Eigenregie hergestellt werden, wodurch die Wettbewerbsfähigkeit der Ausrüstungen herstellenden Industrie beträchtlich erhöht werde.[539]

- Der „Nationale strategische Rahmen für die innovationsgetriebene Entwicklung“ vom 20. 05. 2016.[540]
- Dieser bis auf die Jahrhundertmitte angelegte „strategische Rahmen“ sieht vor, dass die VR China *bis* 2020 den Eintritt in die Gruppe der Länder des innovativen Typs schaffen, bis 2030 zu einem der führenden Länder des innovativen Typs werden und bis 2050 ein, global gesehen, wissenschaftlich-technisch innovatives starkes Land werden soll.
- Der chinesische Minister für Wissenschaft und Forschung Wan Gang sagte am 11. 01. 2016, dass es in China insgesamt 71 Millionen naturwissenschaftlich-technische Arbeitskräfte und mehr als 5,35 Millionen in Forschung und Entwicklung tätige Personen gebe, von denen 3,98 Millionen in Unternehmen arbeiten. Zudem hätten Talente fördernde Programme wie das Tausend-Talente-Programm und das Zehntausend-Talente-Programm den Zuzug und die Ausbildung von hoch qualifiziertem Personal vorangetrieben. In den letzten fünf Jahren seien mehr als 1,1 Millionen chinesische Talente [aus dem Ausland, wo sie studiert, geforscht oder gearbeitet haben] nach China zurückgekehrt, mehr als dreimal so viel wie in den 30 Jahren davor.[541]
- Die „Wegleitenden Ansichten des Staatsrates betreffend die aktive Förderung der Aktivitäten ‚Internet plus‘“ vom 04. 07. 2015.[542]
- Die „Wegleitenden Ansichten“ umfassen eine Einleitung, ferner: 1. Kapitel: Anforderung an die Aktivitäten, drei Abschnitte; 2. Kapitel: Schwerpunktaktivitäten, elf Ab-

schnitte; 3. Kapitel: Absichernde Unterstützungsmaßnahmen, sieben Abschnitte.

- In der Einleitung der „Wegleitenden Ansichten" heißt es: „Internet plus" zielt auf eine enge Verschmelzung der innovativen Errungenschaften des Internets mit sämtlichen Bereichen der Wirtschaft und der Gesellschaft. Bis zum Jahr 2025 soll ein internetgestütztes, intelligentes, dienstleistungsorientiertes und kooperatives industrielles „Internet +"-Ökosystem im Wesentlichen vollendet sein, es soll ein neues Wirtschaftsmodell ansatzweise entstanden sein, und „Internet +" soll zu einer wichtigen treibenden Kraft für die wirtschaftliche und gesellschaftliche Innovation und Entwicklung geworden sein.
- Der „Mittel- und langfristige Entwicklungsplan für den chinesischen Fußball (2016 – 2050)" vom 06.04.2016.[543]
  - Bisher hat es der chinesische Fußball auf keinen grünen Zweig gebracht. Am 22.12.2022 stehen die Männer auf Platz 80[544] und die Frauen auf Rang 14[545]. Es heißt, Xi Jinping, „der einflussreichste Fußballfan der Welt"[546], hege den Wunsch nach einem Vordringen des chinesischen Fußballs an die Weltspitze. Bis 2050 soll die VR China „vollumfänglich das Ziel erreichen, eine erstklassige starke Fußballmacht zu werden"[547]. Laut dem „Entwicklungsplan"sind „Aufschwung und Entwicklung des Fußballs ein leidenschaftlicher Wunsch des Volkes im ganzen Land. [Der Aufschwung und die Entwicklung des Fußballs] sind von Belang für die physische und psychische Gesundheit der Massen sowie für die Heranbildung einer exzellenten Kultur und von großer Bedeutung für den Aufbau einer starken Sportnation, für die Förderung der wirtschaftlichen und sozialen Entwicklung und für die Verwirklichung des chinesischen

Traums vom großartigen Wiederaufstieg der chinesischen Nation.“[548]

- Der „Mittel- und langfristige Plan für [den Ausbau des] Eisenbahnnetzes“, vom 13.07.2016.[549] Gemäß diesem Plan soll in der Zeitspanne von 2016 bis 2025 bzw. 2030 das chinesische Eisenbahnnetz in Mittel- und Westchina von „vier vertikalen und vier horizontalen Verbindungen“ (si zong si heng) auf „acht vertikale und acht horizontale Verbindungen“ (ba zong ba heng) ausgebaut werden.[550] Dieser Plan soll dazu beitragen, dass die VR China zu einem „starken Verkehrsstaat“ (jiaotong qiangguo)[551] wird.
- „Chinas nationales Programm zur Umsetzung der Agenda 2030 für nachhaltige Entwicklung“ vom September 2016.[552]
- Der „Entwicklungsplan für eine neue Generation der künstlichen Intelligenz“ vom 08.07.2017.[553]
- Der „Entwicklungsplan“ sieht drei Entwicklungsschritte bis 2020, 2025 und 2030 vor. Bis 2030 soll die VR China „hinsichtlich der die künstliche Intelligenz betreffenden Theorie, Technologie und Anwendung ein weltweit fortgeschrittenes Niveau erreichen und zu einem wichtigen Innovationszentrum für künstliche Intelligenz in der Welt werden. Die intelligente Wirtschaft und die intelligente Gesellschaft sollen bis dann bemerkenswerte Ergebnisse erzielen und eine wichtige Grundlage dafür bilden, dass die VR China in die vordere Reihe der Länder des innovativen Typs aufsteigt und zu einem wirtschaftlich starken Staat wird.“
- „Gesamtplan für die Stadt Beijing (2016–2035)“, verkündet am 29.09.2017.[554]

Fünfjahrespläne

Von kürzerer zeitlicher Reichweite sind die Fünfjahrespläne für die volkswirtschaftliche und gesellschaftliche Entwicklung. Seit Mitte der 1980er-Jahre wurden hintereinander sieben Fünfjahrespläne umgesetzt.[555] Seit 2006 ist eigentlich nicht mehr von „Fünfjahresplan" (wunian jihua), sondern von „Fünfjahresentwurf" (wunian guihua) die Rede. Damit soll das Abrücken von der früheren zentralen Planwirtschaft signalisiert werden. In englischsprachigen chinesischen Medien, aber insbesondere auch außerhalb Chinas, im Englischen wie auch im Deutschen, wird weiterhin vom „Fünfjahresplan" gesprochen.[556]

Der 19 Kapitel und 65 Unterkapitel umfassende und um einen Entwurf der langfristigen Ziele für 2035 ergänzte „14. Fünfjahresplan für die nationale wirtschaftliche und soziale Entwicklung der Volksrepublik China [...]" gilt für die Jahre 2021 bis 2025. Den „wegleitenden Gedanken" (zhidao sixiang) zufolge soll am Sinomarxismus und an der Grundlinie der Partei festgehalten werden. Der Aufbau eines „doppelten Wirtschaftskreislaufs" soll beschleunigt werden, wobei das Hauptgewicht auf den ersten Kreislauf gelegt wird, also auf die inländische Wirtschaft (Produktion, Angebot, Konsum, Nachfrage), aber auch der zweite Kreislauf (Einbezug ausländischer Märkte) soll berücksichtigt werden. Zahlreiche Maßnahmen auf allen möglichen Gebieten sind auf das Ziel hin orientiert, – und hier wird auf den fünften Hauptwiderspruch verwiesen – „die wachsenden Bedürfnisse des Volkes nach einem schönen und guten Leben zu befriedigen". Bis zum Jahr 2035 sollen „die sozialistische Modernisierung im Wesentlichen vollendet werden", das ökologische Umfeld eine grundlegende Verbesserung erfahren und für das Pro-Kopf-BIP das Niveau mittelmäßig entwickelter Länder erreicht werden. Das Leben der Menschen soll dann schöner und besser sein, und der gemeinsame Wohlstand aller Menschen effektive Fortschritte erzielen.[557]

Neben den Fünfjahresplänen für die volkswirtschaftliche und gesellschaftliche Entwicklung gibt es auch regionale und sektorielle Fünfjahrespläne, z. B.

- den 14. Fünfjahresplan für die volkswirtschaftliche und gesellschaftliche Entwicklung und der Grundriss der langfristigen Ziele für das Jahr 2035 der Stadt Beijing, vom Volkskongress der Stadt Beijing am 27.01.2021 genehmigt,[558]
- den 14. Fünfjahresplan für die volkswirtschaftliche und gesellschaftliche Entwicklung und der Grundriss der langfristigen Ziele für das Jahr 2035 der Stadt Shanghai, vom Volkskongress der Stadt Shanghai am 27.01.2021 genehmigt,[559]
- den Nationalen wissenschaftlich-technischen Innovationsplan im Rahmen des „14. Fünfjahresplans" vom Dezember,[560]
- den Plan betreffend ein modernes Energiesystem im Rahmen des „14. Fünfjahresplans",[561]
- den „Nationalen Menschenrechtsaktionsplan (2016 – 2020)", verkündet am 29.09.2016[562] und den „Nationalen Menschenrechtsaktionsplan (2021 – 2025)" vom September 2021.[563]

Sonstige Weichenstellungen

Weiter zu erwähnen sind der „Grundriss für die Entwicklung der chinesischen Kinder (2011 – 2020)"[564] sowie der „Grundriss für die Entwicklung der chinesischen Frauen (2011 – 2020)"[565]. Nicht zu vergessen ist das Drei-Schluchten-Projekt (1994 – 2009),[566] das auf einen Vorschlag Sun Yat-sens (1866 – 1925), des Gründungsvaters der Republik China, aus dem Jahr 1919 zurückgeht.[567] Im Jahr 2014 habe der 185 Meter hohe und 2309 Meter lange, keineswegs unumstrittene[568] Drei-Schluchten-Staudamm, durch den 13 Städte, 1500 Dörfer, 497 Hafendocks und 4000 Krankenhäuser überflutet worden seien[569] einen Weltrekord bei der Stromproduktion erzielt.[570]

Auch amtliche „Ansichten", offizielle „Rundschreiben" und von der KPCh und/oder vom Staat erlassene „Politnormen" sollen letztendlich der Lösung des Hauptwiderspruchs dienen, so

- die Ansichten des Staatsrates betreffend die Förderung des informationengestützten Konsums und die Ausweitung der Binnennachfrage vom 08.08.2013,[571]
- das Rundschreiben betreffend die Arbeiten zur weiteren Förderung der gesunden und schnellen Entwicklung des E-Geschäftsverkehrs vom 15.04.2013,[572]
- die „Politnormen betreffend angebotsseitige strukturelle Reformen" vom 10.11.2015, womit Reformen aufseiten des [Produkte-, Waren-]Angebots, also der Waren- und Güterproduktion gemeint sind.[573] Es geht um eine Transformation von einer auf Investitionen und Export orientierten Wirtschaft zu einer in ausgewogener Weise auf Konsum, Investitionen und Export ausgerichteten Wirtschaft.[574]

2.59 Im Zeichen der „Mittelpunktaufgabe“: Die Seidenstraßenstrategie und das Postulat einer Schicksalsgemeinschaft der Menschheit

„Die Bewahrung eines den eigenen wirtschaftlichen Zielen zuträglichen internationalen Umfelds ist fraglos die wichtigste Priorität der chinesischen Außenpolitik. Insgesamt will China unter allen Umständen die Bedingungen für ein kontinuierliches wirtschaftliches Wachstum erhalten.“ Dieser Feststellung von Klaus Mühlhahn, Professor für chinesische Geschichte und Kultur an der Freien Universität Berlin, ist zuzustimmen.[575] Sie lässt sich auf die „Grundlinie der KPCh im Anfangsstadium des Sozialismus“ zurückführen. Gemäß dieser muss die KPCh daran festhalten, den Wirtschaftsaufbau als Mittelpunkt zu betrachten. „Alle anderen Arbeiten müssen diesem Mittelpunkt untergeordnet sein und ihm dienen.“ „Das Festhalten an der Reform und Öffnung ist unser Weg zur Stärkung des Landes.“ Aus dem Blickwinkel dieser normativen Vorgaben der KPCh, wie sie in den Satzungen 2002, 2007, 2012, 2017 und 2022 (jeweils AP) festgelegt worden sind, sollen die von Xi Jinping lancierte Seidenstraßenstrategie und das von ihm beworbene Postulat einer „Schicksalsgemeinschaft der Menschheit“ betrachtet werden.

Seidenstraßenstrategie

Zur Bewältigung des Wirtschaftsaufbaus als der sich aus dem Hauptwiderspruch abgeleiteten Mittelpunktaufgabe ermutigte die KPCh in den Satzungen 2002, 2007, 2012, 2017 und 2022 einen Teil der Gebiete und der Menschen, als Erste wohlhabend zu werden. In diesem Sinne wurde der Schwerpunkt der wirtschaftlichen Entwicklung seit 1978 zunächst auf die an der Meeresküste gelegenen östlichen Gebiete der

VR China gelegt. Nachdem sich diese gut entwickelt hatten, wurde ab Oktober 2000 die Strategie „Große Erschließung des [chinesischen] Westens" in Angriff genommen.[576] Von 2003 an wurde sie im Rahmen der auf die Lösung des Hauptwiderspruchs zielenden Öffnungspolitik durch die „go global"-Strategie ergänzt.[577] Am 07.09.2013 äußerte Xi Jinping unter Verweis auf die das untergegangene antike China mit der Außenwelt verbindende Seidenstraße in einer Rede an der Universität Nasarbajew in der kasachischen Hauptstadt Astana, um die wirtschaftlichen Verbindungen zwischen den beiden Ländern enger zu gestalten, „sollten wir mit einem innovativen Kooperationsmodell gemeinsam einen neuen Wirtschaftsgürtel entlang der Seidenstraße aufbauen. Dieses große Unternehmen wird zum Wohle aller Völker entlang dieser historischen Route beitragen. Zu dessen Umsetzung könnten wir [...] Schritt um Schritt eine große Zusammenarbeit in der gesamten Region [...] verwirklichen."[578] Am 03.10.2013 schlug Xi Jinping in einer Rede in Djakarta vor, gemeinsam mit den ASEAN-Ländern eine „maritime Seidenstraße des 21. Jahrhunderts" zu gestalten.[579] Als offizielles Konzept wurde daraus schließlich die Strategie „yidai yilu" (Ein Gürtel, eine Straße). Das Wort „Gürtel" steht für den Landweg, durch den China, Zentralasien, Russland sowie Europa enger zusammenrücken sollen; das Wort „Straße" bezieht sich auf den Seeweg zwischen China, den asiatischen Nachbarn, Indien und Afrika.[580] Im Westen ist von „Seidenstraßenstrategie", „Seidenstraßeninitiative" und „B&R [Belt and Road]-Initiative" die Rede. Xi Jinping war nicht der Erste, der auf die Idee kam, die antike Seidenstraße zu aktualisieren.[581] Die Seidenstraßenstrategie, „das weltweit größte Infrastrukturprojekt der letzten Jahrzehnte"[582], nimmt immer größere Dimensionen an, wird doch auch von einer „digitalen Seidenstraße"[583] und einer „polaren" bzw. „arktischen Seidenstraße" geredet.[584]

Die chinesische Seidenstraßenstrategie, eine neue Plattform für die internationale Zusammenarbeit, tangiert etwa 4,4 Milliarden Menschen (63 % der Weltbevölkerung), eröffnet für die beteiligten Staaten ein neues Zeitfenster für das Einbringen ihrer jeweiligen Stärken und bietet ihnen Gelegenheit, sich wechselseitig zu ergänzen. Für Infrastrukturprojekte etc. sollen den Staaten im Einzugsbereich der Seidenstraßenstrategie die Asiatische Infrastrukturinvestmentbank (AIIB) mit 86 Mitgliedsländern (Stand Mai 2018)[585] und der Seidenstraßenfonds[586] finanzielle Hilfe leisten.[587] An einer zweitägigen internationalen Seidenstraßenkonferenz in Beijing im Mai 2017 nahmen 30 Staats- und Regierungschefs und über 1600 Personen aus mehr als 140 Staaten und 80 internationalen Organisationen teil. Mehr als 270 Kooperationsprojekte wurden abgesprochen.[588] Bis anhin (Mai 2018) liegen entlang des Netzes 68 Länder, in denen zwei Drittel der weltweiten Bevölkerung leben.[589] Mehr als 1000 Projekte werden der Seidenstraßeninitiative zugerechnet.[590] Die in den Satzungen der KPCh 2017 und 2022 verankerte Seidenstraßeninitiative wurde auch schon in einer am 15.03.2016 verabschiedeten Resolution des UNO-Sicherheitsrates gewürdigt.[591]

Mit einem Volumen von rund 900 Milliarden Dollar sieht die Seidenstraßenstrategie das größte Investitionsprogramm seit dem Marshallplan vor, mit dem die *USA* nach dem Zweiten Weltkrieg dem zerstörten Westeuropa wieder auf die Beine halfen. Bis 2021 könnten als Folge der Seidenstraßenstrategie Investitionen in der Höhe von etwa 300 bis 500 Milliarden US-Dollar getätigt werden.[592] Bereits 1,5 Milliarden Dollar ausgegeben wurden für eine Pipeline, die seit 2017 von der im Westen Burmas gelegenen Hafenstadt Kyauk Pyu Öl nach Kunming, Hauptstadt der südchinesischen Provinz Yunnan, pumpt. Durch die Pipeline kann China seine Abhängigkeit von den Einfuhren durch die Straße von Malakka verringern, wo derzeit 84 Prozent der chinesischen Energieimporte passieren.[593]

Vom chinesischen Know-how und von der finanzstarken chinesischen Zentralregierung können zwischen Südasien bis Nordafrika viele Länder profitieren. Chinesische Gelder sollen ein Netzwerk von Straßen, Brücken, Häfen, Eisenbahnen, Kraftwerken und Pipelines in über 60 Ländern finanzieren.[594] Aber das große eurasische Hilfsprojekt soll in erster Linie China selbst helfen - seinen Bau-, Stahl- und Transportunternehmen, die sich hoch verschuldet und riesige Überkapazitäten aufgebaut haben. Chinas Städte und Provinzen, denen viele dieser Unternehmen gehören, verfügen selbst inzwischen über eine recht gute Infrastruktur und haben deshalb keine großen Aufträge mehr, um weiterhin Millionen von Arbeitern zu beschäftigen.[595] Auch soll die wirtschaftliche Erschließung des ländlichen und eher armen Westens Chinas über die Seidenstraße gefördert werden,[596] was den Bezug der Seidenstraßenstrategie zur Strategie der „Großen Erschließung des [chinesischen] Westens“ offenlegt.

Ausgangspunkt für die Einordnung der Seidenstraßenstrategie ist die „Grundlinie der Partei“. Schwerpunktmäßig gehört die Seidenstraßenstrategie in den Bereich einer der beiden „grundlegenden Punkte“, und zwar in den Bereich „Öffnung“. Wie andere chinesische Strategien soll sie der Umsetzung der zwei 100-Jahres-Ziele und damit der Verwirklichung des „Chinesischen Traums“ vom „großartigen Wiederaufstieg Chinas“ mit den zwei 100-Jahres-Zielen als zentralem Anliegen[597] dienen. Seitdem ein 100-Jahres-Ziel 2021 verwirklicht worden ist, dient die Seidenstraßenstrategie dem auf 2049 orientierten, wie es in der Satzung 2022 heißt, „zweiten 100-Jahres-Ziel“. Die Seidenstraßenstrategie kann als ein Werkzeug für die Lösung des Hauptwiderspruchs in Eintracht mit dem internationalen Umfeld angesehen werden. Sie soll im Endergebnis dazu beitragen, dass das Bedürfnis des chinesischen Volkes nach einem schönen und guten Leben bis 2049 gestillt wird.

Die Führung der VR China betont, sie wolle ihre Ziele nicht wie westliche Staaten im Zeitalter des Kolonialismus bzw. wie die USA mit Waffengewalt, sondern auf friedliche Weise erreichen. Dazu diene diese Strategie, die der VR China dazu verhelfen solle, von einem „großen" zu einem „starken" Land zu werden. Der antike einvernehmliche den Austausch von Waren und Ideen verkörpernde „Geist der Seidenstraße" solle wiederbelebt und zur Verbreitung von breit gestreutem internationalen Goodwill für die VR China, ja für die Heranbildung einer die VR China und die involvierten Länder umfassenden „Schicksalsgemeinschaft" eingesetzt werden – zum Wohle des chinesischen Volkes, aber auch zum Wohle der Einwohner der von der Seidenstraßenstrategie profitierenden Länder. Ein Ziel der Seidenstraßenstrategie ist es, durch internationale Zusammenarbeit Frieden und Wohlstand zu verwirklichen. „Wenn Frieden und Wohlstand herrschen, dann wird es kein Flüchtlingsproblem mehr geben."[598]

Schicksalsgemeinschaft der Menschheit

Das Konzept einer Schicksalsgemeinschaft der Menschheit hat Xi Jinping erstmals im März 2013 in einer Rede am Moskauer Institut für Internationale Beziehungen dargelegt.[599] „In dieser Welt hat sich das Ausmaß der gegenseitigen Verbindungen zwischen allen Ländern und ihrer Interdependenz in geradezu beispielloser Form vertieft. Die Menschen leben im gleichen globalen Dorf, im gleichen Raum und in der gleichen Zeit, wo Geschichte auf die Realität der Gegenwart trifft. Es ist eine Schicksalsgemeinschaft[600] entstanden, in der jeder auf jeden angewiesen ist."[601] Erstmals in einem UNO-Dokument verankert wurde das chinesische Konzept einer Schicksalsgemeinschaft der Menschheit in einer Resolution des Sicherheitsrates vom 17. 03. 2017.[602]

In seinem Bericht vor dem 19. Parteitag der KPCh sagte Xi Jinping am 18.10.2017:

> „An der Förderung des Aufbaus einer Schicksalsgemeinschaft der Menschheit muss festgehalten werden. [...] Die Verwirklichung des Chinesischen Traums ist ohne ein friedliches internationales Umfeld und eine stabile internationale Ordnung undenkbar.“

In seinem Bericht vor dem 20. Parteitag der KPCh sagte Xi Jinping am 16.10.2022, zu den wesentlichen Forderungen der chinesischen Modernisierung gehöre es, „den Aufbau einer Schicksalsgemeinschaft der Menschheit voranzutreiben sowie eine neue Form der menschlichen Zivilisation zu schaffen.“

Es ist aus der Sicht des innenpolitischen Hauptwiderspruchs und der ebenfalls innenpolitischen Mittelpunktaufgabe einleuchtend, dass Xi Jinping das Konzept einer Schicksalsgemeinschaft der Menschheit vertritt und von Frieden und gegenseitigem Nutzen spricht. Denn die Lösung des innenpolitischen Hauptwiderspruchs kann am besten vorangetrieben werden, wenn China auf globaler Ebene ungestört und möglichst nicht behelligt durch Konflikte und Kriege seine wirtschaftlichen Kreise ziehen kann. Daher legt die VR China Wert auf eine „friedliche multilaterale Zusammenarbeit und Kooperation im internationalen Handel“[603] und möchte „auf eine neue Art der Zusammenarbeit hinwirken“, und zwar „im Geiste der Gewaltlosigkeit, der gegenseitigen Achtung und des gegenseitigen Nutzens“ und ausgerichtet auf Partnerschaft im Zeichen von „Frieden, Zusammenarbeit und Entwicklung sowie der Achtung unterschiedlicher sozialer und politischer Systeme, Religionen, Kulturen, nationaler Bedingungen und Entwicklungsstadien“.[604]

Gemäß einer anfangs April 2022 vom chinesischen Außenministerium verbreiteten Mitteilung[605] sagte der chinesische Außenminister Wang Yi, „Chinas grundsätzliche Haltung in der Ukraine-Frage bestehe darin, für Frieden zu sorgen und Gespräche zu fördern. Präsident Xi Jinping hat Chinas Position und Anliegen bei vielen Gelegenheiten umfassend dargelegt.“ In der Tat hat sich Xi Jinping am 25. Februar 2022 in einem Telefonat mit Putin für Verhandlungen Russlands mit der Ukraine und eine internationale Ordnung auf der Grundlage des Völkerrechts mit der UNO im Mittelpunkt eingesetzt. Ähnliche Telefonate führte Xi Jinping mit französischen, deutschen, EU- und anderen Führungspersonen. Wang Yi führte weiter aus: „Die Wahrung des Friedens und die Ablehnung von Krieg ist eine von uns konstant aufrecht erhaltene außenpolitische Richtlinie [...]. Es gibt nur ein Ziel, das wir aufrichtig ersehnen, und das ist Frieden.“

Sieben Mal kommt das Wort „Frieden“ in dem zweiseitigen, vom chinesischen Außenministerium am 24.02.2023 vorgelegten Papier „Chinas Position zur politischen Regelung der Ukraine-Krise“[606] vor. In dem am 21.02.2023 vom chinesischen Außenministerium veröffentlichten „Konzeptpapier. Die globale Sicherheitsinitiative“ kommt das Wort „Krieg“ sechs Mal, das Wort „Frieden“ 46 Mal und zudem bereits im ersten Satz vor.[607] Nur in einem friedlichen globalen Umfeld kann die VR China weitgehend unbehelligt möglichst allseitiges „business as usual“ betreiben und so die Verwirklichung des 100-Jahres-Ziels vorantreiben.

2.60 Chinesische und europäische Menschenrechtsprioritäten

Aus der Sicht des innenpolitischen Hauptwiderspruchs und der daraus resultierenden innenpolitischen Hauptaufgabe ist es nachvollziehbar, das die VR China am 02.03.2017 im

Namen von 140 Staaten im Menschenrechtsrat der Vereinten Nationen auf dessen 34. Sitzung eine Gemeinsame Erklärung mit dem Titel „Förderung und Schutz der Menschenrechte, gemeinsamer Aufbau einer menschlichen Schicksalsgemeinschaft – Joint statement on the promotion and protection of human rights and the building of a community of human destiny" vorgetragen hat,[608] und dass die VR China darauf hinwirkte, dass das von ihr vertretene Konzept der menschlichen Schicksalsgemeinschaft erstmals in einer Resolution des UN-Menschenrechtsrates eingeflossen ist.[609] Es handelt sich um die Resolution mit dem Titel „Förderung und Schutz aller Menschenrechte, der zivilen, politischen, wirtschaftlichen, sozialen und kulturellen [Menschen]rechte – Das Recht auf Nahrung". Darin heißt es:

> „Der Menschenrechtsrat [...] entschlossen, im Einsatz für die internationale Gemeinschaft neue Schritte zu unternehmen, um wesentliche Fortschritte bei der Verwirklichung des Rechts auf Nahrung zu erzielen, [und zwar] durch verstärkte und nachhaltige Bemühungen um internationale Zusammenarbeit und Solidarität [und] im Hinblick auf den Aufbau einer Schicksalsgemeinschaft der Menschheit [...]."[610]

Diese Resolution kommentierte Liu Jie, der Direktor des Zentrums für die Erforschung der Menschenrechte der Shanghaier Akademie für Gesellschaftswissenschaften und Mitglied des Vorstandes des Ständigen Ausschusses der Chinesischen Gesellschaft für die Erforschung der Menschenrechte: „Unter dem Konzept der menschlichen Schicksalsgemeinschaft muss die Entwicklung der Menschenrechte den Bedürfnissen der Zeit entsprechend ohne Unterlass aktualisiert und die Situation, in der eine kleine Anzahl von Ländern die Deutungsmacht über die Menschenrechte monopolisiert, von Grund auf geändert werden."[611]

Im Zeichen der aus dem Hauptwiderspruch abgeleiteten Mittelpunktaufgabe steht für die VR China das Menschenrecht auf Entwicklung im Vordergrund. Am 05.12.2016 wurde jeweils auf der ersten Seite zahlreicher chinesischer Zeitungen des 04.12.1986 gedacht.[612] An jenem Tag hatte die Generalversammlung der Vereinten Nationen eine Erklärung über das Recht auf Entwicklung verabschiedet. 146 Staaten, darunter die VR China, stimmten dafür und nur ein Staat, die USA, dagegen. Acht westliche Staaten, darunter Deutschland, enthielten sich der Stimme.

In der VR China dürfte man mit Wohlgefallen zur Kenntnis nehmen, dass in der Erklärung über das Recht auf Entwicklung die Völker und die Staaten als Völkerrechtssubjekte anerkannt werden. So haben die Staaten das Recht und die Pflicht, geeignete nationale Entwicklungspolitiken aufzustellen. Ferner dürfte man in der VR China Passagen mit indirekten Anforderungen an die entwickelten Staaten und bezüglich der Entwicklungsländer – dazu zählt sich die VR China – mit Genugtuung lesen.

2.61 Maos Dreiweltentheorie und der globale Hauptwiderspruch

Aus sinomarxistischer Sicht gibt es freilich nicht nur den in einer bestimmten Entwicklungsetappe alles dominierenden *einen* Hauptwiderspruch. In Einzelsektoren werden ebenfalls „Hauptwidersprüche“ ausgemacht. So verkündete wenige Jahre vor seinem Tod Mao Zedong von einer globalen Warte aus seine Theorie von den drei Welten. Am 22.02.1974 sagte er dem sambischen Präsidenten Kaunda: „In meinen Augen bilden die USA und die Sowjetunion die erste Welt. Dann gibt es eine mittlere Gruppe, Japan, Europa, Australien, Kanada, sie bilden die zweite Welt. Asien außer Japan, das ist die Dritte Welt. Das ganze Afrika gehört zur Dritten Welt. Auch Lateinamerika gehört zur Dritten Welt."[613] Deng Xiaoping trug die Dreiweltentheorie am 10.04.1974 auf einer Sondertagung der Vollversammlung der Vereinten Nationen vor.[614] In den üblichen chinesischen Publikationen über Maos Dreiweltentheorie wurde die für die Außenpolitik der VR China entscheidende Analyse des globalen Hauptwiderspruchs verschwiegen. Ich fragte danach während meines Philosophieunterrichts an der Beijing-Universität (1976–77). Zunächst einmal ist von einer allgemeinen Widerspruchsanalyse auszugehen. Danach ist die Welt von einem Netz von Widersprüchen überzogen. Widersprüche bestanden zunächst innerhalb der Ersten Welt. Die USA und die Sowjetunion rivalisierten um die Welthegemonie. Aber gleichwohl bildeten sie gemeinsam die Erste Welt, da sie doch auch durch eine gewisse Interessengemeinschaft (beispielsweise hinsichtlich der Nichtweiterverbreitung von Atomwaffen und des Wunsches, sich nicht gegenseitig auszulöschen, etc.) miteinander verbunden waren. Letzten Endes aber, sagte Deng Xiaoping 1974, seien die Widersprüche zwischen den beiden Supermächten unlösbar. Und er prophezeite, wie sich später herausstellte, zutreffend: „Es gibt nur eine Alternative, die eine besiegt die andere, oder sie wird selbst besiegt."[615]

Ferner bestanden Widersprüche zwischen der Ersten Welt und der Zweiten Welt, so z.B. zwischen europäischen Ostblockstaaten wie Polen und der Sowjetunion, aber auch beispielsweise zwischen Frankreich als einem Land der Zweiten Welt und den USA. Widersprüche gab es auch zwischen der Dritten Welt und der Ersten Welt sowie zwischen der Dritten Welt und der Zweiten Welt, gar nicht zu reden von Widersprüchen innerhalb der Zweiten und innerhalb der Dritten Welt.

Was nun den Hauptwiderspruch in der Welt betraf, so war es nach Mao der Widerspruch zwischen der Dritten und der Ersten Welt. Die VR China gehört noch nach heutiger offizieller Auffassung zur Dritten Welt. Wie bei anderen Ländern der Dritten Welt war der außenpolitische Hauptwiderspruch der VR China somit der Widerspruch mit den USA und der Sowjetunion. Nun erschien aber aus chinesischer Sicht die direkt an China grenzende Sowjetunion als weitaus gefährlicher und bedrohlicher denn die USA. In der sinomarxistischen Terminologie hieß das: Die Hauptseite des durch die Erste Welt gebildeten Widerspruchs lag bei der Sowjetunion. Also spitzte sich der außenpolitische Hauptwiderspruch der VR China zu auf den Widerspruch zwischen der VR China und der Sowjetunion. Das zeitigte die Folge, dass Mao in Anlehnung an das Strategem Nr. 23 danach strebte, sich mit dem fernen Feind zu „verbünden“, um den nahen Feind in die Schranken zu weisen. So kam es 1972 zum Nixon-Besuch in der VR China.

Seit den 1990er-Jahren fragte ich immer wieder Chinesen nach der Rolle von Maos Dreiweltentheorie. Meine Schlussfolgerung aus vielen Gesprächen ist die, dass diese Theorie grundsätzlich immer noch einen gewissen Einfluss auf die chinesische Außenpolitik ausübt. Infolge des Untergangs der Sowjetunion und der recht ersprießlichen Beziehungen mit Russland und diversen GUS-Staaten erscheint, aus der Sicht der Dreiweltentheorie, der Widerspruch zwischen der VR China und den USA als der außenpolitische Hauptwiderspruch. Ein chinesischer Kommentator schreibt 2016:

> „Infolge des Wegfalls der Sowjetunion und der Rückstufung Russlands in die zweite Welt sind die USA als einzige Supermacht übrig geblieben. Das hat zur Folge, dass die USA skrupellose Untaten begehen und willkürlich schalten und walten. Sie sind in der heutigen turbulenten und unsicheren Welt die größte Chaosquelle. Obwohl die USA

eine Supermacht sind, können sie sich auf keinen Fall zu einem Weltherrscher aufschwingen. Ich bin fest davon überzeugt, dass das Festhalten an Gerechtigkeit und die Friedenswahrung nach wie vor die Hauptströmungen in der Welt sind. Das tyrannische Gebaren der USA wird bestimmt auf den Widerstand der gewaltigen Dritten Welt und [ihrer] Völker stoßen, und sie wird auch auf den Widerstand von Staaten und Völkern der Zweiten Welt stoßen."[616]

Diese Ausführungen einer chinesischen Privatperson scheinen den außenpolitischen Hauptwiderspruch „VR China – USA" an die Wand zu malen. Aber dieser Hauptwiderspruch im Sektor der Außenpolitik ist, falls er denn auch amtlich so gesehen wird, im Vergleich zu dem in der Satzung 2017 festgeschriebenen innenpolitischen Hauptwiderspruch „die wachsenden Bedürfnisse des Volkes nach einem schönen und guten Leben gegen die unausgewogene und ungenügende Entwicklung" ein bloßer Nebenwiderspruch. Dieser ist hauptwiderspruchslösungskonform zu regeln und seine Verschärfung – selbst angesichts der US-Bombardierung einer chinesischen Botschaft, wie während des Kosovo-Krieges am 07.05.1999 geschehen – unbedingt zu vermeiden.

2.62 An die Stelle der USA treten? China hat keine Zeit, über solche Dinge nachzudenken

Noch im März 2018 wird man mit Behauptungen konfrontiert wie „China habe bisher keine explizite Grossstrategie, also die ‚Planung des langfristigen Vorgehens eines Staates' verfolgt."[617] Dabei wurde bereits 1985 Chinas Fernziel für das Jahr 2049 publik gemacht, worauf ich in meinem in der

Einleitung erwähnten *NZZ*-Artikel vom April 1985 hingewiesen habe. 30 Jahre später unterrichtete Michael Pillsbury in seinem in New York erschienenen Buch *The Hundred-Year Marathon. China's Secret Strategy to replace America as the Global Superpower* die amerikanische Öffentlichkeit über dieses chinesische Fernziel. Davon hatte Pillsbury nicht etwa – wie ich 1985 – aus chinesischsprachigen Quellen erfahren, sondern durch die Lektüre der Besprechung des Buches *The China Dream* von Liu Mingfu im *Wall Street Journal* vom 13.03.2013.[618] Pillsbury las in dem Artikel:

> „Herr Xi [...] hat sogar ein genaues Datum für die Erfüllung seines Traums gesetzt: 2049, den 100. Jahrestag der Machtergreifung der KPCh."[619]

In Wirklichkeit hat nicht Xi Jinping das Datum 2049 festgesetzt, siehe meinen *NZZ*-Artikel von 1985, und es geht auch nicht um eine, wie Pillsbury behauptet, „geheime Strategie", die darauf zielt, die USA als Supermacht mit Militärbasen weltweit etc. zu ersetzen. Vielmehr geht es um das längst bekannte Ziel des innerchinesischen Wirtschaftsaufbaus gestützt auf die vier Modernisierungen, mit beträchtlichen außenpolitischen Nebenfolgen.

Auf Michael Pillsburys Buch reagierte man in der VR China:

> „Nach dem Eintritt ins neue Jahrhundert hat China einen Super-Marathon (chaoji malasong) zur Verwirklichung der umfassenden Modernisierung angetreten. Für diesen neuen Marathon hat sich China höhere Ziele gesetzt. Es will eine umfassende und ausgewogene politische, wirtschaftliche, ökologische, wissenschaftliche, bildungsmäßige und kulturelle sowie die Landesverteidigung betreffende Entwicklung verwirklichen. Wenn dieser Marathon mit einem Sieg endet, dann besteht für unser Land wirklich die Hoffnung, dass es sich unter die fortschrittlichen [Länder] einreihen wird und dass tatsächlich der großartige Wiederaufstieg der chinesischen Nation realisiert wird.

> […] Wir sind zutiefst davon überzeugt, dass nachdem China stärker geworden sein wird, es niemals illegale Vorgehensweisen praktizieren und wagen wird, ohne Ermächtigung der UNO, ja ohne den geringsten rechtmäßigen Grund, willkürlich andere Staaten zu überfallen. China möchte ein starker [Staat] werden, der fähig sein wird, den Weltfrieden zu wahren, und es möchte mit den USA und allen anderen Staaten stets friedlich koexistieren. Es hat keineswegs die Absicht, an die Stelle der USA zu treten."[620]

So sagte auch der chinesische Außenminister Wang Yi am 08.03.2018, sein Land habe nicht die Absicht, die Vereinigten Staaten in ihrer Rolle zu ersetzen.[621]

Warum sollte man die Außenpolitik der VR China nicht tatsächlich als Dienstleisterin zum Vollzug der erwähnten Mittelpunktaufgabe bzw. des genannten Arbeitsschwerpunkts verstehen, beides innenpolitischer Natur? Wieso sollten die gewiss nicht auf den Kopf gefallenen Führer der VR China angesichts dieser innenpolitischen Herkulesaufgabe die enorm kostspielige Rolle einer Supermacht, die im Rahmen einer hegemonialen Außenpolitik überall, womöglich gar noch militärisch, eingreift, anstreben?

Die oben zitierten Ausführungen sind nicht in Stein gemeißelt, sondern entsprechen den Erfordernissen der derzeitigen chinesischen Mittelpunktaufgabe und den zwei 100-Jahres-Zielen bzw. – seit 2021 – dem zweiten 100-Jahres-Ziel.

2.63 Ablösung des amerikanischen durch ein chinesisches Zeitalter?

Die Satzung der KPCh vom 22.10.2022 legt nicht nur fest: „Man muss daran festhalten, den Wirtschaftsaufbau als den Mittelpunkt zu betrachten“, sondern sie bestimmt auch, dass „alle anderen Arbeiten [also auch die gesamte Außenpolitik] diesem Mittelpunkt gehorchen und ihm dienen müssen“.[622]

Gemäß dieser Aussage besteht das Hauptziel der VR China nicht darin, eine Weltmacht zu werden. Das Hauptziel besteht vielmehr darin, bis 2049 durch die Lösung des neuen Hauptwiderspruchs ein China aufzubauen, dessen Bevölkerung ein „schönes und gutes Leben“ genießt.

Um dieses Ziel zu erreichen, greift die VR China über ihre Grenzen hinaus und geht gemäß der Jahre vor Xi Jinpings Machtantritt verkündeten Strategie „goes global“ vor. Die VR China soll sich, so Xi Jinping in seiner am 18.10.2017 am 19. Parteitag gehaltenen Rede, bis 2050 „allmählich dem Zentrum der Weltbühne“ angenähert haben, was aber nicht heiße, dass es die Absicht habe, „die USA aus dem Zentrum der Weltbühne zu verdrängen“.[623] Die VR China weitet ihren Einfluss aus, u.a. in Europa. Im Jahr 2012 wurde das Forum 16+1 in Warschau ins Leben gerufen. Ihm gehören 16 europäische Staaten an, alle aus Ost- und Südosteuropa, darunter elf EU-Mitglieder, plus China.[624] In der Zeitspanne 2019–2021 entstand das Forum 17+1, aber aus diesem sind nach Litauen auch Estland und Lettland ausgetreten, sodass seit 2022 das 14+1 Forum besteht.[625] Chinas Weg zu mehr Mitsprache in der EU führte auch über Athen, das im April 2016 den Hafen von Piräus an die halbstaatliche chinesische Reederei COSCO für 280 Millionen Euro verkauft hat.[626] Im Sommer 2016 blockierte die griechische Regierung eine gemeinsame Stellungnahme der EU, in der Chinas Verhalten im Südchinesischen

Meer verurteilt werden sollte. Im Juni 2017 verhinderte Athen, dass die EU Chinas Menschenrechtspolitik in einem Bericht offiziell tadelte.[627] Wie man aus diesen Beispielen ersieht, kreist der chinesische Einfluss in der EU um den Schutz chinesischer Interessen darum, die Lösung der Mittelpunktaufgabe ungestört durch europäische Kritik voranzutreiben. Die wirtschaftlichen Aktivitäten der VR China mit und in europäischen Ländern zielen nicht darauf ab, bei der Regelung innereuropäischer Angelegenheiten mitzureden. Auf globaler Ebene hegt die VR China keine Weltmachtgelüste, sondern strebt nach Einfluss, um möglichst unbehindert durch ausländische Einmischungen das extrem ambitionierte innenpolitische zweite 100-Jahres-Ziel Mitte dieses Jahrhunderts zu erreichen. Worum es der KPCh in allererster Linie geht, ist die Lösung des innerchinesischen gesellschaftlichen Hauptwiderspruchs. Das zunehmende Gewicht auf der weltpolitischen Bühne ist ein Kollateraleffekt, der gewaltige Ausmaße annehmen kann und aus ausländischer Sicht mehr ins Gewicht fällt als das innenpolitische Hauptziel der VR China.

Was die Beziehungen zwischen der VR China und den USA angeht, so wird in der VR China die Meinung verbreitet, die Macht der USA sei zwar im Niedergang begriffen. Aber an die Stelle eines amerikanischen Zeitalters sei noch kein chinesisches Zeitalter getreten. Es gebe lediglich einzelne „chinesische Momente“ (Zhongguo shike). Das habe 2008 mit der Finanzkrise begonnen, die in den USA ausgelöst worden sei. Plötzlich erschien China als die Lokomotive der Weltwirtschaft. 2011 löste China Japan als zweitgrößte Volkswirtschaft der Welt ab.[628] Dann lancierte China die Seidenstraßeninitiative und gründete die Asiatische Infrastrukturinvestmentbank. Dieser traten als Mitglieder Deutschland, England und Frankreich bei, obwohl die USA das nicht gerne sahen. Mit dem Rückzug der USA 2017 aus dem Pariser Klimaabkommen fiel China laut dem US-Energieminister Rick Perry die Rolle zu, die Führung in Klimafragen zu übernehmen.[629] Das Davoser Treffen 2018 stand unter dem Motto „Eine gemeinsame Zukunft schaffen in einer gespaltenen Welt“. Darin sahen chinesische Kommentatoren einen Einfluss Xi Jinpings, denn dieser spricht seit 2013 ständig von einer Schicksalsgemeinschaft der Menschheit. In vielen internationalen Organisationen seien die USA indes nach wie vor federführend. Die amerikanische Militärmacht sei noch auf lange Zeit überlegen, und auch die US-Soft-Power übe weltweiten Einfluss aus. In vielen Fragen behielten die USA die Deutungshoheit. Erst in der Mitte dieses Jahrhunderts werde das amerikanische Zeitalter durch ein chinesisches abgelöst.[630]

Diese Gedanken stammen von Chen Shuguang (geb. 1975), Professor im Institut für Marxismus der Universität Wuhan, stellvertretender Direktor und Professor der philosophischen Abteilung der Parteischule des Provinzkomitees der KPCh in der Provinz Hunan. Zu seinen Ausführungen angeregt haben ihn der Artikel „The American Century“ von Henry R. Luce (1941, Time Magazine)[631] und der Aufsatz des Nobelpreisträgers Stiglitz „The Chinese Century“ (Vanity Fair, 2015)[632].

Über das künftige chinesische Zeitalter sagt Chen Shuguang, es werde gekennzeichnet sein durch einen Wechsel von einer kapitalistischen Globalisierung zu einer Globalisierung neuen Typs, ferner durch einen Wechsel von einer Mitte-Peripherie-Struktur mit den USA in der Mitte zu einer flachen Struktur, ferner durch einen Wechsel von einem hierarchischen Weltsystem mit den USA an der Spitze zu einer gleichberechtigten und ausgewogenen Weltordnung. China werde sich dann umfassend an der globalen Governance beteiligen. Aber das „chinesische Zeitalter“ bedeute weder, dass China die Vereinigten Staaten als nächsten globalen Hegemon ablösen werde, noch bedeutet es, dass China die derzeitige internationale Ordnung vollständig umstürzen wird, sondern dass China eine immer wichtigere Rolle in der globalen wirtschaftlichen und sozialen Entwicklung und bei der Reform des globalen Regierungssystems spielen wird.

Shu gao zhao feng: Der hohe Baum zieht den Sturm auf sich. Ein Baum, der in einem Wald andere Bäume überragt, läuft Gefahr, in einem Sturm geknickt zu werden. Aus chinesischer Sicht ist eine führende Stellung gefährlich und daher nicht erstrebenswert. Wer an der Spitze steht, wird herausgefordert. Die USA als führende Weltmacht abzulösen, dürfte kaum die chinesische Absicht sein. Jedenfalls distanziert sich China in der Verfassung ausdrücklich vom Hegemonismus, und es spricht immer wieder von einer multipolaren Welt. Das Fortbestehen des eigenen Regimes erscheint als sicherer, wenn es eines unter mehreren Großmächten ist.[633] Man kann auch maßgebend sein, ohne dies zur Schau zu tragen.

Vielleicht vermittelt die Annäherung Iran–Saudi-Arabien, die die VR China bewerkstelligt hat[634], einen Vorgeschmack auf das „chinesische Zeitalter“. Auch die Globale Initiative für Datensicherheit[635], die Globale Entwicklungsinitiative[636] und die Globale Zivilisationsinitiative vom März 2023[637] könnten Vorboten eines chinesischen Zeitalters sein. Ebenso mag die „Globale Sicherheitsinitiative“ vom Februar 2023[638], in dem die UNO 21 Mal und sieben Mal deren Charta hervorgehoben, die USA aber mit keinem Wort und Europa auch nur ein Mal erwähnt werden, andeuten, was von einem künftigen „chinesischen Zeitalter“ zu erwarten ist.

2.64 1000 chinesische Infrastrukturprojekte gegen 800 US-Militärbasen: Weltsozialismus versus Weltkapitalismus

Abgesehen von diesen eher engen sinoamerikanischen Zukunftsvorstellungen wird in der VR China von einem viel breiter gespannten, globalen Szenario gesprochen, nämlich von einer andauernden Auseinandersetzung zwischen Sozialismus und Kapitalismus. „Der Wettbewerb der Systeme ist zurück.“[639] Das geschieht in einer Epoche, in der „500 Jahre westliche abendländische Dominanz und 100 Jahre amerikanisch-westliche Hegemonie zu Ende gehen“,[640] „in der nicht-westliche Nationen [...] nicht bereit sind, sich als Juniorpartner in eine Weltordnung unter Führung der USA einzureihen“[641], in der „wir westliche Menschen nicht mehr über die Mittel verfügen, um eine politische Ordnung zu gestalten, so wie wir sie uns wünschen würden“,[642] und in der behauptet wird: „Längst befindet sich der in Auflösung befindliche Kapitalismus in einem Übergangsstadium zu etwas anderem“[643], und „die liberale westliche Gesellschaft bricht zusammen, aber es existiert noch keine Alternative.“[644] Zur These von der Alternativlosigkeit der liberalen westlichen Gesellschaft vertritt man in der VR China eine Gegenmeinung. Sie kreist um Feststellungen wie: „China hat der Lehre vom Sozialismus zu neuer Größe verholfen;“[645] „nach dem Zweiten Weltkrieg hat [...] die Gründung der VR China die Kraft des Weltsozialismus enorm verstärkt.“[646] Allerdings „werden das Nebeneinander und die Rivalität von Sozialismus und Kapitalismus noch lange bestehen bleiben und ist die Überlegenheit des sozialistischen Systems noch nicht endgültig zur Entfaltung gebracht worden“.[647]

„Gegenwärtig gibt es weltweit etwa 100 Millionen Mitglieder von kommunistischen Parteien, darunter etwa 97,5 Millionen Mitglieder kommunistischer Parteien in sozialistischen Ländern und etwa 8,5 Millionen Mitglieder kommunistischer Parteien in anderen Ländern [...]. [Das ist] eine gewaltige Anzahl. [...] In der heutigen Welt gibt es außer [der Bezeichnung] ‚Kommunistische Partei' keinen anderen in derart hochgradiger Weise [weltweit] einheitlichen Parteinamen. Keine andere Partei hat eine so große Reichweite wie die Kommunistische Partei, und keine andere Partei außer der Kommunistischen Partei hat [weltweit] so viele Mitglieder. [...] Der Sozialismus hat einen Entwicklungssprung von ursprünglich einem [einzigen] Modell zu mehreren Modellen [seiner praktischen Umsetzung] und von anfänglichem Herumpöbeln zu einer immer vertiefteren [Erkenntnis seiner Funktionsweise] zurückgelegt. [...] Die Sowjetunion, das erste sozialistische Land der Welt, erschuf das sowjetische sozialistische Modell. Dieses wies zwar nicht wenige Mängel auf, vor allem in seiner durch Korruption und Erstarrung gekennzeichneten Spätphase, aber man kann nicht leugnen, dass seine Verdienste für die Konsolidierung und Verteidigung des neu entstandenen sozialistischen politischen Regimes unbestreitbar sind. So sind die Verdienste des sowjetischen sozialistischen Regimes im antifaschistischen Weltkrieg unbestreitbar. Nach dem Tode Stalins eröffneten u. a. Jugoslawien, Ungarn, Polen und die Tschechoslowakei das Vorspiel zu Reformen des Sozialismus und errangen einige Erfolge. Sozialistische Länder wie China, Vietnam und Kuba begannen ebenfalls nach Wegen des Sozialismus zu suchen, die den Besonderheiten der jeweiligen Länder entsprachen, und so erlebte der Sozialismus die Entwicklung von einem einzigen Modell zu vielen Modellen [seiner Umsetzung in die Praxis]. Nach den dramatischen Veränderungen in Osteuropa, insbesondere nach der Auflösung der Sowjetunion hat China die [mit dem sowjetischen Modell gemachten] positiven und negativen Erfahrungen ausgewertet und unentwegt am Sozialismus mit chinesischen Besonderheiten festgehalten und ihn weiterentwickelt und erfolgreich einen Weg des Sozialismus mit chinesischen Besonderheiten eröffnet, der einen globalen Einfluss ausübt und von globaler Bedeutung ist. Weltweit ist jetzt China bereits zur zweitgrößten Volkswirtschaft, zum Land mit dem zweitgrößten Ausmaß an direkten Auslandsinvestitionen, zum größten Warenexportland, zum Land mit dem größten Bestand an ausländischen Devisen, zum größten Tourismusmarkt und zu einem wichtigen, die Veränderungen in der globalen politischen und wirtschaftlichen Landschaft beeinflussenden Faktor geworden.

Im 21. Jahrhundert wurde China mit seiner unbestreitbaren Stärke und Position zum würdigen Hauptträger und Flaggschiff in der Entwicklung und Förderung des Weltsozialismus. Die Praxis und die neue Entwicklung des Sozialismus in China und der große Beitrag, den der Sozialismus mit chinesischen Besonderheiten zum wissenschaftlichen Sozialismus geleistet hat, haben im 21. Jahrhundert neue Veränderungen im Kräfteverhältnis zwischen dem Weltkapitalismus und dem Weltsozialismus herbeigeführt. Wenn man die [globale] Gesamtlage ins Auge fasst, [so stellt man fest,] dass der Weltkapitalismus im Laufe seines langen Entwicklungszyklus in die Phase eines Verfalls von recht großen Ausmaßen eingetreten ist. Demgegenüber ist die sozialistische Weltbewegung dank den gewaltigen Errungenschaften bei der Entwicklung des Sozialismus mit chinesischen Besonderheiten als der Hauptstütze […] in eine langfristige aufsteigende Entwicklungsphase eingetreten. […] Engels sagte:

‚Aber die ganze Auffassungsweise von Marx ist nicht eine Doktrin, sondern eine Methode. Es gibt keine fertigen Dogmen, sondern Anhaltspunkte zu weiterer Untersuchung und die Methode für diese Untersuchung.‘[648]

Beispielsweise hat Lenins ‚These des Sieges des Sozialismus in einem Land‘ die These von Marx betreffend ‚den gleichzeitigen Sieg des Sozialismus in einer Vielzahl von Ländern‘ einerseits zerstört, aber auch erneuert; Mao Zedong hat mit seinem Gedanken einer ‚Umzingelung der Städte durch die Bauerndörfer und [der darauf folgenden] bewaffneten Eroberung der politischen Macht‘ die russische Vorgehensweise der ‚Umzingelung der Bauerndörfer durch die Städte und [der darauf folgenden] bewaffneten Eroberung der politischen Macht‘ einerseits zerstört, aber auch erneuert. Im Rahmen der sozialistischen Praxis mit chinesischen Besonderheiten sind wir für die Einführung einer sozialistischen Marktwirtschaft eingetreten und verwirklichen das grundlegende Wirtschaftssystem, in dem das Gemeineigentum dominiert, sich aber verschiedene Eigentumsformen nebeneinander entwickeln. Das ist eine historisch gesehen präzedenzlose Zerstörung und Erneuerung [ursprünglicher marxistischer Thesen]. Der Sozialismus beruht auf einer dialektischen Einheit von Substanz und Implementierung. Die Substanz, das sind die Prinzipien des wissenschaftlichen Sozialismus, z.B. das Festhalten an der Führung der Kommunistischen Partei, das Festhalten an der demokratischen Diktatur des Volkes, das Festhalten am sozialistischen Gemeineigentum usw. usf. Das Vorhandensein dieser Substanz ist das grundlegende Kriterium beim Urteil darüber, ob ein Land ein sozialistisches Land sei oder nicht. Die Implementierung besteht darin, dass man die grundlegenden Prinzipien des wissenschaftlichen Sozialismus mit der Wirklichkeit des jeweiligen Landes in kreativer Weise verbindet. Dass wir seit

> [dem Beginn der Epoche] der Reform und Öffnung ununterbrochen große Erfolge in der Sache des Sozialismus mit chinesischen Besonderheiten errungen haben, ist einerseits darin begründet, dass die Substanz des wissenschaftlichen Sozialismus aufrechterhalten wurde, andererseits darin, dass der Sozialismus mit chinesischen Besonderheiten den chinesischen Gegebenheiten entspricht, dass er im fruchtbaren Boden unseres Zeitalters verwurzelt ist und unverkennbare nationale Besonderheiten [...] aufweist. Generalsekretär Xi Jinping betont: ‚Nur Nationales ist Globales, nur was dem Zeitalter den Weg weist, wird Eingang in der Welt finden.' Nur weil der Sozialismus mit chinesischen Besonderheiten national und zeitgemäß ist, bringt er es zustande, dass der wissenschaftliche Sozialismus im 21. Jahrhundert volle Lebenskraft entfalten wird."[649]

> „Der sozialistische Weg, den ein Viertel der Weltbevölkerung erfolgreich in die Tat umsetzt, ist eine kraftvolle Widerlegung der Theorie vom Ende der Geschichte. Dass das sozialistische China ins Zentrum der internationalen Bühne tritt, bedeutet eine gewaltige Ermunterung für die weltweiten Kräfte des Sozialismus und ist ein wichtiger Beitrag zur internationalen kommunistischen Bewegung."[650]

Die unterschiedlichen Herangehensweisen der VR China und der USA führt die taiwanesische Oppositionspolitikerin Joanna Lei vor Augen: „Die USA besitzen zwischen 750 und 800 Militärbasen weltweit. Demgegenüber verfolgt die VR China global etwa 1000 [Infrastruktur]projekte."[651]

2.65 Westliche Demokratie in einem chinesischen Schulbuch

„In der gegenwärtigen kapitalistischen Welt liegt die politische Macht des Staates ausnahmslos in den Händen der Kapitalistenklasse. Über 20 kapitalistische Staaten befinden sich in der Reihe der entwickelten Länder. Zu den entwickeltsten Ländern gehören die sieben Staaten USA, Japan, England, Frankreich, Deutschland, Italien und Kanada. In den westlichen Staaten verbreiten Massenmedien die Propaganda, die kapitalistischen Staaten hätten sich in ‚über den Klassen stehende' Staaten ‚des ganzen Volkes' gewandelt. Damit wird die Absicht verfolgt, die Klassennatur der politischen Macht in den kapitalistischen Staaten zu vertuschen. Vom äußeren Schein her gesehen sind in den entwickelten kapitalistischen Staaten infolge der wissenschaftlich-technischen sowie wirtschaftlichen Entwicklung in den letzten Jahrzehnten tatsächlich neue Veränderungen eingetreten. Einige Arbeiter sind zu ‚Aktienbesitzern' geworden. Die Wohlfahrtspolitik hat zu einer Verbesserung des Lebens der Arbeiter geführt. Durch besänftigende Maßnahmen wurden Klassenwidersprüche entschärft. Aber deswegen hat sich die Klassennatur der entwickelten kapitalistischen Staaten keineswegs geändert, und zwar aus folgenden Gründen: Die wirtschaftliche Basis der entwickelten kapitalistischen Staaten hat sich nicht geändert. Nach wie vor besteht das kapitalistische Privateigentum an den Produktionsmitteln. Die herrschende Klasse in den kapitalistischen Staaten hat sich nicht geändert. Die politische Macht in diesen Staaten befindet sich nach wie vor in den Händen der Kapitalistenklasse. Die Proletarierklasse verharrt nach wie vor in einer Lage, in der sie ausgebeutet und beherrscht wird. Daher sind die derzeitigen entwickel-

> ten kapitalistischen Staaten nach wie vor Werkzeuge der Kapitalistenklasse zur Ausübung ihrer Klassenherrschaft. Die politische Macht in diesen Staaten befindet sich fest in den Händen der Kapitalistenklasse und deren Vertreter."

Das ist ein Zitat aus einem Lehrbuch für das dritte Jahr der Oberen Mittelschule mit dem Titel *Ideologie und Politik* (10. Aufl., Shanghai 2006). Ich kaufte es im Oktober 2006 in einem Schulbuchladen, nur wenige Gehminuten von der „kapitalistisch" anmutenden Nanjing-Straße-Fußgängerzone im Stadtzentrum Shanghais entfernt. In dem Lehrbuch wird auf US-Präsidenten von Kennedy bis Bush senior hingewiesen, die alle schwerreich gewesen oder – wie Bush senior – mit Erdölfirmen verknüpft gewesen seien. Auch das amerikanische Parlament bestehe aus lauter Leuten oberer Gesellschaftsschichten. Nicht ein Abgeordneter sei ein gewöhnlicher Arbeiter oder Bauer. Natürlich gingen in Staaten, in welchen die Kapitalistenklasse die Produktionsmittel besitze und die herrschende Stellung im Staate innehabe, die staatlich festgelegte Politik und die Gesetze von den Bedürfnissen der Kapitalistenklasse aus und dienten deren grundlegenden Interessen. Dem Wesen nach handle es sich bei den Staaten, in denen die Kapitalistenklasse die politische Macht innehabe, um Diktaturen der Kapitalistenklasse. Im Innern erfülle das Regime in kapitalistischen Staaten u. a. die Funktion, die werktätige Bevölkerung ideologisch zu beherrschen, und zwar durch Massenmedien, Kirchen, Schulen etc. Ferner regulierten diese Regime die Widersprüche innerhalb der Kapitalistenklasse. Sie kontrollierten die Wirtschaft und allgemeine gesellschaftliche Belange. Nach außen betrieben diese Regime u. a. Aggressionen. England und Frankreich hätten 1956 Ägypten angegriffen, die USA in den 1950er-Jahren Korea, in den 1960er-Jahren Vietnam und in den 1980er-Jahren Panama. Ende der 1990er-Jahre und Anfang des 21. Jahrhunderts hätten einige westliche Staaten unter der Führung der USA im Namen des „Antiterrorismus“ und der Menschenrechte der Reihe nach den Kosovo-Krieg, den Krieg gegen Afghanistan und den Krieg gegen Irak vom Zaune gerissen. Die USA hätten zwar vorgegeben, sie wollten der Bevölkerung der betroffenen Staaten mehr Demokratie und ein besseres Leben bescheren, doch die Wirklichkeit nach den Kriegen beweise, dass die USA einzig und allein ihren größtmöglichen Profit anstrebten. Wegen des entschlossenen Kampfes der Völker aller Länder und wegen der immer stärkeren Mächte des Friedens in der Welt seien die bewaffneten Aggressionen der westlichen entwickelten Staaten rückläufig. Aber umso mehr versuchten sie, durch die Unterstützung von Staatsstreichen, durch das Heranzüchten von Marionetten, welche in den betreffenden Staaten an die Macht gelangten, oder durch kulturelle und wirtschaftliche Subversion in anderen Staaten einen Umsturz zu bewirken oder diese zu manipulieren und auszuplündern.[652]

Wenn immer von der „friedlichen Evolution“ in der VR China die Rede ist, welche vom Westen angestrebt werde, dann wird das unter dem Gesichtspunkt des weiter dauernden internationalen Klassenkampfes betrachtet. In Schulbüchern wird für die künftige kommunistische Gesellschaft der weltweite Sturz der Kapitalistenklasse vorausgesagt.[653] Aber der Klassenkampf ist in den Hintergrund getreten. In den in der VR China verbreiteten Publikationen, vor allem jenen in westlichen Sprachen wie etwa *China Daily*[654], kommen der Klassenstandpunkt und die Klassenanalyse kaum mehr zum Ausdruck.

In einer deutschen Zeitschrift wurde im Zusammenhang mit der im Herbst 2007 gestarteten China Investment Corporation (CIC) behauptet, „die Chinesen wollen nun selbst an den Weltbörsen mitzocken und den einstigen kapitalistischen Klassenfeinden […] auch als Anleger Konkurrenz machen“.[655] Die Formulierung „einstige kapitalistische Klassenfeinde“

zieht nicht in Betracht, dass gemäß offiziellem sinomarxistischem dialektischem Denken der Klassenkampf nach wie vor grundsätzlich weitergeht. Nur wird er derzeit gemäß Strategie und Taktik des „wissenschaftlichen Sozialismus" von einer anderen Mittelpunktaufgabe überlagert. Die Formulierung „einstige kapitalistische Klassenfeinde" zeugt von einer Unkenntnis sinomarxistischen dialektischen Doppeldenkens. Zusammenarbeit bei gleichzeitig unterschwellig weiterdauernder Feindschaft ist, sinomarxistisch-dialektisch gesehen, durchaus möglich.

2.66 Auf dem Weg zur „Großen Gemeinschaft"

„Die Verwirklichung des Kommunismus ist das höchste Ideal und das ultimative Ziel der Partei", sagte Xi in einer Rede zum KP-Parteitag 2017.[656] Der Eindruck wird erweckt, als ob dies eine Vision Xi Jinpings sei. In Wirklichkeit zitiert er nur, was in Satzungen der KPCh schon Jahrzehnte vor einem Machtantritt verkündet worden ist.

> „Das höchste Ideal und das endgültige Ziel der Partei ist die Verwirklichung des Kommunismus" (KPCh-Satzungen 1982, 1992, 1997, 2002, 2007, 2012, 2017 und 2022, AP Abs. 2).[657]

Supraplanerisch betrachtet erscheint das endgültige Ziel der KPCh als ein globales, sagte doch Friedrich Engels: „Die kommunistische Revolution [...] ist eine universelle Revolution und wird daher auch ein universelles Terrain haben."[658]

Wenn Führer eines Milliardenvolkes, welches ungefähr ein Fünftel der Weltbevölkerung ausmacht, ein globales Ziel anvisieren, und wenn sie verkünden: „Die sozialistische Sache

Chinas wird bestimmt den Endsieg erringen" (Satzungen 2002, 2007, 2012, 2017 und 2022, AP), dann dürfte das vielleicht ein wenig ernster zu nehmen sein, als wenn dies beispielsweise früher ein Enver Hodscha als Vertreter des Zwergstaates Albanien verkündet haben sollte.

Schon Konfuzianer träumten von einem Zeitalter der „Großen Gemeinschaft" (Da Tong).[659] In diesem Zeitalter ist laut dem konfuzianischen klassischen Werk *Aufzeichnungen der Riten* „die ganze Welt gemeinsamer Besitz."[660] Man hat dann „zwar draußen Tore, aber man schließt sie nicht".[661]

Das sei gleichbedeutend mit der Abschaffung der Visumspflicht und mit dem weltweiten „freien Kapital- und Personenverkehr", meint Professor Li Yangfan vom Institut für internationale Beziehungen der Beijing-Universität. Über die Jahrtausende hinweg seien große Geister Chinas von dem Streben nach der Schaffung einer harmonischen Großen Gemeinschaft beseelt gewesen, auch Mao Zedong.[662]

Von der konfuzianischen Utopie der „Großen Gemeinschaft" lässt sich eine geistige Brücke zur Vorstellung einer künftigen kommunistischen Gesellschaft bauen. So setzt Mao Zedong die „Große Gemeinschaft" mit der kommunistischen Gesellschaft, die u.a. durch das „natürliche Verschwinden der Staatsmacht" gekennzeichnet sei, gleich.[663] In der künftigen kommunistischen Welt wird es also keine Staaten mehr geben.[664] „Das Endziel des Kommunismus […] war für Marx die ‚klassenlose Gesellschaft', das staatenlose freie Zusammenleben friedlicher Individualisten."[665]

Eine solche Welt ohne „engstirnigen Lokalpatriotismus"[666] und „ohne Grenzen"[667] dürften Chinesen als paradiesisch empfinden, werden sie doch dann zu Hunderten von Millionen ohne Visaformalitäten von einer weltweiten Personenfreizügigkeit profitieren und durch ungehinderte Masseneinwanderung beispielsweise die europäische „Gesellschaft" einem ultimativen Toleranztest unterziehen können. Bereits konnte man Zeitungsartikel lesen mit Titeln wie:

> „Die Chinesen kommen. Das Reich der Mitte spielt einen einzigartigen Trumpf aus: Hunderttausende von Auswanderern erobern den Globus und bringen China Reichtum und Rohstoffe" (*NZZaSo*, 02.12.2007, S. 41).[668]

2.67 Jagd nach schnellen Erfolgen und Tempel besuchende Funktionäre

Sinomarxistisch gesehen sollte man eigentlich kurzfristiges Handeln mit einer langfristigen Perspektive verknüpfen. Aber immer wieder werden planloses (mangmu) und ineffizientes Handeln kritisiert. Ein jahrtausendealtes Problem im Reich der Mitte scheint kurzfristiges sowie egoistisches Vorgehen zu sein. Schon Konfuzius warnte: „Wenn man rasche Erfolge wünscht, so erreicht man nichts Gründliches."[669] Die „Jagd nach schnellen Erfolgen" (jiyu jiucheng, ji gong jin li) bei Funktionären und Unternehmern wird immer wieder in Massenmedien der VR China angeprangert. Sie führt häufig zur Verschwendung öffentlicher Gelder und beispielsweise zur Hintanstellung drängender Infrastrukturaufgaben zugunsten der Erstellung prächtiger Amtsgebäude, vielleicht gar noch in Armutsgebieten, einzig und allein zur Imagepflege („mianzi gongcheng", wörtlich „Gesichts-Bauprojekt")[670] von örtlichen Funktionären.[671] Wenn in Werken der chinabezogenen Ratgeberliteratur Chinesen oft als „ungeduldig", „auf eine rasche Karriere bedacht" und „auf das Hier und Jetzt orientiert"[672] beschrieben werden, so wird das richtig sein. Aber ein pauschaler Satz wie: „Der Blick in die Zukunft ist in China durch eine recht kurzfristige Perspektive begrenzt", geht zu weit. Bei chinesischen Politikern auf höchster Stufe lassen sich langfristige Denkhorizonte feststellen. Im persönlichen Umgang mit chinesischen Intellektuellen habe ich übrigens eher nicht den Eindruck gehabt, dass sie bei ihren Planungen ausschließlich von der Hand in den Mund leben.

Gemäß Sinomarxismus sollte man Atheist sein. Aber dem ist in der Realität keineswegs immer so. Davon kündet etwa die folgende Schlagzeile: „Diese Beamten schwärmen von Geomantik, sie glauben nicht an den Marxismus-Leninismus, sie glauben an Geister und Gespenster."[673]

Karikatur[674]: Zwei Männer in einem buddhistischen Tempel. Jeder sitzt auf einer Gebetsmatte. Der eine Mann hat eine buddhistische Halskette umgehängt. Er vollzieht vor einer „xianglu", einer Weihrauchurne, einen Kotau und blickt zu dem links neben ihm knienden Mann. Dieser hält mit beiden Händen ein Bündel brennender Weihrauchstäbchen. Solche Weihrauchstäbchen kann man in der Regel am Tempeleingang kaufen. Dann entzündet man sie an brennenden Weihrauchstäbchen in der Weihrauchurne und steckt sie nach dem Gebet ebenfalls in das Weihrauchfass. Der Mann rechts im Bild hat eine Tasche umgehängt. Darauf steht: „Auf den Berg pilgern, um Bodhisattwa ein Opfer darzubringen." Im Hintergrund stehen vier heilige Figuren. Auf dem Tisch liegt ein „muyu", ein „hölzerner Fisch". Dies ist ein Schlaginstrument aus einem ausgehöhlten Holzblock zum Rhythmisieren buddhistischer Sutragesänge. Die Bildlegende lautet:

> „Guten Tag, Abteilungsleiter Li."
>
> „Guten Tag, Direktor Zhang."

Die beiden Männer sind also Funktionäre, die sich kennen und hier zufällig gleichzeitig zum Gebet erschienen sind. Funktionäre sind sehr oft Mitglieder der KPCh. Als solche sollten sie aufgeklärt sein. Die Karikatur deutet aber darauf hin, dass Personen aus der Führungsschicht der offiziellen an sie gerichteten Anforderung, von Religionen emanzipiert zu sein, nicht immer entsprechen. Echte Frömmigkeit dürfte die beiden Männer freilich nicht auszeichnen. Sie befinden sich an dieser Stätte, weil sie entweder ein konkretes, ungelöstes Problem oder ein schlechtes Gewissen haben.

2.68 Kontrafaktischer Zentralismus[675]

Die KPCh ist nach dem „demokratischen Zentralismus" organisiert (Satzung 2022, Art. 10; so auch schon in früheren Satzungen). Die einzelnen Parteimitglieder gehorchen der Parteiorganisation, die Minderheit der Mehrheit, die untergeordneten Organisationen den übergeordneten Organisationen und alle Parteiorganisationen und alle Parteimitglieder dem Landesparteitag und dem Zentralkomitee. So sollte es jedenfalls sein.

In China gab es keinen „Kampf um das Recht", wie es Rudolf Ihering (1818–1892) formuliert hat.[676] Autoritäres Recht wurde in China nicht bekämpft. Doch wie nirgendwo sonst auf der Welt perfektionierte man in China die „Kunst der List", um autoritäre Gesetze zu umgehen. In dieser Hinsicht übten Taoismus und insbesondere die antike Militärdoktrin, die auf Sun Zi zurückgeht[677], ihren Einfluss aus. Diese Denkschulen betonten die Wichtigkeit von Strategemen, die den Umgang von Chinesinnen und Chinesen mit der Macht seit der Antike beeinflusst haben. Bis heute sind die Strategeme in China Mittel, um autoritäre Strukturen und Normensysteme zu überlisten. In dem Roman *Shuo Tang* (Erzählungen aus der Tang-Dynastie) wird über den Feldzug des Kaisers Tai Zong (626–649) gegen Koguryo auf der koreanischen Halbinsel berichtet. Angesichts des grenzenlosen Meeres, das es zu durchqueren gilt, schwindet der Mut des Kaisers.

General Xue Rengui, der zusammen mit anderen Kommandeuren den Abbruch des Feldzugs nicht gutheißt, schmiedet eine List. Am nächsten Tag laden die Feldherren den Kaiser zu einem reichen Bauern ein, der direkt am Meer lebt. Er will den Proviant für die Überfahrt liefern und mit dem Kaiser darüber sprechen.

Ahnungslos begibt sich dieser in das Haus am Meer. Beim Gespräch mit dem Bauern beginnt der Boden plötzlich zu schwanken. Erst jetzt merkt der Kaiser, dass er auf ein Schiff gelockt worden ist und die gesamte Flotte bereits in See sticht. Die vollendeten Tatsachen beleben die Entschlusskraft des Kaisers. Wagemutig fährt er Richtung Ostufer.[678]

In dieser Geschichte wird eine bestimmte Tricktechnik verwendet. Es ist das Strategem „Den Kaiser übertölpeln, auf dass er das Meer überquert". In einer Abhandlung über 36 Strategeme, die vor etwa 500 Jahren verfasst wurde, steht dieses Strategem an erster Stelle. Das ist ein Indiz für die Bedeutung dieser antiautoritären List. Es stimmt, dass das vormoderne China ein autoritärer Staat war. Dies bedeutet jedoch nicht, dass die Untergebenen des Herrschers nur passive Empfänger von Befehlen waren. Mithilfe von List gelang es ihnen nicht selten, ihren eigenen Weg zu gehen. Auch in der VR China werden Autoritäten immer wieder durch Strategeme umgangen.

Am 20.03.1991, kaum zwei Jahre nach der gewaltsamen Niederschlagung der Unruhen vom 4. Juni 1989 in Beijing, veröffentlichte die Überseeausgabe der Volkszeitung, des Sprachrohrs des Zentralkomitees der KPCh, auf der prominenten Seite 2 ein Gedicht eines chinesischen Studenten, der sich in den Vereinigten Staaten weiterbildete. Die Redakteure der Volkszeitung hatten übersehen, dass das Gedicht eine Kritik am Ministerpräsidenten Li Peng (1928 – 2019) enthielt, den viele für die tödlichen Gewaltszenen in Peking am 4. Juni

1989 verantwortlich machten. Der den Ministerpräsidenten angreifende Satz tritt zutage, wenn man ausgehend von der ersten Zeile des Gedichts ein Zeichen nach dem anderen diagonal von rechts oben nach links unten zusammensetzt und die resultierende Aussage dann mit der gesamten letzten Zeile krönt.

Der chinesische Student hatte die Zensur überlistet, indem er erfolgreich „Steganographie" implementierte, also eine geheime Nachricht in einer scheinbar harmlosen Nachricht versteckte.

Es verhält sich also keineswegs so, dass in der VR China alle von oben kommenden Anweisungen buchstabengetreu umgesetzt werden.

Die Aufsässigkeit der Untergebenen spiegelt sich in einer Redewendung, für die ich am 26.04.2023 31 600 000 Treffer auf Baidu, dem chinesischen Pendant zu Google, fand.

Sie lautet „上有政策 下有对策[679] (oben werden Anordnungen getroffen, unten werden Gegenmaßnahmen ergriffen)"[680]. So prangerte zu Beginn der Corona-Pandemie der Ständige Ausschuss des Politbüros des Zentralkomitees der KPCh in einer auf der ersten Seite der „*Renmin Ribao* (Volkszeitung)" vom 04.02.2020 veröffentlichten Verlautbarung diejenigen an, die „die Entscheidungen und Anordnungen des Zentralkomitees der Partei nicht tatkräftig umsetzen, die sich nicht an ein einheitliches Kommando und eine einheitliche Kontrolle halten […]."[681]

Man sollte allerdings die Tragweite strategemischer Zuwiderhandlungen nicht überschätzen, denen durch Kontrolle und Überwachung entgegengewirkt wird. So wird gewährleistet, dass die obrigkeitliche Lenkung der Gesellschaft funktioniert.

2.69 Kontrafaktischer Sinomarxismus

„Christentum ist vor allem Wunschdenken“, schreibt der amerikanische Theologe Frederick Buechner.[682] Dasselbe ließe sich wohl auch vom Sinomarxismus sagen.

Der Sinomarxismus soll in der VR China als eine Anleitung zum Denken und Handeln, insbesondere von Funktionären, wirken. Wer nun erwartet, dass der Sinomarxismus landesweit von der chinesischen Elite eins zu eins umgesetzt werde, der täuscht sich. Der Sinomarxismus erscheint als ein normatives Gebilde, gemäß dem das Denken in gewisse Bahnen gelenkt werden *soll*. Die Lehrbücher des Sinomarxismus sind keine Tatsachenreportagen, sondern Sammlungen von Denkanleitungen, die man einhalten *sollte*, die aber keineswegs alle Betroffenen getreulich befolgen. Der Sinomarxismus ist so gesehen kontrafaktisch, d.h., er will Dinge erreichen, die in der Wirklichkeit keineswegs von Natur aus vorhanden sind. Es gibt keine sinomarxistische Aufforderung, täglich zu essen und zu schlafen. Eine solche Norm braucht es nicht, denn alle Menschen essen und schlafen spontan, ohne Vorschrift. Nur etwas, was fehlt, wird vorgeschrieben. Das gilt für jedes Normativsystem. Auch Religionen schreiben keine selbstverständlichen Verhaltensweisen vor.

2.70 Kaum 20% der Funktionäre ...

Die sinomarxistische Denkweise ist Chinesen offensichtlich nicht angeboren. Sie muss, womöglich mühsam, studiert und erlernt werden. Dabei fällt in Betracht, dass es „auf den Führungsebenen Kader gibt, deren Bildungsgrad nicht hoch ist.“[683] Im Oktober 2007 sagte mir ein ehemaliger chinesischer Arbeiter-, Bauern- und Soldatenstudent mit einer jahrzehntelangen Karriere als Sinomarxismus-Instruktor in einer armeeinternen Ausbildungsstätte, dass nach seiner Einschätzung kaum 20 % der chinesischen Funktionäre den Sinomarxismus beherrschen und danach denken und planen.

Selbst Mao Zedong hielt sich keineswegs sein Leben lang an den von ihm selbst wiederholt propagierten Satz: „Die Wahrheit in den Tatsachen suchen“, sondern verstieg sich, insbesondere in den letzten zwei Jahrzehnten seines Lebens, teilweise zu „Hirngespinsten“,[684] so etwa, was die Einschätzung des „Klassenkampfes“ nach 1956 anging.[685]

Freilich kommt es immer wieder vor, dass Leute, die anderen etwas predigen, sich selbst nicht daran halten. Sie predigen möglicherweise Dinge, von denen sie instinktiv verspüren, dass sie ihnen selbst fehlen. Darum sind in der Realität immer wieder Abweichungen von der sinomarxistischen Methodenlehre, wie ich sie in diesem Buch darstelle, zu gewärtigen. Deswegen aber den Sinomarxismus als irrelevant zu bezeichnen, wäre leichtsinnig. Im Denken auf höchster Führungsebene scheint er, wenn auch vielfach nicht „chemisch rein“ und durchsetzt mit unmarxistischer persönlicher Machtgier und mit anderen eigensüchtigen Bestrebungen, recht wirkkräftig zu sein.

Anmerkungen

1 S. *Strategeme* 2, Kap. 24.3 „Als Tiger gesprungen, als Bettvorleger gelandet.“

2 Wen Ruopeng: „Jin Yinan cong datoubing dao zhanlüexuejia“ (Jin Yinan vom Fußsoldaten bis zum Strategiegelehrten), in: *RRH*, 31.10.2007, S. 7.

3 Katrin Büchenbacher: „Xi Jinpings grösster Trumpf. Nationalismus hat Xi Jinping zum mächtigsten Herrscher Chinas seit Mao Zedong gemacht. Doch die Ideologie birgt auch Risiken“, in: *NZZ*, 28.07.2021, S. 17; *https://www.nzz.ch/meinung/china-nationalismus-ist-der-groesste-trumpf-von-xi-jinping-nzz-ld.1634428*, a. a. 26.03.2023.

4 Hu Yaobang: *Das Licht der großen Wahrheit des Marxismus erhellt unseren Weg vorwärts. Ansprache auf der Gedenkkundgebung zum 100. Todestag von Karl Marx (13.03.1983)*, Verlag für fremdsprachige Literatur, Beijing 1983, S. 1 f.

[5] „Dang de dute youshi shi shixian Zhongguo meng de weida liliang" (Die einzigartige Überlegenheit der Partei beruht auf dem gewaltigen Potenzial, das sie in die Lage versetzt, den chinesischen Traum zu verwirklichen), in: *GMRB*, 03.12.2017, S. 16.

[6] Die Formulierung „yongheng de sixiang jiazhi" stammt von Xi Jinping, Bi Yuhui: „‚Fan Dulin Lun'. Makesizhuyi de baike quanshu" (Anti-Dühring. Eine Enzyklopädie des Marxismus), in: *GMRB*, 29.11.2017, S. 2.

[7] Xi Jinping: „Zai Qingzhu Zongguo Gongchandang chengli 100 zhou nian dahui shang de jianghua" (Xi Jinping: Rede bei der Feier zum 100. Jahrestag der Gründung der Kommunistischen Partei Chinas), 01.07.2021, *https://www.12371.cn/2021/07/01/ARTI1625122624003841.shtml*, a. a. 26.03.2023.

[8] Katrin Büchenbacher: „Xi Jinpings grösster Trumpf", *https://www.nzz.ch/meinung/china-nationalismus-ist-der-groesste-trumpf-von-xi-jinping-nzz-ld.1634428?reduced=true*, a. a. 09.01.2023.

[9] Es gibt westliche Veröffentlichungen über den „chinesischen Marxismus", wie z. B. die auf Mao Zedong fokussierten Ausführungen von Donald J. Munro „Marxism, Chinese. Article Summary", *https://www.rep.routledge.com/articles/thematic/marxism-chinese/v-1/bibliography/marxism-chinese-bib#G005BIBENT5*, a. a. 02.01.2023; s. auch: Bill Brugger und David Kelly, beides offensichtlich keine Normativwissenschaftler: *Chinese Marxism in the Post-Mao Era*, Stanford University Press, Stanford 1990. Dass dieses Buch nicht in die Tiefe dringt, mag folgendes Zitat andeuten: „Lip service to the genius of the founders and the absolute truth of their science is still statistically the most prevalent form of Marxism", a. a. O., S. 174.

[10] Über die Austauschbarkeit der Bezeichnungen „chinesischer Marxismus" und „Sinomarxismus" s. Harro von Senger: „Der Sinomarxismus zu Beginn des 21. Jahrhunderts: Mottenkiste oder Erfolgsgeheimnis der größten politischen Partei der Welt?", in: *MoS*, S. 133f.

[11] Karl-Heinz Pohl: *China für Anfänger*, Herder Verlag, Freiburg i. Br. 2004, S. 19.

[12] Urs Schoettli: „Die Rückkehr des Konfuzius. Was hat es für den Westen zu bedeuten, wenn sich in China Xi Jinping auf die Philosophie des Grossen Weisen besinnt?", in: *NZZ*, 05.01.2018, S. 33.

[13] „Der Rockstar unter den Intellektuellen", in: *SoZ* 01.04.2018, S. 49f.

[14] Harro von Senger: „Katastrophen als historische Kontinuität", Rezension von: Yang Jisheng: *Grabstein – Mubei: Die große chinesische Hungerkatastrophe 1958–1962*, S. Fischer Verlag, Frankfurt am Main 2012, in: *Bücher am Sonntag*, Beilage zur *NZZaSo*, 24.06.2012, S. 18f.

[15] „Yang Jisheng chuban xin shu *Tian Di Fan Fu* jilu Wenge shi" (Yang Jisheng hat [in Hongkong] ein neues Buch [mit dem Titel] *Die Welt wird auf den Kopf gestellt* veröffentlicht, in dem er die Geschichte der Kulturrevolution dokumentiert), 23.01.2017, *https://cn.nytimes.com/china/20170123/china-historian-yang-jisheng-book-mao/*, a. a. 02.01.2023.

[16] Maximilian Kalkhof: *Der China-Bestseller*, 14.12.2016, *https://www.spiegel.de/kultur/literatur/die-drei-sonnen-der-science-fiction-erfolg-von-liu-cixin-a-1125759.html*, a. a. 09.01.2023.

[17] Liu Cixin: *San Ti. Diqiu Wangshi* Sanbuqu zhi yi (*Drei Körper*. Bd. 1 der Trilogie *Die Vergangenheit der Erde*), Chongqing Chubanshe, Chongqing 2008, S. 205, 225; ders.: *Die drei Sonnen*. Aus dem Chinesischen von Martina Hasse, Wilhelm Heyne Verlag, 7. Aufl. München 2017, S. 384, 416.

[18] Nina Belz: „Kims olympischer Coup", in: *NZZ*, 17.02.2018, Leitartikel.

[19] „Is Mao Still Dead? A *ChinaFile* Conversation", *http://www.chinafile.com/conversation/mao-still-dead*, a.a. 02.01.2023.

[20] „America's leading institution dedicated to fostering understanding of Asia and communication between Americans and the peoples of Asia and the Pacific [...];" *https://www.ny.com/museums/asia.society.html*, a.a. 02.01.2023.

[21] Andrew J. Nathan, *https://polisci.columbia.edu/content/andrew-j-nathan*, a.a. 02.01.2023.

[22] Prof. Nathans Diskussionsbeitrag im Wortlaut: „Thursday, February 12, 2015–3:24pm Andrew J. Nathan „I interpret the revival of Maoism as a sign of Xi Jinping's political vulnerability. He is engaged in the risky political endeavor of attacking corruption, meanwhile (and not so incidentally) cleaning house of political enemies and centralizing power. We don't know what his ultimate goals are for using this power – whether to make the political system more democratic, make it more authoritarian, open up the economy further or move it back toward greater state control, make the military less politicized, or more politicized. But in order to do any of these things, Xi has to face the risk of disruption from those inside the political and economic elite who will be hurt by the changes.
At such a sensitive moment, I see the revival of ideology as a rear-guard action to protect his flank against the liberal intellectuals, whose ideas are dangerously attractive. Such a rear-guard action is necessary precisely because nobody believes in Maoism. If the arguments of people like Liu Xiaobo or Xu Zhiyong were permitted to circulate, if the ‚seven topics that cannot be discussed, were to be discussed, they would gain adherents, because they make sense. This would present Xi with fires to put out that would distract him from his battles on the main front, against rivals within the elite. The message of ideology today, therefore, is not the ideology's content, which is null, but its political signal, which is that this is not the time for intellectuals to challenge the regime", in: *http://www.chinafile.com/conversation/mao-still-dead*, a.a. 02.01.2023.

[23] „We don't know what his [Xi Jinping's] ultimate goals are for using this power."

[24] „[...] the ideology's content [...] is null."

[25] S. hierzu „Das Denkgehäuse, in dem jeder chinesische Funktionär heimisch sein sollte" sowie „Denkbahnen, die sich jeder chinesische Intellektuelle aneignen muss" im vorliegenden Band und in *SP 2008*, S. 88f. sowie S. 94ff.

[26] „I see the revival of ideology as a rear-guard action to protect his flank against the liberal intellectuals, whose ideas are dangerously attractive. Such a rear-guard action is necessary precisely because nobody believes in Maoism."

[27] *Weltwoche*, Zürich, 05.09.1991, S. 1.

[28] Karen Horn: „Karl Marx, Meister der Widersprüche", in: *NZZ*, 03.05.2018, S. 38.

[29] „Die Schweiz darf nicht nachgeben", Interview mit John Naisbitt, in: *Migros-Magazin*, 30.04.2007, S. 20.

[30] „Bild beim Dalai Lama: Was ich an den Deutschen so bewundere", in: *Bild* Bundesausgabe, 09.05.2007, S. 8.

[31] Luisa Hommerich: „Verliebt in die Märtyrer", in: *DS*, Nr. 4/2018, S. 82.

[32] Lisa Nienhaus: „Er ist wieder da. Karl Marx sah die Probleme des Kapitalismus vorher, die heute die Rechtspopulisten befeuern", in: *DZ*, 26.01.2017, S. 17.

[33] „Marxism-Leninism cannot be revived", Aussage von Roderick MacFarquhar, Professor of History and Political Science und früher Director of the John King

Fairbank Center for East Asian Research an der Harvard University, vom 13.02.2015, in: „Is Mao still dead?“, *http://www.chinafile.com/conversation/mao-still-dead*, a.a. 02.01.2023.

34 „Abschied von Marx“, in: *FAZ*, 05.10.1999.

35 „The invocation and evocation of Mao or Marx in today's China – [...] by Xi Jinping – has nothing to do with Maoism or Marxism“, Aussage von Rebecca E. Karl, Dozentin für Geschichte an der New York University, vom 12.02.2015, in: „Is Mao still dead?“, *http://www.chinafile.com/conversation/mao-still-dead*, a.a. 02.01.2023.

36 Graham Allison: „Wir werden alle zur Hölle fahren.“ Politologe Graham Allison warnt, dass es zwischen den USA und China zu einem Atomkrieg kommen könnte [...], Interview: Adreas Mink, in: *NZZaSo*, 04.02.2018, S. 7.

37 Evan Osnos: *Große Ambitionen. Chinas grenzenloser Traum*, aus dem Englischen von Laura Su Bischoff, Suhrkamp Verlag, Frankfurt am Main 2015, S. 16.

38 Eric Hobsbawn: *Wie man die Welt verändert. Über Marx und den Marxismus*, Carl Hanser Verlag, München 2012, S. 14.

39 Angela Köckritz: „Micky Mao“, in: *DZ*, 01.10.2009, S. 13.

40 Helmut Schmidt: *Ein letzter Besuch. Begegnungen mit der Weltmacht China*, Siedler Verlag, München 2015, S. 20.

41 „Maoisten haben mit China wenig zu tun“, *NZZaSo*, 23.04.2006, S. 3.

42 Kai Strittmatter: „Lebenslänglich für Xi Jinping“, in: *TA*, 26.02.2018, S. 7.

43 Interviews 24.10.2022: „Chinas neue Ära. [...] Sergio Grassi in Peking über den 20. Parteitag der Kommunistischen Partei“, *https://www.ipg-journal.de/interviews/artikel/chinas-neue-aera-6270/*, a.a. 11.01.2023.

44 Kapitelüberschrift in: Urs Schoettli: *China - die neue Weltmacht*, Verlag NZZ, Zürich 2007, S. 119.

45 „Ein Menschenversuch mit Arbeit und Kunst“, in: *FAZ*, 16.06.2007, S. 48.

46 Wolfgang Hirn: *Herausforderung China. Wie der chinesische Aufstieg unser Leben verändert*, Fischer Taschenbuch, Frankfurt am Main 2005, S. 9.

47 Hermann Himmelmann, Jürgen R. Hungerbach: *Das China-Paradox. Warum keiner die Chinesen versteht und wie man mit ihnen trotzdem Geschäfte macht*, Carl Hanser Verlag, München 2005, S. 85, 101, 95.

48 Karin Kneissl: *Wachablöse. Auf dem Weg in eine chinesische Weltordnung*, Verlag Frank&Frei, Wien 2017, S. 39.

49 Rainer Zitelmann: „200 Jahre Marx, 100 Millionen Tote“, in: *Weltwoche*, Nr. 19, 2018, S. 19.

50 Petra Stöhr: „Die Ware heisst Karl Marx. Mehr als Mensch und Macher“, in: *TA*, 02.05.2018, S. 2.

51 Philip Plickert: „Karl Marx - Bewunderer und Verächter des Kapitalismus“, in: *FAZ*, 04.05.2018, S. 20.

52 *NZZaSo*, 23.04.2006, S. 3.

53 *NZZ*, 09.07.2004, S. 45.

54 „China is now breaking from decades of political, economic, and foreign policy pragmatism and accommodationism“, Kevin Rudd 2022.

55 „Confucius Lao-Tseu Tchouang-Tseu: Les textes fondateurs de la pensée chinoise, Avec Anne Cheng, Simon Leys, Dai Sijie, Léon Vandermeersch“, *Le Point*, Hors-série, numéro 13, Paris März-April 2007.

56 *Economist*, 19.05.2007, S. 55.

[57] Titel eines Artikels von Urs Schoettli, in: *NZZ*, 05.01.2018, S. 33; s. auch *https://www.nzz.ch/feuilleton/die-rueckkehr-des-konfuzius-ld.1344075*, a.a. 02.01.2023.

[58] Titel von Edition *Le Monde diplomatique*, Nr. 23, Mai 2018.

[59] Falk Hartig: „Pekings Projekt", in: *Cicero*. Magazin für politische Kultur, Nummer über „Machtspiel. Wie China nach der Welt greift", April 2018, S. 21.

[60] „Western leaders and analysts have often projected onto China an image of their preferred imaginings, rather than one reflecting the actual statements of China's own leaders", Kevin Rudd: „What the West Doesn't Get About Xi Jinping", 20.03.2018, *https://www.nytimes.com/2018/03/20/opinion/xi-jinping-china-west.html*, *https://www.nytimes.com/2018/03/20/opinion/xi-jinping-china-west.html*, a.a. 02.01.2023.

[61] „In the Chinese Communist Party, words matter", Kevin Rudd 2022.

[62] Urs Schoettli: „Pflichtfach Asienkunde. Die schwierige Abkehr vom Eurozentrismus – wider Klischees und Vorurteile", in: *NZZ*, 04.01.2006, Seite „Zeitzeichen".

[63] Johnny Erling: *Schauplatz China: Aufbruch zur Supermacht*, Herder Verlag, Freiburg i. Br. 2006, S. 8.

[64] „Das chinesische Paradox: Ein Land, viele Systeme: Wie ist das denkbar?", in: *FAZ*, 07.03.2007, S. 33.

[65] Urs Schoettli: *China – die neue Weltmacht*, Verlag *NZZ*, Zürich 2007, S. 10.

[66] „Chinas Kommunisten halten am Machtmonopol fest: Hu Jintao führt Maos Absolutheitsanspruch fort", in: *NZZ*, 25.07.2007, S. 5.

[67] „Sozialismus mit chinesischen Eigenschaften", in: *NZZ*, 15.10.2007, S. 3.

[68] „Blühendes China: Die Wirtschaft entwickelt sich rasant, doch zugleich wachsen die Probleme: Der Stadt nehmen, dem Land geben", in: *SZ*, 17.10.2007, S. 24.

[69] „Secrets and slogans still the rule in China", in: *International Herald Tribune*, Paris, 13.–14.10.2007, S. 2.

[70] „S'imposer pour garder le pouvoir", in: *Le Matin*, 16.10.2007, S. 19.

[71] „The world's most powerful political party", in: *The Economist, Special Report: The Chinese Communist Party*, June 26th, 2021, S. 3.

[72] Zuixin tongji shuju xianshi: Dangyuan 96 712 wan ming jiceng dang zuzhi 493.6 Wàn ge (Die neuesten Statistiken zeigen, dass es 96,712 Millionen Parteimitglieder und 4,936 Millionen Parteiorganisationen an der Basis gibt), 29.06.2022, *http://www.gov.cn/xinwen/2022-06/29/content_5698405.htm*, a.a. 02.01.2023; Wie wurden die führenden chinesischen Politiker gewählt? 29.09.2022, *http://german.chinatoday.com.cn/ch/politik/202209/t20220929_800308023.html*, a.a. 06.01.2023.

[73] Samuel P. Huntington: *Kampf der Kulturen: die Neugestaltung der Weltpolitik im 21. Jahrhundert*, Spiegel-Verlag, Hamburg 2006/2007, S. 313.

[74] „Kinkel wirbt mit Konfuzius für Li Peng", in: *taz*, 25.06.1996, S. 1.

[75] Stefan Baron, Guangyan Yin-Baron: *Die Chinesen*, Econ Verlag, Berlin 2018, S. 442.

[76] Urs Schoettli, a.a.O., S. 9.

[77] Gan Chaoying (Hg.): *Xianfaxue (Verfassungsrechtslehre)*, Renmin Faynan Chubanshe, Beijing 2002, S. 65.

[78] S. hierzu Harro von Senger: „Akademischer Maoismus", in: *MoS*, S. 254 ff.

[79] Urs Schoettli, a.a.O., S. 130.

[80] Über Deng Xiaopings „Pragmatismus" s. Harro von Senger: „Das im Westen berühmteste Deng Xiaoping-Zitat", in: *MoS*, S. 259 ff.

[81] „Die beiden roten Kaiser", in: *DS*, Hamburg Nr. 41/2007, S. 167.

[82] Kai Strittmatter: „Lebenslänglich für Xi Jinping", in: *TA*, 26.02.2018, S. 7, *https://www.tagesanzeiger.ch/lebenslaenglich-fuer-xi-jinping-764318907574*.

[83] *SZ*, 03.07.2000, a.a. 26.03.2023.

[84] *Der Bund*, Bern 29.09.1999.

[85] „Deng Xiaoping, one of Mr. Xi's predecessors, famously said that he did not care if cats were white or black as long as they caught mice", zitiert aus: „Black cat, white cat, fat cat, thin cat", in: *The Economist*, 02.10.2021, S. 64.

[86] Georg Fahrion, Christoph Giesen, Bernhard Zand: „Das Dilemma des Xi Jinping", in: *DS*, 03.12.2022, S. 14.

[87] „Spät strebt China nach dem Platz an der Sonne", in: *NZZ*, 13.03.2023, S. 19.

[88] „Vertiefung der Kritik an Deng Hsiao-ping im Kampf gegen die Folgen des Erdbebens", in: *PR*, 24.08.1976, S. 6.

[89] „Kritik an Deng Hsiao-pings revisionistischem Unsinn in Industrie und Transportwesen", in: *PR*, Nr. 24, 15.06.1976, S. 9.

[90] Sandy Lowitt: *Black cat, white cat*, WIDER Working Paper 2019/2, United Nations University, March 2019, *https://www.wider.unu.edu/sites/default/files/Publications/Working-paper/PDF/wp-2019-26.pdf*, a.a. 26.03.2023.

[91] Jörg-M. Rudolph: *Wenn China über die Welt kommt...: Die Chinesen, ihre Gesellschaft, Staat, Partei und Wirtschaft*, Hessische Landeszentrale für politische Bildung, Wiesbaden 2005, S. 65.

[92] Lea Deuber: „Peking kämpft mit Gegenwind", in: *TA*, 05.03.2019, S. 8.

[93] Tao Yongxiang; Wang Chaoxiang: *Deng Xiaoping de Shizai Hua (Was Deng Xiaoping wirklich gesagt hat)*, Huawen Chubanshe, Beijing 2006, S. 36f.

[94] Zu den zwei chinesischen Wörtern für „Pragmatismus", eines mit positiver, das andere mit negativer Konnotation, besser mit „Faktualismus" zu übersetzen, siehe Harro von Senger: „Pragmatismus" und „Maoismus", in: Harro von Senger, Marcel Senn (Hg.): *Maoismus oder Sinomarxismus?*, Franz Steiner Verlag, Stuttgart 2015, S. 245ff.

[95] *Hanyu Da Cidian (Großes Wörterbuch der chinesischen Sprache)*, Bd. 3, Hanyu Da Cidian Chubanshe, 3. Nachdruck, Shanghai 1994, S. 1614.

[96] Yang Zengxian: „Deng Xiaoping ‚maolun' shi shiyongzhuyi ma" (Ist Deng Xiaopings „Katzentheorie" Pragmatismus?), *http://www.booktide.com/news/20010709/200107090067.html*, Ausdruck vom 18.11.2007.

[97] Cheng Long: „Deng Xiaoping yu shiyongzhuyi" (Deng Xiaoping und Pragmatismus), in: *Pandeng* (Aufstieg), 2002, Nr. 4, Juli 2002, S. 22; Abteilung für die gesellschaftswissenschaftliche Forschung und politisch-ideologische Erziehung des Erziehungsministeriums (Hg.): *Deng Xiaoping Lilun he „San ge Daibiao" Zhongyao Sixiang Gailun* (Abriss der Deng-Xiaoping-Theorie und der wichtigen Ideen des „Dreifachen Vertretens"), Gaodeng Jiaoyu Chubanshe, Beijing 2006, S. 49.

[98] Siehe Harro von Senger: „Pragmatismus" und „Maoismus", in: Harro von Senger, Marcel Senn (Hg.), a.a.O., S. 245ff.

[99] Deng Xiaoping: „An den vier grundlegenden Prinzipien festhalten", in: ders.: *Ausgewählte Schriften*, Verlag für fremdsprachige Literatur, Beijing 1985, S. 192ff.

[100] Harro von Senger: *Partei, Ideologie und Gesetz in der Volksrepublik China*, Schweizer Asiatische Studien, Monographien Bd. 5, Verlag Peter Lang, Bern/Frankfurt a.M. 1982, S. 85; ders.: *Einführung in das chinesische Recht*, Verlag C.H. Beck, München 1994, S. 50; ders.: *SP* 2008, S. 73.

101 Tao Yongxiang; Wang Chaoxiang: *Deng Xiaoping de Shizai Hua (Was Deng Xiaoping wirklich gesagt hat)*, Huawen Chubanshe, Beijing 2006, S. 63f.

102 Bi Xianshun; Zhang Zili: *Deng Xiaoping Zhengzhi Sixiang Lungang (Der wesentliche Inhalt von Deng Xiaopings politischem Denken)*, Shiyou Daxue Chubanshe, Dongying (Shandong) 1995, S. 2.

103 Am 09.12.218 verkündete die *Renmin Ribao* (Volkszeitung), das Organ des Zentralkomitees der KPCh, in den 40 Jahren von „Reform und Öffnung" sei die Zahl der privaten Industrie- und Gewerbehaushalte um das 500-fache angestiegen (71,37 Millionen solcher Haushalte im Oktober 2018 gegenüber 140 000 solcher Haushalte 1978). Ferner habe man im Oktober 2018 30,67 Millionen Privatunternehmen gegenüber ca. 90 000 im Jahr 1989 (als deren Registrierung erlaubt wurde) gezählt, was einem Anstieg um das 338-fache entspreche, siehe „全国个体工商户增长500多倍", *http://paper.people.com.cn/rmrb/html/2018-12/09/nw.D110000renmrb_20181209_4-01.htm*, a.a. 05.02.2023.

104 Siehe Xis Rede anlässlich der Feier zum 200. Geburtstag von Karl Marx am 4. Mai 2018, zu sehen und zu hören: *https://www.youtube.com/watch?v=rfcf2Ghwbkc*, a.a. 26.03.2023.

105 Kevin Rudd 2022.

106 Siehe meine Artikel „Der Sinomarxismus, ein machttechnisches Instrumentarium: die Reformpolitik wurde im Westen missverstanden – Dass Deng schiessen liess, das lag in Dengs Logik", in: *Weltwoche*, Zürich, 15. Juni 1989, S. 5, 7, und „Wie Mao geht Deng unbeirrt seinen Weg. Die Umwälzungen im Osten Europas vermögen die chinesische Führung nicht zu erschüttern", in: *Weltwoche*, Zürich, 11. Januar 1990, Leitartikel, S. 1–2.

107 Harro von Senger: „Der Sino-Marxismus, ein machttechnisches Instrumentarium: Die Reformpolitik wurde im Westen missverstanden. Dass Deng schiessen liess, das lag in Dengs Logik", in: *Die Weltwoche*, Zürich, 15.06.1989, S. 5.

108 Yuen Yuen Ang: „the author of ‚China's Gilded Age', An Era Just Ended in China", in: *New York Times*, 26.10.2022, *https://www.nytimes.com/2022/10/26/opinion/china-communist-xi-economy.html?smid=em-share*, a.a. 26.03.2023.

109 Eine vollständige deutsche Übersetzung des Romans schuf S. Eva Lüdi Kong: *Die Reise in den Westen*, Reclam, Stuttgart 2016.

110 Mao Tsetung: *Fünf Philosophische Monographien*, Verlag für fremdsprachige Literatur, Beijing 1976, S. 73.

111 S. *China-Report*, Nr. 45, 30.01.2007, S. 1.

112 „Qingzhu Zhongguo Gongchandang chengli 100 zhou nian dahui qianxi. Zhongnanhai zhan wu bu sheng de Mao Zedong Sixiang wanshi" (Am Vorabend der großen Versammlung zur Feier des 100. Jahres seit der Gründung der KPCh. 10 000 Leben für die unbesiegbaren Mao-Zedong-Ideen), 30.06.2021, *https://zh.wikinews.org/wiki/File:%E5%BA%86%E7%A5%9D%E4%B8%AD%E5%9B%BD%E5%85%B1%E4%BA%A7%E5%85%9A%E6%88%90%E7%AB%8B100%E5%91%A8%E5%B9%B4%E5%A4%A7%E4%BC%9A_%E5%89%8D%E5%A4%95_%E4%B8%AD%E5%8D%97%E6%B5%B7_%E6%88%98%E6%97%A0%E4%B8%8D%E8%83%9C%E7%9A%84%E6%AF%9B%E6%B3%BD%E4%B8%9C%E6%80%9D%E6%83%B3%E4%B8%87%E5%B2%81.jpg*, a.a. 26.03.2023.

113 Ich übernehme eine in der VR China verbreitete deutsche Übersetzung des Ausdrucks „Xi Jinping xin shidai Zhongguo tese shehuizhuyi sixiang", s. „Xis Gedanken sind ein praktischer Plan für die Zukunft", *http://german.china.org.cn/txt/2017-11/01/content_50049948.htm*, a.a. 02.01.2023.

[114] Winston Churchill, Unterhaus-Rede, 22.10.1945, zitiert aus: Martin Alioth: „Militarist, Literat, Retter Europas", in: *NZZaSo*, 18.01.2015, S. 7.

[115] Zitiert aus „Das Kapital. Rainer Zitelmann hat ein verzweifeltes Plädoyer für die Marktwirtschaft geschrieben", in: *Weltwoche*, Nr. 12/2018, S. 47.

[116] Hans Boller: „Muss man sich vor China fürchten?", in: *Die Weltwoche*, Zürich, 01.12.2022, S. 24.

[117] Jan-Werner Müller: „Autoritäres Erbgut: Eine globale Geschichte des Kommunismus von Robert Service", in: *NZZ*, 14.11.2007, S. 48.

[118] Gottlieb F. Höpli: „War Sartre etwa kein Kommunist?", in: *NZZ*, 16.01.2023, S. 30.

[119] Urs Schoettli: „Geschichte der chinesischen Welt – Asiens Supermacht des 21. Jahrhunderts", in: Diether Döring, Eduard J. M. Kroker (Hg): *An der Schwelle zu einem Asiatischen Jahrhundert?*, Societasverlag, Frankfurt am Main 2007, S. 97.

[120] S. „Deng Xiaoping, ‚Interview with Mike Wallace of 60 Minutes'", 02.09.1986, *http://china.usc.edu/deng-xiaoping-interview-mike-wallace-60-minutes-sept-2-1986*, a.a. 02.01.2023.

[121] *PluG*, S. 17ff.

[122] Li Junru: „Women weishenme yao jianchi Zhongguo tese shehuizhuyi" (Warum sollten wir am Sozialismus mit chinesischen Besonderheiten festhalten?), in: *XW*, Nr. 19, 2004, S. 1.

[123] „Chinas Entwicklung folgte keinem vorgeplanten, einheitlichen Pfad". In den letzten 40 Jahren hat das Land spektakuläre Erfolge in der Armutsbekämpfung erzielt. Die Entwicklungsexpertin Yuen Yuen Ang glaubt, dass andere Länder von Chinas Erfolgen in der Armutsbekämpfung lernen können [...], in: *NZZ*, 02.03.2022, S. 7.

[124] Karl Marx: „Kritik des Gothaer Programms," in: Karl Marx, Friedrich Engels: *Werke*, Bd. 19, Berlin (DDR) 1976, S. 21; zitiert von Gai Bolin, Li Ying: *„Makesizhuyi Jiben Yuanli Gailun" Tixi Zhuanhua Yanjiu (Untersuchungen über die Überführung der „Einführung in die grundlegenden Prinzipien des Marxismus" von einer [statt auf die Lehre auf das Studium hin orientierten] Systematik)*, Hebei Daxue Chubanshe (Verlag der Universität Hebei), 2013, S. 256.

[125] Li Jinyun: „Geda Gangling Pipan. Makesizhuyi jiben yuanli shanyao zhe zhenli guangmang" (Kritik des Gothaer Programms – Die grundlegenden Prinzipien des Marxismus lassen die Lichtstrahlen der Wahrheit aufleuchten), in: *GMRB*, 23.12.2017, S. 6.

[126] Friedrich Engels: „Einleitung zu Karl Marx' ‚Lohnarbeit und Kapital'", in: Karl Marx, Friedrich Engels: *Werke*, Bd. 22, Dietz Verlag, Berlin 1974, S. 209.

[127] „Lun huangjin zai muqian he zai shehuizhuyi wanquan shengli hou de zuoyong" (Über die Funktion des Goldes jetzt und nach dem vollen Sieg des Sozialismus), in: *Liening Quanji (Die Werke Lenins), di sanshisan juan*, Bd. 33, Renmin Chubanshe (Volksverlag), Beijing 1963, S. 90; W. I. Lenin: „Über die Bedeutung des Goldes jetzt und nach dem vollen Sieg des Sozialismus", in: ders.: *Werke*, Bd. 33, Dietz Verlag Berlin, 1973, S. 94.

[128] *Wissenschaftlicher Kommunismus: Lehrbuch für das marxistisch-leninistische Grundlagenstudium*, VEB Deutscher Verlag der Wissenschaften, Berlin 1983, S. 235.

[129] Übereinstimmend Satzungen.2002, 2007, 2012 und 2017, jeweils AP, Abs. 3.

[130] Georg Klaus, Manfred Buhr (Hg.): *Philosophisches Wörterbuch*, Bd. 2: Lamaismus bis Zweckmäßigkeit, VEB Bibliographisches Institut, 11. Aufl. Leipzig 1975.

[131] Georg Klaus, Manfred Buhr, a. a O., S. 737 f.

[132] Stichwort „Maoismus“, in: Georg Klaus, Manfred Buhr (Hg.), a. a. O., S. 738.

[133] Xi Jinping: „Zai jinian Makesi danchen 200 nian dahui shang de jianghua“ (Rede auf der großen Versammlung anlässlich des 200. Geburtstags von Marx), 04. 05. 2018, *http://cpc.people.com.cn/n1/2018/0505/c64094-29966415.html*, a. a. 27. 01. 2023; „Xi Praises Marxism as a Tool for China to ‚Win the Future‘“, *http://www.dailymail.co.uk/news/article-5690075/Xi-praises-Marxism-tool-China-win-future.html*, 04. 05. 2018, a. a. 02. 01. 2023.

[134] Francis Fukuyama: *Das Ende der Geschichte. Wo stehen wir?*, Kindler Verlag, München 1992, S. 35.

[135] Pankaj Mishra: *Das Zeitalter des Zorns: Eine Geschichte der Gegenwart*, S. Fischer Verlag, Frankfurt am M., 4. Aufl. 2017, zitiert aus: *https://books.google.ch/books?id=5tJkDQAAQBAJ&pg=PT72&lpg=PT72&dq=ausserwestlich&source=bl&ots=L0A4hN1UXD&sig=cL-GGRMQLFrACGPfyR2BjpP3sKk&l=de&sa=X&ved=0ahUKEwj36-CsnKPbAhVHyqQKHdh3C8EQ6AEILDAB#v=onepage&q=ausserwestlich&f=false*, a. a. 02. 01. 2023.

[136] „Das unglaubliche Andauern der Attraktivität des Sozialismus“, in: *Perspektiven. Informationsbulletin des freiheitlichen Think Tanks der Schweiz*, Nr. 3/2017, S. 4.

[137] Alexander Camman: „Vergesst die Dämonen nicht. Gerd Koenens Meisterwerk über den Kommunismus ‚*Die Farbe Rot*‘“, in: *DZ*, 23. 11. 2017, S. 64.

[138] Übereinstimmend Satzungen 1982, 2002, 2007, 2012 und 2017, jeweils AP, Abs. 2.

[139] Günter Ederer, Jürgen Franzen: *Der Sieg des himmlischen Kapitalismus: Wie der Aufstieg Chinas unsere Zukunft verändert*, Verlag Moderne Industrie, Landsberg am Lech 1996, S. 28 f.

[140] „Kommunisten müssen sich für die Interessen der großen Mehrheit der Menschen einsetzen“, in: *PR*, 29.06.1976, S. 8.

[141] „Mao zhuxi zhongyao zhishi 1975 nian 10 yue – 1976 nian 1 yue“ (Wichtige Weisungen des Vorsitzenden Mao aus dem Zeitraum von Oktober 1975 bis Januar 1976), in: *Jianguo Yilai Mao Zedong Wengao di-shisan ce (Manuskripte Mao Zedongs seit der Staatsgründung, Bd. 13)*, Zhongyang Wenxian Chubanshe, neibu faxing (intern verbreitet), Beijing 1998, S. 487.

[142] Henning Böke: *Maoismus. China und die Linke – Bilanz und Perspektive*, Schmetterling Verlag, Stuttgart 2007, S. 100.

[143] Hu Jingbei: „Die Kulturrevolution und die historischen Zyklen in China“, in: *China Report*, Nr. 45, 30. 01. 2007, S. 15 f.

[144] „Professoraler Dogmatismus des Vatikans“, in: *NZZ*, 19. 07. 2007, S. 16; Anton Salzmann: „Was ist eine Kirche?“, in: *NZZ*, 25./.26. 08. 2007, S. 19; „Mittelalterliche Denkmodelle“, in: *DS*, Hamburg, Nr. 31/2007, S. 10.

[145] Diese beiden Wörter verdanke ich Hellwig Schmidt-Glintzer: „Sinologie und das Interesse an China“, in: Akademie der Wissenschaften und der Literatur [Mainz]. *Abhandlungen der Geistes- und sozialwissenschaftlichen Klasse*, Jahrgang 2007, Nr. 4, Franz Steiner Verlag, Stuttgart, S. 63.

[146] *Makesizhuyi Jiben Yuanli Gailun (Abriss der Grundprinzipien des Marxismus)*, Gaodeng Jiaoyu Chubanshe, Beijing 2007, S. 3.

[147] W. I. Lenin: „Unser Programm“, in: W. I. Lenin: *Werke*, Bd. 4, Dietz Verlag, Berlin 1977, S. 205 f. *Liening Quanji (Lenins Gesamtausgabe)*, Beijing 1963, Bd. 4, S. 187 f.; diese Aussage Lenins zitieren Xu Zhihong, Qin Xuan (Chefredakteure):

Zhongguo Tese Shehuizhuyi Lilun Tixi Gailun (Abriss des theoretischen Systems des Sozialismus mit chinesischen Besonderheiten), Beijing 2011, S. 30.

148 Philip Plickert: „Kein Anlass zur Marx-Verklärung“, in: *FAZ*, 05.05.2018, S. 19.

149 Eric Gujer: „Religion und Gewalt“, in: *NZZ*, 17.01.2015, S. 23.

150 L.M. Bochenski: *Der sowjetrussische dialektische Materialismus (Diamat)*, 2. umgearbeitete Aufl., Bern 1956, S. 23.

151 Claus-Ulrich Bielefeld: „Chronik einer Desillusionierung. Zehnmal war Christa Wolf in den Jahren 1957 bis 1989 in Moskau [...]“, in: *TA*, 15.01.2015, S. 24.

152 Richard Herzinger: „Da ist er schon wieder - Gestern wurde in Trier die monumentale Karl-Marx-Statue enthüllt - eine makabre Eingemeindung ins bürgerliche Milieu,“ in: *Welt am Sonntag*, 06.05.2018, S. 17.

153 Markus Brauck: Schöne neue Welten, in: *DS*, Nr. 19/2018, S. 13; siehe auch Branko Milanovic: The Clash of Capitalisms. In: *Foreign Affairs*, Januar/Februar 2020, *https://www.foreignaffairs.com/articles/united-states/2019-12-10/clash-capitalisms?utm_medium=promo_email&utm_source=special_send&utm_campaign=davos_011823_prospects-b&utm_content=20230118&utm_term=promo-email-prospects*, a.a. 27.03.2023.

154 Xi Jinping: „Hongyang ‚hongchuan jingshen‘ zou zai shidai qianlie“ (Xi Jinping: Den „Geist des Roten Schiffes“ hochhaltend der Zeit voraus sein), in: *GMRB*, 01.12.2018, S. 1; *RR*, 01.12.2017, S. 2, *http://cpc.people.com.cn/n1/2017/1201/c64094-29678748.html*, a.a. 02.01.2023; der „Geist des Roten Schiffes“ nimmt Bezug auf ein auf dem Südsee nahe Jiaxing (Provinz Zhejiang) befindliches Schiff, auf dem Ende Juli 1921 die KPCh von einigen wenigen Personen gegründet worden ist; Nanhu hongchuan (Das Rote Schiff auf dem Südsee), *https://baike.baidu.com/item/%E5%8D%97%E6%B9%96%E7%BA%A2%E8%88%B9/484753?fr=aladdin*; „Tanfang Zhongguo gongchandang dansheng di Jiaxing Nanhu“ (Besuch des Südsees bei Jiaxing, des Geburtsortes der KPCh), 06.07.2016, *http://zj.news.163.com/jiaxing/16/0706/09/BR9H694T03471FA7.html*, a.a. 08.02.2018.

155 Xi Jinping: „Xieshou jianshe gengjia meihao de shijie“ (Hand in Hand eine bessere Welt aufbauen), in: *RR*, 02.12.2017, S. 2, *http://paper.people.com.cn/rmrb/html/2017-12/02/nw.D110000renmrb_20171202_1-02.htm*, a.a. 02.01.2023.

156 Gerd Koenen: *Die Farbe Rot. Ursprünge und Geschichte des Kommunismus*, Verlag C.H.Beck, München 2017, S. 473.

157 Bi Yuhui: „*Fan Dulin Lun*: Makesizhuyi de baike quanshu“ (*Anti-Dühring*: eine marxistische Enzyklopädie), in: *GMRB*, 28.11.2017, S. 2, *http://news.gmw.cn/2017-11/28/content_26928215.htm*, a.a. 02.01.2023.

158 Stichwort „Marxismus-Leninismus“, in: *Philosophisches Wörterbuch*, Bd. 2, VEB Bibliographisches Institut, Leipzig 1975, S. 738f. Man vergleiche auch: W.I. Lenin: „Drei Quellen und drei Bestandteile des Marxismus“, in: W.I. Lenin: *Drei Quellen und drei Bestandteile des Marxismus - Karl Marx - Über den Staat*, Dietz Verlag, Berlin 1977, S. 3-10.

159 Stichwort „Marxismus-Leninismus“, in: Georg Klaus, Manfred Buhr (Hg.), a.a.O., S. 739.

160 *Cihai (Wörtermeer)*, Bd. 3, Shanghai 1999, S. 3075; *Cihai (Wörtermeer)*, Bd.2, Shanghai 2009, S. 1503.

161 *Cihai (Wörtermeer)*, Bd. 3, Shanghai 1999, S. 3074; *Cihai (Wörtermeer)*, Bd.2, Shanghai 2009, ebenda.

162 *Cihai (Wörtermeer)*, Bd. 3, Shanghai 1999, ebenda; *Cihai (Wörtermeer),* Bd.2, Shanghai 2009, ebenda.

163 „Engels an Werner Sombart", in: Karl Marx, Friedrich Engels: *Werke*, Bd. 39, Dietz Verlag, Berlin 1973, S. 428.; zitiert z. B. von Yang Geng, Professor der Beijinger Pädagogischen Hochschule: „Shenru chanshi Makesizhuyi de jiben guandian" (Vertieft die grundlegende Optik des Marxismus erläutern), in: *XW*, Nr. 19/2004, S. 22; ebenfalls zitiert von Xiao Junhua: „Zhongguo shehuizhuyi: Shijie shehuizhuyi de zhongliu dizhu" (Chinesischer Sozialismus: Die Hauptstütze des Weltsozialismus), in: *GMRB*, 21.11.2017, S. 6; ebenfalls zitiert von Xi Jinping: „Zai jinian Makesi danchen 200 nian dahui shang de jianghua" (Rede auf der großen Versammlung anlässlich des 200. Geburtstags von Marx), 04.05.2018, *http://cpc.people.com.cn/n1/2018/0505/c64094-29966415.html*, a. a. 27.01.2023.

164 Christoph Bertram: „Des Rebellen Abgesang", in: *DZ*, 22.11.2007, S. 63.

165 „Ein Rechtsstaat chinesischen Typs? Zur Verfassungsentwicklung in der VR China", in: *Blätter für internationale und deutsche Politik*, Nr. 11/2006, S. 1381.

166 Shi-qi Da xinwen fayanren juxing xinwen fabuhui (Der Pressesprecher des 17. Parteitags veranstaltet eine Pressekonferenz), in: *RRH*, 15.10.2007, S. 5.

167 Bericht 2017; Bericht 2022.

168 Mao Tse-tung: „Gaizao women de xuexi" (Unser Studium umgestalten), in: *Mao Zedong Xuanji (Ausgewählte Werke Mao Zedongs)*, Bd. III, Beijing 1969, S. 755, *http://www.infopartisan.net/archive/maowerke/MaoAWIII_015_024.htm*, a. a. 02.01.2023.

169 Shenyang budui houqinbu lilunzu (Theoriegruppe der Logistikabteilung der Shenyang-Armee): Pi Lin Biao de „dingfeng" lun (Kritik an Lin Biaos „Gipfel"-Theorie), in: *RR* (Volkszeitung), 8. Mai 1978, S. 3, *https://rmrb.online/simple/?t501521.html*, a. a. 08.01.2023; Auf diesen Artikel hingewiesen hat Harro von Senger: „Chinas Presse bewertet die Gedanken des verstorbenen Vorsitzenden neu. Marx und Mao sind keine endgültigen Massstäbe mehr", in: *TA*, 26.05.1978, S. 3.

170 Xi Jinping: „Shenru xuexi Zhongguo tese shehuizhuyi lilun tixi nuli zhangwo Makesizhuyi lichang guandian fangfa" (Das Studium des theoretischen Systems des Sozialismus mit chinesischen Besonderheiten vertiefen, danach streben, den Standort, die Optik und die Methode des Marxismus zu beherrschen), in: *Q*, Nr. 7/2010, S. 23 ff., *http://www.gov.cn/ldhd/2010-04/01/content_1570917.htm*, a. a. 02.01.2023.

171 „The 20th Party Congress's ‚work report' [...] states that party members are now required to ‚grasp both the worldview and the methodology of Marxism-Leninism' and apply the ‚analytical tools of dialectical and historical materialism' to understand ‚the great challenges of the time.'" Kevin Rudd 2022.

172 „Dang-zheng lingdao ganbu xuanba renyong gongzuo tiaoli" (09.07.2002), in: *GMRB*, 24.07.2002, S. 1, *http://www.itp.cas.cn/djykxwh/llxx/dnfg/202011/t20201124_5777779.html*, a. a. 09.01.2023. Siehe hierzu *SP* 2009, S. 88.

173 „Dang-zheng lingdao ganbu xuanba renyong gongzuo tiaoli" vom 14.01.2014, *http://www.gov.cn/jrzg/2014-01/15/content_2567800.htm*, a. a. 02.01.2023.

174 „Zhong Gong Zhongtyang yinfa ‚Dang zheng lingdao ganbu xuanba renyong gongyuo tiaoli'" (Das Zentralkomitee der Kommunistischen Partei Chinas erließ

Vorschriften betreffend die Arbeiten der Auswahl und Anstellung der führenden Funktionäre von Partei und [staatlicher] Verwaltung), 17.03.2019, *http://www.gov.cn/zhengce/2019-03/17/content_5374532.htm*, a.a. 02.01.2023.

175 Satzung 2017, Art. 36 Ziff. 1, *http://news.xinhuanet.com/politics/19cpcnc/2017-10/28/c_1121870794_2.htm*, a.a. 02.01.2023.

176 Huang Nansen, Professor der Beijing-Universität: „Dui ‚San ge daibiao' zhongyao sixiang de jiben lichang guandian fangfa de touche de chanshi" (Durchdringende Aufhellung des bzw. der grundlegenden Standortes, Optik und Methode, auf dem bzw. der die wichtigen Gedanken der „dreifachen Vertretung" [aufbauen]), *http://www.southcn.com/news/gdnews/xcrc/xgc/update/200307080599.htm*, a.a. 11.03.2018.

177 Tang Song: „Shijie qidai Zhongguo de jingcai dajuan" (Ein vorzüglicher Antwortbogen, den die Welt von China erwartet), in: *RRH*, 21.10.2007, S. 1; Zhongguoren jiang shuxie zenyang de weilai? Shijie qidai Zhongguo jingcai da'am (Was für eine Zukunft werden die Chinesen [in das Buch der Geschichte] schreiben? Die Welt erwartett von China eine prächtige Antwort *https://www.chinanews.com.cn/gn/news/2007/10-21/1054671.shtml*, a.a. 16.01.2023; Xi Jinping: „Bericht 2017. 3 Zhonghua Renmin Gongheguo Changzhu Lianheguo Daibiaotuan (Permanent Mission of the People's Republic of China to the UN): Zhongguo changzhu Lianheguo daibiao Zhang Jun dashi (Botschafter Zhang Jun, Ständiger Vertreter Chinas bei den Vereinten Nationen): Zhongguo de fazhan shi wei shijie zaofu de fazhan (Chinas Entwicklung ist eine Entwicklung, die der Welt zugutekommt), 15.12.2022, *http://un.china-mission.gov.cn/hyyfy/202212/t20221216_10991255.htm*, a.a. 27.03.2023.

178 Fu Zhu: „Zhongguo de fazhan zhong guojia diwei you jianshi guojifa yiju" (Chinas Status als Entwicklungsland hat eine solide völkerrechtliche Grundlage), in: *RR*, 08.05.2023, S. 15, *http://world.people.com.cn/n1/2023/0508/c1002-32680634.html*, a.a. 07.06.2023.

179 Axel Honneth: „Ein Sockel muss bleiben", in: *DZ*, 07.06.2023.

180 Ulrich Speck: „Der ‚globale Süden' ist kein globaler Akteur", in: *NZZ*, 02.05.2023, S. 7; *https://www.nzz.ch/pro-global/der-westen-russland-und-china-reden-stets-vom-globalen-sueden-doch-dieser-ist-auf-der-weltbuehne-kein-kollektiver-akteur-ld.1735215*, a.a. 03.05.2023.

181 UN-Mitgliedstaaten, *https://unric.org/de/mitgliedstaaten/*, a.a. 02.02.2023.

182 Conseil des droits de l'homme: structure et méthodes de travail, *https://www.humanrights.ch/fr/pfi/fondamentaux/application/onu/cdh/structure/?gclid=EAIaIQobChMIzanwgc3j9gIVzeh3Ch3nIghMEAAYASAAEgLYHfD_BwE*, a.a. 02.02.2023.

183 Harro von Senger: „Die VR China und die Menschenrechte", in: Boike Rehbein, Jürgen Rüland, Judith Schlehe (Hg.): *Identitätspolitik und Interkulturalität in Asien. Ein multidisziplinäres Mosaik*, Reihe „Southeast Asian Modernities", Lit Verlag, Berlin 2006, S. 138; *http://detlev.von.graeve.org/wp-content/uploads/2013/12/Menschenrechte.pdf*, a.a. 02.02.2023.

184 David Pfeier: „Chinas Einfluss hat sich auf mehr als 140 Länder ausgeweitet", in: *TA*, 12.01.2023, S. 8.

185 Katrin Büchenbacher: „China vereinnahmt den globalen Süden. Chinas Propaganda ist in Entwicklungs- und Schwellenländern erfolgreich, wie eine Studie zeigt", in: *NZZ*, 21.03.2023, S. 8.

[186] Nikkei Asia: „MASAHIRO OKOSHI: China eyes Global South, not West, to expand influence: expert [Moritz Rudolf]", 20.03.2023, *https://asia.nikkei.com/Politics/International-relations/US-China-tensions/China-eyes-Global-South-not-West-to-expand-influence-expert*, a.a. 27.03.2023.

[187] Berthold Seewald: „So stieg England zum weltgrößten Drogendealer auf", *https://www.welt.de/geschichte/article172647940/Erster-Opiumkrieg-Als-England-weltgroesster-Drogendealer-wurde.html*, a.a. 02.02.2023.

[188] „Negative impact of the legacies of colonialism on the enjoyment of human rights: resolution/adopted by the Human Rights Council on 8 October 2021", *https://digitallibrary.un.org/record/3945630*; „Resolution adopted by the Human Rights Council on 8 October 2021", *file:///C:/Users/harro.vonsenger/Downloads/A_HRC_RES_48_7-EN.pdf*, a.a. 27.03.2023.

[189] „Lianheguo yi yadaoxing youshi tongguo Zhong fang jueyi, dui Meiguo deng xifang guojia de zuixing zhankai qingsuan" (Die Vereinten Nationen verabschiedeten mit überwältigender Mehrheit eine chinesische Resolution zur Liquidierung der von den Vereinigten Staaten und anderen westlichen Ländern begangenen Verbrechen), *https://baijiahao.baidu.com/s?id=1713186030758099060&wfr=spider&for=pc*, a.a. 02.02.2023.

[190] Sarah Zheng: „China Shuts Down US-Proposed Xinjiang Debate in Tight UN Vote", 07.10.2022, *https://www.bloomberg.com/news/articles/2022-10-07/un-blocks-us-proposed-debate-on-xinjiang-showing-china-s-clout?leadSource=uverify%20wall*; Dr. Ewelina U. Ochab: „Contributor: A Debate On The Situation In Xinjiang Blocked At The U.N. Human Rights Council", *https://www.forbes.com/sites/ewelinaochab/2022/10/06/a-debate-on-the-situation-in-xinjiang-blocked-at-the-un-human-rights-council/?sh=7aab928828e6*; 51st regular session of the Human Rights Council: „Resolutions, decisions and President's statements. Decisions", *https://www.ohchr.org/en/hr-bodies/hrc/regular-sessions/session51/res-dec-stat*; 51/... Débat sur la situation des droits de l'homme dans la région autonome ouïghoure du Xinjiang (Chine), *https://ap.ohchr.org/documents/dpage_e.aspx?si=A/HRC/51/L.6* [hier auf „E" klicken]; A/HRC/51/L.6 Vote Item 2 - 40th Meeting, 51st Regular Session Human Rights Council - DebDebate on the situation of human rights in the Xinjiang Uyghur Autonomous Region, China. Date 2022-10-06, *https://media.un.org/en/asset/k1w/k1w9tube8v*; Tweet. Konversation UN Human Rights Council @UN_HRC #HRC51 | Draft resolution A/HRC/51/L.6 on holding a debate on the situation of human rights in the Xinjiang Uyghur Autonomous Region of #China, was REJECTED. *https://twitter.com/UN_HRC/status/1578003299827171330*; „Draft resolutions, decisions and President's statements 51st session of the HRC", *https://hrcmeetings.ohchr.org/HRCSessions/RegularSessions/51/Pages/resolutions.aspx*; „India, Ukraine among 11 nations to abstain as UNHRC rejects debate on Xinjiang", *https://www.wionews.com/world/india-ukriane-among-other-to-abstain-as-un-human-rights-council-rejects-debate-on-xinjiang-523103*, a.a. 02.02.2023.

[191] Introducing Draft Decision L.6 „Debate on the Situation of Human Rights in Xinjiang", Statement by Ambassador Michèle Taylor, *https://geneva.usmission.gov/2022/10/06/introducing-draft-decision-l-6-debate-on-the-situation-of-human-rights-in-the-xinjiang-uyghur-autonomous-region-china-hrc51/*, a.a. 02.02.2023.

[192] S. „Jinian ‚Shijian Lun', ‚Maodun Lun' fabiao qishi zhou nian lilun yantaohui zongshu" (Zusammenfassende Darstellung eines Theoriesymposiums im Gedenken an den 70. Jahrestag der Herausgabe von „Über die Praxis" und „Über den Widerspruch"), 14.08.2007, *http://theory.people.com.cn/GB/40534/6109729.html*, a.a. 11.03.2018.

[193] Xu Quanxing: „Yingde weida shengli de fabao – Jinian ‚Shijianlun' ‚Maodunlun' fabiao 80 zhou nian" (Eine Geheimwaffe zur Erringung großer Siege – Im Gedenken an den 80. Jahrestag der Herausgabe von „Über die Praxis" und „Über den Widerspruch"), in: *RR*, 22.08.2017, S. 8; Guo Zhan: „‚Shijianlun' ‚Maodunlun' yu bai nian Zhongguo licheng" („Über die Praxis" und „Über den Widerspruch" und der Weg, den China in [den letzten] 100 Jahren [zurückgelegt hat]), in: *GMRB*, 09.10.2017, S. 15.

[194] Guo Zhan, ibid.

[195] Maos Abhandlung „Über die Praxis" wurde am 29.01.1950, seine Abhandlung „Über den Widerspruch" am 01.04.1952 veröffentlicht, und zwar jeweils in der *RR*, *http://cpc.people.com.cn/GB/64162/64165/78561/78562/5488613.html*, a.a. 24.05.2018; *http://cpc.people.com.cn/GB/64162/64165/74856/75019/5197319.html*, a.a. 24.05.2018.

[196] Was das Rechtsstudium angeht s. Harro von Senger: Von zwei Rechtsfakultäten 1975 bis zu über 600 Rechtsfakultäten 2015: Rechtsausbildung in der Volksrepublik China, in: *Zeitschrift für Schweizerisches Recht*, Bd. 134 (2015) I, Heft 4, S. 403–413.

[197] Hans van Ess: Sinomarxismus und Konfuzianismus: Ein dialektisches Verhältnis?, in: *MoS*, S. 61, 101. Hans van Ess bestätigte seine Aussagen von 2007 und 2014 mit E-Mail vom 09.01.2023.

[198] Wolfram Eberhard: „Über den Ausdruck von Gefühlen im Chinesischen", Bayrische Akademie der Wissenschaften, *Philosophischhistorische Klasse, Sitzungsberichte*, Jahrgang 1977, Heft 3, Verlag der Bayrischen Akademie der Wissenschaften, München 1977, S. 1.

[199] Einleitung, Anm. 76.

[200] Ka. Makesi (K. Marx): „Guanyu Fei'erbaha de tigang" (Thesen über Feuerbach), in: *Makesi Engesi Quanji (Gesamtwerk von Marx und Engels)*, Bd. 3, 2. Aufl., Beijing 1965, S. 6; Karl Marx: „Thesen über Feuerbach", in: Karl Marx, Friedrich Engels: *Werke*, Bd. 3, Dietz Verlag, Berlin 1969, S. 7.

[201] Die Illustration begleitet einen beinahe ganzseitigen Artikel von Tian Yuan: „Xiandai jiaoyu zhi fu Hongbao de qianshi jinsheng" (Humboldt, der Vater der modernen Bildung, in der Vergangenheit und in der Gegenwart), in: *GMRB*, 17.05.2017, S. 15, *http://news.ifeng.com/a/20170629/51344785_0.shtml*, 19.03.2018.

[202] Zu diesem Marx-Zitat s. Lena Rohrbach, Thomas Schmidt: „‚Vorsicht Stufe!' – Vorsicht Marx? Eine Arbeit von Ceal Floyer im Foyer des Hauptgebäudes kommentiert die Feuerbach-These", Wintersemester 2009/2010, *https://www.tagesspiegel.de/gesellschaft/panorama/vorsicht-stufe–vorsicht-marx-8597914.html*, a.a. 02.01.2023.

[203] Zur Deng-Xiaoping-Theorie, zu „den wichtigen Ideen des Dreifachen Vertretens" und zum wissenschaftlichen Entwicklungskonzept s. Harro von Senger: „Bestandteile des Sinomarxismus", in: *MoS*, S. 135. Fußnoten 56–58.

[204] Xi Jinping: „Rede auf der 1. Tagung des XII. Nationalen Volkskongresses

(17.03.2013)“, in: ders.: *China regieren*, Verlag für fremdsprachige Literatur, Beijing 2014, S. 46.

205 Xi Jinping: „Der Wunsch des Volkes nach einem schönen Leben als Ziel unserer Arbeit“ (15.11.2011), in: ders.: a.a.O., S. 3; „Den Geist des XVIII. Parteitags der KP Chinas studieren, verbreiten und umsetzen“, in: ders.: a.a.O., S. 8.

206 Xi Jinping: „Den Geist der Mao-Zedong-Ideen fortführen“, in: ders.: a.a.O., S. 35.

207 Oliver Lutz Radtke: *Welcome to Presence. Abenteuer Alltag in China*, Frankfurt am Main 2011, S. 127.

208 S. Karl Marx: „Zur Judenfrage“, in: Karl Marx, Friedrich Engels: *Werke*, Bd. 1, Dietz Verlag, Berlin 1978, S. 352, 357, 367; *Makesi Engesi Quanji (Gesamtausgabe von Marx und Engels)*, Bd. 1, Renmin Chubanshe, Beijing 1965, S. 425, 430, 440.

209 Mao Zedong: „Über den Widerspruch“, in: ders.: *Fünf philosophische Monographien*, Verlag für fremdsprachige Literatur, Beijing 1976, S. 27.

210 S. „Die Allgemeinheit des Widerspruchs“, in: Mao Zedong, a.a.O., S. 34ff.

211 S. „Die Besonderheit des Widerspruchs“, in: Mao Zedong, a.a.O. S. 40ff.

212 Meng Tao: Lun Zhongguo tese shehuizhuyi renquan lilun de tixi gouzao (Über die Erstellung eines Systems der sozialistischen Menschenrechtstheorie chinesischer Prägung), in: „Renquan“ 2022 nian dizi qi („Menschenrechte“), Nr. 1/2022), 22.06.2022, Zhongguo Renquan (Chinesische Menschenrechte), *https://www.humanrights.cn/html/2022/zxyq_0622/65281.html*, a.a. 21.01.2023; s. auch Harro von Senger: „The Impact of International Human Rights Law in China“, in: Mauro Bussani, Lukas Heckendorn Urscheler (Hg.): *Comparisons in Legal Development. The Impact of Foreign and International Law on National Legal Systems*, Schulthess Juristische Medien AG, Zürich 2016, S. 110.

213 Diese Denkmethoden habe ich bereits in meinem Buch *Einführung*, S. 230ff., ausführlich erläutert.

214 Huang Taiyan: „Shehui zhuyao maodun de zhuanhua guilü ji qi zhengce quxiang“ (Die dem Wandel des gesellschaftlichen Hauptwiderspruchs [zugrunde liegenden] Gesetzmäßigkeiten und die Implikationen für die Politnormen), in: *GMRB*, 21.11.2017, S. 11.

215 S. *Strategeme 1*, Kap. 18.17 „Die vier Hauptwidersprüche“, S. 439; „zhuyao maodun“ (Hauptwiderspruch), 10.06.2015, *https://iask.sina.com.cn/b/17146177.html*, a.a. 02.01.2023.

216 Genauere Hinweise in: *Einführung*, S. 226, Fußnote 50; Wu Siying, Fan Jing: *Mao Zedong He Ta Xihuan de Ershi Ben Shu (Mao Zedong und 20 von ihm geschätzte Bücher)*, Yunnan Renmin Chubanshe (Yunnaner Volksverlag), Kunming 1993, S. 110.

217 Manfred Buhr et al.: *Marxistische Philosophie. Lehrbuch*, Dietz Verlag, Berlin 1967, S. 424.

218 S. hierzu: „Einen Grundeigentümer bekämpfen“. Grafik von Li Hua (1907–1974), in: *GMRB*, 07.01.2018, S. 9, *http://epaper.gmw.cn/gmrb/html/2018-01/07/nbs.D110000gmrb_09.htm*, a.a. 02.01.2023.

219 Han Qingxiang: „Wo guo shehui zhuyao maodun de bianhua shi guanxi quanju de lishixing bianhua“ (Der Wandel des gesellschaftlichen Hauptwiderspruchs unseres Landes ist ein historischer Wandel, der sich auf die Gesamtsituation auswirkt), in: *GMRB*, 02.03.2018, S. 13.

220 *PluG*, S. 28f.

[221] *PluG*, S. 30.

[222] Zhongyang Dangxiao Zhongguo Tese Shehuizhuyi Lilun Tixi Yanjiu Zhongxin (Zentrum für die Erforschung des theoretischen Systems des Sozialismus mit chinesischen Besonderheiten der Zentralen Parteihochschule): „Xi Jinping xin shidai Zhongguo tese shehuizhuyi sixiang shi yige xitong wanzheng, luoji yanji de kexue lilun tixi" (Die Xi-Jinping-Gedanken über den Sozialismus chinesischer Prägung für eine neue Ära bilden ein in sich geschlossenes, streng logisches wissenschaftliches theoretisches System), in: *GMRB*, 28.11.2017, S. 6.

[223] „Ma Weihua, Vorsitzender des Chinesischen Bundes für die soziale Verantwortung von Unternehmen", in: *RRH*, 31.10.2007, S. 5.

[224] Georg Klaus, Manfred Buhr (Hg.): *Philosophisches Wörterbuch*, VEB Bibliographisches Institut, Leipzig 1975, S. 1307.

[225] „Zhonghua Renmin Gongheguo Gongye he Xinxihua Bu, Zhonghua Renmin Gongheguo Guojia Fazhan he Gaige Weiyuanhui ling, di 10 hao" (Anordnung des Ministeriums für Industrie und Informationstechnologie der VR China und der Nationalen Entwicklungs- und Reformkommission der VR China, Nr. 10), vom 15.08.2009; *http://www.china.com.cn/policy/txt/2009-08/31/content_18430768.htm*, a.a. 11.02.2018.

[226] „Qiche chanye fazhan zhengce", in: *Zhonghua Renmin Gongheguo Falü Quanshu (24) (Kompendium des Gesetzesrechts der VR China)*, (Bd. 24), Jilin Renmin Chubanshe, Changchun 2005, S. 784, *http://www.miit.gov.cn/n1146285/n1146352/n3054355/n3057292/n3057308/c3577031/content.html*, a.a. 11.02.2018.

[227] S. hierzu Jonathan Corum: „The Rise and Fall of Tiangong-1, China's First Space Station", 31.03.2018, *https://www.nytimes.com/interactive/2018/03/31/science/tiangong-1-chinese-space-station.html*, a.a. 02.01.2023.

[228] Urs Morf: „China startet erfolgreich Mondrakete. In der chinesischen Wüste Gobi ist eine Rakete gestartet, die eine Sonde mit einem Erkundungsfahrzeug zum Mond bringen soll. China holt mit Riesenschritten auf die anderen Raumfahrtnationen auf", 02.12.2013, *https://www.srf.ch/news/panorama/china-startet-erfolgreich-mondrakete*, a.a. 02.01.2023.

[229] *Blick*, Zürich, 15.03.2023, S. 9; „Der Mythos von Pekings militärischer Macht", in: *NZZ*, a.a. 20.03.2023, S. 19.

[230] *Die Zeit*, Hamburg, 16.03.2023, S. 38.

[231] Wen Jianyan et al.: „Yi fa zhi guo – Yi ge weida de zhengdang de zhuangyan xuanze" (Gestützt auf das Gesetzesrecht den Staat regieren – Die würdevolle Wahl einer großen politischen Partei), in: *RR*, 21.10.2014, S. 2.

[232] Xi Jinping: „Die Regierungsfähigkeit des Staates kontinuierlich erhöhen" (17.02.2014), in: Xi Jinping: *China regieren*, Verlag für fremdsprachige Literatur, Beijing 2014, S. 127.

[233] Qinghua Daxue Gonggong Guanli Xueyuan yuanzhang Xue Lan (Xue Lan, Leiter der Fakultät für öffentliches Management der Qinghua-Universität): „‚Guanli' dao ‚zhili', yiwei zhe canyu zhuti de duoyuanhua" (Übergang von [staatlicher] „Kontrolle" zu [zivilgesellschaftlicher] „Regelung", [das] bedeutet eine Diversifizierung der beteiligten Subjekte), in: *WHB*, 15.09.2014, S. 9.

[234] „Chinas zwei 100-Jahres-Ziele", in: *SP 2008*, S. 115 ff.

[235] „The public debate on the two goals didn't become popular in China until 2011, but he has already written about it in his book Moulue, which was published in

German in 2008. It is so far the only Western book on this topic", Fu Jing: „How Switzerland adopted the wisdom of China", in: *China Daily*, Beijing, 02.06.2017, S. 22, *http://europe.chinadaily.com.cn/epaper/2017-06/02/content_29587174.htm*, a.a. 02.01.2023.

[236] Martin Winter: „China 2049. Wie Eruopa versagt", in: *Süddeutsche Zeitung Edition*, München 2019, S. 53.

[237] „Jiang Zemin zai Zhongguo Gongchandang di shiwu ci Quanguo Daibiao Dahui shang de baogao" (Bericht Jiang Zemins auf dem 15. Parteitag der KPCh), 12.09.1997, *http://cpc.people.com.cn/GB/64162/64168/64568/65445/4526285.html*, a.a. 02.01.2023.

[238] „Xi Jinping daibiao dang he renmin zhuanyan xuangao, jingguo quandang quanguo gezu renim chixu fendou, women shixian le diyi ge bainian fendou mubiao" (Xi Jinping erklärte feierlich im Namen der Partei und des Volkes, dass wir dank des unablässigen Kampfs der gesamten Partei und des Volkes in allen ethnischen Gruppen im Land das erste Jahrhundertziel erreicht haben), *http://www.gov.cn/xinwen/2021-07/01/content_5621736.htm*, a.a. 20.03.2023.

[239] Eberhard Sandschneider: *Globale Rivalen. Chinas unheimlicher Aufstieg und die Ohnmacht des Westens*, Carl Hanser Verlag, München 2007, S. 99.

[240] Gabor Steingart: *Weltkrieg um Wohlstand. Wie Macht und Reichtum neu verteilt werden*, Piper, München/Zürich 2006, S. 362.

[241] „‚Freie Länder sind kreativer', Bundeskanzlerin Angela Merkel über Gerechtigkeit in Zeiten der Globalisierung", in: *DZ*, 04.10.2007, S. 4.

[242] *Jiefangjun Bao* (Zeitung der [Volks]befreiungsarmee): „Zhanchang suanfa: Zhinenghua zhanzhen de zhisheng liqi" (Schlachtfeld-Algorithmus: Die siegbringende Waffe in der intelligenten Kriegsführung), 02.02.2023, *http://military.people.com.cn/n1/2023/0202/c1011-32616500.html*, a.a. 21.04.2023.

[243] „Pujing dao le E Wu Chongtu qianxian" (Putin hat sich an die vorderste Frontlinie des russisch-ukrainischen Konflikts begeben), 20.04.2023, *http://news.cnr.cn/native/gd/20230420/t20230420_526225584.shtml*, a.a. 21.04.2023.

[244] Waijiao buzhang Wang Yi: „Zai Wukelan wenti shang Zhongguo meiyou ge an guan huo xintai" (Außenminister Wang Yi: In der Ukraine-Frage steht China nicht der Sinn danach, das Feuer am gegenüber liegenden Ufer zu beobachten), 05.04.2022, *http://news.enorth.com.cn/system/2022/04/05/052503076.shtml*, a.a. 21.04.2023.

[245] Harro von Senger: *36 Strategeme für Manager*, S. 192; ders.: „Die Neutralität ist vor allem auch eine List", in: *NZZaSo*, 17.09.2023, S. 19, *https://magazin.nzz.ch/nzz-am-sonntag/meinungen/die-neutralitaet-ist-vor-allem-auch-eine-list-ld.1755853m*, a.a. 19.09.2023.

[246] Harro von Senger: *Das Tao der Schweiz*, NZZ Verlag, Zürich 2017, S. 103ff.

[247] „Chinesischer Außenminister Qin Gang trifft Bundesaußenministerin Annalena Baerbock", 09.05.2023, *https://www.youtube.com/watch?v=_OgKtSLLNjI*, Qin Gang cheng Zhong fang yu Wukelan wenti bu ge an guan huo yi bu huo shang jia you (Qin Gang sagt, die chinesische Seite werde in Bezug auf das Ukraineproblem nicht das Feuer am gegenüber liegenden Ufer betrachten noch Öl ins Feuer gießen), *https://gbcode.rthk.hk/TuniS/news.rthk.hk/rthk/ch/component/k2/1699893-20230509.htm?spTabChangeable=0*, a.a. 09.05.2023.

[248] „China says it won't seek to benefit from war in Ukraine", by *Associated Press*, 09.05.2023, „China says it won't seek to benefit from war in Ukraine" – *The*

Washington Post, https://www.washingtonpost.com/politics/2023/05/09/germany-china-ukraine-russia-foreign-minister/8a98b898-ee76-11ed-b67d-a219ec5dfd30_story.html, a.a. 09.05.2023.

249 Zitiert aus dem Artikel von Rewert Hoffer: „Die Fronten bleiben verhärtet", in: *NZZ*, 10.05.2023, S. 5; *https://www.nzz.ch/international/baerbock-trifft-chinas-aussenminister-qin-verhaertete-fronten-ld.1737095*, a.a.15.05.2023.

250 Waijiao Bu: „Meiguo cheng Wukelan weiji zui da yingja, zhide sikao jingti" ([Chinesisches] Außenministerium: Die Vereinigten Staaten sind zum größten Nutznießer der Ukraine-Krise geworden, und es lohnt sich, darüber nachzudenken und wachsam zu sein), 02.09.2022, *https://www.dutenews.com/tewen/p/7027987.html*, a.a. 21.04.2023.

251 „Xi Jinping tong Eluosi zongtong Pujing tong dianhua" (Xi Jinping telefoniert mit dem russischen Präsidenten Putin), 25.02.2022, *https://www.fmprc.gov.cn/web/zyxw/202202/t20220225_10645684.shtml*, a.a. 21.04.2023.

252 „Renqing shijie anquan wenti de genben suozai" (Die grundlegenden Ursachen weltweiter Sicherheitsprobleme klar erkennen), 15.04.2022, *http://paper.people.com.cn/rmrbhwb/html/2022-04/15/content_25912950.htm*, a.a. 21.04.2023.

253 Full text of „Constitution of Communist Party of China, 26-10-2022. General Program", *http://www.chinadaily.com.cn/a/202210/26/WS63591ff9a310fd2b29e7eb2a.html*, a.a. 21.04.2023.

254 „Liantian de fenghuo zhong jie bu chu fazhan de shuoguo, zitiert aus Renqing shijie anquan wenti de genben suozai" (Die grundlegenden Ursachen weltweiter Sicherheitsprobleme klar erkennen), 15.04.2022, *http://paper.people.com.cn/rmrbhwb/html/2022-04/15/content_25912950.htm*, a.a. 21.04.2023.

255 Außenministerium der VR China: „Guanyu zhengzhi jiejue Wukelan Weiji de Zhongguo lichang", 24.02.2023, *http://www.news.cn/world/2023-02/24/c_1129393083.htm*, (englische Version: *https://www.fmprc.gov.cn/mfa_eng/zxxx_662805/202302/t20230224_11030713.html*, a.a. 21.04.2023.

256 Matthias Kamp: „Peking will mehr als Frieden stifen. Li Hui soll zwischen den Kriegsparteien vermitteln", in: *NZZ*, 08.05.2023, S. 5.

257 Jiang Hui: „Yinling xin shidai zhidao xin shijian de 21 shiji Zhongguo Makesizhuyi", in: *GMRB*, 06.11.2017, S. 11.

258 *Zhongguo Gongchandang zhangcheng* (Satzung der KPCh), 22.10.2022, *https://www.12371.cn/special/zggcdzc/zggcdzcqw/*, a.a. 02.01.2023.

259 Satzung 2017, AP Abs. 10, *https://www.12371.cn/special/zggcdzc/2017/* (in chinesischer Sprache), a.a. 02.01.2023.

260 Bericht 2017, *http://german.china.org.cn/txt/2017-11/20/content_50064368.htm*, a.a. 13.02.2018.

261 Zhao Leji: „Quanmian lijie he zhunque bawo xin shidai dang de jianshe zongyaoqiu" (Die Gesamtanforderung an den Aufbau der Partei in der neuen Ära umfassend verstehen und präzise erfassen), in: *RR*, 11.11.2017, S. 4.

262 Leng Rong: „Zhengque bawo wo guo shehui zhuyao maodun de bianhua" (Die Änderung des Hauptwiderspruchs in der Gesellschaft unseres Landes in korrekter Weise handhaben), in: *RR*, 27.11.2017, S. 7, *http://theory.people.com.cn/n1/2017/1127/c40531-29668491.html*, a.a. 02.01.2023.

263 Leng Rong, ibid.

264 „1975 nian Guowuyuan zhengfu gongzuo baogao – 1975 nian 1 yue 13 ri zai di si jie Quanguo Renmin Daibiao Dahui diyi ci huiyi shang" (Der Regierungsarbeits-

bericht des Staatsrates des Jahres 1975 – Am 13.01.1975 auf der ersten Sitzung des 4. Nationalen Volkskongresses), 23.02.2006, *http://www.gov.cn/test/2006-02/23/content_208796.htm*, a.a. 02.01.2023.

265 „Xi Jinping: Guanyu ‚Zhong Gong Zhongyang guanyu quanmian shenhua gaige ruogan zhongda wenti de jueding' de shuoming" (Xi Jinping: Erläuterungen des „Beschlusses des ZK der KPCh über mehrere Fragen betreffend umfassende und in die Tiefe gehende Reformen"), 15.11.2013, *http://politics.people.com.cn/n/2013/1115/c1001-23559327.html*, a.a. 02.01.2023; s. auch: Xi Jinping: *L'approfondissement global de la réforme*, Editions en Langues étrangères, Beijing 2014. S. 10.

266 *Resolution des Zentralkomitees* [...] (Angenommen von der 6. Plenartagung des XIX. Zentralkomitees der KP Chinas am 11. November 2021), *http://zurich.china-consulate.gov.cn/det/ztbd/Themen/202111/t20211125_10453258.htm*, a.a. 02.05.2023.

267 S.z.B.: „Changdao wenming, bingqi louxi" (Für Zivilisiertheit eintreten, üble Gewohnheiten beseitigen), in: *WHB*, 08.07.2007, S. 4.

268 „Shehuizhuyi hexin jiazhi" (Sozialistische Kernwerte), *https://baike.baidu.com/item/%E7%A4%BE%E4%BC%9A%E4%B8%BB%E4%B9%89%E6%A0%B8%E5%BF%83%E4%BB%B7%E5%80%BC/8899021?fr=aladdin*, a.a. 02.01.2023.

269 „Shehuizhuyi hexin jiazhi guan shenme shihou tichu de" (Wann wurde das mittels 24 Schriftzeichen formulierte Konzept der sozialistischen Kernwerte präsentiert?), *https://zhidao.baidu.com/question/328280623766022165.html*, a.a. 02.01.2023.

270 Bericht 2017, *http://german.china.org.cn/txt/2017-11/20/content_50064368.htm*, a.a. 02.01.2023.

271 „Plan B: Eine WTO ohne die USA". Interview mit Pascal Lamy, in: *DZ*, 22.02.2018, S. 26.

272 „Xin shidai Zhongguo rang shijie zhumu" (China weckt in der neuen Ära weltweite Aufmerksamkeit), in: *RRH*, 19.12.2017, S. 1.

273 Prof. Dr. Reiner Eichenberger, Universität Freiburg (Schweiz), in: *SoZ*, 11.02.2018, S. 18.

274 Zhang Xiangchen, Botschafter der Mission der VRCh bei der Welthandelsorganisation: „Wir müssen uns nicht entschuldigen", in: *NZZ*, 17.05.2018, S. 9.

275 Peter A. Fischer: „Die China-Politik der USA schadet beiden Seiten", in: *NZZ*, 08.05.2023, S. 6.

276 Matthias Müller: „Es geht um mehr als um Stahl und Sojabohnen", in: *NZZ*, 28.03.2018, S. 12.

277 Newsletter der Chinesischen Botschaft in Deutschland - Sonderausgabe 14. Fünfjahresplan - April 2021; *http://de.china-embassy.gov.cn/det/zt/Newsletter/202104/P020210912054562562053.pdf*, a.a. 26.01.2023.

278 Qiao Yi: „600m with $140 monthly income worries top", in: *Global Times*, 29.05.2020, *https://www.globaltimes.cn/content/1189968.shtml*, a.a. 27.03.2023; Sven Hauberg: „China hat die Armut besiegt - dennoch gibt es keinen Grund zum Feiern", 01.12.2020, *https://www.bluewin.ch/de/news/international/china-hat-die-absolute-armut-besiegt-dennoch-kein-grund-zum-feiern-477284.html*, a.a. 26.01.2023.

279 „Scientific outlook on development", 21.09.2021, *http://www.china.org.cn/m/english/china_key_words/2021-09/21/content_77765465.html*, a.a. 02.01.2023.

[280] „Zhongguo Gongchandang zhangcheng“ vom 25.10.2007, *https://www.12371.cn/special/zggcdzc/2017/ht* (in chinesischer Sprache), a.a. 02.01.2023.

[281] „Zhongguo shengtai xiandaihua ganggang ‚qibu‘“ (Die ökologische Modernisierung Chinas ist gerade dabei, „Fuß zu fassen“), in: *ZQB*, Beijing, 28.01.2007, S. 1.

[282] „Shengtai wenming: Zhongguo de xin zhuiqiu“ (Ökologische Zivilisation: etwas, was China neu erstrebt), in: *RRH*, 03.11.2007, *http://news.sohu.com/20071103/n253032818.shtml*, a.a. 02.01.2023.

[283] „Hanleng de xuexiao“ (Kalte Schule), in: *ZQB*, 03.02.2007, S. 1.

[284] Wie China mit verarmtem Buben Propaganda macht, in: *20 Minuten*, Zürich 25.01.2018, S. 10; Wang Fuman, 11.01.2018, *https://baike.baidu.com/item/%E7%8E%8B%E7%A6%8F%E6%BB%A1/22335089?fr=aladdin*, a.a. 12.02.2018.

[285] „Weißbuch zur Situation der Umwelt in China fällt pessimistisch aus“, in: *China-Report*, 15.07.2006, S. 14; Horst Sund: „Umweltschutz in China (1996 – 2005)“, in: *China-Report*, 15.07.2006, S. 20ff.

[286] „Zhongguo shengtai xiandaihua ganggang ‚qibu‘“ (Die ökologische Modernisierung Chinas ist gerade dabei, „Fuß zu fassen“), in: *ZQB*, 28.01.2007, S. 1.

[287] Fan Yongpeng: „Yong Zhongguo huayu jieshi gongxinli wenti“ (Das Glaubwürdigkeitsproblem, erläutert im Rahmen eines chinesischen Diskurses), in: *RR*, 17.12.2017, S. 5.

[288] *Bericht 2022*.

[289] Bericht 2017, *http://german.china.org.cn/txt/2017-11/20/content_50064368.htm*, a.a. 02.01.2023.

[290] 2018 nian zhengfu gongzuo baogao (Bericht über die Regierungsarbeit [vom März] 2018), 05.03.2018, *http://www.mod.gov.cn/topnews/2018-03/05/content_4805962.htm*, a.a. 03.01.2023.

[291] „Yiyuzheng: Renlei di-yi hao xinli shashou“ (Depression: Mörderische psychische Geißel Nr. 1 der Menschheit), in: *RRH*, 13.07.2007, S. 11; „Zhongguo zisha renshu shijie zhi zui“ (China steht in Bezug auf die Anzahl von Selbstmorden an der Weltspitze), 12.05.2014, *http://www.360doc.com/content/14/0512/10/10964454_376868874.shtml*, a.a. 12.02.2018.

[292] „WHO fabu quan xin zisha baogao“ (Die WHO veröffentlicht einen ganz neuen Suizidbericht): 23.06.2021, *https://news.bioon.com/article/6594e149317c.html*, a.a. 26.01.2023.

[293] Lisa Krauss: „Schüler-Suizid in China: Zu leben lernten sie nicht“, 02.03.2016, *https://www.stimmen-aus-china.de/2016/03/02/schueler-suizid-in-china-zu-leben-lernten-sie-nicht/*, a.a. 03.01.2023.

[294] „Shanghai liu cheng liu shangbanzu mei zhou gongzuo yu 50 xiaoshi“ (In Shanghai arbeiten 66% der Büroangestellten mehr als 50 Stunden pro Woche), in: *Hongguan Zhoubao (Macroview Weekly)*, Taibei, 22.08.2007, S. 3; „Liu cheng shang banzu huan gongzuo zonghezheng“ (Mehr als 60% der Büroangestellten leiden an einem Arbeitssyndrom nach dem Urlaub), 05.10.2008, *http://news.sohu.com/20081005/n259855714.shtml*, a.a. 03.01.2023.

[295] „Wo guo yiyu jiaolü huanzhe da 9000 wan“ (In unserem Land gibt es an die 90 Millionen Patienten mit Depressionen), 25.03.2015, *http://china.huanqiu.com/hot/2015-03/6002952.html*, a.a. 03.01.2023.

[296] „Nianqingren shi fou cunzai xinli wenti […]?“ (Haben Jugendliche psychische Probleme […]?), 10.10.2017, *http://www.sohu.com/a/197214837_178984*, a.a. 03.01.2023.

[297] „Woguo jingshen jibing zhiliao feiyong touru yanzhong buzu“ (Die Aufwendungen in unserem Land für die Heilung von Geisteskrankheiten genügen bei Weitem nicht), in: *GMRB*, 11.10.2006, S. 4; Guojia tongji: „Zhongguo gelei jingshen jibing huanzhe chaoguo 1 yi“ (Staatliche Statistik: Mehr als 100 Millionen chinesische Patienten haben eine psychische Erkrankung), 14 10.2016, *http://www.xinhuanet.com/politics/2016-10/14/c_1119714631.htm*, a.a. 03.01.2023.

[298] „‚Xinbing‘ kunrao shiyi ren“ („Psychische Krankheiten“ behelligen eine Milliarde Menschen), in: *Fengci yu Youmo (Satire und Humor)*, 16.03.2007, S. 1; „[…] nianqing renqun yali zui da“ (Auf der Gruppe der Jugendlichen lastet der größte Druck), *http://www.39yst.com/jibingku/article/552965.shtml*, a.a. 12.02.2018; „China. Gesundheit und Wohlbefinden“, *https://www.dija.de/laenderinfos-china/aktionsfelder-im-kinder-und-jugendbereich-cn/gesundheit-und-wohlbefinden/*, a.a. 13.02.2018.

[299] Gespräch mit Professor Mi Jian, Chinesische Universität für Politik und Recht, 27.08.2007.

[300] „Falun Gong als Herausforderung für Peking“, 05.07.2001, *https://www.nzz.ch/article7EF7H-1.451490*, a.a. 03.01.2023.

[301] „Sheji ren de shengwu yixue yanjiu lunli shencha banfa“, 12.10.2016, *http://www.nhc.gov.cn/wjw/c100022/202201/985ed1b0b9374dbbaf8f324139fe1efd/files/b55709aae99943c7a7a17cd23cb824fd.pdf* a.a. 26.01.2023.; „Guojia Wei Jian Weii abu „Sehji ren de shengming kexue he yixue yanjiu lunli shencha banfa (zhengqiu yijin gao) (Die Nationale Hygiene- und Gesundheitskommission hat die „Maßregeln zur ethischen Überprüfung von Menschen berührenden Biowissenschaften und medizinischen Forschungen (Entwurf zur Stellungnahme)“ herausgegeben), 19.03.2021, *https://news.bioon.com/article/1adde12247a4.html*; Ke-yan shixin wingwei diaocha chuli guize (Regeln für die Untersuchung von und den Umgang mit unseriöser wissenschaftlicher Forschung), *https://www.ncsti.gov.cn/zcfg/zcwj/202209/t20220914_97522.html*, a.a. 01.02.2023.

[302] *National Statement on Ethical Conduct in Human Research (2007) – Updated May 2015*, *https://www.nhmrc.gov.au/guidelines-publications/e72*, a.a. 03.01.2023.

[303] Tang Weihua, Professor an der Juristischen Fakultät der Qingdao-Universität, Direktor des Lehr- und Forschungsbüros betreffend Grundlagen der Rechtswissenschaft, Rechtswissenschaftliche Fakultät der Qingdao Universität, E-Mail-Auskunft vom 30.01.2023.

[304] Cui Yongyuan, *https://baike.baidu.com/item/%E5%B4%94%E6%B0%B8%E5%85%83?fromModule=lemma_search-box*, a.a. 03.01.2023.

[305] „Cui Yongyuan. Meiguo zhuanjiyin diaochao jilupian“ (Cui Yongyuan. Dokumentarfilm über seine Untersuchung von gentechnisch veränderten [Organismen] in den USA), veröffentlicht am 26.12.2016, *https://www.youtube.com/watch?v=l3bzTRSK18c*, a.a. 03.01.2023.

[306] Chen Xiwen: „Zhongguo muqian zhi you zhuanjiyin mugua mianhua pizhun shengchan shangshi“ (Derzeit erlaubt China nur den Anbau und Verkauf von gentechnisch veränderter Papaya und Baumwolle), 06.03.2016, *http://www.chinanews.com/gn/2016/03-06/7785960.shtml*, a.a. 03.01.2023.

[307] „118 guo jin lie di 100 wei“ (Nur auf Platz 100 unter 118 Staaten), in: *GMRB*, 28.01.2007, S. 2, *http://news.sohu.com/20070128/n247882241.shtml*, a.a. 03.01.2023.

[308] „Heisslaufende Konjunktur Chinas“, in: *NZZ*, 14.08.2007, S. 17, *https://www.nzz.ch/heisslaufende_konjunktur_chinas-1.540708*, a.a. 03.01.2023; „Giftiges Wasser - China leidet unter bedrohlicher Wasserkrise“, 27.12.2016, *https://netzfrauen.org/2016/12/27/china/*, a.a. 03.01.2023.

[309] „32 ge teda chengshi 30 ge que shui“ (In 30 von 32 besonders großen Städten herrscht Wassermangel), in: RRH, 29.10.2007, S. 3., *http://www.china.com.cn/news/txt/2007-10/29/content_9140133.htm*, a.a. 13.03.2018.

[310] Bi Yucai: „Rang guxiang de xiao he chongxian xiumei“ (Auf dass doch die heimatlichen kleinen Bäche wieder hübsch und schön werden), in: *GMRB*, 23.11.2017, S. 2.

[311] „Manhua yi zhen“ (Karikaturspritze), in: *NFZM*, 28.06.2007, S. E 29.

[312] *NFZM*, 28.06.2007, S. E 29.

[313] Zhu Kangyou: „Kou yan zhi, shen bi xing zhi“ (Eigenen Worten muss man unbedingt entsprechende eigene Taten folgen lassen), in: *GMRB*, 14.12.2017, S. 2.

[314] Karikatur von Cao Yi; Begleittext von Yang Lixin, in: *RR*, 07.02.2017, S. 5, *http://paper.people.com.cn/rmrb/html/2017-02/07/nw.D110000renmrb_20170207_1-05.htm*, a.a. 03.01.2023.

[315] „Wegen Smog: Peking feiert Neujahr ohne Feuerwerk“, in: *20 Minuten*, 16.02.2018, S. 3; „Smog verhindert Feuerwerk“, in: *TA*, 16.02.2018, S. 16.

[316] „Smog in China: Zahl der Atemwegserkrankungen verdoppelt“, 24.02.2014, *https://www.aerzteblatt.de/nachrichten/57735/Smog-in-China-Zahl-der-Atemwegserkrankungen-verdoppelt*, a.a. 03.01.2023.

[317] „WHO-Studie zur Luftverschmutzung. Das sind die schmutzigsten Städte der Welt“, 13.05.2016, *https://www.travelbook.de/ziele/staedte/who-studie-zur-luftverschmutzung-das-sind-die-schmutzigsten-staedte-der-welt*, a.a. 03.01.2023.

[318] „Yao ‚qiji‘ dan bu yao ‚zhiming‘ daijia“ („[Wirtschafts]wunder“ ja, aber nicht um einen „tödlichen“ Preis), in: *NFZM*, 26.07.2007, S. E 32; es handelt sich um die Kurzfassung des Artikels „Dust, waste and dirty water: the deadly price of China's miracle“ von John Vidal, in: *Guardian*, 18.07.2007, *https://www.theguardian.com/world/2007/jul/18/china.environment*, a.a. 03.01.2023; „Tickende Zeitbombe - Das verschmutzte Erbe Chinas“, 09.02.2017, *https://netzfrauen.org/2017/02/09/verschmutzte-erbe/*, a.a. 24.02.2018.

[319] „China will mehr Abwasser-Kläranlagen“, 04.02.2017, *http://german.china.org.cn/txt/2017-02/04/content_40221698.htm*, a.a. 03.01.2023.

[320] S.P. Seth: „China's economy: hype vs. reality“, in: *Taiwan Journal*, Taibei, 28.04.2006, S. 6.

[321] „Jieneng jianpai ren zhong dao yuan“ (Energiesparen und Verringerung des Schadstoffausstoßes: die Aufgabe ist schwer und der Weg weit), in: *GMRB*, 11.06.2007, S. 3.

[322] „Streit um Statistik: China ist neuer Weltmeister im Energieverbrauch“, in: *FAZ*, 20.07.2010, *http://www.faz.net/aktuell/wirtschaft/streit-um-statistik-china-ist-neuer-weltmeister-im-energieverbrauch-11010205.html*, a.a. 03.01.2023.

[323] „Renlei xuyao gaibian shenghuo fangshi“ (Die Menschheit muss den Lebensstil ändern), in: *RRH* 14.06.2007, S. 1.

324 Guojia Tongji Ju (Nationales Statistikamt): „Guanfang shouci fabu lüse fazhan zhishu yiyi zhongda“ (Die erstmalige amtliche Veröffentlichung eines grünen Entwicklungsindex ist von großer Bedeutung), 26.12.2017, *http://www.stats.gov.cn/tjSj/sjjd/201712/t20171226_1566840.html*, a.a. 01.04.2018; Xinhua: „China unveils green development index ranking“, 26.12.2017, *http://www.chinadaily.com.cn/a/201712/26/WS5a41bd83a31008cf16da3800.html*, a.a. 03.01.2023.

325 „China erklärt Umweltverschmutzung den Krieg“, 07.03.2014, *https://www.welt.de/wissenschaft/umwelt/article125550036/China-erklaert-Umweltverschmutzung-den-Krieg.html*, a.a. 03.01.2023.

326 „2018 nian yao wancheng di’er ci wuran pucha ruhu diaocha“ (Im Jahr 2018 sollen die zweite allgemeine Untersuchung und von Haus-zu-Haus-Untersuchung über Umweltverschmutzungsquellen abgeschlossen werden), 30.03.2018, *http://news.sciencenet.cn/htmlnews/2018/3/407536.shtm*, a.a. 31.03.2018.

327 „Zhengfu gongzuo baogao“ (Bericht über die Regierungsarbeit), 05.03.2014, *http://www.gov.cn/guowuyuan/2014-03/14/content_2638989.htm*, a.a. 03.01.2023.

328 „Yao ‚qiji‘ dan bu yao ‚zhiming‘ daijia“, in: *NFZM*, 26.07.2007, S. E 32.

329 „Si le die, wang le niang, duan le zi, jue le sun. Dao na ge shihou, jishi women guozhen fazhan qilai le, you zuo he yong. Jiaruo ‚houtian‘ lailin“, in: *OSJD*, 01.09.2007, S. 1.

330 „Baby born with birth defects every 30 second“, in: *China Daily*, Beijing 30.10.2007, *http://english.china.com/zh_cn/health/news/11020771/20071030/14430279.html*, a.a. 13.03.2018; „Brustkrebsrisiko für Chinesinnen besonders hoch“, 03.11.2014, *http://german.people.com.cn/n/2014/1103/c209054-8803861.html*, a.a. 03.01.2023.

331 „Neben Luft und Wasser sind auch Chinas Äcker stark verseucht“, 10.04.2013, *https://www.swissinfo.ch/ger/neben-luft-und-wasser-sind-auch-chinas-aecker-stark-verseucht/35465056*, a.a. 03.01.2023.

332 „2021 nian Zhongguo Shengtai Huanjing Zhuangkuang Gongbao“ (Bulletin über den Zustand von Ökologie und Umwelt in China [im] Jahr 2021), 26.05.2022, *https://www.mee.gov.cn/hjzl/sthjzk/zghjzkgb/202205/P020220608338202870777.pdf*, a.a. 28.01.2023.

333 Chen Hong: „More women getting breast cancer“, in: *China Daily*, Beijing 30.10.2007, *http://www.chinadaily.com.cn/china/2007-10/30/content_6215134.htm*, 30.10.2007, a.a. 03.01.2023; „Wo guo ruxian ai siwang lü meinian chao 7 wan“ (Chinas Brustkrebs-Sterberate überschreitet jedes Jahr [die Grenze von] 70000 [Todesfällen]), 08.07.2016, *http://finance.ifeng.com/a/20160708/14577193_0.shtml*, a.a. 03.01.2023.

334 Guowuyuan Tizhi Gaige Bangongshi Xinxi Zhongxin (Informationszentrum des Büros für Strukturreformen des Staatsrates) (Hg.): „Laodong fa weishenme bei jiakong?“ (Warum wird das Arbeitsgesetz zu einer Luftblase?), in: *Jingji Guanli Wenzhai (Economy and Management Digest/Lesefrüchte zu Wirtschaft und Management)*, Nr. 1, 2007, S. 32.

335 „Wo guo qunian jiuzhu liulang qitao renyuan 70 duo wan renci“ (Letztes Jahr wurde in unserem Land über 700000-mal Landstreichern und Bettlern Nothilfe zuteil), 12.01.2007, *https://news.qq.com/a/20070112/000226.htm*, a.a.

25.02.2018; „2017 nian quanguo jiuzhu liulang qitao renyuan 300 duo wan renci“ (Im Jahr 2017 wurde im ganzen Land über drei Millionen Mal Landstreichern und Bettlern Nothilfe zuteil), 01.02.2018, *http://www.xinhuanet.com/2018-02/01/c_1122356078.htm*, a.a. 24.02.2018.

336 Chen Guidi, Wu Chuntao: *Zur Lage der chinesischen Bauern*, Verlag Zweitausendundeins, Frankfurt 2006; „Proteste von Bauern und Arbeitslosen in China“, in: *NZZ*, 13.03.2007, S. 2; „Un ‚incident de masse‘ violemment réprimé en Chine: Cinq jours d'émeutes dans un village auraient fait près de 60 blessés“, in: *Libération*, 15.03.2007, S. 9.

337 „Nongcun laolinghua he liushou ertong wenti tuchu“ (In den Bauerndörfern schiebt sich das Problem der Überalterung und der [von ihren als Wanderarbeiter tätigen] Eltern] zurückgelassenen Kinder in den Vordergrund), in: *RRH*, 14.11.2007, S. 4; „2016 nian Zhongguo liushou ertong dashuju tongji [...]“ (Big Data Statistik betreffend die [in Bauerndörfern] zurückgelassenen Kinder im Jahr 2016 [...]), 10.11.2016, *http://www.sohu.com/a/118636533_350221*, a.a. 03.01.2023.

338 „‚Shisanwu‘ hegongye fazhan guihua“ fabu („Der Plan betreffend die Entwicklung der Nuklearindustrie im Rahmen des ‚13. Fünfjahresplans‘“ wurde verkündet), mitgeteilt am 13.02.2017, *http://finance.people.com.cn/n1/2017/0213/c1004-29075757.html*, a.a. 03.01.2023.

339 Nuklearforum Schweiz: „Kernkraftwerke der Welt 2018, Stand 31.12.2017“, Olten 2018.S. 2; „‚Shisanwu‘ hegongye fazhan guihua deng wu ge guihua wenjian yi yinfa“ (Dokumente über fünf Pläne, darunter der „Plan betreffend die Entwicklung der Nuklearindustrie im Rahmen des ‚13. Fünfjahresplans‘“ wurden bereits gedruckt und verkündet), 14.02.2017, *http://www.chinairn.com/news/20170214/150849794.shtml*, a.a. 25.03.2018.

340 „Di-yi ci yu hedian ‚qinmi jiechu‘“ (Erster „enger Kontakt“ mit Atomstrom), in: *Liaoning Xinwen (Nachrichten aus Liaoning)*, 25.09.2007, *http://newsls.lnd.com.cn/bgw/lnnews/200709/62590820070925.htm*, a.a. 11.11.2007; „Yu hedianzhan de diyi ci qinmi de jiechu“ (Der erste enge Kontakt mit einem Atomkraftwerk), 10.03.2013, *https://www.guokr.com/blog/440467/*, a.a. 24.02.2018.

341 „Yanhai 31 zuo hedianzhan jihua yinfa hefeiliao danyou“ (Der Plan [zur Errichtung] von 31 Atomreaktoren entlang dem Meer gibt wegen des Kernabfalls Anlass zur Sorge), in: *Zhongguo Jingying Bao (Chinesische Management Zeitung)*, 13.06.2005, *http://finance.sina.com.cn/chanjing/b/20050612/11311677281.shtml*, a.a. 03.01.2023.

342 „Von dem Bürgerprotest ist meines Wissens schon lange nichts mehr zu hören gewesen. In Lianyungang wurden die Arbeiten ja gestoppt.“ E-Mail-Auskunft von Felix Lee vom 28.02.2018.

343 „Lianyungang ‚fan hefeiliao‘ shijian shimou“ (Der „Anti-Atommüll“-Zwischenfall in Lianyungang von A bis Z), 09.08.2016, *http://www.360doc.com/content/16/0809/00/34050258_581805654.shtml*, a.a. 24.02.2018; „Zhongguo hefeiliao mianlin ‚wuchu anfang‘ de ganga jingdi?“ (China sieht sich der misslichen Lage ausgesetzt, über „keinen Ort für die sichere Lagerung“ des Atommülls zu verfügen), 17.08.2016, *http://www.sohu.com/a/110960156_355578*, a.a. 24.02.2018; Felix Lee: „Anti-Atom-Protest in China erneut erfolgreich. Zum zweiten Mal verhindern chinesische Demonstranten ein großes Nuklearprojekt.

Die Beamten gehen rabiat gegen die Widerständler vor", 11.08.2016, *https://www.taz.de/Archiv-Suche/!5324777&s=Lianyungang/*, a.a. 03.01.2023.

344 „Guangdong Jiangmen minzhong kangyi quxiao Heshan heyuanliaochang jianshe" (In Jiangmen [in der Provinz] Guangdong wird wegen öffentlicher Proteste der Bau der Nuklearrohstoff-Anlage in Heshan abgeblasen), 13.07.2013, *https://www.solidot.org/story?sid=35568&threshold=0*, a.a. 24.02.2018; Felix Lee: „Nach Protesten in China Bau von Atomanlage gestoppt. Die Behörden in Südchina verwerfen den Plan zum Bau einer Urananreicherungsanlage. Die Regierung hält an ihren ehrgeizigen Atomplänen fest", 15.07.2013, *https://www.taz.de/Archiv-Suche/!5063263&s=Jiangmen/*, a.a. 24.02.2018.

345 Xia Ziyi: „Zhongguoren yishi xingtai de chongjian" (Der ideologische Wiederaufbau der Chinesen), in: *Shijie Zhishi (Weltwissen)*, Nr. 7/2007, S. 5.

346 „Despoten und Feudalherren: Der Reportage-Bd. *Zur Lage der chinesischen Bauern*", in: *NZZ*, 16.03.2007, S. B 7.

347 „Schwere Explosion in chinesischem Bergwerksdorf. Mindestens 47 Todesopfer", in: *NZZ*, 08./09.07.2006, S. 19.

348 „Grubenunglück in China. 18 Kumpel sterben an Gasvergiftung", 08.05.2017, *http://www.spiegel.de/panorama/justiz/china-18-bergleute-sterben-durch-gasvergiftung-in-kohlegrube-a-1146558.html*, a.a. 03.01.2023.

349 Xia Ziyi, ibid.

350 *Einführung*, S. 318ff., s. auch *Strategeme 2*, Kap. 29.13 „Funktionäre kleben sich selbst Blumen auf."

351 *Lunyu (Gespräche)* IX.4, s. *Konfuzius. Gespräche (Lun-yu)*, aus dem Chinesischen übersetzt und hg. von Ralf Moritz, Philipp Reclam jun., Stuttgart 1998, S. 78; in diesem Sinne auch in: Gespräche. Lun Yü. Aus dem Chinesischen übertragen und herausgegeben von Richard Wilhelm, Eugen Diederichs Verlag, Düsseldorf 1979, S. 98: „Der Meister war frei von vier Dingen: keine Meinungen, keine Voreingenommenheit, kein Starrsinn, keine Selbstsucht"; nicht bezogen auf Konfuzius, sondern als Ratschlag des Konfuzius übersetzt wird diese Stelle in: Konfuzius. Gespräche. Neu übesetzt und kommentiert von Hans van Ess, C.H. Beck, München 2023, S. 385: „Der Meister schloss vier Dinge aus: Habt nicht feste Meinungen, wollt nichts unbedingt, seid nicht starr, seid nicht auf euch selbst bezogen."

352 Erwin Schurtenberger, Schweizer Botschafter in Beijing 1988–1995, zitiert von Martin Beglinger: „Unser Chinese", in: *Das Magazin*, Wochenendbeilage des *TA*, Nr. 5/2005, S. 32.

353 „Zong shuji xin zhong de ‚wu wo' jingjie he dandang (Zong shuji de reinmin qinghuai)" (Der [durch] „Freiheit von Egoismus" [gekennzeichnete] Zustand und die [damit verbundene] Last der Verantwortung im Herzen des Generalsekretärs [Xi Jinping] (Die Gefühle des Generalsekretärs für das Volk)), in: *RR*, 03.03.2023, S. 1, *http://politics.people.com.cn/n1/2023/0303/c1001-32635246.html*, a.a. 09.08.2023.

354 Hans van Ess: *Der Konfuzianismus*, Verlag C.H.Beck, München 2003, S. 116.

355 Huang Taiyan: „Shehui zhuyao maodun de zhuanhua guilü ji qi zhengce quxiang" (Die dem Wandel des gesellschaftlichen Hauptwiderspruchs [zugrunde liegenden] Gesetzmäßigkeiten und die Implikationen für die Politnormen), in: *GMRB*, 21.11.2017, S. 11.

356 „Zhonghua Renmin Gongheguo xianfa xiuzheng'an (quanwen neirong) 2018 nian 3 yue 11 ri tongguo" (Der Revisionsentwurf der Verfassung der VR China

(Gesamttext), am 11.03.2018 verabschiedet), mitgeteilt am 21.03.2018, *http://www.mnw.cn/news/china/1955110.html*, a.a. 03.01.2023.

357 Leng Rong: „Zhengque bawo wo guo shehui zhuyao maodun de bianhua“ (Die Änderung des Hauptwiderspruchs in der Gesellschaft unseres Landes in korrekter Weise handhaben), in: *RR*, 27.11.2017, S. 7.

358 Hans Kelsen: *Reine Rechtslehre*, 2., vollständig neu bearbeitete und erweiterte Aufl. 1990, Nachdruck, Wien 2000, S. 8.

359 S. Zhong Gong Zhongyang Xuanchuan Bu Lilun Ju (Theorieamt der Propaganda-abteilung des ZK der KPCh) (Hg.): *Lilun Redian Mian Dui Mian (Unmittelbare Auseinandersetzung mit brennenden theoretischen Belangen),* Beijing 2008, S. 28.

360 Zur ideologischen Linie s. *PluG*, S. 87.

361 S. *PluG*, S. 87, 89.

362 Li Songlin, Guo Guilan (Hg.): *Dangwei Gongzuo Daquan* (*Kompendium für die Parteikomiteearbeit*), Beijing 1992, S. 6.

363 Leng Rong, ibid.

364 S. *Einführung*, S. 198ff., 300f.

365 S. „Überblick über ausgewählte Bereiche des Rechts der Volksrepublik China“, in: *Einführung*, S. 43ff.

366 Karl Marx: „Thesen über Feuerbach“, in: Karl Marx, Friedrich Engels: *Werke*, Bd. 3, Dietz Verlag, Berlin 1969, S. 5.

367 W.I. Lenin: *Werke*, Bd. 4, Dietz Verlag, Berlin 1977, S. 220; *Liening Quanji (Lenins Gesamtausgabe)*, Bd. 4, Renmin Chubanshe, Beijing 1963, S. 200.

368 S. hierzu die Ausführungen in: *Einführung*, S. 198ff. sowie in *PluG*, S. 37ff.

369 Auskunft von Herrn Li Houjun, einem ehemaligen van Calker Stipendiaten des Schweizerischen Instituts für Rechtsvergleichung, im Herbst 2007 Leiter einer Abteilung für die Überwachung der Verwaltungseffizienz in Beijing, erteilt in Beijing am 11.10.2007.

370 Auskunft von Herrn Li Houjun, einem ehemaligen van Calker Stipendiaten des Schweizerischen Instituts für Rechtsvergleichung, im Herbst 2007 Leiter einer Abteilung für die Überwachung der Verwaltungseffizienz in Beijing, erteilt in Beijing am 11.10.2007.

371 外商投资产业指导目录（2004年修订 - 鼓励外商投资产业目录 限制外商投资产业目录 禁止外商投资产业目录 Waishang touzi chanye zhidao mulu (2004 xiuding) (Der *Wegleitende Katalog von Branchen für Investitionen ausländischer Geschäftsleute* [2004 revidiert]), *http://www.moj.gov.cn/pub/sfbgw/flfggz/flfggzbmgz/200506/t20050601_374149.html*, a.a. 27.03.2023.

372 „Waishang touzi chanye zhidao mulu (2007 nian xiuding)“ (Der wegleitende Branchenkatalog für Investitionen ausländischer Geschäftsleute [2007 revidiert]), *http://www.ndrc.gov.cn/zcfb/zcfbl/200711/W020071107537750156652.pdf*; 鼓励外商投资产业目录（2017年修订）Waishang touzi chanye zhidao mulu (2017 nian xiuding)“ (Der wegleitende Wirtschaftsbranchenkatalog für Investitionen ausländischer Geschäftsleute [2017 revidiert]), *http://www.gov.cn/xinwen/2017-06/28/content_5206424.htm*, *http://www.gov.cn/xinwen/2017-06/28/5206424/files/e4489bbd621542a480ff4c45c42fa202.pdf*, a.a. 27.03.2023; *https://www.ndrc.gov.cn/fggz/lywzjw/zcfg/200711/t20071107_1046937.html*; s. auch: „The Catalogue for the Guidance of Foreign Investment Industries (Revised in 2017)“, 21.08.2017, *https://www.deacons.com/2017/08/21/the-catalogue-*

for-the-guidance-of-foreign-investment-industries-revised-in-2017/; Guli waishang touzi chanye mulu (2020 ban) (Katalog von Branchen, in denen ausländische Geschäftsleute ermutigt werden zu investieren [Ausgabe 2020]), *http://www.gov.cn/zhengce/zhengceku/2020-12/28/5574265/files/b145a6631698460e8777d1ab4581ef1f.pdf*, a.a. 10.03.2023.

373 Guli waishang touzi chanye mulu (2022 nian ban) (Katalog von Branchen, in denen ausländische Geschäftsleute ermutigt werden zu investieren [Ausgabe 2022]), *https://www.ndrc.gov.cn/xxgk/zcfb/fzggwl/202210/P020221028505148430874.pdf*; China: range of encouraged industries expanded, On 1 January 2023, the new „Catalogue of Encouraged Industries for Foreign Investment" of the National Development and Reform Commission and the Chinese Ministry of Commerce came into force, 09/03/2023, *https://en.snb-law.de/report/china-range-of-encouraged-industries-expanded.html*, a.a. 10.03.2023.

374 Mao Tse-tung: „Über unsere Politik" (23.12.1940), in: Mao Tse-tung: *Ausgewählte Werke*, Bd. II, Verlag für fremdsprachige Literatur, Beijing 1968, S. 529.

375 „Rot-Chinas rasanter Aufstieg. Funktioniert der Kommunismus doch?", Titelgeschichte in: *DS*, Nr. 3/2007, *http://www.spiegel.de/spiegel/print/d-50186302.html*, a.a. 03.01.2023.

376 Übereinstimmend Satzungen 1982, 2002, 2007, 2012 und 2017, AP.

377 „Quanguo Ren-Da Waishi Weiyuanhui fuzeren jiu Meiguo guohui xiang Dalai ‚banjiang' shi fabiao tanhua" (Ein Verantwortlicher der Kommission für auswärtige Angelegenheiten des Nationalen Volkskongresses äußert sich zur Angelegenheit der vom amerikanischen Kongress vorgenommenen „Preisverleihung" an den Dalai), in: *RRH*, 19.10.2007, S. 1.

378 Bernhard Zand: „Rote Bedrohung", in: *DS*, Nr. 10/2018, S. 94.

379 „Gongchandang you lianhe you douzheng de fangzhen", 15.06.2016, *https://zhidao.baidu.com/question/1241759087725128179.html*, a.a. 19.03.2018.

380 Jung Chang, Jon Halliday: *Mao. Das Leben eines Mannes. Das Schicksal eines Volkes*, Karl Blessing Verlag, München 2005, S. 268.

381 *Mao Zedong Xuanji* di-er juan *(Ausgewählte Werke Mao Zedongs)*, Bd. 2, Renmin Chubanshe, Beijing 1969, S. 726.

382 Mao Tse-tung: „Über unsere Politik (25. Dezember 1940)", in: Mao Tse-tung: *Ausgewählte Werke*, Bd. 2, Verlag für fremdsprachige Literatur, Beijing 1968, S. 529.

383 In deutscher Übersetzung nachzulesen auf der von Frank Münzel betreuten ausgezeichneten Webseite „Chinas Recht. Kommentierte Übersetzungen aus dem Recht der Volksrepublik China", *http://www.chinas-recht.de/inhalt.htm*, a.a. 03.01.2023.

384 Christoph Hein: „Chinas Volkskongress billigt Eigentumsrecht", in: *FAZ*, 16.03.2007, *http://www.faz.net/aktuell/politik/ausland/neues-gesetz-chinas-volkskongress-billigt-eigentumsrecht-1411326.html*, a.a. 03.01.2023.

385 Die unter der Ägide der KPCh bzw. Mao Zedongs verkündeten Erlasse zugunsten von Menschenrechten können eingesehen werden in: *Zhongguo Xin-Minzhuzhuyi Geming Shiqi Genjudi Fazhi Wenxian Xuanbian (Auswahl von Dokumenten zur Rechtsordnung in den Stützpunktgebieten zur Zeit der chinesischen neudemokratischen Revolution)*, Bd. 1, Zhongguo Shehui Kexue Chubanshe, Beijing 1981, S. 89–105.

[386] Jung Chang, Jon Halliday, a. a. O., S. 293, 359.
[387] Uwe Klussmann: „Jakobiner des 20. Jahrhunderts. Frankreichs Revolutionäre finden mehr als ein Jahrhundert später Nachahmer: Lenins Bolschewiki sind fasziniert vom Willen zur totalen Neuordnung der Gesellschaft und vom Terror für das vermeintlich Gute“, in: *DS*, Nr. 1/2010, S. 118.
[388] Mao Tsetung: *Ausgewählte Werke*, Bd. V, Verlag für fremdsprachige Literatur, Beijing, 1978, S. 435.
[389] Satzungen 2007, 2012 und 2017, AP.
[390] Li Xiandong: *Faxue Gailun (Grundriss der Rechtswissenschaft)*, Shoudu Jingji Maoyi Daxue Chubanshe, Beijing 2003, S. 49 f.
[391] Gan Zhaoying: *Xianfaxue (Verfassungsrechtslehre)*, Renmin Fayuan Chubanshe, Beijing 2002, S. 65.
[392] Deng Xiaoping: *Ausgewählte Schriften (1975 – 1982)*, Verlag für fremdsprachige Literatur, Beijing 1985, S. 204 f.
[393] S. Harro von Senger: „Die Schweiz, europäische Staaten und die VR China im UNO-Menschenrechtsrat“, in: *Zeitschrift für Schweizerisches Recht (ZSR)*, Bd. 130 (2011), S. 323 – 358.
[394] „Das Licht unter den Scheffel stellen und den rechten Augenblick abwarten“, „auf keinen Fall eine Führerrolle [in der Dritten Welt] übernehmen“ und „ein niederes Profil wahren“, s. *Strategeme 2*, Kap. 27.30 „Lob des unten“, S. 484.
[395] *Asien als strategische Herausforderung und Chance für Deutschland und Europa. Asienstrategie der CDU/CSU-Bundestagsfraktion. Beschluss vom 23. 10. 2007*, S. 9, *https://www.cducsu.de/sites/default/files/asienstrategie_web.pdf*, a. a. 03. 01. 2023.
[396] Peter Mandelson: „Partnership, Competition and Leadership“, in: Swiss Chamber of Commerce: *Bulletin*, Zürich, Nr. 2/2006, S. 36.
[397] Mao Zedong: „Über die richtige Behandlung der Widersprüche im Volk“, in: Mao Tsetung: *Ausgewählte Werke*, Bd. V, Verlag für fremdsprachige Literatur, Beijing 1978, S. 437.
[398] Nicholas D. Kristof: „‚Mao‘: The Real Mao“, in: *New York Times*, 23. 10. 2005.
[399] *Einführung*, S. 325 f.
[400] François Jullien: „Die Mitte als Ort der Möglichkeiten“, in: *Le Monde diplomatique*, deutsche Ausgabe, Nr. 1, 2007, S. 99.
[401] S. *Einführung*, S. 247.
[402] Tao Yongxiang, Wang Chaoxiang: *Deng Xiaoping de Shizai Hua (Was Deng Xiaoping wirklich gesagt hat)*, Huawen Chubanshe, Beijing 2006, S. 60.
[403] Deng Xiaoping: „An den vier grundlegenden Prinzipien festhalten“, in: Deng Xiaoping: *Ausgewählte Schriften (1975 – 1982)*, Verlag für fremdsprachige Literatur, Beijing 1985, S. 203; siehe hierzu den Abschnitt 2.8.
[404] Verfassung der VR China vom 04.12.1982 in der revidierten Fassung vom 14. 03. 2004 und 11. 03. 2018, Präambel, Abs. 7, *http://www.verfassungen.net/rc/verf82.htm*, a. a. 03. 01. 2023; übereinstimmend Satzungen 2002, 2007, 2012 und 2017, AP.
[405] „25.16 Sozialistische gegen bürgerliche Reform und Öffnung“, in: *Strategeme 2*, S. 374.
[406] *Strategeme 2*, Kap. 25.16 „Sozialistische gegen bürgerliche Reform und Öffnung“.
[407] Hans Uli Ammann: „Herausforderung China: Gedanken zum gleichnamigen Buch

von Wolfgang Hirn", in: *Schweiz-China*, Informationsorgan der Schweizerisch-Chinesischen Gesellschaft, Basel Nr. 2-2007, S. 11.

408 Harro von Senger: „Die Ausgrenzung Hongkongs aus dem europäischen Menschenrechtsschutz", in: Gregor Paul, Caroline Y. Robertson-Wensauer (Hg.): *Traditionelle chinesische Kultur und Menschenrechtsfrage*, Nomos Verlag, Baden-Baden 1997, 2. Aufl. 1998, S. 91-116; ders.: The Non-Extension of the European Convention of Human Rights to Hong Kong, in: *Revue de droit international, de sciences diplomatiques et politiques*, soixante-seizième année, numéro 3, Lausanne, septembre-décembre 1998, S. 309 - 327.

409 Hans Uli Ammann, ibid.

410 Gabor Steingart: *Weltkrieg um Wohlstand. Wie Macht und Reichtum neu verteilt werden*, Piper, München/Zürich 2006, S. 131.

411 He Qinglian: *China in der Modernisierungsfalle*, Hamburger Edition, Hamburg 2006, S. 506.

412 Ernst Herb: „Hongkong weist China den Weg", in: *Finanz und Wirtschaft*, Zürich 04.07.2007, S. 1.

413 Janis Vougioukas: „Zum Nationalen Volkskongress in China: Der privatisierte Kommunismus", in: *TA*, 06.03.2007, S. 11.

414 S. hierzu auch Sebastian Heilmann: „Policy Experimentation in China's Economic Rise", in: *Studies in Comparative International Development (SCID)*, Vol. 42, No. 4, Winter 2007/8; ders.: „From Local Experiments to National Policy: The Origins of China's Distinctive Policy Process", in: *The China Journal*, Heft 59, Januar 2008.

415 S. *Einführung*, S. 278 ff.

416 *PluG*, S. 60 f.

417 S. Harro von Senger: „Die Methode des Theorietests in der Praxis", in: *MoS*, S. 160 ff.

418 S. z. B.: „*Yiwu Shidian*: Yi dian dai mian jianjin gaige" ([Über das Buch] *Der Versuchspunkt in Yiwu* [zum Testen einer umfassenden den internationalen Handel betreffende Reform]: [Die in Yiwu gewonnenen Erfahrungen] vom Punkt aus über die ganze Fläche verbreiten und so schrittweise Reformen durchführen), in: *GMRB*, 03.01.2018, S. 16.

419 Mark Siemons: „Ein Menschenversuch mit Arbeit und Kunst", in: *FAZ*, 16.06.2007, S. 48.

420 S. Anja, D. Senz: „Zur Rolle von Experimenten und Modellen für die Politikgestaltung der Volksrepublik China", in: *MoS*, S. 111 ff.

421 Georg Blume: „Die Schule der revolutionären Harmonie", in: *DZ*, 12.05.2005, S. 13.

422 „Jiaoyu Bu guanyu zai da zhong xiaoxue quanmian kaizhan lianjie jiaoyu de yijian", 27.03.2007, *http://www.gov.cn/zwgk/2007-03/30/content_566681.htm*, a. a. 03.03.2023.

423 „Zhong-xiaoxue shidian lianjie jiaoyu" (Mittel- und Grundschul-Versuchspunkte für die Erziehung zu Lauterkeit), in: *RRH*, 28.07.2007, S. 2.

424 „Shanghai jiaotong xitong shidian tuiguang muyingshi: Youwang jiejue zai jichang, chezhan deng gonggong changsuo buru ganga" (Versuchspunkte im Shanghaier Verkehrsnetz zur Verbreitung von Mutter-Kind-Zimmern: Es bestehen gute Aussichten dafür, dass in Flughäfen, Bahnhöfen und in anderen öffentlichen Plätzen das Problem der durch das Stillen verursachten Peinlichkeit gelöst wird), in: *WHB*, 28.08.2007, S. 1.

[425] Christian Grünwald: „Der grosse Mauerschaden“, in: *NZZ*, 20.01.2018, S. 12; Mareike Ohlberg: „Chinas Bonitätssystem ist eine soziale Monstrosität“, in: *NZZ*, 05.01.2018, S. 11; Mark Siemons: „Die totale Kontrolle“, in: *FAZ am Sonntag*, 06.05.2018, S. 45. Friederike Böge: Dem weisen Auge bleibt nichts verborgen. Die Technikgläubigkeit hat China erfasst. Nur wenige üben Kritik am flächendeckenden Einsatz von Künstlicher Intelligenz und Überwachungstechnik im Alltag, in: *FAZ*, 14.07.2018, *http://plus.faz.net/faz-plus/politik/2018-07-14/486db83a1df5b72dd67332f5e5bb632c?GEPC=s9*, a.a. 02.01.2023.

[426] „‚Zanxing guiding‘ jiujing neng zanxing duoshao nian: Shehui gejie huyu feizhi chaoling fagui“ (Wie viele Jahre lang können „einstweilige Bestimmungen“ einstweilig bleiben? Alle Kreise der Gesellschaft rufen nach einer Abschaffung veralteter Rechtserlasse), in: *ZQB*, 21.07.2007, S. 3.

[427] Hierzu ausführlich *PluG*, S. 126ff., sowie *Einführung*, S. 297ff.

[428] *Mao Zedong Xuanji di-wu juan xuexi wenda (4) (Antworten zu Fragen, die sich beim Studium von Bd. V der Ausgewählten Werke Mao Zedongs stellen) (Vierte Folge)*, Beijing Renmin Chubanshe, Beijing 1977, S. 20; Lu Ping et al.: „Wei ‚Yi guo liang zhi‘ jie zhong jin zhi. Jinian Ji Pengfei tongzhi shishi yi zhou nian“ ([Einer, der] um [der Umsetzung der Polaritätsnorm] „Ein Land, zwei Systeme“ willen mit äußerster Loyalität und unter Aufbietung seiner ganzen Weisheit [vorgegangen ist]. Anlässlich des ersten Todestages des Genossen Ji Pengfei), in: *RR*, 28.04.2001, S. 7, *http://blog.sina.com.cn/s/blog_4683b1880100h1ug.html*, a.a. 04.04.2018.

[429] Harro von Senger: „Hongkong – Ein Land, zwei Systeme?“, in: Ulricke Babusiaux (Hg.): *Zur kritischen Funktion von Rechtsgeschichte und Rechtsphilosophie. Symposium zu Ehren von Marcel Senn*, Schulthess Verlag, Zürich 2020, S. 117–134.

[430] Tao Yongxiang, Wang Chaoxiang: *Deng Xiaoping de Shizai Hua (Was Deng Xiaoping wirklich gesagt hat)*, Huawen Chubanshe, Beijing 2006, S. 137; s. auch *Einführung*, S. 233 und 299f.

[431] „The Queen praises ‚everlasting friendship‘ between Britain and China. The Queen described President Xi Jinping's State visit to Britain as a ‚defining moment‘ in the future of Sino-UK relations“, *https://www.telegraph.co.uk/news/politics/11941937/Chinese-president-Xi-Jinping-begins-UK-visit.html*, 20.10.2015, a.a. 03.01.2023.

[432] „Deng Xiaopings visionary concept of one country two systems which openend the way for the return of Hong Kong to the souverainty under the sino-british joint declaration“, The Queen's speech at the China State Banquet, veröffentlicht am 21.10.2015, *https://www.youtube.com/watch?v=gjOF_ysu8mc*, a.a. 19.03.2018.

[433] „Joint Declaration of the Government of the United Kingdom of Great Britain and Northern Ireland and the Government of the People's Republic of China on the Question of Hong Kong“, *https://www.cmab.gov.hk/en/issues/jd2.htm*, a.a. 03.03.2023.

[434] Art. 31: „Der Staat kann, wenn nötig, Sonderverwaltungsgebiete einrichten. Die in den Sonderverwaltungsgebieten einzurichtenden Systeme sollen vom Nationalen Volkskongress den gegebenen Verhältnissen entsprechend gesetzlich festgelegt werden“, *Verfassung der Volksrepublik China*, *https://www.verfassungen.net/rc/verf82-i.htm*, a.a. 27.03.2023.

[435] Siehe Harro von Senger: *36 Strategeme für Juristen*, Bern 2020, S. 230 ff. (Strategem Nr. 20).

[436] Art. 62: „Der Nationale Volkskongreß übt folgende Funktionen und Gewalten aus: (13) Entscheidung über die Errichtung von Sonderverwaltungsgebieten und die dort einzurichtenden Systeme", *Verfassung der Volksrepublik China* vom 04.12.1982, *https://www.verfassungen.net/rc/verf82-i.htm*, a. a. 27.03.2023.

[437] „THE BASIC LAW OF THE HONG KONG SPECIAL ADMINISTRATIVE REGION OF THE PEOPLE'S REPUBLIC OF CHINA", 04.04.1990, *https://www.ilo.org/dyn/natlex/docs/ELECTRONIC/103944/126590/F-1433239456/CHN103944.pdf*, a. a. 27.03.2023.

[438] Macau: „The Basic Law of the Macao Special Administrative Regions of the People's Republic of China", *https://www.refworld.org/docid/3ae6b53a0.html*, a. a. 27.03.2023.

[439] „Entschließung des Europäischen Parlaments vom 16. September 2021 zu einer neuen China-Strategie der EU (2021/2037(INI))", *https://www.europarl.europa.eu/doceo/document/TA-9-2021-0382_DE.html*, a. a. 20.03.2023.

[440] „Many forms of government have been tried, and will be tried in this world of sin and woe. No one pretends that democracy is perfect or all-wise. Indeed, it has been said that democracy is the worst form of Government except all those other forms that have been tried from time to time", in: *Winston S. Churchill: His Complete Speeches*, 1897–1963, ed. Robert Rhodes James, vol. 7, London 1974, S. 7566.

[441] Matthias Müller: „Peking schnürt Hongkong die Luft ab", Peking, 11.03.2021, *https://www.nzz.ch/international/hongkong-china-stimmt-fuer-umstrittene-wahlrechtsreform-nzz-ld.1606116?reduced=true*, a. a. 20.03.2023.

[442] ARTIKEL 56 „Räumlicher Geltungsbereich 1. Jeder Staat kann bei der Ratifikation oder jederzeit danach durch eine an den Generalsekretär des Europarats gerichtete Notifikation erklären, dass diese Konvention [...] auf alle oder einzelne Hoheitsgebiete Anwendung findet, für deren internationale Beziehungen er verantwortlich ist; Die Europäische Menschenrechtskonvention", *https://www.echr.coe.int/documents/convention_deu.pdf*, a. a. 27.03.2023.

[443] H. Miehsler, H. Petzold: *European Convention on Human Rights – Convention Europenne des Droits de l'Homme – Europäische Menschenrechtskonvention*, Köln etc. 1982, S. 47 ff.

[444] Harro von Senger: „The Non-Extension of the European Convention of Human Rights to Hong Kong", in: *Revue de droit international, de sciences diplomatiques et politiques, soixante-seizième année*, numéro 3, Lausanne, septembre–décembre 1998, S. 309 – 327; ders.: „Die Ausgrenzung Hongkongs aus dem europäischen Menschenrechtsschutz", in: Gregor Paul, Caroline Y. Robertson-Wensauer (Hg.): *Traditionelle chinesische Kultur und Menschenrechtsfrage*, Baden-Baden 1997, 2. Aufl. 1998, S. 91–116, *https://freidok.uni-freiburg.de/fedora/objects/freidok:5816/datastreams/FILE1/content*; „Keine Menschenrechte für Hongkong. Ein britisches Versäumnis: Repressives Recht bleibt auch nach dem 1. Juli 1997 in Kraft", in: *Zofinger Tagblatt*, Zofingen, 13.01.1998, S. 2.

[445] „Demonstranten blockieren Flughafen mit Sitzstreik", 09.08.2019, *https://www.zeit.de/politik/ausland/2019-08/hongkong-proteste-flughafen-besetzt-demonstranten?utm_referrer=https%3A%2F%2Fwww.google.com%2F*, a. a. 27.03.2023; „Hongkong. Flughafen in Hongkong nimmt Betrieb wieder auf.

Am Flughafen in Hongkong starten wieder Flugzeuge. Nach Protesten war der Betrieb am Vortag eingestellt worden", 13.08.2019, *https://www.zeit.de/politik/ausland/2019-08/hongkong-proteste-flughafen-geoeffnet*, a.a. 27.03.2023.

446 „中华人民共和国香港特别行政区维护国家安全法" The Law of the PRC on Safeguarding National Security in the Hong Kong Special Administrative Region, *https://www.pkulaw.com/en_law/fa2c1a10e7be4780bdfb.html*; *https://hub.hku.hk/handle/10722/305370*, a.a. 27.03.2023.

447 Siehe hierzu Harro von Sengers: „Überblick über das Zivilgesetzbuch der Volksrepublik China" vom 28.05.2020, in: ders.: *Internationales Erbrecht. 119. Ergänzungslieferung*, Teilband Volksrepublik China, Verlag C.H. Beck, München 2021, S. 23ff.

448 Wen Qing: „Über das Konzept ‚Ein Land, zwei Systeme'", in: *Beijing Rundschau*, Nr. 33, 14.08.1990, S. 25.

449 „Fengfu ‚Yi guo liang zhi' shijian, tuijin zuguo tongyi" (Die Praxis von „Ein Land, zwei Systeme" bereichern, die Einheit des Vaterlandes fördern), in: *GMRB*, 06.12.2017, S. 5.

450 S. etwa Urs Schoettli: „Der Vater der Republik dachte demokratisch: Das neue Sun-Yat-sen-Museum in Hongkong – ein Signal für die heutige chinesische Führung", in: *NZZ*, 28.02.2007, S. 45; Ernst Herb: „Hongkong weist China den Weg", in: *Finanz und Wirtschaft*, 04.07.2007, S. 1.

451 „Gleiche Luft für alle", in: *NZZ*, 19./20.08.2006, S. 2.

452 „Hong Kong marks 28 years since Tiananmen Square crackdown", veröffentlicht am 04.06.2017, *http://www.dailymail.co.uk/wires/pa/article-4570874/Hong-Kong-marks-28-years-Tiananmen-Square-crackdown.html*, a.a. 03.01.2023.

453 *PluG*, S. 239f.

454 „Dalu touzi huanjing buduan gaishan" (Das Investitionsklima auf dem [chinesischen] Festland verbessert sich unaufhörlich), in: *RR*, 09.05.1990, S. 1.

455 „CRH lai le: Zhongguo jinru gaosu lieche shidai", in: *ZQB*, 29.01.2007, S. 4.

456 „Guochan gaosu lieche shangxian yunxing", ibid.

457 „Kuanti ditie lieche shixian guochan: Tupo kuaguo gongsi longduan", in: *RRH*, 25.09.2007, S. 2.

458 „Shencheng zizhu yan-fa qingdongli keche liangxiang", in: *WHB*, 06.09.2007, S. 1.

459 „Weile zuguo de rongyu: Wo guo di-yi zuo guochan daxing shangyong hedianzhan jianshe jishi", in: *GMRB*, 08.05.2006, S. 1.

460 „Guochan se-yuanzi penquan zhong 600 wan nian bu cha 1 miao. Zhongguo yongyou duli wanzheng shijian pinlü tixi", in: *RRH*, 01.03.2007, S. 1.

461 Stafan Schmitt: „Bis 2049 an die Weltspitze", in: *DZ*, 28.03.2018, S. 37.

462 Simon Hage, Martin Hesse et al.: „Aufholen und überholen", in: *DS*, Nr. 21, 19.05.2018, S. 75.

463 „*Renmin Ribao* shouci biaotai: Minzhu shehuizhuyi bu zhengtong" (Die *Volkszeitung* nimmt erstmals Stellung: Der demokratische Sozialismus entspricht nicht der Orthodoxie), 13.05.2007, *http://bbs.comefromchina.com/threads/496867/*, a.a. 03.01.2023.

464 Zhan Dexiong: „Qie shuo Meiguo de ‚ruan shili'" (Einen Augenblick über Amerikas „soft power" reden), in: *RRH*, 08.10.2007, S. 1.

465 Beijing 798 Kunstquartier, 16.01.2018, *http://ericgo.com/beijing-798artzone/*, a.a. 03.01.2023.

[466] „Beijing shimin ganshou qianwei yishu“ (Die Beijinger Stadtbevölkerung lässt sich von avantgardistischer Kunst beeindrucken), in: *RRH*, 10.10.2007, S. 2; Chen Lüsheng: *Yi Yishu de Mingyi (Im Namen der Kunst)*, Renmin Meishu Chubanshe, Beijing 2002; „Hu Jintao and CPC Mission: Hu [Jintao] urges enhancing ‚soft power‘ of Chinese culture“, 01.05.2018, *http://www.chinadaily.com.cn/china/2007-10/15/content_6226620.htm*, a.a. 03.01.2023; s. auch Li Wuwei, Yu Xuemei: „Kulturwirtschaftliche Quartiere in Shanghai“, in: *China-Report*, 15.07.2006, S. 1 ff.; s. aber auch Harro von Senger: „Chinese Criticism of Contemporary Art“, in: Hans-Christian Günther (Hg.): *Aesthetics East and West. Philosophy, Music and Art, Série de livres „East and West“, vol. 5*, Verlag Traugott Bautz, Nordhausen 2017, S. 237–267.

[467] „‚Yang wei zhong yong‘ chuang xin lu. Ji Shanghai yagaochang shijian lao qiye xiandaihua de licheng“ („Ausländisches für China nutzbar machen“ eröffnet neue Wege – Bericht über den Vorgang der Modernisierung eines alten Betriebs [am Beispiel] der Shanghaier Zahnpastafabrik), in: *Jiefang Ribao (Befreiungs-Tageszeitung)*, Shanghai, 14.06.1979, s. Harro von Senger: *PluG*, S. 232 ff., 304.

[468] Paul Ronzheimer: *Sebastian Kurz. Die Biographie*, Herder, Freiburg i. Br./Basel 2018, S. 29 f.

[469] Mao Tse-tung: „Über die neue Demokratie (Januar 1940)“, in: Mao Tse-tung: *Ausgewählte Werke*, Bd. 2, Beijing 1969, S. 444 f. Auf diese Aussage Maos verweist Wu Xiaoming: „Zhongguo xueshu yao you ziwo zhuzhang“ (Die chinesische Gelehrsamkeit sollte eigene Meinungen vertreten), in: *RR*, 19.06.2017, S. 16.

[470] Mao Zedong, a.a.O., S. 445.

[471] Bernhard Bartsch: „Chinas Traum vom Fliegen. Erstmals fliegt eine chinesische Sonde zum Mond. Die Eroberung des Alls will die VR China nicht ihren Konkurrenten überlassen“, in: *NZZaSo*, 28.10.2007, S. 80.

[472] Karikatur auf Netease Automedia Forum, im Internet seit September 2011, *http://auto.163.com/special/tebiecehuafenghui/*, a.a. 03.01.2023.

[473] Als „Neo-Energieautos“ gelten reine E-Autos, Hybridautos, Brennstoffzellenautos, wasserstoffbetriebene Autos sowie anderweitige Neo-Energieautos, „Wo guo diandong qiche fazhan xianzhuang fenxi“ (Analyse der Entwicklung und des derzeitigen Zustandes der Elektroautos in unserem Land), ohne Datum, *http://doc.mbalib.com/view/2ba71489db78542eb4911ec65ea1783a.html*, a.a. 03.01.2023.

[474] „Xin nengyuan qiche chanye de lishi fazhan“ (Die geschichtliche Entwicklung von Neo-Energieautos), 25.11.2017, *https://zhidao.baidu.com/question/1177475636134451019.html*, a.a. 03.01.2023.

[475] „Guowuyuan yinfa jieneng yu xinnengyuan qiche chanye guihua (2012–2020)“ (Der Staatsrat druckt und veröffentlicht den Plan betreffend die Entwicklung der Energiespar- und Neo-Energieautobranche (2010–2020)),10.07.2012, *www.nea.gov.cn/2012-07/10/c_131705726.htm*, a.a. 03.01.2023.

[476] „Anzahl der abgesetzten Elektroautos in China in den Jahren 2014 bis 2017“, Statista 2018, *https://de.statista.com/statistik/daten/studie/506513/umfrage/anzahl-der-abgesetzten-elektrofahrzeuge-in-china/*, a.a. 03.01.2023; „Zhongguo 2018 nian chengyongche shichang quanmian yuce“ (Chinas umfassende Pkw-Marktprognose 2018), 18.01.2018, *https://www.d1ev.com/kol/61322*, a.a. 03.01.2023.

477 Christoph Giesen, Max Hägler; Kai Strittmatter: „Wie China den Weltmarkt für Batterien erobert. Peking tut alles, um sich die Vorherrschaft zu sichern. Fabriken wie in China gibt es in Europa nicht einmal", in: *TA*, 22.05.2018, S. 9.

478 „Wo guo xin nengyuan qiche chan-xiao lianxu 8 nian quanqiu diyi" (Produktion und Verkauf von Neoenergiefahrzeugen in unserem Land stehen seit 8 Jahren in Folge weltweit an erster Stelle), 24.01.2023, *http://www.gov.cn/xinwen/2023-01/24/content_5738622.htm*, a.a. 27.03.2023.

479 „Chuangli you Zhongguo tese de guanli kexue" (Eine Managementwissenschaft mit chinesischen Besonderheiten schaffen), in: *RRH*, 01.11.2007, S. 5.

480 „Mo's Mischief Series", 13.06.2008, *http://www.bjreview.com.cn/books/txt/2008-06/13/content_127337.htm*, a.a. 03.01.2023.

481 „China writes its own stories", in: *Women of China*, Nr. 6/2007, S. 18 ff.; „‚Naughty Boy Ma Xiaotiao' Steps Into International Book Market", 26.09.2007, *http://english.cri.cn/4026/2007/09/26/1361@277956.htm*, a.a. 25.02.2018.

482 Xu Donghuan: „A new chapter for children's book authors in China", 09.04.2013, *http://www.scmp.com/lifestyle/family-education/article/1210025/new-chapter-childrens-book-authors-china*, a.a. 03.01.2023.

483 „Taoqibao Ma Xiaotiao (Yang Hongying zuopin)" (Der Lausebengel Ma Xiaotiao (Ein Werk von Yang Hongying)), *https://baike.baidu.com/item/%E6%B7%98%E6%B0%94%E5%8C%85%E9%A9%AC%E5%B0%8F%E8%B7%B3/5136#2_35*, a.a. 25.02.2018.

484 Xu Donghuan, ibid.

485 „Jingpin zhanlüe, jie chuan chu hai, zhi ji zhi bi… Zhongguo dongman, ruhe qiangtan haiwai" (Eine auf Qualitätsartikel zielende Strategie verfolgen, sich ein Schiff ausleihen, um aufs Meer hinauszufahren, sich kennen und das Gegenüber kennen… Wie können chinesische Trickfilme und Comics in Übersee die Küsten erreichen [und den Markt erobern]?), in: *RRH*, 26.10.2007, S. 13.

486 Angela Hennersdorf: „Mit Konfuzius um die Welt", in: *Wirtschaftswoche Sonderheft China 2007*, 01.10.2007, S. 9.

487 Cao Yuanlong: „‚Hanyure' de beihou" (Der Hintergrund der „Begeisterung für die chinesische Sprache"), in: *GMRB*, 24.09.2017, S. 8.

488 „Yi Zhonghua wenhua chonggou shijie wenhua", in: *XW*, Nr. 19, 2004, S. 136.

489 „Zhongguo bixu goujian you ziji tese de daguo waijiao" (China muss eine Großmachtdiplomatie mit eigener Besonderheit konzipieren), in: *GMRB*, 08.12.2017, S. 5.

490 Sanshiliu Ji (Die 36 Strategeme), in: *Da Cihai. Junshi Juan (Großes Wörtermeer. Band Militaria)*, Shanghai Shiji Chuban Gufen Youxian Gongsi, Shanghai 2015, S. 409.

491 Stefan Baron, Guangyan Yin-Baron: Die Chinesen, Econ, Berlin 2018, S. 413; Manfred Papst. „Konfuzius ist Popkultur", in: *NZZaSo*, 15.04.2018, S. 59.

492 Stefan Baron: Guangyan Yin-Baron: a.a.O., S. 413.

493 S. Harro von Senger: „Rückbesinnung auf Konfuzius in der VR China?", in: *Zeitschrift der Deutschen Morgenländischen Gesellschaft*, Bd. 133, Heft 2, Wiesbaden 1983, S. 392.

494 S. hierzu auch Harro von Senger: „Rückbesinnung auf Konfuzius in der Volksrepublik China?" in: *Zeitschrift der Deutschen Morgenländischen Gesellschaft*, Bd. 133 Heft 2 1983, S. 377 ff.; ders.: „Vom ‚Hund' zum Stolz der chinesischen Nation.

Beijinger Symposium zum 2545. Geburtstag von Konfuzius", in: *NZZ* 04./05.02.1995, S. 45.

495 Samuel P. Huntington: *Kampf der Kulturen. Die Neugestaltung der Weltpolitik im 21. Jahrhundert*, Spiegel-Verlag, Hamburg 2006/2007, S. 163.

496 Hou Jianxin: „Zengqiang Zhonghua wenhua de jingzhengli" (Die Wettbewerbskraft der chinesischen Kultur steigern), in: *RRH*, 21.05.2005, S. 1.

497 Lu Xun (1881–1936), der aus der Sicht der VR China bedeutendste chinesische Schriftsteller des 20. Jahrhunderts, s. Thomas Täubner: *Chinas neuer Heiliger. Lu Xun in der Volksrepublik China. Die gesellschaftsführende Funktion von Kunst und Literatur, dargestellt am Beispiel der chinesischen Lu Xun-Rezeption der 90er-Jahre des 20. Jahrhunderts*, Peter Lang Verlagsgruppe, Frankfurt am Main et al. 2004.

498 S. auch Hans van Ess: „Ist China konfuzianisch?", in: Center for East Asian and Pacific Studies (Hg.): Universität Trier, *China Analysis*, Nr. 23, Mai 2003; ders.: *Der Konfuzianismus*, Verlag C.H.Beck, München 2003, S. 112ff.

499 Jiang Guanghui: „Jiu lun" (Die neun Beziehungen), in: *GMRB*, 23.08.2007, S. 9.

500 Mao Tse-tung: „Der Platz der KPCh im nationalen Krieg (Oktober 1938)", in: Mao Tse-tung: *Ausgewählte Werke*, Bd. 2, Beijing 1969, S. 245f.

501 Mao Tse-tung: „Über die neue Demokratie (Januar 1940)", Mao Tse-tung, a.a.O., S. 445f.

502 Mao Tse-tung: „Über die Koalitionsregierung (24. April 1945)", in: Mao Tse-tung: *Ausgewählte Werke*, Bd. 3, Beijing 1969, S. 301.

503 Gesetz der VR China über chinesisch-ausländische Joint-Ventures (revidiert 1990), *http://www.lawinfochina.com/Display.aspx?lib=law&Cgid=559*, a.a. 03.01.2023.

504 Franco Algieri, Markus Taube: „Chinas Beitritt zur WTO", 01.02.2002, *https://zeitschrift-ip.dgap.org/de/ip-die-zeitschrift/archiv/jahrgang-2002/februar/chinas-beitritt-zur-wto*, a.a. 03.01.2023.

505 „President Xi Jinping Meets with President of Swiss Confederation Ueli Maurer", *https://www.admin.ch/gov/en/start/documentation/media-releases.msg-id-74817.html*, a.a. 03.01.2023.

506 S. hierzu David Suter: *The Shanghai Cooperation Organisation. A Chinese Practice of International Law*, Schulthess Juristische Medien, Zürich etc. 2015.

507 „KP Chinas führt hochrangigen Dialog mit politischen Parteien aus der ganzen Welt", 01.12.2017, *http://german.beijingreview.com.cn/China/201712/t20171201_800111256.html*, a.a. 03.01.2023.

508 Hansrudolf Kamer: „Seltsame Blüten", in: *Weltwoche*, Nr. 17/2011, S. 19.

509 Sebastian Heilmann, zitiert aus: „Die meisten Europäer erkennen nicht, was da auf sie zukommt", in: *TA*, 25.10.2017, S. 5.

510 „Xibu da kaifa zhanlüe" (Die Strategie der großen Erschließung des [chinesischen] Westens), ohne Datum, *https://baike.baidu.com/item/%E8%A5%BF%E9%83%A8%E5%A4%A7%E5%BC%80%E5%8F%91%E6%88%98%E7%95%A5/5096941?fr=aladdin#1*, a.a. 07.02.2018.

511 „Xibu diqu jichu sheshi jianshe ji tou rongzi jizhi yanjiu" (Untersuchung betreffend den Infrastrukturaufbau und die Investitions- und Finanzierungsmechanismen in den Gebieten Westchinas), ins Internet gestellt 2004, *http://www.shangxueba.com/lunwen/v1428917.html*, a.a. 04.02.2018.

512 „Guowuyuan guanyu yinfa ‚kuandai Zhongguo' zhanlüe ji shishi fang'an de tongzhi" (Mitteilung des Staatsrates betreffend den Druck und die Verkündung

der „Breitband-China"-Strategie und eines Programms zu deren Durchführung), *http://www.gov.cn/zwgk/2013-08/17/content_2468348.htm*, 01.08.2013, a.a. 03.01.2023.

513 Ibid.

514 Bericht 2017, *http://german.china.org.cn/txt/2017-11/20/content_50064368.htm*, a.a. 03.01.2023.

515 „Ziyou maoyi qu zhanlüe" (Die Freihandelszonen-Strategie), festgelegt vom 17. Parteitag der KPCh im Oktober 2007, *https://baike.baidu.com/item/%E8%87%AA%E7%94%B1%E8%B4%B8%E6%98%93%E5%8C%BA%E6%88%98%E7%95%A5/16297005?fr=aladdin*, a.a. 25.03.2018.

516 „Junmin ronghe fazhan zhanlüe" (Strategie der integrierten Entwicklung der militärischen und zivilen Ressourcen) vom 21.07.2016, *https://baike.baidu.com/item/%E5%86%9B%E6%B0%91%E8%9E%8D%E5%90%88%E5%8F%91%E5%B1%95%E6%88%98%E7%95%A5*, a.a. 25.03.2018.

517 „Xi Jinping zai Zhongyang Zhengzhi Ju di'er ci jiti xuexi shi qiangdiao. Shenshi duoshi jingxin mouhua chaoqian buju lizheng zhudong shishi guojia da shuju zhanlüe jiakuai jianshe shuzi Zhongguo" (Xi Jinping unterstreicht anlässlich des zweiten kollektiven Studiums des Politbüros des ZK der KPCh, [dass man] die nationale Big-Data-Strategie umsetzen und den Aufbau eines digitalen Chinas beschleunigen sollte, indem man unter Feststellung geeigneter Zeitpunkte und der richtigen Einschätzung der Umstände sorgfältig plant, der Zeit voraus[eilend] gestaltet und mit aller Kraft danach strebt, die Initiative zu gewinnen), in: *RR*, 10.12.2017, S. 1; Li Gang: „Shishi guojia dashuju zhanlüe jianshe shuzi Zhongguo" (Die nationale Big-Data-Strategie umsetzen, ein digitales China aufbauen), in: *GMRB*, 28.01.2018, S. 6.

518 „Xi Jinping chongshen jiankang Zhongguo wei guojia zhanlüe" (Xi Jinping bezeichnet [den Aufbau eines] gesunden Chinas erneut als eine nationale Strategie), 20.08.2016. *http://www.360doc.com/content/16/0820/10/15509478_584506948.shtml*, a.a. 25.03.2018. „Jiankang Zhongguo 2030" guihua gangyao (Der Grundriss des Plans „Gesundes China 2030") vom 25.10.2016; *https://baike.baidu.com/item/%E2%80%9C%E5%81%A5%E5%BA%B7%E4%B8%AD%E5%9B%BD2030%E2%80%9D%E8%A7%84%E5%88%92%E7%BA%B2%E8%A6%81/19926077?fr=aladdin*, a.a. 25.03.2018.

519 „Zhongguo zairen hangtian gongcheng" (Das Projekt der chinesischen bemannten Raumfahrt), ohne Datum, *https://baike.baidu.com/item/%E4%B8%AD%E5%9B%BD%E8%BD%BD%E4%BA%BA%E8%88%AA%E5%A4%A9%E5%B7%A5%E7%A8%8B/1445134?fr=aladdin*, a.a. 19.02.2018; „Zhongguo zairen hangtian gongcheng ‚san bu zou' zhanlüe" (Die „Drei Schritte"-Strategie im Rahmen des Projektes der chinesischen bemannten Raumfahrt), *http://blog.sina.com.cn/s/blog_154fcff640102wgq5.html*, a.a. 19.02.2018.

520 „Zairen kongjianzhan gongcheng shishi fang'an", vom 25.09.2010, erwähnt in: „Zhongguo zairen hangtian gongcheng ‚san bu zou' jihua" (Der „Drei Schritte"-Plan Chinas betreffend die bemannte Raumfahrt), 01.03.2018, *http://baijiahao.baidu.com/s?id=1593727763537322388&wfr=spider&for=pc*, a.a. 16.07.2018.

521 „‚Shisan Wu' zhi hangkong hangtian fazhan guihua", 09.05.2017, *http://www.ecorr.org/qita/new1/2017-05-09/165675.html*, a.a. 04.02.2018.

522 „2020 nian denglu huoxing! Zhongguo shouci gongbu shijian biao" (Landung auf dem Mars im Jahr 2020! Erstmals verkündet China einen Zeitplan), 24.02.2016,

http://finance.sina.com.cn/roll/2016-04-24/doc-ifxrpvqz6636576.shtml, a. a. 13.02.2018; Abbildung eines chinesischen Mars-Rovers, der 2020 von einer Trägerrakete des Typs Marsch Nr. 5 auf den Mars transportiert werden soll, s. „Zhongguo huoxingche zheyang“ (So [sieht] der chinesische Marsrover [aus]), in: *RR*, 24.08.2016, S. 1, *http://paper.people.com.cn/rmrbhwb/html/2016-08/24/content_1706633.htm*, a. a. 03.01.2023; s. auch: „2020 geht es los. China zeigt erste Bilder vom Mars-Rover“, 24.08.2016, *https://www.n-tv.de/wissen/China-zeigt-erste-Bilder-vom-Mars-Rover-article18489011.html*, a. a. 03.01.2023; „Zhongguo shou ge huoxing moni jidi luodi Qinghai“ (Die erste chinesische Mars-Simulationsbasis in Qinghai), in: *RRH*, 01.08.2017, S. 11; „Zhongguo shou ge huoxing moni jidi luodi Qinghai. Huanjing he huoxing jiqi xiangsi“ (Bereits ist die erste chinesische Mars-Simulationsbasis in Qinghai fertiggestellt worden: Die Umgebung weist mit jener auf dem Mars größte Ähnlichkeit auf), 27.07.2017, *http://www.cs.com.cn/ssgs/kj/201707/t20170727_5396178.html*, a. a. 11.03.2018; s. auch *New China TV:* „Aerial view of China's first Mars simulation base“, veröffentlicht am 05.09.2017, *https://www.youtube.com/watch?v=XxPgRzV-fOM*, a. a. 03.01.2023.

523 „Launch of Space Station Set for 2020“. in: *China Daily*, 07.11.2007, *http://www.chinadaily.com.cn/china/2007-11/07/content_6236094.htm*, a. a. 03.01.2023.

524 „Wo guo fabu weilai hangtian yunshu xitong luxiantu“ (Unser Land verkündet den Fahrplan für das künftige Weltraumtransportsystem), in: *RR*, 17.11.2017, S. 1.

525 Bericht 2017.

526 „Chinas Spione: Eine Nation auf dem Weg nach oben“, 18.10.2016, *https://info.arte.tv/de/chinas-spione-eine-nation-auf-dem-weg-nach-oben*, 18.10.2016, a. a. 13.02.2018; Daniel Hug: „China wird auch im All zur Weltmacht“, in: *NZZaSo*, 01.04.2018, S. 31; „Zhong bang! Zhongguo hangtian yunshu xitong luxiantu 2040 nian shixian xing ji wangfan“ (Wirklich großartig! Gemäß dem Fahrplan des chinesischen Weltraumtransportsystems werden im Jahr 2040 interstellare Hin- und Rückfahrten durchgeführt), 16.11.2017, *http://military.china.com/important/11132797/20171116/31675800.html*, a. a. 13.02.2018; Jesse Johnson: „China hopes to build nuclear-powered space shuttle by 2040“, 18.11.2017, *https://www.japantimes.co.jp/news/2017/11/18/asia-pacific/science-health-asia-pacific/china-hopes-build-nuclear-powered-space-shuttle-2040/#.WoMDOOmWyzk*, a. a. 03.01.2023.

527 „Jiu wen jin du, 05.01.2008. Zhongguo qidong ‚998 gongcheng‘ duikang NMD“ (Eine alte Meldung heute gelesen, 05.01.2008: In China wird als Gegenmaßnahme zum [amerikanischen] National Missile Defense Plan das [im August 1999 beschlossene] „998-Projekt“ in Angriff genommen), zitiert aus: *Guangzhou Ribao (Tageszeitung aus Guangzhou)*, 15.06.2000, *http://blog.wenxuecity.com/myblog/13090/200801/5266.html*. a. a. 03.01.2023; „998 gongcheng“ (Das 998-Projekt), *https://baike.baidu.com/item/998%E5%B7%A5%E7%A8%8B#1*, a. a. 20.02.2018; „Shenmi de 998 gongcheng“ (Das geheimnisvolle Projekt 998), 03.12.2012, *http://blog.sina.com.cn/s/blog_5c4365fd0101d5mb.html*, a. a. 04.02.2018; Ashley J. Tellis: „China's Military Space Strategy“, in: *Survival*, Nr. 49, 2007, Nr. 3, S. 50f.; Jean-François Susbielle: *China – USA: Der programmierte Krieg*, Propyläen Verlag, Berlin 2007, S. 188ff.; Graham Allison: *Destined for War. Can America and China Escape Thucydides's Trap?*, Houghton Mifflin Harcourt, Boston 2017.

528 „Zhongguo de keji jueqi bing bu yiwai“ (Der Aufstieg von Wissenschaft und Technik in China ist keineswegs unerwartet), in: *RR*, 05.01.2018, S. 3.

529 „Zhongguo zhong-changqi kexue he jishu fazhan guihua gangyao (2006 - 2020)“, *http://www.gov.cn/jrzg/2006-02/09/content_183787.htm*, a.a. 03.01.2023.

530 Bericht 2017.

531 „‚Guojia hedian zhong-changqi fazhan guihua (2005 - 2020)‘ huopi“ (Der nationale mittel- und langfristige Kernenergieentwicklungsplan (2005 - 2020) wurde genehmigt), 02.11.2007, *http://www.gov.cn/gzdt/2007-11/02/content_793797.htm*, a.a. 03.01.2023.

532 „Zhongguo queding 13 ge xin hedianzhan beixuan changzhi“ (Für 13 neue Kernkraftwerke, die in China beschlossen worden sind, ist der Standort ausgewählt worden), 03.11.2007. *http://news.ifeng.com/mainland/200711/1103_17_283509.shtml*, a.a. 04.02.2018; „Zhongguo hedian zhong-changqi fazhan guihua [2005 - 2020] - Wo guo jiang xin zeng 58 zuo hedian jizu“ (Chinas mittel- und langfristiger Plan zur Entwicklung der Kernenergie [2005 - 2020] - China wird 58 zusätzliche Atomkraftwerke [bauen]), 04.09.2006. *http://blog.sina.com.cn/s/blog_5a53af350100avsr.html*, a.a. 05.02.2018; „Hedian zhong-changqi fazhan guihua (2005 - 2020)“ (Chinas mittel- und langfristiger Plan zur Entwicklung der Kernenergie (2005 - 2020)), (Volltext), *http://news.bjx.com.cn/html/20130204/417022.shtml*. a.a. 03.01.2023.

533 „*‚Shisanwu‘* hegongye fazhan deng wu ge guihua wenjian yi yinfa“ (Fünf Dokumente betreffend Pläne, darunter der „Entwicklungsplan für die Nuklearindustrie im Rahmen des *13. Fünfjahresplans*“ wurden gedruckt und verkündet), 14.02.2017, *http://www.chinairn.com/news/20170214/150849794.shtml*, a.a. 02.04.2018; Nuklearforum Schweiz: „Kernkraftwerke der Welt 2017“, *https://www.nuklearforum.ch/sites/default/files/page/Kernkraftwerke_der_Welt_2017.pdf*, a.a. 04.02.2018; Frank Sieren: „Atomkraftwerk - Made in China“, 22.09.2016, *http://www.handelsblatt.com/politik/international/sierens-welt/sierens-welt-atomkraftwerk-made-in-china/14584974.html*, a.a. 04.01.2023.

534 „Zhongguo zhizao 2025 guihua gangyao quanwen neirong“ (Der Inhalt des kompletten Textes des Grundrisses des Plans „Made in China 2025“), 26.06.2015, *http://www.360doc.com/content/15/0626/16/1369622_480841137.shtml*, a.a. 19.03.2018.

535 Xi Jinping: „Bericht auf dem 19. Parteitag der KPCh“ (18.10.2017).

536 Liu Kun: „‚Kunlong‘ tengfei. Zhongguo zhizao gao zhiliang fazhan“ [Das weltweit größte Amphibienflugzeug] „Libelle“ hebt ab. Die hochqualitative chinesische Fertigung entwickelt sich), in: *GMRB*, 27.12.2017, S. 4.

537 „Guowuyuan guanyu yinfa ‚Zhongguo zhizao 2015‘ de tongzhi“ (Mitteilung des Staatsrates betreffend den Druck und die Verkündung von „Made in China 2025“), 08.05.2015, Guow *http://www.gov.cn/zhengce/content/2015-05/19/content_9784.htm*, a.a. 04.01.2023.

538 Joachim Rudolf, Elisabeth Tester: *China. Der nächste Horizont. Ein Kompass für Anleger und Unternehmer*, Verlag Neue Zürcher Zeitung, Zürich, 2016, S. 87f.

539 Huang Taiyan: „Shehui zhuyao maodun de zhuanhua guilü ji qi zhengce quxiang“ (Die dem Wandel des gesellschaftlichen Hauptwiderspruchs [zugrunde liegenden] Gesetzmäßigkeiten und die Implikationen für die Politnormen), in: *GMRB*, 21.11.2017, S. 11.

540 „Zhong Gong Zhongyang, Guowuyuan yinfa ‚Guojia chuangxin qudong fazhan

zhanlüe gangyao'" (Das ZK der KPCh und der Staatsrat drucken und veröffentlichen den „Grundriss der Nationalen Strategie für die innovationsgetriebene Entwicklung"), 20.05.2016, *http://politics.people.com.cn/n1/2016/0520/c1001-28365384-2.html*, a.a. 10.02.2018.

541 „Zhongguo gelei zhong-chuang kongjian chaoguo 2300 jia" (In China gibt es mehr als 2300 Lokalitäten für Gruppen, die sich mit Massen-Innovation beschäftigen), 01.11.2016, *http://m.sohu.com/n/434172153/?pvid=000115_3w*, a.a. 04.01.2023; „Guowuyuan guanyu jiakuai goujian dazhong chuangye wanzhong chuangxin zhizhang pingtai de zhidao yijian" (Wegleitende Ansichten des Staatsrates betreffend den beschleunigten Aufbau einer Plattform zur Unterstützung von Massen-Entrepreneurship und Massen-Innovation) vom 23.09.2015, *http://www.gov.cn/zhengce/content/2015-09/26/content_10183.htm*, a. a 04.01.2023; s. auch Ingrid Fischer-Schreiber: Wan Gang: Massen-Entrepreneurship und Innovation in China, 13.01.2016, *https://chinaculturedesk.com/2016/01/1645/#:~:text=Laut%20Wan%20gibt%20es%20jetzt,sowie%20146%20nationale%20High%2DTech*, a.a. 04.01.2023.

542 „Guowuyuan guanyu jiji tuijin ‚Hulianwang +' xingdong de zhidao yijian", mitgeteilt am 05.07.2015, *http://cpc.people.com.cn/n/2015/0705/c64387-27255409.html*, a.a. 04.01.2023.

543 Guojia Tiyu Zongju (Zentrales Staatliches Sportamt): „Guanyu yinfa Zhongguo zuqiu zong-changqi fazhan guihua (2016 – 2050 nian) de tongzhi" (Mitteilung betreffend den Druck und die Verkündung des mittel- und langfristigen Entwicklungsplans für den chinesischen Fußball (2016 – 2050)), mitgeteilt am 11.04.2016, *http://www.gov.cn/xinwen/2016-04/11/content_5062954.htm*, a.a. 28.03.2023.

544 FIFA Weltrangliste (Männer), 22.12.2022, *http://de.fifa.com/fifa-world-ranking/ranking-table/men/index.html*, a.a. 04.01.2023.

545 FIFA Weltrangliste (Frauen), 09.12.2022, *https://www.fifa.com/de/fifa-world-ranking/women?dateId=ranking_20221209*, a.a. 04.01.2023.

546 Michael Radunski: „Chinas grosser Plan. Fussball wird Pflichtfach in der Schule, für junge Talente werden 50000 Akademien gebaut. Der chinesische Präsident hat das Ziel vorgegeben: Er will Weltmeister werden", in: *NZZaSo*, 05.03.2017, S. 24; Stephan Scheuer: „Die kühnen Träume von Xi Jinping im Fußball. Die Volkrepublik China will zur Fußball-Großmacht aufsteigen. Am Dienstag richtet das Land erstmals eine internationale Meisterschaft aus. Spieler werden mit riesigen Summen gelockt", in: *Handelsblatt*, 09.01.2017, *http://www.handelsblatt.com/sport/fussball/china-die-kuehnen-traeume-von-xi-jinping-im-fussball/19228144.html*, a.a. 11.02.2018.

547 Guojia Tiyu Zongju (Zentrales Staatliches Sportamt), s. Anm. 543.

548 Zitat aus dem zweiten Satz des Fußball-Entwicklungsplans des Guojia Tiyu Zongju (Zentralen Staatlichen Sportamtes), s. Anm. 543.

549 „Fazhan Gaige Wei yinfa ‚Zhong-changqi tieluwang guihua'" (Die Entwicklungs- und Reformkommission druckt und verbreitet den „Mittel- und langfristige Plan für [den Ausbau des] Eisenbahnnetzes"), Mitteilung vom 20.07.2016, *http://www.gov.cn/xinwen/2016-07/20/content_5093165.htm*, a.a. 04.01.2023.

550 „Ba zong ba heng" (Acht vertikale und acht horizontale [Verbindungen]), ohne Datum, *https://baike.baidu.com/item/%E5%85%AB%E7%BA%B5%E5%85%AB%E6%A8%AA/381491?fr=aladdin*, a.a. 27.03.2018; Chen Heng: „Cong ‚Si zong

si heng‘ mai xiang ‚ba zong ba heng‘. Zhongguo gaotie yingxiang jishi“ (Von den vier vertikalen und horizontalen Verbindungen vorwärtsschreiten in Richtung auf acht vertikale und horizontale Verbindungen. Ein Bildbericht über chinesische Hochgeschwindigkeitszüge), in: *GMRB*, 03.12.2017, S. 11.

551 Xi Jinping: „Bericht auf dem 19. Parteitag der KPCh“ (18.10.2017).

552 „Zhongguo luoshi 2030 nian kechixu fazhan yicheng guobie fang'an“, September 2016, *http://www.fmprc.gov.cn/web/zyxw/W020161012709956344295.pdf*, a.a. 03.04.2018.

553 „Guowuyuan guanyu yinfa xin yi dai rengong zhineng fazhan guihua de tongzhi“ (Mitteilung des Staatsrates betreffend den Druck und die Verkündung des Entwicklungsplans für die neue Generation der künstlichen Intelligenz) vom 08.07.2017, *http://www.gov.cn/zhengce/content/2017-07/20/content_5211996.htm*, a.a. 04.01.2023.

554 „Beijing chengshi zongti guihua“ (2016 nian-2035 nian), 29.09.2017, *http://ghzrzyw.beijing.gov.cn/zhengwuxinxi/zxzt/bjcsztgh20162035/202001/t20200102_1554613.html*, a.a. 27.03.2023.

555 „Guanyu Zhongguo wu nian jihua“ (Über die chinesischen Fünfjahrespläne), „wu nian guihua“ (Fünfjahresprogramm), *https://zhidao.baidu.com/question/116624560.html, https://baike.baidu.com/item/%E4%BA%94%E5%B9%B4%E8%A7%84%E5%88%92/6544998?fr=aladdin*, a.a. 04.01.2023.

556 Prof. Dr. Christian Schmidkonz: „Warum es in China keine Fünfjahrespläne mehr gibt“, 27.05.2016, *https://www.munich-business-school.de/insights/2016/fuenfjahresplaene-china/*, a.a. 04.01.2023.

557 „Zhonghua Renmin Gongheguo guomin jingji he shehui fazhan di shisi wu nian guihua he 2035 nian zuanjing mubiao gangyao“ (14. Fünfjahresplan für die nationale wirtschaftliche und soziale Entwicklung der VR China und Grundriss der langfristigen Ziele für das Jahr 2035), 13.03.2021, *http://www.gov.cn/xinwen/2021-03/13/content_5592681.htm*, a.a. 04.01.2023; „Deutscher Bundestag. Wissenschaftlicher Dienst. Sachstand. 14. Fünfjahresplan der VR China“, 25.11.2020, *https://www.bundestag.de/resource/blob/815806/715fc6323a399f045ef33c19a0896899/WD-5-127-20-pdf-data.pdf*, a.a. 04.01.2023; „Verfassungsschutz. Spionageabwehr. Volksrepublik China beschließt 14. Fünfjahresplan (2021–2025)“, 30.03.2021, *https://www.verfassungsschutz-bw.de/,Lde/Volksrepublik+China+beschliesst+14_+Fuenfjahresplan+_2021_2025_*, a.a. 04.01.2023.

558 Beijing Shi Guomin jingji he shehui fazhan di shisi ge wunian guihua he ershisanwu nian yuanjing mubiao gangyao (Der 14. Fünfjahresplan für die volkswirtschaftliche und gesellschaftliche Entwicklung und der Grundriss der langfristigen Ziele für das Jahr 2035 der Stadt Beijing, vom Volkskongress der Stadt Beijing am 27.01.2021 genehmigt, *a.org/wikipedia/commons/9/9e/%E5%8C%97%E4%BA%AC%E5%B8%82%E5%9B%BD%E6%B0%91%E7%BB%8F%E6%B5%8E%E5%92%8C%E7%A4%BE%E4%BC%9A%E5%8F%91%E5%B1%95%E7%AC%AC%E5%8D%81%E4%B8%89%E4%B8%AA%E4%BA%94%E5%B9%B4%E8%A7%84%E5%88%92%E7%BA%B2%E8%A6%81.pdf*, a.a. 05.01.2023.

559 Shanghai Shi Guomin jingji he shehui fazhan di shisi ge wunian guihua he ershisanwu nian yuanjing mubiao gangyao (Den 14. Fünfjahresplan für die volkswirtschaftliche und gesellschaftliche Entwicklung und der Grundriss der langfristigen Ziele für das Jahr 2035 der Stadt Shanghai), vom Volkskongress der

Stadt Shanghai am 27.01.2021 genehmigt, *https://www.ndrc.gov.cn/fggz/fzzlgh/dffzgh/202104/t20210408_1271913.html?code=&state=123*; *https://www.ndrc.gov.cn/fggz/fzzlgh/dffzgh/202104/P020210408555377736049.pdf*, a.a. 05.01.2023.

560 „Shisi Wu" nengyuan lingyu keji chuangxin guihua (Der Nationale Plan für wissenschaftlich-technische Innovationen im Bereich der Energie im Rahmen des 14. Fünfjahresplans), *http://zfxxgk.nea.gov.cn/1310540453_1648863705486 1n.pdf*, a.a. 05.01.2023.

561 „Shisi Wu" xiandai nengyuan tixi guihua (Moderne Energiesystemplanung im Rahmen des 14. Fünfjahresplans), *http://www.nea.gov.cn/1310524241_1647941251308 1n.pdf*, a.a. 05.01.2023.

562 „Guojia renquan xingdong jihua (2016–2020 nian)", 11.06.2012, *http://www.scio.gov.cn/zxbd/nd/2012/Document/1172889/1172889.htm*, a. 25.03.2018.

563 „Guojia renquan xingdong jihua (2021–2025 nian)", 29.09.2016, *http://www.scio.gov.cn/wz/Document/1492804/1492804.htm*. a.a. 25.03.2018.

564 „,Zhongguo funü fazhan gaongyao' he ,Zhongguo ertong fazhan gangyao' banbu shishi" (Der „Grundriss für die Entwicklung der chinesischen Kinder" und der „Grundriss für die Entwicklung der chinesischen Frauen" wurde verkündet und in Kraft gesetzt), 09.08.2011, *http://www.scio.gov.cn/ztk/xwfb/46/9/Document/977057/977057.htm*, a.a. 05.01.2023.

565 Ebenda.

566 „San Xia da ba shi shenme shihou kaishi jian de?" (Wann wurde mit der Errichtung des Drei-Schluchten-Staudamms begonnen?), 23.05.2013, *https://zhidao.baidu.com/question/552934891.html*, a.a. 05.01.2023.

567 Bettina Gransow: „Das Drei-Schluchten-Projekt", *https://docplayer.org/15444206-Das-drei-schluchten-projekt-bettina-gransow-einleitung-rahmen bedingungen-des-drei-schluchten-projektes.html*, a.a. 05.01.2023.

568 „Tengxun Pinlun [Tencent kommentiert]: San Xia de zhenglun yu xianshi" (Die Polemik um das Drei-Schluchten-[Projekt] und die Wirklichkeit), diverse Daten, *http://view.news.qq.com/zt2011/sanxiagc/bak.htm*, a.a. 05.01.2023.

569 *Planet-Wissen*: „Der Drei-Schluchten-Staudamm", *https://www.planet-wissen.de/kultur/architektur/staudaemme/pwiederdreischluchtenstaudamm100.html*. a.a. 12.02.2018.

570 „Drei-Schluchten-Staudamm erzielt Weltrekord bei Stromproduktion", aktualisiert am 03.01.2015, *http://www.faz.net/aktuell/wirtschaft/wirtschaftswissen/china-ueberholt-brasilien-drei-schluchten-staudamm-erzielt-weltrekord-bei-stromproduktion-13351178.html*. a.a. 05.01.2023.

571 „Guowuyua guanyu cujin xinxi xiaofei kuoda neixu de ruogan yijian" (Ansichten des Staatsrates betreffend die Förderung des informationengestützten Konsums und die Ausweitung der Binnennachfrage), mitgeteilt am 14.08.2013, *http://www.gov.cn/zwgk/2013-08/14/content_2466856.htm*, a.a. 05.01.2023.

572 „Guanyu jinyibu cucin dianzi shangwu jiankang kuaisu fazhan youguan gongzuo der tongzhi" (Rundschreiben betreffend die Arbeiten zur weiteren Förderung der gesunden und schnellen Entwicklung des E-Geschäftsverkehrs) vom 15.04.2013, *http://hk.lexiscn.com/law/law-chinese-1-1768216.html*, a.a. 05.01.2023.

573 „Gongji ce jiegouxing gaige" (Angebotsseitige strukturelle Reformen), ohne Datum, *https://baike.baidu.com/item/%E4%BE%9B%E7%BB%99%E4%BE%A7%*

E7%BB%93%E6%9E%84%E6%80%A7%E6%94%B9%E9%9D%A9/18851298?fr=aladdin, a.a. 19.02.2018.

574 „Zhongguo hulianwang fazhan huimou" (Rückblick auf die Entwicklung des Internets in China), in: *ZQB*, 20.12.2015, S. 2.

575 Klaus Mühlhahn: „Atemlose Aufholjagd", in: *Cicero*. Magazin für politische Kultur, Nummer über „Machtspiel. Wie China nach der Welt greift", April 2018, S. 27.

576 „Xibu da kaifa zhanlüe" (Die Strategie der großen Erschließung des [chinesischen] Westens), ohne Datum, *https://baike.baidu.com/item/%E8%A5%BF%E9%83%A8%E5%A4%A7%E5%BC%80%E5%8F%91%E6%88%98%E7%95%A5/5096941?fr=aladdin*, a.a. 20.02.2018.

577 „Zouchuqu zhanlüe" (Die Go-global-Strategie), ohne Datum, *https://baike.baidu.com/item/%E8%A5%BF%E9%83%A8%E5%A4%A7%E5%BC%80%E5%8F%91%E6%88%98%E7%95%A5/5096941?fr=aladdin*, a.a. 20.02.2018; Wang Guan: „Woguo qiye ‚zouchuqu' guimo yijing xiangdang keguan" (Das „Go global" von Unternehmen unseres Landes ist bereits recht beträchtlich), in: *RR*, 04.12.2017, S. 18.

578 S. Xi Jinping: *China regieren*, Verlag für fremdsprachige Literatur, Beijing 2014, S. 352.

579 „Xi Jinping zai Yindunixia guohui de yanjiang" (Rede Xi Jinpings vor dem indonesischen Parlament), 03.10.2013, *http://www.gov.cn/ldhd/2013-10/03/content_2500118.htm*, a.a. 05.01.2023.

580 Matthias Müller: „Viele Wegen führen nach China", in: *NZZ*, 25.05.2018, S. 9.

581 Zhao Zhouxian, Liu Guangming: „‚Yi dai yi lu', Zhongguo meng yu shijie meng de jiaohui qiaoliang" („Ein Gürtel, eine Straße", ein Schnittpunkt und eine Brücke für den chinesischen und den globalen Traum), in: *RR*, 24.12.2014, S. 7, *http://opinion.people.com.cn/n/2014/1224/c1003-26263405.html*, a.a. 05.01.2023; Karin Kneissl: *Wachablöse. Auf dem Weg in eine chinesische Weltordnung*, Verlag Frank&Frei, Wien 2017, S. 36; Wade Shepard: „The New Silk Road Is Not Chinese, It's International", 14.10.2016, *https://www.forbes.com/sites/wadeshepard/2016/10/14/regardless-of-what-beijing-says-the-new-silk-road-is-not-chinese/#37a395765ec2* a.a. 05.01.2023.

582 Werner Reichel: „Vorwort", in: Karin Kneissl, a.a.O., S. 5.

583 „Jing Yi: Shuzi sichou zhi lu shengqi ‚Zhongguo yun'" (Von der digitalen Seidenstraße steigt eine „chinesische [Daten]wolke" empor), in: *RR*, 06.12.2017, S. 21.

584 „Weiyu Beiji juannei de Yamaer yehua tianranqi xiangmu diyi tiao shengchanxian zhengshi touchan – ‚Bing shang silu' jianzheng Zhong-E hezuo xin chengguo" (Die erste Produktionslinie des Flüssigerdgasprojektes [namens] Yamal am Polarkreis wurde offiziell in Betrieb genommen – Die „Seidenstraße auf dem Eis" legt Zeugnis ab von einer neuen Errungenschaft der chinesisch-russischen Zusammenarbeit), in: *RR*, 11.12.2017, S. 21; „Russland und China planen Seidenstraße über die Arktis nach Europa", 06.11.2017, *http://frankfurter-erklaerung.de/2017/11/russland-und-china-planen-seidenstrasse-ueber-die-arktis-nach-europa/*, a.a. 20.02.2018; Victor Merten: „China baut Schiff für ‚Polar-Seidenstrasse'", in: *NZZaSo*, 18.03.2018.

585 Matthias Müller, ebenda.

586 Silu Jijin – Silk Road Fund, *http://www.silkroadfund.com.cn/*, a.a. 05.01.2023.

587 Xi Jinping: „Yi chuangxin siwei banhao Yazhou Jichu Sheshi Touzi Yinhang he Silu Jijin" (Xi Jinping: Gestützt auf innovatives Denken die Asiatische Infrastruktur-

investmentbank und den Seidenstraßenfonds gut installieren), 07.11.2014, *http://cpc.people.com.cn/n/2014/1106/c64094-25987955.html*, a.a. 05.01.2023.

588 Jia Xiudong: „Zhuchang waijiao zhangxian Zhongguo dandang" (Die Diplomatie auf heimischer Bühne markiert Chinas [Bereitschaft,] Verantwortung zu tragen), in: *RRH*, 06.09.2017, S. 1; „Eklat zwischen EU und China. Holpriger Start für ‚Seidenstraßen'-Gipfel", 14.05.2017, *https://www.tagesschau.de/ausland/gipfel-seidenstrasse-101.html*, a.a. 29.03.2018.

589 Matthias Müller, ebenda.

590 Sebastian Heilmann; Jan Gaspers: „Das riskante Jahrhundertprojekt", in: Chinas Aufstieg, in: Edition *Le Monde diplomatique*, Nr. 23, Mai 2018, S. 17.

591 „Security Council Adopts Resolution 2274 (2016), Authorizing One-Year Mandate Extension for United Nations Assistance Mission in Afghanistan", 15.03.2016, *https://www.un.org/press/en/2016/sc12283.doc.htm*, a.a. 05.01.2023.

592 Luo Aihua, He Linping, Yang Xun: „Pengzhuang quanqiu zhuanxing xin huohua. Kaichuang Zhongguo kaifang xin weilai" (Neue [geistige] Funken [entfachen sich] bei der Begegnung [von klugen Köpfen, die über] die globale Transformation [Gedanken austauschten]. Einer neuen Zukunft der Öffnung Chinas den Weg bereiten), in: *RR*, 09.12.2017, S. 11; Oliver Adler, Manuel Rybach: „Belt-and-Road-Initiative" […], in: *NZZ*, 19.09.2017, S. 10.

593 Matthias Müller, ebenda.

594 Simon Schmid: „Die Seidenstrasse des Geldes", in: *Republik*, 08.02.2018, S. 3; Bernhard Zand: „‚Neue Seidenstraße': Wie China mit 900 Milliarden Dollar die Welt erobern will", *http://www.spiegel.de/politik/ausland/china-entwicklungs programm-neue-seidenstrasse-a-1147588.html*, a.a. 05.01.2023.

595 Bernhard Zand, ibid.

596 Karin Kneissl, a.a.O., S. 97.

597 „Zhongguo meng (Xi Jinping tichu de zhidao sixiang)" (Der chinesische Traum (Ein von Xi Jinping vorgebrachter wegleitender Gedanke), o J., *https://baike.baidu.com/item/%E4%B8%AD%E5%9B%BD%E6%A2%A6/60483*, a.a. 05.01.2023.

598 Filippo Grandi, UNO-Hochkommissar für Flüchtlinge, zitiert aus: Wang Hailin (Interview): „Kefu lengmo, changkai xinfei" (Die Kälte überwinden, das Herz öffnen), in: *RR*, 22.06.2017, S. 22.

599 „Jianchi tuidong goujian renlei mingyun gongtongti" (Daran festhalten, den Aufbau einer Schicksalsgemeinschaft der Menschheit voranzutreiben), in: *GMRB*, 09.11.2017, S. 1.

600 Über den Gebrauch des Wortes „Schicksalsgemeinschaft" in der chinesischen Politik vor 2013 s. Geremie R. Barmé: *China Story Yearbook 2014. Shared Destiny*, ANU Press, Canberra 2015, S. XII.

601 Zhao Yinping: „Mingyun gongtongti – Xi Jinping ‚he' de jingjie" (Schicksalsgemeinschaft – Xi Jinpings „[auf] Harmonie [bedachte]" Gesinnung), 17.08.2016, *http://www.xinhuanet.com/politics/2016-08/17/c_1119401010.htm*, a.a. 05.01.2023; Schicksalsgemeinschaft, 05.01.2023, *http://german.china.org.cn/china/china_stichwoerter/2014-11/18/content_37491652.htm*, a.a. 05.01.2023.

602 „Security Council Authorizes Year-Long Mandate Extension for United Nations Assistance Mission in Afghanistan, Adopting Resolution 2344 (2017)", 17.03.2017, *https://www.un.org/press/en/2017/sc12756.doc.htm*, a.a.

05.01.2023; „Spotlight: Chinese landmark concept put into UN Security Council resolution for 1st time“, *http://www.xinhuanet.com/english/2017-03/18/c_136139045.htm*, a.a. 05.01.2023.

603 Johannes von Dohnanyi: „‚Onkel Donald‘ auf Abschiedstournee“, in: *Sonntags-blick*, 12.11.2017, S. 26.

604 Cao Desheng: „Für eine Schicksalsgemeinschaft der Menschheit“, in: *Beijing Rundschau*, 26.08.2019, *http://german.beijingreview.com.cn/China/201908/t20190826_800176862.html*, a.a. 05.01.2023.

605 „Waijiao buzhang Wang Yi: Zai Wukelan wenti shang Zhongguo meiyou ge an guan huo xintai“ (Außenminister Wang Yi: China steht in der Ukraine-Frage der Sinn nicht danach, das Feuer am gegenüber liegenden Ufer zu beobachten), 05.04.2022, *http://news.enorth.com.cn/system/2022/04/05/052503076.shtml*, a.a. 04.03.2023.

606 „China's Position on the Political Settlement of the Ukraine Crisis“, 24.02.2023, *https://www.fmprc.gov.cn/mfa_eng/zxxx_662805/202302/t20230224_11030713.html*, a.a. 04.03.2023.

607 „The issue of security bears on the well-being of people of all countries, the lofty cause of world peace and development, and the future of humanity“, in: *The Global Security Initiative*. Concept Paper, *https://www.fmprc.gov.cn/mfa_eng/wjbxw/202302/t20230221_11028348.html*, a.a. 13.03.2023.

608 „Joint Statement delivered by H.E. Amb. Ma Zhaoxu on behalf of 140 countries on ‚Promote and Protect Human Rights, Build a Community of Shared Future for Mankind‘ at the 34th Session of the Human Rights Council“, 02.03.2017, *http://www.china-un.ch/eng/hom/t1442508.htm*, a.a. 11.03.2018; Commentary: „A community of shared future for all humankind“ – a Chinese concept winning U.N. recognition, 29.03.2017, *http://www.xinhuanet.com//english/2017-03/20/c_136142216.htm*, a.a. 05.01.2023.

609 „Renlei mingyun gongtongti zhongda linian shouci zairu Lianheguo Renquan Lishihui jueyi“ (Das wichtige Konzept von der Schicksalsgemeinschaft der Menschheit fand erstmals Eingang in eine Resolution des Menschenrechtsrates), 27.03.2017, *http://www.360doc.com/content/17/0327/09/9140939_640475672.shtml*, a.a. 11.03.2018.

610 „‚The Human Rights Council […] Determined to take new steps forward in the commitment of the international community with a view to achieving substantial progress in the realization of the right to food by an increased and sustained effort of international cooperation and solidarity, with a view to build a community of shared future for humanity […].‘ A/HRC/34/L.21 United Nations. Human Rights Council. Thirty-fourth session 27 February–24 March 2017. 4/… The right to food, *https://www.undocs.org/Home/Mobile?FinalSymbol=A%2FHRC%2F34%2FL.21&Language=E&DeviceType=Desktop&LangRequested=False* (hier auf „English“ klicken) a.a. 05.01.2023. Commentary: „A community of shared future for all humankind“ – a Chinese concept winning U.N. recognition, 29.03.2017, a.a. 20.03.2018.

611 Zhou Hongshuang: „Quanqiu renquan zhili de Zhongguo xin gongxian – ‚Goujian renlei gongtongti yu quanqiu renquan zhili‘ lilun yantaohui ceji“ (Chinas neuer Beitrag zur globalen Menschenrechts-Governance – Streiflichter eines Symposiums über den „Aufbau einer Schicksalsgemeinschaft der Menschheit und einer globalen Menschenrechts-Governance“), in: *GMRB*, 09.06.2017, S. 4.

612 „Xi Jinping zhi ‚Jinian „fazhanquan xuanyan“ tongguo 30 zhou nian guoji yantaohui‘ de hexin“ (Glückwunschschreiben Xi Jinpings an „Das internationale Symposium zum Gedenken an die Verabschiedung der ‚Erklärung über das Recht auf Entwicklung‘ vor 30 Jahren“), in: *RR*, 05.12.2018, S. 1; gleichlautende Artikel in: *ZQB*, 05.12.2016, S. 1, und in: *GMRB*, 05.12.2016, S. 1.

613 „Mao zhuxi ‚san ge shijie‘ lilun reng ju you qianglie xianshi yiyi“ (Die Theorie von den „drei Welten“ des Vorsitzenden Mao ist nach wie vor von starker praktischer Bedeutung), 26.12.2016, *http://www.360doc.com/content/16/1226/09/21574872_617719092.shtml*, a.a. 02.02.2018; Jiang An: „San ge shijie huafen“ lilun yiran meiyou guoshi – Zhuanfang Shenzhen Daxue Shehui Kexue Xueyuan jaoshou Jiang An (Jiang An: Die Theorie von der „Unterscheidung von drei Welten“ ist noch nicht überholt – Interview mit Professor Jiang An, Fakultät für Sozialwissenschaften, Universität Shenzhen), *http://theory.people.com.cn/n/2014/0707/c136457-25246307.html?tdsourcetag=s_pcqq_aiomsg*, a.a. 06.01.2023.

614 *Rede von Deng Hsiao-Ping, dem Leiter der Delegation der VR China, auf der Sondertagung der UNO-Vollversammlung*, Verlag für fremdsprachige Literatur, Beijing, 3. Aufl. 1977.

615 A.a.O., S. 4f.

616 Ibid.

617 Peter Seidel: „Europa kann nicht einfach länger weiterwursteln“, in: *NZZ*, 23.03.2018, S. 12.

618 Michael Pillsbury: *The Hundred-Year Marathon. China's Secret Strategy to replace America as the Global Superpower*, Henry Holt and Company, New York 2015, S. 27f. und S. 242 Anm. 26, 27, 28.

619 „Mr Xi [...] has even set a precise date for the fulfillment of his dream: 2049, the 100th anniversary of the Communist takeover of China, Jeremy Page: For Xi, a ‚China Dream‘ of Military Power“, in: *Wall Street Journal*, 13.03.2013, S. 1, *https://www.wsj.com/articles/SB10001424127887324128504578348774040546346*, a.a. 06.01.2023.

620 Shen Dingli: „Qudai Meiguo? Zhongguo meiyou gongfu xiang zhe shi“ (An die Stelle Amerikas treten? China hat keine Zeit, um über so etwas nachzudenken), in: *RRH*, 05.02.2015, S. 1, *http://paper.people.com.cn/rmrbhwb/html/2015-02/05/content_1530952.htm*, a.a. 06.01.2023.

621 „Peking: Vor uns muss niemand Angst haben. Außenminister hält Aufstieg seines Landes für ‚unaufhaltsam‘/Kein Konkurrent Amerikas“, 09.03.2018, *http://plus.faz.net/seite-eins/2018-03-09/978c835b6c459fc60f84790b0b37ea24/?GEPC=s9*, a.a. 06.01.2023.

622 Satzung 2002 AP, Abs. 8; Satzung 2007 und Satzung 2012 jeweils AP, Abs. 11; Satzung 2017 AP, Abs. 12.

623 „Baochi ‚Zhongguo weixielun‘ de gai huanhuan naojin le“ (Jene, die die Theorie von der „Chinesischen Gefahr“ vertreten, sollten ihr Gehirn auswechseln), in: *RRH*, 09.02.2018, Leitartikel.

624 Sven Hansen: „Die 16 europäischen Zwerge“, in: Edition *Le Monde diplomatique*, Nr. 23, Mai 2018, S. 22f.

625 Andreas Ernst: „China verliert an Einfluss in Mittel- und Osteuropa – die Plattform 17+1 schrumpft“, 13.08.2022, *https://www.nzz.ch/international/171-china-verliert-einfluss-in-mittel-und-osteuropa-ld.1697753?reduced=true*; Stuart Lau:

„Down to 14+1: Estonia and Latvia quit China's club in Eastern Europe", 11.08.2022, a.a. 14.03.2023.

626 Elisabeth C.: *Economy: The World According to China*, Polity Press, Medford M.A. 2022, S. 89.

627 Ulrich Ladurner, Steffen Richter: „Habe Geld, suche Einfluss", in: *DZ*, 21.09.2017, S. 8f.

628 „China ist zweitgrößte Volkswirtschaft", 14.02.2011, *http://www.faz.net/aktuell/wirtschaft/konjunktur/japans-bruttoinlandsprodukt-gesunken-china-ist-zweitgroesste-volkswirtschaft-1590561.html*, a.a. 06.01.2023.

629 „Mr Perry said he hoped China will step forward to be a ‚real leader' on climate issues", zitiert aus: „California, Chinese university set up climate change institute in wake of Trump withdrawal", 08.06.2017, *http://www.abc.net.au/news/2017-06-08/california-china-set-up-climate-change-institute/8601388*, a.a. 06.01.2023.

630 Chen Shuguang: „Zhongguo shidai yu Zhongguo huayu" (Chinesisches Zeitalter und chinesischer Diskurs), 26.02.2018, *https://m.aisixiang.com/data/110160.html*, a.a. 06.01.2023.

631 Open Edition Journals: *The American Century von Henry R. Luce*, 2004, *https://journals.openedition.org/lisa/917*, a.a. 19.04.2023.

632 *THE CHINESE CENTURY* JANUARY 2015 JOSEPH E. STIGLITZ, *https://archive.vanityfair.com/article/2015/1/the-chinese-century*, a.a. 19.04.2023.

633 Katrin Büchenbacher, Philipp Wolf: „China-Expertin [Marina Rudyak]: ‚Die USA unternehmen alles, damit das autoritäre China technologisch zurückbleibt', 03.04.2023, *https://www.nzz.ch/international/china-expertin-usa-wollen-dass-china-technologisch-zurueckbleibt-ld.1730237*, a.a. 20.04.2023.

634 „USA begrüßen Abkommen. Vermittler China gratuliert Iran und Saudi-Arabien", *https://www.n-tv.de/politik/Vermittler-China-gratuliert-Iran-und-Saudi-Arabien-article23976960.html*, a.a. 20.04.2023.

635 „Chinas globale Initiative für Datensicherheit: Signal an Europa", 24.09.2020, *https://merics.org/de/kommentar/chinas-globale-initiative-fuer-datensicherheit-signal-europa*, a.a. 20.04.2023.

636 „Chinas Globale Entwicklungsinitiative (Global Development Initiative) im Überblick", 06.09.2022, *https://china-wiki.de/chinas-globale-entwicklungs initiative-gdi/*, a.a. 27.04.2023.

637 „Xi Jinping schlägt Globale Zivilisationsinitiative vor", 15.03.2023, *https://german.cri.cn/2023/03/15/ARTIHdi94XsLOIEdf06rDfFn230315.shtml*, a.a. 27.04.2023.

638 Ministry of Foreign Affairs of the PR China: „The Global Security Initiative" (Concept Paper), 21.02.2023, *https://www.fmprc.gov.cn/mfa_eng/wjbxw/202302/t20230221_11028348.html*; „Quanqiu Anquan Changyi Gainian Wenjian (quanwen)" (chinesischer Text *https://www.fmprc.gov.cn/wjbxw_new/202302/t20230221_11028322.shtml*), a.a. 19.04.2023.

639 Kai Strittmatter: „Nur ein einiges Europa kann China widerstehen", in: *TA*, 26.05.2018, S. 13.

640 „Die Welt aus den Fugen. Ein Unter-Freunden-Abend mit dem Politikchef Bernd Urlich über das Ende des Westens und das, was danach kommt", in: *DZ*, 01.02.2018, S. 17; ders.: „Wie radikal ist realistisch?", in: *DZ*, 14.06.2018, S. 2.

641 Dimitri Suslow: „Jetzt gestalten mal wir die Welt", in: *DZ*, 01.02.2018, S. 8.

642 „Nous, Occidentaux, […] n'avons plus les moyens d'instaurer un ordre politique tel que nous le souhaiterions", Luis Lema: „Il ne fallait pas se mêler des révolutions arabes", in: *Le Temps*, 24.02.2018, S. 5.

643 Slavoj Žižek: „Wie ein Dieb am helllichten Tag", in: *DZ*, 09.05.2018, S. 49.

644 Bestsellerautor und Historiker Yuval Noah Harari, zitiert aus: „Zucker ist heute gefährlicher als Schießpulver", in: *SoZ*, 18.02.2018, S. 15.

645 Ren Zhongping: „Linghang, sixiang de liliang kaipi xin shidai" (Was die Steuerung [des Staatsschiffes] anbelangt, so eröffnet die Kraft der Ideologie eine neue Ära), in: *RR*, 05.12.2017, S. 2.

646 Xi Jinping: „Zai jinian Makesi danchen 200 nian dahui shang de jianghua" (Rede auf der großen Versammlung anlässlich des 200. Geburtstags von Marx), 04.05.2018, *http://cpc.people.com.cn/n1/2018/0505/c64094-29966415.html*, a.a. 06.01.2023.

647 Huang Taiyan: „Shehui zhuyao maodun de zhuanhua guilü ji qi zhengce quxiang" (Die dem Wandel des gesellschaftlichen Hauptwiderspruchs [zugrunde liegenden] Gesetzmäßigkeiten und die Implikationen für die Politnormen), in: *GMRB*, 21.11.2017, S. 11; Chen Jinlong: „Shijie shehuizhuyi fazhan de Zhongguo zhihui" (Die bei der Entwicklung des Weltsozialismus [wirksame] chinesische Weisheit), in: *GMRB*, 29.03.2018, S. 6.

648 „Engels an Werner Sombart", in: Karl Marx, Friedrich Engels: *Werke*, Bd. 39, Dietz Verlag, Berlin 1973, S. 428.; zitiert z.B. von Yang Geng, Professor der Beijinger Pädagogischen Hochschule: „Shenru chanshi Makesizhuyi de jiben guandian" (Vertieft die grundlegende Optik des Marxismus erläutern), in: *XHWZ*, Nr. 19/2004, S. 22; ebenfalls zitiert von Xiao Junhua: „Zhongguo shehuizhuyi: Shijie shehuizhuyi de zhongliu dizhu" (Chinesischer Sozialismus: Die Hauptstütze des Weltsozialismus), in: *GMRB*, 21.11.2017, S. 6.

649 Xiao Junhua: „Zhongguo tese shehuizhuyi: Shijie shehuizhuyi de zhongliu dizhu" (Der Sozialismus mit chinesischen Besonderheiten: Das Rückgrat des Weltsozialismus), in: *GMRB*, 21.11.2017, S. 6, *http://www.sohu.com/a/205571764_115423*; siehe auch die seit 2008 von der Pädagogischen Hochschule von Zentralchina betriebene Webseite „Shijie shehuizhuyi (Weltsozialismus)", MPFC Guowai Makesizhuyi Zehngdang Yanjiu Zhongxin Centre for Marxist Parties in Foreign Countries of CCNU [Central China Normal University], *http://www.ccnumpfc.com/index.php/List/21.html*, a.a. 14.03.2023.

650 Chen Yangyong: „Shenke lijie Zhongguo tese shehuizhuyi jinru xin shdai de zhongda yiyi" (Die wichtige Bedeutung des Eintritts des Sozialismus mit chinesischen Besonderheiten in die neue Ära gründlich verstehen), in: *GMRB*, 13.12.2017, S. 11.

651 „[…] Die taiwanesische Oppositionspolitikerin Joanna Lei plädiert für einen Frieden mit China […]", in: *Die Weltwoche*. Daily-Spezial, 09.02.2023, *https://www.youtube.com/watch?v=WJjNVu0A8K4*, a.a. 22.05.2023.

652 *Gaoji Zhongxue Keben Sixiang Zhengzhi (Lehrbuch für die höhere Mittelschule. Ideologie und Politik)*, Shanghai Jiaoyu Chubanshe, Shanghai, 10. Nachdruck 2006, S. 10ff.

653 *Makesizhuyi Jiben Yuanli Gailun (Abriss der Grundprinzipien des Marxismus)*, Gaodeng Jiaoyu Chubanshe, Beijing 2007, S. 15.

654 S. aber den Aufsatz von Gustav Sundqvist, Åbo Akademi University, der die chinesischsprachige *Renmin Ribao (Volkszeitung)* untersucht hat: *Marxism still*

matters: The Chinese Communist Party's description of foreign democracies as an ideological strategy, Studia Orientalia Electronica, Volume 4 (2016), S. 89 - 107; *file:///C:/Users/harro.vonsenger/Downloads/51455-Article%20Text-60655-1-10-20160721-1.pdf*, a. a. 06. 01. 2023.

655 „Rote Milliarden", in: *DS*, Nr. 40/2007, S. 92.

656 Niels Kruse: „NICHT WENIGER ALS DIE WELTHERRSCHAFT. Was Xis Reden und Schulungsbücher über Chinas wahre Ziele verraten", 16. 09. 2022, *https://www.stern.de/politik/ausland/nicht-weniger-als-die-weltherrschaft--was-xis--gedanken--ueber-chinas-wahre-ziele-verraten--32732636.html*, a. a. 30. 04. 2023.

657 Übereinstimmend Satzungen 1982, 2002, 2007, 2012 und 2017, AP, Abs. 1.

658 Friedrich Engels: „Grundsätze des Kommunismus", in: Karl Marx, Friedrich Engels: *Ausgewählte Werke in sechs Bänden*, Bd. 1, Dietz Verlag, Berlin 1978, S. 349.

659 Dieses Konzept wird erwähnt von Wang Xiaoxuan: „‚Liji': Xiaokang datong jiaguo lixiang" („Aufzeichnungen der Riten": Bescheidener Wohlstand, Große Gemeinschaft ein Ideal für das Heimatland), in: *GMRB*, 19. 12. 2017, S. 2; s. hierzu auch *Strategeme 2*: Einleitung 1. „Sehnsucht nach einer Welt ohne List."

660 Zitat aus dem Li Ji (Aufzeichnungen der Riten), s. Chen Jiaxing: Chuancheng Zhonghua wenhua „tianxiaguan" (Die Auffassung der chinesischen Kultur von „dem, was unter dem Himmel ist"), in: *RR*, 26. 12. 2017, S. 24.

661 *Li Gi: Das Buch der Riten, Sitten und Gebräuche*, aus dem Chinesischen übersetzt und hg. von Richard Wilhelm, Diederichs, Düsseldorf/Köln 1981, S. 57.

662 Li Yangfan: „Wangdao yu badao: Da Tong lixiang xia de Zhong Mei duijue" (Der Weg des Königs und der Weg des Hegemons: Die Konfrontation zwischen China und den USA im Zeichen des Ideals der Großen Gemeinschaft), in: *Shijie Zhishi (Weltwissen)*, Nr. 14, 2007, S. 64.

663 Mao Tse-tung: „Über die demokratische Diktatur des Volkes" (30. Juni 1949), in: ders.: *Ausgewählte Werke*, Bd. IV, Verlag für fremdsprachige Literatur, Beijing 1969, S. 438, 445, 452 (hier wird „da tong" mit „Grosser Harmonie" übersetzt); *Mao Zedong Xuanji (Ausgewählte Werke Mao Zedongs)*, Bd. IV, Renmin Chubanshe, Beijing 1969, S. 1358, 1365.

664 *Makesizhuyi Jiben Yuanli Gailun (Abriss der Grundprinzipien des Marxismus)*, Gaodeng Jiaoyu Chubanshe, Beijing 2007, S. 222.

665 Richard David Precht: „Ein großer Prognostiker", in: *DZ*, 03. 05. 2018, S. 41.

666 Armin Thurnher: „Weiter im Kampf um die österreichische Identität", in: *NZZ*, 26. 03. 2018, S. 8.

667 Nina Furgahi: „Mauern sind kein Schutz. Besprechung des Buches von Wendy Brown: Mauern. *Die neue Abschottung und der Niedergang der Souveränität*", Berlin 2018, in; *Bücher am Sonntag*, Beilage zur *NZZaSo*, 25. 03. 2018, S. 26.

668 S. hierzu auch *Strategeme 2*, Kap. 35.18, „Ein im Westen gefürchtetes Menschenrecht"; Kap. 35.19, „UNO-Resolution für ‚Eine offene Welt für freie Menschen'".

669 *Lunyu (Gespräche)* XIII.17, s. *Kungfutse. Gespräche. Lun Yü*, aus dem Chinesischen übertragen und hg. von Richard Wilhelm, Eugen Diederichs Verlag, Düsseldorf 1979, S. 135.

670 S. hierzu Markus Jentsch: *Das „Gesichts"-Konzept in China*, Nomos Verlag, Baden-Baden 2015.

671 Luo Yang, Zhang Haichao: „Zhongguo yamen" (Chinesische Amtsgebäude), in: *Shijie Zhishi (Weltwissen)*, Nr. 17, 2007, S. 5.

[672] Hans Jakob Roth: *Managing China*, Hans J. Roth Publishing, Hongkong 2007, S. 32, 61.

[673] „Zhexie guanyuan mixin fengshui, bu xin Ma-Lie xin guishen", in: *NFZM*, 17.05.2007, S. A 5.

[674] „Pochu yumei mixin manhuazhan zuopin xuandeng" (Abdruck ausgewählter Werke aus der Ausstellung von Karikaturen zur Überwindung von Unaufgeklärtheit und Aberglauben), in: *Gongren Ribao (Arbeitertageszeitung)*, 30.05.1997, S. 8.

[675] Siehe hierzu auch „Stufen der Entstehung und Durchsetzung amtlicher Normen in der VR China", in: Harro von Senger: *Einführung*, S. 320f.

[676] Rudolf von Ihering: *Der Kampf um's Recht*, *https://www.projekt-gutenberg.org/jhering/kampfrec/chap001.html*, a.a. 27.03.2023.

[677] Harro von Senger (Übersetzung und Kommentar): *Sun Zi. Die Kunst des Krieges*, Reclam Verlag, Stuttgart 2023.

[678] Harro von Senger: *36 Strategeme: Lebens- und Überlebenslisten aus drei Jahrtausenden*, zwei Bände in einem Band, Fischer Taschenbuch, Fischer Verlag, Frankfurt am Main, 2. Aufl. 2021, Band 1, S. 37ff.; ders.: *36 Strategeme für Juristen*, Stämpfli Verlag, Bern 2020, S. 123ff.

[679] Dictionary Chinese-English 上有政策, 下有對策 – English translation – Linguee, *https://www.linguee.com/chinese-english/translation/%E4%B8%8A%E6%9C%89%E6%94%BF%E7%AD%96%EF%BC%8C%E4%B8%8B%E6%9C%89%E5%B0%8D%E7%AD%96.html*, a.a. 27.03.2023.

[680] Harro von Senger: *36 Strategeme für Juristen*, Stämpfli Verlag, Bern 2020, S. 126ff.

[681] „Zhong Gong Zhongyang Zhengzhi Ju Changwu Weihui zhaokai huiyi yanjiu jiaqiang xinxing guangzhuang bingdu ganran de feiyan yiqing fang kong gongzuo. Zhong Gong Zhongyang zong shuji Xi Jinping zhuchi huiyi" (Der Ständige Ausschuss des Politbüros des Zentralkomitees der KPCh hielt eine Sitzung ab. [Er] studiert und verstärkt die Prävention und Kontrolle der Pneumonie-Epidemie infolge einer neuartigen Coronavirus-Infektion. Der Generalsekretär des Zentralkomitees der KPCh, Xi Jinping, leitete das Treffen), in: *RR*, 04.02.2020, S. 1, *http://paper.people.com.cn/rmrb/html/2020-02/04/nw.D110000renmrb_20200204_2-01.htm*, a.a. 14.03.2023.

[682] Frederick Buechner: „Wunschdenken", in: *Bücher am Sonntag*, Beilage zur *NZZaSo*, 07.10.2007, S. 15.

[683] Guan Yuqian: „Mantan Shiqi Da hou de Zhongguo" (Plauderei über das China nach dem 17. Parteitag [der KPCh]), in: *OSJD*, 01.11.2007, S. 11.

[684] Simon Leys: *Maos neue Kleider. Hinter den Kulissen der Weltmacht China*, Verlag Kurt Desch, München 1972, S. 43; ders.: *Essais sur la Chine*, Robert Laffont, Paris 2004, S. 34.

[685] S. hierzu die niederschmetternden Schilderungen von Cong Weixi: *Rückfall ins Chaos – Aufzeichungen aus einem Arbeitslager zur Zeit der „Anti-Rechts-Kampagne"*, aus dem Chinesischen von Reiner Müller unter Mitarbeit von Eva Müller und Frank Paproth, Projekt Verlag, Bochum 2000.

3

Zhimou: Strategeme – eine im Westen unterschätzte geistige Ressource des Milliardenvolkes

3.1 Sprachrohre der KPCh als Strategemlehrmeister

In Taibei hörte ich im regulären Sprachunterricht am Landessprachenzentrum der Pädagogischen Hochschule Taiwan zum ersten Mal die Wendung „Wegrennen ist das Beste der 36 Pläne". Ich kannte damals das Wort „Strategem" nicht und übersetzte das Schriftzeichen „ji" mit „Plan", was auch angeht. Meine sofort gestellte Frage nach den anderen 35 Plänen war der Start zu meiner Strategemforschung.[1]

Ich verließ bald nach meiner erstmaligen Begegnung mit den 36 Strategemen Taiwan und begann an der Staatlichen Tokyo-Universität einen zweijährigen Studienaufenthalt mit chinesischer Rechtsgeschichte als Forschungsgegenstand (1973–1975). Hie und da traf ich Studenten aus Taiwan und zeigte ihnen ein Blatt mit der Liste der 36 Strategeme. Diese waren ihnen aber teilweise eher fremd. Einzelne Strategemformeln verstanden sie nicht, z. B. „Einen Baum mit Blumen schmücken" (Strategem Nr. 29).

Erst während meines Aufenthaltes in der VR China (1975–1977) erfuhr ich, was die 36 Strategeme in China bedeuten. Im ersten Studienjahr wurden die „Kapitalisten" um Deng Xiaoping landesweit gebrandmarkt, und im zweiten Studienjahr, als sich der Wind gedreht hatte, war die „Viererbande" Zielscheibe einer ganz China überschwemmenden Anprangerungswelle. Im Wesentlichen auf zwei Ebenen wurde scharfe Kritik geübt. Einmal auf der ideologischen Ebene. So wurde erst Deng und dann der „Viererbande" vorgeworfen, sie seien keine echten, sondern bloße Pseudomarxisten. Hier ging es um inhaltliche Fragen und Marxismusauslegungen. Die zweite Ebene war die Methodenebene. Hier ging es um die Frage, wie die bekämpfte Faktion vorgegangen sei. Was mir als Rechtsanwalt auf dieser Argumentationsebene auffiel, war, dass in beiden Kampagnen juristische Argumente so gut wie keine Rolle spielten. Den beiden Fraktionen wurden nicht Verfassungsbrüche oder Gesetzesverstöße vorgeworfen. Was die den beiden Faktionen angelasteten Methoden angeht, so waren es – abgesehen von eigentlichen Verbrechen, die man zwar nicht Deng Xiaoping, aber der „Viererbande" anlastete – stets Strategeme, die angeblich angewandt worden seien. So fiel mir, noch bevor der Sturz der „Viererbande" bekannt gegeben wurde, auf, wie in der chinesischen Parteipresse plötzlich ein vorher nie gehörtes Mao-Zitat auftauchte. U.a. forderte es dazu auf, man solle „offen und ehrlich sein und sich nicht mit Verschwörungen und Ränken befassen".[2]

Die wenigen damals von mir als einem Ausländer in China abonnierbaren Periodika, insbesondere die Tageszeitung *Volkszeitung* und das theoretische Organ *Rote Fahne*, waren meine großen Strategemlehrmeister.[3] Ständig wurden darin unter Verwendung von Strategemformeln aus dem Katalog der 36 Strategeme „Verschwörungen und Ränke" enthüllt. Diese Anprangerungsartikel boten mir den bestmöglichen

Strategemunterricht. Deng Xiaoping etwa wurde die Anwendung des Strategems Nr. 1 „Den Himmel täuschend das Meer überqueren“ vorgeworfen. Über seine 1975 bekannt gegebenen drei programmatischen Schriften hieß es in der Parteipresse:

> „Ein gemeinsamer Nenner dieser Giftkräuter ist die große Zahl von Zitaten aus Schriften der revolutionären Lehrmeister. Dies ist typisch für die Art und Weise, wie man dem Marxismus Lippenbekenntnisse entgegenbringt, während man in Wirklichkeit von ihm abfällt.“[4] „Es sind Machwerke, die im Zeichen der roten Fahne die rote Fahne bekämpfen und unter dem Aushängeschild des Marxismus-Leninismus den Marxismus-Leninismus selbst revidieren und zurechtstutzen.“[5]

Derselbe Vorwurf traf später die „Viererbande“. Der damalige Vorsitzende der KPCh, Hua Guofeng, charakterisierte sie in seinem Regierungsbericht am 26.02.1978:

> „Die Viererbande ist eine Clique von [...] Doppelzünglern der schlimmsten Sorte, die sich zu tarnen wussten. Sie schwenkten stets die rote Fahne, um die rote Fahne zu bekämpfen. [...] Ihr revolutionäres Gehabe sollte ihr wahres Wesen bemänteln.“[6]

3.2 Nach Gesetzen gesucht, Strategeme gefunden

So konnte ich am 14.01.1977 einen ganzseitigen Artikel in der *Frankfurter Allgemeinen Zeitung* mit strategemischen Vorwürfen an die Adresse der „Viererbande“ füllen. Darin schrieb ich u.a.: „Es wäre ein Kunststück, eine chinesische Zeitung der letzten Zeit zu finden, in welcher nicht mindestens ein

Strategem ausdrücklich oder in einer Umschreibung erwähnt wird." Kam noch dazu, dass damals und bis in die 1980er-Jahre hinein in außenpolitischen Kommentaren und Karikaturen, beispielsweise über die verfeindete Sowjetunion, ebenfalls häufig Strategeme thematisiert wurden.

Mitten in der „Kulturrevolution", im Jahre 1970, kam in Beijing nur für den internen Gebrauch ein chinesisch-englisches Wörterbuch mit über 20 000 vor allem im politischen und militärischen Bereich oft benutzten Ausdrücken heraus. Darin las ich in meinem ersten Studienjahr an der Beijing-Universität erstmals eine englische Übersetzung von „36 ji", nämlich „the 36 stratagems". Selbst das aus dem Altgriechischen stammende Wort „Strategem", das mir trotz achtjähriger humanistischer Ausbildung im Gymnasium des Benediktinerklosters Einsiedeln unbekannt gewesen war, haben mir Chinesen der VR China beigebracht. Ich war in die VR China gegangen, um dort nach Spuren des Gesetzesrechts zu suchen, zumal seit 1974 eine landesweite Lobeskampagne für die vorkaiserliche Gesetzesschule im Gang war. Aber was ich fand, waren Strategeme. Offensichtlich befand ich mich nicht in einem Rechtsstaat, sondern in einem Strategemestaat. Gekämpft wurde hier nicht mit juristischen Mitteln, sondern mit Strategemen.

Gewiss war die Zeitspanne 1975 bis 1977, also das letzte Jahr vor und das erste Jahr nach dem Ende der „Kulturrevolution" (1966–1976), eine Ausnahmezeit. Sie ist nicht repräsentativ für die VR China. Mein damaliges Urteil über den Strategemestaat China ist zu relativieren. Unter dem 1978 festgesetzten Hauptwiderspruch hat sich vieles verändert. Wurde ich während meiner Studienzeit an der Beijing-Universität regelmäßig ausgelacht, wenn ich mich nach der aktuellen Rolle des Gesetzesrechts erkundigte, so begann dieses eine wichtige Rolle zu spielen und in den Massenmedien nicht mehr der intrigenschwangere „Klassenkampf", sondern der auf Gesetzesrecht angewiesene Modernisierungsaufbau im Mittelpunkt zu stehen.

3.3 Ein Wachsfigurenkabinett über die 36 Strategeme

Aber haben deshalb die 36 Strategeme an Bedeutung verloren? Keineswegs. Das habe ich in meinem Buch *36 Strategeme für Manager* (Carl Hanser Verlag, München, 5., überarbeitete Aufl. 2016) aufgezeigt. Darin versuche ich, die Quintessenz aus etwa 50 Büchern über „Strategeme im Wirtschaftskampf", alle seit den 1990er-Jahren erschienen, herauszudestillieren. Inzwischen gibt es Hunderte von Werken über die 36 Strategeme mit Wirtschaftsbezug, in einem Gesamtkorpus von mehr als 1000 Büchern mit dem Ausdruck „36 Strategeme" im Titel. In einer „Erklärung betreffend den Wiederaufstieg der chinesischen Kultur" ist, Seite an Seite mit der traditionellen chinesischen Medizin und Architekturwissenschaft, Literaturwissenschaft und Pädagogik von der auf alte Traditionen zurückgreifenden und moderne Methoden benutzenden Erforschung einer „chinesischen Geschäftskriegskunde" (Zhonghua shangzhanxue) die Rede.[7] In deren Rahmen werden die 36 Strategeme zweifellos eine Rolle spielen. Auch in der Presse tauchen Strategemformeln häufig auf, nunmehr vor allem bei der Aufdeckung wirtschaftlicher Missstände. Mehrere Bücher schildern die Anwendung der 36 Strategeme im juristischen Bereich.[8] In der Provinz Zhejiang sorgt ein Wachsfigurenkabinett für die Verbreitung des Strategemwissens.[9] Dazu kommen den 36 Strategemen gewidmete Kalligrafien, Wandbehänge, Kalender, Spielkarten, Streichholzschachtelbilder und sogar Kunstausstellungen.[10] Mehrere 36-teilige TV-Serien über die

36 Strategeme, darunter auch solche für Kinder, sorgen unter der chinesischen Bevölkerung auf einprägsame Weise für Strategemaufklärung.

3.4 Strategemeindrücke während einer China-Reise als Mitglied einer Schweizer Juristendelegation[11]

Am ersten Abend erfreuten wir uns eines Banketts des Justizministeriums der VR China. Zu meiner Seite Herr W., stellvertretender Leiter des Amtes für Umerziehung durch Arbeit des Justizministeriums. Ich bringe das Gespräch auf die 36 Strategeme. Herr W. geht ohne Weiteres auf dieses Thema ein und meint, etwa die Hälfte der 36 Strategeme seien Win-win-Strategeme, bei deren Anwendung beide Seiten, also Strategemanwender und -betroffene, profitieren. Strategeme, bei denen nur eine Seite einen Gewinn davonträgt, seien abzulehnen. Einige der Win-win-Strategeme werden laut Herrn W. im Bereich der Umerziehung durch Arbeit angewandt.

So schilderte mir der Amtsleiter die Arbeitsmethode „zhua liang tou, dai zhongjian", d.h. „die beiden Seiten anpacken und auf diese Weise die Mitte mitreißen". Mit den „beiden Seiten" sind der Schwächste und der Tüchtigste einer Gruppe gemeint. Herr W. sprach von Drogensüchtigen, die im Laufe der Umerziehung durch Arbeit eine bestimmte Aufgabe erledigen sollen. Bevor die Gruppe eingesetzt wird, greift das Aufsichtspersonal zwei Leute aus der Gruppe heraus, und zwar den Allerschwächsten und den Allerbesten der Gruppe. Die beiden werden in einer Weise unterwiesen und angeleitet, dass sie die gestellte Aufgabe meistern. Nachdem diese beiden Vorzeigepersonen in einem Vorlauf die Aufgabe erfüllt haben, wird, unter Hinweis auf diese beiden Personen, die Gruppe mit der Aufgabe konfrontiert. Alle Gruppenmitglieder, sogar die schlechtesten, fühlen sich durch die beiden Vorzeigepersonen herausgefordert und strengen sich an, um die Aufgabe so gut wie die beiden Vorzeigepersonen zu erledigen. Mit dieser Arbeitsmethode werden sehr gute Ergebnisse erzielt, sagte mir der chinesische Beamte.

Herr W. erklärte, diese Methode sei eine Anwendung des Geistes von Strategem Nr. 2 „Die ungeschützte Hauptstadt des Staates Wei belagern, um den durch die Hauptstreitmacht des Staates Wei angegriffenen Staat Zhao zu retten“. Die Quintessenz dieses Strategems besteht darin, dass man die sogenannte Fülle meidet und sich auf die sogenannte Leere konzentriert.[12] Will man also mit einer Gruppe von vielleicht 30 Leuten ein Ziel erreichen, vermeidet man es, sich unmittelbar mit der „Mitte“, also den vielen durchschnittlichen Personen vom Zweitbesten bis zum Zweitschlechtesten („Fülle“), abzugeben, und konzentriert sich stattdessen auf den Schlechtesten und den Besten der Gruppe (nur gerade zwei Personen, also „Leere“). Das erfordert vergleichsweise wenig Mühe. Mit der großen Masse (der „Fülle“) gibt man sich zunächst nicht ab. Hat der Betreuer erst einmal mit den beiden Personen die Aufgabe erledigt, kann er danach die große Masse vergleichsweise leicht motivieren und mitreißen. Herr W. betonte, diese Arbeitsmethode sei sehr erfolgreich.

Eine weitere strategemische Arbeitsmethode wird „yin er bu fa“ genannt: Den Bogen spannen, aber den Pfeil nicht abschießen. Der Betreuer gibt der Gruppe ein Ziel bekannt, aber nicht den Zeitpunkt, bis zu welchem das Ziel erreicht werden soll. So setzen sich alle mit dem Ziel und möglichen Wegen, es zu erreichen, auseinander. Wenn der Betreuer später eine Frist zum Erreichen des Ziels setzt, sind alle psychologisch darauf vorbereitet und besser darauf eingestellt, als wenn man sofort Ziel *und* Frist bekannt gegeben hätte.

Diese Arbeitsmethode bezeichnete mein Gesprächspartner als Anwendung des Strategems Nr. 4 „Ausgeruht den erschöpften Feind erwarten“.

Im Bereich der Werbung nannte der Justizfunktionär folgendes Beispiel: Zunächst wird Propaganda über das Gegenteil dessen betrieben, wozu das Produkt gut ist. So werden also eine Zeit lang weit und breit die Nachteile von Fettleibigkeit bekannt gemacht. Vom Produkt, das man verkaufen will, ist noch keine Rede. Sind die schlimmen Folgen der Fettleibigkeit jedem bewusst, geht man dazu über, das Produkt gegen die Fettleibigkeit zu propagieren. Das ist eine Anwendung des Strategems Nr. 8 „Sichtbar die verbrannten Holzstege wieder instand setzen, insgeheim aber vor beendeter Reparatur heimlich nach Chencang zu einem Angriff auf den Gegner marschieren“.

Auch das Strategem Nr. 18 erwähnte mein chinesischer Gesprächspartner: „Will man eine Räuberbande unschädlich machen, muss man deren Anführer fangen.“ Er bezeichnete die in der VR China zentrale Politmethode der Definition und Lösung eines Hauptwiderspruchs als Anwendung dieses Strategems.[13]

Ich bemerkte, es sei schade, dass man sich bei den feinen Speisen, die pausenlos aufgetragen würden, ständig zuprosten und dabei irgendwelche Trinksprüche anhören müsse. Man komme gar nicht zum Essen. Der Funktionär antwortete, Alkohol und Kriegskunst seien im Reiche der Mitte seit jeher eng miteinander verwoben. Wie er das meine? Der Funktionär erwiderte, an solch einem Bankett gehe es vor allem um die Schaffung und Verbreitung von Emotionen des gegenseitigen Wohlwollens, ja der Freundschaft. Und das sei mit Essen nicht zu erreichen. Das gehe nur mit Alkohol.

Ich fragte den Funktionär nicht nach dem Strategem. Es war für mich klar: Strategem Nr. 8. Der Ausländer meint, er werde zu einem guten Essen eingeladen. Dem chinesischen Gastgeber geht es in Wirklichkeit um etwas anderes, nämlich um die Schaffung von Goodwill.

Dass der chinesische gastgebende Hauptmatador des Abendbanketts eine Visitenkarte austeilte, auf der seine eigentliche Aufgabe im Rahmen des Justizministeriums, in eine esoterische Formulierung verhüllt, umschrieben war, ließ sich ebenfalls strategemisch deuten.

Am zweiten Pekinger Abend führte uns Herr Q. in das Prachtgasthaus Dazhaimen. Dort isst und trinkt man, während man Akrobatik- und Gesangsdarbietungen genießt. Die Atmosphäre ist traditionell chinesisch, das Personal trägt alte chinesische Trachten, und auf der Bühne wird allein in chinesischer Sprache gesungen. Den 36 Strategemen konnte ich an diesem Abend nicht entweichen. Abgesehen davon, dass die meisten Darbietungen auf irgendwelche Feldzüge und Kriege anspielten, erklangen u.a. Arien aus der modernen Pekingoper „Mit Strategemen den Tigerberg erobern"[14] und aus der Oper „Liang Shanbo und Zhu Yingtai". Das Mädchen Zhu Yingtai aus der Östlichen Jin-Dynastie (4./5. Jh. u.Z.) verschaffte sich, indem sie sich des Metamorphosen-Strategems Nr. 21 „Die Zikade entschlüpft ihrer goldglänzenden Hülle" bediente und Knabenkleidung anzog, während dreier Jahre Zugang zu einer Knabenschule. So verwirklichte sie das ca. 1500 Jahre später im Westen proklamierte Menschenrecht auf Bildung.[15] Ferner erklang eine Arie aus der traditionellen Pekingoper „Das Strategem der offenen Stadttore".[16]

Der Funktionär Sun, der neben mir saß, konnte mir den gesungenen Text problemlos auswendig auf ein Notizblatt schreiben. Das Strategem der offenen Stadttore – Strategem Nr. 32 – ist neben dem Strategem Nr. 36 „Weglaufen ist das Beste" das in China populärste Strategem.

Urumchi, 23.09.2004

In Urumchi, der Hauptstadt des Autonomen Gebiets Xinjiang, traf ich zweimal den uigurischen Übersetzer meines Buches *Strategeme* Band 1, u.a. in einem offenbar nur von Uiguren besuchten traditionell-uigurisch anmutenden Gasthaus. Er sagte, die Chinesen seien in Bezug auf List den Uiguren überlegen. Aber die chinesische Listkundigkeit könne und müsse man erlernen. Mein Buch war das allererste Buch über die 36 Strategeme in der uigurischen Sprache. Der Uigure hatte zur Übersetzung die chinesische Version meines Buches benutzt. Seit meinem Buch, das in Urumchi Mitte der 1990er-Jahre in drei Auflagen erschienen ist, sind noch ca. fünf weitere chinesische Bücher über die 36 Strategeme ins Uigurische übersetzt worden.

Turfan, 26.09.2004

Bei einem Ausflug nach Turfan wurde uns das neue buddhistische Touristenzentrum am Flammenberg (Huoyan Shan) gezeigt. Bevor man in die Haupthallen gelangt, muss man den etwa 50 Meter langen breiten Korridor mit Namen „Xi You Wenhua Zoulang" (Korridor zur Kultur der Reise in den Westen) durchschreiten. An den beiden Seiten des Korridors waren je 25 Steinreliefs mit Szenen aus dem Roman *Pilgerreise in den Westen* aus der Ming-Zeit (14.–17. Jh.) zu bewundern. In der zwei- bis dreizeiligen Erläuterung zu jedem Relief kamen mehrmals die Wörter „zhi" (Weisheit/Strategem) und „ji" (Strategem) vor. Mindestens zwei der Episoden dieses strategemgespickten Romans, die ich in meinem Buch *Strategeme* wiedergebe, fand ich durch ein Relief dargestellt.[17]

Herr Z., der Vorsteher des Büros des Justizamtes von Xinjiang, erläuterte mir den Einsatz von Strategemen im Wirtschaftsleben. So könne man das Strategem Nr. 3 „Mit dem Messer eines anderen töten" einsetzen, indem man einen Konkurrenten unter Einsatz eines Dritten bezwinge. Das Strategem Nr. 31 „Das Strategem der schönen Frau", könne man zu Spionagezwecken einsetzen. Auch eine wirtschaftliche Anwendung des Strategems Nr. 16, die den Konkurrenten in die Knie zwingt und häufig vorkomme, schilderte er mir.

Chengdu, 27.09.2004

Von Urumchi führte die Reise nach Chengdu, wo wir uns nur einen Nachmittag lang aufhielten. Was zeigte uns das Justizamt von Chengdu, der Hauptstadt der Provinz Sichuan, in der es bestimmt sehr viele Sehenswürdigkeit aller Art zu bestaunen gibt? Ausgerechnet den Tempel des Fürsten Hou.[18] Der Tempel wurde in der Tang-Zeit (618 – 907) zu Ehren des berühmten Feldherrn und Staatsmannes Zhuge Liang (181 – 234) erbaut. Er ist einer der Helden im Roman *Romanze der drei Königreiche,* in China populärer als in Europa Odysseus, und spielt in meinen beiden Bänden *Strategeme* eine herausragende Rolle.[19] Keine andere Person kommt darin häufiger vor. Zhuge Liang ist z. B. der Held in der Pekingoper „Das Strategem der offenen Stadttore". Der Tempel ist seit 1961 ein nationales Schwerpunktkulturgut. Uns wurde gesagt, dass alle Führer der VR China unter Einschluss des damals amtierenden Staats-, Partei- und Armeechefs Hu Jintao diesen Tempel besucht hätten. Verschiedene Strategemepisoden, die ich in meinen beiden Bänden *Strategeme* beschreibe, werden in dem Tempel bildlich dargestellt. Besonders ans Herz gelegt wird ein Schriftzeilen-Paar. Jeder chinesische Führer habe vor allem dieses Schriftzeilen-Paar betrachtet und es sich zu Herzen genommen. Es lautet in der deutschen Übersetzung:

> *Ohne Lageprüfung eingesetzte Milde oder Härte führt in die Irre, dies ist bei der zukünftigen Herrschaft über Shu*[20] *zu bedenken.*

Kann man das Herz der Gegenseite gewinnen, wird diese von selbst dahinschmelzen, seit alters waren Kriegskunstkenner nie kriegslüstern.

Die erste Zeile bezieht sich auf die Innen-, die zweite auf die Außenpolitik. Im zweiten Teil kommt der auf Meister Sun (6., 5. Jh. v. u. Z.) zurückgehende Gedanke zum Ausdruck, wonach es das Beste sei, einen Krieg ohne Waffengang zu gewinnen. Den militärischen Sieg, der auf einem Waffengang beruht, bezeichnet Meister Sun als schlechtestmögliche Option.[21] Ein Beispiel für einen militärischen Sieg durch die Gewinnung des Herzens des Feindes lieferte Zhuge Liang.[22]

In einem Kiosk dieses Tempels wurde übrigens eine kleine Geschenktruhe mit dem Text des Traktats über die 36 Strategeme (s. *www.36strategeme.ch* Rubrik „Traktat"), auf Bambusstäbchen geschrieben, verkauft.

Zunyi, 29.09.2004

Eine weitere Station war die Stadt Zunyi in der Provinz Guizhou. Eine Attraktion dieser Stadt ist eine Gedächtnisanlage zur Erinnerung an die Konferenz von Zunyi (1934), bei der Mao – gemäß Gerüchten eher auf strategemische denn auf legale Weise – zum Führer der KPCh gewählt wurde. Besonders breiter Raum wurde der kartografischen Darstellung eines Waffenganges eingeräumt, bei dem Mao mit einer zahlenmäßig unterlegenen Truppe die überlegene Streitmacht von Tsiang Kaishek aufrieb. Dieses Kampfgeschehen ist unter dem Namen „Si du Chishui" (Viermal den Roten Fluss überqueren) bekannt. Mao, den Zeitgenossen laut Jung Changs und Jon Hallidays Mao-Biografie[23] schon in den 1920er-Jahren als „extrem hinterhältig" – in neutraler Diktion also „listenreich" – beschrieben,[24] siegte hier dank Strategemen, vor allem gestützt auf das Strategem Nr. 4 „Ausgeruht den erschöpften Feind erwarten".

Peking, 2. bis 12.10.2004

Mit zwei Strategemerlebnissen möchte ich vorliegende Skizze abschließen. Ich aß mit dem Korrespondenten der Tageszeitung *Guangming* in Genf, der gerade in Peking weilte, und Verwandten dieses Herrn im Liuhe-Renjia-Speiselokal. Einer meiner Tischgenossen kam von der Toilette zurück und erzählte, dass an der WC-Wand humoristische Texte hängen, u.a. ein Text mit dem Titel: „Das Strategem der Gegenseite zum eigenen Strategem umwandeln". Später begab ich mich in das WC, um die scherzstrategemische Geschichte zu lesen.

Eine Gattin beschimpft laut ihren Gatten in einem Restaurant, sodass es die anderen Gäste hören. Der Gatte entgegnet seelenruhig: „Du hast ihn sehr gekonnt beschimpft, was für Schimpfworte gegen ihn fallen dir sonst noch ein?" Dabei richtet er seinen Blick unverwandt auf einen Gast am Nebentisch. Nun meinen die Gäste, die Ehefrau schimpfe auf diesen anderen Gast, was dieser peinlich ist, worauf sie betreten schweigt.

Strategemische Deutung: Die Gattin wollte das Kraftentziehungsstrategem Nr. 19 „Unter dem Kessel das Brennholz wegziehen" benutzen: Angesichts der vielen Gäste sollte dem Gatten der Mumm zur Gegenwehr genommen werden. Er sollte gar nicht anders können, als stumm die bösen Worte der Gattin herunterzuschlucken. Der Gatte drehte dieses Strategem geschickt gegen die Gattin um, indem er das Strategem Nr. 35 „Die Strategemverkettung" einsetzte. Zunächst benutzte er das Strategem der indirekten Kritik Nr. 26 „Die Akazie schelten, dabei aber auf den Maulbeerbaum zeigen". Er präsentierte sich den anderen Gästen als „Maulbeerbaum", dem die Schimpfkanonade nur auf den ersten Blick galt. In Wirklichkeit aber zielte sie auf die „Akazie" - den Gast am Nebentisch -, so jedenfalls der Eindruck, der bei den Gästen entstand, weil der Gatte unentwegt einen Gast am Nebentisch anstarrte. Das Strategem Nr. 26 leistete indes lediglich Hilfsdienste, und zwar dem Hauptstrategem des Gatten, nämlich dem Kraftentziehungsstrategem Nr. 19 „Unter dem Kessel das Brennholz wegziehen", das er von der Gattin übernahm. Indem er die Gattin in die Rolle drängte, einen ihr völlig Unbekannten zu beschimpfen, nahm er ihr jede Lust zu weiteren lautstark vorgebrachten Anklagen und verdammte sie zum Schweigen.

An meinem letzten Abend in Peking sagte mir der Rechtsprofessor Chen Weizuo, der u.a. das Deutsche Bürgerliche Gesetzbuch in der Fassung vom 01.04.2004 und das neue schweizerische Gesetz über das internationale Privatrecht ins Chinesische übersetzt hat, von der Qinghua-Universität, der renommiertesten chinesischen naturwissenschaftlichen Hochschule, am 11.10.2004 beim Gang zu einem Abendbankett, in seinem Mobiltelefon befänden sich die 36 Strategeme. Er zog es aus der Rocktasche. Mit meinen eigenen Augen überzeugte ich mich von der Richtigkeit seiner Aussage. Tatsächlich fanden sich die 36 Strategeme als fest eingebaute Information unter der Rubrik „Shangwu zhinang" (Geschäftsratgeber) als eine von insgesamt drei hier aufgeführten Nachschlagearchiven. Die beiden anderen Nachschlagearchive trugen den Titel „Verhandlungskünste" und „Verwaltungslosungen". Die 36 Strategeme seien, so Professor Chen Weizuo, integrierender Bestandteil des in diesem Handy der Marke TCL 808 (Preis ca. 80 Euro) gespeicherten Basisinformationsmaterials.

3.5 Ein Schweizer Bundesrat wirft China Paranoia vor

Auf allen Schweizer Kiosken prangte am 16.10.2004 ein Plakat mit dieser fett gedruckten Schlagzeile:

> „Couchepin wirft China Paranoia vor".

Pascal Couchepin war einer der sieben Schweizer Bundesräte. Auf einer China-Reise hatte er gerade Tibet besucht. Danach sagte er in einem Interview:

> „Die chinesische Seite hat einen Sicherheitswahn. Sie leidet offensichtlich unter Paranoia. Das ist schade. Chinesen könnten viel liberaler sein, ohne dass sie ihre Herrschaft und die chinesische Souveränität in Tibet gefährden würden."[25]

Herrn Couchepins Äußerungen zeugen von seiner Unkenntnis der chinesischen Strategemsensibilität. Mit dieser ausgerüstet, tendieren Chinesen dazu, ständig nach allen Richtungen hin gegenüber potenziellen, Schaden stiftenden Strategemen von Gegenspielern auf der Hut zu sein und dagegen möglichst lückenlose Vorkehrungen zu treffen. Dass Tibet ein Gebiet ist, in welchem die chinesische Listsensibilität gegen Unabhängigkeitsaktivisten und andere Gegner in einem Höchstmaß aktiviert ist, sollte nicht überraschen.

Wenn westliche Menschen das Wort „Listanwendung" hören, denken sie eigentlich immer nur an eines. Sie glauben, es gehe bloß darum, dass man List offensiv einsetze, um jemanden über den Tisch zu ziehen. „Listanwendung" im Sinne der supraplanerischen Anwendung der Strategemkundigkeit bedeutet aber in China viel mehr. Es umfasst erstens die im Westen allein wahrgenommene offensive Überlistung eines Gegenübers, aber auch zweitens die defensive Anwendung einer möglichst perfekten Strategemkompetenz zur Früherkennung und erfolgreichen Abwehr mutmaßlicher Schaden stiftender List. Dazu kommt dann noch als dritte Art der Strategemanwendung diejenige eines unbeteiligten Beobachters. Er setzt sein Strategemwissen dazu ein, ihn nicht unmittelbar betreffende Geschehnisse beispielsweise in der Weltpolitik hinsichtlich der dabei möglicherweise eine Rolle spielenden Strategeme zu hinterfragen.

Von alters her spielt die zweite, defensive, Variante der Strategemanwendung in China eine große Rolle, vor allem aufseiten der Herrschenden. So richtete der wichtigste Vertreter der Gesetzesschule, Han Fei (um 280 – 233 v. u. Z.), folgende Worte an den Herrscher:

> „Kommen Pfeile aus einer bestimmten Richtung, errichtet man einen eisernen Schutzwall, um sich vor den aus dieser Richtung kommenden Pfeilen zu schützen. Kommen die Pfeile aber nicht aus einer bestimmten Richtung, baut man einen eisernen Raum, um sich vor den Pfeilen aus allen Richtungen zu schützen. Wer sich schützt, wird nicht verletzt. So wie sich der Herrscher vor den Pfeilen schützt, um nicht verletzt zu werden, unternimmt er alles, um nicht von seinen Feinden hintergangen zu werden.“[26]

Nach Bundesrat Couchepin hätte man also chinesische Staatstheoretiker und ihnen folgende Politiker seit Jahrtausenden wegen Paranoia ins Irrenhaus sperren müssen! Aber seine Diagnose entspringt dem codierten Blick der westlichen Zivilisation, die zumindest teilweise die Listenblindheit und den nahezu grenzenlosen Glauben an das Gute im Menschen auf ihr Banner geschrieben hat. Deshalb verstehen in der Regel westliche Menschen in Unkenntnis alter chinesischer Denktraditionen die geistigen Wurzeln hinter dem flächendeckenden chinesischen schadensstrategempräventiven Sicherheitsdenken nicht.[27] Es führt dazu, dass chinesische Führungspersonen „alles fürchten, was ihrer Kontrolle entgleitet.“[28]

Der kulturelle Schock der Unterlegenheit gegenüber dem Westen, den China seit dem Ersten Opiumkrieg (1840–1842) erlebte, hat ein Syndrom der Verletzbarkeit hinterlassen. Ein fundamentales Anliegen chinesischer Politik ist daher die Wahrung von Autonomie und Sicherheit. Dieses Ziel reicht weit über die herkömmliche Sicherheitspolitik hinaus und ist auch bestimmend für die Wirtschaftspolitik.[29]

Es begründet das stete Streben, schädliche Strategeme von Gegenspielern zu erkennen und zu durchkreuzen, und führt, im Rahmen eines strategemischen Risk Managements, das man als De-Risking chinesischen Stils bezeichnen könnte, tendenziell zu möglichst gründlichen, allseitigen prophylaktischen schadensstrategempräventiven Maßnahmen. Sie dienen dem Ziel, die eigenen Vorkehrungen und Institutionen so zu optimieren, dass Opponenten keine Handhabe zur destruktiven Listanwendung haben.

Das ständige Streben nach Schadensstrategemprävention wurzelt, wie dargelegt, in alten chinesischen Denktraditionen, wird aber durch den offiziell anerkannten Marxismus-Leninismus noch verstärkt und auf eine zusätzliche geistige Basis gestellt. Durch allerlei Maßnahmen zur Schadensstrategemprävention will die VR China verhindern, dass irgendwelche finsteren Mächte mittels destruktiver List das Regime und dessen Politik in welcher Hinsicht auch immer gefährden. Gemäß westlichem Wortgebrauch könnte man wohl von einem offiziell vertretenen und landesweit propagierten „verschwörungstheoretischen" Denkansatz sprechen.

3.6 „Viele verstecken ihr wahres Wesen …“

Das auf Schadensstrategemprävention zielende Denken kommt in zahlreichen Büchern aus dem alten China zum Ausdruck. In den *Apokryphen Schriften der Zhou* (zu Teilen aus der Zeit um 300 v. u. Z.; Endredaktion um 100 v. u. Z.)[30] stößt man im Kapitel „Über die Vergabe von Ämtern“ auf folgende, dem Herrscher gewidmete Ratschläge:

> „Stelle ihn durch Listen auf die Probe, um zu sehen, ob er klug ist.“[31]
>
> „Der Mensch hat von Geburt an dunkle und lichte Seiten. Viele verstecken ihr wahres Wesen.
>
> Sie schmücken sich mit vorgetäuschten Qualitäten und wollen sich so einen guten Namen machen.
>
> Es gibt solche, die sich hinter Menschlichkeit und Tüchtigkeit verstecken.
>
> Es gibt solche, die sich hinter Klugheit und Vernunft verstecken. Es gibt solche, die sich hinter Bildung und Kunstfertigkeit verstecken.
>
> Es gibt solche, die sich hinter Redlichkeit und Mut verstecken. Es gibt solche, die sich hinter Treue und kindlicher Pietät verstecken.
>
> Es gibt solche, die sich hinter Beziehungen und Freundschaft verstecken.
>
> Alle, die so sind, *muss man durchschauen.*“[32]

Im Einzelnen werden die jeweils unterschiedlichen Phänomene beschrieben, anhand derer der Herrscher die aufgezählten listigen Verhaltensweisen durchschauen kann.[33] Und so ist es auch Führungspersönlichkeiten der VR China ein stetes Anliegen, von niemandem mittels eines destruktiven

Strategems überlistet und dadurch geschädigt zu werden. Strategemsensibilität ist nicht nur herrschenden, sondern grundsätzlich auch „gewöhnlichen Chinesen“ zu eigen. Als im Mittelalter christliche Missionare in China auftauchten, fiel es „den Chinesen vielfach schwer zu glauben, dass sie tatsächlich nur aus Idealismus für die Verbreitung ihrer Religion ohne irgendwelche anderen Zwecke nach China kamen. Man vermutete oft andere Absichten und versuchte, diese zu ergründen.“ Auch der berühmteste Missionar, Matteo Ricci (1552-1610), „begegnete immer wieder diesem Argwohn“.[34]

Kein Wunder, dass der chinesische Rechtsanwalt Wei Wenbin, der in Zürich Unternehmen beriet, die in China Fuß fassen wollten, empfahl: „Man sollte immer misstrauisch sein.“[35]

3.7 Ein Amerikaner als Anführer des Drachentanzes

Karikatur[36]: Der Blick fällt auf vier chinesische Tänzer. Sie schwingen einen kunstvoll gefertigten Drachen mit der Inschrift „Chinesischer Computermarkt“ an Stangen durch die Luft und schauen dabei missmutig auf drei Männer, die mit einem Stab in der Hand herumfuchteln. Hinter dem Schwanz des Drachens steht ein bedeppert dreinblickender Mann. Er hält ein Schild mit der Inschrift „China“ hoch. Den von den vier chinesischen Drachentänzern getragenen Drachen führt ein vor dem Drachenhaupt marschierender, durch eine spitze Langnase gekennzeichneter Ausländer mit dem Schild „USA“. Hinter ihm rennt herbei und hat fast zu ihm aufgeschlossen ein zweiter Ausländer mit dem Schild „England“. Den Chinesen am Drachenschwanz überholt hat ein dritter Mann mit dem Schild „Japan“.

Diese Karikatur in der Beijinger Tageszeitung *Guangming* vom 20.12.1994 ist betitelt mit „Der lärmende Gast verdrängt den Wirt“. Das ist eine andere Ausdrucksweise für das Strategem Nr. 30 „Die Rolle des Gastes in die des Gastgebers umkehren“.[37] Die Karikatur veranschaulicht die chinesische Befürchtung, dass China in der Computerbranche das Opfer des Strategems Nr. 30 geworden oder zu werden im Begriff sei. Dank ihrer Vorreiterrolle in Bezug auf Software und dank ihrer fortschrittlichen Hardware seien Ausländer führend auf dem chinesischen Computermarkt. Eine solche ausländische Vormachtstellung wäre Chinesen ein Gräuel.

Die Karikatur malt ein Schreckgespenst an die Wand. Auf jeden Fall illustriert sie das von Chinesen gepflegte defensive Durchschauen von List. Ausländer werden der bereits vollzogenen oder beabsichtigten Anwendung des Strategems Nr. 30 überführt – zum Schaden Chinas.

Offenbar ist Ausländern aber in der wachsamen VR China das Strategem „Die Rolle des Gastes in die des Gastgebers umkehren“ nicht gelungen. Im September 2021 wird berichtet, dass sich neben US-Firmen ausschließlich chinesische Unternehmen unter den derzeit größten zehn Internetunternehmen der Welt befinden.[38] Während US-Unternehmen die Plätze 1, 2, 3, 6 und 10 belegen, rangieren chinesische Unternehmen an 4., 5., 7., 8. und 9. Stelle. Es handelt sich um die Firmen JD.com, Alibaba, Tencent, Suning.com und ByteDance.[39] Jedenfalls liest man in der chinesischen Presse immer häufiger die stolze Feststellung, irgendein Produkt sei „zizhu“ (in eigener Regie) erforscht und entwickelt oder produziert worden.[40] Das „zhu“ im Ausdruck „zizhu“ ist dasselbe „zhu“ wie in der chinesischen Strategemformel „fan ke wei zhu“ = „Die Rolle des Gastes in die des Gastgebers umkehren“. Wörtlich kann man „zizhu“ im Sinne von „selbst der Gastgeber sein“ deuten. Durch den Ausdruck „zizhu“ werden chinesische Eigenständigkeit und die Tatsache, dass man Herr im eigenen Hause ist, hervorgehoben. „Wir sind ein großes Land", sagte Xi Jinping, und er fuhr fort: „Was naturwissenschaftlich-technische Innovationen angeht, so müssen wir unsere eigenen Dinge haben. [...] Wir sollten uns von kopierten Innovationen in Richtung auf in eigener Regie geschaffene Innovationen hinbewegen."[41] „Chinesen betonen, man wolle nicht länger Hemden und Hosen zusammennähen, während der Westen weiter die Hochtechnologieprodukte herstelle."[42] Zu diesem Zweck wird schon seit Jahrzehnten zur Aneignung neuesten Wissens eine große Zahl von Studierenden an westliche, vor allem naturwissenschaftlich-technische Hochschulen, geschickt, werden westliche Experten in Dienst genommen, wurden Hunderttausende von chinesisch-westlichen Joint Ventures gegründet und wird unter Nutzung der Offenheit anderer Länder[43] mit dem Kauf von Industrieperlen wie der Augsburger Roboterfirma Kuka und dem Schweizer Agrarunternehmen Syngenta oder mit dem Einstieg in den Daimler-Konzern[44] westliches Know-how abgezogen und werden neue Standbeine mit Wachstumschancen aufgebaut.[45] So spielt sich – in vielen Fällen nicht gestützt auf Ideenklau, sondern auf „Ideenkauf"[46] – ein Prozess ab, in dessen Verlauf Chinesen in ihrem geschäftlichen Verhältnis zu Ausländern ihre Rolle als „Gast" allmählich in die Rolle des „Gastgebers" umwandeln. Die Konkurrenzsituation in China wird schärfer, weil immer mehr Firmen aus dem Reich der Mitte auf Augenhöhe agieren.[47] Kein Wunder, dass ausländischen Unternehmen „die gebratenen Tauben nicht länger in den Mund fliegen" und dass gemäß Aussagen der europäischen Handelskammer in China „75 % der Befragten angegeben haben, dass sie sich weniger willkommen fühlen als in der Vergangenheit".[48]

3.8 Hinterherrennen, aufschließen, vorausrennen

In verschiedenen Bereichen wird der Vorgang, durch den China im Verhältnis zum naturwissenschaftlich-technisch führenden Westen seine eher passive Rolle des Gastes in die aktive des Gastgebers umwandelt, mit einem Wettlauf umschrieben: „Genpao, bingpao, lingpao“ (hinterherrennen, aufschließen, vorausrennen). So sagte Ministerpräsident Li Keqiang in seinem dem Volkskongress am 05.03.2018 erstatteten Regierungsbericht, was naturwissenschaftlich-technische Innovationen in der VR China angehe, so verzeichne man in einer größeren Anzahl von Bereichen einen Wandel von einer Situation, in der man in erster Linie [dem Westen] hinterherrannte, in eine Situation, in der man [zum Westen] aufgeschlossen hat oder ihm vorausrennt.[49] Auch der Ausdruck „wan dao chao che“ (wörtlich: in einer Kurve einen Wagen überholen) wird benutzt, wobei einfach „überholen“ gemeint ist. Hierzulande wird durchaus vermerkt, „dass Teile der chinesischen Wirtschaft in bestimmten Bereichen dem Rest der Welt enteilen“.[50]

Dem Westen rennt China zunächst hinterher, ihn holt es dann womöglich ein, ja überholt es, ihm enteilt es. Richtungsangebend und Orientierungspunkt ist und bleibt, das kann man aus der chinesischen Ausdrucksweise wohl schließen, der Westen. Eine echte Emanzipierung der VR China vom Westen, dies scheint der Wortgebrauch zu signalisieren, hat bisher nicht stattgefunden. Aus der naturwissenschaftlich-technischen Vorbildfunktion des Westens ergibt sich eine große westliche Verantwortung. Ist insgesamt gesehen die naturwissenschaftlich-technische Richtung, die der Westen vorgibt, ein nachhaltiges Zukunftsmodell für die Menschheit? Wenn man in der VR China Stimmen vernehmen möchte, die an dem von der VR China grundsätzlich bejahten westlichen Weg in die Zukunft zweifeln, dann findet man sie nicht in offiziellen Verlautbarungen, sondern z.B. in dem schon erwähnten Science-Fiction-Roman *Drei Körper*. Darin warnt ein Biologe vor der langfristigen Ernährung mit gentechnisch veränderten landwirtschaftlichen Erzeugnissen und vertritt die Ansicht, dass der technische Fortschritt die menschliche Gesellschaft krank mache, dass man die aggressiven Technologien ebenso wie die Nutzung von fossilen Energieressourcen und Atomstrom abschaffen und nur sanftere Technologien wie die Sonnenenergie und kleinere Wasserkraftwerke erhalten und die Bevölkerung auf sich selbst versorgende kleinere Dorfgemeinschaften verteilen sollte.[51]

3.9 Gesetzesrecht zur Vereitelung von Schaden stiftenden Strategemen

Der Schadensstrategemprävention[52], insbesondere zur Wahrung der sogenannten „wirtschaftlichen Sicherheit" (jingji anquan)[53], misst das chinesische Gesetzesrecht eine hohe Priorität bei. Schädlich ist aus offizieller chinesischer Sicht alles, was die Souveränität der VR China bedroht und der Lösung des Hauptwiderspruchs entgegenwirkt. Umgekehrt gesagt soll man es

> „bei jeder Arbeit als den Hauptausgangspunkt und das Kriterium für ihre Beurteilung betrachten, ob sie der Entwicklung der Produktivkräfte in unserer sozialistischen Gesellschaft, der Erhöhung der umfassenden Landesstärke unseres sozialistischen Staates und der Steigerung des Lebensstandards der Bevölkerung dienlich ist".[54]

Diesen in den drei Nützlichkeitskriterien eingebetteten Werten dient in etwa das chinesische Gesetzesrecht. Dessen Sinn und Zweck kann man nur verstehen, wenn man sich vor Augen führt, dass es weitgehend ein Werkzeug zur Lösung des Hauptwiderspruchs ist, die ohne Wahrung der staatlichen Souveränität und der Führung durch die KPCh als nicht realisierbar erscheint.

Man sollte daher chinesische Gesetze, insbesondere etwa das Kartellgesetz[55] sowie die Devisen- und Außenwirtschaftsgesetzgebung, hier beispielsweise die u.a. vom Handelsministerium der VR China verkündeten *Bestimmungen betreffend von ausländischen Investoren getätigten Übernahmen und Fusionen inländischer Unternehmen* von 2006, 2009 und 2017[56] oder die *Liste der Güter, die unter die Kategorie der Beschränkung des weiterverarbeitenden Handels fallen* von 2007, 2015 und 2020[57], nicht ohne Bezugnahme auf die Ziele des chinesischen Modernisierungsaufbaus lesen. Bei diesem geht es in wirtschaftlicher Hinsicht um die Entfesselung der Produktivkräfte, die Wohlstandsmehrung und die allgemeine Stärkung Chinas in Richtung auf eine möglichst umfassende wirtschaftliche Souveränität, welche die politische Souveränität unantastbar machen soll.

3.10 Gesetzesrecht zur Schaffung von Freiräumen – aber für wen?

Viele chinesische Rechtserlasse und anderweitige amtliche Normen der VR China erscheinen als unklar und lassen viel Spielraum für Auslegungen offen.[58] Solche Gesetzesauslegungen fallen naturgemäß in die Kompetenz von Chinesen und nicht von Ausländern. Dabei haben chinesische Behörden das letzte Wort. Insofern schützt die Unbestimmtheit vieler gesetzesrechtlicher Formulierungen chinesische Interessen, so bei der Schadensstrategemprävention. Infolge oftmals wohl bewusst unklarer Gesetzesaussagen verstärkt sich die Abhängigkeit ausländischer Geschäftspartner von der chinesischen Seite. Letztendlich kann diese ihre Sicht der Dinge durchsetzen, falls irgendetwas vorübergehend aus dem Ruder laufen sollte.

Auf der anderen Seite ermöglichen vage Gesetzesbestimmungen, auch im Geschäftsleben, eine große Flexibilität, die als „Willkür" erscheinen mag. In Wirklichkeit wird getreu dem Gesetz vorgegangen, welches freilich so unklar formuliert ist, dass im konkreten Einzelfall verschiedene, von Abendländern als „pragmatisch" bezeichnete[59], Interpretationen juristisch abgedeckt sind. Listkundlich gesehen wendet der chinesische Gesetzgeber das Strategem Nr. 20 „Das Wasser trüben, um die [ihrer klaren Sicht beraubten] Fische zu fangen" an. Die unklare rechtliche Lage erlaubt eine Flexibilität, „wie sie in westlichen Rechtssystemen nicht vorhanden ist".[60] Diese leiden vielfach an einer Überregulierung, welche der eigenen Volkswirtschaft „das Brennholz unter dem Kessel wegzieht" (Strategem Nr. 19) bzw. gegen sie das Strategem Nr. 22 „Die Türe schließen und den Dieb fangen" einsetzt, also sie in einem Wust von Regelungen regelrecht erstickt. In dialektischer Weise verwandeln sich die beiden Strategeme, welche listenblinde westliche Gesetzgeber gegen ihr eigenes Land anwenden, in ihr Gegenteil, nämlich in Torheiten, welche die eigene Volkswirtschaft schädigen.

Dank unbestimmter Gesetzesbestimmungen eröffnen sich demgegenüber in der VR China viele Chancen, die aber für ausländische Geschäftspartner immer auch mit Risiken verknüpft sind. Denn was sich heute in einer Grauzone der Rechtmäßigkeit bewegen mag, kann morgen als illegal bezeichnet werden. Offensichtlich „erhöht“ diese vom chinesischen Gesetzgeber wohl bewusst konzipierte Schwammigkeit vieler chinesischer amtlicher Normen letztendlich „die Wettbewerbskraft Chinas“.[61]

3.11 Das Ausland in China: Nicht die Rolle des Gastes in die des Gastgebers umkehren

Um zu gewährleisten, dass Rechtserlasse auf jeden Fall den erwähnten Zielen dienen, formuliert sie der chinesische Gesetzgeber auf eine Art und Weise, dass potenzielle Anwender des Strategems Nr. 30 „Die Rolle des Gastes in die des Gastgebers umkehren“ keine Chancen haben.

So heißt es in Art. 5 Abs. 2 des Gesetzes betreffend chinesisch-ausländische Joint Ventures vom 01.07.1979, des ersten Außenwirtschaftsgesetzes in der Geschichte der VR China:

> „Bei den Technologien und Anlagen, die als Investitionen des ausländischen Partners in einem Joint Venture dienen, muss es sich um Technologien und Anlagen handeln, die den tatsächlichen Bedürfnissen unseres Landes entsprechen. Sollte der ausländische Partner eines Joint Ventures durch die beabsichtigte Verwendung rückständiger Technologien und Anlagen unter betrügerischen Absichten Verluste herbeiführen, so soll er für die Verluste Schadenersatz leisten.“[62]

Die Zielsetzung dieser Norm liegt, strategemkundlich gesehen, klar auf der Hand. Durch chinesisch-ausländische Joint Ventures soll langfristig die Abhängigkeit Chinas von ausländischer Technologie und Ausstattung beseitigt werden. Zur

Zeit der Verkündung des Gesetzes (1979) war China in dieser Hinsicht, global gesehen, noch weitgehend ein „Gast“ und als solcher abhängig von ausländischen „Gastgebern“, die Know-how und Patente weitgehend monopolisierten. Mit dieser untergeordneten Rolle wollte sich China nicht auf Dauer abfinden. Insofern kann man sagen, dass besagte Norm darauf abzielt, China in die Lage zu versetzen, „die Rolle des Gastes in die des Gastgebers umzukehren“. Zudem trug und trägt die Norm dazu bei, dem Ausland, was fortschrittliche Technologie und Ausrüstung angeht, „das Brennholz unter dem Kessel wegzuziehen“ (Strategem Nr. 19). Das ist aber nicht das Hauptziel der Norm, die vielmehr darauf gerichtet ist, China im Hinblick auf Technologie und Ausstattung zum Herrn im eigenen Haus und möglichst unabhängig von ausländischen Lizenzgebern werden zu lassen. Ausländischen Geschäftspartnern wird freilich vorgeworfen, China Technologien angedreht zu haben, die zwar aus chinesischer Sicht fortschrittlich, im Westen aber bereits veraltet waren. Als ein Beispiel wurde die „1978 in Europa bereits überholte Technik des Autos Santana“[63] erwähnt.

Als ein weiteres Beispiel sei das Verwaltungserlaubnisgesetz der VR China vom 27.08.2003[64] erwähnt. Verwaltungserlaubnisse spielen gerade im Außenwirtschaftsrecht, so auch für Unternehmen, die sich vollumfänglich in ausländischem Eigentum befinden, eine grundlegende Rolle. Für alles Mögliche sind Verwaltungserlaubnisse einzuholen. Auch dieses Gesetz ist so formuliert, dass chinesische Behörden stets das Heft in der Hand haben, also verhindern können, dass je ein aus- oder inländischer Bürger das Gesetz entgegen den Absichten der chinesischen Obrigkeit auszulegen vermag. So sollte in Art. 1 des Gesetzes der Passus nicht überlesen werden, wonach dieses u.a. dazu bestimmt ist, „das Allgemeininteresse und die gesellschaftliche Ordnung zu wahren“. Gemäß Art. 8 Abs. 1 dürfen Behörden wirksam gewordene

Verwaltungserlaubnisse nicht „willkürlich" abändern. Was unter „willkürlich" zu verstehen ist, wird offengelassen. Art. 8 Abs. 2 bestimmt in vager Weise, dass die Behörde eine wirksame Verwaltungserlaubnis „nach dem Recht ändern oder zurücknehmen kann, wenn sich objektive Umstände, auf denen die Gewährung der Verwaltungserlaubnis beruht, in ganz erheblichem Maße ändern". Aufheben kann die Behörde eine Verwaltungserlaubnis, wenn einer von vier recht konkret umschriebenen Umständen vorliegt, aber auch – nebelhaft formuliert – „unter anderen Umständen, unter denen die Verwaltungserlaubnis nach dem Recht aufgehoben werden kann" (Art. 69, Ziff. 5).

Wie man sieht, sorgen an entscheidenden Stellen in das Gesetz eingestreute Bestimmungen dafür, dass die Behörden einen außerordentlichen Ermessensspielraum haben, den sie zu ihren eigenen Gunsten bzw. hauptwiderspruchslösungskonform ausnutzen. Wer behauptet, Gesetze in der VR China seien das Papier nicht wert, auf dem sie gedruckt sind, der setzt sich dem Verdacht aus, von Strategemen keine Ahnung zu haben und den sinomarxistischen Sinn der chinesischen Wirtschaftsgesetzgebung, die nicht die Marktwirtschaft, sondern die Lösung des Hauptwiderspruchs als Endziel im Visier hat, nicht zu kennen.

3.12 Zweischneidige VW-Erfolge in China

VW hat schon sehr früh in Shanghai ein Joint Venture gegründet.

> „Wie groß der Spielraum der Chinesen ist, zeigt sich etwa daran, dass [etwa] 60 % der Zulieferer des Gemeinschaftsunternehmens Shanghai Volkswagen dem chinesischen

> Partner SAIC gehören. [...] SAIC kann so einen Großteil der Gewinnmarge schon im Produktionsprozess abschöpfen, ohne ihn mit den Ausländern teilen zu müssen. Diese sind dadurch gezwungen, teure und unrentable Zulieferunternehmen durchzufüttern.“[65]

Es war das gemeinsame Ziel der Partner von VW Shanghai, einen jährlich steigenden „nationalen Fertigungsanteil“ (local content) zu gewährleisten, bestehend aus dem Eigenfertigungsanteil des Joint Ventures und dem lokalen Kaufteilumfang. 2003 betrug der nationale Fertigungsanteil bei Shanghai Volkswagen/Santana ca. 93 %, bei Shanghai Passat 75 % etc. Inzwischen ist der Eigenfertigungsanteil jeweils bei 100 % angelangt.[66]

Dies bedeutet, dass neueste Fertigungstechnologien, die sich am Weltmaßstab orientieren, nach China transferiert worden sind. Vor Ort stationierte deutsche Spezialisten tragen zum Know-how-Transfer bei. Dazu tritt die Qualifizierung des chinesischen Personals. Die Aus- und Fortbildung chinesischer Mitarbeiter erfolgt sowohl in den VW-Werken in Deutschland und Übersee als auch vor Ort in China. VW vollzieht also einen *intensiven Know-how-Transfer* nach China. Damit trägt VW zum Aufbau einer breiten Basis von Kompetenzfeldern in den Joint Ventures bei. Dazu zählen (1) Produktion/Entwicklung der Zulieferindustrie, (2) Human Resources Management, (3) Technische Entwicklung, (4) Vertrieb und Marketing.

Mit all seinen Maßnahmen führt VW die nationale chinesische Automobilindustrie Schritt um Schritt in Richtung weltweiter Wettbewerbsfähigkeit.

Konkret heißt das: Der VW-Konzern ist und bleibt Gast.

3.13 Deutsche Schutzlosigkeit infolge fehlender Schadensstrategemprävention in der VR China

Nehmen wir eine deutsche Firma mit einer weltweit führenden Maschine in ihrem Sortiment, die sie in Deutschland marken- und patentrechtlich umfassend abgesichert hat, aber nicht in der VR China. Gemäß den einschlägigen chinesischen Gesetzen kann man in der VR China Markenzeichen, d.h. visuelle Merkmale, aufgrund deren man den Hersteller A einer Ware von Hersteller B einer Ware unterscheiden kann, wie eine bestimmte Farbkombination, und Patente (den technischen Teil der Maschine, in welchen man viel Geld gesteckt hat und wo man möchte, dass die Konkurrenz das technische Problem selbst und anders lösen muss) schützen lassen. Prompt entdeckt ein Vertreter der deutschen Firma beim Besuch einer Messe in der VR China die exakte von Chinesen hergestellte Kopie seiner Maschine, wobei sogar noch der deutsche Fabrikname mitkopiert wurde. Nun jammert die Firma über chinesischen „Technologieklau" und Gesetzlosigkeit in der VR China. In Tat und Wahrheit hat die deutsche Firma ihre Hausaufgaben nicht gemacht. Sie hat es unterlassen, ihre Maschine in China patent- und markenrechtlich zu schützen. Also sind in der VR China keinerlei geistige Eigentumsrechte verletzt worden. Es wurde legal kopiert, denn in der VR China hat die deutsche Firma keine Vorkehrungen für den juristischen Schutz ihrer Maschine getroffen. Die Kopie kann in der VR China ohne schlechtes Gewissen verkauft werden. Ohne kostspielige patentrechtliche Sicherung in der VR China „ist das Produkt weg".[67]

Dies ist gewiss nur ein kleiner Ausschnitt aus dem weiten Problemfeld des Schutzes von geistigem Eigentum in der VR China. Aber jede Firma, welche sich wegen „Piraterie" und

„Know-how-Diebstahls“ in der VR China beklagt, sollte zuerst einmal mitteilen, ob sie ihre Marken und Patente in diesem Land hat schützen lassen. Nur dann kann sie von einer Verletzung des geistigen Eigentums sprechen. Andernfalls sind es nicht Chinesen, die man zu kritisieren hat, sondern man kommt nicht umhin, der deutschen Firma mangelnde Schadensstrategemprävention vorzuwerfen. Listenblind rechnete sie nicht mit der Wachheit chinesischer Geschäftsleute, die geistesgegenwärtig jede Chance für einen Gewinn auszumünzen verstehen (Strategem Nr. 12 „Mit leichter Hand das Schaf wegführen“).

3.14 Spanisch-chinesischer Schuhkrieg

„Fremdländische Kleider trag ich zwar am Körper, aber mein Herz ist und bleibt ein chinesisches Herz.“ Das ist eine Zeile in dem in der VR China beliebten Lied *Mein chinesisches Herz*. Das Chinesentum ist, will man dieser Liedzeile Glauben schenken, für viele Chinesen ein Wert. Ist es auch das Italienertum, Schweizertum, Deutschtum, Europäertum für Italiener, Deutsche, Schweizer, Europäer? Oder zerfließt in Europa alles ungeschützt im reißenden Strom der nur als gute Gelegenheit zu kurzfristigem Geldverdienen aufgefassten Globalisierung?

In der Costa Blanca, dem vormaligen Zentrum der europäischen Schuhindustrie, genauer gesagt im Industriegebiet Carrus von Elche, hatten nachgemachte Schuhe aus der südostchinesischen Stadt Wenzhou die einheimische Schuhindustrie verdrängt. Mit ihren Discountplagiaten hatten die chinesischen Schuhhersteller die Preise kaputt gemacht. Bald belegten ungefähr 80 der weit über 100 Schuhlager von

Elche Chinesen. In Wenzhou leben sieben Millionen Menschen. Dort gab es riesige Fabriken, wo man für durchschnittlich 90 Euro im Monat elf Stunden am Tag arbeitete. In Elche, der Stadt mit 200 000 Einwohnern, waren die Löhne zehnmal so hoch, auch wenn sie massiv gesunken waren.

Aus Protest gegen die Billigimporte zerstörten am 16.09.2004 Demonstranten in der Hochburg der spanischen Schuhindustrie Warenlager von chinesischen Einwanderern. Die Demonstranten legten Feuer und brüllten: „Scheißchinesen – geht nach Hause." Container mit chinesischen Schuhen wurden angezündet, der Gegenwert von rund einer Million Euro ging in Flammen auf. Für einige Stunden herrschte Pogromstimmung.

Was war geschehen? Ab Ende der 1980er-Jahre entdeckten die Fabrikanten von Elche China. Sie suchten das schnelle Geld, es wurde ausgelagert, entlassen und wenig investiert. Man ließ auch in Wenzhou fertigen. Zwischendurch hospitierten Chinesen bei einem spanischen Schuhfabrikanten in Elche, der im Mai 2004 Konkurs anmeldete und 147 Angestellte entließ. Die Spanier brachten den Chinesen bei, wie man billige Schuhe herstellt. 2001 ließen sich die ersten Chinesen in Elche nieder. Jetzt wendete sich das Blatt. 300 spanische Schuhfirmen haben in Elche seit 2000 dichtgemacht, 5000 Arbeitsplätze gingen in zehn Jahren verloren. Der Import übersteigt nun den Export um 50%. 55 Millionen Paar Schuhe wurden 2003 aus China nach Elche gebracht.[68]

Die spanischen Schuhhersteller handelten ohne jede Kenntnis des Strategems Nr. 30 und wurden, ohne dies bewusst wahrzunehmen, dessen Opfer.

3.15 Angela Merkels ungeschickte Beijinger Ballspiele

Wie hieß es doch im Kapitel über die Supraplanung? Man sollte sein Gegenüber bis ins Letzte genau kennen. Über die Bundeskanzlerin Merkel, die Ende August 2007 die VR China besuchte, erfuhren chinesische Leser folgende Details:

Gemäß Berichten in den Massenmedien bezog sie in Nanjing im Sofitel Galaxy Hotel nicht die Präsidialsuite, sondern ein Zimmer mittlerer Preisklasse. Es kostete nur ein Zwanzigstel so viel wie die Präsidialsuite. Sie ließ sich das Frühstück nicht in ihr Zimmer bringen und nahm es auch nicht in einem abgeschotteten Chambre séparée ein. Vielmehr begab sie sich in den großen Esssaal im siebten Stock, um sich am Buffet selbst zu bedienen. Eigenhändig wählte sie Brot und Gebäck sowie Fruchtsaft und andere Getränke aus. Als sie Brot holte, geschah ein Missgeschick. Ein Stück Brot fiel zu Boden. Sofort hob sie es auf, legte es auf ihren Teller und trug es zu ihrem Sitzplatz, wo sie es mit großem Appetit aufaß, bis dass der Teller leer war. Als sie wegging, grüßte sie alle Angestellten. Sie legte nicht die geringsten Allüren an den Tag.[69]

Chinesische Funktionäre, heißt es in dem Artikel, sollten sich Frau Merkels bescheidene Art zum Vorbild nehmen.

In einem anderen Kontext sah aber Bundeskanzlerin Merkel weniger gut aus. Der chinesische Ministerpräsident Wen Jiabao besuchte mit ihr einen Park. Deutschen Journalisten fiel vor allem auf, dass er dies „ohne Jackett und Schlips" tat.[70] Im Park aber wollte die Bundeskanzlerin „ihre Geschicklichkeit zur Schau" stellen. Ein traditionelles chinesisches Diabolo-Spiel mit Schnur und Ball wollte sie vorführen.[71] Doch sie „verhedderte sich". „Premier Wen Jiabao grinst und zeigt seinem Gast, wie es geht."[72]

Bereits bei ihrem China-Besuch im Mai 2006 ließ sich Bundeskanzlerin Merkel auf ein ihr unbekanntes chinesisches Ballspiel ein, was für Belustigung sorgte. Denn was den Gebrauch ihrer Hände angeht, scheint sie nicht die Geschickteste zu sein. Deutsche Zeitungen schrieben über diese Visite u. a.:

> „Immer wieder kommt Frau Merkel auf die Bedeutung des Menschenrechtsdialogs mit China zu sprechen – nicht eines der Lieblingsthemen der chinesischen Führung."[73]

> „Menschenrechte, Todesstrafe, Religion – die Palette all jener Themen, die Merkels Vorgänger Schröder in den ‚Rechtsstaatsdialog' verwiesen hatte, rückte bei Frau Merkels Besuch in die offizielle Agenda. Und sie traf sich persönlich mit Kritikern der chinesischen Regierung, was einer Begegnung mit einer im chinesischen System nicht vorgesehenen Opposition entsprach."[74]

> „Schon am frühen Morgen war […] Premierminister Wen Jiabao ganz entspannt mit ihr umgegangen, hatte die Krawatte abgelegt, den Kragen aufgeknöpft und sie durch einen der schönsten alten Gärten seiner Hauptstadt geführt. Er hatte Holzschläger und Ball mitgenommen, um sie ein altes chinesisches Schattenboxspiel zu lehren. Er führte ihr das Spiel elegant vor […]."[75]

> „Beim anschließenden Spaziergang durch den Park ist alles durchgeplant. Die Frauen, die am Wegesrand ihre Morgengymnastik absolvieren, sind handverlesen. Bewegung kommt auf, als Ministerpräsident Wen zum Taj Chi Ball [Taiji Rouli Qiu, Schattenbox-Softball] greift. Elegant und flott schwenkt er den Schläger hin und her, ohne dass der Ball herunterfällt. Dann bietet er Merkel das Gerät an. Auch sie versucht sich daran, doch bei der Kanzlerin sieht es eher aus wie Eierlaufen beim Kindergeburtstag."[76]

Gemäß diesen Schilderungen deutscher Journalisten war mit das Auffälligste an dem Vorgang, dass der chinesische Ministerpräsident keine Krawatte trug.

Anders berichteten chinesische Journalisten über den Vorgang. Hier zunächst ein Kommentar aus einer Zeitung der VR China:

> „Wenn es zwar zutrifft, dass Merkel vom Schattenboxen schon gehört hatte, so war doch der Schattenbox-Softball für sie etwas Brandneues. Merkel versuchte, mit dem Schläger die Dreh- und Wendebewegungen auszuführen, um den Ball auf dem Schläger unter Kontrolle zu behalten, aber sie erfasste den Dreh nicht.
>
> ‚Kommen Sie, ich zeige Ihnen, wie es geht', sagte Ministerpräsident Wen und ließ sich von Merkel den Schläger überreichen. Er machte mit dem Schläger einige Schwenker und Wippbewegungen, und siehe da, der Ball ruhte wie angeklebt auf dem Schläger. ‚Üben Sie das häufig?', fragte Merkel mit Augen voller Neugierde. Lächelnd nickte Ministerpräsident Wen."[77]

Und nun soll ein Taibeier Journalist zu Worte kommen:

> „Die chinesischen Kommunisten haben Merkels Provokation in der Menschenrechtsfrage nicht tatenlos zur Kenntnis genommen. Als eine ‚chinesische Art der Reaktion' wurde es angesehen, dass Ministerpräsident Wen Jiabao auf das Programm setzen ließ, dass Merkel in seiner Begleitung am 22. Mai in aller Herrgottsfrühe den Changpu-Park aufsuchte und die Pekinger Bevölkerung bei deren Frühsport beobachtete, wobei er ihr höchstpersönlich eine Darbietung des Spiels mit dem Schattenbox-Softball vor Augen führte."
>
> „Der ‚Schattenbox-Softball' ist eine Sportart, bei der das chinesische Schattenboxen mit westlichen Sportarten wie Tennis und Federball verschmolzen wird. [Der Ball wird

vom Schläger nicht weggestoßen, sondern soll unbeweglich auf der Mitte des Schlägers ruhen, mit dem der Spieler Schattenbox-Bewegungen macht.] Beobachter meinen, dass diese neue festlandchinesische Ballsportart die Denkweise von Chinesen widerspiegle, nämlich Vorstellungen wie ‚Das Weiche überwindet das Harte' und ‚Auseinandersetzungen hart auf hart aus dem Wege gehen'. Wenn Wen Jiabao das Spektakel mit diesem Ballspiel vorführte, dann versteht sich für Chinesen von selbst, welche Botschaften damit insgeheim vermittelt wurden. *Was man sich allerdings fragen muss, ist, ob Merkel etwas davon gemerkt hat.*"[78]

Ob die durch das Ballspielspektakel subtil-strategemisch ausgesandten Signale wohl von deutschen Medienvertretern mit ihrem ausgeprägten Interesse für die fehlende Krawatte des chinesischen Ministerpräsidenten bemerkt worden sind? Was Angela Merkel anbelangt, so scheint ihre Fähigkeit, mit Strategemen kompetent umzugehen, nach wie vor entwicklungsbedürftig zu sein, ist sie doch anfangs 2023 „auf einen Telefonstreich von zwei Russen reingefallen, die sich als der frühere ukrainische Präsident Poroschenko ausgaben."[79]

Anmerkungen

1 S. Harro von Senger: „Morphologie und China", in: Paul Wild (Hg.): *Erfolg mit Morphologie*, Baeschlin Verlag, Glarus 1993, S. 10f.

2 „Haltet das große rote Banner der Maotsedongideen stets hoch und schreitet mutig voran!", in: *PR*, 11.10.1976, S. 5; s. auch Harro von Senger: „My Rewarding Years Studying at Beijing University (1975–1977)", in: Botschaft der VR China, Bildungsabteilung (Hg.): *Women Jiyi zhong de Zhongguo (China in Our Memories)*, Bern 2017, S. 12–13, s. auch: *https://www.china-in-our-memories.ch/edition1-2/*, a.a. 06.03.2018.

3 Harro von Senger, ibid.

4 *Strategeme 1*, Kap. 1.8 „Die rote Fahne schwenkend, gegen die rote Fahne vorgehen."

5 „Mit dem Wesentlichen vor Augen die Kritik an Deng Hsiao-ping vertiefen", in: *PR*, 31.08.1976, S. 5.

6 *Strategeme 1*, Kap. 1.8, ibid., S. 53.

7 „Zhonghua wenhua fuxing xuanyan" vom Oktober 2001, *https://wenku.baidu.com/view/22aa5e1849649b6648d747fd.html*, a.a. 15.03.2023.

[8] Guo Jiyuan (Chefred.): *Taozhai Sanshiliu Ji (Schuldeneintreibung gestützt auf die 36 Strategeme)*, Zhongguo Zheng-Fa Daxue Chubanshe (Verlag der Chinesischen Universität für Politik und Recht), Beijing 1993; Yang Peiguo: *Lü Zheng Ying Mou 36 (36 siegbringende Strategeme in Recht und Politik)*, Shandong Renmin Chubanshe (Volksverlag Shandong), Jinan 2006; Jia Mingjun: *Furen Lihun de 36 Jice (Thirty-Six Stratagems of Rich Divorce)*, Falü Chubanshe (Rechtsverlag), Beijing 2009.

[9] „Zhejiang Yaolin xianjing daoyouci" (Leitfaden für den Besuch der Märchenwelt in Yaolin, [Provinz] Zhejiang),29. 06. 2017, *https://www.liuxue86.com/a/3303370.html*, a.a. 15.03.2023.

[10] „‚Sanshiliu Ji' Xilie Dangdai Yishu Zhan" (Zeitgenössische Kunstausstellung zu den 36 Strategemen), 10.08.2006, *http://art.china.cn/zixun/txt/2006-08/10/content_154784.htm*, a.a. 15.03.2023; „‚Ge an guan huo' Sanshiliu Ji Xilie Dangdai Yishu Zhan diwu hui zhan" („[Scheinbar unbeteiligt] die Feuersbrunst am gegenüberliegenden Ufer beobachten." Serie von zeitgenössischen Kunstausstellungen zu den 36 Strategemen. Die fünfte Ausstellung), 21.10.2006, *http://exhibit.artron.net/exhibition-1833.html*, a.a. 15.03.2023.

[11] Mein Dank gilt dem Delegationsleiter Professor Thomas Fleiner, Institut für Föderalismus, Universität Freiburg (Schweiz), der mich zum Mitglied der Delegation erkor. Diese umfasste noch Marianne Heer, Oberrichterin (Luzern); Marianne Heimoz, Direktorin, Strafanstalt Hindelbank; Hans „Jonny" Wiprächtiger, Bundesrichter, Lausanne; Fritz Lehmann, Direktor, Schweizerisches Polizeiinstitut, Neuchâtel; Daniel Fink, Bundesamt für Justiz, Rechtspflege, Neuchâtel; Matthias Messmer, Senior Research Fellow, Schweizerisches Institut für Föderalismus, Freiburg (Schweiz).

[12] Zur Erklärung dieser ca. 2500 Jahre alten Fachtermini der chinesischen Kriegskunst s. mein Buch *Strategeme 1*, Kap. 2.2 „Von der Fülle und Leere".

[13] Hierzu im Einzelnen meine Bücher *Strategeme 1*, 18.17 „Die vier Hauptwidersprüche", sowie *36SfM*, S. 145 ff., „Den Ochsen am Nasenring führen". Auf diese überaus wichtige Führungsmethode gehe ich auch in meinem Buch *Einführung*, S. 245 ff., ein.

[14] S. *Strategeme 1*, Kap. 12.5 „Der leichte Aufstieg auf den Tigerberg".

[15] S. *Strategeme 2*, Kap. 21.20 „Frauen in Männergewand".

[16] S. *Strategeme 2*, Kap. 31.1 „Zehn Opern über ein Strategem".

[17] *Strategeme 1*, Kap. 5.1 „Das strahlend schöne Gewand"; Kap. 13.12 „Die Rückkehr des Affenkönigs".

[18] Der „Tempel des Fürsten Hou" wird immer wieder in der chinesischen Presse gewürdigt, s. z. B.: Lin Lin: „Wu Hou Ci li xun wolong" (Im Tempel des Fürsten Hou den Schlafenden Drachen suchen), in: *RR*, 23.12.2017, S. 11.

[19] *Strategeme 1*, Prolog „Das Strategem der offenen Stadttore"; Kap. 1.4 „Das aufgelöste Eheversprechen", Kap. 9.1 „Der siegende Beobachter" und viele andere Beispiele, auch in *Strategeme 2*.

[20] Name des Reiches im Bereich des heutigen Sichuan, in welchem Zhuge Liang als Reichskanzler und Feldherr wirkte.

[21] S. *Strategeme 1*, „Kristallisation aus Jahrtausenden", S. 24 f.

[22] S. *Strategeme 1*, Kap. 16.2 „Die sieben Freilassungen des Meng Huo".

[23] Jung Chang, Jon Halliday: *Mao. Das Leben eines Mannes, das Schicksal eines Volkes*, Karl Blessing Verlag, München 2005.

24 „Der große Zerstörer", in: *DS*, Hamburg Nr. 40/2005, S. 134.

25 „‚Chinesen könnten liberaler sein' – Mit Pascal Couchepin sprach Hannes Nussbaumer", in: *TA*, 16.10.2004, S. 2.

26 Li Cheng, Gou Chengyi (moderne chinesische Übersetzung und Kommentierung): *„Hanfeizi" Baihua Jin Yi (Zeitgenössische Übersetzung [des Buches mit dem Titel] „Hanfeizi" in die chinesische Umgangssprache)*, Zhonghua Shuju, Beijing 1994, S. 345.

27 S. hierzu auch Harro von Senger: „Stratagem Prevention Through Law in the People's Republic of China. An Analysis", in: Michal Tomasek, Guido Mühlemann (Hg.): *Interpretation of Law in China – Roots and Perspectives*, Karolinum Press, Prag 2011, S. 109–121.

28 Aussage von Zen Ze-kiun, s.: „‚Die Partei ist nervös wegen nichts.' Am Freitag wird der Chinese Zen Ze-kiun zum Kardinal ernannt. Er will zwischen Kirche und Kommunisten vermitteln", in: *DW*, 21.03.2006, S. 10.

29 Carsten Hermann-Pillath: „Vom Wirtschaftswunder zur Weltwirtschaftsmacht: Chinas Wirtschaft in 20 Jahren", in: *Wirtschaftspolitische Blätter*, Bd. 52 (2005), S. 24.

30 Matthias Richter: *Guan Ren. Texte der altchinesischen Literatur zur Charakterkunde und Beamtenrekrutierung, Welten Ostasiens*, Bd. 3, Verlag Peter Lang, Bern et al. 2005, S. 33f.

31 Matthias Richter, a.a.O., S. 55.

32 Matthias Richter, a.a.O., S. 62f.

33 Matthias Richter, a.a.O., S. 63–66.

34 Wolfgang Franke: *China und das Abendland*, Vandenhoeck und Rupprecht, Göttingen 1962, S. 45.

35 „Mit Wenbin Wei sprach Ralf Kaminski", in: *TA*, 14.02.2006, S. 19.

36 Chang Tiejun: „Xuan bin duo zhu", in: *GMRB*, 20.12.1994.

37 S. *Strategeme 2*, S. 560, Kap. 30 „Die Rolles des Gastes in die des Gastgebers umkehren."

38 „Die größten Internetunternehmen nach Umsatz", 30.09.2021, *https://www.weltexporte.de/internetunternehmen/*, a.a. 15.03.2023.

39 Ebenda.

40 S.z.B.: „Zhongguo zizhu yanfa shengwu hangmei wancheng wanli shou fei" (Der erste mit in eigener Regie entwickeltem chinesischem Biokraftstoff [durchgeführte] 10000 Meilen [weite kommerzielle Passagier]flug [war ein voller Erfolg]), in: *GMRB* 23.22.2018, S. 11.

41 „Houfa daguo zenyang peiyu guojia chuangxin youshi" (Wie kann ein spät entwickeltes großes Land eine nationale innovative Überlegenheit heranbilden?), in: *GMRB*, 08.01.2018, S. 6.

42 Matthias Müller: „Der Westen agiert gegenüber China hilflos", in: *NZZ*, 09.05.2018, S. 13.

43 Ulrich Speck: „Trump behindert eine vernünftige China-Strategie", in: *NZZ*, 22.03.2018, S. 13.

44 Tim Bartz et al.: „Griff nach dem Stern. Der Einstieg des chinesischen Milliardärs Li Shufu beim deutschen Daimler-Konzern beunruhigt Industrie und Bundesregierung. Der Investor will einen führenden Anbieter von Elektromobilen erschaffen – mit Know-how aus Stuttgart", in: *DS*, Nr. 10/2018, S. 69.

45 Stefan Stahl: „Deshalb haben die Chinesen Kuka gekauft", 20.01.2017, *https://*

www.augsburger-allgemeine.de/wirtschaft/Deshalb-haben-die-Chinesen-Kuka-gekauft-id40256182.html, a.a. 15.03.2023.

[46] „Steht C&A bald für ChinA?“, in: *Bild*, 16.01.2018, S. 2.

[47] Matthias Müller: „Amerikanische Firmen nutzen ihre Chancen in China“, in: *NZZ*, 31.01.2018, S. 25; ders.: „Es geht um mehr als um Stahl und Sojabohnen“, in: *NZZ*, 28.03.2018, S. 12.

[48] Matthias Müller, ibid.

[49] Li Keqiang: „Wo guo keji chuangxin you genpao wei zhu zhuan xiang geng duo lingyu bingpao, lingpao“ (Was naturwissenschaftlich-technische Innovationen in der VR China angeht, so verzeichnet man in noch mehr Bereichen einen Wandel von einer Situation, in der man in erster Linie hinter [dem Westen] hinterherrannte, zu einer Situation, in der man [zum Westen] aufschloss oder ihm vorausrennt), 05.03.2018, *http://www.xinhuanet.com/politics/2018lh/2018-03/05/c_137016824.htm*, a.a. 15.03.2023.

[50] Matthias Müller: „Drohnen auf Siegesflug in China“, in: *NZZ*, 04.01.2018, S. 22.

[51] Liu Cixin: „San Ti. ‚Diqiu Wangshi‘ Sanbuqu zhi yi“ (*Drei Körper*, Bd. 1 der Trilogie *Die Vergangenheit der Erde*), Chongqing Chubanshe, Chongqing 2008, S. 27f.; ders.: *Die drei Sonnen*, aus dem Chinesischen von Martina Hasse, Wilhelm Heyne Verlag, 7. Aufl. München 2017, S. 118f.

[52] Siehe hierzu Harro von Senger: *36 Strategeme für Juristen*, Stämpfli Verlag, Bern 2020, S. 123.

[53] „Jiaqiang dang de zhizheng nengli jianshe de zhongyao jucuo - Cong Zhong Gong Zhongyang Zhengzhi Ju 44 ci jiti xuexi kan jianshe xuexixing zhengdang“ (Eine wichtige Maßnahme zur Verstärkung der Regierungsausübungskompetenz der Partei - Vom 44. kollektiven Studium des Politbüros des Zentralkomitees der KPCh aus einen Blick werfen auf den Aufbau einer politischen Partei des lernenden Typs), in: *RRH*, 11.10.2007, S. 1.

[54] Satzungen der KPCh von 2002, 2007, 2012, 2017, jeweils AP.

[55] Der Jurist Josef Drexl über das neue chinesische Kartellgesetz und die Vorstellung von Wettbewerb und geistigem Eigentum: „Eine unabhängige Kartellbehörde ist in China undenkbar“, in: *FAZ*, 02.10.2007, S. 14.

[56] „Guanyu waiguo touzizhe binggou jingnei qiye de guiding“ vom 22.06.2009, *http://www.mofcom.gov.cn/aarticle/b/c/200608/20060802839585.html*, a.a. 15.03.2023.

[57] „Zhongguo gongbu xin de yi pi jiagong maoyi xianzhi lei mulu“ vom 24.07.2007, *http://article.pchome.net/content-411853.html*, a.a. 15.03.2023; „Jujiao ‚Jiagong maoyi xianzhi lei shangpin mulu‘“ („Die Liste der Handelsgüter, die unter die Kategorie der Beschränkung des weiterverarbeitenden Handels fallen“, unter der Lupe), in: *GMRB*, 24.08.2007, S. 5, sowie *http://finance.people.com.cn/GB/6166255.html*, a.a. 06.03.2018; „Shangwu Bu, Haiguan Zongshu gonggao 2015 nian di 63 hao Guanyu jiagong maoyi xianzhi lei shangpin mulu de gonggao“ (Bekanntmachung Nr. 63 des Jahres 2015 des Handelsministeriums und der Allgemeinen Zollverwaltung. Bekanntmachung betreffend die Liste der Handelsgüter, die unter die Kategorie der Beschränkung des weiterverarbeitenden Handels fallen) vom 26.11.2015, *http://wms.mofcom.gov.cn/article/zcfb/g/201511/20151101195139.shtml*, und „Shangwu Bu Haiguan Zongshu gonggao 2020 nian di 54 hao guanyu tiaozheng jiagong maoyi jinzhi lei shangpin mulu de gonggao“ (Bekanntmachung Nr. 54 des Jahres 2020 des Handelsministe-

riums und der Allgemeinen Zollverwaltung. Bekanntmachung über die Anpassung der Liste der Handelsgüter, die unter die Kategorie der Beschränkung des den weiterverarbeitenden Handels fallen) vom 12.11.2020, *http://www.mofcom.gov.cn/article/b/c/202011/20201103015545.shtml*, a.a. 15.03.2023.

[58] Hans Jakob Roth: *Managing China*, Hans J. Roth Publishing, Hongkong 2007, S. 26.

[59] Hans Jakob Roth, a.a.O., S. 28.

[60] Hans Jakob Roth, a.a.O., S. 29.

[61] Hans Jakob Roth, a.a.O., S. 29.

[62] Informationen aus China über China: „Gesetz der Volksrepublik China über chinesisch-ausländische Joint-Ventures", *http://german.china.org.cn/archive2006/txt/2002-08/05/content_2038309.htm*, a.a. 15.03.2023.

[63] Jiang Yong: „‚Shichang huan jishu', huyou le shui?" („Markt gegen Technologie", wer zieht wen über den Tisch?), in: *Shijie Zhishi (Weltwissen)*, Nr. 16, 2007, S. 48.

[64] „Zhonghua Renmin Gongheguo xingzheng xuke fa", deutsche Übersetzung unter: *http://www.chinas-recht.de/030827.htm*, a.a. 15.03.2023.

[65] Frank Sieren: *Der China Code. Wie das boomende Reich der Mitte Deutschland verändert*, Econ Verlag, Berlin 2005, S. 267f.

[66] E-Mail-Auskünfte vom 06.01.2018 von Stefan Oswald, Angestellter im Tarif der Audi AG in Ingolstadt, sowie vom 03.04.2018 von Siegmar Schulz, ehemaliger China-Manager des VW-Werks (Wolfsburg).

[67] Eberhard Sandschneider, zitiert aus: Sinologie Heidelberg Alumni Netzwerk, Newsletter Juni 2006 Nr. 1, „China – Markt, Wettbewerber oder Rivale?" *http://www.zo.uni-heidelberg.de/sinologie/shan/nl-archiv/2006_NL01.html#3*, a.a. 15.03.2023.

[68] S. hierzu Karin Finkenzeller: „Globalisierung erschüttert Spaniens Schuhindustrie", *Welt am Sonntag*, 03.06.2005, *https://www.welt.de/print-wams/article128733/Globalisierung-erschuettert-Spaniens-Schuhindustrie.html*, a.a. 15.03.2023; Bin Jiang, Patrick J. Murphy: „If the Shoe Fits. Wenzhou Aike Shoes Company, Ltd.", in: Scott T. Young: *Essentials of Operations Management*, Sage Publications, Los Angeles […] 2010, Appendix, A 3ff.

[69] Ji An: „Moke'er de shenghuo qishi" (Von Merkel ausgehende Inspirationen für [unser] Leben), in: *RRH*, 25.09.2007, S. 6; „Moke'er zai Nanjing chi zizhu zaocan: Mianbao diaodi you jianhui pan zhong" (Merkel aß in Nanjing ein Selbstbedienungsfrühstück: Als das Brot zu Boden fiel, las sie es wieder auf und legte es in den Teller zurück), *http://www.chinanews.com/gn/news/2007/08-30/1014656.shtml*, 28.08.2007, a.a. 15.03.2023.

[70] Brigitte Fehrle: „Ihr Gespür für Musik. Behutsam drängt Merkel die Chinesen, mehr Verantwortung für die Welt zu übernehmen. Doch die haben andere Pläne", in: *DZ*, 30.08.2007, S. 4.

[71] „Moke'er Beijing dou kongzhu" (Merkel spielt in Beijing mit einem Diabolo), *http://news.sohu.com/20070828/n251812151.shtml*, a.a. 15.03.2023.

[72] „Kanzlerin Merkel in China", o.J., *https://www.welt.de/politik/gallery1137458/Kanzlerin-Merkel-in-China.html*, a.a. 15.03.2023; „Diabolo" chinois pour Angela Merkel, in: *Les Echos*, 28.08.2007, *https://www.lesechos.fr/28/08/2007/LesEchos/19991-170-ECH_–diabolo—chinois-pour-angela-merkel-.htm*, a.a. 15.03.2023.

[73] Eckart Lohse: „Chinesische Realitäten: Angela Merkel in Peking – eine Stippvisite in nicht immer nur freundschaftlicher, sondern betont sachlicher Atmosphäre", in: *FAZ*, 23.05.2006, S. 3.

[74] Petra Kolonko: „Der ‚Sturm' fand nicht statt: Neue Töne im Verhältnis mit China", in: *FAZ*, 27.05.2006, S. 6.

[75] Georg Blume: „Merkel auf Gratwanderung in Peking", in: *taz*, 23.05.2006.

[76] Henning Krumrey, Focus-Korrespondent: „Merkel-Besuch: Ping-Pong in Peking", 22.05.2006, *https://www.focus.de/politik/ausland/merkel-besuch_aid_109334.html*, a.a. 15.03.2023.

[77] Xu Song: „Taiji, rouliqiu, lin yin manbu" (Schattenboxen, Taiji-Softball, Spaziergang im Waldesschatten), in: *GMRB* 23.05.2006, S. 3.

[78] Zhu Jianling: „Xianmei? Duikang? Meike'er zouchu yu Zhong ‚hezuo' xin lu" (Schmeicheln? Sich widersetzen? Merkel schreitet hinaus auf einen neuen Weg der „Zusammenarbeit" mit China), in: Kan Zhongguo – Vision Times, 27.05.2006, *https://www.secretchina.com/news/gb/2006/05/02/152898.html.%E7%8C%AE%E5%AA%9A%E5%AF%B9%E6%8A%97%E6%A2%85%E5%85%8B%E5%B0%94%E8%B5%B0%E5%87%BA%E4%B8%8E%E4%B8%AD%E2%80%9C%E5%90%88%E4%BD%9C%E2%80%9D%E6%96%B0%E8%B7%AF.html*, a.a. 15.03.2023.

[79] „Verlierer", in: *Bild*, 21.02.2023, S. 1.

4

Der große Verbund von Supraplanung, Sinomarxismus und Strategemkunde

> „Der chinesischen Tradition ist eine Besonderheit zu eigen, nämlich das vernetzende Denken. Im Westen ist man an ein eingleisiges, einspuriges Denken gewöhnt und hat Mühe, das vernetzende Denken zu begreifen.“

Das schreibt ein Chinese, der an der Universität Hawaii einen Doktortitel erworben hat und dann an der Beijinger Fremdsprachenuniversität arbeitete.[1] Ob diese Aussage so richtig ist, soll hier nicht näher untersucht werden. Zweifellos gibt es auch im Westen inklusives und vernetzendes Denken. Aber Unterschiede bestehen in den Materien, die miteinander verknüpft werden. So wird im Westen schläfriges Routinedenken nicht in gleich intensivem Maße mit hellwacher Strategemsensibilität verknüpft wie in China. Desgleichen dürfte im Abendland kurzfristiges, taktisches Planen nicht in gleicher Weise mit langfristigen, ja supraplanerischen Elementen vernetzt sein, wie dies tendenziell, zumindest auf der höchsten Partei- und Staatsebene, im Reich der Mitte der Fall ist.

Was nun die Supraplanung, den Sinomarxismus und die Strategemkunde anbelangt, so besteht in der VR China zwischen diesen drei Denkbereichen eine enge Vernetzung.

So stellt der wichtigste Moulüe-Forscher der VR China, Li Bingyan, in einem Schema über die Supraplanung an die oberste Stelle nicht das Stichwort „Moulüe“, sondern „Makesizhuyi zhexue“, also „Marxistische Philosophie“.[2]

Im Vordergrund stehe dabei insbesondere Mao Zedongs Abhandlung „Über den Widerspruch“, versicherte mir Li Bingyan im Oktober 2007 in Beijing.

4.1 Eine Zelle der KPCh im Weltall

Wenn man darauf achtet, entdeckt man auf Schritt und Tritt Spuren der Supraplanung im Sinomarxismus. Vielleicht lässt sich sogar sagen, weil es im Reich der Mitte eine alte Tradition der Supraplanung gibt, war man für den Marxismus besonders empfänglich. Drei Elemente, durch welche beides miteinander verknüpft zu sein scheint, möchte ich hervorheben.

1. Zunächst weise ich rückblickend darauf hin, dass sich in den Handlungen der KPCh von 1937 bis 2023, also während 86 Jahren, so disparat sie gewesen sein mögen, ein durchgängiger roter Faden erkennen lässt, nämlich die Hauptwiderspruchsmethode. Diese wurde durch acht Jahrzehnte hindurch hochgehalten. Es lässt sich eine Schrittfolge von einer Hauptwiderspruchsphase zur nächsten feststellen. Die spätere baut jeweils auf der vorhergehenden auf. Weil alle vier Hauptwiderspruchsphasen von 1937 bis Oktober 2017 und auch die fünfte Hauptwiderspruchsperiode (seit 24.10.2017) der Grundstruktur nach gleich sind, lassen sich Parallelen zwischen ihnen entdecken, insbesondere zwischen der Hauptwiderspruchsphase I (1937–1945) und den Hauptwider-

spruchsphasen IV und V (seit 1978), so etwa, was die Behandlung der Menschenrechte, des Privateigentums oder die Ausweitung des „Volks"-Begriffs auf Personengruppen, die eigentlich als Klassenfeinde einzustufen wären, angeht.

2. Wie lautet doch ein in der VR China eifrig zitierter[3], auf das Fließen der Dinge hindeutender, zeitlich weit ausgreifender und daher Chinesen offensichtlich gefallender Ausspruch von Friedrich Engels:

   „Unsere Theorie ist kein Dogma, sondern die Darlegung eines Entwicklungsprozesses, und dieser Prozess schließt aufeinanderfolgende *Phasen* ein."[4]

3. Aus dem unbeirrten Festhalten an der Hauptwiderspruchsmethode in der Vergangenheit über den Tod zweier Führungspersönlichkeiten, Mao und Deng, hinaus, lässt sich womöglich für die Zukunft schlussfolgern, dass auf die jetzige Hauptwiderspruchsphase weitere folgen könnten, mit dem „Kommunismus" als einstweiligem globalem Endziel. „Einstweilig", weil nach Marx „das Fertigwerden für alle Zeiten nicht unsere Sache ist".[5]
4. Darüber, ob und wann der „Kommunismus" erreicht sei, werden infolge des völligen westlichen Desinteresses am Sinomarxismus dereinst Chinesen die alleinige Deutungsmacht ausüben.
5. Ferner fallen der weite Zeithorizont des Sinomarxismus, wie er sich im Endziel der KPCh sowie in den beiden 100-Jahres-Zielen niederschlägt, sowie der allumfassende Bereich, dessen Steuerung sich die KPCh zutraut, also ihre Allzuständigkeit, ins Gewicht. Grundsätzlich unterliegt alles in der VR China, nicht nur die Wirtschaft, dem Regulierungszugriff der KPCh. „Die Partei, die Regierung, die Armee, das Volk, die Schulen, den Osten, den Westen, den Süden, den Norden, die Mitte, die Partei führt alles."[6]

6. Deshalb postulierte ich die Ergänzung der rechtsvergleichenden Betrachtung der VR China durch eine, wie ich es zu bezeichnen vorschlage, „soziagogische“ Betrachtung des gesamten Systems der dortigen Gesellschaftsführung.[7] Es ist in der VR China die Rede davon, „angesichts zahlreicher im jetzigen Stadium von Chinas Entwicklung hervortretender Widersprüche Pläne zu schmieden, welche um die brennendsten Interessen der Volksmassen kreisen“, und „strategische Dispositionen zu treffen für die umfassende Fortsetzung des *wirtschaftlichen, politischen, kulturellen und gesellschaftlichen* Aufbaus“.[8] „Der nationale Wiederaufstieg sollte allseitig sein.“[9] Sogar im Weltall soll die KPCh präsent sein, sagte doch der erste chinesische Astronaut Yang Weili als Delegierter auf dem 17. Parteitag der KPCh im Oktober 2007, sämtliche 14 chinesische Astronauten seien Parteimitglieder. „Die chinesischen Astronauten glauben an den Kommunismus. Wenn die VR China künftig über eine Raumstation verfügen wird, werden die darin diensttuenden Astronauten das Leben der Parteiorganisation aufrechterhalten. Und falls wir im All eine Parteizelle gründen, wird dies vielleicht die ‚höchste‘ Parteizelle der Welt sein.“[10]

7. Zum Dritten sind sich Supraplanung und Marxismus einig in der Betonung von Misstrauen oder – positiv gesagt – Wachsamkeit und in der Hervorhebung von Strategemkompetenz, nicht zuletzt defensiv zum Zwecke des Selbstschutzes. Laut gewisser Lehren des Marxismus muss „der Revolutionär das Gras wachsen hören“ und durch die Phänomene hindurch auf das Wesen der Dinge schauen.[11] Von Haus aus traut der Marxismus den sogenannten Klassenfeinden jede nur erdenkliche Intrige zu, die es rechtzeitig zu durchschauen und zu durchkreuzen gilt. Gerade auch Lenin gebärdete sich oft strategemkundig, sagte er doch beispielsweise:

„Die Menschen waren in der Politik stets die einfältigen Opfer von Betrug und Selbstbetrug, und sie werden es immer sein, solange sie nicht lernen, hinter allen möglichen moralischen, religiösen, politischen und sozialen Phrasen, Erklärungen und Versprechungen die *Interessen* dieser oder jener Klasse zu suchen.“[12]

8. Dieses Lenin-Zitat betrifft die defensive Anwendung des Strategemwissens mit dem Ziel, List zu durchschauen und zu durchkreuzen. Was den aggressiven Einsatz von List mit dem Ziel, das Gegenüber auszutricksen, angeht, so präsentieren Autoren von Werken über die Supraplanung mit Vorliebe eine andere Empfehlung Lenins, und zwar den kursiv geschriebenen Satz in der folgenden Textstelle:

   „Wenn schon Krieg, dann wie im Krieg. *Es gibt keinen Krieg ohne Kriegslist*, und wenn der Feind (die liberale Bourgeoisie) halb Feind, halb einfältiger Freund ist, warum soll man ihn dann nicht an der Nase herumführen?“[13]

9. Wohlgemerkt: Diesen Satz äußerte Lenin nicht im Hinblick auf kriegerische, sondern auf zivile bzw. (innen) politische Auseinandersetzungen.

4.2 Marxismus als Trickkiste?

In der VR China ist von einer „Sinisierung des Marxismus“ die Rede, erstmals in einer Satzung der KPCh, in jener vom 21.10.2007, und verstärkt seit dem Machtantritt Xi Jinpings (2012). Gemeint ist eine Anreicherung des Marxismus mit Elementen aus der chinesischen Kultur und Tradition. Zweifellos ist der Sinomarxismus, wie die zahllosen Bücher über die 36 Strategeme andeuten, dabei, sich die altüberlieferte chinesische Kunst der List einzuverleiben, denn der europäische Marxismus ist bei aller von ihm gepredigten Cleverness in dieser Hinsicht doch eher rückständig.

In obligatorischen Schulbüchern über die marxistische Philosophie wird die nach meiner Einschätzung zentrale sinomarxistische Hauptwiderspruchsmethode mit der Strategemkunde verknüpft. Im Oktober 2006 kaufte ich in Shanghai in einem Schulbuchladen, der nur wenige Gehminuten von der Ausländer besonders beeindruckenden Nanjing-Straße-Fußgängerzone entfernt liegt, ein Schulbuch über *Ideologie und Politik* für das erste Semester der dritten Klasse der Oberen Mittelschule. In dem Lehrwerk stieß ich im Abschnitt über den „Hauptwiderspruch" auf einige Zeilen des von Du Fu (712–770) verfassten Gedichts, auf welches die Strategemformel Nr. 18 zurückgeht. In *Strategeme 1* habe ich darauf hingewiesen:[14]

> „Spannt man einen Bogen, dann am besten den stärksten.
>
> Will man eine Räuberbande fangen, fängt man zuerst den Anführer."[15]

Wie ich an anderer Stelle aufzeigte, wird in chinesischen Büchern über die 36 Strategeme häufig betont, das Anpacken eines Hauptwiderspruchs sei eine Anwendung des Strategems Nr. 18 „Will man eine Räuberbande unschädlich machen, muss man deren Anführer fangen" (*Strategeme 1*, Kap. 18.17 „Die vier Hauptwidersprüche"; *36SfM*, S. 145 f.)

An einer zweiten Stelle desselben Lehrbuchs wird anhand des Strategems Nr. 6 „Im Osten lärmen, im Westen angreifen" das sinomarxistische Postulat, durch die Phänomene hindurchzuschauen und das Wesen eines Vorgangs zu erfassen, erläutert. Zudem wird der Umschlag eines Kinderbuchs mit dem Titel *Das Strategem der Öffnung der Tore [einer in Wirklichkeit nicht verteidigungsbereiten Stadt]* abgebildet.[16]

Der Sinomarxismus selbst operiert strategemisch. Kein Mensch behauptete je in der VR China seit ihrer Gründung 1949, das Land sei „kommunistisch". Nur Mao meinte eine Zeit lang, das Land stehe kurz vor dem Übergang in den Kommunismus.[17] In der VR China muss jeder Schüler und jede Schülerin die marxistische Epochenabfolge auswendig lernen: klassenlose Urgesellschaft – Sklavenhaltergesellschaft – Feudalgesellschaft – kapitalistische Gesellschaft – kommunistische Gesellschaft.

Aber zwischen der kapitalistischen Gesellschaft – eine solche Phase hat China nie wirklich durchlaufen, weshalb dies vielleicht derzeit unter der Führung der KPCh im Schnelldurchgang nachgeholt wird – und der kommunistischen Gesellschaft schiebt sich gemäß sinomarxistischer Auffassung erst noch die Phase der „sozialistischen Gesellschaft". Unter Deng Xiaoping wurde diesbezüglich eine besonders raffinierte Formel entwickelt, nämlich die des „Anfangsstadiums des Sozialismus".[18] So steht in den Satzungen 1992, 1997, 2002, 2007, 2012 und 2017:

> „China befindet sich jetzt im Anfangsstadium des Sozialismus und wird sich über eine längere Zeit in diesem Stadium befinden. Das ist ein unüberschreitbares historisches Stadium bei der sozialistischen Modernisierung im wirtschaftlich und kulturell rückständigen China, das mehr als 100 Jahre in Anspruch nehmen wird."[19]

Das Konstrukt „Anfangsstadium des Sozialismus" erscheint, wie mir eine Chinesin in Beijing im Oktober 2007 sagte, gleichsam wie ein „Korb, in den man alles hineinzustopfen vermag". Wie man damit umgehen kann, zeigt ein Zitat aus einem Aufsatz des chinesischen Ministerpräsidenten Wen Jiabao (im Amt von 2003 bis 2013):

> „Die Entwicklung von Stadt und Land und von unterschiedlichen Regionen unseres Landes ist sehr unausgewogen.

> […] Die Strukturen der sozialistischen Marktwirtschaft sind noch nicht vollkommen genug. Demokratie und Rechtsordnung sind noch nicht komplett genug. In der Gesellschaft gibt es Ungerechtigkeiten. Probleme wie Korruption und moralische Verkommenheit sind immer noch vorhanden. […] Daher [ist festzustellen], dass unser Land derzeit noch längst nicht aus der Anfangsphase des Sozialismus herausgelangt ist. Es ist nach wie vor ein Entwicklungsland.“[20]

Jeden noch so grässlichen Missstand in der heutigen VR China kann man chinesischen Amtspersonen vorhalten wie Menschenrechtsverletzungen, exzessiven Einsatz der Todesstrafe, Folterpraktiken, grassierende Korruption, Kluft zwischen Arm und Reich, schlechte Behandlung von Minderheiten, Umweltverschmutzung, darniederliegende ethische Normen und was auch sonst immer. Sie werden nicht in Verlegenheit geraten, sondern stets in der Lage sein, recht bequem fluchtstrategemisch zu argumentieren: „Wir befinden uns derzeit eben im Anfangsstadium des Sozialismus. Da sind derartige Missstände objektiv unausweichlich.“ Kein Wunder, dass in einem DDR-Jugendbuch über Marxismus, wenn auch abwehrend, von einer „Art Trickkiste“ die Rede ist.[21]

Zudem können Verantwortliche der VR China auf die beiden 100-Jahres-Ziele (bis 2021 bzw. 2049) verweisen und behaupten, dass die sozialistische Modernisierung Chinas nicht im Hauruckverfahren über Nacht vollendet werden könne. Beispielsweise können nicht alle Gebiete Chinas gleichzeitig gleich wohlhabend werden. Geduld und andauernder unermüdlicher Einsatz gemäß der Grundlinie der KPCh mit dem Wirtschaftsaufbau im Mittelpunkt seien daher „objektiv“ erforderlich. Oder wie Wen Jiabao in seinem Aufsatz fortfährt:

> „Es verhält sich so, wie es Genosse Deng Xiaoping [im Jahre 1992] in seinen Aussagen im Süden [Chinas] auf den

> Punkt gebracht hat: Für die Konsolidierung und Entwicklung des sozialistischen Systems ist noch eine sehr lange geschichtliche Periode erforderlich. Es erforderte unsererseits den eifrigen Einsatz mehrerer Generationen und wird noch mehr als zehn Generationen, ja sogar Dutzende von künftigen Generationen erfordern, die unermüdlich und eifrig kämpfen und [diese Aufgabe] auf keinen Fall auf die leichte Schulter nehmen werden."

Eine mit sinomarxistisch abgestützter, strategemkundiger Supraplanung ausgestattete „Smart Power"[22] – das scheint eine der Herausforderung zu sein, der sich Europa angesichts Chinas gegenübersteht.

Anmerkungen

1 Tian Chenshan: „Gei Sun Wukong haomai" (Sun Wukong am Puls fühlen), in: *RRH*, 03.01.2007, S. 1.

2 Li Bingyan, Sun Jing: *Junshi Moulüexue (Militärische Supraplanungskunde)*, Bd. 1, Beijing 1989, S. 9; dieses Schema wird wiedergegeben in *Klaviatur*, S. 61.

3 Am 02.04.2023 220 Fundstellen für 我们的理论不是教条，而是对包含着一连串互相衔接的阶段的那种发展过程的阐明 auf Webseiten aus der VR China: *http://www.baidu.com/s?ie=utf-8&f=8&rsv_bp=1&rsv_idx=1&tn=baidu&wd=%22%E6%88%91%E4%BB%AC%E7%9A%84%E7%90%86%E8%AE%BA%E4%B8%8D%E6%98%AF%E6%95%99%E6%9D%A1%EF%BC%8C%E8%80%8C%E6%98%AF%E5%AF%B9%E5%8C%85%E5%90%AB%22&fenlei=256&rsv_pq=0xf5bc6546001741d6&rsv_t=626dZeHRpxih40jliYXFzGGHhqMjfV%2B4fe6MwtcPOEjyOlvB7Q10n9qO2i1O&rqlang=en&rsv_dl=tb&rsv_enter=0&rsv_sug3=2&rsv_sug1=2&rsv_sug7=101&rsv_n=2&rsv_btype=i&prefixsug=%2526quot%253B%25E6%2588%2591%25E4%25BB%25AC%25E7%259A%2584%25E7%2590%2586%25E8%25AE%25BA%25E4%25B8%258D%25E6%2598%25AF%25E6%2595%2599%25E6%259D%25A1%25EF%25BC%258C%25E8%2580%258C%25E6%2598%25AF%25E5%25AF%25B9%25E5%258C%2585%25E5%2590%25AB%2526quot%253B&rsp=2&inputT=2433&rsv_sug4=3609*, a. a. 02.04.2023, (Chinesisches Internet) gegen 1 Fundstelle im deutschsprachigen Internet: *https://www.bing.com/search?q=%E2%80%9EUnsere+Theorie+ist+kein+Dogma%2C+sondern+die+Darlogung%22&qs=n&form=QBRE&sp=-1&lq=0&pq=%E2%80%9Eunsere+theorie+ist+kein+dogma%2C+sondern+die+darlegung%22&sc=0-54&sk=&cvid=C804D7135D814676A4F809EBC8B47B5B&ghsh=0&ghacc=0&ghpl=* (Deutschsprachiges Internet), a. a. 02.04.2023.

4 „Engels an Florence Kelley-Wischnewetzky in New York", in: Karl Marx, Friedrich Engels: *Werke*, Bd. 36, Dietz Verlag, Berlin 1967, S. 589, *https://marxwirklichstudieren.files.wordpress.com/2012/11/mew_band36.pdf*; chinesisch: 恩格斯致弗洛伦斯·凯利-威士涅威茨基夫人, *https://www.marxists.org/chinese/marx-engels/36/302.htm*, a. a. 02.04.2023.

[5] Karl Marx: „Briefe aus den ‚Deutsch-Französischen Jahrbüchern'", in: Karl Marx, Friedrich Engels: *Werke*, Bd. 1, Dietz Verlag, Berlin 1961, S. 344.

[6] „Xi Jinping Shi-Jiu Da Baogao" (Bericht Xi Jinpings auf dem 19. Parteitag), 18.10.2018, *http://news.sina.com.cn/o/2017-10-18/doc-ifymyyxw3516456.shtml*, a.a. 02.04.2023.

[7] Harro von Senger: „Von der Vergleichung des Rechts zur Vergleichung der Gesellschaftsführung: Deutsche Hauptmahlzeit und chinesische Nachspeise", in: *Zeitschrift für Rechtsvergleichung, internationales Privatrecht und Europarecht*, Nummer 02, April 2006, S. 43 - 62; s. auch Thomas Täubner: *Chinas neuer Heiliger. Lu Xun in der Volksrepublik China. Die gesellschaftsführende Funktion von Kunst und Literatur, dargestellt am Beispiel der chinesischen Lu Xun-Rezeption der 90er-Jahre des 20. Jahrhunderts*, Peter Lang Verlagsgruppe, Berlin 2004.

[8] „Yi zhi yi ye zong guanqing" (Jeder [Bambus]zweig und jedes [Bambus]blatt rührt ans Herz), in: *RRH*, 17.10.2007, S. 1.

[9] Chen Zhao: „Zhongguo ying feixiang zai Meilijian tiankong" (Chinesische Adler fliegen am amerikanischen Himmel), in: *RRH*, 22.11.2007, S. 1.

[10] „Yang Liwei de kongjian changxiang" (Frei schwebende Gedanken Yang Liweis), in: *RRH*, 19.10.2007, S. 4.

[11] *KdL*, S. 107ff.

[12] *Liening Quanji (Lenins Gesamtausgabe)*, Renmin Chubanshe, 4. Nachdruck Beijing 1963, S. 8; W.I. Lenin: *Werke*, Bd. 19, Dietz Verlag, Berlin 1973, S. 8.

[13] W.I. Lenin: *Werke*, Bd. 8, Dietz Verlag, Berlin 1975, S. 528; zitiert beispielsweise in: Zhang Rong, Sha Jingsong: *Junshi Moulüe Cidian (Wörterbuch der militärischen Supraplanung)*, JC, Beijing 1992, Vorwort, S. 1.

[14] *Strategeme 1*, Kap. 18.1 „Das Bezugsgedicht".

[15] *Sixiang Zhengzhi Gao-Zhong San Nian Ji Di-yi Xueqi (Shiyanben) (Ideologie und Politik. Obere Mittelschule, drittes Jahr, erstes Semester) (Test-Bd.)*, Shanghai Jiaoyu Chubanshe, Shanghai 2006, S. 92. Das ganze Gedicht ist abgedruckt in: *Strategeme 1*, a.a.O., S. 410.

[16] Das in Anmerkung 15 angegebene Lehrbuch, S. 57f.

[17] S. Harro von Senger: „Katastrophen als historische Kontinuität" (Rezension des Buches *Grabstein. Mubei. Die große chinesische Hungerkatastrophe 1958 - 1962*, S. Fischer, Frankfurt am Main 2012), in: *Bücher am Sonntag*, Beilage der *NZZaSo*, 24.06.2012, S. 19.

[18] Näheres über die Entstehung dieser Formel vermittelt Harro von Senger: „Langer Marsch. Kommunismus in der Volksrepublik China", in: „Durchschaut. Der Kommunismus in seiner Epoche", in: *Osteuropa*, 63. Jahrgang, Heft 5 - 6, Mai-Juni 2013, S. 229f.

[19] Satzungen 2002, 2007, 2012 und 2017, AP.

[20] Wen Jiabao: „Guanyu shehuizhuyi chuji jiedan de lishi renwu he wo guo duiwai zhengce de ji ge wenti" (Über die historischen Aufgaben in der Anfangsphase des Sozialismus und einige Fragen der Außenpolitik unseres Landes), *http://www.gov.cn/gongbao/content/2007/content_564104.htm*, a.a. 02.04.2023.

[21] Erich Hahn, Alfred Kosing: *Marxistisch-leninistische Philosophie geschrieben für die Jugend*, Dietz Verlag, Berlin 1978, S. 51.

[22] Den Ausdruck „Smart Power" übernehme ich von Volker Perthes, Leiter des Deutschen Instituts für Internationale Politik und Sicherheit in Berlin, „Volker Perthes. Der Politologe glaubt, dass China zu einem zunehmend verantwortungsvollen Akteur der Weltpolitik reifen wird", in: *TA*, 24.12.2007, S. 4.

5

In Europa was tun?

Nachstehend einige zentrale Anregungen für den Umgang mit der chinesischen sinomarxistischen Supraplanung.

5.1 Menschenrechte: Nicht verhärtete Fronten zementieren, sondern eine gemeinsame Basis ausbauen

Im UNO-Menschenrechtsrat bilden die westlichen Staaten mit sieben Sitzen eine strukturelle Minderheit. Staaten aus der südlichen Erdhalbkugel verfügen im Menschenrechtsrat über eine strukturelle Mehrheit von 34 Sitzen (s. Abschnitt 2.18). Der UNO-Menschenrechtsrat ist das wichtigste globale Menschenrechtsgremium. Man spricht häufig von bilateralen „Menschenrechtsdialogen" zwischen beispielsweise Deutschland oder der Schweiz und der VR China. Kaum erwähnt werden die multilateralen Gespräche und Beschlüsse über mannigfaltige Fragen rund um die Menschenrechte im UNO-Menschenrechtsrat. So kommt die China-Strategie der Bundesregierung von 2023 ein einziges Mal auf den UNO-Menschenrechtsrat zu sprechen: „Wir werden uns weiterhin gemeinsam mit Partnern im Menschenrechtsrat [der Vereinten Nationen...] zur Menschenrechtslage in China äußern" (China-Str 23, S. 54f.). Der häufige Gleichklang der deutsch-chinesischen Stellungnahmen zu Resolutionen im UNO-Menschenrechtsrat wird mit keinem Wort erwähnt.

Während der 51. Session dieses Gremiums (12. September bis 7. Oktober 2022), um diese Session herauszugreifen, wurden 39 Resolutionen verabschiedet, darunter 29 „without a vote", also einstimmig. Zwischen Deutschland und der VR China gab es also in 29 Menschenrechtsstellungnahmen keine Meinungsverschiedenheiten. Blickt man auf die 37. Session des Menschenrechtsrates (26. Februar bis 23. März 2018), stellt man erneut fest, dass zahlreiche Resolutionen ebenfalls ohne Abstimmung, also einstimmig von u.a. der VR China und Deutschland angenommen wurden, so Resolutionen über „Terrorismus und Menschenrechte"[1], über „Menschenrechte und Umwelt"[2] und über „die Frage der Verwirklichung der wirtschaftlichen, sozialen und kulturellen Rechte in allen Ländern"[3]. Eine weitere Resolution über das Recht auf Nahrung wurde mit einer Gegenstimme, jener der USA, angenommen, darunter von der VR China und von Deutschland:

> „Adopted by a recorded vote of 46 votes to 1, with no abstentions. The voting was as follows:
>
> In favour: Afghanistan, Angola, Australia, Belgium, Brazil, Burundi, Chile, China, Côte d'Ivoire, Croatia, Cuba, Democratic Republic of the Congo, Ecuador, Egypt, Ethiopia, Georgia, Germany, Hungary, Iraq, Japan, Kenya, Kyrgyzstan, Mexico, Mongalia, Nepal, Nigeria, Pakistan, Panama, Peru, Philippines, Qatar, Republic of Korea, Rwanda, Saudi Arabia, Senegal, Slovakia, Slovenia, South Africa, Spain, Switzerland, Togo, Tunesia, Ukraine, United Arab Emira-

tes, United Kingdom of Great Britain and Northern Ireland, Venezuela (Bolivarian Republic of)

Against: United States of America“ [4]

In Bezug auf das Menschenrecht auf Nahrung stellte sich also Deutschland auf die Seite der VR China gegen die USA. Übrigens wird im wichtigsten christlich-westlichen Gebet, dem „Vaterunser“ auf das Recht auf Nahrung hingewiesen, und zwar in der Bitte „Gib uns unser tägliches Brot“.[5] Es heißt wohlweislich nicht „Gib uns unsere tägliche Meinungsäußerungsfreiheit“. Die große Schnittmenge an gemeinsamen deutsch-chinesischen Menschenrechtspositionen sollte man zur Kenntnis nehmen und nicht ignorieren, wie das in der China-Strategie der Bundesregierung von 2023 geschieht.

5.2 Nicht nur politische, sondern auch wirtschaftliche Menschenrechte berücksichtigen

Zusammen mit der Universellen Erklärung der Menschenrechte von 1948 bilden der von der UNO-Generalversammlung im Jahre 1966 beschlossene Internationale Pakt über wirtschaftliche,[6] soziale und kulturelle Rechte (Pakt 1) und der Internationale Pakt über bürgerliche und politische Rechte (Pakt 2) die Internationale Charta der Menschenrechte.[7] Die USA haben den Pakt 1 zwar unterzeichnet, aber nur den Pakt 2 ratifiziert. Im Gegensatz zu den USA haben sämtliche EU-Mitgliedstaaten, auch Deutschland, beide Pakte ratifiziert.[8] Die VR China hat zwar am 05.10.1998 den Pakt 2 unterzeichnet, ratifiziert hat sie aber lediglich den UNO-Pakt 1, und zwar am 27.05.2001.[9] Anstatt im Dialog mit der VRCh ständig ausschließlich nur Unterschiede in Bezug auf politische Menschenrechte, die Gegenstand von Pakt 2 sind, der für die VR China nicht gilt, vorzubringen, könnte man in der EU das Blickfeld auch auf die sowohl von der VR China wie auch von den EU-Staaten anerkannten, in Pakt 1 verankerten wirtschaftlichen Menschenrechte ausweiten. Ja, sie sind eigentlich dazu verpflichtet. Denn laut der von der Menschenrechtsweltkonferenz der Vereinten Nationen 1993 verabschiedeten Wiener Erklärung und dem Aktionsprogramm „sind alle Menschenrechte allgemeingültig, unteilbar, bedingen einander und bilden einen Sinnzusammenhang" und „muss die internationale Gemeinschaft die Menschenrechte weltweit in fairer und gleicher Weise, auf derselben Basis und mit demselben Nachdruck behandeln". Ferner „weist die Weltkonferenz über die Menschenrechte mit Nachdruck darauf hin, wie wichtig es ist, die Universalität, Objektivität und Nichtselektivität der Erörterung von Menschenrechtsfragen sicherzustellen".[10] Gemäß Präambel, Abs. 3, sowohl des internationalen Pakts über bürgerliche und politische Rechte[11] als auch des Internationalen Pakts über wirtschaftliche, soziale und kulturelle Rechte[12] (beide UNO-Pakte vom 16.12.1966) kann nach der Universellen Erklärung der Menschenrechte das Ideal vom freien Menschen, der bürgerliche und politische Freiheit genießt und frei von Furcht und Not lebt, nur verwirklicht werden, wenn Verhältnisse geschaffen werden, in denen jeder seine bürgerlichen und politischen Rechte ebenso wie seine wirtschaftlichen, sozialen und kulturellen Rechte genießen kann.

Für die EU-Staaten völkerrechtlich verbindlich ist z. B. Art. 11 des Paktes 1 „Die Vertragsstaaten erkennen das Recht eines jeden auf einen angemessenen Lebensstandard für sich und seine Familie an, einschließlich ausreichender Ernährung, Bekleidung und Unterbringung, sowie auf eine stetige Verbesserung der Lebensbedingungen." In der am 16.09.2021 vom Europäischen Parlament verabschiedeten Entschließung zu einer neuen China-Strategie der EU[13] wird Pakt 1 nicht erwähnt. Der VR China wird zwar ein „wirtschaftlicher Aufschwung“ (Punkt 42) und ein „starkes Wirtschaftswachstum“ (Punkt B) attestiert. Dass die VR China „innert weniger Jahrzehnte Hunderte von Millionen Menschen aus der [absoluten] Armut befreit“ und damit „einen wesentlichen Beitrag zur globalen Armutsbekämpfung“[14] geleistet hat, wird keines Wortes gewürdigt. Wieso erkennt die EU dies nicht als menschenrechtliche Leistung der VR China an, und zwar im Bereich der wirtschaftlichen Menschenrechte? Glaubt die EU, mit einem totalen Verriss der Menschenrechtslage in der VR China auf der schmalen Basis einiger weniger politischer Menschenrechte bei den dort politisch Verantwortlichen Interesse an einem Menschenrechtsdialog mit der EU wecken zu können?

Diese Frage stellt sich auch bei der Lektüre der China-Strategie der Bundesregierung von 2023. Zwei Mal ist ausdrücklich von „bürgerlichen und politischen Rechten, einschließlich die Presse- und Meinungsfreiheit“ die Rede (China-Str 23, S. 8, 20). Es heißt beispielsweise, „dem wachsenden Wohlstand und den Erfolgen bei der Armutsbekämpfung in China stehen Rückschritte bei bürgerlichen und politischen Rechten in China gegenüber“ (a.a.O., S. 8). Auch erwähnt werden kulturelle Entfaltung und Identität ethnischer und religiöser Minderheiten (China-Str 23, S. 20). Von wirtschaftlichen Menschenrechten ist in dem Dokument nie die Rede. Der Satz „wirtschaftliche Entwicklung und Menschenrechte stehen nicht im Widerspruch zueinander“ (a.a.O., S. 12) suggeriert, dass wirtschaftliche Entwicklung und Menschenrechte zwei verschiedene Bereiche seien. Seit 2001 hat China „enorme wirtschaftliche und soziale Fortschritte gemacht; so gibt es z.B. seit 2021 laut chinesischer Regierungsstatistik keine absolute Armut in China mehr“ (a.a.O., S. 53). Aber die deutsche Bundesregierung bringt es nicht über ihre Lippen, diese Fortschritte als chinesische Leistungen bei der Umsetzung wirtschaftlicher und sozialer Menschenrechte zu würdigen. Indem die Bundesregierung ihren Blick ausschließlich auf „bürgerliche und politische Rechte" richtet, konterkariert sie ihre Behauptung „Die" – also alle – „Menschenrechte sind für die Politik der Bundesregierung zentral" (China-Str 23, S. 12). Die wirtschaftlichen Menschenrechte ignoriert sie. Sie befolgt nicht das Gebot der UNO-Menschenrechtsweltkonferenz von 1993, wonach bei der Erörterung von Menschenrechtsfragen die Nichtselektivität sicherzustellen sei, also sowohl bürgerliche und politische als auch wirtschaftliche Menschenrechte berücksichtigt werden sollten. Verstößt sie mit ihrer Missachtung der wirtschaftlichen Menschenrechte nicht gegen die internationale regelbasierte Ordnung, als deren Verteidigerin sie sich mehrfach selbst darstellt (China-Str 23, S. 12, 16, 17, 38)?

Zwar bekennt sich Deutschland auf dem Papier zu den wirtschaftlichen Menschenrechten.[15] Dies kommt jedoch in amtlichen Verlautbarungen und medial deutlich weniger, wenn überhaupt, zum Ausdruck als die Stellungnahmen zur Menschenrechtssituation in der VR China, die sich auf politische und bürgerliche Rechte konzentrieren. Dieser Tunnelblick auf die Menschenrechte ist auch in der Schweiz allgemein verbreitet.[16]

Im Januar 2017 weilte der chinesische Staatspräsident Xi Jinping zu einem Staatsbesuch in der Schweiz.

Nach ihrer Begegnung mit ihm wurde die Schweizer Bundespräsidentin Ruth Leuthard gefragt:

> „Sie haben gesagt, dass Sie hinter verschlossener Türe auch die Menschenrechtslage angesprochen haben. Ein heikles Unterfangen – wie haben Sie das gemacht?"

Ruth Leuthard entgegnete:

> „Das ist nicht ein Thema, das Sie bereits nach zehn Minuten im Zug ansprechen. Wir hatten jedoch während des Nachtessens Zeit. Dort sprachen wir auch über die Rolle Chinas im südchinesischen Meer, über die Situation mit Korea und über die Menschenrechte: Warum beschneiden sie die Rechte der Medien? Warum behandeln sie Menschen in Gefängnissen schlecht? Unser Außenminister hat ihnen empfohlen, sie mögen doch dem UNO-Menschenrechtsrat Besuche zulassen. Aber man muss sehen: Chinas Präsident hatte bisher andere Prioritäten – nämlich die Armut zu reduzieren, den Menschen ein besseres Leben zu bieten. Da haben wir manchmal falsche Vorstellungen von diesem riesigen Land, wo Menschen noch zu wenig zu essen haben. Da hat ein Staatschef höheren Wohlstand als oberstes Ziel."[17]

Wie man aus dem mit „Aber" eingeleiteten Satz ersehen kann, scheinen in den Augen von Ruth Leuthard die „anderen Prioritäten" nichts mehr mit „den" Menschenrechten zu tun zu haben. Menschen Nahrung verschaffen – das ist eine nicht menschenrechtliche „andere Priorität". Dies, obwohl Art. 25 Ziff. 1 der Universellen Erklärung der Menschenreche ausdrücklich statuiert: „Jeder hat das Recht auf einen Lebensstandard, der seine und seiner Familie Gesundheit und Wohl gewährleistet, einschließlich Nahrung, [...]." Die chinesischen Anstrengungen zur Reduktion von Armut und zur Sicherstellung der Nahrung für 1400 Millionen Menschen hätte Bundesrätin Leuthard als Menschenrechtsleistungen anerkennen können. Wie man aber aus ihrer Antwort ersieht, trennt sie die Reduktion der Armut und das staatliche Bemühen um die Versorgung der Bevölkerung mit Nahrung von den Menschenrechten, so wie sie diese wahrnimmt. Hier wird ein Tunnelblick auf „die" Menschenrechte sichtbar, der im ganzen Westen zu einem verklemmten Menschenrechtsverständnis beiträgt.

In diesem Zusammenhang sei ein Gespräch erwähnt, das ein Schweizer Botschafter mit einem chinesischen Spitzenpolitiker über Menschenrechte geführt hat. Auf die Frage des Schweizers, was die chinesische Regierung denn gegen die großen Menschenrechtsprobleme im Land tue, antwortete der Chinese: „Welche Probleme?“ China habe doch über 600 Millionen Menschen von der absoluten Armut in einen relativen kleinen Wohlstand geführt. Das sei eine gigantische Verbesserung der Menschenrechte, die der Westen übersehe.[18]

Das enge Menschenrechtsverständnis beeinträchtigt die Beurteilung von Aktivitäten europäischer Unternehmen in der VR China. Wenn zum Beispiel die Volkswagen Group China Ende 2021 insgesamt rund 90 000 Beschäftigte hatte[19], dann verwirklichte sie allein dadurch Menschenrechte, und zwar wirtschaftliche (Recht auf Arbeit, Recht auf Entwicklung). Dasselbe gilt von den über 5000 deutschen Unternehmen in China, die dort schätzungsweise „über eine Million Arbeitsplätze sichern“ (China-Str 23, S. 24). Die Beachtung wirtschaftlicher, sozialer und kultureller Menschenrechte könnte auch hierzulande befruchtend wirken, würden dann doch Krankenhäuser mit ihrem Pflegepersonal, Gaststätten und Apotheken als Menschenrechtsakteure im Rahmen der Zivilgesellschaft anerkannt und gewürdigt.

Beim Seidenstraßenprojekt handelt es sich laut China-Strategie 2021–2024 des Schweizerischen Bundesrates um ein „global orientiertes Entwicklungsmodell“ zur „Beschleunigung der Entwicklung der ärmeren Westprovinzen innerhalb Chinas“[20], zur „Schaffung von Infrastruktur (Transport, Energie, Kommunikation) in Drittländern“[21] und zur Stärkung der „Konnektivität zwischen Regionen (primär Asien, Zentralasien, Europa und Afrika)“.[22] Man mag hinter diesem Projekt geopolitische Absichten sehen, aber die Hauptzielsetzung ist nach meinem Kenntnisstand nicht Geopolitik, sondern wirtschaftliche Entwicklung, vor allem Chinas wirtschaftliche Entwicklung, die aber nur im Rahmen einer weltweiten wirtschaftlichen Entwicklung gelingen kann, eben mithilfe des Seidenstraßenprojekts. Also könnte man dieses Projekt auch als ein weltweites Projekt zur Umsetzung wirtschaftlicher Menschenrechte und des Rechts auf Entwicklung betrachten und unter diesem Aspekt auf konstruktive Weise fördern,[23] und zwar auch unter dem Gesichtspunkt, dass in Europa immer wieder gefordert wird, mittels wirtschaftlicher Entwicklung vor Ort die Ursachen zu bekämpfen, die viele Menschen des Südens veranlassen, auf gefährlichen Routen nach Europa zu gelangen, um hier Arbeit und Brot zu finden. Ist es daher der Weisheit letzter Schluss, dass sich die Bundesregierung an diesem Projekt nicht beteiligt (China-Str 23, S. 52)? Ist die Migrationsfrage etwa nicht ein zentrales Problem Europas, das zu den Bereichen gezählt werden könnte, in denen die VR China nicht als „systemischer Rivale“, sondern als „Partner“ (China-Str 23, S. 10) betrachtet werden könnte?

5.3 Anklage nicht mit Überführung gleichsetzen

Während meines Studiums an der Beijing Universität 1975–77 fragte ich einmal einen Verantwortlichen der Universität, warum die Rechtsanwälte, die in den 1950er-Jahren noch tätig gewesen waren, abgeschafft worden seien. Ich erhielt die Antwort, die Advokaten hätten in Prozessen ja doch nur den vor Gericht stehenden Verbrechern beistehen wollen, und das habe man als überflüssig erachtet.[24]

Die zur Zeit der „Kulturrevolution“ (1966–76) maßgebende „Rechts“auffassung lautete also: Ein Angeklagter ist diskussionslos bereits als Schuldiger zu betrachten. Ein Rechtsbeistand steht ihm nicht zu. Es gibt nur eine Schuldüberzeugung, keine Unschuldsvermutung. Aussagen zugunsten des Angeklagten erübrigen sich, ja werfen ein übles Licht auf den, der die Aussagen macht.

Die Art und Weise, wie man im Westen oft mit der VR China umgeht, erinnert mich stark an das „kulturrevolutionäre" chinesische „Rechts"verständnis.

Wir sollten unserem westlichen rechtstaatlichen Ideal entsprechen und den Grundsatz „audiatur et altera pars" (man höre auch die andere Seite) befolgen, also auch hinhören, wenn auf Dinge hingewiesen wird, die Anschuldigungen, Augenzeugenberichte und Recherchen betreffend Missstände in der VR China in einem anderen Licht erscheinen lassen. Das Prinzip der Unschuldsvermutung hochhaltend sollte man Mutmaßliches als Mutmaßliches einstufen und es ernst nehmen und dem nachgehen, aber nicht ohne weiteres als Erwiesenes betrachten.

5.4 Legitime Einschränkungen von Freiheitsrechten nicht als rechtswidrige Verletzungen derselben betrachten

Hierzulande wird das Wort „Freiheit" besonders oft erwähnt. Hervorgehoben wird etwa die Meinungsäußerungsfreiheit. Das zeigte sich beispielsweise bei der Resolution betreffend die Bekämpfung von religiösem Hass, der zu Diskriminierung, Feindseligkeit oder Gewalt aufstachelt.[25] Sie wurde im Juli 2023 mit 28 gegen 12 Stimmen bei 7 Enthaltungen angenommen:

> In favour (28): Algeria, Argentina, Bangladesh, Bolivia, Cameroon, China, Côte d'Ivoire, Cuba, Eritrea, Gabon, Gambia, India, Kazakhstan, Kyrgyzstan, Malawi, Malaysia, Maldives, Morocco, Pakistan, Qatar, Senegal, Somalia, South Africa, Sudan, Ukraine, United Arab Emirates, Uzbekistan and Vietnam.
>
> Against (12): Belgium, Costa Rica, Czechia, Finland, France, Germany, Lithuania, Luxembourg, Montenegro, Romania, United Kingdom and United States.
>
> Abstentions (7): Benin, Chile, Georgia, Honduras, Mexico, Nepal and Paraguay.[26]

Hierzu konnte man in der deutschen Presse lesen:

„Rund zwei Wochen nach einer aufsehenerregenden Koran-Verbrennung in Schweden haben die EU-Staaten, Großbritannien und die USA am Dienstag vor dem UN-Menschenrechtsrat zur Ablehnung eines Resolutionsentwurfs gegen ‚religiösen Hass' aufgerufen. Im von Pakistan eingebrachten Entwurf werden ‚alle Befürwortungen und Äußerungen von religiösem Hass' verurteilt und Länder aufgerufen, Gesetze gegen solche Handlungen zu verabschieden. Vertreter mehrerer westlicher Staaten begründeten ihre Ablehnung damit, dass der Appell im Widerspruch zur **Meinungsfreiheit** stehe."[27]

Der Eindruck wird erweckt, dass Freiheiten absolut und unbegrenzt gelten. Das trifft nicht zu. Laut Art. 29 Abs. 2 der Universellen Erklärung der Menschenrechte sind „Beschränkungen" der Rechte und Freiheiten statthaft, „die das Gesetz [...] vorsieht, um [...] den gerechten Anforderungen der Moral, der öffentlichen Ordnung und der allgemeinen Wohlfahrt [...] zu genügen". Ähnliche Bestimmungen finden sich auch im Pakt über bürgerliche und politische Rechte. So heißt es in Art. 18 des Paktes zwar einerseits „(1) Jedermann hat das Recht auf Gedanken-, Gewissens- und Religionsfreiheit", aber anderseits auch „(3) Die Freiheit, seine Religion oder

Weltanschauung zu bekunden, darf [...] den gesetzlich vorgesehenen Einschränkungen unterworfen werden, die zum Schutz der öffentlichen Sicherheit, Ordnung, Gesundheit, Sittlichkeit [...] erforderlich sind.“ Die Beschränkung von Freiheitsrechten ist eine alte europäische Tradition, heißt es doch in der französischen Menschenrechtserklärung von 1789:

> Art. 10. „Niemand soll wegen seiner Anschauungen, selbst religiöser Art, belangt werden, solange deren Äußerung nicht die durch das Gesetz begründete öffentliche Ordnung stört.“[28]

Die VR China hat für die erwähnte Resolution gegen religiösen Hass gestimmt. Was aus chinesischer marxistisch-leninistischer Sicht legitime „Beschränkungen“ von Freiheitsrechten sein dürften[29], so wie sie in dem von westlichen Menschen oft allein hervorgehobenen Art. 35 der chinesischen Verfassung[30] garantiert werden, taxieren westliche Beobachter sehr oft automatisch als „Verletzungen“ von Freiheitsrechten. Das Verbot einer Verbrennung des Korans betrachtet man im Westen offensichtlich als eine „Verletzung“ und nicht als eine der öffentlichen Ordnung dienende und daher legitime Beschränkung der Meinungsfreiheit. Hierzulande propagieren politische Kreise und Massenmedien praktisch unbegrenzte Freiheitsrechte. „Wichtigstes Menschenrecht“ – so wird die Freiheit gepriesen.[31] Diese überschwängliche Lobpreisung der Freiheit gereichte uns während der Pandemie (2020 – 2022) prompt zum Schaden, ergab sich doch das Problem, dass viele jahrelang unaufhörlich mit dem Wort „Freiheit“ berieselte Menschen das Gefühl – manchmal auf massive Art und Weise – zur Schau trugen, ihre Freiheitsrechte würden verletzt, obwohl diese eigentlich völlig legitimerweise „um der allgemeinen Wohlfahrt“ willen „beschränkt“ worden waren. Ausgewogen wäre es, wenn man hierzulande auf der Grundlage des Respekts vor dem unterschiedlichen politischen, gesellschaftlichen und wirtschaftlichen System der VR China nicht einseitig nur die Gewährung von Freiheitsrechten nach westlichem liberalen Verständnis einfordern würde, was verlorene Liebesmüh sein dürfte, sondern vermehrt das Problem der Beschränkung von Freiheitsrechten, gestützt auf das in der VR China selten thematisierte Prinzip der Verhältnismäßigkeit, in die Diskussion einbringen würde. Aber einem Staat mit einem marxistisch-leninistischen Verfassungsverständnis die liberale Auslegung des Prinzips der Verhältnismäßigkeit nahezubringen, dürfte ohne einen Regimewechsel aussichtslos sein.[32] Auf nutzlose Diskussionen kann man verzichten. Viel fruchtbarer wäre daher eine Verlagerung der europäischen Menschenrechtsdiskussion mit der VR China auf diejenigen Menschenrechtsaspekte, in denen West und Ost grundsätzlich gemeinsame Positionen vertreten, und das sind wirtschaftliche Menschenrechte.

5.5 Das europäische Menschenrechtsverständnis nicht als „universell“ hochstilisieren

Mit Genugtuung wurde in der VR China vermerkt, dass der UNO-Menschenrechtsrat erstmals in seiner Geschichte eine Resolution verabschiedet habe, wonach die Entwicklung eine Förderung der Menschenrechte bewirke. Es handelt sich um die am 22.06.2017 verabschiedete, von der VR China eingebrachte Resolution betreffend den „Beitrag der Entwicklung zum Genuss aller Menschenrechte“.[33]

Aus europäischer Warte mag man kritisieren, dass die VR China ein bestimmtes Menschenrecht hervorhebe, nämlich das Recht auf Entwicklung. Man sollte indes nicht vergessen, dass Europa ebenfalls selektiv mit den Menschenrechten umgeht. Die Behauptung, „die universellen Menschenrechte sind nicht relativierbar, sondern unveräußerlich und weltweit gültig“ (China-Str 23, S. 12) zeugt von fehlender Kenntnis der wichtigsten europäischen Menschenrechtsdoktrin. So statuiert die Präambel der Europäischen Menschenrechtskonvention vom 04.11.1950, dass die „Unterzeichnerregierungen, Mitglieder des Europarats, in Anbetracht der Universellen Erklärung der Menschenrechte vom 10.12.1948, die bezweckt, die universelle und wirksame Anerkennung und Einhaltung der in ihr aufgeführten Rechte zu gewährleisten [...], als Regierungen europäischer Staaten, die vom gleichen Geist beseelt sind und ein gemeinsames Erbe an politischen Überlieferungen, Idealen, Achtung der Freiheit und Rechtsstaatlichkeit besitzen, entschlossen sind, die ersten Schritte auf dem Weg zu einer kollektiven Garantie bestimmter in der Universellen Erklärung aufgeführter Rechte zu unternehmen [...]“.[34]

Die Formulierung „bestimmter [...] Rechte“ signalisiert, dass die Mitglieder des Europarats unter Berufung auf einen spezifisch europäischen „gleichen Geist“ Menschenrechtsprioritäten gesetzt haben. Sie haben keineswegs alle in der Universellen Erklärung der Menschenrechte verbrieften Menschenrechte in gleicher Weise den Schutzmechanismen der Europäischen Menschenrechtskonvention unterstellt, u.a. nicht das Menschenrecht auf weltweite Personenfreizügigkeit und Domizilfreiheit (Universelle Erklärung der Menschenrechte, Art. 13 Ziff. 1),[35] das Menschenrecht auf Asyl (a.a.O., Art. 14)[36] und auch nicht das Recht auf Arbeit. Dieses ist in die Europäische Sozialcharta verlagert worden, aber diese stattet das Individuum nicht mit den gleichen Klagerechten wie die Europäische Menschenrechtskonvention aus.

Die Menschenrechtsweltkonferenz der Vereinten Nationen in Wien 1993 statuierte, dass bei der Förderung und beim Schutz aller Menschenrechte und Grundfreiheiten „die Bedeutung nationaler und regionaler Besonderheiten und unterschiedlicher historischer, kulturellen und religiöser Voraussetzungen im Auge zu behalten ist“.[37]

Angesichts dessen soll hier die Rosinenpickerei des Europarates, der in der Europäischen Menschenrechtskonvention nur „bestimmte Rechte“ aus der Universellen Erklärung der Menschenrechte von 1948 herausgreift und als schutzwürdig anerkennt, nicht kritisiert werden. Aber es erscheint merkwürdig, dass in der „Entschließung des Europäischen Parlaments vom 16. September 2021 zu einer neuen China-Strategie der EU“[38] hervorgehoben wird, „die uneingeschränkte Achtung der universellen Werte ungeachtet der Unterschiede zwischen beiden Systemen“ sei „von wesentlicher Bedeutung“. „Die“ universellen Werte werden, was die Universelle Erklärung der Menschenrechte betrifft, von Europa nicht „uneingeschränkt“ geachtet. Wie kann man da von der VR China erwarten, „päpstlicher als der Papst“ zu sein? Und wie kann man angesichts des Vorgehens des Europarates, nicht alle in der Universellen Erklärung der Menschenrechte verankerten Rechte in gleicher Weise zu schützen, der VR China vorwerfen, „Grundfesten der regelbasierten Ordnung, wie beispielsweise die Stellung der Menschenrechte, zu relativieren“ (China-Str 23, S. 10)?

Selbstgerecht muten Aussagen an wie „die Menschenrechte [...] definiert China anders“.[39] Europa hat ja auch seine eigene Definition der Menschenrechte. Zudem hat Europa, vertreten durch Großbritannien, die Europäische Menschenrechtskonvention zwar zum Beispiel auf die Falklandinseln, aber nie auf Hongkong ausgedehnt.[40] So hat Europa den kulturrelativistischen Charakter dieser Konvention hervorgestrichen, die die Europäer offenbar als für Chinesen ungeeignet erachteten.

Sollte man in Europa daher nicht darauf bedacht sein, nur schon in der Migrationsfrage „die“ Menschenrechte wirkungsvoll zu schützen? Sollte man nicht anstelle von nicht gerade kenntnisreichen Kommentaren über nicht-europäische Länder vor der eigenen Tür kehren, was auch der Meinung von Konfuzius entsprechen würde: „Der Edle stellt Anforderungen an sich, der Gemeine stellt Anforderungen an die anderen Menschen.“[41]

5.6 50 Schritt sollten nicht über 100 Schritt lachen

Hierzulande wird die VR China in besonderem Maße wegen des dortigen Umgangs mit „den“ Menschenrechten kritisiert.

Da kommt einem unwillkürlich ein Gleichnis im Werk des Menzius (371–289 v.u.Z.), des zweitwichtigsten Konfuzianers, in den Sinn:

> „Menzius sagte zum König Hui: Wenn in einem Kampfgeschehen Krieger davonlaufen, so läuft der eine vielleicht hundert Schritte weit und bleibt dann stehen, ein anderer läuft fünfzig Schritte weit und bleibt dann stehen. Wenn nun der, der fünfzig Schritte weit gelaufen ist, den anderen, der hundert Schritte gelaufen ist, auslachen wollte, wie wäre das?“
>
> Der König sprach: „Das geht nicht an. Er lief nur eben nicht gerade hundert Schritte weit, aber weggelaufen ist er auch.“[42]

Dieses Gleichnis liegt der Redewendung „wushi bu xiao bai bu (50 Schritt lachen über 100 Schritt)“ zugrunde, die in China überaus populär ist. Sie nimmt Menschen aufs Korn, die sich in den Augen der ausgelachten Person der Lächerlichkeit preisgeben, da sie über die fehlende Untadeligkeit eines anderen spotten, obwohl es ihnen im Grunde genauso an Untadeligkeit mangelt.[43]

Wer sich in einer schwachen Position befindet, sollte nicht andere Personen kritisieren, die sich ebenfalls in einer schwachen Position befinden, sollte nicht, wie es eine chinesische Redewendung umschreibt, „ban qi shitou da ziji de jiao“, also „einen Stein hochheben, der einem dann aber auf die eigenen Füße fällt“.

Welche Glaubwürdigkeit kann europäische Menschenrechtskritik an anderen Staaten beanspruchen angesichts der Art und Weise, wie die EU mit Fremden umgeht, die nach Europa kommen wollen?

Gemäß dem europäischen Selbstbild schützt Europa die Menschenrechte, wogegen in der VR China „die Menschenrechte mit Füßen getreten werden“[44]. Man beachte: „Die“ Menschenrechte, also alle Menschenrechte, auch die wirtschaftlichen, werden in der VR China missachtet. Immer wieder fällt bei „West-Ost“-Vergleichen, die westliche Menschen anstellen, die Tendenz auf, Eigenes idealtypisch zu schildern und in Gegensatz zu den natürlicherweise unreinen und unvollkommenen „Ist-Zuständen“ östlicher Länder zu stellen.[45] Wie steht es denn tatsächlich um den europäischen Schutz „der“ Menschenrechte?

Auf der juristischen Ebene geht man in Europa dem Art. 13 Ziff. 1 der Universellen Erklärung der Menschenrechte strikt aus dem Weg. Im englischen Urtext lautet er (die übliche deutsche Übersetzung ist ungenau[46]):

> „Everyone has the right to freedom of movement and residence within the borders of each State.“[47]

Das ist das Menschenrecht auf weltweite Personenfreizügigkeit und Domizilfreiheit.[48] Dieses Menschenrecht kann weltweit jeder Mensch beanspruchen, „ohne irgendeine Unterscheidung, wie etwa nach [...] nationaler [...] Herkunft, [...] oder sonstigen Umständen“ (a. a. O., Art. 2 Ziff. 2)[49].

Dieses Menschenrecht haben Europäerinnen und Europäer in der Epoche des Kolonialismus weltweit in die Praxis umgesetzt. Um der Armut oder anderem Ungemach in ihrem Heimatland zu entfliehen, emigrierten sie in beliebige außereuropäische Gebiete wie in die USA, in afrikanische Regionen, nach Australien und Indien, ohne die Einheimischen um Erlaubnis zu fragen, vergleichbar mit den Leuten, die in der Gegenwart „illegal“ beispielsweise über Ceuta oder das Mittelmeer nach Europa gelangen wollen. Heute missachtet man in Europa – wo man gerne argumentiert, dass Menschenrechte überstaatlich seien – gegenüber außereuropäischen Menschen das Menschenrecht auf weltweite Personenfreizügigkeit und Domizilfreiheit. Dieses Menschenrecht nehmen jetzt außereuropäische Menschen im Hinblick auf Europa in Anspruch genauso wie seinerzeit europäische Emigranten im Hinblick auf die weite Welt, in beiden Fällen nicht gestützt auf ein aus Dokumenten zur Kenntnis genommenes Menschenrecht, sondern gestützt auf ein – man ist geneigt zu sagen „naturrechtlich“ – gefühltes Menschenrecht.

Dieses Menschenrecht wird gemäß Vogel-Strauß-Taktik in Europa flächendeckend totgeschwiegen und nur innerstaatlich anerkannt.

Und so ist der Umgang in Europa mit Einwanderungswilligen überaus fragwürdig.

> „Wir haben [...] einen Zustand der Rechtlosigkeit an vielen EU-Außengrenzen, wo Regierungen dazu übergegangen sind, wie im Falle Griechenlands in der Ägäis irregulär Menschen auf Inseln oder auf dem Festland einfach zu packen, auf Boote zu setzen oder über den Fluss in die Türkei zurückzustoßen, also eine Erosion aller Grundrechte und Menschenrechtsstandards, und wir haben trotzdem noch ein Gefühl der Hilflosigkeit angesichts der wachsenden Zahl von Menschen, die irregulär nach Italien kommen."

Das ist eine Aussage von Gerald Knaus, Migrationsforscher, Autor und Gründer der Denkfabrik namens „Europäische Stabilitätsinitiative".[50] Die Formulierung „irregulär nach Italien kommen" zeigt, dass er das Menschenrecht auf weltweite Personenfreizügigkeit nicht zur Kenntnis nehmen will.

In Lagern der VR China mögen schlimme Dinge geschehen[51]. Aber auch Europa verfügt - indirekt - über Lager, und zwar in Libyen. In diesen Lagern herrscht auch keine heile Welt. „Europa. Auf Leben und Tod. 600 000 Flüchtlinge warten zurzeit allein in Libyen auf eine Gelegenheit, nach Europa zu kommen. Relativ wenige schaffen es. Viele ertrinken. Und für zahllose wird Libyen zur Falle."[52] „Seit 2014 starben allein im Mittelmeer über 25 000 Menschen beim Versuch, Europa zu erreichen [...]".[53] „Keine Migrationspolitik der Welt ist so tödlich wie die europäische [...]. Wir sprechen von mehr als 20 000 Toten in den letzten zehn Jahren. Das heutige System ist schlecht in jeder Hinsicht". Das sagt der Soziologe Ruud Koopmans.[54]

Der tödliche Traum „Europa"

Im Juni 2021 waren über 1000 Flüchtlinge in Internierungslagern inhaftiert. Aus diesen Lagern wird immer wieder von Menschenrechtsverletzungen berichtet. Die Lager sind überfüllt, sanitäre Einrichtungen fehlen, und eine medizinische

Versorgung ist nicht gewährleistet. Die Inhaftierten berichten von unhaltbaren Zuständen, von Misshandlungen, Folter und Vergewaltigungen.[55]

> „Italien zahlt weiter, um Migrant(inn)en nach Libyen zurückzudrängen. Migrant(inn)en und Asylsuchenden drohen in Libyen Mord, Folter und Versklavung. […] Die Misshandlungen bezeichnet die UN als mögliche Verbrechen gegen die Menschlichkeit."[56]

Am 16. Juli 2023 haben die EU und Tunesien eine Absichtserklärung zur Eindämmung der Migration unterzeichnet. Der Berliner *Tagesspiegel* kommentiert: „Der Pakt mit Tunesiens Machthaber Kais Saied in der Flüchtlingsfrage kehrt die EU endgültig zu ihrem alten Paradigma zurück: Sie alimentiert einen Autokraten oder Diktator, damit er für Stabilität sorgt und Europa die Flüchtlinge vom Hals hält. Nach den Volksaufständen in der arabischen Welt, die 2011 in Tunis ihren Anfang genommen hatten, wollten die Europäer eigentlich umdenken. Aber aus Angst vor Rechtspopulisten und Rechtsextremen in Europa hat die EU jetzt um jeden Preis einen Deal mit Tunesien haben wollen. Dabei fließt Geld ohne politische oder wirtschaftspolitische Reformbedingungen. Hauptsache kein afrikanischer Flüchtling gelangt über das Mittelmeer", heißt es im *Tagesspiegel*.[57]

„Stellen wir uns vor, ein Diktator, der seine Kritiker, wann immer es ihm beliebt, einsperren lässt, hetzt gegen Ausländer, wiegelt die Bevölkerung so lange rassistisch auf, bis die Verfolgten in Boote steigen und ihr Leben auf dem Weg übers Mittelmeer riskieren. Wer das nicht schafft, wird von den Schergen des Diktators in die Wüste gejagt. Dann kommen die Vertreter der demokratischen EU, drücken dem Diktator fast eine Milliarde Euro in die Hand und sagen, er möge so weitermachen und den Kampf gegen Flüchtlinge perfektionieren. Nein, natürlich haben Ursula von der Leyen, die ultrarechte Giorgia Meloni und der an der Migrationsfrage gescheiterte Mark Rutte den tunesischen Präsidenten Kais Saied nicht für Menschenrechtsverletzungen gelobt. Aus dem deutschen Außenministerium hört man sogar, man sei besorgt. Immerhin ist unsere Außenpolitik wertegeleitet. Aber nur, wenn es passt. Jetzt passt es gerade nicht", argumentiert die *Südwest Presse.*[58]

Shen jiao sheng yu yan jiao: Belehrung, gestützt auf das eigene Beispiel, wirkt stärker als Belehrung, gestützt auf Worte. Dieser in China einflussreiche Gedanke geht auf Konfuzius zurück.[59]

Wie sehr die eigene Glaubwürdigkeit leidet, wenn man ein schlechtes Beispiel abgibt, erleben die USA. „Das Echo des Krieges im Irak [2003] sei heute auch in den Debatten über die Ukraine hörbar. Den USA falle es deshalb schwer, viele Länder im globalen Süden wie Brasilien, Südafrika, Indien oder Indonesien gegen Russland zu mobilisieren. Sie sagten zu Washington: „Der russische Einmarsch in der Ukraine gefällt uns nicht. Aber was wollt ihr uns über die Illegitimität von Invasionen belehren, wenn ihr stets selbst zu solchen bereit seid, wenn es euch passt."[60]

5.7 Nicht nur „China und Russland", auch „China und Indien". Die VR China in ihrer Komplexität erfassen

„Pekinger Stimmen über die Menschenrechte. Demokratie als ‚leeres Gerede'". Unter diesem Titel verbreitete die *NZZ* am 04.11.1991 auf Seite 1 unter Berufung auf einen Artikel in der *Renmin Ribao* (Volkszeitung, Sprachrohr des Zentralkomitees der KPCh) vom 02.11.1991 folgenden Bericht: „Der Vorsitzende der KPCh, Jiang Zemin, hat Forderungen nach Demokratie, Freiheit und Wahrung der Menschenrechte als ‚leeres Gerede' zurückgewiesen. Die Zeitung *Renmin Ribao* zitiert den KP-Chef in ihrer Samstagausgabe mit den Worten, die Wahrung der sozialen Stabilität in China habe oberste Priorität. Die von der Sowjetunion und anderen osteuropäischen Staaten vollzogenen politischen Reformen lehnte Jiang Zemin ab. Das Blatt, das eine Zusammenfassung eines Interviews der *Washington Post* mit Jiang Zemin veröffentlichte, gab den KP-Vorsitzenden mit den Worten wieder, es sei eine Tatsache, dass der von China beschrittene sozialistische Weg richtig sei und es keinen Grund gebe, ihn zu ändern."

Überprüft man den angeblich aus der *Renmin Ribao* vom 02.11.1991 stammenden ersten Satz in dem Bericht der *NZZ* in der chinesischen Originalausgabe der Zeitung, erfährt man, was Jiang Zemin (1926 – 2022) wirklich gesagt hatte: „Ohne die Stabilität der Gesellschaft ist wirtschaftliche Entwicklung nicht möglich; ohne wirtschaftliche Entwicklung gibt es keinen Fortschritt der Gesellschaft; ohne Fortschritt der gesamten Gesellschaft kann es unmöglich erreicht werden, dass die Menschen ihr eigenes Schicksal wirklich beherrschen, und dann werden Demokratie, Freiheit und Menschenrechte zu leerem Gerede."[61]

Lediglich die letzte von mehreren aufeinanderfolgenden Aussagen Jiang Zemins zitiert die *NZZ*. Diese nennen die Bedingungen, die zu Jiang Zemins letzter Aussage führen. Eine auf Hypothesen gestützte Aussage verwandelt die *NZZ* in eine persönliche Aussage Jiang Zemins, die ihn als einen Verächter der Demokratie hinstellt.

Häufig wird die VR China mit Russland in einem Atemzug genannt. Es entsteht das Bild zweier autokratischer Regimes, die beide Verächter der Demokratie seien. Über die

Problematik des Wortes Demokratie" äußere ich mich in Abschnitt 5.21.

Dass die VR China zusammen mit der „grössten Demokratie der Welt"[62] Indien (Demokratie-Ranking 2021, Platz 46)[63] sowie mit den beiden liberalen Demokratien Brasilien (a.a.O., Rang 51) und Südafrika (a.a.O., Rang 45) in einem Boot sitzt, das den Namen „BRICS"[64] trägt, wird hierzulande weniger oft thematisiert. BRICS ist eine Abkürzung für eine zwischenstaatliche Kooperationsplattform. 2009 fand der erste Gipfel der vier Staaten Brasilien, Russland, Indien und China statt, 2010 wurde Südafrika eingeladen, der Gruppe beizutreten.[65] Die BRICS-Staaten treffen sich zu jährlichen Konsultationen.[66] 2014 gründeten die BRICS-Staaten die „New Development Bank" (NDB) mit einem Startkapital von 50 Milliarden US-Dollar als Alternative zur Weltbank und zum Internationalen Weltwährungsfonds (IWF). Zusätzlich wurde ein Liquiditätsmechanismus geschaffen, der Contingent Reserve Arrangement (CRA), der Mitglieder in Zahlungsschwierigkeiten unterstützt. Nicht nur für die BRICS-Staaten selbst, auch für viele Entwicklungs- und Schwellenländer, die mit den Strukturanpassungs- und Sparprogrammen des IWF leidvolle Erfahrungen gemacht haben, sind diese Angebote attraktiv. Denn sie wären dann in Krisenzeiten nicht mehr ausschließlich auf Weltbank und IWF angewiesen. Viele Länder haben deshalb Interesse an einem Beitritt zur BRICS-Gruppe signalisiert. Angesichts des Ukrainekrieges hat sich die Distanz der BRICS-Staaten zum Westen erhöht. Denn weder Indien noch Brasilien, Südafrika oder China beteiligen sich an den Sanktionen gegen Moskau.[67]

Dann sollte die Shanghaier Organisation für Zusammenarbeit (SOZ) nicht übersehen werden.[68] Bisher gehören mit Russland, China, Kasachstan, Usbekistan, Kirgisistan, Tadschikistan, Indien und Pakistan acht Staaten zur SOZ. Das

Forum, gegründet 2001, diente seinen Mitgliedern als Plattform gegen islamischen Fundamentalismus und terroristische Aktivitäten. Trotz gewisser militärischer und wirtschaftlicher Zusammenarbeit ist die SOZ jedoch kein Bündnis wie die NATO oder die Europäische Union.

Indiens Außenminister Jaishankar hat bei einem Treffen der SOZ in Goa, Indien, (04.–05. 05. 2023)[69] für die Organisation eine größere Rolle bei der Bewältigung internationaler Krisen eingefordert. Die aktuellen Krisen hätten ein Glaubwürdigkeits- und Vertrauensdefizit der globalen Institutionen offenbart, sagte er beim SOZ-Außenministertreffen in Goa. Da mehr als 40 Prozent der Weltbevölkerung der SOZ angehörten, seien ihre Entscheidungen von weltweiter Wirkung.[70]

Die VR China unterhält auch mit Ländern, die im Westen als „Demokratien“ taxiert werden, ein gutes Verhältnis. Die Lage ist nicht so simpel, wie es durch die ständige Hervorhebung des guten Einvernehmens zwischen China und Russland an die Wand gemalt wird. Der marxistische Standort der VR China auf der Seite der Länder des Südens spielt eine größere Rolle in der chinesischen Außenpolitik als irgendwelche Staatsstrukturen wie z. B. solche autoritärer Art.

„Die Welt verschanzt sich in feindseligen Blöcken.“[71] Wirklich? Jedenfalls sollte man komplexe Wirklichkeiten in und um China in ihrer Vielfältigkeit ins Visier nehmen und darauf verzichten, nur einzelne Komponenten dieser Wirklichkeiten herauszugreifen und gestützt auf eine nur bruchstückhafte Chinawahrnehmung Politik zu betreiben.

5.8 Nicht meinen, man könne mit einem neu lancierten westlichen Konzept punkten

„Regelbasierte internationale Ordnung – aktuelle Beiträge.“ Unter diesem Titel betreibt das Auswärtige Amt der Bundesrepublik Deutschland eine Webseite.[72] Laut ihrer China-Strategie setzt sich die Bundesregierung für die Wahrung der regelbasierten internationalen Ordnung ein (China-Str 23, S. 48, 49, 50). Was das im Detail zu bedeuten hat, bleibt unklar. Die China-Str 23 schweigt zum Beispiel zur Frage, ob eine Resolution, die im Menschenrechtsrat keineswegs allein von China, sondern von den Vertretern der Mehrheit der Weltbevölkerung gutgeheißen wird, von Deutschland als „Regel“ im Rahmen der „regelbasierten internationalen Ordnung“ zu beachten und daher in die Tat umzusetzen sei. Wie verfährt Deutschland zum Beispiel mit der im UNO-Menschenrechtsrat im Juni 2023 angenommenen Resolution gegen religiösen Hass (siehe Abschnitt 5.4)? Immerhin fallen die Resolutionen des UNO-Menschenrechtsrates, die einen soft-law-Charakter aufweisen, unter das Völkerrecht im weiten Sinne des Wortes, und das Völkerrecht wird in der deutschen China-Strategie als maßgebend hervorgehoben (China-Str 23, S. 12).

Nach meinen Kenntnisstand[73] schenkt man flächendeckend im Westen, so auch in Deutschland, Resolutionen, die der UNO-Menschenrechtsrat gegen die Stimmen von westlichen Staaten beschließt, keine Beachtung.

Nicht nur Regierungen und Institutionen, sondern auch Politikerinnen und Politiker vertreten das Konzept der „regelbasierten internationalen Ordnung“. Australien und die USA legen es breit aus. Die globale Vorrangstellung der USA und die amerikanischen Militärbündnisse im asiatisch-pazifischen Raum sind Teil ihrer Auffassung der regelbasierten internationalen Ordnung[74]. „Die Autokraten der Welt haben [...] kein Interesse an einer regelbasierten internationalen Ordnung, für die sich der Westen einsetzt.“[75] Nicht nur Autokraten unterstellen sich nicht einer vom Westen inspirierten, regelbasierten internationalen Ordnung. Als am 23.02.2023 in der UNO-Generalversammlung 141 Länder Russland aufforderten, seine Truppen aus der Ukraine zurückzuziehen[76], enthielten sich 32 Staaten, darunter China und seine zwei BRICS-Partner, die liberalen Demokratien Indien und Südafrika. Die VR China beruft sich immer wieder auf die Charta der Vereinten Nationen[77], besonders auf die sieben Grundsätze, die in Art. 2 der Charta verankert sind. Gemäß Art. 2 Ziff. 1 gilt der Grundsatz der souveränen Gleichheit aller Mitgliedsstaaten der UNO. Inwiefern ist eine „globale Vorrangstellung der USA“ mit diesem Gleichheitsgrundsatz vereinbar? Will der Westen etwa mit der von ihm befürworteten regelbasierten internationalen Ordnung die UNO-Charta unterlaufen?[78] Wenn schon „einige Staaten gleicher sind als die anderen“[79], dann als Gesamtheit alle fünf ständigen Mitglieder, aber nicht ein einzelnes ständiges Mitglied des UNO-Sicherheitsrates.

Wie dem auch sei: Dass sich die VR China nicht immer an international geltende Regeln hält, lässt sich schlecht bestreiten. 2016 ignorierte China das Urteil eines Schiedsgerichts der Vereinten Nationen, das die umstrittene Spratly-Inselgruppe auf der Basis der Seerechtskonvention zu einer Wirtschaftszone der Philippinen erklärte.[80]

Nun können sich aber westliche Länder nicht als vorbildliche Hüter regelbasierten Handelns darstellen. So wurde Osama bin Laden nicht festgenommen und vor ein Gericht gestellt, wie man beispielsweise in Spanien nach den Bombenanschlägen in Madrid am 11.03.2004 mit mutmaßlichen Terroristen verfuhr. Ohne Gerichtsverfahren wurde bin Laden am 02.05.2011 von US-Streitkräften außergerichtlich getötet. Die Hinrichtung eines mutmaßlichen Verbrechers ohne Gerichtsverfahren – ist das nach westlichen Willen ein auch von der VR China nachzuahmendes Beispiel einer regelbasierten Ordnung?

Cem Özdemir vom Bündnis 90/Die Grünen hätte jedenfalls eine ordentliche Verhaftung [und …] danach ein ordentliches Verfahren bevorzugt.[81] Helen Keller, Professorin für Öffentliches Recht, Europarecht und Völkerrecht an der Universität Zürich, argumentierte im Hinblick auf den „Krieg gegen den Terror“:

> „Das Kriegsvölkerrecht kommt nicht zur Anwendung, also gelten die Menschenrechte. Die USA sprechen von ‚rechtlosen‘ Kämpfern, für die weder Menschenrechte noch das Kriegsvölkerrecht gelten. Völkerrechtlich ist das ein Riesenrückschritt […].“[82] „Auch im Kampf gegen den Terrorismus muss ein Staat das Recht auf Leben schützen. Einfach drauflosschießen geht nicht. […] Bei der Aussage des Ex-US-Vizepräsidenten Dick Cheney, das Aufspüren und die Liquidation von Bin Laden sei nur möglich gewesen, weil Aussagen von Häftlingen, die unter ‚erweiterten Verhörmethoden‘ gemacht wurden, verwendet wurden, läuft es mir kalt den Rücken runter.“ (Helen Keller)[83]

Zu Recht verbreitete die *NZZ* diesen Text: „Während der Westen auf der einen Seite […] keine Gelegenheit auslässt, Sanktionen [hinsichtlich Menschenrechten] gegen rückständige Staaten zu verhängen, verweigert er sich andererseits einem humanistischen Fortschritt bei der Behandlung seiner […] Gegner. Hierbei wird insbesondere das gezielte Töten von Terrorverdächtigten als moderne und präzise Kriegsführung dargestellt. Dies droht uns im Kampf um die Beachtung universeller Menschenrechte jedoch in eine Zeit zurückzuwerfen, in der die Obrigkeit ohne rechtsstaatliches Verfahren nach Gutdünken über Leben und Tod waltete. Denn der Krieg gegen den Terror macht nicht nur kurzen Prozess mit seinen Gegnern, sondern terrorisiert selbst ganze Landstriche, etwa in Somalia und Jemen, wo sich die westlichen Staaten offiziell nicht einmal im Krieg befinden. Die Zahl der ferngesteuerten Drohnenangriffe, welche die eigenen Streitkräfte keinen nennenswerten Gefahren aussetzen, ist in den letzten Jahren explodiert. Die im Nahen und Mittleren Osten betroffene Zivilbevölkerung, welche ihnen kaum entfliehen kann, empfindet sie als willkürlich. Berichte über die erhebliche Anzahl an zivilen Opfern sowie fehlgeleitete Einsätze entgehen dabei weder den feindlichen Kämpfern noch der für unsere Anliegen empfänglichen Bevölkerung vor Ort. Allen kommt bei so viel westlicher Scheinheiligkeit jedoch auf absehbare Zeit die Sympathie uns gegenüber abhanden. Denn wer möchte schon Frieden schließen mit einem Abendland, das sich seine Regeln zurechtbiegt, wie es ihm passt?“[84]

Die im Westen propagierte „regelbasierte internationale Ordnung“ steht auf tönernen Füßen. Wer glaubt, damit in Diskussionen mit und über die VR China punkten zu können, besitzt einen beneidenswerten Optimismus.

5.9 Etwas weniger westliche Selbstgerechtigkeit, etwas mehr westliche Selbstkritik üben[85]

Richard Rorty (1937–2007), amerikanischer Philosoph, stand kurz nach dem 11. September 2001 im Streitraum der Berliner Schaubühne Rede und Antwort.

> „[*Spiegel*-Herausgeber] Augstein: Kritiker hierzulande fordern einen Dialog der Kulturen statt Bomben. – Rorty: Ich verspreche mir nichts von solch einem Dialog. In den zwei Jahrhunderten seit der Französischen Revolution ist in Europa und Amerika eine säkulare humanistische Kultur gewachsen, in der viele gesellschaftliche Ungleichheiten beseitigt wurden. Es gibt noch viel zu tun, aber der Westen ist grundsätzlich auf dem richtigen Weg. Ich glaube nicht, dass er von anderen Kulturen etwas zu lernen hat. Unser Ziel sollte es vielmehr sein, den Planeten zu verwestlichen."[86]

Zunächst stellt sich die Frage: Wusste Rorty, wie das Wort „Westen" in China verstanden wird? Eine für China traumatische Erfahrung ist der Einmarsch einer Koalitionsarmee aus den acht Nationen Österreich-Ungarn, Großbritannien, Frankreich, Deutschland, Italien, Japan, Russland und USA in Peking im Jahre 1900.[87] Alle diese acht Länder, sogar Japan[88], werden in der VR China dem „Westen" zugerechnet, übrigens auch in hiesigen Publikationen. So wird in einem Text des TV-Senders ARTE über Beijing im Jahr 1900 von einer „westlichen Ersatzarmee" gesprochen.[89] „Der Westen" griff „brutal durch", kann man auch in der *NZZ* lesen.[90] Jedenfalls ist die VR China, insofern sie sich zum deutsch-russischen Geistesprodukt Marxismus-Leninismus bekennt, bereits „verwestlicht". „Mission accomplished", hätte also Rorty eigentlich diesbezüglich befriedigt feststellen können.

In seiner Aussage spiegelt sich ein tief verwurzelter, den meisten Abendländerinnen und Abendländern wohl kaum bewusster westlicher Kulturhochmut wider, so auch in diesen Worten: „Die westliche Moderne ist nicht eine Kultur neben anderen. Sie hat sich weltweit durchgesetzt – und sie wird weltweit imitiert.“[91] Ein derartiger Kulturstolz ist einigermaßen nachvollziehbar im Hinblick auf die moderne naturwissenschaftlich-technische Zivilisation mit all ihren teilweise segensreichen Errungenschaften und Behelfen. Gewiss hat der Westen von chinesischen Erfindungen wie Papier, Buchdruck, Magnetkompass, Seide, Porzellan sowie Schießpulver profitiert.[92] Aber die moderne technisch-naturwissenschaftliche Zivilisation ist weitgehend eine europäische Eigenleistung, die nicht auf dem Lernen von fremden Kulturen beruht. Gleichwohl sollte man, statt zu sagen, der Westen sei grundsätzlich auf dem richtigen Wege, selbstkritisch fragen, ob sich der Westen und in dessen Schlepptau die ganze Welt nicht vielleicht auf einem Holzweg befinde. Denn hat die so gut wie ausschließlich vom Westen geschaffene moderne naturwissenschaftlich-technische Zivilisation infolge der von ihr verursachten „drei großen [...] Krisen: Klimawandel, Verlust der biologischen Vielfalt und Umweltverschmutzung“[93] die Menschheit nicht in große Gefahr gebracht und Teile der westlichen Jugend veranlasst, sich als „the last generation“ zu betrachten? Indem man vom „menschengemachten Klimawandel“[94] spricht, vernebelt man, welche Menschen in erster Linie den Klimawandel verursacht haben. Es waren über längere Zeiträume hinweg nicht Yanomani-Indianer, Maori, Araber oder Nigerianer, und auch nicht Chinesen, sondern Menschen in Europa und in den USA.

Ansätze zu einer okzidentalen Selbstkritik angesichts des vom Westen ausgehenden technischen „Fortschritts“[95] zeigen mehr als 1000 namhafte Forscher und Unternehmer[96]. In einem offenen Brief warnen sie vor den tiefgreifenden Risiken für die Gesellschaft und die Menschheit durch Systeme der künstlichen Intelligenz (KI).[97] Sie schreiben: „Das Risiko der Auslöschung durch Künstliche Intelligenz einzudämmen sollte weltweit genauso Priorität haben wie das anderer gesellschaftlicher Risiken wie etwa Pandemien und Atomkrieg."[98] „Als erste technische Erfindung ist künstliche Intelligenz in der Lage, ohne Umwege auf unser Bewusstsein einzuwirken. Mittelbar geraten auch unsere Selbstbilder in ihren Einflussbereich. Das öffnet Tür und Tor für Missbrauch".[99] Die Vorsitzende des Deutschen Ethikrates, Alena Buyx, plädiert ebenfalls für eine Entwicklungspause bei künstlicher Intelligenz, damit ethische und soziale Risiken zuerst abgewogen werden können[100] (siehe auch Abschnitt 5.4). Auch Bundespräsident Frank-Walter Steinmeier hat vor möglichen Gefahren durch die fortschreitende Entwicklung der KI gewarnt. „Die KI ist eine disruptive Technologie, die unser aller Leben verändern wird", sagte er.[101] Sie kann die Menschheit voranbringen, wenn man sie verantwortungsvoll nutzt.[102] Sie könnte sich aber auch als eine „Ausgeburt der Hölle" (J. W. v. Goethe: *Der Zauberlehrling*) erweisen und „uns gar auslöschen."[103]

Gewiss wird in der VR China gesagt, die richtigen Antworten auf die Fragen der Zeit könne man, gestützt auf die grundlegenden Prinzipien des Marxismus, nur in Verbindung mit hervorragendem Geistesgut aus der traditionellen chinesischen Kultur finden (Bericht 2022). Aber mit Bezug auf die Bedrohung der Umwelt durch die moderne Technik scheint die einzige Anregung aus der traditionellen chinesischen Kultur das ständig wiederholte Postulat „tian ren he yi" zu sein. Es wird im Sinne von „Harmonie von Mensch und Natur" ausgelegt.[104] Nun erteilt Konfuzius den Rat, nicht nur auf die Worte von Menschen zu hören, sondern auch deren Verhalten zu beobachten.[105] Ein Indiz dafür, dass die VR China, „der größte CO_2-Emittent", ihren die Harmonie von

Mensch und Natur beschwörenden Worten Taten folgen lässt, kann darin gesehen werden, dass China der International Renewable Energy Agency (IRENA) zufolge 2022 fast die Hälfte der globalen Erzeugungsleistung im Bereich erneuerbarer Energien installiert hat, der größte Produzent erneuerbarer Energien und führend bei vielen grünen Technologien ist und dass es so viel in erneuerbare Energien investiert wie kein anderes Land (China-Str 23, S. 10, 27). So ist bei Dalat in der Inneren Mongolei das größte Wüsten-Solarkraftwerk der Welt geplant.[106]

Beim rücksichtslosen Umgang mit der Natur fühlt sich der an sich kleine Mensch auf sicherem Boden und dank seiner technischen Mittel im Vorteil.

Er übersieht, dass sich Mensch und Natur nicht auf sicherem Boden, sondern gleichsam auf einer Wippe zuoberst auf einem Berggipfel befinden. Der chinesische Schriftzug bedeutet „Nach dem Gewehrschuss gibt es keinen Sieger“[107]. Nicht nur der getötete Bär, auch der scheinbar siegreiche Mensch geht unter. Wenn er die Natur gefährdet, bringt der Mensch sich selbst in Gefahr.[108] Eine chinesische Illustration zum Postulat, dass eine Balance von Mensch und Natur gewahrt bleiben sollte.[109]

Die Tatsache, dass die VR China von einem marxistisch-leninistischen Verständnis aus das westliche liberal-bürgerliche Staatssystem ablehnt, sollte hierzulande weit weniger zu Besorgnis Anlass geben als der Umstand, dass der in der für die VR China maßgebende Marxismus das aufklärerische Erbe des Anthropozentrismus hochhält. Demgemäß steht der Mensch im Zentrum und kreisen alle Fragen nach einer gerechten Gesellschaft ausschließlich um das menschliche Wohlergehen.[110] Die Natur wird hintangestellt, sie ist Objekt der Ausbeutung. Stark unter diesem westlichen Einfluss stehend will die VR China die westliche naturwissenschaftlich-technische Zivilisation übernehmen und weiterentwickeln, um so 1400 Millionen Menschen einen Lebensstandard zeitgenössischen westlichen Stils zu verschaffen.

Die in der Satzung 2022 (AP Abs. 11) verankerte „Modernisierung chinesischen Stils (Zhongguo shi de xiandaihua)" weist gemäß dem Bericht 2022 fünf Besonderheiten auf. Es sei 1. die Modernisierung eines Landes mit einer riesigen Bevölkerung, die 2. den gemeinsamen Wohlstand des gesamten Volkes anstrebt, die 3. die materielle und geistige Zivilisation in Einklang bringen soll, in der 4. Mensch und Natur harmonisch koexistieren sollen und die 5. auf dem Weg der friedlichen Entwicklung vor sich gehen solle. Wie ein gemeinsamer Wohlstand von 1400 Millionen Menschen bei einer gleichzeitigen harmonischen Koexistenz von Mensch und Natur bewerkstelligt werden kann, bleibt unklar. Mit der bloßen Beschwörung von Kreativität, Innovation und Nachhaltigkeit sowie mit Aussagen wie es sei eine im Vergleich zum Kapitalismus höhere Effizienz zu erzielen[111] und „wir müssen Natur, Ökosysteme und Umwelt wie unseren Augapfel hüten" (Bericht 2022) ist es nicht getan. Es wird gesagt, die Modernisierung chinesischen Stils widerlege den westlichen Mythos „Modernisierung = Verwestlichung"[112], aber diese Absage an den Westen wird nur politisch erläutert, und zwar dahingehend, dass die Modernisierung chinesischen Stils unter der unantastbaren Führung der KPCh durchzuführen sei. Die Absage an den Westen erstreckt sich offensichtlich nicht auf die westliche Technik und Naturwissenschaft, nicht auf den Lebensstandard westlichen Stils und auch nicht auf eine zentrale Eigenschaft der modernen westlichen Gesellschaft. Sie beruht auf einer Fortschrittserwartung, wonach in der Zukunft alles besser wird, wirtschaftlich, politisch, gesellschaftlich, und dass das, was man erreicht hat, erhalten bleibt.[113]

Sollte man sich hierzulande statt über ein angebliches politisches Weltmachtstreben der VR China nicht viel eher über die schlimme Kollateralschäden zeitigende technisch-naturwissenschaftliche Weltmacht des Westens und deren wirkmächtigen Einfluss auf die Welt im Allgemeinen und China im Besonderen und über bestimmte Kernbegriffe der westlichen Moderne wie über den stetiges Wachstum verheißenden Begriff des „Fortschritts“[114] und den vorwiegend wirtschaftlich und kaum ökologisch ausgelegten Begriff des „Wohlstands“[115] Gedanken machen? Denn „die überragende Herausforderung besteht darin, sich unseren Planeten vorzustellen, wenn China und später Indien [...] beim BIP pro Kopf mit den USA und Europa gleichziehen“.[116]

Fünf Erdkugeln für die VR China

Was die Wertemissionierung anbelangt, so sollte man im Westen gegenüber der sich selbst zugewiesenen Rolle eines Weltlehrmeisters vorsichtig sein. Hierzu nur folgender Hinweis: Würde sich die VR China dazu entscheiden, die eigene Entwicklung vollumfänglich nach den „Werten“ der USA mit deren verfassungsmäßigem Menschenrecht auf Streben nach individuellem Glück (pursuit of happiness) zu vollziehen, dann würde der dadurch bewirkte durchschnittliche Energieverbrauch pro Person in der VR China dazu führen, dass man diesem Land noch etwa fünf zusätzliche Erdkugeln zur Verfügung stellen müsste.[117] Nur schon dieser Sachverhalt zwingt die VR China dazu, westliche bürgerlich-liberale „Werte“ kritisch und nicht unbesehen zu übernehmen. Überdies weist man im Reich der Mitte unter Berufung auf den Grundsatz der in der UNO-Charta, Art. 2, verankerten Gleichheit der Staaten die westliche Wertemissionierung als einen Ausdruck der Selbstüberheblichkeit, ja des „moralischen Größenwahns“ (daode zidakuang) zurück.[118]

5.10 Sich bewusst bleiben, dass die Kommunistische Partei Chinas ein Kind Europas ist

Das Kanonenfeuer der [russischen] Oktoberrevolution [von 1917] brachte den Marxismus-Leninismus nach China. Das sagte am 01.07.2021 Xi Jinping in seiner Rede bei der Feier zum 100. Jahrestag der Gründung der Kommunistischen Partei Chinas. Und er fuhr fort: „Im großen Erwachen des chinesischen Volkes und der chinesischen Nation und in der engen Verbindung des Marxismus-Leninismus mit der chinesischen Arbeiterbewegung entstand die Kommunistische Partei Chinas. Die Entstehung der Kommunistischen Partei Chinas war ein bahnbrechendes Ereignis, das die Richtung und den Verlauf der Entwicklung der chinesischen Nation nach der Neuzeit, die Zukunft und das Schicksal des chinesischen Volkes und der chinesischen Nation sowie den Trend und das Gefüge Entwicklung der Welt grundlegend veränderte.“[119]

Eigentlich könnte man sich darüber freuen, dass europäische Rezepturen einem Milliardenvolk mit einer eigenen Urzivilisation dazu verholfen haben, eine Entwicklung von „aufstehen [und die VR China gründen]“ über „wohlhabend werden [d.h. einen bescheidenen Wohlstand erleben]“ bis hin zu „stark werden [d.h. das zweite 100-Jahres-Ziel erreichen] (cong zhanqilai, fuqilai dao qiangqilai)“[120] zustande zu bringen.

Aber eine solche Freude ist hierzulande nicht festzustellen. Man betrachtet die VR China mit zunehmender Skepsis. Da sollte man allerdings Folgendes bedenken.

Das „bahnbrechende Ereignis“ der Entstehung der KPCh, das „das Gefüge der Entwicklung der Welt grundlegend veränderte“, war kein innerchinesisches Ereignis. Die KPCh ist kein aus der chinesischen Kultur entsprungenes autochthones Gebilde. Erzeuger der KPCh ist Europa als Auslöser des Ersten Weltkriegs (1914–1918), der „Urkatastrophe des 20. Jahrhunderts.“[121] Dieses schreckliche Ereignis haben einzig und allein christliche, „aufgeklärte“ europäische „weiße Männer“ mit ihrem antik-hellenischen und antik-römischen Erbe und mit ihrer „europäischen Rationalität“[122] zu verantworten. „Weder die russische Revolution und die Machtergreifung Lenins noch der Aufstieg Mussolinis und Hitlers sind ohne die sozialen, politischen und kulturellen Verwerfungen, die der Krieg bedingte, erklärbar.“[123] Europa hat China die KPCh und den Marxismus-Leninismus als Staatsdoktrin beschert. Glaubt man in Europa, man könne diese ostasiatische Fernwirkung der „Urkatastrophe des 20. Jahrhunderts“ beseitigen oder eindämmen, und jetzt sei die Zeit gekommen, in der die VR China am europäischen Wesen genesen solle?

Sollte man angesichts der gigantischen Schuld, die Europa durch die Entfesselung des Ersten Weltkriegs auf sich geladen hat, Europa nicht unter strengere Beobachtung stellen als die VR China? Ist es wirklich „unsere Aufgabe als Europäer, auch in Zukunft die Führung zu übernehmen“[124]? Was heißt „auch“? Was für eine Führung übernahm Europa durch die Auslösung des Ersten Weltkriegs? Als klarsichtig erscheint diese Aussage des seinerzeitigen deutschen Außenministers Frank-Walter Steinmeier: „In der Welt von morgen wird die westlich-europäische Kultur nicht mehr selbstverständlich die allgemeingültige Richtschnur sein."[125] Sollte man sich gemäß dieser Aussage mit dem, was man in China selbst angerichtet hat, nicht abfinden und versuchen, partnerschaftlich das Beste daraus zu machen?

5.11 China nicht nur als Wettbewerber, Partner und Rivalen, sondern auch als kulturelle Ressource wahrnehmen

China ist für Deutschland und die EU zugleich Partner, Wettbewerber und systemischer Rivale (China-Str 23, S. 10).[126] Dass es nur diese drei Aspekte erwähnt, zeugt von einem durch Scheuklappen eingeengten Gesichtsfeld, was dazu führt, dass ein vierter Aspekt unerkannt bleibt, nämlich China als eine kulturelle Ressource.

Dieser Aspekt hat eine lange Geschichte. So zitierte am 12. Juli 1721 der deutsche Philosoph Christian Wolf (1679–1754) in der Friedrichs-Universität Halle in einer berühmt gewordenen Rede Konfuzius als Beleg, dass Moral ohne Religion möglich sei.[127] China wurde damals zu einem mächtigen Zeugen für die Wirksamkeit der rein „natürlichen Religion" oder, radikaler, der „natürlichen Vernunft" – beides programmatische Kampfbegriffe der Aufklärung.

Die Jesuiten hatten China durch Geschichtsdarstellungen und Übersetzungen bekannt gemacht, und sie hatten ein positives Bild des Landes gezeichnet, das ihnen zu missionieren erlaubte – zu einer Zeit, wo in Europa die Intoleranz grassierte. Sie schrieben dem Konfuzianismus eine diffuse Gottesvorstellung zu, betrachteten ihn aber nicht als Religion und duldeten auch die Ahnenverehrung als kulturelle, nicht religiöse Praxis. Andere Orden, aber auch manche Jesuiten selbst, erhoben gegen dieses in ihren Augen schönfärberische Bild den Vorwurf, die Konfuzianer seien in Wirklichkeit Atheisten.

Es war diese Konstellation von Argumenten und Informationen, die die Aufklärer elektrisierte. Sie suchten gegen den Autoritätsanspruch der christlichen Konfessionen, der in die blutige Unterdrückung alles Abweichenden geführt hatte, nach einer freieren Form von Religiosität oder, radikaler, nach der Befreiung von Religion überhaupt. In beiderlei Hinsicht eröffnete China eine Option, hatte man hier doch offenbar ein blühendes Staatswesen vor Augen, das zu seinem Funktionieren keiner Kirche bedurfte.[128]

So wie China für die europäischen Aufklärer ein geistiger Impulsgeber war, so bietet das Reich der Mitte auch heute viele kulturelle Anregungen. „China hat mit seiner immensen Vielfalt große Leistungen hervorgebracht, die auch in Deutschland bewundert werden“ (China-Str 23, S. 11).

Daher befürworte ich zwei Arten von Sinologie: die informative Sinologie, die Wissenswertes über alle möglichen Aspekte Chinas eruiert und dem westlichen Publikum mitteilt, und die transplantive Sinologie, die als wertvoll erachtete Elemente der chinesischen Kultur ausfindig macht und in diese zu transferieren versucht.[129] Meine Bücher *Strategeme 1* und *Strategeme 2* gehören in die Kategorie „informative Sinologie“, mein Buch *36SfM* in die Kategorie „transplantive Sinologie“. Diese beiden Werke liegen in 16 Sprachen, darunter Ukrainisch, vor. Kein Zweifel, es besteht ein Bedarf an beiden Arten von Sinologie.[130]

5.12 Sich von einer europäischen Belehrungs- zu einer Lerngesellschaft entwickeln

> „Peking strebt nach einem Platz an der Sonne, und das Verhalten der chinesischen Führung erinnert in vielem an frühere Zäsuren, da zu spät gekommene Mächte sich mit einer bestehenden Sicherheitsarchitektur konfrontiert sahen, die in ihren Augen ungerecht und überholt war. Es war dies der Fall bei Deutschland und bei Japan, deren Aspirationen in verheerenden Weltkriegen endeten [...]".[131]

Das Zitat zeugt von der im Westen weit verbreiteten Überzeugung, man könne das Verhalten der VR China anhand europäischer historischer Erfahrungen erklären. Dass China in seiner mehrtausendjährigen Geschichte viele eigene Erfahrungen gesammelt und seine Lehren daraus gezogen hat, die in der VR China zu Rate gezogen werden könnten, sodass sich dieses Land vielleicht anders verhält, als dies europäische Mächte in der Vergangenheit getan haben, wird nicht in Betracht gezogen. Man sollte aber chinesisches antikes sowie zeitgenössisches - sinomarxistisches - Geistesgut ernstnehmen und studieren. Man sollte lernen, die VR China von den dort maßgebenden Denkfiguren her zu interpretieren.

Man sollte also nicht nur in westlichem Geistesgut verharren, also nicht reflexartig danach streben, das, was man in der VR China wahrnimmt, in irgendwelche westliche, nicht von Menschen mit außereuropäischen Sprach- und Kulturkenntnissen geschaffene politologische, ökonomische oder sonstige Theorien und Modelle zu pressen. Denn wenn man so vorgeht, wandelt man Chinesisches geistig in etwas Westliches um. Diese Art der „Verwestlichung" geschieht etwa dadurch, dass man behauptet, die chinesische „Moulüe" sei nichts anderes als das, was man im Westen als „Strategie“ bezeichne, oder wenn man sagt, das, was man in der VR China als Marxismus bezeichne, sei nach westlichem Verständnis gar kein Marxismus. Man glaubt dann zwar, durch diesen westlichen geistigen Zugriff auf etwas Chinesisches habe man dieses jetzt verstanden und „im Griff“. Das könnte aber eine Selbsttäuschung sein. Europäerinnen und Europäer wiegen sich teilweise in zu großer Selbstsicherheit. Von dieser Einstellung sollte man Abschied nehmen.

Neuestens bequemt man sich allmählich dazu, von der VR China zu lernen, etwa, wenn man staatliche regulative Eingriffe in die freie Marktwirtschaft durchführt, um systemrelevante Teile der Volkswirtschaft vor chinesischen Investitionen zu schützen. In ähnlicher Weise ist die VR China schon seit Jahren vorgegangen, um zu verhindern, dass ausländische Unternehmen das Strategem Nr. 30 anwenden, also die Rolle des Gastes in die des Gastgebers umwandeln.

Schon der deutsche Denker Leibniz hat in seiner 1697 erschienenen *Novissima Sinica (Das Neueste von China)* gefordert, dass die europäische Belehrungsgesellschaft in eine Lerngesellschaft in Sachen China transformiert werden solle.[132] Das erscheint auch heute noch als richtig. Die „Passagiere des Luxusdampfers Europa“[133] kommen wohl nicht darum herum, sehr vieles, nicht zuletzt die chinesische Sprache, zu erlernen, wollen sie verstehen, was im Reich der Mitte vor sich geht. „Wir haben solch ein begrenztes Verständnis für das, was die derzeitige [chinesische] Staatsstruktur zusammenhält und dem politischen System gestattet, so wirksam zu funktionieren, wie es dies tut.“ Das stellt Elizabeth J. Perry in einem an der amerikanischen Harvard-Universität gehaltenen Vortrag im Dezember 2005 fest.[134] Ihr Urteil dürfte immer noch zutreffen.

5.13 Statt auf westliche Wunschvorstellungen auf amtliche chinesische Willensbekundungen setzen

„Die Annahme[135], dass die Vertiefung der kommerziellen, diplomatischen und kulturellen Beziehungen die innere Entwicklung und das äußere Verhalten Chinas verändern würde, war ein Grundpfeiler der US-Strategie."[136]

„Alle Teilnehmer der politischen Debatte haben sich geirrt: Befürworter des Freihandels und Finanziers, die eine unvermeidliche und zunehmende Offenheit in China voraussagten, Integrationisten, die argumentierten, dass Pekings Ambitionen durch eine größere Interaktion mit der internationalen Gemeinschaft gezähmt würden, und Falken, die glaubten, dass Chinas Macht durch die andauernde amerikanischer Vorrangstellung eingedämmt werde."[137]

„Die liberale internationale Ordnung hat China nicht so stark wie erwartet zu verlocken oder einzubinden vermocht. China hat stattdessen seinen eigenen Kurs verfolgt und dabei eine Reihe amerikanischer Erwartungen Lügen gestraft."[138]

„Der Aufbau einer stärkeren und nachhaltigeren Herangehensweise an und [einer stärkeren und nachhaltigeren] Beziehung mit Peking erfordert das ehrliche Eingeständnis, dass sich viele fundamentale Annahmen als falsch herausgestellt haben. Über das ideologische Spektrum hinweg haben wir uns in der Außenpolitik der USA stark auf Erwartungen betreffend China – über seine Herangehensweise an die Wirtschaft, Innenpolitik, Sicherheit und globale Ordnung – verlassen [...]. Die auf solchen Erwartungen beruhende Politik hat es nicht geschafft, China in der von uns beabsichtigten oder erhofften Weise zu verändern."[139]

> „Im Gegensatz zu westlichen Erwartungen hat Peking sein staatskapitalistisches Modell verstärkt, obwohl es reicher geworden ist."[140]

> „Da sich die Annahmen, die die US-Politik antreiben, als auf zunehmend schwächeren Füßen stehend entpuppten und da der Abstand zwischen den amerikanischen Erwartungen und den chinesischen Realitäten größer geworden ist, hat sich Washington weitgehend [auf andere Länder] konzentriert."[141]

Diese Zitate sind einem Aufsatz in der amerikanischen Zeitschrift *Foreign Affairs* vom März/April 2018 entnommen.[142] Der Untertitel lautet „Wie sich China amerikanischen Erwartungen widersetzte". In diesen Zusammenhang passt ein Zitat aus dem Dokument „National Security Strategy of the United States of America" vom Dezember 2017:

> „Jahrzehntelang war die US-Politik in der Überzeugung verwurzelt, dass die Unterstützung für Chinas Aufstieg und dessen Integration in die internationale Ordnung der Nachkriegszeit China liberalisieren würde. Entgegen unseren Hoffnungen hat China seine Macht erweitert [...]."[143]

„Wishful thinking", also „Wunschdenken" – so lautet der Titel der „Einleitung" des 2015 veröffentlichten Buches *The Hundred-Year Marathon. China's Secret Strategy to Replace America as the Global Superpower.* Dessen Verfasser Michael Pillsbury, Direktor des „Center of Chinese Strategy at the Hudson Institute", in den Diensten der Administrationen von Richard Nixon bis Barack Obama, schreibt:

> „Ich pflichtete weitgehend den Annahmen bei, die von Amerikas Top-Diplomaten und Gelehrten [seit Präsident Richard Nixons Öffnung gegenüber China im Jahr 1971] geteilt worden waren und immer wieder amerikanischen strategischen Diskussionen, Kommentaren und Medienanalysen zugrunde lagen. Wir glaubten, dass die amerika-

> nische Hilfe für ein fragiles China, dessen Führer so dachten wie wir, China helfen würde, eine demokratische und friedliche Macht zu werden. [...] Jede der [fünf] Annahmen hinter dieser Überzeugung war falsch. [...] Die Fehlerhaftigkeit dieser Annahmen tritt von Tag zu Tag klarer zutage durch das, was China tut, und, ebenso wichtig, durch das, was China nicht tut.“[144]

„Wunschdenken“, „Glauben“, „Annahmen“, „Voraussagen“, „Erwartungen“, „Hoffnung“, „Überzeugung“ etc. - diese Wörter deuten an, dass man in den USA jahrzehntelang keine offiziellen chinesischen Dokumente zurate gezogen oder deren unmissverständliche Absichtserklärungen nicht ernst genommen hat. Weit verbreitet sind im Westen Meinungen, amtliche chinesische Dokumente seien - um eine auf den europäischen Ostblock gemünzte Formulierung zu benutzen - „Lügengebilde, in denen sich die Propaganda wie eine undurchdringliche Wand vor die Realität“ schiebt[145] und „Das amerikanische Volk sollte sich nicht darum kümmern, was die Kommunistische Partei Chinas sagt, aber es sollte sehr sorgfältig verfolgen, was sie tut. Wenn die Amerikaner naiv die schönen Worte und leeren Propagandaphrasen glauben, die die Partei verbreitet, dann werden sie getäuscht und betrogen.“[146] Man schätzte die VR China ausschließlich gestützt auf eigene subjektive Denkvorgänge ein und achtete gemäß phänomenologischem Ansatz nur auf das, „was China tut“ bzw. „nicht tut“, und nicht auf das, was China offiziell und transparent aller Welt verkündete.

Da man in den USA offizielle chinesische Dokumente über all die Jahre hinweg nicht gelesen oder nicht ernst genommen und sich stattdessen auf subjektive Erwartungen und Hoffnungen abgestützt hat, da „amerikanische Geheimdienst- und Sicherheitsbeamte zu lange einem Wunschdenken erlegen sind“[147], beklagt man nun, dass „die China-Strategie der letzten Jahrzehnte nicht aufgegangen ist“.[148]

5.14 Europäisches Urteilsvermögen nicht auslagern

„Unsere Priorität ist es nicht, uns an die Agenda der anderen in allen Regionen der Welt anzupassen." Das sagte der französische Präsident Macron im April 2023, und er meint, Europa solle beim Thema Taiwan kein Mitläufer der USA sein.[149]

So war Deutschland unter Bundeskanzler Gerhard Schröder 2003 kein Mitläufer der USA, als diese ohne UNO-Mandat in den Irak einmarschierte. Erhellend scheint mir ein diesbezüglicher Beitrag im Schweizer Fernsehen 20 Jahre später zu sein, den ich im Folgenden leicht gekürzt und ergänzt durch ein Zusatzzitat wiedergebe:

> „Moderation: Nun ins Ausland. Dieses Bild entstand am 19. März 2003 am Sonntag vor genau 20 Jahren. US-Präsident George W. Bush trat vor die Fernsehkameras und erklärte dem Irak den Krieg, glaubte, das könne ein Erfolg werden. Unser [...] USA-Korrespondent Pascal Weber über die Frage, wie sich die Regierung Bush so täuschen konnte und welche Lehren man daraus ziehen kann.
>
> Weber: Als in den frühen Morgenstunden des 20. März 2003 die ersten amerikanischen Bomben auf Bagdad fallen, macht sich im sicheren Washington kaum jemand Gedanken, was für Verheerungen dieser Krieg bringen wird. Denn weder über die Kosten noch die Auswirkungen noch die wirklichen Ziele hatte sich die Bush-Regierung damals verständigt, ist sich Melvyn P. Leffler, Historiker an der Universität von Virginia, sicher. Doch was führte die USA damals in den Krieg gegen den Irak?
>
> Leffler: Ich würde sagen drei Dinge: Angst, Stärke und Anmaßung.

Weber: 18 Monate zuvor waren in New York zwei Flugzeuge ins World Trade Center geflogen. Es war der Terrorangriff von 9/11, die größte Tragödie, die die USA in der Neuzeit erlebt. [...]

Weber: Die USA befürchten weitere Attacken. Eine ganze Nation hat Angst. Gleichzeitig strotzt Amerika vor Stärke. Es ist der unipolare Moment. Die USA sind die einzige Supermacht der Erde und besiegen innert kürzester Zeit in Afghanistan die Taliban. Amerikas Macht scheinen keine Grenzen gesetzt.

Leffler: Zu Angst und einem Gefühl von Stärke kam Anmaßung. Und wenn ich Anmaßung sage, dann meine ich ein Gefühl von Überlegenheit, das uns Amerikanern innewohnt, ein Gefühl, dass andere Völker amerikanische Werte willkommen heißen werden, sodass Präsident Bush selbst und viele seiner höchsten Entscheidungsträger ernsthaft glaubten, dass die Iraker die US-Truppen begeistert willkommen heißen würden. ‚Im Irak nach 2003 bedeutete die rosige Einschätzung des Pentagons über den Enthusiasmus der Öffentlichkeit für den politischen Wandel, dass die US-Streitkräfte auf den darauffolgenden Aufstand nicht vorbereitet waren.‘[150]

Weber: Eine völlig falsche Einschätzung. Fünf Wochen vor Kriegsbeginn präsentiert der damalige Außenminister Colin Powell vor dem UNO-Sicherheitsrat angebliche Beweise für Saddam Husseins Massenvernichtungswaffen.

Leffler: Saddam Hussein und sein Regime verschleiern ihre Anstrengungen, mehr Massenvernichtungswaffen herzustellen.

Weber: Dass die angeblichen Beweise auf Lügen beruhten, weiß heute die ganze Welt.

Leffler: Eine der wichtigsten Lektionen ist es, seine Ängste zu modulieren. Wir müssen uns bewusst machen, dass politische Entscheidungsträger dazu neigen, Gefahren zu überhöhen, um eine Bedrohung aufzubauschen. Im Fall Irak wurde die Bedrohung durch Massenvernichtungswaffen in hohem Maße aufgebauscht.

Weber: Wie schnell Politik auch heute überschießen kann, zeigte sich erst vor Kurzem in der Auseinandersetzung mit China. Als kürzlich ein mutmaßlicher chinesischer Spionage-Ballon über Amerika schwebte, schossen die USA ihn kurzerhand ab. Und in der darauffolgenden Hysterie gleich noch drei weitere nicht identifizierbare Flugobjekte, die sich später als Forschungs- oder Spielzeug-Ballone entpuppten.

Leffler: Wir müssen ernsthaft darüber nachdenken, ob wir die Gefahren nicht überhöhen. Stellt China tatsächlich eine existenzielle Gefahr dar für zentrale amerikanische Interessen? Oder bis zu welchem Grad funktionieren unsere Taktiken von Abschreckung und Einhegung wirklich gegenüber China?

Weber: Auch wenn am Ende Diktator Saddam Hussein nach 24 Jahren an der Macht gestürzt wurde, Bushs Entscheidung, in den Irak einzumarschieren, folgte keiner unausweichlichen Logik. Es war das Resultat vieler falscher Entscheidungen. Und die Mission wurde nie erfolgreich vollendet.“[151]

Hat Deutschland nicht gut daran getan, sich nicht am Irakkrieg mit eigenen Streitkräften zu beteiligen und insofern kein Mitläufer der USA gewesen zu sein?

Im Afghanistan-Krieg (2001–2023) musste sich Deutschland als NATO-Mitglied kriegerisch engagieren. Insgesamt 59 deutsche Bundeswehrsoldaten sind in Afghanistan gefallen.[152] Wofür? Jedenfalls hat das Sterben dieser jungen Leute nicht verhindert, dass die Taliban an die Macht kamen.

Beide Kriege lassen am weltpolitischen Urteilsvermögen amerikanischer Entscheidungsträger zweifeln. In diesem Zusammenhang verweise ich auch auf meine Online-Veröffentlichung. Ist das eigentliche Problem Europas und der USA mit China unerkannt?[153]

„Die China-Politik der USA ist letztlich kontraproduktiv."[154] In Bezug auf die VR China sollte man daher hierzulande den Mut haben, eigenständige Urteile zu fällen und Entscheidungen zu treffen, die nicht unbedingt im Einklang mit amerikanischen Überlegungen und Vorgehensweisen zu stehen brauchen.

5.15 Apfel und Birne: Taiwan und die Ukraine[155]

Geschichtliche Hinweise[156]

Die aufgezeichnete Geschichte Taiwans und seiner Beziehung zu China beginnt vor etwa 400 Jahren. Davor war Taiwan schon seit Jahrhunderten Heimat malayo-polynesischer Völker. 1683 übernehmen Truppen der Qing-Dynastie (1644–1912) die Kontrolle über westliche und nördliche Küstengebiete Taiwans. Taiwan wird der Status einer Präfektur gegeben, die der Provinz Fujian untersteht. 1885 wird Taiwan zur Provinz des Qing-Reiches erklärt.

Nach der Niederlage im Ersten Chinesisch-Japanischen Krieg (1894–1895) unterzeichnet die Qing-Regierung den Vertrag von Shimonoseki, mit dem sie die Souveränität über Taiwan an Japan abtritt. 1911 stürzen chinesische Revolutionäre das Kaiserreich und gründen die Republik China, die seit 1928 von Tsiang Kaishek (1887–1975)[157], dem starken Mann der

Regierungspartei Guomindang, geführt wird. Nach der Kapitulation Japans im Zweiten Weltkrieg verkündet im Oktober 1945 die chinesische Regierung die Wiederherstellung der Souveränität über Taiwan.

1949 zieht nach der Niederlage der Guomindang und dem Sieg der KPCh im chinesischen Bürgerkrieg die Regierung der Republik China unter der Führung von Tsiang Kaishek nach Taiwan um, gefolgt von 1,2 Millionen Menschen aus China. Die auf dem chinesischen Festland abgeschaffte Republik China führt Tsiang Kaishek auf Taiwan unter Kriegsrecht weiter.

Vom 25.–27.10.1949 tobte die Schlacht von Kuningtou (古寧頭之役) auf Kinmen, einer zu Taiwan gehörenden Insel zwei Kilometer vom chinesischen Festland entfernt.[158] Die Streitkräfte der Republik China besiegen die KPCh.

Am 23.08.1958 beginnt ein Artillerieduell zwischen der Garnison der Republik China auf Kinmen und den chinesischen Streitkräften, das mehr als 40 Tage dauert. 456 taiwanesische Soldaten und 80 Zivilisten in Jinmen wurden getötet.[159]

Am 25.10.1971[160] beschloss die UNO-Generalversammlung in einer Resolution, „die Vertreter von Tsiang Kaishek unverzüglich vom Platz zu verweisen, den sie unrechtmäßig in den Vereinten Nationen eingenommen haben". Seine Repräsentanten hatten bis dahin in der UNO ganz China vertreten. Ferner anerkannte die Resolution, „dass die Vertreter der Regierung der VR China die einzigen rechtmäßigen Vertreter Chinas bei den Vereinten Nationen sind". Taiwan blieb also in der UNO, aber nicht als Staat, sondern als ein Teil der Volksrepublik.

1987 werden in der Republik China auf Taiwan das seit 1949 geltende Kriegsrecht beendet und die Verbote der Gründung neuer politischer Parteien aufgehoben. Die Demokratisierung beginnt, ebenfalls der Austausch von Mensch zu Mensch über die Taiwanstraße.

1992 vereinbarten Vertreter der in Taiwan herrschenden Kuomintang und der KPCh den „Konsens von 1992“, wonach das Ein-China-Prinzip anerkannt wird.

1996 hält die Republik China ihre erste direkte Präsidentschaftswahl ab, gewählt wird Lee Teng-hui von der Guomindang.

2000 wird Chen Shuibian von der Taiwans Unabhängigkeit befürwortenden Demokratischen Fortschrittspartei zum Präsidenten gewählt, was die mehr als 50-jährige Herrschaft der Guomindang beendet und die erste Übertragung der Exekutivgewalt der Regierung der Republik China in Taiwan zwischen politischen Parteien markiert. Chen bleibt bis 2008 Präsident.

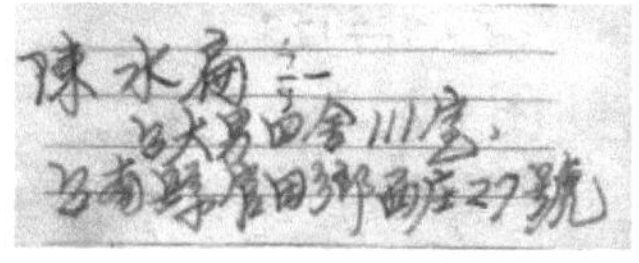

Chen Shuibian schrieb seine Adresse in mein Notizheft als mein Kommilitone in der Rechtsfakultät der Nationalen Taiwan Universität 1971–73

2008 wird Ma Ying-jeou von der eher chinafreundlichen Guomindang zum Präsidenten der Republik China gewählt, was die zweite Übertragung der Exekutivgewalt der Regierung der Republik China in Taiwan zwischen politischen Parteien darstellt.

2010 unterzeichnet die Republik China das Cross-Straits Economic Cooperation Framework Agreement (ECFA) mit China, um die Wirtschafts- und Handelsbeziehungen über die Taiwanstraße hinweg zu institutionalisieren.

Im Februar 2014 hält Wang Yuchi, Minister für Festlandangelegenheiten der Republik China, in Nanjing ein formelles Treffen mit Zhang Zhijun, dem Direktor des der VR China unterstehenden Büros für Taiwan-Angelegenheiten, ab, bei dem es um den ersten offiziellen Kontakt zwischen den Leitern der jeweiligen Regierungsbehörden geht, die für die Beziehungen über die Taiwanstraße verantwortlich sind.

Im November 2015 treffen sich Präsident Ma und der chinesische Staatschef Xi Jinping in Singapur.

2016 wird die Vorsitzende der DFP, Tsai Ing-wen, zur Präsidentin der Republik China gewählt.

2020 gewinnt Tsai Ing-wen erneut die Präsidentschaftswahlen.

Am 27.03.2023 bricht Taiwans früherer Präsident Ma Ying-jeou zu einem zwölftägigen, als privat bezeichneten Besuch der VR China auf.[161]

Taiwans offizieller Name ist nicht Taiwan

Seit dem Angriff Russlands auf die Ukraine wird im Westen Taiwan wie kaum zuvor beachtet. Ende März 2023 wurde berichtet, dass in den letzten Wochen westliche Parlamentarierdelegationen Taiwan so häufig besuchten, dass man mit Zählen kaum mehr nachkommt,[162] siehe zum Beispiel:

- Drei Wochen nach Pelosi-Besuch: Erneut US-Delegation in Taiwan (Tagesschau, 22.08.2022)[163]
- FDP-Politiker treffen in Taiwan ein (*Handelsblatt*, 09.01.2023)[164]
- Bildungsministerin Stark-Watzinger: Deutscher Besuch in Taiwan (Tagesschau, 21.03.2023)[165]

Anders als bei der Ukraine, deren amtlicher Name stets korrekt wiedergegeben wird, vermeiden westliche Politik und Massenmedien die offizielle Bezeichnung der „Taiwan“ oder

„Formosa“ genannten Insel. Sie bezeichnet sich nicht als „Taiwan“, sondern als „Republik China (Taiwan)“. Die Betonung liegt auf „Republik China“, Taiwan wird in einen chinesischen Kontext gestellt.

Bei Besuchen westlicher Delegationen in Taiwan werden immer wieder Fotografien verbreitet wie in einem Artikel über eine europäische Parlamentsdelegation, die die Beziehungen der EU mit Taiwan sondiert. Auf dem Bild wird Präsidentin Tsai Ing-wen gezeigt, flankiert von einem europäischen Politiker und einer Dolmetscherin. Auf der Wand hinter ihr hängt ein Gemälde von Sun Yat-sen (1866–1925), links und rechts neben ihr ragt eine rote Flagge mit einer weißen Sonne auf blauem Grund im oberen linken Viertel empor.[166]

Die in Taiwan geltende Verfassung der Republik China wurde am 25.12.1946 in Nanjing von der Nationalversammlung der Republik China, darunter 19 Abgeordnete aus Taiwan, angenommen.[167] Verkündet wurde die noch heute in Taiwan geltende Verfassung am 01.01.1947, die ausdrücklich auch für Tibet und die Mongolei gilt[168]. In der offiziellen Gesetzessammlung Taiwans kann man den Verfassungstext in traditionell chinesischer Schrift und in Englisch nachlesen.

Die Verfassung beruft sich in der Einleitung nicht auf einen Taiwanesen, sondern auf den festlandchinesischen Politiker Sun Yat-sen[169], den „Guofu“, den „Vater der Republik“, die 1911 auf den Sturz des Kaisertums folgte. Sowohl in Taiwan als auch in der VR China wird er als Gründer des modernen Chinas verehrt. Die in Taiwan bei offiziellen Anlässen gezeigte Fahne ist nicht taiwanesischen Ursprungs, sondern die seit 1928 offiziell eingeführte Flagge der Republik China. Die weiße Sonne auf blauem Grund in der linken oberen Ecke ist die Flagge der jahrzehntelangen Regierungspartei Guomindang. Die Gründung der Republik China 1911 ist noch immer Grundlage einer in Taiwan anstelle der christlichen

Ära benutzten Zeitrechnung, sodass man dort derzeit vielfach nicht vom Jahr 2023, sondern vom „minguo 112nian = 112. Jahr nach Gründung der Republik" spricht, so auch im chinesischen Urtext der Verfassung der Republik China, dessen Datumsangabe nicht wörtlich ins Englische übersetzt wird.[170] Nicht irgendein Ereignis auf der Insel, sondern eben diese Gründung der Republik China ist Gegenstand des in Taiwan alljährlich am 10.10. begangenen Nationalfeiertags. Die Republik China beansprucht dasselbe Staatsgebiet im Südchinesischen Meer und darüber hinaus wie die VR China.[171]

Die westliche Meidung des offiziellen Namens von Taiwan

Warum benutzen westliche Politiker und Medienschaffende so gut wie nie die korrekte amtliche Bezeichnung „Republik China"?

Würde man korrekt von der „Republik China" reden, als die sich Taiwan selbst bezeichnet, dann würde man sprachlich eine Verbindung zu China herstellen. Indem man von Taiwan redet, erweckt man demgegenüber den Eindruck, es handle sich um eine eigenständige politische Entität außerhalb Chinas. Sprachlich vollzieht man also die Trennung Taiwans von China und verwandelt Taiwan in etwas völlig für sich Bestehendes ohne Bezug zu China. Da leuchtet es dem uninformierten Publikum ein, dass es nur recht und billig sei, dieses chinaexterne Gebilde zu unterstützen. Übrigens spricht man auch in der VR China nicht von der „Republik China", sondern von Taiwan als einer Provinz der VR China.

Westliche Taiwan-Unterstützer unterschlagen mittels der Vermeidung der Bezeichnung „Republik China" jegliche historischen Bezüge zwischen Taiwan und China. Das ist eine oberflächliche, wohl kaum zielführende Auseinandersetzung mit dem Problem.

Gewiss ist die westliche Meidung des korrekten Namens „Republik China“, der in der deutschen China-Strategie nicht ein einziges Mal erwähnt wird, auch eine Folge der Negierung der Existenz dieses Staates durch alle 182 Länder, die mit der VR China diplomatische Beziehungen unterhalten[172], darunter sämtliche EU-Staaten und auch Deutschland. Nur noch 13 Staaten weltweit halten der Republik China die Treue, darunter in Europa einzig Vatikanstadt. Die diplomatischen Beziehungen mit der VR China beruhen durchwegs auf der Ein-China-Politik. „Die Ein-China-Politik bleibt Grundlage unseres Handelns. Diplomatische Beziehungen bestehen nur mit der Volksrepublik China. […] Deren Zusammenarbeit mit Taiwan steht im Einklang mit unserer Ein-China-Politik“ (China-Str 23, S. 13, 23). Die Ein-China-Politik betrifft aber nicht nur diplomatische Beziehungen und Zusammenarbeit mit Taiwan. Gemäß dieser Politik, wie sie im gemeinsamen Kommuniqué der USA und der VR China vom 15.12.1978 über die Aufnahme diplomatischer Beziehungen nachzulesen ist, werden die VR China als einzige legale Regierung von China anerkannt (recognize) und [zustimmend] die Position Chinas zur Kenntnis genommen (acknowledge), dass es nur ein China gibt und Taiwan Teil von China ist.[173]

Um die beiden Wörter „recognize“ und „acknowledge“ wird nun einiges Aufhebens gemacht. Es wird behauptet, dass laut der Ein-China-Politik, wie sie die USA vertreten, nicht anerkannt (recognize), sondern nur „zur Kenntnis genommen“ (ackknowledge) werde, dass Taiwan Teil von China sei. Aber „acknowledge“ kann auch „recognize“ bedeuten.[174]

In der chinesischen Fassung des Kommuniqués wird beide Male das chinesische Wort für „recognize“, nämlich „chengren“, benutzt.[175] In dem Kommuniqué wird nicht festgelegt, dass allein die englische Fassung maßgebend sei. Die Frage, welche Fassung maßgebend sei, wird offen gelassen. Also sind beide Fassungen gleichermaßen verbindlich. Die chinesische Seite kann sich also auf die chinesische Fassung berufen und darauf hinweisen, dass die USA nicht dagegen protestiert hätten, dass „acknowledge“ ins Chinesische mit dem Wort für „anerkennen“ übersetzt worden sei.

Im Zusammenhang mit Chinas Politik zu Hongkong und Taiwan betreibe China Desinformation (China-Str 23, S. 43). Was Information und was Desinformation ist, ist wohl weniger eine Frage von Wahrheit und Lüge als vielmehr eine Frage des Standortes. „Wir nennen unsere Sachen Informationen und die des Feindes Propaganda.“[176]

5.16 Apfel und Birne vergleichen, aber nicht gleichsetzen!

Man könne Äpfel nicht mit Birnen vergleichen[177], das kann man oft hören. Offenbar wird „vergleichen“ mit „gleichsetzen“ verwechselt. Vergleichen kann man Äpfel mit Birnen, aber nicht gleichsetzen.

So kann man die zeitgenössische Ukraine mit Taiwan vergleichen. Dabei fallen vor allem eklatante Unterschiede auf. Die Ukraine unterhält mit 182 Staaten diplomatische Beziehungen.[178] Sie ist Mitglied der UNO: Es gibt keine internationalen Abmachungen, die die Behauptung Russlands unterstützt, die Ukraine gehöre zu Russland. Geltend machen kann Russland höchstens historische Argumente. Nach dem Zerfall der Sowjetunion verkündete die Ukraine am 24.08.1992[179] ihre Unabhängigkeit, die Russland anerkannte.[180]

Die Situation Taiwans ist substanziell anders. Die VR China hat gemäß dem weltweit anerkannten Ein-China-Prinzip *de jure* die Hoheit über Taiwan. So kann Taiwan aufgrund eines Vetos der VR China nicht Mitglied der UNO werden. Die VR

China übt auch faktisch Macht über Taiwan aus. Im Sommersemester 2008 besuchte ich mit einer Studierendengruppe der Universität Freiburg im Breisgau den UNO-Menschenrechtsrat in Genf. Ein Student wurde nicht in das UNO-Gebäude hereingelassen. Er hatte einen taiwanesischen Pass. Ich bat daraufhin einen Vertreter der VR China, dem Studenten den Zutritt zu gewähren. Meiner Bitte wurde Folge geleistet. Ich kann also nicht bestätigen, dass sich Taiwan außerhalb der Machtsphäre der VR China befinde. Durch die Flagge und die Verfassung ist Taiwan eng mit China verbunden. Noch nie hat sich die Bevölkerung Taiwans so wie etwa die Bevölkerung von Katalonien in einem Referendum 2017[181] für die Unabhängigkeit ausgesprochen. Dem Anspruch, ein unabhängiger Staat zu sein, fehlt die demokratische Legitimation. Es ergibt sich die Schlussfolgerung, dass Taiwan mit der Ukraine nicht gleichgesetzt werden kann.

Europäische Politiker und Politikerinnen sollten Schritte vermeiden, von denen sie wissen, dass sie die VR China provozieren und die Lage um Taiwan aufheizen. Vorbildlich verhalten sie sich mit Bezug auf Katalonien. „Thomas Gergen, Professor für Internationales und Vergleichendes Zivil- und Wirtschaftsrecht an der luxemburgischen Wirtschaftshochschule ISEC: Die EU handelt korrekt, wenn sie sich nicht in das spanische Verfassungsgefüge einmischt [...]. Dies ist ein innerspanisches Problem."[182] Offensichtlich befolgen die EU-Staaten mit Bezug auf Katalonien strikt den Grundsatz der Nichteinmischung in die inneren Angelegenheiten anderer Staaten. In der EU spricht man sich für eine „regelbasierte internationale Ordnung" aus.[183] Warum behandelt man dann die Taiwanfrage nicht nach derselben Regel wie das Katalonienproblem?

5.17 Offizielle chinesische Dokumente ernst nehmen

Im Westen sollte man sich dazu bequemen, offizielle Dokumente der KPCh und des chinesischen Staates sorgfältig, im Wissen um den sinomarxistischen und nicht zentraleuropäisch-liberalen Begriffsinhalt der benutzten Termini und mit fundierten Strategemkenntnissen im Hinterkopf zu lesen und das, was darin steht, grundsätzlich für bare Münze zu nehmen. Wir sollten den chinesischen Führungspersonen „zuhören und versuchen, ihre Perspektiven zu verstehen".[184] Man könnte auf das, was in der VR China wirklich beabsichtigt ist, und nicht auf das, was man sich im Westen vorstellt, dass es von der Beijinger Führung angeblich beabsichtigt oder aufgrund irgendwelcher westlicher Modellvorstellungen zwangsläufig eintreten werde, reagieren oder proaktiv damit umgehen. So könnte man sich, auf das in der VR China herrschende Denksystem eingehend, beispielsweise Gedanken darüber machen, welches der Hauptwiderspruch nach der Lösung des fünften Hauptwiderspruchs (2017–2049) sein könnte. Das wäre vielleicht ebenso wichtig wie das ständige Sinnieren über beabsichtigte „politische" Reformen in Richtung auf das System westlicher liberaler Rechtsstaaten[185] oder über eine etwaige dritte, vierte oder fünfte Staatspräsidentschaft Xi Jinpings. Zudem bieten amtliche chinesische Dokumente, z. B. der alljährliche Regierungsbericht, zahlreiche Hinweise auf konkrete Geschäftschancen. Man könnte also unter Bezugnahme auf offizielle Dokumente mit Chinesen geschäftlich ins Gespräch kommen. Wenn z. B. sowohl Xi Jinping als auch Ministerpräsident Li Keqiang es als ein Ziel bezeichnen, dem chinesischen Volk ein „schönes und gutes Leben" (meihao shenghuo) zu ermöglichen,[186] dann könnten sich hiesige Unternehmer aller denkbaren Sparten angesprochen fühlen und ihre Produkte unter Bezugnahme auf diese offizielle Zielsetzung als ein konkretes Mittel anpreisen, das Leben des Volkes zu verschönern.[187]

Da man in den USA offizielle chinesische Dokumente über all die Jahre hinweg nicht gelesen oder nicht ernst genommen und sich stattdessen auf subjektive Erwartungen und Hoffnungen abgestützt hat, da „amerikanische Geheimdienst- und Sicherheitsbeamte zu lange einem Wunschdenken erlegen sind“[188], beklagt man nun, dass „die China-Strategie der letzten Jahrzehnte nicht aufgegangen ist“.[189]

5.18 In chinesischen Schriften gegen „universelle Werte“ die Anführungszeichen beachten

Wenn man ausnahmsweise einmal ein amtliches Dokument oberflächlich las, dann auch nur, weil es als „intern“ gekennzeichnet war:

> „Tatsächlich haben die Ereignisse des letzten Jahrzehnts selbst bescheidene Hoffnungen auf eine politische Liberalisierung zunichtegemacht. Im Jahr 2013 warnte ein internes Memo der kommunistischen Partei, bekannt als Dokument Nr. 9, ausdrücklich vor ‚westlicher konstitutioneller Demokratie‘ und anderen ‚universellen Werten‘ als Täuschungsmanöver, die China schwächen, destabilisieren und sogar zerschlagen sollten. Diese Richtschnur zeigte die wachsende Kluft zwischen den Erwartungen der USA und Chinas bezüglich der politischen Zukunft des Landes.“[190]

Immer wieder geistert in der hiesigen Chinaberichterstattung dieses interne Dokument Nr. 9 vom 22.04.2013[191] umher, beispielsweise in der Ende 2018 ausgestrahlten TV-Sendung „Die Welt des Xi Jinping".[192] Was in dem „internen" Parteidokument steht, konnte man seit eh und je in offen zugänglichen chinesischen Schriften lesen. Schon immer hat das offizielle China, gestützt auf seine marxistische Sichtweise, westlicher Politik Täuschungsmanöver vorgeworfen[193], und schon immer wurde die westliche Parteiendemokratie als Scheindemokratie abgelehnt, in welcher in Wirklichkeit nicht das Volk, sondern die Kapitalistenklasse herrsche (siehe auch Abschnitt 2.65). Um das zu erfahren, braucht man keine internen Dokumente zu lesen. Man tut gut daran, die bis heute (2023) nie geänderte Bestimmung in Art. 24 Abs. 2 der Verfassung der VR China vom 04.12.1982 zur Kenntnis zu nehmen: „[...] der Staat bekämpft kapitalistisches, feudalistisches und anderes dekadentes Gedankengut."

Man sollte das interne Dokument Nr. 9 genau und nicht oberflächlich zitieren. So lautet die korrekte Wiedergabe des zweiten Zwischentitels in diesem Dokument: „Das Propagieren von ‚universellen Werten' mit der Absicht, die ideologischen und theoretischen Grundlagen der Herrschaft der KPCh ins Wanken zu bringen".[194] „Universell" steht in Anführungszeichen.[195] Denn es handelt sich gemäß den Verfassern von Dokument 9 gar nicht um wahrhaft universelle (also von der UNO vertretene), sondern vom Westen als „universell" bezeichnete, in Wirklichkeit aber genuin westliche Werte. So heißt es in Dokument 9: „Das politische Ziel einiger Anhänger von ‚universellen Werten' ist es, westliche Werte als allgemeine Werte der Menschheit darzustellen, die Zeit und Ort, Länder und Klassen überbrücken. Sie argumentieren, dass westliche Freiheit, Demokratie und Menschenrechte universell und ewig gültig seien."[196] Durch die Anführungszeichen wollen die chinesischen Verfasser andeuten, dass es sich um eine vorgetäuschte Universalität handle.

Diese Nuance wird vernebelt, wenn die Anführungszeichen um „universell“ weggelassen werden, wie z. B. von Katja Drinhausen, die – und das in einem „Decoding China Dictionary“ – unter Bezugnahme auf das Dokument 9 schreibt: „The document, commonly referred to as Document 9, cautioned against seven perils seen as threatening to undermine the Communist Party, including the promotion of universal values“[197] (siehe auch Abschnitt 5.5).

Im Hinblick auf die westliche Selbstdarstellung, man vertrete „die“ universellen Werte, steht „universell“ in chinesischen Schriften regelmäßig in Anführungszeichen. So wird in dem in der *Volkszeitung* (Sprachrohr des Zentralkomitees der KPCh) erschienenen Leitartikel „Das chinesische Modell ist gerade im Begriff, die Hegemonie ‚universeller Werte‘ zu zerschlagen“ dargelegt, der Terminus „universelle Werte“ sei ein beschönigender Ausdruck für „[nicht marxistische] westliche Werte“.[198]

In der VR China wird keineswegs nur von chinesischen Werten gesprochen. Aber es ist nicht von „universellen Werten“ die Rede, sondern es wird ein anderer Terminus benutzt, wie z. B. aus dieser Passage der Rede Xi Jinpings vom 16.10.2022 auf dem 20. Parteitag der KPCh hervorgeht:

> „Wir appellieren aufrichtig an alle Länder dieser Welt, Frieden, Entwicklung, Fairness, Gerechtigkeit, Demokratie und Freiheit als die allgemein akzeptierten gemeinsamen Werte der gesamten Menschheit [quan renlei gontong jiazhi] zu entfalten. Wir sollten dafür sorgen, dass die Menschen aller Länder sich verstehen und einander freundschaftlich verbunden sind. Es gilt, die Vielfalt der Zivilisationen der Welt zu respektieren, durch den Austausch der Zivilisationen kulturelle Barrieren zu überwinden, Kulturkonflikte durch gegenseitiges Lernen zu verhindern und durch ein harmonisches kulturelles Miteinander mit kultu-

reller Überheblichkeit aufzuräumen und so den verschiedenartigen globalen Herausforderungen gemeinsam zu begegnen."[199]

5.19 Weniger die Person als die Aussagen und Taten Xi Jinpings beachten

Immer wieder wird hierzulande die unbeschränkte Macht von Staats- und Parteichef Xi Jinping thematisiert. Vergessen wird dabei, dass die VR China gemäß Art. 1 Abs. 1 eine offen deklarierte Diktatur ist. Das hat zur Folge, dass der oberste Herrscher an sich schon diktatorische Vollmachten hat. Was die Gemüter erregt, ist eine Verfassungsänderung vom 03.11.2018, die es Xi Jinping grundsätzlich ermöglicht, unbeschränkt lange das Amt eines Staatspräsidenten auszuüben. In der Tat hat der chinesische Volkskongress am 10. März 2023 den Staatspräsidenten Xi Jinping für eine dritte Amtszeit bestätigt.[200] Nun vermitteln die bisherigen Aussagen und Taten Xi Jinpings das Bild eines Politikers, der sich in bestehende, große Zeiträume überspannende Zielsetzungen und Politiken eingebunden weiß,[201] von denen er seit seinem Herrschaftsbeginn in keiner Weise abgewichen ist. Er sagte:

> „[…] wir sollten […] begreifen, dass […] eine Kontinuität im Regieren beibehalten werden muss. […] Wir müssen die Richtlinien, die Prinzipien und politischen Maßnahmen der Partei seit dem 3. Plenum des 11. Zentralkomitees der KPCh [also seit 1978], die Deng-Xiaoping-Theorie […] sowie alle vom Zentralkomitee der KPCh formulierten und immer noch gültigen wichtigen strategischen Pläne weiterhin konsequent umsetzen. […] Wir müssen den Sinnspruch verinnerlichen: ‚Ein großes Werk soll nicht unbe-

> dingt von mir allein vollendet werden.‘ Wenn ein Entwurf gut und wissenschaftlich ist sowie der Realität und den Wünschen des Volkes entspricht, müssen wir von Generation zu Generation an einem Werk mitarbeiten. [...] Um [ein] neues Antlitz und eine neue Szenerie zu schaffen, [...] gilt es, die festgelegten wissenschaftlichen Ziele und die bestehenden Pläne an die neuen Gegebenheiten anzupassen, sie durch neue Ideen und neue Maßnahmen in die Tat umzusetzen und Wirklichkeit werden zu lassen.“[202]

Nur ein – gerade im Vergleich zu Mao Zedong – neues Element vermag ich bei Xi Jinping zu entdecken, nämlich den Umstand, dass in der Satzung der KPCh vom 24.10.2017 nicht nur die Xi-Jinping-Gedanken über den Sozialismus chinesischer Prägung für eine neue Ära, sondern dazu separat auch noch die Xi-Jinping-Gedanken betreffend die Stärkung der Armee (Xi Jinping qiangjun sixiang) erwähnt werden (Satzung 2017, AP, Abs. 20; Satzung 2022, AP, Abs. 21). Nie sind in einer KPCh-Satzung zusätzlich zu den Mao-Zedong-Ideen irgendwelche speziellen Mao-Zedong-Ideen betreffend einen Spezialbereich hervorgehoben worden. Mao-Zedong-Ideen für Spezialbereiche, also z.B. betreffend Literatur und Kunst, wurden stets als integrale Komponenten der „Mao-Zedong-Ideen“ angesehen.

An Mao gemahnen freilich Ansätze zu Personenkult. Die *Volkszeitung*, das wichtigste Organ der KPCh, wimmelt nur so von Fotografien von Xi Jinping und Hinweisen auf dessen Reden, Aussprüche und Veröffentlichungen zu allen möglichen Themen. Ich habe darüber bei einem Aufenthalt in Beijing im November 2017 mit Chinesinnen und Chinesen gesprochen, stieß aber eher auf Kopfschütteln als auf eine einheitliche Meinung. Wollen Gegner Xi Jinpings innerhalb der Propagandamaschinerie der KPCh diesen lächerlich machen oder „zu Tode loben (peng sha)“?[203] Oder will Xi Jinping seine von ihm als unsicher eingeschätzte Stellung festigen?

Wie dem auch sei, Xi Jinping ist offensichtlich nicht – wie Mao – ein disruptiver Politiker. Er hält sich im Großen und Ganzen an die vorhandenen Doktrinen und führt fort und konkretisiert schon vorhandene Abläufe „durch neue Ideen und neue Maßnahmen“. Die von ihm initiierte Seidenstraßeninitiative beispielsweise ist nicht etwas von Grund auf Neues, sondern lediglich eine Fortführung und Konkretisierung der längst vor ihm in Gang gesetzten „Go Global“-Strategie. Wenn Xi Jinping äußert, die Volksbefreiungsarmee solle in raschem Tempo zu einer Armee von Weltrang aufgebaut werden (Bericht 2022, Punkt 12), dann übersieht das Internationale Institut für Strategische Studien (IISS), wonach „unter Xi Jinping das Land eine rasche Modernisierung der Streitkräfte betreibe“[204], dass die möglichst schnelle Modernisierung der Landesverteidigung auch schon unter den Vorgängern von Xi Jinping angestrebt worden ist. So sollte gemäß der chinesischen Verfassung vom 05.03.1978 die Modernisierung der chinesischen Landesverteidigung bereits bis zum Jahr 2000 abgeschlossen sein.[205]

Die Xi-Jinping-Gedanken über den Sozialismus chinesischer Prägung für eine neue Ära enthalten nichts grundlegend Neues. „Sie übernehmen und entwickeln den Marxismus-Leninismus, die Mao-Zedong-Ideen, die Deng-Xiaoping-Theorie, die wichtigen Ideen des ‚Dreifachen Vertretens‘ und das wissenschaftliche Entwicklungskonzept.“[206] Ein Xi-Jinping-Gedanke lautet beispielsweise: „Ein Wandel, zweifache Nichtveränderung“. Damit meint Xi Jinping, dass sich der Hauptwiderspruch gewandelt habe, wogegen sich an der schon in der Satzung 2002 verankerten Einschätzung nichts geändert habe, dass sich China jetzt im Anfangsstadium des Sozialismus befinde und sich noch über eine längere Zeitspanne in diesem Stadium befinden werde, und dass sich am Status Chinas als des weltweit größten Entwicklungslandes nichts geändert habe.[207] Das sind nichts weiter als Bestätigungen von Ideen von Vorgängern Xi Jinpings. Auch wenn Xi Jinping beispielsweise hervorstreicht, dass „Standort, Optik und Methode die Quintessenz und die lebendige Seele des Marxismus“[208] seien, dann ist das eine altüberkommene, in keiner Weise originelle These. In der Schweizer TV-Sendung „Sternstunde Philosophie“ vom 19.03.2023 wurde gesagt, Xi Jinping ist vielleicht eine Leerstelle, die austauschbar wäre.[209] Das System der KPCh sei wichtiger. Alles beherrschend ist die Partei. Auf sie, weniger auf Xi Jinping, ist das Augenmerk zu richten. Denn die Macht Xi Jinpings ist „die Eigenschaft eines Systems, nicht einer Person [...]. Gäbe es die Partei nicht, dann wäre Xi nichts.“[210]

Die VR China erscheint mir als ein Zug, der auf ziemlich stabilen Gleisen, eingehegt durch recht feste Leitplanken, wenn auch in Wendungen und Biegungen, und oft durch unsicheres Gelände, unentwegt auf die zwei 100-Jahres-Ziele bzw. seit 2021 auf das zweite 100-Jahres-Ziel (di er ge bai nian [...] mubiao) hinsteuert. Wer am Steuer sitzt, ob nun Jiang Zemin, Hu Jintao oder Xi Jinping, spielt keine überragende Rolle. Denn es ist kein Politiker in Sicht, von dem man annehmen würde, dass er den Zug stoppen, in eine völlig andere Richtung lenken oder gar zum Entgleisen bringen wollte.

Regelmäßig wird Xi Jinping eine Abkehr von einer „kollektiven Führung“ nachgesagt. Dass aber in der VR China seit dem Tod Maos ein Übergang von einer institutionenungebundenen Einpersonenherrschaft, wie sie Mao in seinen letzten beiden Jahrzehnten ausgeübt hat, zu einer Herrschaft von Institutionen und Normativvorgaben stattgefunden hat, denen sich Xi Jinping keineswegs entzieht, wird von westlichen China-Berichterstattern übersehen. Denn sie verharren immer noch ganz im Banne von Mao Zedongs Alleinherrschaft und glauben, Xi Jinpings Führungsstil ähnele jenem Maos. Daher messen sie der durch die Verfassungsrevision vom 11.03.2018 vollzogenen Abschaffung der Bestimmung, wonach der Staatspräsident seine Funktion nicht länger als während zwei aufeinanderfolgenden Amtszeiten ausüben solle, zu viel Gewicht bei. Von den drei Führungspositionen Xi Jinpings ist die des Staatspräsidenten die unwichtigste. Seine Macht bezieht Xi Jinping aus dem Posten des Vorsitzenden der Militärkommission und vor allem aus seiner Stellung als Generalsekretär der KPCh, wobei diese beiden Positionen keine offizielle Amtszeitbeschränkung kennen. Nach den Taten seiner ersten fünfjährigen Amtszeit als Staatspräsident (2013 – 2018) zu schließen, wird Xi Jinping in seiner 2023 begonnenen dritten Amtszeit nicht – wie seinerzeit Mao – alles Mögliche auf den Kopf stellen, sondern die bisherige, lange vor ihm in die Wege geleitete Politik, geprägt durch das zweite 100-Jahres-Ziel, konsequent weiterführen. Mao hat übrigens die China ins Chaos stürzende „Kulturrevolution" (1966 – 1976) nicht als Staatspräsident entfesselt. Dieses Amt hatte von 1959 bis 1968 Liu Shaoqi (1898 – 1969) inne.[211] Mao vermochte den Staatspräsidenten Liu Shaoqi aufgrund seiner Machtstellung als Vorsitzender der KPCh auszubooten.

Kritisch wird etwa angemerkt, „Xi has no fresh ideas", und er benutze „old tools".[212] Diese Feststellungen würde Xi Jinping wohl als weitgehend zutreffend anerkennen, bewegt er sich doch größtenteils in bestehenden, zum Teil lange vor ihm angelegten Bahnen, und benutzt er doch – aus seiner Sicht „altbewährte" – sinomarxistische Vorgehensweisen, auf die schon seine Vorgänger zurückgegriffen haben. Das, was ihn, aber auch schon seine Vorgänger Jiang Zemin und Hu Jintao kennzeichnet, sind, abgesehen von einem sehr energischen persönlichen Stil, nicht neue Initiativen, sondern die große sinomarxistische Kontinuität, die er pflegt.

Nun wird in der China-Strategie der Bundesregierung von 2023 festgestellt: „China hat sich verändert" (China-Str. 23, S. 9). Das ist eine banale Aussage (siehe hierzu auch Abschnitt 2.38).

Offenbar hat man in Deutschland erst in neuester Zeit bemerkt, dass „Deutschland und China in wichtigen Bereichen unterschiedliche Vorstellungen über die Prinzipien der internationalen Ordnung haben“ (China-Str 23, S. 10). In Wirklichkeit hat die VR China beispielsweise die globale Führungsrolle der USA, die Deutschland anerkennt, seit eh und je angezweifelt. Schon 1982 verkündet China, es kämpfe „konsequent gegen den Hegemonismus“ (Verfassung 1982, Präambel). Seit dem Bestehen des UNO-Menschenrechtsrates im Jahr 2006 war die Anzahl der Resolutionen, die sowohl von Deutschland als auch von China befürwortet wurden, größer als die Zahl der Resolutionen, über die beide Länder in Kampfabstimmungen unterschiedlicher Meinung waren. Im Hauptlied des 1956 verbreiteten, im Koreakrieg spielenden Films „[Kampf auf dem Berg] Shanggangling“ lautet eine Zeile „Wenn Freunde kommen, steht guter Wein bereit für sie, wenn aber Schakale und Wölfe kommen, erwartet sie ein Schießgewehr“.[213] „Wolfskrieger“ hat es also auch schon immer gegeben. Auch der Modellsoldat Lei Feng (1940–1962) wird immer wieder gepriesen[214] wie zu der Zeit, als ich an der Beijing-Universität studierte (1976–77) und in den Jahrzehnten seither. Kurz, unter Xi Jinping hat sich nichts wirklich Grundlegendes verändert.

5.20 Verbindung zwischen Langfristzielen und konkreter Tagespolitik erkennen

Man führe sich vor Augen, was alles die chinesische Führung laut offiziellen Verlautbarungen kurz- und langfristig vorhat. Man versteige sich dann zu der eigentlich unerlaubten Kühnheit, sich vorzustellen, dass diese Pläne tatsächlich ernst gemeint sein könnten. Dann wird man vielleicht zur Einsicht gelangen, dass modische westliche Denkansätze nicht unbedingt die angemessene Antwort auf den „friedlichen Aufstieg Chinas“[215] bzw. den „großartigen Wiederaufstieg der chinesischen Nation“ (Zhonghua minzu weida fuxing)[216] bzw. den „chinesischen Traum“ sein dürften. Das gilt selbst für solche westlichen Denkansätze, die mit dem edlen Wort „Strategie“ geschmückt werden, wie die Mäusestrategie und die Kakerlakenstrategie. Auch der deutschen Unternehmern nachgesagte „erschreckende Leichtsinn“[217] und der „Mangel an ausreichender Asienkompetenz“[218], ein um tägliche Aktienkurse kreisendes suprakurzfristiges Denken sowie Politiker in Berlin und Brüssel, die nur noch ‚auf Sicht fahren‘[219], dürften keine ernst zu nehmenden Antworten auf die chinesische Supraplanung sein. Vielmehr hat vielleicht die ehemalige Bundeskanzlerin Angela Merkel recht. Sie meinte, „verbindliche Langfristziele“ seien nötig, um „über Jahre hinweg jeweils eine konkrete Tagespolitik zu formulieren“.[220]

Lockere EU versus eine recht kompakte VR China

Immer wieder wird die VR China als „Spaltpilz“ in der EU bezeichnet[221], und es wird gesagt, sie „spalte und herrsche“. Die EU ist in vielen Fragen indes ohne fremdes Zutun gespalten. Sie kann die Verantwortung für ihre Uneinigkeit nicht auf die VR China abschieben. Diese braucht nicht als Spaltpilz tätig zu werden. Sie kann von den europäischen Dissonanzen profitieren, ist aber nicht deren Verursacherin.

Ein Grundproblem der EU scheint der eristische (von altgriechisch „eris“: Streit) Grundcharakter dieses zänkischen Kontinents zu sein.[222] „Gibt es die Europäische Union überhaupt?“ So lautet eine Artikelüberschrift in der *NZZ* (19.02.2018, S. 3). „Europa hat sich China gegenüber in der Vergangenheit zu gespalten gezeigt", twitterte Macron bei seinem Besuch in China im Januar 2018.[223] „Als er dort aus dem Flugzeug gestiegen ist, hat er gesagt: ‚Europa ist zurück.' Hinter ihm stiegen dann [aber] lauter französische Unternehmensvertreter aus. Er ist französischer Präsident und vertritt vor allem seine Interessen."[224] Europa „bräuchte eine kontinentale China-Politik".[225] Auf Schritt und Tritt findet man indes Belege für die europäische Uneinigkeit.

„Wegen des Dalai-Lama-Besuchs bei der Kanzlerin [am 25.09.2007] sagen Chinas Führer die Termine mit Deutschen derzeit reihenweise ab. Aber Frankreichs Staatspräsident Nicolas Sarkozy wird höchst freundlich empfangen – und mit Aufträgen überschüttet: 20 Milliarden Euro! Der Preis: Menschenrechte kamen nur ganz am Rande vor. Der sonst so knallharte ‚Sarko' kann also auch anders – windelweich. Die Botschaft Pekings ist klar. Wer die Klappe hält, macht Kasse. So will China Europa spalten." Dieser Kommentar in der größten deutschen Tageszeitung[226] führt ein typisches Merkmal Europas drastisch vor Augen – die eristische Grundkonstante. Übrigens: „Sarko" war nicht einfach nur „windelweich", sondern handelte in erster Linie listig. Er benutzte das Strategem Nr. 12 „Mit leichter Hand das Schaf wegführen" und ergriff geistesgegenwärtig und unsentimental, wie Politiker eben vielfach sind, die sich ihm dank dem Verhalten der deutschen Kanzlerin ergebenden Geschäftschancen. „Die EU muss gegenüber China und Asien ‚mit einer Stimme' sprechen und darf sich nicht auseinanderdividieren lassen" – so die beschwörenden Worte in der „Asienstrategie" einer großen deutschen politischen Partei.[227] Ob wohl dieses Zukunftsbild einer in sich geschlossenen, solidarischen EU früher in Erfüllung gehen wird als die chinesische Vision einer zukünftigen kommunistischen Gesellschaft?

Es macht nicht den Anschein, dass die EU über ein ganzheitliches Konzept betreffend die Wirtschaftsbeziehungen mit der VR China verfügt. Nach wie vor gestalten sich diese vor allem auf einzelstaatlicher Grundlage, ja auf einzelbetrieblicher Basis. Chinesische Politiker erscheinen eher wie Schachspieler und europäische Geschäftspartner eher wie Figuren auf dem Schachbrett der Entwicklung der VR China. Aus der Sicht der marktwirtschaftlichen reinen Lehre ist freilich eine internationale Konkurrenz normal. Sie fördert die Effizienz und ein sehr gutes Preis-Leistungs-Verhältnis und verhindert ein überhöhtes Preisniveau, das dem Konsumenten und dem Wohlstand schadet.

In der VR China wird eines ganz groß geschrieben: die eigenstaatliche Souveränität und Unabhängigkeit. Die VR China kann als zentraler Einheitsstaat selbständig Beschlüsse irgendwelcher Art (diplomatisch, militärisch, außenwirtschaftlich usw.) fassen und hat die Macht, diese Beschlüsse auch umzusetzen. Das alles ist bei der EU kaum möglich.

In der EU herrscht eine reiche Sprachenvielfalt, wogegen die VR China gemäß einem Sprachengesetz durch eine Einheitssprache[228], bestehend aus dem mündlichen Mandarin (putonghua: „Allgemeinsprache“) sowie der landesweit grundsätzlich gleichen Schrift zusammengehalten wird. Deshalb geht die innerchinesische Kommunikation viel leichter vonstatten als die innereuropäische. Amtliche Dokumente können von allen Chinesinnen und Chinesen, die nicht Analphabeten sind, gelesen werden. In Europa müssen sie in viele Sprachen übersetzt werden. In Sprachen von Minderheiten werden freilich auch in China amtliche Dokumente übersetzt, aber grundsätzlich sind Angehörige von Minderheiten angehalten, Chinesisch zu erlernen.

Im Gegensatz zu der eher locker organisierten EU ist die VR China ein zentralisierter Einheitsstaat. Während die VR China im Rahmen einer Supraplanung einheitliche Anleitungen – 100-Jahres-Ziele – entwickeln und auch in die Tat umzusetzen vermag, scheint die EU dazu außerstande zu sein. „Im Jahr 2000 versprachen die EU-Staats- und Regierungschefs, Europa bis zum Jahr 2010 zur wettbewerbsfähigsten und dynamischsten Wissensgesellschaft der Welt zu machen."[229] „Die EU-Kommission hat das Scheitern [dieser Strategie] verdrängt und nahtlos daran anschliessend ein neues Zehnjahresprogramm lanciert: Europa 2020."[230]

Am 16.09.2021 hat das Europäische Parlament zwar eine Entschließung zu einer neuen China-Strategie der EU verabschiedet.[231] Aber im April 2023 sagte der EVP-Chef Weber der Funke Mediengruppe, leider sei noch immer keine europäische Strategie gegenüber Peking zu erkennen.[232]

Während also die Führung der VR China genau weiß und festgelegt hat, was sie über lange Zeiträume hinweg will, scheint die EU in Bezug auf ihre Zukunftsvorstellungen auch im Jahr 2023 im Dunkeln zu tappen.

Europäisches Denken in Kategorien der Ewigkeit und das amerikanische Konstrukt eines „Jahrtausendkampfes"

In Europa scheint auf den ersten Blick kaum ein Faktor zu entdecken zu sein, der chinesischer Supraplanung gewachsen ist. „Dem Westen fehlt eine vorausschauende und zupackende Sozial-, Wirtschafts- und Außenpolitik."[233] „Es ist uns das Gefühl für die Dauer in der Politik abhandengekommen."[234] Allenfalls könnte man den katholischen Papst als Gegenspieler der VR China in Betracht ziehen. Er denkt nicht in Jahrhunderten, sondern in den zeitlosen Kategorien einer jenseitigen Welt. Die vielen alltäglichen kleineren und größeren Hoffnungen im Leben reichten nicht. Es brauche eine darüber hinausgreifende Hoffnung. „Diese eine große Hoffnung könne nur Gott sein, der das Ganze umfasse und den Menschen schenke, was sie allein nicht leisten könnten."[235]

Schlussendlich erwarte jeden Menschen eine „Verdammnis in alle Ewigkeit“[236] oder dann ein Leben ohne Ende im Paradies. Man könnte zudem den Eindruck gewinnen, dass amerikanische „Neokonservative“ supraplanerische Tendenzen verfolgen. Wie Chinesen in der VR China scheinen sie in ungewöhnlich langen Zeiträumen – rückwärts- und vorwärtsgewandt – und zudem global zu denken,[237] sprechen einzelne ihrer Vertreter doch von einem *„Jahrtausendkampf* zwischen Christentum und Islam“[238].

Erkennen Chinesen die mutmaßliche „neokonservative“ Supraplanung, in deren Visier sie zusammen mit dem Islam allem Anschein nach schlussendlich auch geraten könnten? Möglicherweise. Ein Indiz dafür könnte Song Hongbings in der VR China nicht unumstrittenes, aber aufsehenerregendes Buch *Huobi Zhanzheng (Währungskriege)* sein. Darin wird von „extrem langfristigen Planungen“ einer gewissen „Finanzkapitalmacht“ gesprochen und an einer Stelle sogar das Strategem Nr. 8 „Sichtbar die Holzstege wieder instand setzen, insgeheim nach Chencang marschieren“ erwähnt.[239]

Dass vielleicht all die martialischen, auch von einem Samuel Huntington erwogenen westlichen Zukunftsszenarien[240] auf ganz anderen, unerkannten Pfaden der Auseinandersetzung umgangen werden könnten, mag amerikanischen Supraplanern, so es sie denn tatsächlich gibt, entgehen. Vielleicht hat ihnen schon vor über 2000 Jahren der zweitwichtigste Konfuzianer, nämlich der chinesische Philosoph Menzius (gest. 289 v. u. Z.), mit einem einzigen unscheinbar wirkenden Satz einen Strich durch die Rechnung gemacht. Er sagte, es gebe drei Verstöße gegen die Tugend der Kindesliebe gegenüber den Eltern. „Der schlimmste Verstoß ist es, keine Nachkommen zu haben.“[241] „Dank diesem supraplanerisches Potenzial enthaltenden Satz“, sagte mir im Oktober 2007 eine junge chinesische Juristin, vielleicht etwas unernst, aber möglicherweise nicht ganz falsch, „umfasst das chinesische Volk heute 1,3 Milliarden Menschen“ und brauche sich daher aufgrund dieser Bevölkerungszahl vor zukünftigen Katastrophen nicht zu fürchten.

Es scheint, dass die sinomarxistische Supraplanung auf den ganzen Globus ausgreift. Die planetarische Spannweite der chinesischen Supraplanung ergibt sich aus dem in den Satzungen der KPCh von 1982, 2002, 2007, 2012 und 2017 (sowie schon in früheren Satzungen) festgeschriebenen „höchsten Ideal und endgültigen Ziel, der Verwirklichung des Kommunismus“. Wie sagte doch Mao in seiner in der VR China nach wie vor als grundlegend angesehenen Schrift „Über die Praxis“: „Wenn es so weit ist, dass *die ganze Menschheit* sich selbst und die Welt bewusst umgestaltet, dann wird die Epoche des Kommunismus *in der ganzen Welt* erreicht sein.“[242]

Der Wettbewerb der Systeme ist noch nicht entschieden

Der ehemaligen Bundeskanzlerin Angela Merkel wurde die folgende Frage gestellt:

> „China hat sich wirtschaftlich geöffnet, politisch ist es eine Diktatur. Wir konkurrieren mit unserer sozialen Marktwirtschaft und der Demokratie, in deren Natur es liegt, langsam zu sein. Fürchten Sie, moderne Diktaturen könnten uns überlegen sein?“

Mit einem gewissen Scharfblick antwortete sie:

> „In der Zeit des Kalten Krieges gab es nur den Wettbewerb zwischen dem sozialistisch-kommunistischen System und dem System der sozialen Marktwirtschaft des Westens. Den ökonomischen Kampf haben die Marktwirtschaften, haben die Demokratien eindeutig für sich entschieden. *Damit ist aber nicht ein für alle Mal der Wettbewerb der Systeme gewonnen.* Demokratien sind aufgrund der Justiziabilität jeder Entscheidung, durch die rechtlichen Garantien, lang-

samer, allerdings auch stabiler. Die Frage, ob die vermeintlich schnelle Entscheidung langfristig eine stabile und zugleich kreative Entwicklung ermögliche, ist noch nicht beantwortet. Ich glaube, dass freie Gesellschaften kreativer sind und die langfristig tragfähigeren Lösungen entwickeln."[243]

Offensichtlich besteht derzeit ein „Wettbewerb zwischen westlichen und östlichen Gesellschaften und Wertsystemen"[244] und „stellt China dem Westen in zunehmendem Maße die Systemfrage"[245] (siehe Abschnitt 2.64).

Dabei hat das Wertesystem der VR China, insofern es marxistisch-leninistisch ist, eigentlich als westlich zu gelten. Denn weder Marx noch Engels noch Lenin waren Chinesen. Was die VR China anbelangt, tritt das westlich liberale Modell also in einen Wettstreit mit einem westlich autoritären Modell, das freilich mit „chinesischen Besonderheiten" ausgestattet ist. Für viele Staaten in der Dritten Welt bietet die VR China ein „verführerisches Gegenmodell" an und könnte sich als eine „echte Herausforderung für die [westliche] demokratische Welt erweisen".[246] Dieses Zitat brachte ich bereits 2008 in der ersten Auflage dieses Buches, und es gilt nach wie vor. Sollte die westliche Welt hierüber nicht froh, ja dankbar sein? Sind Konkurrenz und Wettbewerb nicht etwas Gutes? Verhindern sie nicht Schläfrigkeit und Selbstzufriedenheit? Spornen sie nicht im Gegenteil zu eigenen Höchstleistungen an?

5.21 „Demokratie“ und „minzhu“: Aus Wortäquivalenz nicht auf Begriffsäquivalenz schließen[247]

Denn eben, wo Begriffe fehlen,
Da stellt ein Wort zur rechten Zeit sich ein.

Goethe, Faust I, Schülerszene

Deutsche Besonderheit: Verwechslung von Wort und Begriff

Seit einigen Jahren lässt sich feststellen, dass in deutschen Medien (in Zeitungen wie im Radio und Fernsehen) zunehmend Wort und Begriff verwechselt werden. Diese Verwechslung ist eine rein deutsche Angelegenheit. Es lässt sich nicht beobachten, dass ein Anglophoner „concept“ statt „word“ oder dass ein Frankophoner „concept“ statt „mot“ verwendet.[248]

Ein Begriff ist etwas Mentales, eine Verstandesvorstellung, worin die allgemeinen Wesensmerkmale eines Dinges geistig dargestellt und erfasst werden. Ein Wort ist der sprachliche Ausdruck eines Begriffs.[249] Ein Wort kann auch nicht homonym sein, also mehrere Begriffe bedeuten. So kann das Wort „Wirtschaft“ für Volkswirtschaft, aber auch für Gaststätte stehen. Wort ist jedenfalls eine Sprach-, Begriff dagegen eine Denkeinheit. Ein Wort (oder ein sprachlicher Ausdruck aus mehreren Wörtern) kann einen Begriff wiedergeben, ist aber kein Begriff.[250]

Was nun „Demokratie“ anbelangt, so ist dies „ein Wort mit einer vielfältigen Geschichte und vielen Bedeutungen“[251]. In den meisten westlichen Veröffentlichungen zur Demokratie werden jedoch nur die westliche Geschichte dieses Wortes und dessen Begriffsinhalte diskutiert. So wird zum Beispiel darauf hingewiesen, dass das Wort „Demokratie" im antiken Hellas Frauen und Sklaven ausschloss und daher nicht denselben Begriffsinhalt aufwies wie dasselbe Wort im heutigen Deutschland. Etymologisch gesehen ist das Wort „Demokratie" eine Kombination aus den griechischen Wörtern „demos δῆμος = Volk" und „kratos Κράτος = herrschen". Rein sprachlich könnte man das Wort „Demokratie", also „Volksherrschaft", im Sinne von „Herrschaft des Volkes", aber auch von „Herrschaft über das Volk", also im Sinne eines Genitivus subjectivus und eines Genitivus objectivus, interpretieren. In dieser zweiten Bedeutung, als Genitiuvs objectivus, wurde das heutige chinesische Wort für „Demokratie" vor über 2000 Jahren, als es erstmals in einem Text bezeugt ist, verstanden. Darauf werde ich sogleich eingehen.

In den westlichen Ländern gibt es heutzutage unterschiedliche Verständnisse davon, was das Wort „Demokratie" konkret beinhaltet. Zum Beispiel hat man in der Schweiz aufgrund der dort praktizierten direkten Demokratie im Allgemeinen eine andere Vorstellung von „Demokratie" als in Frankreich oder Deutschland mit ihrer repräsentativen Demokratie. Das Wort „Demokratie" ist also in der Schweiz und in europäischen Ländern mit einem unterschiedlichen Begriffsinhalt versehen. Wenn das Wort „Demokratie" in außereuropäischen Sprachen verwendet wird, ergeben sich noch größere begriffliche Unterschiede.

Wörter und deren Begriffsinhalte

Im Sprachunterricht lernen wir meist „Wörter". Die Aufmerksamkeit wird nicht so sehr auf die von den Wörtern transportierten Begriffe gelegt, das heißt auf die implizite(n) Bedeutung(en) der Wörter. Wir verwenden nicht „Begriffsbücher", sondern „Wörterbücher", siehe z. B.:

民主 mínzhú Demokratie[252]

Wie man sieht, stehen nur zwei Wörter nebeneinander: links die zwei chinesischen Schriftzeichen 民主, daneben die Aussprache in der Lautschrift Pinyin „minzhu“, rechts das entsprechende deutsche Wort „Demokratie“. Über die Bedeutung des deutschen und des chinesischen Wortes wird nichts gesagt. Wer als westlicher Mensch Chinesisch lernt, lernt in erster Linie Wörter. Damit bleibt man an der Oberfläche. Man tappt leicht in die Falle zu glauben, dass Wörter wie „Demokratie“ in westlichen Sprachen und in der chinesischen Sprache dieselbe Bedeutung haben.

Viele Menschen glauben, dass Wortäquivalenz gleichbedeutend mit Begriffsäquivalenz sei. Das ist eine Fehleinschätzung, die zu interkulturellen Missverständnissen führt. Wortäquivalenz in verschiedenen Sprachen impliziert nicht immer begriffliche Äquivalenz. Hinsichtlich technischer und naturwissenschaftlicher Terminologie besteht eine solche Äquivalenz, viel weniger jedoch hinsichtlich juristischer, politischer und philosophischer Wörter. So lässt sich das Wort „Marxismus“ leicht ins Chinesische übersetzen, aber in der VR China hat „Marxismus“ einen anderen Begriffsinhalt als in westlichen Ländern. Wenn man mit Chinesinnen oder Chinesen in chinesischer Sprache über Rechtstaatlichkeit redet, dann muss man zwangsläufig das chinesische Wort für „Recht“, nämlich „fa“, benutzen, das aber anders als in der deutschen Sprache nicht in der gleichen Weise ganz und gar positiv konnotiert ist. Vielmehr kann „fa“ ungute Gefühle auslösen, bezog sich dieses Wort doch in der mehrtausendjährigen chinesischen Rechtsgeschichte vor allem auf Strafrecht, Folter, Hinrichtungen etc.

Wenn europäische Menschen nur die chinesische Grammatik und chinesische Wörter gelernt, sich aber nicht mit den Begriffen, die die chinesischen Wörter enthalten, vertraut gemacht haben, dann mögen sie zwar in der Lage sein, mit einem Chinesen oder einer Chinesin fließend Chinesisch zu sprechen, aber sie werden wohl nicht wahrnehmen, dass bestimmte Wörter wie etwa „Demokratie“, „Recht“, „Menschenrechte“ von Chinesen anders verstanden werden als von Europäern. Europäer und Chinesen mögen stundenlang miteinander diskutieren, aber sie reden aneinander vorbei.

Die über zweitausendjährige Geschichte des chinesischen Wortes für „Demokratie“

Das chinesische Wort 民主 „minzhu“ geht auf das klassische konfuzianische „Buch der Geschichte Shujing“ zurück, das vor über 2000 Jahren verfasst wurde.[253] Es kommt in dem im folgenden Bild dargestellten Passus vor.

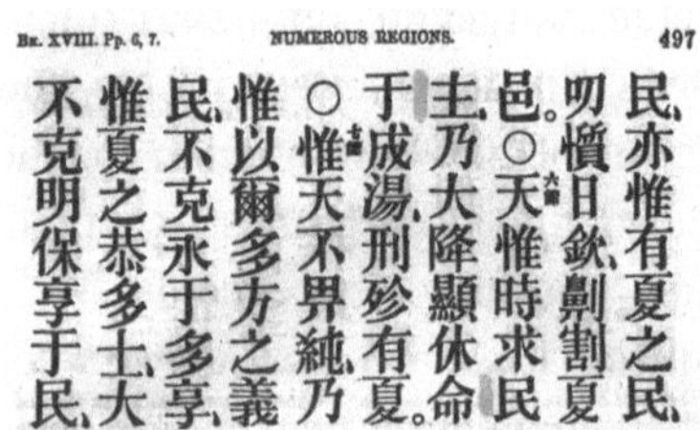
Bk. XVIII. Pp. 6, 7. NUMEROUS REGIONS. 497

民、亦惟有夏之民、
叨懫日欽、劓割夏
邑。○天惟時求民
主、乃大降顯休命
于成湯、刑殄有夏。
○惟天不畀純、乃
惟以爾多方之義
民、不克永于多享、
惟夏之恭多士、大
不克明保享于民、

„民主 (minzhu)“ im klassischen konfuzianischen *Buch der Geschichte (尚书 Shujing)*, Buch XVIII, Duo Fang 多方 (Zahlreiche Regionen)

„民 min“ kann mit „Volk“ und „主 zhu“ mit „Herrscher“ oder „herrschen“ übersetzt werden. Theoretisch könnte 民主 also „das Volk herrscht“ bedeuten. Aber im konfuzianischen *Buch der Geschichte* bedeutet das Wort 民主 „minzhu“ laut dem großen britischen Sinologen James Legge (1815–1897)[254] „Lord for the people“[255]. „民主 minzhu“ bedeutet ursprünglich nicht, dass das Volk sich selbst regiert. Es hat in China vor dem 20. Jahrhundert nie so etwas wie Demokratie gegeben. Als sich im 19. Jahrhundert Nachrichten über die westlichen Demokratien in China verbreiteten, verstanden die Leute dieses Konzept nicht, und sie hatten kein Wort dafür. Sie kommentierten das demokratische System der USA mit einem Präsidenten an der Spitze etwa auf folgende Weise: „Der amerikanische Kaiser gab seine Position an einen Würdigen weiter, nicht an seinen Sohn.“ „Kaiser Pierce Franklin [1804–1869; der 14. Präsident der USA[256] ist heute gestorben.“ „Der amerikanische Monarch wechselt alle vier Jahre, [...].“ „Der amerikanische Herrscher über das Volk wurde ausgewechselt.“ Da es für „Präsident“ kein chinesisches Wort gab, wich man aus auf chinesische Wörter wie „Herrscher über das Volk“, „Kaiser“ und „Monarch.“ Allmählich begriffen die Chinesinnen und Chinesen, dass die Staatsoberhäupter in den westlichen Ländern vom Volk gewählt wurden und dass das Volk darüber entschied, ob sie im Amt bleiben konnten oder nicht. Der amerikanische Präsident war also kein Herrscher über das Volk oder „Herr des Volkes“, sondern das Volk selbst war der Herrscher. So wurde das Wort 民主 „minzhu“ beibehalten, aber seine Bedeutung änderte sich von einer Person, die über das Volk herrscht, zu einer Person, über die das Volk herrscht. Ursprünglich zur Übersetzung des Wortes „Präsident“ benutzt, entwickelte sich das Wort 民主 „minzhu“, jetzt verstanden als „Herrschaft des Volkes“ zum chinesischen Terminus für das englische Wort „democracy“.[257]

Im Westen akzeptiert man nur einen einzigen Demokratiebegriff

Zu Beginn des 21. Jahrhunderts bedeutet das Wort „Demokratie“ in Europa und in den USA eine liberale Demokratie. Nach allgemeiner Meinung in Europa und in den USA gibt es nur eine einzige Form der Demokratie. Diese zeichnet sich durch ein Mehrparteiensystem, periodische freie Wahlen, Rechtstaatlichkeit und Gewaltenteilung aus. Von besonderer

Wichtigkeit sind für westliche Beobachter Wahlen. So wird etwa geschrieben: „Das subsaharische Afrika hat sich in den letzten Jahren rasant demokratisiert. Allein von 2010 bis Mitte 2012 fanden in 29 Ländern 46 Wahlen auf nationaler Ebene statt.“[258] Demokratie bedeutet also die Durchführung von Wahlen. Wenn zum Beispiel ein Staat in Afrika Wahlen durchführt, werden westliche Staaten Wahlbeobachter entsenden, um die Durchführung einigermaßen fairer Wahlen nach westlichen Maßstäben sicherzustellen. Gelten die Wahlen nach westlichen Maßstäben als frei und korrekt, dann betrachten die westlichen Länder den Staat als „demokratisch“. Sie entsenden keine Beobachter, um die Effektivität des gewählten Parlaments oder Präsidenten in Bezug auf wirtschaftlichen Fortschritt, Korruptionsbekämpfung und so weiter zu beobachten.[259] Wenn nur die Wahlen korrekt waren, genügt es aus westlicher Sicht, den Staat als demokratisch anzuerkennen. Mehrparteiensystem und freie Wahlen zusammen mit der Gewaltenteilung konstituieren aus heutiger maßgeblicher westlicher Auffassung die einzig wahre Demokratie, die diesen Namen verdient.

Das Wort „Demokratie“ ist globalisiert, nicht aber der Begriff der Demokratie

Wie verhält es sich nun aber mit der VR China, die von westlichen Staaten nicht als Demokratie angesehen wird? Die VR China ist gemäß Artikel 1, Absatz 1 ihrer Verfassung vom 04.12.1982 ein „sozialistischer Staat unter der demokratischen Diktatur des Volkes“.[260] Im Allgemeinen Programm der Satzung der KPCh von 2017[261] erscheint das Wort „Demokratie“ 24 Mal, in der Satzung 2022[262] gar 34 Mal. „Demokratie“ (民主) ist einer der in der VR China propagierten zwölf „sozialistischen Grundwerte“[263], die mittels 24 chinesischer Schriftzeichen umschrieben werden und die gemäß Art. 4 Ziff. 1 der „Maßnahmen für die Kontrolle von Dienstleistungen generativer künstlicher Intelligenz (Entwurf für Kommentare)“ vom 11.04.2023[264] in den von künstlicher Intelligenz generierten Texten, Bildern, Tönen und Videos ihren Niederschlag finden sollen.[265] Die VR China behauptet, auf ihre Weise ein „demokratisches“ Land zu sein. Wie ist diese Verwendung des Wortes „Demokratie“ zu beurteilen? Zunächst fällt auf, dass das Wort „Demokratie“ zu Beginn des 21. Jahrhunderts weltweit, selbst in der „Demokratischen Volksrepublik Korea“, verwendet wird, immer mit einer positiven Konnotation. Aber der derzeit gängige westliche Begriff von „Demokratie“ (Mehrparteiensystem, regelmäßige freie Wahlen, Rechtsstaatlichkeit (rule of law), Gewaltenteilung) ist nicht globalisiert. Das Wort „Demokratie“ wird auf unserem Planeten nicht überall so wie im Westen verstanden. Das Wort ist zwar globalisiert, nicht aber der herrschende westliche Begriff der Demokratie.

Sinomarxistischer Demokratiebegriff

Gemäß Artikel 1 ihrer Verfassung vom 04.12.1982 ist die VR China ein Staat „geführt von der Arbeiterklasse“. Da sich die KPCh als „Avantgarde“ der Arbeiterklasse bezeichnet, besagt der Art. 1, dass die VR China von der KPCh geführt wird. Die Führung der KPCh wurde im Rahmen einer am 11.03.2018 vorgenommenen Verfassungsrevision in Artikel 1 Absatz 2 der Verfassung besonders hervorgehoben. Die KPCh betrachtet den Marxismus-Leninismus und Mao Zedong-Gedanken etc. als „Richtschnur ihres Handelns (xingdong zhinan)“. In seiner Abhandlung „Volksfeinde“ erwähnt Lenin ein Gesetz der Französischen Republik von 1793 über Volksfeinde[266] und schreibt: „Die Jakobiner erklärten diejenigen zu Volksfeinden, die gegen die Republik gerichteten Machenschaften der verbündeten Tyrannen förderten. […] Das Beispiel der Jakobiner ist lehrreich. Es ist auch jetzt nicht veraltet, […]. Volksfeinde im zwanzigsten Jahrhundert sind nicht die Monarchen, sondern die Grundbesitzer und Kapitalisten als Klasse."[267] Entsprechend dem Leninismus, der in dieser Hinsicht von der Französischen Revolution von 1789 beeinflusst war, wandte Mao Zedong die Unterscheidung zwischen „Volk" und „Volksfeinden" auf China an. In seiner Abhandlung „Über die richtige Behandlung der Widersprüche im Volk" schreibt er:

> „Wir sehen uns zwei Arten von gesellschaftlichen Widersprüchen gegenüber, Widersprüchen zwischen uns und dem Feind sowie Widersprüchen im Volke. [...] Man muss sich vor allen Dingen darüber klarwerden, was unter ‚Volk' und was unter ‚Feind' zu verstehen ist. [...] Der Begriff ‚Volk' hat in verschiedenen Staaten und in verschiedenen historischen Perioden eines jeden Staates verschiedenen Inhalt. Nehmen wir unser Land als Beispiel! Während des Widerstandskrieges gegen die japanische Aggression gehörten alle antijapanischen Klassen, Schichten und gesellschaftlichen Gruppen zum Volk, während die japanischen Imperialisten, die chinesischen Landesverräter und die projapanischen Elemente Feinde des Volkes waren. Während des Befreiungskrieges waren die USA-Imperialisten und ihre Lakaien, die bürokratische Bourgeoisie und die Grundherrenklasse sowie die Kuomintang-Reaktionäre, die diese Klassen vertraten, die Feinde des Volkes, während alle anderen Klassen, Schichten und gesellschaftlichen Gruppen, die diesen Feinden entgegentraten, zum Volk gehörten. In der gegenwärtigen Etappe, in der Periode des Aufbaus des Sozialismus, gehören zum Volk alle Klassen, Schichten und gesellschaftlichen Gruppen, die den Aufbau des Sozialismus billigen, unterstützen und dafür arbeiten; dagegen sind alle gesellschaftlichen Kräfte und Gruppen, die sich der sozialistischen Revolution widersetzen, die dem Aufbau des Sozialismus feindlich gesinnt sind und ihn zu untergraben versuchen, Feinde des Volkes."[268]

Die Periode des Aufbaus des Sozialismus ist nach Meinung der KPCh zu Beginn des 21. Jahrhunderts noch im Gange. In Anlehnung an die jakobinisch und leninistisch beeinflussten Mao-Zedong-Ideen bezeichnet das Wort „Volk" in der VR China jene chinesischen Bürger, die die Herrschaft der KPCh unterstützen (oder zumindest nicht aktiv infrage stellen). Als „Volksfeinde" werden insbesondere diejenigen eingestuft, die in China die Etablierung einer Demokratie nach liberalem westlichem Verständnis propagieren. „Volksfeinde" gehören nicht zum „Volk". „Demokratie" im Sinne von „Volksherrschaft" bedeutet aus chinesischer jakobinisch-marxistisch-leninistischer Perspektive die Herrschaft „des Volkes", also jener Bürgerinnen und Bürger, die die Herrschaft der KPCh akzeptieren, über die „Volksfeinde", das heißt jene Bürger, die sich aktiv gegen die Herrschaft der KPCh stellen. Das „Volk" in diesem Sinne des Wortes, vertreten durch die KPCh, übt die Diktatur über die Feinde des Volkes aus. Das „Volk", also jene Bürgerinnen und Bürger, die die KPCh zumindest nicht offen herausfordern, genießen, da sie *per definitionem* nichts gegen die KPCh unternehmen, die volle Meinungsfreiheit und übt – unter Führung der KPCh – „Demokratie" durch Wahlen der Abgeordneten der lokalen Parlamente bis hin zur Kreisebene aus.

Wie kann man auf eine Vielzahl von Demokratiebegriffen reagieren?

Ein solcher Begriff von „Demokratie" entspricht nicht der gängigen westlichen Vorstellung von liberaler Demokratie. So konnte man im deutschen Wochenmagazin *Der Spiegel* lesen, die Volksrepublik China sei „eine der undemokratischsten Nationen der Welt".[269] Und Francis Fukuyama, der Autor des Bestsellers *The End of History and the Last Man* (1992), behauptet:

> „Aus meiner Sicht führt die historische Entwicklung schließlich zu einer Form der kapitalistischen, liberalen Demokratie. [...] China [...] ist eigentlich das einzige Land, das meine These ernsthaft in Frage stellt. China [...] ist die einzige Alternative zu einer liberalen, kapitalistischen Demokratie. Das Land ist technisch und wirtschaftlich fortgeschritten – aber es betreibt Modernisierung ohne Demokratie."[270]

Sollte man im Einklang mit Fukuyamas Argument der VR China verbieten, sich „demokratisch" zu nennen? Dies ist nicht möglich, da die Wörter „Demokratie" und „demokratisch" keinen Markenschutz genießen. Diese Wörter sind frei verwendbar. Könnte man zumindest sagen, dass das Wort „Demokratie" in der VR China „missverstanden" oder sogar „missbraucht" wird? Könne man der VR China vorwerfen, „ein westliches Wort an sich gerissen" zu haben? Ich habe meine Zweifel. Diese möchte ich erläutern, indem ich mich auf drei Argumentationsweisen beziehe.

1. „Realismus" und „Nominalismus"
2. Begriffsliberalismus und Begriffshegemonismus
3. Rechtspositivismus und Naturrechtstheorie

1. „Realismus" und „Nominalismus"

Realismus und Nominalismus markieren zwei wichtige Positionen in der westlichen Philosophie. Gemäß dem Realismus wird die Realität von einer Reihe abstrakter Einheiten beschrieben, die als „Universale" bezeichnet werden. Die „Universalen" beziehen sich auf diese abstrakten Einheiten. Die letzte Realität besteht nach Platon in den Universalien, die durch Begriffe erfasst werden, die durch menschliche Worte wiedergegeben werden. Im Gegensatz dazu gibt es laut Nominalismus keine „Universalen", sondern nur bestimmte Dinge.[271] Die Worte beziehen sich nicht auf ewig unveränderlich Universale, sondern immer auf bestimmte Dinge. Wörter wie „Demokratie“ sind menschliche Produkte und können beliebig mit dieser oder jener Bedeutung versehen werden.

Indem er die „kapitalistische, liberale Demokratie“ zur einzig wahren Demokratie erklärt, erweckt Francis Fukuyama im obigen Zitat den Anschein, seine eigene Definition der Bedeutung von „Demokratie“ zu einer quasi-platonischen Idee zu erheben, so als ob diese westlich-zeitgenössische Interpretation von Demokratie sozusagen von Ewigkeit zu Ewigkeit in sich selbst bestehen würde. Aber selbst aus Platons Sicht existiert eine solche quasi-platonische Vorstellung eines menschlichen Artefakts wie die Demokratie nicht an sich und unabhängig vom menschlichen Verstand. Wenn Menschen im Westen heute in Bezug auf die VR China sagen, dass dort der Begriff „Demokratie“ „missverstanden“ oder „missbraucht“ wird, dann vertreten sie einen quasi-platonischen konzeptuellen Realismus der Bedeutung des Wortes „Demokratie“. Merkwürdig mutet an, dass Leute mit einem derartigen festgefahrenen Verständnis von „Demokratie“ kein Problem darin zu sehen scheinen, im Zeichen von „Diversität“ den althergebrachten Begriff, den das Wort „Ehe“ bis vor nicht allzu langer Zeit im Bewusstsein der Allgemeinheit in sich birgt, nämlich eine staatlich anerkannte Verbindung von Mann und Frau, problemlos auszuweiten auf eine staatlich anerkannte Verbindung von gleichgeschlechtlichen Personen.

Übrigens soll Konfuzius (551–479 v.u.Z.) ausgerufen haben:

> „觚不觚, 觚哉! 觚哉! [Gu bu gu, gu zai! Gu zai!]
>
> Eine Eckenschale ohne Ecken: was ist das für eine Eckenschale, was ist das für eine Eckenschale!“[272]

Beim Gu 觚-Kelch, einem Opfer- und Trinkgefäß, handelte es sich ursprünglich um eine mittelgroße Trinkschale oben mit runder Öffnung und unten mit eckigem Fuß.[273] Allmählich kamen Gu-Kelche mit einem runden Fuß auf, also ganz ohne Ecken, die man aber weiterhin „觚 gu“ nannte. Konfuzius ließ sich darüber aus, dass für den abgerundet hergestellten „Gu“-Kelch noch immer die alte Bezeichnung benutzt wurde, die dem Wesen des Kelchs, so wie es Konfuzius auffasste, gar nicht mehr entsprach.

Ein wichtiges Anliegen von Konfuzius war die „Richtigstellung der Bezeichnungen“.[274] Daher meinte er wohl, zur Vermeidung von Sprachverwirrung[275] sollten die vollumfänglich runden Gu-Gefäße nicht mehr mit dem Wort „Gu“, sondern mit einem anderen Wort bezeichnet werden.

2. Begriffsliberalismus und Begriffshegemonismus

Gemäß dem Begriffsliberalismus kann sich der Begriffsinhalt eines Wortes wandeln. So dürfe das Wort „Ehe“ auch für eine Verbindung von Personen des gleichen Geschlechts benutzt werden.

Was die Verwendung des Wortes „Demokratie“ in der VR China angeht, so vertritt die westliche herrschende Meinung einen Begriffshegemonismus. Alleinigen Zugang zum „wahren“ Verständnis des Begriffs „Demokratie“ habe der Westen.

3. Rechtspositivismus und Naturrechtstheorie

Die westlichen Annäherungen an das Wort „Demokratie“ könnten auch noch von einem dritten Standpunkt aus betrachtet werden, nämlich vom Standpunkt des Rechtspositivismus mit dem prominentesten Vertreter Hans Kelsen (1881–1973), dem Autor der *Reinen Rechtslehre*, und aus Sicht der Naturrechtslehre. Das positive Recht lässt sich für Kelsen mit beliebigen Inhalten füllen.“[276] Wörtlich schreibt er: „Jeder beliebige Inhalt kann Recht sein.“[277] Kann die Volksrepublik China in ihrem Verfassungsrecht dem Wort „Demokratie“ also nicht den Inhalt geben, den sie ihm geben will? Nach einem liberal-bürgerlich verankerten naturrechtlichen Konzept der „Demokratie“ sollte wohl ein „demokratisches“ Land, wenn es sich das Prädikat „Demokratie“ verdienen will, gewisse Grundvoraussetzungen erfüllen, die für ewige Zeiten in der „Natur“ verankert sind, wie z. B. ein Mehrparteiensystem, regelmäßige Wahlen und Gewaltenteilung.

Die Vereinten Nationen tolerieren eine Vielfalt von Demokratiebegriffen

In der internationalen Gemeinschaft, vertreten durch die UNO, überwiegt die Tendenz, die platonisch-realistische und auch die naturrechtliche Auffassung des Wortes „Demokratie“ abzulehnen. Dies zeigt ein Blick auf einige UN-Dokumente.

a) Eine UN-Erklärung von allgemeiner Tragweite

Internationaler Pakt über wirtschaftliche, soziale und kulturelle Rechte,

Internationaler Pakt über bürgerliche und politische Rechte, beide vom 16.12.1966, jeweils Art. 1

(1) Alle Völker haben das Recht auf Selbstbestimmung. Kraft dieses Rechts entscheiden sie frei über ihren politischen Status und gestalten in Freiheit ihre wirtschaftliche, soziale und kulturelle Entwicklung.

b) Auszüge aus zwei spezifisch auf Demokratie bezogenen UN-Erklärungen

(1) UNO-Generalversammlung. 46/130. Plenarsitzung 17. Dezember 1991. Achtung der Grundsätze der nationalen Souveränität und Nichteinmischung in die inneren Angelegenheiten der Staaten bei ihren Wahlverfahren.[278]

Die Generalversammlung […] anerkennend, dass es kein einzelnes politisches System oder einzelnes Modell für

Wahlverfahren gibt, das für alle Nationen und deren Völker gleichermaßen geeignet ist, und dass politische Systeme und Wahlverfahren historischen, politischen, kulturellen und religiösen Faktoren unterliegen.[279]

Aufgezeichnete Abstimmung: 102-40-13

RECORDED VOTE ON RESOLUTION 46/130: 102-40-13

In favour: Afghanistan, Algeria, Angola, Antigua and Barbuda, Bahamas, Bahrain, Bangladesh, Barbados, Belize, Benin, Bhutan, Bolivia, Botswana, Brazil, Brunei Darussalam, Burkina Faso, Burundi, Cambodia, Cameroon, Cape Verde, Central African Republic, Chad, China, Colombia, Comoros, Congo, Côte d'Ivoire, Cuba, Democratic People's Republic of Korea, Djibouti, Dominican Republic, Ecuador, Egypt, Gabon, Gambia, Ghana, Grenada, Guatemala, Guinea, Guinea-Bissau, Guyana, Haiti, India, Indonesia, Iran, Iraq, Jordan, Kenya, Kuwait, Lao People's Democratic Republic, Lesotho, Liberia, Libya, Malawi, Malaysia, Maldives, Mali, Mauritania, Mauritius, Mexico, Morocco, Mozambique, Myanmar, Namibia, Nepal, Nicaragua, Niger, Nigeria, Oman, Pakistan, Paraguay, Peru, Philippines, Qatar, Rwanda, Saint Kitts and Nevis, Saint Lucia, Saint Vincent and the Grenadines, Saudi Arabia, Senegal, Seychelles, Sierra Leone, Singapore, Sri Lanka, Sudan, Suriname, Swaziland, Thailand, Togo, Trinidad and Tobago, Tunisia, Uganda, United Arab Emirates, United Republic of Tanzania, Uruguay, Vanuatu, Venezuela, Viet Nam, Yemen, Yugoslavia, Zambia, Zimbabwe.

Against: Albania, Argentina, Australia, Austria, Belarus, Belgium, Bulgaria, Canada, Czechoslovakia, Denmark, Estonia, Finland, France, Germany, Greece, Hungary, Iceland, Ireland, Israel, Italy, Japan, Latvia, Liechtenstein, Lithuania, Luxembourg, Netherlands, New Zealand, Norway, Panama, Poland, Portugal, Republic of Korea, Romania, Spain, Sweden, Turkey, Ukraine, USSR, United Kingdom, United States.

Abstaining: Chile, Costa Rica, Cyprus, Dominica, Ethiopia, Fiji, Honduras, Jamaica, Lebanon, Malta, Marshall Islands, Mongolia, Samoa.

Absent: El Salvador, Federated States of Micronesia, Madagascar, Papua New Guinea, Sao Tome and Principe, Solomon Islands, Somalia, Syria, Zaire.[280]

(2) Menschenrechtskommission 61. Sitzung E/CN.4/2005/L.42 13. 041 2005

Stärkung der Mitwirkung der Bevölkerung, Ausgewogenheit, soziale Gerechtigkeit und Nichtdiskriminierung als wesentliche Grundlage der Demokratie.

Menschenrechtsresolution 2005/29[281]

The Commission on Human Rights, [...]

in Anerkennung und Achtung der reichen und vielfältigen Natur der Gemeinschaft der Demokratien in der Welt, die aus all den sozialen, kulturellen und religiösen Überzeugungen und Traditionen der Welt hervorgehen,[282] [...]

in der Erkenntnis, dass, obwohl alle Demokratien gemeinsame Merkmale aufweisen, Unterschiede zwischen demokratischen Gesellschaften weder gefürchtet noch unterdrückt, sondern als wertvolles Gut der Menschheit geschätzt werden sollten;[283]

[...] 3. bekräftigt außerdem, dass zwar alle Demokratien gemeinsame Merkmale teilen, es aber nicht ein [einziges] Demokratiemodell gibt; deshalb dürfen wir nicht versuchen, ein bestimmtes Demokratiemodell zu exportieren.[284]

> Resolution adopted by a recorded vote of 28 votes to 14, with 11 abstentions, as follows:
>
> In favour: Bhutan, Brazil, Burkina Faso, China, Congo, Cuba, Ecuador, Egypt, Eritrea, Ethiopia, Gabon, Guinea, India, Indonesia, Kenya, Malaysia, Mauritania, Nepal, Nigeria, Pakistan, Qatar, Russian Federation, South Africa, Sri Lanka, Sudan, Swaziland, Togo, Zimbabwe.
>
> Against: Australia, Canada, Finland, France, Germany, Hungary, Ireland, Italy, Netherlands, Republic of Korea, Romania, Ukraine, United Kingdom of Great Britain and Northern Ireland, United States of America.
>
> Abstaining: Argentina, Armenia, Costa Rica, Dominican Republic, Guatemala, Honduras, Japan, Mexico, Paraguay, Peru, Saudi Arabia.[285]

Die Ergebnisse der beiden Abstimmungen zeigen, dass die westlichen Länder mit dem nominalistischen und positivistischen UN-Demokratieverständnis nicht einverstanden sind!

In diesem Zusammenhang ist die Menschenrechtsratsresolution 19/36 „Menschenrechte, Demokratie und Rechtsstaatlichkeit" vom 23.03.2012[286] zu erwähnen. In dieser von Rumänien eingebrachten Entschließung betont der Menschenrechtsrat, dass Demokratie [...] das Recht umfasst, in einem pluralistischen System politischer Parteien und Organisationen zu wählen und gewählt zu werden in echten, regelmäßigen, freien und fairen Wahlen durch allgemeines und gleiches Wahlrecht und durch geheime Wahlen, die die freie Willensäußerung des Volkes garantieren.[287] Ferner umfasst Demokratie die Achtung der Rechtsstaatlichkeit, die Gewaltenteilung, die Unabhängigkeit der Justiz, Transparenz und Rechenschaftspflichten der öffentlichen Verwaltung und [der Organe der] öffentlichen Entscheidungsfindung sowie freie, unabhängige und pluralistische Medien.[288] Zudem betont der Menschenrechtsrat die entscheidende Rolle, die die politische Opposition und die Zivilgesellschaft für das reibungslose Funktionieren einer Demokratie spielen [...].[289]

Dieser Inhalt der Resolution ist in starkem Maße von liberalbürgerlichen Ansichten über den Begriff der Demokratie geprägt. Aber in der gleichen Resolution hält der Menschenrechtsrat fest, dass Demokratien zwar gemeinsame Merkmale aufweisen, es jedoch kein einheitliches Demokratiemodell gibt und dass die Demokratie keinem Land oder keiner Region gehört, und er bekräftigt auch die Notwendigkeit der Achtung der Souveränität und des Rechts auf Selbstbestimmung.[290]

Der Vertreter Chinas sagte zu dieser Resolution:

> „China hat in einer Erklärung zu seiner Stimmabgabe vor der Abstimmung Wert auf die Entwicklung von Demokratie und Rechtsstaatlichkeit gelegt. China entwickle die soziale Demokratie standhaft weiter und verbessere die Demokratie. China demonstriere die Schönheit eines sozialistischen Systems auf rechtsstaatlicher Grundlage. Die Demokratie basierte nicht auf einem einzigen Modell. China sei dagegen, allen anderen ein einziges Demokratiemodell aufzuzwingen. Der Menschenrechtsrat sei nicht das geeignete Forum für Beratungen über Demokratie und Rechtsstaatlichkeit. Ein wesentlicher Teil des [Resolutions-]Entwurfs gehe über das Mandat des Rates hinaus. China wird sich bei der Abstimmung enthalten.“[291]

Die Resolution wurde angenommen mit 43 zu 0 Stimmen bei zwei Enthaltungen:

> Dafür: Angola, Österreich, Bangladesch, Belgien, Benin, Botswana, Burkina Faso, Kamerun, Chile, Kongo, Costa Rica, Tschechische Republik, Dschibuti, Ecuador, Guatemala, Ungarn, Indien, Indonesien, Italien, Jordanien, Kirgisistan, Libyen, Malaysia, Malediven, Mauretanien, Mauritius, Mexiko, Nigeria, Norwegen, Peru, Philippinen, Polen,

> Katar, Republik Moldau, Rumänien, Russische Föderation, Senegal, Spanien, Schweiz, Thailand, Uganda, Vereinigte Staaten von Amerika, Uruguay.
>
> Enthaltung: China, Kuba

Die VR China auf UNO-Kurs

Nimmt man die Weltmeinung ernst, die wohl eher von den Vereinten Nationen verkörpert wird als von manchen westlichen Ländern, die sich zu Repräsentanten universeller Werte erklären, dann scheint auf globaler Ebene der nominalistische bzw. rechtspositivistische Ansatz in Bezug auf Wort und Begriff „Demokratie" zu überwiegen. Die im Westen vorherrschende Auffassung, die Geschichte der Menschheit ende mit dem westlichen liberalen Demokratiemodell, wird von der UNO nicht geteilt. Demokratie scheint aus der Sicht der UNO ein Wort zu sein, dessen Begriffsinhalt variieren kann.

Immer wieder wird in offiziellen Erklärungen der VR China im Einklang mit UN-Resolutionen betont, dass westliche Länder nicht versuchen sollten, ihr spezielles Demokratiemodell zu exportieren, und dass es nicht ein einziges Demokratiemodell gebe. Das halten westliche Menschen für eine typisch chinesische Sichtweise. Sie lesen offensichtlich die einschlägigen UNO-Verlautbarungen nicht.

So wird zum Beispiel behauptet:

> „Für China gibt es nicht bloß eine Art von Demokratie, sondern mehrere […]. Damit weicht China den Wertekonsens der internationalen Staatengemeinschaft auf."[292]

Die China-Expertin, die dies behauptet, ist offensichtlich keine UNO-Expertin. Sie weiß nicht, dass die VR China lediglich einen UN-Standpunkt wiedergibt. Davon, dass „China den Wertekonsens der internationalen Staatengemeinschaft aufweicht", kann keine Rede sein.

Aus chinesischer Sicht existieren in der Welt u.a. zwei demokratische Systeme von unterschiedlicher Natur, nämlich die westliche bürgerliche Demokratie und die sozialistische Demokratie chinesischer Prägung. Für sie ist ein neuer Ausdruck erschaffen worden, nämlich „quan guocheng renmin minzhu“ (wörtlich „Gesamtprozess-Volksdemokratie“). Ihr Anspruch ist es, alle Aspekte eines demokratischen Entscheidungsprozesses abzudecken, verfahrensorientierte mit ergebnisorientierter Demokratie, prozedurale mit substanzieller Demokratie, direkte mit indirekter Demokratie und Volksdemokratie mit staatlichem Willen zu vereinen. Wie das geschehen soll, wird in einem Weißbuch zur Demokratie näher erläutert.[293]

Wenn in der VR China von „sozialistischer Demokratie“ gesprochen wird, solle man sich im Westen vor Augen führen, dass dies ein westliches Demokratiekonzept ist. Denn es beruht auf dem Marxismus-Leninismus, der aus Europa stammt. Die kritische Einstellung zur bürgerlich-liberalen Demokratie hat man in der VR China aus den marxistischen Schriften übernommen, in denen es etwa heißt: „Was die bürgerliche Demokratie von 1848 nicht fertigbringen konnte, eben weil sie bürgerlich war und nicht proletarisch, nämlich den arbeitenden Massen einen Willen geben, dessen Inhalt ihrer Klassenlage entspricht - das wird der Sozialismus unfehlbar erwirken.“[294]

Dass die meisten Chinesen alle vier oder fünf Jahre einen Wechsel der Zentralregierung akzeptieren würden, wie er in modernen Mehrparteiendemokratien im Westen praktiziert wird, sei schwer vorstellbar.

Nur die Aussage, China sei keine Demokratie im westlichen bürgerlich-liberalen Verständnis des Wortes „Demokratie“, ist eine zutreffende Aussage. Aber die pauschale Aussage, China sei überhaupt keine Demokratie, trifft nach der von den Vereinten Nationen vertretenen Weltmeinung nicht zu.

„Sie wollten Demokratie für China – dafür müssen sie jahrelang hinter Gitter." Dies ist der Titel eines Berichts über zwei „Bürgerrechtler", die in der VR China wegen „Untergrabung der Staatsgewalt" zu hohen Strafen verurteilt wurden.[295] Statt ungenau „Sie wollten Demokratie für China" sollte es präzise formuliert werden „Sie wollten liberal-bürgerliche Demokratie für China", was ohne den Sturz des derzeitigen Regimes nicht möglich wäre.

In China verabschiedet der Nationale Volkskongress alle fünf Jahre einen nationalen Entwicklungsplan, und zwar diskussionslos und einstimmig. Das erscheint im Westen als das pure Gegenteil von Demokratie. Nun wird der Fünfjahresplan aber nicht von der chinesischen Führung einsam am grünen Tisch ausgearbeitet und dann aus heiterem Himmel den Abgeordneten des NVK zur Zustimmung vorgelegt. Vielmehr ist er „das Ergebnis von Zehntausenden von Diskussions- und Konsultationsrunden auf allen Ebenen des chinesischen Staates und der chinesischen Gesellschaft."[296] Im Zuge dieses Verfahrens ist der Plan u. a. den Abgeordneten in verschiedenen Entwurfsstufen schon längst vor Augen geführt und mit ihnen durchdiskutiert und abgesprochen worden. Die Entstehung des Fünfjahresplans erscheint aus chinesischer Sicht als durchaus demokratisch.

Chinas Erfolge in den letzten Jahrzehnten wird nicht zuletzt auf die erfolgreiche Umsetzung dieser Pläne zurückgeführt, durch welche sich Chinas System laufend selbst reformiert und neuen Umständen und Erfordernissen angepasst habe.[297]

Die stereotype Dichotomie von Demokratie vs. Autokratie klinge, so eine chinesische Meinung, angesichts der großen Zahl schlecht regierter „Demokratien" in der Welt zunehmend hohl. Sinnvoller sei es, den Blick auf eine Dichotomie von „Guter Staatsführung (good governance)" und „Schlechter Staatsführung (bad governance)" zu richten. Der ultimative Test für ein gutes politisches System bestehe darin, ob es für eine gute Regierungsführung und ein höheres Maß an Zufriedenheit für seine Bürger zu sorgen vermöge.[298] In der Tat „bringt die liberale und marktwirtschaftlich orientierte Demokratie nicht automatisch auch Wohlstand."[299] „Eine demokratische Regierung allein bedeutet noch keine effektive Regierung. Heute ist Effizienz die Herausforderung." Das meint Tony Blair.[300]

> „Demokratisierung nach westlichem Vorbild bedeutet in nicht-westlichen Ländern oft, dass nach religiösen und ethnischen Gesichtspunkten abgestimmt wird, was nicht selten zu Chaos und sogar Bürgerkriegen führt."[301]

Diese Skepsis gegenüber dem Export des in Wahlen gipfelnden westlichen Demokratiemodells wird nicht nur in der VR China geäußert: „Bei den Präsidentschaftswahlen in Kenia geht es nicht um Inhalte - entscheidend ist die ethnische Zugehörigkeit."[302] „Manchmal sind Wahlen Gift für die Demokratie. Im subsaharischen Afrika gibt es zwar immer mehr Urnengänge, aber nicht selten werden Konflikte dadurch verschärft statt gelöst."[303]

Entscheidend ist aber aus chinesischer Sicht nicht, dass eine ‚Autokratie' effizienter ist als eine ‚Demokratie', sondern dass ‚gute Regierungsführung' effizienter sei als ‚schlechte Regierungsführung', und zwar unter welchem politischen Regime auch immer.[304] Gute Regierungsführung könne in einer westlichen Demokratie wie etwa der schweizerischen, aber auch unter einem autoritären Regime wie in Hongkong unter britischer Herrschaft vorkommen. Umgekehrt seien weder eine Autokratie wie z.B. Myanmar noch eine Demokratie westlichen Zuschnitts vor Bad Governance gefeit wie z.B. Haiti, der Irak und zeitweise Griechenland.[305]

Zur schlechten Governance in westlichen Systemen kann der Mangel an tiefgründiger und weit vorausschauender Planung beitragen. Der Mangel an systematischem und umfassendem strategischem Denken und [entsprechenden] Vorkehrungen führt dazu, dass verschiedene kurzsichtige Taktiken in allen möglichen Bereichen der Gesellschaft Überhand nehmen.[306]

Gemäß einer chinesischen Sichtweise ist das westliche liberal-bürgerliche Demokratieverständnis formalistisch, insofern es Verfahrensweisen und Organisationsstrukturen hervorhebt. Aber nicht solche Formalismen sollten bei der Beurteilung eines Staates maßgebend sein, sondern etwas Substanzielles, nämlich das Vorhandensein oder Fehlen von Good Governance. China betone Substanz gegenüber Verfahrensweisen und glaube, dass sich letztendlich die richtige Substanz zu den richtigen Verfahrensweisen entwickeln wird, die den eigenen Bedingungen jeder jeweiligen Nation entsprechen. Der Westen glaube an das Gegenteil.[307]

Schlussbemerkung

Die Frage, welcher Demokratiebegriff der „richtige" sei, wird wohl nicht auf der Ebene philosophischer Debatten beantwortet werden – sei es zwischen Nominalismus und Realismus, sei es zwischen Rechtspositivismus und Naturrecht –, sondern wird von den praktischen Ergebnissen und Wirkungen der verschiedenen Demokratiekonzepte abhängen. Auch Machtpolitiken dürften eine nicht unwichtige Rolle spielen.

5.22 Nicht nur ein Hort der liberalen Demokratie: Den Westen ganzheitlich sehen

Dem autoritären Staatsgebilde der VR China stellen westliche Betrachter in der Regel den liberalen westlichen Staat mit Gewaltenteilung, Demokratie und individuellen Menschenrechten gegenüber[308]. So beschwört der australische Politiker und Präsident der Asia Society Kevin Rudd „die liberale Demokratie und den liberalen Internationalismus des Westens".[309] Eine andere Aussage lautet, am Ende des Kalten Krieges „wähnte man sich am Ende der Geschichte und zelebrierte den totalen Sieg des westlichen Modells von Staat, Gesellschaft und Wirtschaft".[310]

Man tut dergleichen, als ob es im 21. Jahrhundert nur ein einziges westliches Modell gebe, nämlich das Modell eines liberalen demokratischen Rechtsstaats mit Gewaltenteilung. Die pauschale Formulierung „der demokratische Westen" entspricht nicht der Wirklichkeit. Es gibt keinen kompakten, lückenlosen „demokratischen Westen".

Westliche Wertschätzung für einen Staat ohne Demokratie und Gewaltenteilung mitten in Europa

Vielmehr gibt es im Herzen des christlichen Abendlandes einen Staat ohne Demokratie[311] mit einer gewaltenteilungswidrigen Machtkonzentration - noch extremer als in der VR China bei einer Einzelperson und, was die Gleichstellung der Geschlechter angeht, nicht konform mit der Universellen Erklärung der Menschenrechte und der Europäischen Menschenrechtskonvention: den Vatikanstaat. Im Grundgesetz des Vatikanstaates vom 26. November 2000, in Kraft getreten am 22. Februar 2001[312], heißt es in Artikel 1: „Der Papst besitzt als Oberhaupt des Vatikanstaates die Fülle der gesetzgebenden, ausführenden und richterlichen Gewalt“[313], und auch nach dem neuen Grundgesetz vom 13.05.2023, in Kraft seit dem 05.06.2023[314], hat der Papst die volle Regierungsgewalt, „welche die gesetzgeberische, ausführende und richterliche Gewalt umfasst“.[315]

Für den Papst gibt es so wie für den chinesischen Staatspräsidenten keine Amtszeitbeschränkung. Wenn Xi Jinping (geb. 1953) so lange Staatspräsident bleiben wollte, bis er so alt ist wie Papst Franziskus (geb. 1936) im Jahre 2023[316], dann könnte er noch im Jahre 2040 seines Amtes walten.[317] Der Unterschied zwischen dem Papst und Xi Jinping besteht darin, dass man im Westen über die fehlende Amtszeitbeschränkung des chinesischen Staatspräsidenten ziemlich erregt ist, wogegen die fehlende Amtszeitbeschränkung des Papstes kaum Wellen wirft. Es gibt auch keinen Rechtsstaatsdialog Deutschlands mit Vatikanstadt. Dieser Staat wird in Ruhe gelassen.

Der Vatikanstaat genießt im Westen hohe Wertschätzung. So ist der vom Papst, dem „Chef“ einer „absoluten Monarchie“[318], ernannte Nuntius in zahlreichen westlichen Ländern der Doyen des diplomatischen Corps und steht in der Rangordnung der Diplomatinnen und Diplomaten an erster Stelle.[319]

Über den im Westen auf diese Weise geehrten Staat kann man lesen:

> „Als der erfolgreichste Nachfolger des römischen Kaisers betrat nach dem Zerfall des Karolingerreiches […] die katholische Kirche die Bühne der Weltgeschichte. Päpste aus dem barbarischen Norden legten die Fundamente, um mit Reformen und Waffen ‚eine Art religiösen Einparteienstaat‘ zu errichten. Das Oberhaupt der lateinischen Christenheit verschaffte sich im 11. Jahrhundert die ideellen und materiel-

len Ressourcen, um ein neues Imperium zu errichten, das inzwischen seit über tausend Jahren Bestand hat."[320]

Eine Schlagzeile bestätigt die Langlebigkeit der vom Papst gelenkten Kirche: „Weltreiche gingen, die Kirche bleibt."[321]

Kanonisches Recht über dem Recht der VR China

Der Vatikan hat die Europäische Menschenrechtskonvention nicht ratifiziert.[322] Denn die Gleichheit von Mann und Frau wird in diesem Staat sowie unter dessen Einfluss in der katholischen Kirche weltweit nicht anerkannt. Frauen ist das Priesteramt versagt.[323]

In Bezug auf die Beschränkung des Rechts auf freie Meinungsäußerung scheint der Vatikan recht rigide Vorstellungen zu hegen, die von den in westlichen liberalen Rechtsstaaten gängigen Ansichten stark abweichen, dafür aber an Vorgehensweisen in der VR China gemahnen. So ist zwar an zwei vom chinesischen Staat getragenen Konfuzius-Instituten, jenen in Leipzig und in Freiburg i. Br., eine Lesung aus einem Buch über Xi Jinping von zwei deutschen Journalisten ungestört verlaufen[324], aber zwei andere Konfuzius-Institute, und zwar jene an der Leibniz-Universität Hannover und an der Universität Duisburg, haben eine geplante Lesung aus demselben Buch kurzfristig abgesagt.[325] Unwillkürlich denkt man an den Theologen Hans Küng. Da er sich in einer Weise über religiöse Belange geäußert hatte, die dem Vatikan missfielen, entzog ihm der Ortsbischof, gestützt auf den einzigen außenpolitisch noch heute gültigen[326] Vertrag aus der NS-Zeit[327], nämlich das Reichskonkordat zwischen dem Heiligen Stuhl und dem Deutschen Reich vom 12.09.1933[328], auf Geheiß von Rom und in Absprache mit der deutschen Bischofskonferenz zwei Tage vor Weihnachten 1979 die Lehrbefugnis für katholische Theologie an der Universität Tübingen.[329] Und es fällt schwer, nicht an Eugen Drewermann zu denken, dem 1991 der Erzbischof von Paderborn die kirchliche Lehrerlaubnis entzog und der ein Jahr später gar vom Priesteramt suspendiert wurde. Mit seinen Glaubenssätzen stand Drewermann im direkten Widerspruch zur offiziellen Lehre, so das damalige Votum.[330]

Vatikanstadt hat zwar die Form eines Staates, mit dem fast alle Staaten der Welt, nämlich 184, eine Botschaft unterhalten[331], aber seine Existenz gründet auf dem Glauben von mehr als 1,34 Milliarden Menschen, etwa 18 Prozent der Weltbevölkerung.[332] Das entspricht ungefähr der Einwohnerzahl der VR China. Der Vatikan beeinflusst das Leben so vieler Menschen durch das kanonische Recht, das vom höchsten Gesetzgeber, dem Papst, verkündet wird. „Die Kirche hat [...] ebenso wie der Staat das Recht zu eigener Gesetzgebung, Rechtsprechung und Verwaltung. Da sie ihre Befugnisse nicht vom Staat ableitet, verbietet sich auch jegliche Einmischung des Staates in die innerkirchlichen Angelegenheiten. [...] Sowohl dem Staat als auch der Kirche kommt [...] auf ihrem jeweiligen Gebiet die höchste Souveränität zu."[333]

Im Oktober 1994 konnte ich dank der Vermittlung der Schweizer Botschaft in Beijing in der Südkathedrale in Beijing den katholischen Priester Pater Laurence Shiyu-Kun, den stellvertretenden Vorsitzenden der Beijinger katholischen Patrioten, interviewen. Es handelte sich also um einen katholischen Priester, der nicht im Untergrund wirkte, sondern von den offiziellen chinesischen Stellen für ein Interview ausgewählt worden war.

Ich wies während des Interviews auf die in der chinesischen Verfassung verankerte Gleichstellung der Geschlechter hin:

> Art. 48: Die Frauen in der VR China genießen in allen Bereichen des politischen, wirtschaftlichen, kulturellen und gesellschaftlichen Lebens sowie des Familienlebens die gleichen Rechte wie die Männer.

Dann fragte ich den Priester, ob es nicht verfassungswidrig sei, wenn die katholische Kirche in der VR China keine Priesterinnen dulde. Seine Antwort lautete: Da richtet sich die katholische Kirche Chinas strikt nach dem Papst. Solange dieser die Einsetzung von Priesterinnen untersagt, folgt die katholische Kirche Chinas bedingungslos dem Papst.[334]

Wie man sieht, steht das katholische Recht, nämlich der *Codex des Kanonischen Rechtes*, Kapitel II, Can. 1024 – Die heilige Weihe empfängt gültig nur ein getaufter Mann[335], in den Augen von selbst regimetreuen chinesischen Katholiken über der Verfassung der VR China.

Die katholische Kirche – ein Machtfaktor

Wie die Antwort des katholischen chinesischen Priesters zeigt, übt der Papst einen nicht zu unterschätzenden weltweiten Einfluss aus.[336] „Wieviel Divisionen hat der Papst?" Dazu äußerte Paul Widmer, ehemals Schweizer Botschafter beim Heiligen Stuhl: „Man tut gut daran sich zu erinnern, was Churchill auf die Frage von Stalin geantwortet hat in seinen Memoiren. Ja, der Papst hat keine Divisionen. Aber vielleicht gibt es doch noch einige Legionen, die man bei Paraden nicht sieht. [...] Es ist eher selten, dass der Papst ganz konkret Stellung nimmt. Mit seiner moralischen Autorität hat er ganz entscheidend zum Ende der sowjetischen Herrschaft in Polen beigetragen."[337]

Man kann den Vatikan als eine Soft-Superpower betrachten. So gilt in der VR China der gregorianische Kalender, und sogar das Weihnachtsfest wird dort, wenn auch nur kommerziell, beachtet. Christliche, zumeist auf den Katholizismus zurückgehende Feiertage werden nachgerade weltweit begangen. Kirchen sind über die ganze Welt verstreut. Biblische Geschichten und Gedanken beeinflussen die Vorstellungswelt von Menschen auf dem ganzen Globus. Die Päpste verfügen kraft ihres Amtes als Autoritätspersonen über eine große Ausstrahlungskraft und faszinieren Menschen weltweit.[338]

Kritiklos zitieren Stefan Aust und Adrian Geiges diese Aussage Xi Jinpings: „Es gibt bis heute in der Geistesgeschichte der Menschheit keine andere Theorie, die dem Marxismus in Wissenschaftlichkeit, Wahrhaftigkeit, Einfluss und Verbreitungsumfang gleichkommt."[339] Weder die beiden Autoren noch Xi Jinping scheinen Kenntnis zu haben von dem in zwei Jahrtausenden entstandenen Denkgebäude des Katholizismus. Die „Kathedrale seiner Dogmen"[340] dürfte das – von bestimmten, Außenstehenden nicht unbedingt einleuchtenden Denkansätzen aus konzipierte – weltweit am besten durchdachte und belegte geistige System beherbergen. Daneben erscheint der Sinomarxismus, der sich lediglich auf Überlegungen von neun Personen (Marx, Engels, Lenin, Stalin, Mao Zedong, Deng Xiaoping, Jiang Zemin, Hu Jintao und Xi Jinping)[341] aus drei Jahrhunderten abstützt, als recht simples Gedankenkonstrukt.

Erinnert die 13. Regel des Ignatius von Loyola (1491–1556) etwa nicht an gewisse Sprachregelungen der Kommunistischen Partei Chinas? „Was meinen Augen weiß erscheint, halte ich für schwarz, wenn die hierarchische Kirche es so sieht."[342]

Chinawahrnehmung ohne Europakenntnisse

Zu Recht legt uns die über 2000 Jahre alten Schrift *Sun Zi. Die Kunst des Krieges* ans Herz:

> „Das Gegenüber kennen [und] sich selbst kennen[!]"[343]

„Sich selbst kennen" – diese Anforderung beherzigt die englische Zeitschrift „The Economist" nicht. In der Ausgabe vom 26.06.2021 liest man auf S. 11:

> „China's ruling party is about to turn 100. One party has ruled China for 72 years, without a mandate from voters. This is a world record. [...] China's Communists are the world's most successful authoritarians. How long can the world's most successful autocracy last?"[344]

„The Economist" weiß nicht, dass das Papsttum die erfolgreichste Autokratie und die Kirche „die älteste Institution der Welt"[345] ist. Wenn man die VR China, was die Herrschaftsausübung ohne Wählermandat betrifft, in einem Kontinuum mit dem chinesischen Kaiserreich betrachtet, so wie dieses seit 221 v.u.Z. grundsätzlich bis 1911 u.Z. bestanden hat, dann hat nicht der Vatikan, sondern China den Autokratie-Weltrekord aufgestellt. In der VR China beherrscht gemäß den einschlägigen Normativtexten nicht ein Individuum, sondern ein Gremium, nämlich die KPCh, genauer gesagt das ZK der KPCh alle drei Gewalten, wogegen im Vatikan eine einzelne Person institutionell alle drei Gewalten in ihrer Hand vereinigt. Insofern ist jeder Papst dem römischen Kaiser ähnlicher als der Generalsekretär der KPCh – derzeit (2023) Xi Jinping als eines von sieben Mitgliedern des Ständigen Ausschusses des Politbüros des ZK der KPCh – dem chinesischen Kaiser. Dass der Papst in höheren Sphären schwebt als die oberste Führungsperson in der VR China geht auch daraus hervor, dass ihm – und das ist einzigartig – Völkerrechtssubjektivität zukommt. Der Papst verkörpert den „Heiligen Stuhl". Der Heilige Stuhl ist eine „nichtstaatliche souveräne Macht". Laut den Lateranverträgen von 1929 ist er der Souverän, also der Inhaber der Staatsgewalt des Vatikans. Und als solcher vertritt der Heilige Stuhl den Vatikanstaat in internationalen Beziehungen – etwa, wenn es um internationale Abkommen und Verträge geht.[346] Der Heilige Stuhl besitzt den ältesten diplomatischen Dienst der Welt. „In der internationalen Politik eine anerkannte Größe"[347], unterhält er diplomatische Beziehungen zu weltweit etwa

180 Staaten und ist in mehreren internationalen Organisationen vertreten. Als Völkerrechtssubjekt besitzt der Heilige Stuhl ein eigenes Hoheitszeichen: das Wappen des Heiligen Stuhls. Dieses zeigt die dreistufige Papstkrone Tiara und darunter die gekreuzten, auf dem Kopf stehenden Schlüssel des heiligen Petrus.[348]

„Wir im Westen kennen keine andere Staatsform als die Demokratie."[349] Diese Behauptung ist in *Das Magazin*, einer Wochenendbeilage des Zürcher *Tages-Anzeigers*, nachzulesen und zeigt, dass auch diese Zeitschrift über Europa nicht Bescheid weiß. Sonst wäre sie sich im Klaren darüber, dass „die Demokratie", ferner Gewaltenteilung, Mehrparteiensystem, Gleichheit von Mann und Frau, keineswegs die einzigen Wahrzeichen des zeitgenössischen Westens sind, sondern dass der Westen ganz disparate Aspekte, darunter einen angesehenen Staat mit einer gewaltenteilungswidrigen Verfassung, ohne die Gewährleistung eines wichtigen Menschenrechts und ohne Demokratie, aufweist.

Jedenfalls sollte man sich im Westen nicht allzu selbstbewusst als Verkörperung der liberalen Demokratie darstellen, und man sollte sich mit der Frage beschäftigen, warum man die VR China im Zeichen der im Westen viel gelobten Diversität[350] nicht ebenso nachsichtig behandelt wie den Vatikan.

5.23 Dafür sorgen, dass Europa China auf der gleichen Augenhöhe begegnet

Man könnte in Europa damit anfangen, Maßnahmen zu ergreifen, um diesen Kontinent in die Lage zu versetzen, mit China auf der gleichen Augenhöhe zu verkehren.

> „Der [westliche] Mensch [...] hat das Gefühl für die Fülle des Vergangenen verloren und interessiert sich mehr für die Fülle der Zukunft. Er kann diese beiden Massen nicht mehr in eine Balance bringen.“[351]

Die eigene Geschichtsvergessenheit von Europäerinnen und Europäern erscheint im Hinblick auf die chinesische Supraplanung als hinderlich. Europa könnte einer historischen Sauerstoffkur unterzogen werden. Einen Ansatz zur Behebung der europäischen historischen Selbstvergessenheit könnte in Art. 3 Ziff. 3 des Vertrages von Lissabon vom 13.12.2007 gefunden werden, wonach das kulturelle Erbe Europas geschützt und entwickelt werden solle.

So könnte man kontrastive archäologische sinoeuropäische Ausstellungen durchführen. Warum nicht dem Auge des europäischen Betrachters beispielsweise neben einem altehrwürdigen Relikt aus dem Reich der Mitte simultan die Himmelsscheibe von Nebra darbieten? Dies könnte die äonen- und kontinenteüberspannende Fantasie von Europäerinnen und Europäern beflügeln.

Ferner könnte man das humanistische Gymnasium mit mehrjährigem Latein- und Altgriechischunterricht wiederbeleben. Der Altsprachenunterricht wäre freilich gründlich zu modernisieren. Es erschiene als wünschenswert, dass es zumindest ein paar Europäerinnen und Europäer, vor allem unter den Sinologen, gibt, die den mehrtausendjährigen Kulturhauch Europas anhand von antiker europäischer Primärliteratur zumindest ein wenig verspürt haben. So werden sie vor China, das bisweilen mit seiner unvergleichlich langen Vergangenheit kokettiert, nicht in die Knie sinken, sondern im Bewusstsein ihrer eigenen Traditionen diesem Land begegnen können.

Es könnte der Unterricht im römischen Recht modernisiert und globalisiert werden. Man könnte sich die Einrichtung eines Studienganges mit kontrastiven Texten aus der chinesischen und römischen Rechtsgeschichte vorstellen. Dabei würden ein Rechtssinologe und ein Römischrechtler zusammenarbeiten. Ein womöglich fruchtbares Thema könnte das kaiserliche Verwaltungsrecht hüben und drüben sein. Unterschiedlichen oder auch vergleichbaren sinoeuropäischen juristischen Herangehensweisen könnte man auf den historischen Grund gehen. Ebenfalls fruchtbar sind Vergleiche zwischen den Strukturen der KPCh und der römisch-katholischen Kirche unter der Ägide des Papstes, des Oberhaupts einer Glaubensgemeinschaft von rund 1,3 Milliarden Menschen[352]. Daraus können Europäerinnen und Europäer ersehen, dass „im 21. Jahrhundert abendländische autoritäre politische Institutionen", die „auch heute noch immer nach uralten Regeln"[353] funktionieren, europäischen Werten nicht unbedingt fremd sein müssen (siehe Abschnitt 5.22).

Beijing lockt Wissenschaftler aus aller Welt an und saugt Wissen auf.[354] Ältere Fachleute sollte man in Europa nicht gemäß starren Pensionierungsregelungen unbekümmert ausmustern, sondern in flexibler Weise weiter einsetzen. Denn in der VR China empfängt man ausländische Fachkräfte vorgerückten Alters mit offenen Armen und setzt sie nutzbringend für den „friedlichen Wiederaufstieg" des Milliardenvolkes ein. So vermittelte im Jahr 2006 der *Senior Experten Service (SES)* ca. 1500 Senior-Experten, allesamt mit etwas älterem Fachwissen, davon etwa 250 allein in die VR China, die somit das größte Seniorenempfängerland war. Demgegenüber waren aus Indien nur wenige Anfragen eingetroffen. Zehn Jahre später (2016) war China nach wie vor das einsatzstärkste Land (259 Einsätze gegen 74 in Indien).[355] Chinesische mittelständische Unternehmen, die vorrangig bedient werden, erhoffen sich, dank dieser nach deutscher Meinung zum „alten Eisen" gehörenden Personen Beziehungen aufbauen und von ihnen westliche Produktions- sowie Organisationsmanagementtechniken, kurz westliches Know-how, erlernen zu können. Die Weitergabe von geschütztem Know-how (z.B. von betrieblichen oder geschäftlichen Geheimnissen, Lizenzen, Patenten oder von anderem rechtlich geschützten Wissen) lehnt der SES freilich grundsätzlich ab. In Zweifelsfällen wird die Einsatzanforderung abgelehnt und an den Auftraggeber zurückgegeben. Außerdem ausgeschlossen sind Einsätze in der Rüstung sowie in den Bereichen Hightech und Highchem.

Europäer(innen) als willige Opfer von Hegels „List der Vernunft"?

Die vermehrte Hinwendung zur eigenen Geschichte könnte vielleicht dazu beitragen, das auch auf das jeweilige eigene Volk bezogene Selbstwertgefühl von Deutschen, Schweizern, Österreichern usw. wiederzubeleben. Das könnte bewirken, dass sich Europäer und Chinesen annähern. Ein Schweizer Gewährsmann erlebte unlängst folgenden Wortwechsel zwischen einem Chinesen und einem Schweizer, der sich fast schämte, einer Schweizer Bank anzugehören, der XY Bank of Switzerland.

Der Chinese stellt sich vor: „Happy to meet you, we Chinese have a high respect for Switzerland." Der Vertreter der Schweizer Bank: „The XY Bank of Switzerland has nothing to do with Switzerland. We are of the top five global banks. The reference to Switzerland is just a historic heritage and of no importance for our bank."

In ihren „offenen demokratisch organisierten Gesellschaften"[356] haben sich offenbar gar manche Europäer zu neuen Menschen des Typs „Homo oeconomicus" umprogrammieren lassen. Für sie gibt es nur die materielle Profitmaximierung. Als Müll betrachten sie nationalstaatliches Denken, das sie mir nichts, dir nichts in einer einseitig kommerziell verstandenen Globalisierungskloake entsorgen. Ihre Vaterlandsverbundenheit ersetzen sie achtlos durch den Stolz, einem „Global Player" anzugehören. „Sie bilden eine eigene Welt in der Welt, sind miteinander durch eine Myriade von globalen Netzwerken verbunden, aber abgeschottet von den engstirnigen Mitgliedern ihrer eigenen Gesellschaft."[357] Entpuppen sich solche Leute aus dem „kleinen Abendland, ganz klein in seiner Ecke"[358], die die Idee der nationalen Identität und die Emotion des Nationalstolzes zurückweisen,[359] vielleicht als willige Helfer der KPCh? Arbeiten sie brav der KPCh in die Hände, die auf ein kommunistisches Endziel ohne staatliche Grenzen hinarbeitet? Oder sind diese skeptischen Fragen falsch gestellt? Ist am Ende dieses selbstvergessene europäische Verhalten, um ein Wort des Regierenden Bürgermeisters von Berlin, Klaus Wowereit, zu zitieren, „gut so"? Entspricht es womöglich Hegels supraplanerischer „List der Vernunft"[360]? Wenn dem so wäre, dann rackerten sich derzeit Planetarier aus Europa, die außer Geldgier nichts im Kopf haben, für die künftige chinesische globale „Große Gemeinschaft" (Da Tong) ab, von der bereits seit Jahrtausenden in konfuzianischen Schriften geraunt wird.

5.24 Sich nicht länger mit der Rolle des Juniorpartners zufriedengeben

An der chinesisch-deutschen Übersetzungsfront

Deutschland, die größte Wirtschaftskraft Europas, hat sich vom Handel mit China abhängig gemacht, ohne sich grundlegend mit diesem Land, seinem politischen System sowie seiner Sprache zu befassen.[361] In essenziellen Punkten hat die China-Kompetenz in Deutschland über die Jahre sogar nachgelassen.

Es gibt derzeit unzählige Professuren, die sich mit der EU oder den USA befassen, aber lächerlich wenige mit dem Fokus China: Von den über 50 000 Professuren in Deutschland sind es nur um die 50, davon knapp 30 zum gegenwärtigen China. Allerdings verfügt der Westen gesamthaft über eine große Zahl von Professoren, die auf China spezialisiert sind. Gleichwohl wirft die Sinologin Marina Rudyak von der Universität Heidelberg dem Westen insgesamt vor, oft „die Selbstwirksamkeit anderer Staaten zu negieren, was dazu führt, dass Strategien eher auf mentalen Konstrukten der Welt basieren, als darauf, wie diese tatsächlich ist.“[362] Und im Hinblick auf die USA, die doch gewiss über eine Menge von Professoren mit dem Fokus auf China verfügt, wird beklagt: „Beamte des amerikanischen Geheimdienstes und der nationalen Sicherheit sind zu lange dem Wunschdenken über Chinas Strategie erlegen“[363] (siehe Abschnitt 5.13). Das Problem ist nicht die Quantität der Personen, die sich mit China beschäftigen, sondern die Qualität ihrer Expertise, und diese hängt – was nicht erkannt und diskutiert wird – von erkenntnistheoretischen Faktoren ab.[364]

Dass es immer wieder zu Missverständnissen kommt, scheint ein Grundproblem in den deutschen Verhandlungen mit China zu sein. Das mag damit zusammenhängen, dass es heute kaum mehr deutsche Muttersprachler gibt, die Chinesisch-Deutsch dolmetschen können. Der deutsche Verband der Konferenzdolmetscher führt zwei als „Senior“ anerkannte Dolmetscher auf und acht mit Junior-Status. Nachwuchs rückt wohl nicht nach, denn in Deutschland gibt es keine öffentliche Institution mehr, die Chinesisch-Dolmetscher ausbildet.

In amtlichen chinesischen Verlautbarungen können Veränderungen in der Wortwahl als Frühwarnindikatoren für kommende Entwicklungen dienen. Dafür braucht es hiesige

China-Expertinnen und -Experten, die offizielle chinesische Dokumente lesen, übersetzen und dekodieren können. Ein derartiger sachgerechter Umgang mit China setzt maximale Informiertheit und Kontextwissen voraus, beispielsweise Kenntnisse von den in vorliegendem Buch vermittelten, derzeit weitgehend unbekannten chinesischen Denkhorizonten.

Statt auf „eigene Übersetzungskompetenz verlässt man sich in Deutschland in weiten Teilen auf offizielle chinesische Übersetzungen oder Auswertungen aus dem US-amerikanischen Raum“[365]. Der Großteil der deutsch-chinesischen Kommunikation findet auf Englisch statt. Chinesische Termini für markante Aktivitäten oder Behörden werden meist in englischer Übersetzung wiedergegeben. So wird ständig von der „Belt and Road“-Initiative gesprochen, aber nur selten von der Initiative „Ein Gürtel und eine Straße“.[366]

Englischsprachige Übersetzungen aus dem Chinesischen sind nicht über alle Zweifel erhaben. „Um zu verstehen, was die chinesische Führung dachte, verließen sich fast alle US-Offiziellen auf Übersetzungen aus dem CIA-Übersetzungszentrum in Reston, Virginia, weil so wenige die chinesische Sprache tatsächlich zu lesen und – mit ihren vielen entscheidenden Nuancen – zu begreifen in der Lage sind.“ Aber das CIA-Übersetzungszentrum übersetzte chinesische Texte auf eine fragwürdige Weise selektiv. „Ich habe die Anweisung, keine nationalistischen Dinge zu übersetzen“, sagte ein Übersetzer zu Michael Pillsbury.[367] Wahrscheinlich werden die chinesischen Texte über Sinomarxismus und auch über das eigenständige chinesische Konzept der Wirklichkeitsgestaltung „Moulüe“ als „nationalistisch“ eingestuft und nicht übersetzt. Ergebnis: Vom Sinomarxismus und von Moulüe hat man in den USA so gut wie keine Ahnung.

Neben dem naiven Vertrauen in eine zuverlässige englische Vermittlung von Wissen über die VR China verhindert noch eine andere weit verbreitete Auffassung einen eigenständigen hiesigen sprachlichen Zugang zur VR China. „Es herrscht bei uns die Vorstellung, dass nur Chinesen Chinesisch können," sagt Andreas Guder, der dem deutschen Fachverband Chinesisch vorsteht.[368] So stellen viele Unternehmen heute nicht mehr den jungen gut ausgebildeten Sinologen ein, sondern den fertig ausgebildeten Chinesen, der fließend Englisch, oft auch Deutsch spricht. Eben Einheimische.[369] Auf diese Weise „geben wir die entscheidende Kompetenz aus der Hand" (Andreas Guder). Deutsche Unternehmer werden strukturell zum ewigen „Gast" von Chinesen, die auf der ganzen Linie die Rolle des „Gastgebers" ausspielen können. Man braucht die Hilfe von Chinesen, aber sie sollten immer von sprach- und kulturkundigen Europäern begleitet werden, die dafür sorgen, dass der ausländische Geschäftspartner das Heft in der Hand behält. Dies wäre ein weiterer Grund für die Ausbildung einer großen Menge an brauchbaren Sinologinnen und Sinologen.

Sinologische Übersetzungs- und Analysezentren sollten dafür sorgen, dass unsere Landsleute mindestens ebenso gut über das moderne Reich der Mitte unterrichtet sind wie dessen Bewohner über unsere Länder und Geisteskulturen. Das europäische Vertrauen auf die Güte von Übersetzungen aus der chinesischen Sprache, welche von chinesischen Übersetzern geliefert werden, wird oft nicht belohnt.

Immer wieder stelle ich bei Übersetzungen chinesischer Texte in westliche Sprachen, die von Chinesen hergestellt werden, Ungenauigkeiten fest. Vielleicht spekulieren Chinesen darauf, dass kein Mensch im Westen ihre Übersetzungen kontrollieren kann. Oder dann werden Übersetzungen unter dem Einfluss des chinesischen „kodierten Blicks" angefertigt. So gab es bis 2018 eine Behörde namens „Guojia Gong Shang Xingzheng Guanli Zongju". Auf ihrer offiziellen Webseite bezeichnete sich diese Behörde in englischer Sprache als „State Administration of Industry and Commerce".[370] Aber in dieser Übersetzung fehlte das Wort „Guanli". Unter Berücksichtigung dieses Wortes hätte man den Namen der Behörde in deutscher Sprache mit „Zentrales Staatliches Amt für die administrative Kontrolle [oder: Regierung] von Industrie und Handel" wiedergeben sollen. Ich nehme an, dass wenn westliche Geschäftsleute gewusst hätten, dass sie es bei Geschäftsbeziehungen mit einem Zentralen Staatlichen Amt für die administrative Kontrolle [oder: Regierung] von Industrie und Handel zu tun haben, etwas wachsamer agiert hätten als im Umgang mit einem Staatlichen Amt für Industrie und Handel. Ich bemängelte chinesischen Juristen gegenüber die amtliche englische Übersetzung des Behördennamens. Man entgegnete mir, aus chinesischer Sicht – Stichwort „kodierter Blick" – sei es doch klar, dass „Administration" „Kontrolle" beinhalte. Das müsse man doch nicht ausdrücklich hervorheben.[371] Besagtes Amt wurde 2018 abgelöst durch eine Behörde namens 国家市场监督管理总局. Sie wird auf chinesischen Webseiten „State Administration for Market Regulation" genannt. Aber die präzise Übersetzung des Namens müsste lauten „State Administration for Market Supervision and Control [or: Regulation]".

Die englischen Übersetzungen wichtiger Rechtserlasse, die beispielsweise von Ministerien der VR China ins Internet gestellt werden, lassen oft stark zu wünschen übrig.[372] Dies nicht, weil die betreffenden chinesischen Übersetzer nicht die englische Sprache beherrschten, sondern weil es ihnen an zusätzlichem juristischen Fachwissen mangelt. Als bloßer chinesischer Top-Anglist vermag man keinen juristischen chinesischen Text sachgemäß ins Englische zu übersetzen. Auch die angemessene Übersetzung sinomarxistischer Termini scheint die in China eingesetzten Übersetzer oft zu überfordern.[373] Grundsätzlich sollten alle chinesischen Rechtserlasse ständig mit großer Sorgfalt Wort für Wort, und nicht bloß dem ungefähren Sinne nach, in eine westliche Sprache übersetzt und so in Europa zugänglich gemacht werden. In dieser Hinsicht hat Frank Münzel (Hamburg) mit seinen um Präzision bemühten deutschen Übersetzungen chinesischer Rechtserlasse ein ausgezeichnetes Modell vorgelegt.[374] Die fortlaufende deutschsprachige oder englische Aufarbeitung des immer umfangreicheren chinesischen Gesetzesrechts, insbesondere soweit es WTO-relevant ist, sowie der Parteinormen der KPCh könnte die Aufgabe eines neu zu gründenden Max-Planck-Institutes für chinesisches Recht sein.

Westliche Sinologen sollten möglichst wortgetreu und nicht übertreibend übersetzen. So lese ich in einer Abhandlung über das Programm „Made in China 2025 – The making of a high-tech superpower", die das Mercator Institute für China Studies (MERICS) in Berlin, „eine der führenden Forschungseinrichtungen Europas zu China" (China-Str 23, S. 61) veröffentlicht hat[375], den folgenden Passus: „[…] China is seeking to make a leap forward towards becoming a leading ‚Manufacturing Superpower' (制造强国) and ‚Internet Superpower' (网络强国)."[376] Aber der in Klammern wiedergegebene chinesische Ausdruck 强国 bedeutet lediglich „strong state" und nicht „superpower". Also müsste die Übersetzung sich bescheiden mit „a strong manufacturing state" und „a strong internet state."

Marxismus-Know-how in chinesischem Exklusivbesitz?

Deutschland wäre prädestiniert für die Errichtung *des* westlichen Forschungszentrums für Sinomarxismus. Eigentlich fiele diese Aufgabe der Universität Trier zu. Deutsche Wissenschaftler sollten an diesem Zentrum fortlaufend dokumentieren und verfolgen sowie das Publikum darüber informieren, wie sich der Sinomarxismus entwickelt. Es sollte nicht so sein, dass zu guter Letzt „die Chinesen", die „ernsthaft versuchen, die Kontrolle über die Entwicklung des Marxismus im 21. Jahrhundert zu übernehmen,“[377] weltweit die Einzigen sind, die sich im Marxismus auskennen und nachgerade das Alleineigentum am marxistischen Know-how besitzen. Und es sollte nicht sein, dass in Europa infolge diesbezüglicher Ignoranz kein einziger Mensch mit Chinesen über deren sinomarxistische Ideologie zu diskutieren vermag. Da es sich beim Sinomarxismus nachgerade um eine „Seele“ der VR China zu handeln scheint, erscheint westliche Sinomarxismus-Forschung mehr als geboten.

5.25 Lieber zum eigenen Schaden überlistet werden als auf Jesus Christus zu hören?

Christentum im 21. Jahrhundert

Es gibt bekanntes Bekanntes, also Dinge, von denen wir wissen, dass wir sie wissen. Es gibt bekanntes Unbekanntes, also Dinge, von denen wir wissen, dass wir sie nicht wissen. Aber es gibt auch unbekanntes Unbekanntes, also Dinge, von denen wir nicht wissen, dass wir sie nicht wissen.

Von einem *Bibel*-Zitat wusste ich während Jahrzehnten nicht, dass ich es nicht wusste. Bis ich eines Tages, in den 1980er-Jahren, also im Alter von über 40, im Buch *Wu Guo Yu Wu Min (Mein Land und mein Volk)* des berühmten chinesischen Gelehrten Lin Yutang (1895–1976) blätterte. Plötzlich stieß ich auf die folgende Stelle:

> „Nur ein Stück christlicher Lehre wird das chinesische Volk gewiss gerne annehmen, nämlich Christi Aufforderung, ohne Falsch wie die Tauben und klug wie die Schlangen zu sein.“[378]

Verdutzt schlug ich die *Bibel* auf und fand Jesu Aufforderung zur Schlangenklugheit in Matthäus 10,16. Während acht Jahren hatte ich die Stiftsschule Einsiedeln besucht und war von Benediktinerpatern in schwarzen Kutten unterrichtet worden. Aber ich konnte mich beim besten Willen nicht daran erinnern, dass besagter Jesus-Ausspruch je behandelt worden wäre. Ich schlug einen Matthäus-Kommentar des Berner Theologieprofessors Ulrich Luz auf und fand dort die Bemerkung, im Abendland habe „die kirchliche Auslegung mit der Schlangenklugheit Mühe".[379] Dieser Jesus-Ausspruch „échappe partiellement à l'exégèse"[380], entzieht sich also teilweise der *Bibel*-Auslegung. Das sagte der Theologieprofessor Pierre Bonnard von der Universität Lausanne.

Als ich Pater W., meinen Englisch- und Französischlehrer an der Stiftsschule Einsiedeln, traf, erzählte er mir, er habe 1946 seine Primiz gefeiert und seither über 1000 Predigten gehalten. Ich fragte ihn, wie viele Predigten er über besagten Jesus-Ausspruch gehalten habe. Seine Antwort war:

„Null Mal." „Wie oft hast du die Predigt eines anderen Priesters über diesen Satz gehört?", fragte ich weiter. Die Antwort lautete erneut: „Null Mal."

Einem Chinesen leuchtet die Aufforderung der wichtigsten Persönlichkeit des Abendlandes, schlangenklug zu sein, sofort ein. Ja, er behauptet gar, aus chinesischer Sicht sei dies der einzige vernünftige Inhalt der ganzen Heiligen Schrift. Demgegenüber scheint Jesu Aufforderung zur Schlangenklugheit im Abendland kaum bekannt zu sein.

Ich möchte an einem Beispiel zeigen, wie sehr wir uns dadurch ins eigene Fleisch schneiden, dass wir diesen Rat von Jesus Christus in den Wind schlagen, den er selbst bei der Begegnung mit dem Teufel in der Wüste auf glänzende Weise in die Tat umsetzte.

Pater M., Abt eines Schweizer Benediktinerklosters, veröffentlichte folgendes Erlebnis:

> „Bei einem einwöchigen Aufenthalt in Rom wollte ich ein Buch zu Ende schreiben und anschließend zum Druck abgeben. Jede freie Minute nutzte ich dazu. So bestieg ich am Ende meines Aufenthaltes zufrieden den Zug zum Flughafen. Die große Reisetasche versorgte ich im Gepäckhalter, die Mappe mit dem Laptop stellte ich auf den Sitz. Die halbe Stunde Zugfahrt wollte ich nutzen, um noch am Text zu feilen. Da klopfte es ans Fenster. Ein junger Herr zeigte seine Fahrkarte und wollte mich etwas fragen. Er bat mich durch Zeichen zum Eingang des Wagens. Blitzartig kam mir der Gedanke: ‚Ist das nicht ein Ablenkmanöver?‘ Im Wagen waren nur zwei Leute, und ich wies mich innerlich zurecht: *‚So darfst du nicht vom Menschen denken!‘* Und ich ging zum Eingang. Der junge Herr wollte wissen, wo man das Ticket entwerten müsse. Ich sagte ihm, dass sich der entsprechende Apparat am Anfang des Perrons befinde. Dann fragte er mich, wohin dieser Zug fahre. Weil er meine Antwort nicht verstand, musste ich sie wiederholen. Und in dem Moment merkte ich, dass es sich doch um ein Ablenkmanöver handelte. Ich ging zurück zum Platz. Es war zu spät: Die Handtasche war weg. Ein Komplize, der von der anderen Wagenseite gekommen war, hatte sie mitgenommen. Das durfte nicht wahr sein! Die Ausgabe der Benediktsregel, in die ich seit Jahren meine Notizen hineingeschrieben hatte, mein Gebetbuch und mein Flugticket waren weg. Weg war auch mein Computer mit dem fast fertigen Text für das Buch. Eine solche Erfahrung zeigt uns, wie sehr wir an Dingen und Leistungen hangen, von denen wir uns frei fühlten.“[381]

Hätte Abt M. statt „So darfst du nicht vom Menschen denken“ an den Rat von Jesus „Seid klug wie die Schlangen und sanft wie die Tauben“ gedacht, dann hätte er z. B. den jungen

Mann ins Abteil winken oder sich so an den Wagenausgang stellen können, dass er sein Abteil nicht aus dem Auge verloren hätte. Gegebenenfalls hätte er mit seinem Gepäck zum Wagenausgang gehen können. Wie schade, dass Abt M. im entscheidenden Augenblick nicht an den ausgezeichneten Rat Jesu gedacht hat. Aber er ist eben leider kein Chinese, denn dieser Rat scheint nur im Reich der Mitte auf einen fruchtbaren Boden zu fallen.

Ich aber meine: In der globalisierten Welt des 21. Jahrhunderts sollte der verborgene Schatz, der in dem bei uns unbekannten Ausspruch Jesu ruht, gehoben werden. Unter völligem Verzicht auf mit Augenmaß eingesetzte und ethisch abgestützte Schlangenklugheit dürfte der europäische Marsch durch das 21. Jahrhundert schwierig werden. Darum setzte ich mich wiederholt dafür ein, auf Jesus Christus zu hören: Seid sanft wie die Tauben, aber auch klug wie die Schlangen!

Papst Franziskus empfiehlt Taubensanftheit, aber auch Schlangenklugheit

Europäer sollten ihre Scheuklappen gegenüber dem Listwissen ablegen und sich intensiv damit befassen. Der Rat von Jesus Christus „Seid klug wie die Schlangen und sanft wie die Tauben“ ist aus seinem Dornröschenschlaf zu wecken. Papst Benedikt XVI. hat sich in seinem angeblich grundlegenden Buch über Jesus nicht dazu durchringen können, dieses Jesus-Zitat zu erwähnen. Er schweigt es tot.[382] „Matthäus 10,16 taucht bei uns gleich in der ersten Lesungsreihe ‚Alte Evangelien‘ zum Stephanus-Tag, also zum zweiten Weihnachtsfeiertag, auf. Da er sich zu diesem Datum schwerlich eignet und eher über die Weihnachtsthematik gepredigt wird, kommt er in der Predigtliteratur kaum vor. Er taucht noch einmal in der Reihe der Marginaltexte für den Sonntag Exaudi auf, wobei festzustellen ist, dass bei uns die Marginaltexte (= zum Sonntag passende Texte außerhalb der üblichen Reihen I–VI) kaum gepredigt werden." Das teilte mir Pfarrer Georg Metzger von der evangelischen Stadtkirchengemeinde Emmendingen mit.[383]

Am 08.11.2006 unternahm ich in einem Brief mit sieben Beilagen an den Papst einen Vorstoß zugunsten von Matthäus 10,16. Ende 2006 erhielt ich ein Antwortschreiben.

STAATSSEKRETARIAT

ERSTE SEKTION
ALLGEMEINE ANGELEGENHEITEN

Aus dem Vatikan, am 30. Dezember 2006

Sehr geehrter Herr Professor von Senger!

Gerne bestätige ich Ihnen den Empfang Ihres werten Schreibens vom 8. November dieses Jahres, mit dem Sie dem Heiligen Vater Gedanken und Erwägungen über das Jesuswort von der „*Klugheit der Schlangen*" vortragen.

In hohem Auftrag danke ich Ihnen für den Ausdruck Ihrer Verbundenheit mit dem Nachfolger Petri und mit seinem universalen Hirtendienst. Ich darf Ihnen versichern, daß Ihre Ausführungen zur Kenntnis genommen wurden.

Von Herzen erbittet Papst Benedikt XVI. Ihnen und allen, die Ihnen nahestehen, Gottes Schutz und Geleit für Gegenwart und Zukunft.

Mit besten Wünschen für ein gutes Neues Jahr

Msgr. Gabriel CACCIA
Assessor

Herrn
Prof. DDr. Harro von Senger
Albert-Ludwigs-Universität Freiburg
Orientalisches Seminar
Werthmannplatz 3
D – 79098 FREIBURG

Antwortschreiben aus dem Vatikan

Jahrelang geschah indes nichts. Aber schließlich hielt am 06.01.2014 Papst Franziskus – dies tat er, wenn nicht unter dem Einfluss meines Briefes, dann sicher – mit dem katholischen „kodierten Blick" betrachtet – unter dem Einfluss des Heiligen Geistes – eine Predigt[384], über welche, soweit ich weiß, einzig die deutsche Zeitung *Welt* berichtete:

> „In seiner Messe am Montag wählte Papst Franziskus ungewöhnliche Worte. Er forderte Christen zu ‚geistlicher Gerissenheit' und ‚heiliger Schläue' auf. Zur Verstärkung wählte er noch ein Jesus-Zitat.
>
> Christen müssen nach den Worten von Papst Franziskus auch bauernschlau und gerissen sein. Zum Glauben gehöre auch eine ‚heilige Schläue', sagte der Papst am Montag bei einem Gottesdienst im Petersdom. Es handele sich hierbei um ‚jene geistliche Gerissenheit, die uns Gefahren erkennen und vermeiden lässt', so Franziskus.
>
> Christen müssten Jesu Aufforderung ‚Seid klug wie die Schlangen und arglos wie die Tauben' beherzigen, forderte Franziskus in seiner Predigt. Die katholische Kirche beging am Montag das Hochfest der Erscheinung des Herrn. Hierbei steht traditionell die biblische Erzählung von den Sterndeutern – auch Heilige Drei Könige genannt – im Vordergrund, die zur Geburt Jesu nach Bethlehem kommen.
>
> Die Sterndeuter seien ein Vorbild für ‚jene heilige Schläue', sagte der Papst weiter. Sie hätten geahnt, dass dem Jesuskind Unheil drohen würde, wenn sie auf dem Rückweg von Bethlehem Herodes aufsuchten, und deshalb eine andere Route eingeschlagen, so Franziskus. Ihr Beispiel lehre, ‚wie wir nicht in den Hinterhalt der Finsternis fallen und wie wir uns gegen die Dunkelheit verteidigen können', erläuterte Franziskus. Der von den römischen Besatzern abhängige König Herodes trachtete Jesus laut biblischer Erzäh-

> lung nach dem Leben, weil er fürchtete, dieser könnte ihm seine Herrschaft streitig machen.“[385]

Die von Papst Franziskus empfohlene Strategemkompetenz darf freilich nicht auf Kosten der Ressource „ordnungsgemäßes Verhalten“ geschehen. Denn der Weg zum Erfolg sollte idealerweise der reguläre, „normale“ sein. Gerade Deutsche haben angesichts beispielsweise des Berliner Flughafenproblems allen Grund, ihre altüberlieferten, aber keineswegs veralteten Tugenden wie Zuverlässigkeit, Gewissenhaftigkeit, Genauigkeit und Gründlichkeit zu hegen und zu pflegen. Dies sind Eigenschaften, mit denen sie Chinesen zu beeindrucken vermögen. Als vorbildlich für die VR China preist der Verfasser eines Leitartikels im Organ des ZK der KPCh traditionelle deutsche Tugenden. In einer deutschen Fabrik zur Herstellung von Buchdruckereimaschinen beobachtete er, wie eine für China bestimmte Rotationsmaschine mit unbeschreiblicher Sorgfalt angefertigt wurde. Jeder Bolzen, jede Schraube musste bis aufs Letzte den Vorschriften entsprechen. Eine allerkleinste Abweichung genügte, und schon landete der Bestandteil im Abfallbehälter.

> „Als ich in der deutschen Werkhalle stand, dachte ich an [chinesische] Sprichwörter wie ‚Schon eine winzige Ungenauigkeit kann zu einem fatalen Fehler führen‘ […]. Und noch mehr musste ich an vielerlei Arten von Pfuscharbeit in der [chinesischen] Industrieproduktion denken. Jetzt verstand ich, wieso ein vor über 130 Jahren hergestellter deutscher Elektromotor bis auf den heutigen Tag funktioniert […].“[386]

Für eine biblisch abgestützte Bejahung europäischer Strategemkompetenz

Schlangenklugheit erscheint zur Absicherung und zum Schutze echter, regulärer Brillanz als unverzichtbar. Wie aber kann man „klug wie die Schlangen werden"? Ein Weg kann die Beschäftigung mit den 36 Strategemen aus dem Reich der Mitte sein.

Es gibt in der VR China mehrere TV-Serien über die 36 Strategeme. Anstatt einseitig das Augenmerk auf chinesische Filme zu richten, welche an westlichen Filmfestivals Preise errungen haben, könnte man sich vermehrt innerhalb Chinas populären chinesischen TV- und Filmproduktionen zuwenden. TV-Serien über die 36 Strategeme oder auch eine große TV-Serie über *Die Romanze der drei Königreiche* könnte man in deutscher Sprache ganz oder teilweise ausstrahlen. Das könnte zur Strategemsensibilisierung hierzulande beitragen.

Das System der 36 Strategeme ist eine aus wenigen, nämlich 138 Schriftzeichen bestehende komprimierte Kristallisation unzähliger chinesischer Erfahrungen mit der schlauen Bewältigung prekärer Situationen aus einem Zeitraum von über drei Jahrtausenden. Es beruht auf einem Erfahrungsschatz, über den kein heute lebender einzelner Wissenschaftler aufgrund noch so tiefgründiger theoretischer Gedankengänge oder eines noch so großartigen Lebenslaufs verfügt. Aufgrund des mit sprachlichem Minimalaufwand festgehaltenen Riesenwissens hinsichtlich List können die 36 Strategeme aus dem Reich der Mitte einen Beitrag zur intellektuellen Grundausstattung zeitgenössischer westlicher Menschen leisten.

BUNDESREPUBLIK DEUTSCHLAND
DER BUNDESKANZLER

Bonn, den 10. Mai 1989

Herrn
Prof. Dr. Dr. Harro von Senger

CH-8843 Willerzell / Einsiedeln

Sehr geehrter Herr Professor von Senger,

haben Sie herzlichen Dank für Ihre freundlichen Zeilen vom 11. März, mit denen Sie mir Ihr Buch "Strategeme" übersenden. Gewiß haben Sie Verständnis, daß ich erst heute dazu komme, Ihnen dafür zu danken. Vor allem möchte ich Ihnen im Nachhinein meinen Glückwunsch zu Ihrer Berufung zum Professor für Sinologie an der Universität Freiburg im Breisgau aussprechen.

Ich habe mir Ihr eindrucksvolles Buch mit Interesse, gelegentlich auch mit Schmunzeln angeschaut – und dabei natürlich immer wieder auch an eigene Erfahrungen gedacht. Es leistet nicht nur einen wertvollen Beitrag zum tieferen Verständnis Chinas in Geschichte und Gegenwart; vielmehr benennen die von Ihnen so anschaulich illustrierten Strategeme auch Verhaltensweisen von allgemein-menschlicher Bedeutung. Insofern lehrt es den Leser, das Handeln seiner näheren und ferneren Umgebung genauer zu beobachten.

Für Politiker erscheint mir das 4. Strategem – "Ausgeruht den erschöpften Feind erwarten" – besonders beherzigenswert, wenn er sich gleichzeitig an die von Ihnen zitierte Mahnung des Weisen Hong Zicheng hält: "Ein die Menschen schädigendes Herz darf man nicht haben! Aber ein sich vor den Menschen in acht nehmendes Herz ist unverzichtbar!"

...

- 2 -

Ich wünsche Ihrem erhellenden, amüsanten und im besten Sinne belehrenden Buch weiterhin Erfolg und Ihnen persönlich eine befriedigende Forschungs- und Lehrtätigkeit an Ihrer neuen Wirkungsstätte.

Mit freundlichen Grüßen

Auf die allgemein-menschliche Relevanz der 36 Strategeme hinweisender Brief von Bundeskanzler Helmut Kohl, dem ich nach meiner anfangs 1989 erfolgten Ernennung zum Sinologieprofessor an der Universität Freiburg mein Buch *Strategeme*, 1. Aufl., Scherz Verlag, Bern 1988, geschickt hatte. Nach dem Fall der Berliner Mauer im November 1989 schien mir Bundeskanzler Kohl nicht das Aussitzungsstrategem Nr. 4 „Ausgeruht den erschöpften Feind erwarten“, sondern das Kairos-Strategem Nr. 12 „Mit leichter Hand das Schaf wegführen“ angewandt und geistesgegenwärtig die Gelegenheit einer Wiedervereinigung ergriffen zu haben.

Es geht um die List, ein überzeitliches, überkulturelles, system-, völker- und kontinenteübergreifendes Grundphänomen menschlichen Verhaltens, das durch den wissenschaftlich-technischen Fortschritt nicht aus der Welt geschafft wurde. Die 36 Strategeme vermitteln einen recht systematischen Einblick in eine Logik, die üblicher westlicher Rationallogik und theoretischer Juristenlogik oftmals entgegensteht. So führt die Kenntnis der 36 Strategeme zu einer Ausweitung des westlichen Denkhorizonts über übliche westliche Routineschemata hinaus. Eine Zusatzressource im Sinne eines ergänzenden Hilfsmittels erschließt westlichen Menschen die chinesische und gleichzeitig allgemeinmenschliche Listweisheit. Sie zeichnet sich dadurch aus, dass sie dank einer recht erschöpfenden *Listterminologie* mit Bezeichnungen für unterschiedliche Listtechniken westliche Sprachlosigkeit angesichts von List beseitigt und so den bewussten intellektuellen Umgang mit der List ermöglicht, sei dies die offensiv eingesetzte List, die defensiv durchschaute List oder die lediglich von der Position eines Außenstehenden her beobachtete List.

Solange es Menschen gibt, werden die List und das Wissen um die List nie veralten, sondern jung bleiben. Alt und etwas töricht sieht heute jener Teil der Menschheit aus, der von List nichts oder nicht viel versteht. Sich ein optimales Listwissen anzueignen ist im Zeitalter der nicht nur wirtschaftlich, sondern auch geistig verstandenen Globalisierung ein Muss. Denn im politischen und wirtschaftlichen Wettbewerb unterliegt die Listenblindheit der Listkompetenz. Man vergesse nicht: Strategemkompetenz erhellt einen der Denkhorizonte in China, „des größten Mitspielers in der Geschichte der Menschheit“.[387]

Frau Angelika Schett von Radio DRS II gab mir freundlicherweise die Gelegenheit zu einer Begegnung mit Professor Peter von Matt, Universität Zürich. Er ist wohl der belesenste abendländische Kenner des Umgangs mit List in der westlichen Literatur. Sein höchst empfehlenswertes Buch *Die Intrige. Theorie und Praxis der Hinterlist* (Carl Hanser Verlag, München 2006) erregte großes Aufsehen. Durch die Auswahl ihrer Gesprächspartner ließ Frau Schett gewissermaßen zwei Listkulturen aufeinandertreffen. Deren Unterschiede treten in der folgenden originalgetreuen Abschrift des Gesprächs recht deutlich hervor. Auch Nichtliteraten dürfte der Gedankenaustausch zwischen Okzident und Orient hinsichtlich der Strategemkunde manche erhellende Einsichten und befruchtende Denkanstöße vermitteln.

Anmerkungen

1 Diese Resolution sowie auch die in den folgenden drei Anmerkungen erwähnten Resolutionen können via der folgenden Webseite eingesehen werden: United Nations Human Rights Council 37th session of the Human Rights Council (26 February to 23 March 2018), *https://www.ohchr.org/en/hr-bodies/hrc/regular-sessions/session37/res-dec-stat*, a.a. 28.09.2023.

2 siehe Anmerkung 1.

3 siehe Anmerkung 1.

4 siehe Anmerkung 1.

5 Siehe hierzu: Leben mit Jesus – Geistliche Impulse für das eigene Leben und für die Arbeit in einer Kirchengemeinde. Vater unser, 2023, *https://www.leben-mit-jesus.de/glauben-verstehen/themen-des-glaubens/vater-unser/*, a.a. 30.04.2023.

6 Harro von Senger: „Es gibt nicht nur politische, sondern auch wirtschaftliche Menschenrechte". Im Gastkommentar gibt Harro von Senger, Rechtsanwalt und Professor für Sinologie, Auskunft über die Schweizer China-Strategie, in: *Wirtschaft regional*, Vaduz, Fürstentum Liechtenstein, 14. Januar 2022, S. 13; ders.: „Verfehlte China-Strategie", in: *Bilanz*, Zürich, Nr. 2/28.01.2022, S. 83, *https://www.handelszeitung.ch/bilanz/verfehlte-china-strategie*, a.a. 06.05.2023; „Le succès des droits humains économiques chinois", in: *Le Temps*, Lausanne, 16 mars 2022, S. 10.

7 Schweizerische Eidgenossenschaft. Eidgenössisches Departement des Inneren: Menschenrechte UNO und Allgemeine Erklärung der Menschenrechte, *https://www.edi.admin.ch/edi/de/home/fachstellen/ebgb/recht/international0/menschenrechte.html*, a.a. 07.05.2023, *https://www.bj.admin.ch/bj/de/home/staat/menschenrechte/menschenrechtspakte.html*.

8 International Covenant on Civil and Political Rights, Status of Ratification, *https://tbinternet.ohchr.org/_layouts/15/TreatyBodyExternal/Treaty.aspx?Treaty=CCPR&Lang=en*, a.a. 06.05.2023.

9 International Covenant on Economic, Social and Cultural Rights, Status of Ratification, *https://tbinternet.ohchr.org/_layouts/15/TreatyBodyExternal/treaty.aspx?treaty=cescr&lang=en*, a.a. 06.05.2023.

[10] Deutsche Gesellschaft für die Vereinten Nationen: *Gleiche Menschenrechte für alle. Dokumente zur Menschenrechtsweltkonferenz der Vereinten Nationen in Wien 1993*, Bonn 1994, S. 16, 24, Teil I, Punkt 5 und 32; *https://menschenrechte-durchsetzen.dgvn.de/fileadmin/user_upload/menschenr_durchsetzen/bilder/Menschenrechtsdokumente/2.1_Wiener_Erklaerung_und_Aktionsprogramm_web.pdf*, a.a. 04.06.2023.

[11] *https://www.humanium.org/de/pakt-burgerliche-politische-rechte/?gad=1&gclid=EAIaIQobChMIneGx3L_Z_gIVB-Z3Ch0K9AqREAAYASAAEgKTGPD_BwE*, a.a. 03.05.2023.

[12] *https://www.humanium.org/de/internationaler-pakt-wirtschaftliche-soziale-kulturelle-rechte/?gad=1&gclid=EAIaIQobChMIsd6rzMDZ_gIVx-ZRCh3SfgKAEAAYAiAAEgLcw_D_BwE*, a.a. 03.05.2023.

[13] *https://www.europarl.europa.eu/doceo/document/TA-9-2021-0382_DE.html*, a.a. 06.05.2023.

[14] Schweizerische Eidgenossenschaft. Eidgenössisches Departement des Inneren: *Menschenrechte UNO und Allgemeine Erklärung der Menschenrechte*, S. 8, *https://www.edi.admin.ch/edi/de/home/fachstellen/ebgb/recht/international0/menschenrechte.html*, a.a. 24.07.2023.

[15] Auswärtiges Amt: *Wirtschaftliche, soziale und kulturelle Rechte – fester Bestandteil des Völkerrechts*, 25.07.2019, *https://www.auswaertiges-amt.de/de/aussenpolitik/menschenrechte/04-wsk*; *Leitprinzipien für Wirtschaft und Menschenrechte*, 2. Auflage, Juni 2014, *https://www.auswaertiges-amt.de/blob/266624/b51c16faf1b3424d7efa060e8aaa8130/un-leitprinzipien-de-data.pdf*, a.a. 28.04.2023.

[16] Harro von Senger: „Un regard critique sue la ‚Stratégie Chine 2021 – 2024' du Conseil fédéral suisse", 14.04.2022, *http://www.dastaoderschweiz.ch/un-regard-ciritque8.pdf*, a.a. 06.05.2023.

[17] Christian Dorer: „Die Bundespräsidentin zieht nach Xi Jinpings Staatsbesuch in der Schweiz Bilanz", 18.01.2017, *https://www.aargauerzeitung.ch/schweiz/doris-leuthard-wir-machen-uns-eine-falsche-vorstellung-von-china-ld.1606995*, a.a. 22.04.2023.

[18] „Editorial", in: *Weltwoche*, Nr. 12/2018, S. 5.

[19] Volkswagen Group China, 15.03.2022, *https://www.volkswagen-newsroom.com/de/volkswagen-group-china-5897*, a.a. 24.07.2023.

[20] Schweizerische Eidgenossenschaft. Eidgenössisches Departement des Inneren: *Menschenrechte UNO und Allgemeine Erklärung der Menschenrechte*, S. 8, *https://www.edi.admin.ch/edi/de/home/fachstellen/ebgb/recht/international0/menschenrechte.html*, a.a. 24.07.2023, S. 12.

[21] A.a.O., S. 35.

[22] A.a.O., S. 12.

[23] A.a.O., S. 26.

[24] Harro von Senger: „Vom Code Civil Napoleons zum Zivilgesetzbuch Xi Jinpings", in: *Zeitschrift für chinesisches Recht*, Heft 2/2020, 14.10.2020, S. 143.

[25] „Human Rights Council Concludes Fifty-Third Regular Session After Adopting 30 Resolutions and Holding an Urgent Debate on Religious Hatred", 14 July 2023.

[26] „Human Rights Council Condemns and Strongly Rejects Any Manifestation of Religious Hatred, Including Recent Public Acts of Desecration of the Holy Quran", 12.07.2023, *https://www.ohchr.org/en/news/2023/07/human-rights-*

council-condemns-and-strongly-rejects-any-manifestation-religious-hatred, a. a. 24.07.2023.

[27] „Westliche Staaten rufen zu Ablehnung von Resolution gegen ‚religiösen Hass' auf", *https://www.stern.de/news/westliche-staaten-rufen-zu-ablehnung-von-resolution-gegen–religioesen-hass–auf-33640344.html*, 11.07.2023, a. a. 18.07.2023.

[28] „Nul ne doit être inquiété pour ses opinions, même religieuses, pourvu que leur manifestation ne trouble pas l'ordre public établi par la Loi. Déclaration des Droits de l'Homme et du Citoyen de 1789", *https://www.conseil-constitutionnel.fr/le-bloc-de-constitutionnalite/declaration-des-droits-de-l-homme-et-du-citoyen-de-1789*; *Französische Erklärung der Menschen- und Bürgerrechte vom 26. August 1789*, *https://www.lernhelfer.de/schuelerlexikon/geschichte/artikel/franzoesische-erklaerung-der-menschen-und-buergerrechte*, a. a. 20.04.2023.

[29] *Verfassung der VR China* vom 04.12.1982, Art. 1 Abs. 2, Art. 4 Abs. 1, Art. 51-54, *https://www.verfassungen.net/rc/verf82-i.htm*, a. a. 20.04.2023.

[30] „Die Bürger der Volksrepublik China genießen die Freiheit der Rede, der Publikation, der Versammlung, der Vereinigung, der Durchführung von Straßenumzügen und Demonstrationen", siehe hierzu „Der Generalsekretär des Europarates glaubt, das chinesische Verfassungsrecht liberal darstellen zu können", in: Harro von Senger: *36 Strategeme für Juristen*, Stämpfli Verlag, Bern 2000, S. 214 ff.

[31] Kaspar Villiger: „Vom Wert der Freiheit", in: *NZZ*, 28.08.2021, S. 21.

[32] Ai Weiwei [...]: „Proteste sind nutzlos", *Sonntagsblick*, 04.12.2022, S. 18 ff., *https://www.blick.ch/ausland/ai-weiwei-zum-aufstand-gegen-chinas-corona-diktatur-proteste-sind-nutzlos-id18113108.html*, a. a. 20.04.2023.

[33] „Resolution adopted by the Human Rights Council on 22 June 2017 35/21. The contribution of development to the enjoyment of all human rights", *https://www.right-docs.org/doc/a-hrc-res-35-21/, https://www.right-docs.org/doc/a-hrc-res-35-21/*, a. a. 06.01.2023; Zhonghua Renmin Gongheguo Zhongyang Zhengfu (Zentrale Regierung der VR China): „Lianheguo Renquan Lishihui lishi shang diyici tongguo fazhan cujin renquan jueyi" (Erstmals in seiner Geschichte hat der UNO-Menschenrechtsrat eine Resolution verabschiedet, wonach die Entwicklung eine Förderung der Menschenrechte bewirke), Mitteilung vom 23.06.2017, *http://www.gov.cn/xinwen/2017-06/23/content_5204684.htm*, a. a. 06.01.2023; Lianheguo Renquan Lishihui yadaoxing tongguo „Zhongguo fang'an" (Der UNO-Menschenrechtsrat hat mit überwältigender Mehrheit dem „chinesischen Vorschlag" zugestimmt), Mitteilung vom 24.06.2017, *https://news.ifeng.com/c/7fageqjp7ik*, a. a. 06.01.2023.

[34] „Die Europäische Menschenrechtskonvention", S. 4 f., *http://www.echr.coe.int/Documents/Convention_DEU.pdf*, a. a. 19.07.2023.

[35] S. hierzu *Strategeme 2*, Kap. 35.18 „Ein im Westen gefürchtetes Menschenrecht."

[36] S. hierzu Harro von Senger: „Die Ausgrenzung Hongkongs aus dem europäischen Menschenrechtsschutz", in: Gregor Paul, Caroline Y. Robertson-Wensauer (Hg.): *Traditionelle chinesische Kultur und Menschenrechtsfrage*, Nomos Verlag, Baden-Baden 1997, 2. Aufl. 1998, S. 91 ff.; ders.: „Recht und Moulüe", in: Kerstin Storm, Jonas Polfuss (Hg.): *Rechtskultur und Gerechtgkeitssinn in China, Jahrbuch der Deutschen Vereinigung für Chinastudien*, Bd. 11, Harrassowitz Verlag, Wiesbaden 2017, S. 111 ff.; Europäische Menschenrechtskonvention vs.

Universale Menschenrechtserklärung, in: ders. 36 Strategeme für Juristen, Stämpfli Verlag, Bern 2020, S. 217ff. Niemand darf gemäß EMRK in ein Land abgeschoben werden, in dem Folter oder unmenschliche bzw. erniedrigende Behandlung ernsthaft droht. Aber gestützt auf die EMRK kann die Ablehnung eines Asylgesuchs in einem europäischen Staat beim Europäischen Gerichtshof für Menschenrechte in Straßburg nicht angefochten werden.

37 Deutsche Gesellschaft für die Vereinten Nationen: *Gleiche Menschenrechte für alle. Dokumente zur Menschenrechtsweltkonferenz der Vereinten Nationen in Wien 1993*, Bonn 1994, S. 16, Teil I, Punkt 5; *https://menschenrechte-durchsetzen.dgvn.de/fileadmin/user_upload/menschenr_durchsetzen/bilder/Menschenrechtsdokumente/2.1_Wiener_Erklaerung_und_Aktionsprogramm_web.pdf*, a. a. 02.05.2023.

38 *https://www.europarl.europa.eu/doceo/document/TA-9-2021-0382_DE.html*, a. a. 20.03.2023.

39 Katrin Büchenbacher, Philipp Wolf: China-Expertin [Marina Rudyak]: „Die USA unternehmen alles, damit das autoritäre China technologisch zurückbleibt", 03.04.2023, *https://www.nzz.ch/international/china-expertin-usa-wollen-dass-china-technologisch-zurueckbleibt-ld.1730237*, a. a. 20.04.2023.

40 Harro von Senger: „Die Ausgrenzung Hongkongs aus dem europäischen Menschenrechtsschutz", in: Gregor Paul, Caroline Y. Robertson-Wensauer (Hg.): *Traditionelle chinesische Kultur und Menschenrechtsfrage*, Nomos Verlag, Baden-Baden 1997, 2. Aufl. 1998, S. 91–116; ders.: „The Non-Extension of the European Convention of Human Rights to Hong Kong", in: *Revue de droit international, de sciences diplomatiques et politiques, soixante-seizième année*, numéro 3, Lausanne, septembre–décembre 1998, S. 309 - 327; ders.: „Keine Menschenrechte für Hongkong. Ein britisches Versäumnis: Repressives Recht bleibt auch nach dem 1. Juli 1997 in Kraft", in: *Zofinger Tagblatt*, Zofingen 13.01.1998, S. 2.

41 „Gespräche", Kapitel XV. Abschnitt 20, deutsche Übersetzung zitiert aus: *Gespräche. Lun Yü*. Aus dem Chinesischen übertragen und herausgegeben von Richard Wilhelm, Eugen Diederichs Verlag, Düsseldorf 1979, S. 1158; siehe auch van Ess, a. a. O., S. 619.

42 Mong Dsï (Mong Ko) [Werke] Buch I *Liang Hui Wang* Abschnitt 3. Wie kann ein Fürst die Weltherrschaft erlangen? Aus dem Chinesischen verdeutscht und erläutert von Richard Wilhelm, Eugen Diederichs Verlag, Jena 1921, *https://www.projekt-gutenberg.org/mongdsi/werke/chap006.html*, a. a. 20.04.2023.

43 „Wushi bu xiao bai bu", *https://baike.baidu.com/item/%E4%BA%94%E5%8D%81%E6%AD%A5%E7%AC%91%E7%99%BE%E6%AD%A5/88794*, a. a. 20.04.2023.

44 Amnesty International, China, 2022, https://www.amnesty.ch/de/laender/asien-pazifik/china, a. a. 03.05.2023.

45 Elmar Holenstein: *China ist nicht ganz anders: Vier Essays in global vergleichender Kulturgeschichte*, Ammann Verlag, Zürich 2009, S. 42.

46 „Jeder Mensch hat das Recht auf Freizügigkeit und freie Wahl seines Wohnsitzes innerhalb eines Staates.", *Allgemeine Erklärung der Menschenrechte*, *https://www.humanrights.ch/de/ipf/grundlagen/rechtsquellen-instrumente/aemr/artikel-13-aemr-freizuegigkeit-auswanderungsfreiheit*, a. a. 20.04.2023.

47 *Universal Declaration of Human Rights*, *https://www.un.org/sites/un2.un.org/files/2021/03/udhr.pdf*, a. a. 20.04.2023.

[48] Siehe „Ein vom Europarat hinweg gekerntes Menschenrecht" sowie „Ein Weltbürgerpass ohne Weltbürgerrecht" in: Harro von Senger: *36 Strategeme für Juristen*, Stämpfli Verlag, Bern 2020, S. 219 ff.

[49] *Allgemeine Erklärung der Menschenrechte, https://www.humanrights.ch/de/ipf/grundlagen/rechtsquellen-instrumente/aemr/artikel-02-aemr-verbot-diskriminierung*, a. a. 20. 04. 2023.

[50] „Italien verhängt Notstand wegen Migration." Ivana Pribak interviewt Gerald Knau, Radio SRF 1, Sendung „Rendez-vous", 12. 04. 2023, 12.30 Uhr, *https://www.srf.ch/audio/rendez-vous/italien-verhaengt-notstand-wegen-migration?partId=12368826*, a. a. 20. 04. 2023.

[51] Siehe zum Beispiel Mathias Bölinger: *Der Hightech-Gulag. Chinas Verbrechen gegen die Uiguren*, C. H. Beck, München 2023.

[52] Artikel in: *NZZaSo*, 22. 06. 2015, Beilage „Gesellschaft", S. 12 f.

[53] „Tausende ertrinken, und die Aufnahmeländer leiden unter der Kriminalität junger Asylsuchender – Europa hat eine tödliche Migrationspolitik", 16. 02. 2023, *https://www.nzz.ch/feuilleton/migrationsforscher-ruud-koopmans-asylsystem-europas-muss-reformiert-werden-ld.1725979?reduced=true*, a. a. 20. 04. 2023.

[54] Ruud Koopmans: „Es gibt kein Migrationssystem in der Welt, das so tödlich ist wie das europäische", 29. 09. 2022, *https://www.nzz.ch/feuilleton/ruud-koopmans-das-heutige-asylsystem-ist-marode-ld.1704811?reduced=true*, a. a. 20. 04. 2023.

[55] „Flüchtlinge in Libyen. (Über-)Leben im ‚failed state'", Copyright by UNO-Flüchtlingshilfe 2023, *https://www.uno-fluechtlingshilfe.de/hilfe-weltweit/libyen*, a. a. 20. 04. 2023.

[56] Human Rights Watch. Giulia Tranchina Researcher, Europe and Central Asia Division: „Italien zahlt weiter […]", *https://www.hrw.org/de/news/2023/02/06/italien-zahlt-weiter-um-migrantinnen-nach-libyen-zurueckzudraengen*, a. a. 21. 04. 2023.

[57] 8. Juli 2023, Deutschlandfunk: „Die Presseschau aus deutschen Zeitungen", *https://www.deutschlandfunk.de/die-presseschau-aus-deutschen-zeitungen-7128.html*, a. a. 18. 07. 2023.

[58] Ebenda.

[59] „Yan jiao wei hou, shen jiao wei xian" (Erziehung durch Worte ist nachranging, Erziehung durch Beispiel geht vor), 28. 08. 2016, *https://kknews.cc/culture/9g39ql.html*, a. a. 20. 04. 2023.

[60] „Amerika leidet am Echo des Irakkriegs: Die Invasion im Irak vor 20 Jahren schwächt die USA bis heute. Sie begünstigte den Niedergang des konservativen Internationalismus und erschwert im Ukraine-Krieg die Mobilisierung des globalen Südens gegen Russland", in: *NZZ*, 04. 05. 2023, S. 4, *https://www.nzz.ch/international/irak-krieg-die-invasion-vor-20-jahren-schwaecht-die-usa-bis-heute-ld.1731157*, a. a. 05. 05. 2023.

[61] „Jiang Zemin changtan guoji guonei dashi jiu shehuizhuyi qiantu, minzhu, ziyou he renquan, jianli guoji xin zhixu deng chanming kanfa" (Jiang Zemin spricht angeregt über wichtige internationale und interne Belange, und er äußert sich u. a. über die Zukunft des Sozialismus, Demokratie, Freiheit und Menschenrechte [sowie] die Errichtung einer neuen internationalen Ordnung), in: *RR*, 02.11.1991.

[62] Andreas Babst: „[…] Indien ist die grösste Demokratie der Welt. Wie funktioniert sie?", in: *NZZ*, 01. 02. 2022, *https://www.nzz.ch/international/indien-so-funktioniert-die-groesste-demokratie-der-welt-ld.1664372*, a. a. 06. 05. 2023.

[63] „Democracy Index 2022. Frontline democracy and the battle for Ukraine", *https://www.protothema.gr/files/2023-02-02/Democracy_Index_2022_final.pdf*, a. a. 07.05.2023.

[64] Bundeszentrale für politische Bildung: *BRICS*, *https://www.bpb.de/kurz-knapp/lexika/lexikon-der-wirtschaft/159944/brics-staaten/*, a. a. 06.05.2023.

[65] Ebenda.

[66] Daten + Fakten zu den BRICS-Staaten, *https://de.statista.com/themen/1196/bric-staaten/*, a. a. 03.05.2023.

[67] „GLOBALISIERUNG. BRICS-Staaten profilieren sich gegen G7", 11.04.2023, *https://www.dw.com/de/brics-staaten-profilieren-sich-gegen-g7/a-65116321*, a. a. 06.05.2023.

[68] Siehe David Suter: *The Shanghai Cooperation Organization. A Chinese Practice of International Law*, Zürcher Studien zum öffentlichen Recht, 232, Schulthess Verlag, Zürich 2015.

[69] „India: Increased security likely for Shanghai Cooperation Organization foreign ministers' meetings in Benaulim May 4 – 5", 03.05.2023, *https://crisis24.garda.com/alerts/2023/05/india-increased-security-likely-for-shanghai-cooperation-organization-foreign-ministers-meetings-in-benaulim-may-4-5?origin=de_riskalert*, a. a. 06.05.2023.

[70] „SOZ-Gipfel in Goa. Indien drängt auf mehr Einfluss der ‚Shanghaier Organisation für Zusammenarbeit' bei Bewältigung globaler Krisen", 06.05.2023, *https://www.deutschlandfunk.de/indien-draengt-auf-mehr-einfluss-der-shanghaier-organisation-fuer-zusammenarbeit-bei-bewaeltigung-gl-100.html*, a. a. 07.05.2023.

[71] Thomas Schulz, Susanne Beyer, Simon Book: „Reformen. Auf die sanftere Tour", in: *DS*, 30.12.2022, S. 10.

[72] *https://www.auswaertiges-amt.de/de/aussenpolitik/regelbasierte-internationale-ordnung/Dynamisch*, a. a. 02.05.2023.

[73] Harro von Senger: „Positionen der BR Deutschland und der VR China in der UNO-Menschenrechtskommission 2003. In Verbindung mit einigen Fragen zur Schweizer Menschenrechtspolitik", in: *Zeitschrift für Schweizerisches Recht*, Basel Neue Folge, Band 123, No. 2, 2004, S. 277 – 289; ders.: „Die Schweiz, europäische Staaten und die Volksrepublik China im UNO-Menschenrechtsrat", a. a. O., Band 130 (2011) I, Heft 3, S. 323 – 358.

[74] Boas Lieberherr: „Die ‚regelbasierte Ordnung': Divergierende Auffassungen", in: *CSS Analysen zur Sicherheitspolitik*, Nr. 317, Februar 2023, *https://css.ethz.ch/content/dam/ethz/special-interest/gess/cis/center-for-securities-studies/pdfs/CSSAnalyse317-DE.pdf*, a. a. 02.05.2023.

[75] Ulrich Speck: „Der ‚globale Süden' ist kein globaler Akteur", in: *NZZ*, 02.05.2023, S. 7, *https://www.nzz.ch/pro-global/der-westen-russland-und-china-reden-stets-vom-globalen-sueden-doch-dieser-ist-auf-der-weltbuehne-kein-kollektiver-akteur-ld.1735215*, a. a. 03.05.2023.

[76] „UN-Vollversammlung. 141 Länder fordern Russlands Rückzug", 23.02.2023, *https://www.tagesschau.de/ausland/amerika/un-vollversammlung-141-fuer-frieden-101.html*, a. a. 06.05.2023.

[77] „Die Charta der Vereinten Nationen", *https://unric.org/de/charta/*, a. a. 02.05.2023.

[78] In diesem Sinn: „Ksn qing ‚jiyu guize de guoji zhixu' zhen mianmu" (Das wahre Gesicht der „regelbasierten internationalen Ordnung" klar erkennen),

15.07.2022. *http://www.legaldaily.com.cn/commentary/content/2022-07/15/content_8753270.htm*, a.a. 04.05.2023.

[79] „Botschafter Godet zum Länderexamen des Uno-Menschenrechtsrates", in: *NZZ*, 21.05.2008, S. 15.

[80] „China erkennt Urteil zu Südchinesischem Meer nicht an", 23.07.2016, *http://german.china.org.cn/txt/2016-07/23/content_38943794.htm*, a.a. 01.05.2023; Elmar Theveßen: *Kampf der Supermächte. Amerika und China auf Konfrontationskurs*, Piper Verlag, München 2022, S. 80; Robert Kolb, University of Geneva: „Legal Consultation: Status of the Paracels and Spratlys and related questions", 22.07.2014 (internes Gutachten).

[81] Matthias Matussek: „Amerika vs. Schattenmann", in: *DS*, Hamburg 19/2011, S. 145.

[82] „Frage an Helen Keller: Sind Erschiessungen rechtens?", in: *Journal. Die Zeitung der Universität Zürich*, Nr. 3, Mai 2011, S. 12.

[83] Universität Zürich, „Ein Rückfall ins finstere Mittelalter", 06.05.2011, *https://www.news.uzh.ch/de/articles/2011/finsteres-mittelalter.html*, a.a. 01.05.2023.

[84] Josef Alkatout: „Krieg und Frieden. Dauerhafte Ausnahme", in: *NZZ*, 16 02.2016, S. 12, *https://www.nzz.ch/meinung/kommentare/krieg-und-frieden-dauerhafte-ausnahme-ld.5356*, a.a. 01.05.2023. Siehe auch: „Grundsatzrede zur Außenpolitik. Peer Steinbrück nennt Drohnenangriffe ‚völkerrechtswidrig'", in: *Bild*, 05.06.2013, S. 2.

[85] Siehe hierzu auch Helmut Danner: „Arroganz des Westens oder Bildung mit interkulturellem Anspruch?", Nairobi, Mai 2014, *https://www.helmut-danner.info/pdfs/Arr_Bdg.pdf*, a.a. 22.04.2023.

[86] „Die Umwelt ist nicht zu retten. Krieg und Frieden und der Westen. Der amerikanische Philosoph Richard Rorty steht im Streitraum der Berliner Schaubühne Rede und Antwort", in: *SZ*, 20.11.2002, S. 15.

[87] *1900: The Auction of loot in Peking during the Boxer Rebellion*, Commented by: Christine Howald, *https://transliconog.hypotheses.org/kommentierte-bilder-2/1900-the-auction-of-loot-in-peking-during-the-boxer-rebellion*, a.a. 19.03.2023.

[88] „Riben weihe shi xifang guojia (da duzhe wen)" (Warum Japan ein westliches Land ist (Antwort auf Leserfragen)), *https://news.sina.cn/sa/2006-06-10/detail-ikftssap2634575.d.html*, a.a. 19.03.2023.

[89] ARTE: „1900 Aufstand der Boxer", 23.07.2011, *https://programm.ard.de/TV/arte/peking-1900/eid_287246586377667*, a.a. 19.03.2023.

[90] Brigitte Studer: „Die grosse Demütigung. Um 1900 dominieren in China ausländische Mächte. Als sich das Volk im Boxeraufstand auflehnt, greift der Westen brutal durch. Nie wieder sollen die ‚Barbaren' so etwas wagen", in: *NZZaSo*, 23.04.2023, S. 52.

[91] „All das Antiwestliche geht vom Westen aus", Gastbeitrag von Norbert Bolz, 21.01.2023, *https://www.wiwo.de/my/politik/europa/essay-all-das-antiwestliche-geht-vom-westen-aus/28931674.html?ticket=ST-614718-PfaK1HH3ZdRvjOQiQblg-cas01.example.org*, a.a. 08.05.2023.

[92] „China", *https://www.britannica.com/technology/history-of-technology/China*; Alexis Stempien: *The Evolution of Fireworks*, *https://ssec.si.edu/stemvisions-blog/evolution-fireworks*; *Invention of Gunpowder*, *https://www.studysmarter.co.uk/explanations/history/modern-world-history/invention-of-gunpowder/*; Marcia Wendorf: *The History of Fireworks: From Ancient China to Today*, *https://*

interestingengineering.com/culture/the-history-of-fireworks-from-ancient-china-to-today, a. a. 23.04.2023; Harro von Senger: „Von chinesischen Feuerpfeilen – Schier poetische Selbstbiographie einer Rakete", in: *NZZ*, 23.06.1980, S. 17.

[93] Zitat aus einer Rede der Bundesumweltministerin Lemke vor der „UN 2023 Water Conference" (New York, 22.–24.03.2023), Wasserkonferenz in New York, „Erstmals seit 1977 steht wieder ausschließlich der Umgang mit Wasser im Zentrum einer UNO-Konferenz", 23.03.2023, *https://www.deutschlandfunk.de/erstmals-seit-1977-steht-wieder-ausschliesslich-der-umgang-mit-wasser-im-zentrum-einer-uno-konferenz-104.html*, a. a. 22.04.2023.

[94] S. z. B. Kaspar Meuli: „Klimaforschung. Die Pionierdisziplin puncto Digitalisierung", in: *Uni Fokus. Das Magazin der Universität Bern*, Juni 2023, S. 35.

[95] S. auch „Merkels bieder und getrieben wirkender Atomausstieg", in: Harro von Senger: *Die Klaviatur der 36 Strategeme*, Hanser Verlag, München 2013, S. 97ff.

[96] Imre Grim: „,Drohende Katastrophe': Elon Musk und Hunderte Forscher fordern ,Denkpause' für künstliche Intelligenz", *https://www.rnd.de/digital/angst-vor-ki-elon-musk-und-forscher-fordern-denkpause-RBZSZXHN45GPZLDJIUCSNQ5V2Y.html*; Kai Feldhaus: „KI-Experten warnen vor der KI. Übernehmen Computer die Weltherrschaft?", 01.06.2023, *https://www.bz-berlin.de/welt/gefahr-ki-ueber nehmen-computer-die-weltherrschaft*; Georges Soros: „Can Democracy survive the Polycrisis?", 06.06.2023, *file:///D:/benutzer/harro/Documents/Presse/Soros%20%20%20Can%20Democracy%20Survive%20%2011%20623.html*, a. a. 12.06.2023.

[97] Luke Hurst: „,Risiko für Menschheit' – Experten fordern Pause bei KI-Entwicklung", 30.03.2023, *https://de.euronews.com/next/2023/03/30/risiko-fur-menschheit-experten-fordern-pause-bei-ki-entwicklung*, a. a. 11.06.2023.

[98] „Mitigating the risk of extinction from AI should be a global priority alongside other societal-scale risks such as pandemics and nuclear war", s. „Statement on AI Risk. AI experts and public figures express their concern about AI risk", *https://www.safe.ai/statement-on-ai-risk*, a. a. 11.06.2023.

[99] Braden Allerby: „Die KI wird zum gläsernen Käfig", in: *NZZ*, 14.06.2023, S. 19.

[100] „Ethikrat plädiert für Entwicklungspause bei Künstlicher Intelligenz", 03.04.2023, *https://www.mdr.de/nachrichten/deutschland/gesellschaft/ki-ethikrat-entwicklungspause-wissenschaft-100.html*, a. a. 09.06.2023.

[101] Patrick Pleul/dpa: „Bundespräsident warnt: KI kann böswillig eingesetzt werden", 11.06.2023, *https://www.berliner-zeitung.de/news/bundespraesident-frank-walter-steinmeier-warnt-ki-kuenstliche-intelligenz-kann-boeswillig-eingesetzt-werden-li.358033*, a. a. 12.06.2023.

[102] Kai Feldhaus, ebenda; Ruth Fulterer: „Künstliche Intelligenz ist schon vielerorts im Einsatz", in: *NZZ*, 12.06.2023, S. 16; Matthias Schüssler: „So hilft uns künstliche Intelligenz im Alltag", in: *TA*, 14.06.2023, S. 29; Manuela Lenzen: *Der elektronische Spiegel. Menschliches Denken und künstliche Intelligenz*, Verlag C. H. Beck, München 2023.

[103] Peter Neumann: „Ist der Westen noch zu retten?", in: *DZ*, 07.06.2023, S. 45; Roland Lindner: „Künstliche Intelligenz als ,Auslöschungsrisiko' für die Menschheit", 30.05.2023, *https://www.faz.net/aktuell/wirtschaft/unternehmen/open-ai-vorstandschef-ki-als-risiko-zur-ausloeschung-der-menschheit-18929453.html*, a. a. 10.06.2023.

[104] „,Tian ren he yi' de sixiang shi shui tichu lai de, zai shenme shihou tichu lai de?" (Wer hat die „Himmel und Erde bilden eine Einheit" wann vorgebracht?), 25.07.2007, *https://zhidao.baidu.com/question/31585977.html*, a.a. 08.06.2023.

[105] Hans van Ess: *Konfuzius. Gespräche. Neu übersetzt und kommentiert*, Verlag C.H. Beck, München 2023, Kap. 5.11, S. 239f.

[106] Matthias Kamp: „Im Norden Chinas entsteht das größte Wüsten-Solarkraftwerk der Welt", in: *NZZ*, 12.06.2023, S. 24, *https://www.nzz.ch/wirtschaft/im-norden-chinas-entsteht-das-groesste-wuesten-solarkraftwerk-der-welt-ld.1738609*, a.a. 13.06.2023.

[107] Sheng Yalü: „,Qiangxiang zhihou meiyou yingjia': Renlei shehui gaosu fazhan xia ruhe gojian shengtai wenmig" („Nach dem Gewehrschuss gibt es keinen Sieger": Wie man unter den Bedingungen einer raschen Entwicklung der menschlichen Gesellschaft eine ökologische Zivilisation aufbaut), in: 北京语言大学环球知识中心 Beijing Yuyan Daxue Huanqiu Zhishi Zhongxin (Globales Wissenszentrum der Beijinger Sprachenuniversität, Hg.): 世界汉学通讯 *Shijie Hanxue Tongxun* (Mitteilungen über die Sinologie weltweit), Nr. 1, 31.03.2020, S. 8–12; *https://www.sohu.com/a/466372093_121044096*, a.a. 11.08.2023.

[108] „Zhuti: zunzhong ziran, jingwei ziran, baohu ziran" (Thema: Respekt vor der Natur, Ehrfurcht vor der Natur, Schutz der Natur), 11.03.2020, *https://baijiahao.baidu.com/s?id=1660820093822564013&wfr=spider&for=pc*, a.a. 09.06.2023.

[109] Dong Qing: „Qiang xiang zhihou meiyou yingjia [...]" (Nach dem Gewehrschuss gibt es keinen Sieger [...]), *https://www.sohu.com/a/466372093_121044096*, a.a. 11.08.2023. Quelle beider Bilder: ebenda.

[110] Axel Honneth: „Ein Sockel muss bleiben", in: *DZ*, 07.06.2023.

[111] „Xi Jinping: Zhengque lijie he dali tuijin Zhongguo shi de xiandaihua" (Xi Jinping: Die Modernisierung im chinesischen Stil richtig verstehen und energisch fördern), in: *RR*, 08.02.2023, *http://www.xinhuanet.com/mrdx/2023-02/08/c_1310695978.htm*, a.a. 06.06.2023.

[112] „Xi Jinping: Zhengque lijie he dali tuijin Zhongguo shi de xiandaihua" (Xi Jinping: Die Modernisierung im chinesischen Stil richtig verstehen und energisch fördern), in: *RR*, 08.02.2023, *http://www.xinhuanet.com/mrdx/2023-02/08/c_1310695978.htm*, a.a. 06.06.2023.

[113] Andreas Reckwitz im Gespräch mit Thomas Ribi: „Wir müssen neu definieren, was Fortschritt heißt", in: *NZZ*, 10.06.2023, S. 37, *https://www.nzz.ch/feuilleton/fortschritt-das-versprechen-der-moderne-ist-bruechig-geworden-ld.1741052*, a.a. 13.06.2023.

[114] Andreas Reckwitz, ebenda.

[115] „Wohlstand", *https://www.nachhaltigkeit.info/artikel/wohlstand_1816.htm*, a.a. 14.06.2023.

[116] Hans Boller: „Muss man sich vor China fürchten?", in: *Weltwoche*, 01.12.2022, S. 27.

[117] „Yindu xuyao san ge diqiu? Zhongguo xuyao wu ge diqiu?" (Braucht Indien drei Erdkugeln? Braucht China fünf Erdkugeln?), in: *Shijie Zhishi (Weltwissen)*, Nr. 14, 2007, S. 18; „Country Overshoot Days 2023", *https://www.overshootday.org/newsroom/country-overshoot-days/*, a.a. 05.05.2023; „4. Mai 2023: Erdüberlastungstag 2023: Deutschland hat seine Ressourcen für dieses Jahr verbraucht", *https://www.tagesspiegel.de/wissen/erduberlastungstag-*

2023-deutschland-hat-seine-ressourcen-fur-dieses-jahr-verbraucht-9755045.html, a.a. 05.05.2023; „地球生态超载日“, *https://baike.baidu.com/item/%E5%9C%B0%E7%90%83%E7%94%9F%E6%80%81%E8%B6%85%E8%BD%BD%E6%97%A5/9604591*, a.a. 05.05.2023; *https://www.unifr.ch/ius/pahuddemortanges/de/lehre/lehrveranstaltungen/master/course/89218*, a.a. 05.05.2023.

118 Huang Qing: „Qie shuo ‚jiazhi waijiao'“ (Ein kurzes Wort zur „Werte[orientierten] Außenpolitik“), in: *RRH*, 26.11.2007, S. 1.

119 Xi Jinping: „Zai Qingzhu Zhongguo Gongchandang chenli 100 Zhou Nian Dahui Shang de Jianghua (2022 nian 7 yue yue 1 ri)“ (Rede bei der Feier zum 100. Jahrestag der Gründung der Kommunistischen Partei Chinas (01.07.2021)), *http://www.gov.cn/xinwen/2021-07/01/content_5621847.htm*, (deutsche Version) *https://www-xinhuanet-com.translate.goog/2021-07/01/c_1127615334.htm?_x_tr_sl=zh-CN&_x_tr_tl=de&_x_tr_hl=de&_x_tr_pto=sc&_x_tr_sch=http*, a.a. 08.05.2023.

120 Chen Yangyong: „Shenke lijie Zhongguo tese shehuizhuyi jinru xin shidai de zhongda yiyi“ (Die wichtige Bedeutung des Eintritts des Sozialismus mit chinesischen Besonderheiten in eine neue Ära gründlich verstehen), in: *GMRB*, 13.12.2017, S. 11.

121 „SWR2 Wissens-Feature. Der Erste Weltkrieg, die Urkatastrophe des 20. Jahrhunderts“, 03.09.2014, *https://www.swr.de/swr2/doku-und-feature/broadcastcontrib-swr-30064.htm*, a.a. 07.03.2023.

122 „Norbert Bolz – Lob des alten weissen Mannes, Sternstunde Philosophie, Schweizer Fernsehen, 07.05.2023“, in: Urs Buhlmann: *Norbert Bolz, Herold des Normalen*, 13.04.2023, *https://www.die-tagespost.de/kultur/literatur/norbert-bolz-herold-des-normalen-art-236885*, a.a. 08.05.2023.

123 Robert Gerwarth: *100 Jahre Erster Weltkrieg Urkatastrophe des 20. Jahrhunderts?*, 20.04.2014, *https://www.deutschlandfunk.de/100-jahre-erster-weltkrieg-urkatastrophe-des-20-jahrhunderts-100.html*, a.a. 08.05.2023.

124 „All das Antiwestliche geht vom Westen aus“, Gastbeitrag von Norbert Bolz, 21. Januar 2023, *https://www.wiwo.de/my/politik/europa/essay-all-das-antiwestliche-geht-vom-westen-aus/28931674.html?ticket=ST-614718-PfaK1HH3ZdRvjOQiQblg-cas01.example.org*, a.a. 08.05.2023.

125 Außenminister Frank-Walter Steinmeier: „Globales Bewusstsein“, in: *Wirtschaftswoche Sonderheft China 2007*, 01.10.2007, S. 12.

126 Siehe auch Auswärtiges Amt der Bundesrepublik Deutschland: „Deutschland und China: Bilaterale Beziehungen“, 27.10.2022, *https://www.auswaertiges-amt.de/de/service/laender/china-node/bilateral/200472*, a.a. 27.04.2023.

127 „Menschen brauchen keine Religion und keine Gesetze – ‚Sie sehen selbst, was gut ist'“, 08.07.2021, *https://www.fr.de/kultur/gesellschaft/menschen-brauchen-keine-religion-und-keine-gesetze-sie-sehen-selbst-was-gut-ist-90850234.html*, a.a. 27.04.2023.

128 Ebenda.

129 Harro von Senger: „Earthbound China – Earthbound Sinology: On the Feasibility of Cultural Transfer from China to Europe“, in: *Archív Orientální*, Prag, Nr. 63, 1995, S. 352–359, *file:///C:/Users/harro.vonsenger/Downloads/Senger_Earthbound_China%20(11).pdf*; Beispiele für „transplantive Sinologie“: WidB sowie, *http://www.36strategeme.ch/pdf/transplantive-sinologie.pdf*, a.a. 18.09.2023.

[130] Ein Beispiel für angewandte „transplantive Sinologie“: Harro von Senger: „Moulüe in the Hongloumeng 红楼梦and in the Nibelungenlied (Song of the Nibelungs). First steps of a Comparison“, in: *European Journal of Sinology*, 5 (2014) Berlin, January 2016, S. 38 – 60; ders.: „Menschenbilder Ost und West am Beispiel von WANG Xifeng (Traum der Roten Kammer „红楼梦“) und Kriemhild (Nibelungenlied „尼伯龙根之歌“), in: H. C. Günther: *Menschenbilder Ost und West, East and West. Philosophy, ethics, politics and human rights*. Volume 6, Verlag Traugott Bautz GmbH, Nordhausen 2018, S. 233 – 262.

[131] Urs Schoettli: „Spät strebt China nach dem Platz an der Sonne“, in: *NZZ*, 13. 03. 2023, S. 19.

[132] Zitat aus: Dr. Manfred Osten: „Chinas Konfuzius-Offensive als geistige Herausforderung für den Westen“, Vortrag gehalten im Studium generale der Albert-Ludwigs-Universität Freiburg, 05. 06. 2007.

[133] Michael Stürmer: „Welt ohne Weltordnung“, in: *Cicero*, Nr. 10, 2006, S. 42.

[134] Elizabeth J. Perry: „Studying Chinese Politics: Farewell to Revolution?“, in: *The China Journal*, Nr. 57, Januar 2007, S. 2.

[135] „The assumption that deepening commercial, diplomatic, and cultural ties would transform China's internal development and external behavior has been a bedrock of U. S. strategy“, in: *Foreign Affairs*, März/April 2018, S. 60.

[136] „The assumption that deepening commercial, diplomatic, and cultural ties would transform China's internal development and external behavior has been a bedrock of U. S. strategy“, in: *Foreign Affairs*, März/April 2018, S. 60.

[137] „All sides of the policy debate erred: free traders and financiers who foresaw inevitable and increasing openness in China, integrationists who argued that Beijing's ambitions would be tamed by greater interaction with the international community, and hawks who believed that China's power would be abated by perpetual American primacy“, a. a. O., S. 61.

[138] „The liberal international order has failed to lure or bind Chinas as powerfully as expected. China has instead pursued its own course, belying a range of American expectations in the process“, a. a. O., S. 61.

[139] „Across the ideological spectrum, we in the U. S. foreign policy community have remained deeply invested in expectations about China - about its approach to economics, domestic politics, security, and global order - even as evidence against them has accumulated. The poliicies built on such expectations have failed to change China in the ways we intended or hoped“, a. a. O., S. 62.

[140] „Contrary to Western expectations, Beijing has doubled down on its state capitalist model even as it has gotten richer“, a. a. O., S. 62.

[141] „As the assumptions driving U. S. policy have started to look increasingly tenuous, and the gap between American expectations and Chinese realities has grown, Washington has been largely focused elsewhere“, a. a. O., S. 69.

[142] Kurt M. Campbell, Ely Ratner: „The China Reckoning. How Beijing Defied American Expectations“, in: *Foreign Affairs*, März/April 2018, S. 60 – 62, 69.

[143] „For decades, U. S. policy was rooted in the belief that support for China's rise and for its integration into the post-war international order would liberalize China. Contrary to our hopes, China expanded its power [. . .]“, in: „National Security Strategy of the United States of America“, December 2017, Pillar III. Preserve Peace Through Strength.

[144] „I largely accepted the assumptions shared by America's top diplomats and scholars [since President Richard Nixon's opening to China in 1971], which were inculcated repeatedly in American strategic discussions, commentary, and media analysis. We believed that American aid to a fragile China whose leaders thought like us would help China become a democratic and peaceful power. [...] Every one of the [five] assumptions behind that belief was wrong. [...] The error of those assumptions is becoming clearer by the day, by what China does and, equally important by what China does not." Michael Pillsbury: *The Hundred-Year Marathon. China's Secret Strategy to replace America as the Global Superpower*, Henry Holt and Company, New York 2015, S. 6 ff.; ein anderer Beitrag Pillsburys trägt den Titel „Misunderstanding China – How did Western policy makers and academics repeatedly get China so wrong?", in: *The Wallstreet Journal*, New York, 17.09.2014, *https://www.wsj.com/articles/misunderstanding-china-1410972607*, a.a. 25.05.2018.

[145] Eric Gujer: „Die Landschaft der Lüge", in: *NZZ*, 09.11.2019, S. 1.

[146] Elmar Theveßen: *Kampf der Supermächte. Amerika und China auf Konfrontationskurs*, Piper Verlag, München 2022, S. 80.

[147] Michael Pillsbury: Afterword to the paperback edition, *The Hundred-Year Marathon*, St. Martin's Griffin, New York 2016, S. 236.

[148] Ulrich Speck: „Trump behindert eine vernünftige China-Strategie", in: *NZZ*, 22.03.2018, S. 13.

[149] Emmanuel Macron: „Europa soll beim Thema Taiwan kein Mitläufer sein", 10.04.2023, *https://web.de/magazine/politik/macron-europa-thema-taiwan-mitlaeufer-38022470*, a.a. 28.04.2023.

[150] „In Iraq after 2003, the Pentagon's rosy assessments of the public's enthusiasm for political transformation meant that U.S. forces were unprepared for the insurgency that followed", Jennifer Kavanagh and Bryan Frederick: *Why Force Fails. The Dismal Track Record of U.S. Military Interventions*, 30.03.2003, *https://www.foreignaffairs.com/united-states/us-military-why-force-fails?utm_medium=newsletters&utm_source=fatoday&utm_campaign=Diplomats%20in%20Robes?&utm_content=20230330&utm_term=FA%20Today%20-%20112017*, a.a. 30.04.2023.

[151] „10 vor 10 vom 17.03.2023 im Schweizer Fernsehen SRF 1", *https://www.srf.ch/play/tv/10-vor-10/video/10-vor-10-vom-17-03-2023?urn=urn:srf:video:6725348b-f914-4a4c-8a72-b7059fcd6eab*, a.a. 28.04.2023.

[152] „Die letzten deutschen Soldaten sind aus Afghanistan zurück", 30.06.2021, *https://www.diepresse.com/6001804/letzte-deutsche-soldaten-aus-afghanistan-zurueckgekehrt*, a.a. 28.04.2023.

[153] *http://www.supraplanung.ch/pdf/us-fehleinschaetzungen-dervrch.pdf*, a.a. 28.04.2023.

[154] Peter A. Fischer: „Die China-Politik der USA schadet beiden Seiten", in: *NZZ*, 08.05.2023, S. 6.

[155] Für wertvolle Hinweise bedanke ich mich bei Dr. iur. Thomas Weyrauch, Verfasser des Buchs *Völkerrechtliche Betrachtungen zur Existenz der Republik China Analysen, Bewertungen und Empfehlungen*, Longtai Verlag, 2. Aufl., Gießen 2012.

[156] Weitgehend gemäß „HISTORY – Taiwan.gov.tw – Government Portal of the Republic of China (Taiwan)", *https://taiwan.gov.tw/content_3.php*, a.a. 15.04.2023.

[157] Hans-Wilm Schütte: „Chiang Kaishek. Ein Diktatorenleben", 07.08.2008, *https://www.bpb.de/themen/asien/china/44256/chiang-kaishek/*, a.a. 16.04.2023.

[158] „古寧頭戰役", *https://zh.wikipedia.org/zh-hant/%E5%8F%A4%E5%AF%A7%E9%A0%AD%E6%88%B0%E5%BD%B9*, a.a. 20.07.2023.

[159] Nga Pham: „Taiwan's Kinmen serves as a reminder of China's aggression", 24.08.2022, *https://www.rfa.org/english/news/china/taiwans-kinmen-08242022053348.html*, a.a. 20.07.2023.

[160] „2758 (XXVI) Resolution of the lawful rights of the People's Republic of China in the United Nations", *A_RES_2758(XXVI)-EN (9).pdf*, a.a. 16.04.2023.

[161] Patrick Zoll: „Ein früherer Präsident Taiwans reist nach China", 27.03.2023, *https://www.nzz.ch/international/taiwans-ex-praesident-ma-ying-jeou-besucht-china-ld.1732215*, a.a. 15.04.2023.

[162] Patrick Zoll: „Taipeh verliert einen diplomatischen Alliierten – doch Taiwan ist alles andere als isoliert", 28.03.2023, *https://www.nzz.ch/meinung/taiwan-ist-diplomatisch-nicht-isoliert-ld.1732211*, a.a. 16.04.2023.

[163] *https://www.tagesschau.de/ausland/asien/taiwan-us-delegation-101.html*, a.a. 16.04.2023-

[164] *https://www.handelsblatt.com/politik/deutschland/china-fdp-politiker-treffen-in-taiwan-ein-neue-militaeruebungen-chinas/28911098.html*, a.a. 16.04.2023.

[165] Bildungsministerin Stark-Watzinger: „Deutscher Besuch in Taiwan verärgert China", *tagesschau.de*, 21.03.2023.

[166] Michael Stabenow: „Sie sind nicht allein!", *https://www.nzz.ch/international/eu-parlament-sucht-annaeherung-an-taiwan-ld.1653661*, a.a. 16.04.2023.

[167] E-Mail-Auskunft vom 04.02.2023 von Dr. Thomas Weyrauch.

[168] „Constitution of the Republic of China (Taiwan)", Art. 64, Ziff. 2 und 3, *https://law.moj.gov.tw/ENG/LawClass/LawAll.aspx?pcode=A0000001*, a.a. 20.04.2023.

[169] „Laws and Regulations. Database of the Republik of China (Taiwan)", englische Übersetzung der Verfassung der Republik China, *https://law.moj.gov.tw/ENG/LawClass/LawAll.aspx?pcode=A0000001*, a.a. 16.04.2023.

[170] „Laws and Regulations. Database of the Republik of China (Taiwan)", chinesischer Urtext der Verfassung der Republik China, *https://law.moj.gov.tw/LawClass/LawAll.aspx?pcode=A0000001*, a.a. 16.04.2023.

[171] *The Republic of China Yearbook 2016. Compiled by the Department of Information Services*, Executive Yuan, Taipeh 2016, S. 43.

[172] „How Many Countries Recognize China?", November 6, 2022, *https://stellinamarfa.com/meat/how-many-countries-recognize-china/*, a.a. 17.04.2023.

[173] „The United States of America recognizes the Government of the People's Republic of China as the sole legal Government of China [...]. The Government of the United States of America acknowledges the Chinese position that there is but one China and Taiwan is part of China", American Institute in Taiwan: *US-PRC Joint Communique (1979)*, *https://www.ait.org.tw/u-s-prc-joint-communique-1979/*; zur Bedeutung von „ackknowledge[...]: to recognize something", *https://dictionary.cambridge.org/dictionary/english-portuguese/acknowledge*; siehe im Übrigen Chong Ja Ian: „The Many ‚One Chinas': Multiple Approaches to Taiwan and China", February 09, 2023, *https://carnegieendowment.*

org/2023/02/09/many-one-chinas-multiple-approaches-to-taiwan-and-china-pub-89003, a. a. 16.04.2023.

[174] „Acknowledge“, *https://dictionary.cambridge.org/dictionary/english-portuguese/acknowledge*, a. a. 23.07.2023.

[175] „Zhonghua Renmin Gongheguo he Meilijian Heyhongguo guanyu jianli waijiao guanxi de lianhegongbao“ (Joint Communiqué on the Establishment of Diplomatic Relations [...]), 2000-11-07, 16:11, *https://www.mfa.gov.cn/web/gjhdq_676201/gj_676203/bmz_679954/1206_680528/1207_680540/200011/t20001107_271737.shtml*, a. a. 25.07.2023.

[176] Zitat aus: „Die USA kämpfen mit Waffen und Worten. Im Informationskrieg setzt das Pentagon Journalisten ein“, in: *NZZ*, 28.12.2005, S. 2.

[177] Daniel Goldstein: „Ungleiches zu vergleichen, ist kein Unsinn - es ist das einzige sinnvolle Vergleichen. Man darf Ungleiches nur nicht gleichsetzen“, 18.06.2016, *https://www.infosperber.ch/gesellschaft/kultur/sprachlust-du-sollst-aepfel-mit-birnen-vergleichen/#:~:text=Man%20kann%20%C3%84pfel%20nicht%20mit%20Birnen%20vergleichen%20%E2%80%93,beiden%20Fr%C3%BCchte%2C%20und%20es%20hat%20v%C3%B6llig%20recht%20damit*, a. a. 17.04.2023.

[178] „List of diplomatic relations of Ukraine“, *https://en.wikipedia.org/wiki/List_of_diplomatic_relations_of_Ukraine*, a. a. 15.04.2023.

[179] Nataliya Gumenyuk: „Ukrainische Unabhängigkeit: Eine Zukunftskultur“, 05.09.2022, *https://www.zeit.de/kultur/2022-09/ukraine-unabhaengigkeit-sowjetunion-demokratie?utm_referrer=https%3A%2F%2Fwww.bing.com%2F*, a. a. 16.04.2023.

[180] Aug. 28, 1991: „Russia recognizes Ukrainian independence“, *https://www.chicagotribune.com/news/ct-russia-recognizes-ukrainian-independence-1991-20220224-uptvhapy7rh23lr73a4xreiime-story.html*; „Die Ukraine - Land mit zwei Gesichtern“, 03.03.2022, *https://www.mdr.de/geschichte/zeitgeschichte-gegenwart/politik-gesellschaft/ukraine-unabhaengigkeit-udssr-sowjetunion-krieg-100.html*, a. a. 16.04.2023.

[181] Landesamt für politische Bildung Baden-Württemberg: „Unabhängigkeit für Katalonien? Katalonischer Keil oder Scheidung auf Spanisch“, *https://www.lpb-bw.de/katalonien*, a. a. 16.04.2023.

[182] „Unabhängigkeit. Katalonien: ‚Die EU handelt korrekt‘. Eine der größten Hoffnungen der katalanischen Unabhängigkeitsbewegung erfüllte sich nicht: die breite internationale Anerkennung und die Hilfe der EU. Ein Gespräch mit Thomas Gergen, Professor für internationales Recht“, *https://www.dw.com/de/katalonien-die-eu-handelt-korrekt/a-41865435*, a. a. 16 04.2023.

[183] „Die Prioritäten der Europäischen Union für 2019 - 2024“, *https://european-union.europa.eu/priorities-and-actions/eu-priorities/european-union-priorities-2019-2024_de*, a. a. 17.04.2023.

[184] Winfried Kretschmann: „Die mutige Grundhaltung“, in: *NZZ*, 14.10.2017, S. 12.

[185] S. hierzu *Strategeme 2*, 25.16 „Sozialistische gegen bürgerliche Reform und Öffnung“.

[186] „Zhonghua Renmin Gongheguo zhuxi Xi Jinping zai Shisan Jie Quanguo Ren-Da yici huiyi bimuhui shang fabiao zhongyao jianghua“ (Der Präsident der VR China Xi Jinping hält auf der abschließenden Sitzung der ersten Tagung des 13. Volkskongresses eine wichtige Rede), 20.03.2018, *http://mp.weixin.qq.com/s/*

k7oEltBxlu8_kEZyaQ2OEw, a. a. 20. 03. 2018; „Li Keqiang: Zhengfu gongzuo baogao“ (Arbeitsbericht der Regierung), erstattet am 05. 03. 2018, *http://www.gov.cn/zhuanti/2018lh/2018zfgzbg/zfgzbg.htm*, a. a. 19. 03. 2023.

187 Siehe hierzu auch Harro von Senger: „Offizielle chinesische Dokumente ernst nehmen!“, in: Österreichisches Institut für China- und Südostasienforschung (éd.): *China-Report*, No. 173-174, 2018, S. 51-54.

188 Michael Pillsbury: Afterword to the paperback edition, *The Hundred-Year Marathon*, St. Martin’s Griffin, New York 2016, S. 236.

189 Ulrich Speck: „Trump behindert eine vernünftige China-Strategie“, in: *NZZ*, 22. 03. 2018, S. 13.

190 „Indeed, events of the last decade have dashed even modest hopes for political liberalization. In 2013, an internal Communist Party memo known as Document No. 9 explicitly warned against ‚Western constitutional democracy‘ and other ‚universal values‘ as stalking-horses meant to weaken, destabilize, and even break up China. This guidance demonstrated the widening gap between U. S. und Chinese expectations for the country’s political future.“ Kurt M. Campbell; Ely Ratner, a. a. O., S. 64.

191 „Document 9: A ChinaFile Translation. How Much Is a Hardline Party Directive Shaping China’s Current Political Climate?“, November 8, 2013, *HTTPS://WWW.CHINAFILE.COM/DOCUMENT-9-CHINAFILE-TRANSLATION*, a. a. 01. 05. 2023; erwähnt beispielsweise von Angela Köckritz: „Mach’s mit Mao“, in: *DZ*, 02. 10. 2013, S. 11, und von David Shambaugh: „The Coming Chinese Crackup“, in: *The Wall Street Journal*, 06. 03. 2015, *https://www.wsj.com/articles/the-coming-chinese-crack-up-1425659198*, a. a. 01. 05. 2023.

192 Arte, 18. 12. 2018, 20.15 - 21.30 Uhr; siehe auch John Lanchester: „Document Number Nine“, in: *London Review of Books*, Vol. 41 No. 19, 10 October 2019, *https://www.lrb.co.uk/v41/n19/john-lanchester/document-number-nine*, a. a. 01. 05. 2023.

193 Siehe z. B. „Amerikanischer Schwerttanz“, in: *Strategeme 2*, S. 54 ff.

194 Dokument Nr. 9 der Kommunistischen Partei Chinas: „Kommuniqué zur aktuellen Situation im Bereich der Ideologie“, 26. 04. 2022, *https://www.neican.org/dokument-nr-9-der-kommunistischen-partei-chinas-kommunique-zur-aktuellen-situation-im-bereich-der-ideologie/*, a. a. 12. 06. 2023.

195 S. auch Chen Xianda: „Weishenme yao juchi xifang ‚pushi jiazhi‘“ (Warum muss man die westlichen „universellen Werte“ ablehnen?), in: ders.: *Makesizhuyi Shiwu Jiang* (Der Marxismus in 15 Lektionen), Renmin Chubanshe, Beijing 2016, S. 210 ff.

196 Dokument Nr. 9 der Kommunistischen Partei Chinas: „Kommuniqué zur aktuellen Situation im Bereich der Ideologie“, 26. 04. 2022, ebenda.

197 Katja Drinhausen: „Human Rights 人权“. In: *Decoding China Dictionary*: *https://decodingchina.eu/democracy/*, a. a. 12. 06. 2023.

198 „Zhongguo moshi zheng zai dapo ‚pushi jiazhi‘ baquan“, in: *RRH*, 11. 01. 2013, Leitartikel, *http://views.ce.cn/view/ent/201301/11/t20130111_790319.shtml*, a. a. 30. 04. 2023.

199 „Xi Jinping daibiao di shijiu jie Zhongyang Weiyuanhui xiang Dang de Ershi Da zuo baogao“ (Im Namen des 19. Zentralkomitees legte Xi Jinping dem 20. Parteitag einen Bericht vor), 16. 10. 2022, *https://www.12371.cn/2022/10/16/ARTI1665901576200482.shtml*; „Das große Banner des Sozialismus chinesischer Prägung hochhalten und vereint für den umfassenden Aufbau eines

modernen sozialistischen Landes kämpfen", 16.10.2022, *http://zurich.china-consulate.gov.cn/det/zlghd/202210/t20221027_10792878.htm*, a.a. 01.05.2023.

[200] „Xi Jinping zum Staatspräsidenten und Vorsitzenden von zentraler Militärkommission Chinas gewählt", 10.03.2023, *http://german.chinatoday.com.cn/ch/nachrichten_im_bild/202303/t20230310_800325038.html*, a.a. 24.07.2023.

[201] Harro von Senger: „China denkt in langen Zeiträumen", in: *NZZ*, 04.04.2012, S. 23; ders.: „Die angeblich unbekannten Zukunftsziele Chinas", in: *Swissfuture. Magazin für Zukunftsmonitoring*, Nr. 2/2012, S. 8–11; ders.: „China denkt weiter als der Westen", in: *NZZ*, 01.07.2014, S. 19.

[202] Xi Jinping: „Am guten Entwurf festhalten (28.02.2013)", in: ders.: *China regieren*, Verlag für fremdsprachige Literatur, Beijing 2014, S. 495f.

[203] S. „16.16 Zu Tode loben", in: *Strategeme 1*, S. 332f.

[204] „China rüstet militärisch immer kräftiger auf", in: *NZZ*, 15.02.2018, S. 2.

[205] *Verfassung der VR China vom 05.03.1978*, Präambel, Abs. 4, *https://www.verfassungen.net/rc/verf78-i.htm*, a.a. 24.07.2023.

[206] Xu Guangchun: „Fangshechu dangdai Zhongguo Makesizhuyi de zhenli guangmang. Xuexi Xi Jinping xin shidai Zhongguo tese shehuizhuyi sixiang" (Das Licht der Wahrheit des zeitgenössischen Sinomarxismus verbreiten. Die Xi-Jinping-Gedanken über den Sozialismus chinesischer Prägung für eine neue Ära studieren), in: *GMRB*, 26.12.2017, S. 6.

[207] Yang Yun: „Xi Jinping xin shidai Zhongguo tese shehuizhuyi sixiang de zhexue yiyi" (Die philosophische Bedeutung der Xi-Jinping-Gedanken über den Sozialismus chinesischer Prägung für eine neue Ära), in: *GMRB*, 18.12.2017 S. 5.

[208] Shi Yunxia: „Xi Jinping xin shidai Zhongguo tese shehuizhuyi sixiang chuangxin fazhan de jiben yuanze" (Die grundlegenden Prinzipien, aufgrund derer die Xi-Jinping-Gedanken über den Sozialismus chinesischer Prägung für eine neue Ära geschaffen und entwickelt worden sind), in: *GMRB*, 24.11.2017, S. 11.

[209] „Ralph Weber, Professor für European Global Studies am Europainstitut der Universität Basel, im Gespräch mit Yves Bossart", in: *Sternstunde Philosophie*, SRF TV I, *https://www.srf.ch/play/tv/sternstunde-philosophie/video/wie-gefaehrlich-ist-china?urn=urn:srf:video:fc73e2d8-d6fa-4656-9f00-d81ea715cf14*, a.a. 20.03.2023.

[210] Kerry Brown: *Die Welt des Xi Jinping*, S. Fischer, Frankfurt am Main 2018, S. 15.

[211] Liu Shaoqi, *https://www.britannica.com/biography/Liu-Shaoqi*, a.a. 26.03.2018; „Liu Shaoqi dang le ji nian de zhuxi?" (Wie viele Jahre lang war Liu Shaoqi [Staats]präsident?), *https://zhidao.baidu.com/question/367018204.html*, a.a. 26.03.2018.

[212] Jamil Anderlini: „How long can the Communist party survive", in: *Financial Times*, 20.09.2013, *http://www.ft.com/intl/cms/s/2/533a6374-1fdc-11e3-8861-00144feab7de.html#slide0*.

[213] „Wo de zuguo (dianying chaqu)" (Mein Vaterland (Filmlied)), *https://zh.wikipedia.org/zh-hans/%E6%88%91%E7%9A%84%E7%A5%96%E5%9B%BD_(%E7%94%B5%E5%BD%B1%E6%8F%92%E6%9B%B2)*, a.a. 24.07.2023.

[214] „Zhong Xuan Bu mingming di ba pi quanguo xue Lei Feng huodong shifan dian he gangwei xue Lei Feng biaobing" (Die Propagandaabteilung verkündete die […] Namen der beim „Lernen von Lei Feng" [herausragenden] […] Arbeitsplätze […]), 05.03.2023, *http://politics.people.com.cn/n1/2023/0305/c1001-*

32636703.html, a. a. 07. 08. 2023; „Hongyang Lei Feng jingshen tuidong Liaoning zhenxing fazhan qude xin tupo" (Lei Fengs Geist verbreiten und so neue Durchbrüche bei der Förderung von Liaoning und der Ankurbelung von dessen Entwicklung erzielen), in: *RR*, 15. 03. 2023, S. 9, *http://paper.people.com.cn/rmrb/html/2023-03/15/nw.D110000renmrb_20230315_1-09.htm*, a. a. 24. 07. 2023.

[215] S.: „Der friedliche Aufstieg Chinas und die neue Rolle Asiens", *http://german.china.org.cn/business/archive/boao05/txt/2005-04/23/content_2170292.htm*, a. a. 04. 03. 2018.

[216] S. „Shixian Zhonghua minzu de weida fuxing" (Den großartigen Wiederaufstieg der chinesischen Nation verwirklichen), *http://www.12371.cn/special/zgmsxzhmzdwdfx/index.shtml*, a. a. 04. 03. 2018.

[217] Matthias Kamp: „Produktpiraterie: Einfach vergessen", in: *Wirtschaftswoche Sonderheft China 2007*, 01. 10. 2007, S. 65.

[218] *Asien als strategische Herausforderung und Chance für Deutschland und Europa. Asienstrategie der CDU/CSU-Bundestagsfraktion. Beschluss vom 23. 10. 2007*, S. 13.

[219] Clive Hamilton, Mareike Ohlberg: *Die lautlose Eroberung. Wie China westliche Demokratien unterwandert und die Welt neu ordnet*, Pantheon Verlag, München 2022, S. 543.

[220] Thorsten Krauel: „Mehr Bush, weniger Merkel", in: *DW*, Berlin 22. 09. 2007, S. 8.

[221] Daniel Steinvorth: „China wird zum Spaltpilz in der EU. Die Mitgliedstaaten haben im Umgang mit der Volksrepublik unterschiedliche Interessen", in: *NZZ*, 20. 04. 2023, S. 2.

[222] *Strategeme 2*, Kap. 33.15 „Europas drei Äpfel".

[223] Ulrich Speck: „Die Einladung Macrons an Deutschland", in: *NZZ*, 25. 01. 2018, S. 11.

[224] Manfred Weber, Fraktionschef der Europäischen Volkspartei im Europaparlament, zitiert aus: „Macron realistischer betrachten", in: *DS*, Nr. 8/2018, S. 42; „Pro-Europa, nur wenn's ihm passt. Das doppelte Spiel des Monsieur Macron", in: *Bild*, 03. 04. 2018, S. 2.

[225] Peter Mandelson: „Partnership, Competition and Leadership", in: Swiss Chamber of Commerce: *Bulletin*, Nr. 2/2006, S. 37.

[226] Nikolaus Blome: „Nicht von China ausspielen lassen", in: *Bild* Bundesausgabe, 27.11. 2007, S. 2.

[227] *Asien als strategische Herausforderung und Chance für Deutschland und Europa. Asienstrategie der CDU/CSU-Bundestagsfraktion. Beschluss vom 23. 10. 2007*, S. 18.

[228] „Zhonghua Renmin Gongheguo guojia tongyong yuyan wenzi fa" (Gesetz der VR China über die nationale allgemein gebräuchliche Sprache und Schrift), *http://www.gov.cn/ziliao/flfg/2005-08/31/content_27920.htm*, a. a. 04. 03. 2018.

[229] John und Doris Naisbitt: *Chinas Megatrends*, Carl Hanser Verlag, München 2009, S. 95.

[230] Beat Kappeler: „Die EU setzt sich Reformziele, die Schweiz erreicht sie", in: *NZZaSo*, 02. 05. 2010, S. 31.

[231] „Schwerpunkte der Plenarsitzung vom 13.–16. September 2021 – Straßburg, Neue EU-China-Strategie des Parlaments", 09. 09. 2021, *https://www.europarl.*

europa.eu/news/de/agenda/briefing/2021-09-13/9/neue-eu-china-strategie-des-parlaments, a. a. 22. 03. 2023.

[232] „Der Vorsitzend der Europäischen Volkspartei, Weber, warnt vor Naivität im Umgang mit China", 07. 04. 2023, *https://www.deutschlandfunk.de/evp-chef-weber-warnt-vor-naivitaet-im-umgang-mit-china-102.html*, a. a. 23. 04. 2023.

[233] Bernhard Zand: „Xi ist zu weit gegangen", Leitartikel in: *DS*, Nr. 12/2018, S. 6.

[234] Peter von Matt: „Es ist uns das Gefühl für die Dauer in der Politik abhandengekommen", in: *NZZ*, 19. 03. 2018, *https://www.nzz.ch/meinung/taugt-die-schweiz-als-vorbild-fuer-die-eu-ld.1346125*, a. a. 03. 04. 2018.

[235] „Der Papst geißelt den einseitigen Fortschrittsglauben: Neue Enzyklika über die christliche Hoffnung", in: *NZZ*, 1./2.12. 2007, S. 5.

[236] „Papst Benedikt: Keine Rettung für Sünder", in: *TA*, 01.12. 2007, S. 8.

[237] Jörg Lau: „Prophet des nächsten Weltkriegs. Vom Trotzkisten zum Kämpfer gegen den ‚Islamofaschismus': Wie der New Yorker Intellektuelle Norman Podhoretz die Bush-Regierung auf die Bombardierung Irans einschwören will – warum er Erfolg haben könnte", in: *DZ*, 25.10. 2007, S. 4.

[238] Jacob Weisberg: „Neo-cons have been consigned to history", in: *Financial Times*, 15. 03. 2007, S. 11.

[239] Song Hongbing: *Huobi Zhanzheng* (*Währungskriege*), Zhongxin Chubanshe (Citic Publishing House), Beijing 2007, S. 131 und 74.

[240] Samuel P. Huntington: *Kampf der Kulturen. Die Neugestaltung der Weltpolitik im 21. Jahrhundert*, Spiegel-Verlag Hamburg 2006/2007, S. 517f.

[241] Buch IV (Li Lou shang), Abschnitt A: 26. „Warum Schun ohne Wissen seiner Eltern geheiratet", Mencius 7.26, *http://www.zeno.org/Philosophie/M/Meng+Zi/Mong+Ds%C3%AF%3A+Die+Lehrgespr%C3%A4che+des+Meisters+Meng+K%27o/Buch+IV/Abschnitt+A/26.+Warum+Schun+ohne+Wissen+seiner+Eltern+geheiratet*, a. a. 13. 03. 2018.

[242] Mao Tsetung: *Fünf philosophische Monographien*, Verlag für fremdsprachige Literatur, Beijing 1976, S. 22.

[243] „‚Freie Länder sind kreativer', Bundeskanzlerin Angela Merkel über Gerechtigkeit in Zeiten der Globalisierung", in: *DZ*, 04.10. 2007, S. 5.

[244] Urs Schoettli: „Pflichtfach Asienkunde", in: *NZZ*, 04. 01. 2006, Seite „Lesezeichen".

[245] *Asien als strategische Herausforderung und Chance für Deutschland und Europa. Asienstrategie der CDU/CSU-Bundestagsfraktion. Beschluss vom 23. 10. 2007*, S. 8.

[246] Frédéric Koller: „Pourquoi la Chine nous concernce", in: *Le Temps*, 15.10. 2007, S. 1.

[247] Bei Dr. iur. Marcel Senn, Professor em. für Rechtsgeschichte, Juristische Zeitgeschichte und Rechtsphilosophie an der Universität Zürich sowie bei Dr. phil. Rafael Ferber, Professor em. für Philosophie an der Universität Luzern, Titularprofessor für Philosophie an der Universität Zürich bedanke ich mich für wertvolle Hinweise (siehe auch Abschnitt 2.65).

[248] Heinz Vater: „Wort und Begriff – eine terminologische Klärung", *https://repozytorium.amu.edu.pl/bitstream/10593/23036/1/Das%20Deutsche_Heinz%20Vater.pdf*, a. a. 30. 03. 2023.

[249] Dr. P. Bernard Kälin, OSB: *Lehrbuch der Philosophie I*, 5. Aufl., Sarnen 1957, S. 11, 19.

250 Heinz Vater, a. a. O.

251 „Demokratie ist ein Wort mit einer vielfältigen Geschichte und vielen Bedeutungen", Daniel Thürer: „Direkte Demokratie – mehr als nur Mehrheitsentscheid", in: *NZZ*, 26. 06. 2012, S. 51, *https://www.nzz.ch/feuilleton/direkte-demokratie--mehr-als-nur-mehrheitsentscheid-1.17279765*, a. a. 20. 04. 2023.

252 *Das neue chinesisch-deutsche Wörterbuch*, Shangwu Yinshuguan, Beijing, 10. Nachdruck, Beijing 2009, S. 565.

253 „Shujingm", *https://www.britannica.com/topic/Shujing*, a. a. 02. 05. 2023.

254 „James Legge", *https://theodora.com/encyclopedia/l/james_legge.html*, a. a. 31. 03. 2023.

255 *The Chinese Classics with a translation, critical and exegetical notes, prolegomena, and copious indexes by James Legge in five volumes*. [Volume] III. The Shoo King or The Book of Historical Documents, reprintet, Taibei 1971, S. 497, *https://books.google.ch/books?id=q5ac8GnOcHYC&pg=PA492&lpg=PA492&dq=James+Legge+Shoo+Ching++%E5%A4%9A%E6%96%B9+(&source=bl&ots=NHLw1Nm0jC&sig=ACfU3U3lde30_cB7PO4ED_aGgnXF0uZd2g&hl=de&sa=X&ved=2ahUKEwjbkcaz4lb-AhU7iv0HHZFiBxgQ6AF6BAgpEAM#v=onepage&q=James%20Legge%20Shoo%20Ching%20%20%E5%A4%9A%E6%96%B9%20(&f=false*, a. a. 31. 03. 2023.

256 „Franklin Pierce", *https://www.britannica.com/biography/Franklin-Pierce*, a. a. 31. 03. 2023.

257 Xiong Yuzhi: *A Summary of the Historical Development of the Chinese Democratic Thought*, SASS [Shanghai Academy of Social Sciences] Papers, 1988, S. 273.

258 David Signer: „Manchmal sind Wahlen Gift für die Demokratie", in: *NZZ*, 25. 08. 2013, *https://www.nzz.ch/manchmal-sind-wahlen-gift-fuer-die-demokratie-ld.712682*, a. a. 14. 04. 2023.

259 Ed Zhang: „Western form of democracy not a universal choice", in: *China Daily*, Beijing, 16. 08. 2014, *http://europe.chinadaily.com.cn/opinion/2014-08/16/content_18354946.htm*, a. a. 12. 04. 2023.

260 „Verfassung der VR China", *https://www.verfassungen.net/rc/verf82-i.htm*, a. a. 31. 03. 2023.

261 „2017 中国共产党章程 总纲" (Satzung 2017, AP), *https://www.audit.gov.cn/n6/n36/n10084378/c10241260/part/10241554.pdf*, a. a. 31. 03. 2023.

262 „2022 中国共产党章程 总纲" (Satzung 2022, AP), *https://www.12371.cn/special/zggcdzc/zggcdzcqw/#zonggang*, a. a. 31. 03. 2023.

263 „Zhog Gong Zhongyag Bangongting yinfa ‚guanyu peiyu he jianxing shehuizhuyi hexin jiazhigung de yijian'" (Das Büro des Zentralkomitees der KPCh druckte und verbreitete die „Ansichten betreffend die Pflege und Praktizierung des Konzepts der sozialistischen Grundwerte"), *https://www.wilsoncenter.org/sites/default/files/media/documents/page/xinhua_suggestions_on_cultivating_and_practicing_chinese_socialist_core_values_article.pdf*, a. a. 31. 03. 2023; „社会主义核心价值" (shehuizhuyi hexin jiazhi, Sozialistische Grundwerte), *https://baike.baidu.com/item/%E7%A4%BE%E4%BC%9A%E4%B8%BB%E4%B9%89%E6%A0%B8%E5%BF%83%E4%BB%B7%E5%80%BC%E8%A7%82/3271832*, a. a. 31. 03. 2023.

264 „生成式人工智能服务管理办法 Shengcheng shi rengong zhineng fuwu guanli banfa", *http://www.cac.gov.cn/2023-04/11/c_1682854275475410.htm*, a. a. 13. 04. 2023.

[265] Matthias Sander: „‚Grundwerte des Sozialismus' in Chinas Chat-GPT. Internetregulator legt Entwurf zur künstlichen Intelligenz vor", in: *NZZ*, 13.04.2023, S. 25, *https://www.nzz.ch/technologie/in-china-soll-software-wie-chatgpt-grundwerte-des-sozialismus-widerspiegeln-ld.1733614*, a.a. 20.04.2023.

[266] Lenin dürfte sich beziehen auf „DÉCRET DU 22 PRAIRIAL AN 2 – 10 JUIN 1794, CONCERNANT LE TRIBUNAL RÉVOLUTIONNAIRE (1), ORGANISATION ET COMPÉTENCE", *https://ledroitcriminel.fr/la_legislation_criminelle/anciens_textes/lois_penales_revolution_francaise/lois_penales_revolution_francaise_2.htm#1794_06_02_decret*, a.a. 13.04.2023.

[267] Sozialistische Klassiker, Wladimir I. Lenin: *Über die Volksfeinde*, *https://sites.google.com/site/sozialistischeklassiker2punkt0/lenin/lenin-1917/wladimir-i-lenin-ueber-die-volksfeinde*, a.a. 31.03.2023; Uwe Klußmann: „Jakobiner des 20. Jahrhunderts", 25.01.2010, *https://www.spiegel.de/geschichte/jakobiner-des-20-jahrhunderts-a-97df5f6e-0002-0001-0000-000068812762?context=issue*, a.a. 20.04.2023.

[268] Mao Tsetung (Mao Zedong): *Über die richtige Behandlung der Widersprüche im Volk* (1957), *http://www.erich-koehler-ddr.de/dokumente/mao_volk.html*, a.a. 31.03.2023.

[269] Andreas Lorenz, Wieland Wagner: „Die Rotchina-AG", in: *DS*, Nr. 3, 15.01.2007, *http://www.spiegel.de/spiegel/print/d-50186302.html*, a.a. 31.03.2023.

[270] „‚Demokratie stiftet keine Identität'. Ist das Modell des Westens am Ende? Ein Gespräch mit dem amerikanischen Politikwissenschaftler Francis Fukuyama", in: *DZ*, Hamburg 17.03.2016, S. 50.

[271] Siehe auch Rafael Ferber: *Philosophische Grundbegriffe*, 8. Aufl., München 2008, S. 143–152.

[272] *Konfuzius. Gespräche. 6.25. Neu übersetzt und kommentiert von Hans van Ess*, Verlag C.H. Beck, München 2023, S. 301 f.; *Gespräche. Lun Yü. Aus dem Chinesischen übertragen und herausgegeben von Richard Wilhelm*, Eugen Diederichs Verlag, Düsseldorf 1979, S. 79; *Gespräche. Aus dem Chinesischen übersetzt und herausgegeben von Ralf Moritz*, Reclam-Verlag, Leipzig 1991, S. 67.

[273] „Yiqi xue ‚Lunyu' Yongye pian – gu bu gu, gu zai!" (Lasst uns gemeinsam die „Gespräche [des Konfuzius]" studieren. Das Kapitel [VI]. Gu bu gu, gu zai), *http://kzxt.chinakongzi.org/wangshangxuetang/dujingdian/201808/t20180816_181168.htm*, a.a. 24.03.2023.

[274] *Kung Fu Tse. Gespräche (Lun Yü). Aus dem Chinesischen verdeutscht und erläutert von Richard Wilhelm*, Eugen Diederichs, Jena 1921, S. 58, *https://www.academia.edu/45478345/Richard_Wilhelm_Gespr%C3%A4che_Luny%C3%BC_1921_PDF*, a.a. 24.03.2023.

[275] „Sprachverwirrung", *https://de.wiktionary.org/wiki/Sprachverwirrung*, a.a. 24.03.2023.

[276] Andreas Kley und Esther Tophinke, Bern und Lausanne: „Hans Kelsen und die Reine Rechtslehre", in: *JA 2001*, Heft 2, S. 173, *https://www.ius.uzh.ch/dam/jcr:00000000-3d12-7c07-ffff-ffffc59ccb7b/Hans_Kelsen_und_die_Reine_Rechtslehren_JA_2001_2.pdf*, a.a. 01.04.2023.

[277] Hans Kelsen: *Reine Rechtslehre*, 2. Aufl. 1960, Verlag Österreichische Staatsdruckerei, Wien 1992, S. 201; ders.: *Pure Theory of Law*, 2nd ed., University of California Presse Berkeley and Los Angeles 1967, S. 34; Heinrich Schaur: *Hans Kelsen, Recht und Gerechtigkeit*, Diplomarbeit, Eferding April 2015, S. 13,

https://epub.jku.at/obvulihs/download/pdf/455203?originalFilename=true; Axel Tschentscher, Universität Bern: *Hans Kelsen*, *https://www.rechtsphilosophie.ch/1953_Kelsen_Diverse%20Textstellen.pdf*, a. a. 01.04.2023.

[278] United Nations. Respect for the principles of national sovereignty and non-interference in the internal affairs of States in their electoral processes, *http://www.worldlii.org/int/other/UNGA/1991/181.pdf*, [1991] UNGA 181; A/RES/46/130 (17 December 1991), a. a. 18.09.2023.

[279] „The General Assembly … recognizing also that there is no single political system or single model for electoral processes equally suited to all nations and their peoples, and that political systems and electoral processes are subject to historical, political, cultural and religious factors",*http://www.worldlii.org/int/other/UNGA/1991/*, *http://www.worldlii.org/int/other/UNGA/1991/181.pdf*, a. a. 18.09.2023 .

[280] Ebenda: *https://www.jewishvirtuallibrary.org/un-general-assembly-resolution-46-130-december-1991*, a. a. 02.04.2023.

[281] OFFICE OF THE HIGH COMMISSIONER FOR HUMAN RIGHTS, „Strengthening of popular participation, equity, social justice and non-discrimination as essential foundations of democracy", Human Rights Resolution 2005/29, *https://www.refworld.org/docid/45377c470.html*, a. a. 18.09.2023.

[282] „Recognizing and respecting the rich and diverse nature of the community of the world's democracies, which arise out of all of the world's social, cultural and religious beliefs and traditions…" Ebenda.

[283] „Recognizing that while all democracies share common features, differences between democratic societies should be neither feared nor repressed, but cherished as a precious asset of humanity…" Ebenda.

[284] „3. also reaffirms that while all democracies share common features, there is no one model of democracy; therefore we must not seek to export any particular model of democracy". Ebenda.

[285] 2005/29, „Strengthening of popular participation, equity, social justice and non-discrimination as essential foundations of democracy, COMMISSION ON HUMAN RIGHTS REPORT ON THE SIXTY-FIRST SESSION (14 March – 22 April 2005). Draft resolution and draft decisions recommended for adoption by the ECONOMIC AND SOCIAL COUNCIL OFFICIAL RECORDS, 2005, SUPPLEMENT No. 3, S. 117 ff., *https://www.refworld.org/docid/43f305ec0.html*, a. a. 18.09.2023.

[286] 12-13166 Human Rights Council Nineteenth session19/36, „Human rights, democracy and the rule of law", *https://www.right-docs.org/doc/a-hrc-res-19-36/*, a. a. 02.04.2023.

[287] „[…] democracy includes […] the right […] to vote in a pluralistic system of political parties and organizations and to be elected at genuine, periodic, free and fair elections by universal and equal suffrage and by secret ballot guaranteeing the free expression of the will of the […]".

[288] „[…] as well as respect for the rule of law, the separation of powers, the independence of the judiciary, transparency and accountability in public administration and decision-making and free, independent and pluralistic media […]".

[289] „[…] and emphasizes the crucial role played by the political opposition and civil society in the proper functioning of a democracy […]".

[290] „[...] while democracies share common features, there is no single model of democracy and that democracy does not belong to any country or region, and reaffirming also the necessity of due respect for sovereignty and the right to self-determination."

[291] „China, speaking in an explanation of the vote before the vote, attached importance to the development of democracy and the rule of law. China would steadfastly develop social democracy and improve democracy. China would demonstrate the beauty of a socialist system based on the rule of law. Democracy was not based on a single model. China was against imposing one single model for democracy on all others. The Human Rights Council was not the appropriate forum for deliberation on democracy and the rule of law. A significant part of the draft went beyond the mandate of the Council. China would abstain from the vote".

[292] „Interview. China-Expertin [Marina Rudyak]: ‚Die USA unternehmen alles, damit das autoritäre China technologisch zurückbleibt'", *https://www.nzz.ch/international/china-expertin-usa-wollen-dass-china-technologisch-zurueckbleibt-ld.1730237*, a.a. 20.04.2023.

[293] „Das Informationsbüro des Staatsrates der VR China: Zhongguo de Minzhu Baipishu" (Weißbuch. Demokratie in China), Englisch: „China: Democracy That Works", December 2021, *https://language.chinadaily.com.cn/a/202112/07/WS61aefdb1a310cdd39bc79e03_5.html*, a.a. 15.04.2023.

[294] Friedrich Engels: „Herrn Eugen Dühring's Umwälzung der Wissenschaft", Kapitel III. Gewaltstheorie (Fortsetzung), in: Karl Marx/Friedrich Engels: *Werke*, (Karl) Dietz Verlag, Berlin, Band 20, Berlin/DDR, 1962, S. 136–238, *http://www.mlwerke.de/me/me20/me20_136.htm*, a.a. 15.04.2023.

[295] Artikel von Katrin Büchenbacher, in: *NZZ*, 12.04.2023, S. 3.

[296] Zhang Weiwei: *The China Wave. Rise Of A Civilizational State*, Hackensack 2012, S. 158; siehe auch Choi Chi-yuk: „5 men, 10 months and 1 long speech: the cadres behind Xi Jinping's marathon address. Chinese media name the specialists who took on the painstaking job of compiling the material for the president's report to the Communist Party congress", South China Morning Post, 29.10.2017, *https://www.scmp.com/news/china/policies-politics/article/2117513/5-men-10-months-and-1-long-speech-cadres-behind-xi*, a.a. 18.04.2023.

[297] Zhang Weiwei: „Xifang zoushuai de zhidu yuanyin" (Institutionelle Ursachen des Niedergangs des Westens). In: *Qiushi Zazhi* (Wahrheitssuche), Beijing, No. 17/2012, S. 64f.

[298] Zhang Weiwei: *The China Wave. Rise of a Civilizational State*, Hackensack N.Y., 2012, S. 131, 149.

[299] Felix E. Müller: „Die Krise stellt auch die Demokratie in Frage", in: *NZZaSo*, Zürich 29.01.2012, S. 19.

[300] „[...] democratic government doesn't on its own mean effective government. Today efficacy is the challenge". Tony Blair, quoted in: „Egyptian army had no choice over move to topple Morsi, says Tony Blair. Alternative to military intervention was a country in chaos, says former prime minister." In: *The Guardian*, 06.07.2013, *https://www.theguardian.com/world/2013/jul/07/egypt-army-morsi-tony-blair*, a.a. 13.04.2023.

[301] Zhang Weiwei: *The China Wave. Rise of a Civilizational State*, Hackensack N.Y., 2012, S. 116, 122.

[302] Patrik Wülser: „Ein politischer Krieg zwischen Volksgruppen“, in: *NZZ*, 05.08.2017, S. 5, *https://www.nzz.ch/international/wahlen-in-kenya-ein-politischer-krieg-zwischen-volksgruppen-ld.1309353?reduced=true*, a.a. 14.04.2023.

[303] David Signe: „Manchmal sind Wahlen Gift für die Demokratie“, in: *NZZ*, 24.08.2013, S. 9, *https://www.nzz.ch/manchmal-sind-wahlen-gift-fuer-die-demokratie-ld.712682*, a.a. 14.04.2023.

[304] Zhang Weiwei: *The China Wave*, S. 131.

[305] Zhang Weiwei: *The China Wave*, S. 131.

[306] Zhang Weiwei: „Xifang zou shuai de zhidu yuanyin“ (Institutionelle Gründe für den Niedergang des Westens), in: *Qiushi Zazhi* 求实杂志 (Wahrheitssuche), Beijing, No. 17/2012, S. 64 f.; online: „Zhongguo tese shehuizhuyi zhengzhi fazhan daolu de dutexing deng 5 ze“ (5 Kommentare, darunter über die Einzigartigkeit des politischen Entwicklungsweges mit chinesischen Besonderheiten), 02.05.2013, *http://www.bjqx.org.cn/portal/sites/site-111/qxweb/zjk/ShowArt06f7a577-c67e-4993-837b-b938e7be7aee.aspx.htm*, a.a. 14.04.2023.

[307] Zhang Weiwei: *The China Wave. Rise of a Civilizational State*, Hackensack N.Y., 2012, S. 131.

[308] Herrn Prof. Dr. iur. Alois Riklin, der von 1970 bis 2001 an der Universität St. Gallen Politikwissenschaft lehrte und dort als Prorektor (1976–1982) und Rektor (1982–1986) amtete, und Kantonsrichter Dr. phil. Stephan Zurfluh, Geschichtslehrer an der Stiftsschule Einsiedeln (1987–2017), verdanke ich wertvolle Hinweise und Anregungen. Siehe auch *Macht und Machtverschiebung. Schlüsselphänomene internationaler Politik – Festschrift für Xuewu Gu zum 65. Geburtstag*, Verlag Walter de Gruyter, Berlin 2022, S. 277 ff.

[309] „The liberal democracy and liberal internationalism of the West“, Kevin Rudd, 2022.

[310] Urs Schoettli: „Spät strebt China nach dem Platz an der Sonne“, in: *NZZ*, 13.03.2023, S. 19.

[311] Vgl. David Runciman: „Counter-Counter Revolution“, Rezension von *1979 and the Birth of the 21st Century* von Christian Caryl, London Review of Books, Basic, Juni 2013, 407, *https://www.lrb.co.uk/the-paper/v35/n18/david-runciman/counter-counter-revolution*, a.a. 10.04.2023.

[312] Am 19. März 2022 verbreitete *Vatikan News* folgende Nachricht: „Vatikan: Neues Grundgesetz veröffentlicht“, *https://www.vaticannews.va/de/vatikan/news/2022-03/vatikan-grundgesetz-praedicate-evangelium-kurie-reform-papst.html*; desgleichen die *NZZ*: „Reform im Vatikan – Heiliger Stuhl veröffentlicht neues Grundgesetz“, 20.03.2022, *https://www.nzz.ch/panorama/reform-im-vatikan-papst-veroeffentlicht-neues-grundgesetz-ld.1675523*, es handelt sich aber nicht um ein neues Grundgesetz des Vatikanstaates, sondern um eine neue Kurienverfassung, die an die Stelle der bisher gültigen Konstitution „Pastor bonus“ von 1988 (*https://www.vatican.va/content/john-paul-ii/de/apost_constitutions/documents/hf_jp-ii_apc_19880628_pastor-bonus-index.html*) tritt; „Vatikan veröffentlicht lang erwartete Kurienverfassung“, 20.03.2022 *https://www.deutschlandfunkkultur.de/vatikan-veroeffentlicht-lang-erwartete-kurienverfassung-102.html*, a.a. 10.04.2023.

[313] „Das Grundgesetz des Vatikanstaates“, 26. November 2000, *https://www.vatican.va/news_services/press/documentazione/documents/sp_ss_scv/informazione_generale/legge-fondamentale_ge.html*, a.a. 10.04.2023.

[314] *Das Grundgesetz des Vatikanstaates*, 26. November 2000, *https://www.vatican.va/content/john-paul-ii/de/motu_proprio/documents/hf_jp-ii_motu-proprio_20001126_legge-fondamentale-scv.html*; Mario Galgano: „Papst ändert Verfassung des Staates der Vatikanstadt", *https://www.vaticannews.va/de/vatikan/news/2023-05/papst-franziskus-vatikan-verfassung-aenderung-reform-grundgesetz.html*; Thomas Jansen: „Die absolute Monarchie bleibt. Der Papst hat ein neues ‚Grundgesetz' für den Vatikanstaat erlassen", 04.06.2023, *https://www.faz.net/aktuell/politik/ausland/absolute-monarchie-in-europa-papst-erlaesst-neues-grundgesetz-fuer-den-vatikan-18937585.html*, a.a. 06.06.2023.

[315] Articolo 1, „Il Sommo Pontefice, Sovrano dello Stato della Città del Vaticano, ha la pienezza della potestà di governo, che comprende il potere legislativo, esecutivo e giudiziario, s.Legge fondamentale dello Stato della Città del Vaticano", 13.05.2023, Legge fondamentale dello Stato della Città del Vaticano, *https://press.vatican.va/content/salastampa/it/bollettino/pubblico/2023/05/13/0365/00791.html*, a.a. 12.06.2023.

[316] Vgl. o. A.: „Papst Franziskus weist Rücktritt zurück", in: *TA*, 11.06.2021, S. 6.

[317] Wenn übrigens Xi Jinping so lange Staatsoberhaupt wie unbestrittenermaßen Königin Elisabeth II. (geb. 1926) sein wollte, dann könnte er bis 2048, also bis kurz vor seinem 100. Geburtstag, im Amt bleiben.

[318] Oliver Meiler: „Er wohnt im Gästehaus, regiert aber wie ein König. Zehn Jahre Papst Franziskus", in: *TA* 14.03.2013, S. 14.

[319] „Neujahrsempfang für das diplomatische Corps", letzte Aktualisierung 26.01.2022, *https://www.eda.admin.ch/eda/de/home/das-eda/organisation-deseda/departementsvorsteher/presidenza-2022/cerimonia-di-inizio-anno.html*; Justine McCarthy: „Papal nincio still to head diplomatic corps", in: *Sunday Times*, December 03.2011, *https://www.thetimes.co.uk/article/papal-nuncio-still-to-head-diplomatic-corps-nchclj9jdf8The*, a.a. 10.04.2023.

[320] Stefan Rebenich: „Untergang und Aufgang", Rezension von *Die Wiedergeburt Roms. Päpste, Herrscher und die Welt des Mittelalters*, von Peter Heather, in: *NZZ*, Sonderbeilage „Neue Sachbücher", 04.10.2014, S. 21; siehe auch: Michael Schoenenberger und Tobias Gafafer: „Eine Monarchie bringt sehr viel Stabilität. Der Erbprinz zum 300-Jahr-Jubiläum von Liechtenstein", in: *NZZ*, 14.08.2019, S. 1.

[321] O.A.: „Leserbriefe: Weltreiche gingen, die Kirche bleibt", in: *NZZaSo*, 27.06.2010, S. 18.

[322] „Chart of signatures and ratifications of Treaty 005 Convention for the Protection of Human Rights and Fundamental Freedoms Status as of 30/10/2021", *https://www.coe.int/en/web/conventions/full-list?module=signatures-by-treaty&treatynum=005*, a.a., 10.04.2023.

[323] Siehe auch Michael Meier: „Vatikan drängt Schweizer Laientheologen an den Rand", in: *TA*, 30.07.2020, S. 4; Tim Wirth: „Die Orgel hat mich fast aus der Kirchenbank gespickt", in: *TA*, 06.04.2021, S. 19; zur Frauenförderung in der katholischen Kirche siehe: o.A.: „Papst Franziskus beruft Frau in Vatikan-Regierung", in: *SZ*, 15.01.2020, *https://www.sueddeutsche.de/panorama/kirche-papst-franziskus-beruft-frau-in-vatikan-regierung-dpa.urn-newsml-dpa-com-20090101-200115-99-484664*, a.a. 10.04.2023; Michael Meier: „Bonnemains Frauenförderung ist eine Mogelpackung", in: *TA*, 19.04.2021, S. 2.

[324] Vgl. Anna-Lena Scholz: „Xi Jinping lächelt nicht", in: *DZ*, 28.10.2021, S. 38.

[325] Vgl. Katrin Büchenbacher: „‚Nicht akzeptabel, befremdlich und unverständlich' – Konfuzius-Institute deutscher Universitäten streichen Diskussion über Xi-Biografie", in: *NZZ*, 26.10.2021, S. 4; Katrin Büchenbacher: „Chinas Einfluss auf westliche Hochschulen. Universitäten müssen Konfuzius-Institute meiden", in: *NZZ*, 28.10.2021, S. 17.

[326] Deutschlandfunk 20.07.2023: „Kalenderblatt. Vatikan und NS-Deutschland. Das Reichskonkordat gilt noch immer", *https://www.deutschlandfunk.de/20-07-1933-das-ns-regime-und-der-vatikan-schliessen-das-reichskonkordat-dlf-1820cd42-100.html*, a.a. 21.07.2023.

[327] Deutschlandfunk 09.11.2022: „Kalenderblatt. Caritas-Gründung 1897. Von kleinen Einzelinitiativen zum größten Wohlfahrtsverband Deutschlands", *https://www.deutschlandfunk.de/vor-125-jahren-deutscher-caritas-verband-gegruendet-100.html*, a.a. 10.04.2023.

[328] Artikel 22: „Bei der Anstellung von katholischen Religionslehrern findet Verständigung zwischen dem Bischof und der Landesregierung statt. Lehrer, die wegen ihrer Lehre oder sittlichen Führung vom Bischof zur weiteren Erteilung des Religionsunterrichtes für ungeeignet erklärt worden sind, dürfen, solange dies Hindernis besteht, nicht als Religionslehrer verwendet werden."

[329] Vgl. Alois Riklin: „Hans Küngs Weg. Von der Kirchenreform zum ‚Projekt Weltethos'", in: *Sonntag*, 35/2021, S. 31; Briefliche Auskunft von Prof. Dr. Alois Riklin, 05.11.2021.

[330] Vgl. o.A.: „Radio- und TV-Tipps: SRF 1, 10.00 Uhr: Sternstunde Religion", in: *NZZ*, 21.11.2020, S. 63.

[331] Peter Voege: „Die Rolle von Papst Franziskus im Ukraine-Krieg", in: *SRF Echo der Zeit*, 11.04.2022, 18:00 Uhr, ca. Minute 4:40.

[332] Vgl. Carol Glatz: „Number of Catholics worldwide continues to grow", 29.03.2021, *https://www.ucanews.com/news/number-of-catholics-worldwide-continues-to-grow/91919#*.

[333] Vgl. Beate Paintner: „Das Verhältnis von staatlichem und kirchlichem Recht", 22.09.2013, *http://ra-paintner.de/Dokumente/RAePaintnerPartG_Verhältnis_Kirchenrecht_StaatlRecht.pdf*, S. 2, a.a. 10.04.2023.

[334] Vgl. Harro von Senger: „Religion in der VR China", in: Judith Schlehe, Boike Rehbein (Hg.): *Religion und die Modernität von Traditionen in Asien. Neukonfigurationen von Götter-, Geister- und Menschenwelten*, LIT Verlag, Berlin 2008.

[335] *CODEX DES KANONISCHEN RECHTES*, *https://diag-mav.de/images/pdf/cic.pdf*, a.a. 29.01.2023.

[336] Siehe hierzu Peter Gaupp: „Kubas Kirche in einer heiklen neuen Rolle", in: *NZZ*, 26.06.2010, S. 9; Robert Nef: „Die Kirchen und ihr Hang zu politischen Kampagnen", in: *NZZ*, 17.05.2021, S. 19.

[337] Peter Voege: „Die Rolle von Papst Franziskus im Ukraine-Krieg", in: *SRF Echo der Zeit*, 11.04.2022, 18:00 Uhr, ca. Minute 4:40.

[338] Siehe hierzu Hendrik W. Ohnesorge: „How Many Divisions? Soft Power, Personal Diplomacy, and the Holy See", in: Olusola Ogunnubi, Sheriff Folari (Hg.): *Religion and Global Politics: Soft Power in Nigeria and Beyond*, Lexington Books, Lanham, MD 2023.

[339] Stefan Aust und Adrian Geiges: *Xi Jinping. Der mächtigste Mann der Welt*, 4. Aufl., Piper, München 2021, S. 134.

[340] Thomas Assheuer: „Was nach dem Glauben kommt", in: *DZ*, 25.11.2021, S. 68.

[341] Siehe die Bildergalerie unter „Veranstaltungen“ der Deutsch-Chinesischen Gesellschaft Trier e. V., „Ein blinder Fleck in der westlichen China-Wahrnehmung: der Sinomarxismus“, 23.11.2021, *https://www.dcg-trier.de/veranstaltungen.php?action=fullnews&id=176*.

[342] Hans Küng: *Erkämpfte Freiheit. Erinnerungen*, Piper, München 2002, S. 97.

[343] Siehe Harro von Senger [Übersetzung und Kommentar]: *Sun Zi. Die Kunst des Krieges*, Reclam, Stuttgart 2021, S. 19.

[344] O. A.: „Still going strong. China's Communist Party at 100: the secret of its longevity“, in: *The Economist*, 26.06.2021, *https://www.economist.com/leaders/2021/06/26/chinas-communist-party-at-100-the-secret-of-its-longevity*, a. a. 10.04.2023.

[345] Thomas Assheuer: „Was nach dem Glauben kommt“, in: *DZ*, 25.11.2021, S. 68.

[346] Vgl. Tobias Glenz: „Was ist der Heilige Stuhl?“.

[347] Paul Widmer: „Das Ende des Kulturkampfes nach über 150 Jahren“, in: *NZZaSo*, 07.11.2021, S. 20.

[348] Vgl. Tobias Glenz: „Was ist der Heilige Stuhl?“.

[349] Sieglinde Geisel: „Das Kalkül des Kremls. Gespräch mit Timothy Snyder“, in: *Das Magazin 47*, 24.11.2018, S. 29.

[350] „Die Wirtschaftsprofessorin Keyu Jin Keyu Jin, interviewt von Sven Behrisch: Was denkt China über uns?“, in: *Das Magazin*, Beilage des *TA*, Nr. 20, 22.05.2021, S. 11, *https://epaper.tagesanzeiger.ch/article/20/30/2021-05-22/11/122866021*, a. a. 21.07.2023.

[351] Aussage von Michael Krüger, Geschäftsführer und literarischer Leiter des Carl Hanser Verlags in München; zitiert aus: „Fünf Hosen sind genug“, Interview: Manfred Papst, in: *Bücher am Sonntag*, Beilage zur *NZZaSo*, 07.10.2007, S. 12.

[352] Clemens Höges; Walter Mayr: „Im Nahmen Gottes. Vatikan. Nach dem Pfingstwunder zogen die Apostel in alle Welt – die Kirche entstand und […] wurde […] zur Weltmacht“, in: *DS*, Nr. 21/2018, S. 12.

[353] Ebenda.

[354] Klaus Brinkbäumer: „Danke, Donald“, in: *DS*, Nr. 11/2018, S. 19.

[355] Senior Experten Service (SES): *Jahresbericht 2016*, S. 9, *http://www.ses-bonn.de/aktuellespresse/jahresbericht.html*, a. a. 04.03.2018.

[356] Michael Rühle: „Die Nato im Zeitalter globalisierter Bedrohungen“, in: *NZZ*, 16.02.2018, S. 10.

[357] Markus Diem Meier: „Die Ursprünge des ‚Davos-Mannes'“, in: *TA*, 13.01.2018, S. 9.

[358] Alexander Smoltczyk: „Ein Schiff wird kommen“, in: *DS*, Nr. 3/2018, S. 85.

[359] Markus Diem Meier, ibid.

[360] S. hierzu *Strategeme 2*, Kap. 24.14 „Hegels List der Vernunft“.

[361] Ich stütze mich im Folgenden auf Katrin Büchenbacher, Philipp Wolf: „Deutschlands China-Problem“, in: *NZZ*, 22.05 2023, S. 5, *https://www.nzz.ch/international/deutschland-und-china-eine-komplizierte-beziehung-nzz-ld.1736263*; Marina Rudyak: „Effektive Chinapolitik braucht strategische Empathie braucht mehr Chinakompetenz“, 2022, *https://fourninesecurity.de/2023/01/19/effektive-chinapolitik-braucht-strategische-empathie-braucht-mehr-chinakompetenz*, a. a. 06.06.2023.

[362] Marina Rudyak, ebenda.

[363] „American intelligence and national security officials have for too long succumbed to wishful thinking about China's strategy […]", Michael Pillsbury: *The Hundred-Year Marathon*, Paperback Edition, St. Martin's Griffin, New York 2016, S. 238.

[364] Siehe „Ist das eigentliche Problem Europas und der USA mit China unerkannt?", *http://www.supraplanung.ch/pdf/us-fehleinschaetzungen-dervrch.pdf*, a. a. 07. 06. 2023; s. ferner: „Morphologie und China", in: Harro von Senger und andere: *Die anderen 68er*, Münster Verlag, Basel 2018, S. 237 ff.

[365] Marina Rudyak, ebenda.

[366] „Ein Gürtel und eine Straße: Chinas großer Wurf | ECFR", *https://ecfr.eu/berlin/publication/ein_guertel_und_eine_strasse_chinas_grosser_wurf/*, a. a. 06. 06. 2023.

[367] „Almost all U. S. officials relied on translations from the CIA translation center in Reston, Virginia to follow what was on the Chinese leadership's mind, because so few can actually read – and grasp the many crucial nuances of – the Chinese language. […] I have instructions not to translate nationalistic stuff", Michael Pillsbury, a. a. O., S. 96 f.

[368] Katrin Büchenbacher, Philipp Wolf, ebenda.

[369] Eberhard Sandschneider, *http://www.zo.uni-heidelberg.de/sinologie/shan/nl-archiv/2006_NL01.html*, a. a. 04. 03. 2018.

[370] „Guojia Gong Shang Xingzheng Guanli Zongju", *http://www.saic.gov.cn/*, a. a. 13. 03. 2018.

[371] Nach Diskussionen mit mir übersetzte Nie Jianqiang den Ausdruck mit „State Administration for the Control of Industry and Commerce", und zwar in: *The Enforcement of Intellectual Property Rights in China*, Cameron May Ltd, London 2006, S. 205. Es handelt sich um eine Berner juristische Dissertation, deren Zweitgutachter ich war. Nie Jianqiang ist 2018 Professor an der Rechtsfakultät der Wuhan Universität und dort Stellvertretender Direktor des Instituts für Internationales Recht.

[372] S. hierzu Harro von Senger: „Problems of the Implementation of WTO Law in the People's Republic of China", in: *Liber Memorialis Petar Sarcevic: Universalism, Tradition and the Individual*, Sellier, European Law Publishers, München 2006, S. 483 – 491.

[373] S. hierzu Harro von Senger in: *MoS*, S. 249 ff.

[374] S. die Webseite: *http://www.chinas-recht.de/*, a. a. 08. 06. 2023.

[375] „MERICS Papers on China. Made in China 2025. The making of a high-tech superpower and consequences for industrial countries", in: *MERICS Papers on China*, Nr. 2, December 2016, *https://www.merics.org/de/papers-on-china/made-china-2025*; *https://www.merics.org/sites/default/files/2020-04/Made%20in%20China%202025.pdf*, a. a. 19. 07. 2023.

[376] A. a. O., S. 16, siehe auch S. 18, 67 Fußnote 10 (ungenaue Übersetzung in Fußnote 7), 68 Fußnote 27 etc.

[377] Aussage von Sebastian Heilmann, Direktor des Mercator-Instituts für Chinastudien in Berlin, zitiert aus Lucy Hornby: „Living Marxism: the Chinese Communist party reasserts control", 06. 05. 2018, *https://www.ft.com/content/766d2a42-419d-11e8-803a-295c97e6fd0b*, a. a. 26. 05. 2018.

[378] Lin Yutang: *Mein Land und mein Volk*, übersetzt von Wilhelm Süskind, Deutsche Verlagsgesellschaft, Stuttgart 1935, S. 82.

[379] Ulrich Luz: *Das Evangelium nach Matthäus*, 2. Teil-Bd., Benziger Verlag, Einsiedeln 1990, S. 109 f.

[380] Pierre Bonnard: „Le serpent et la colombe - Adieu à l'Université", in: *Anamnèsis. Recherches sur le Nouveau Testament (Cahiers de la RThPh 3)*, Genèves, Lausanne, Neuchâtel 1980, S. 212.

[381] Abt M. W.: „Ab(t)artiges: Ablenkmanöver", in: *Kloster Einsiedeln*, Zeitschrift der Benediktinergemeinschaft Einsiedeln, Nr. 4/2005, S. 9.

[382] Joseph Ratzinger/Benedikt XVI.: *Jesus von Nazareth*, Verlag Herder, Freiburg i. Br. 2007, S. 432. Im Register der im Buch erwähnten *Bibel*-Stellen fehlt Matthäus 10,16.

[383] E-Mail vom 25. 01. 2006.

[384] Radio Vatikan. Die Stimme des Papstes und der Kirche - im Gespräch mit der Welt. Home/Vatikanische Dokumente. Franziskus: „Seid klug wie die Schlangen und arglos wie die Tauben", *http://de.radiovaticana.va/storico/2014/01/06/franziskus_%E2%80%9Eseid_klug_wie_die_schlangen_und_arglos_wie_die_tauben%E2%80%9C/ted-761540, 06. 01. 2014*, a. a. 06. 01. 2017; diese Webseite wurde bei der Ersetzung der Webadresse „Radio Vatikan" durch die Webadresse „Vatican News" stillgelegt, E-Mail-Auskunft vom 29. 01. 2018 von dott. Mario Galgano, Segreteria per la Comunicazione Direzione Editoriale - Centro Editoriale Multimediale 00120 Città del Vaticano; die Rede des Papstes vom 06. 01. 2014 kann nachgelesen werden unter *http://w2.vatican.va/content/francesco/de/homilies/2014/documents/papa-francesco_20140106_omelia-epifania.html*, a. a. 29. 01. 2018.

[385] „Seid klug wie Schlangen und arglos wie Tauben", veröffentlicht am 06. 01. 2014, *https://www.welt.de/politik/ausland/article123612151/Seid-klug-wie-Schlangen-und-arglos-wie-Tauben.html*, a. a. 03. 04. 2018.

[386] Wang Yitang, Redakteur der *RRH*: „‚Chang'e' qishi lu" (Aufzeichnungen der durch [die Mondrakete] ‚Chang'e' ausgelösten Inspirationen), in: *RRH*, 13. 12. 2007, S. 1.

[387] Jürgen Bertram: „China im Orkan des Wandels", in: *China-Report*, Nr. 45, 30. 01. 2007, S. 8.

6

Anhang

Peter von Matt und Harro von Senger: Ein interkulturelles Radiogespräch über die List[1]

Ein Gespräch von Angelika Schett mit dem Sinologen Harro von Senger und dem Germanisten Peter von Matt

Sprecherin: „Sie hören die ‚Passage 2', heute über listige Füchse und Intriganten. Die Chinesen kennen sich mit List gut aus, und auch mit Techniken der List. Der Sinologe Harro von Senger kennt sie alle und findet, dass auch wir in unserem Kulturkreis davon profitieren können. In einem seiner letzten Bücher zum Thema zeigt er, wie wir List richtig anwenden und die Listen der anderen durchschauen. Und der Literaturwissenschaftler Peter von Matt zeigt, dass auch unser westliches Denken viel mit List und Intrige zu tun hat. Angelika Schett hat ihn und Harro von Senger zum Gespräch eingeladen."

Angelika Schett: „Ja, ich freue mich sehr, mit zwei listkundigen Herren zusammenzusitzen. Immerhin unterstellt man ja eher den Damen, dass sie listig seien. Wobei die Listkunde ja nicht unbedingt synonym ist zu ‚Listig-Sein'. Lassen wir das mal dahingestellt. Peter von Matt, Sie haben ein Buch veröffentlicht zum Thema ‚Intrige – Theorie und Praxis der Hinterlist', und Sie haben die Weltliteratur daraufhin angeguckt, wo überall Intrigen, Listigkeiten usw. passieren. Was hat Sie eigentlich überhaupt dazu bewogen, denn Sie schreiben ja in Ihrem Buch auch, dass die Literaturwissenschaft die Hinterlist und Intrige ziemlich abschätzig behandelt hat – eigentlich gar nicht so in den Mittelpunkt gerückt hat?"

Peter von Matt: „Ja, die Literaturwissenschaft hat in den letzten Jahren oder Jahrzehnten eigentlich immer so getan, als ob das eine problemlose Angelegenheit sei und als ob es eigentlich ein Element der altmodischen Literatur sei. Also, moderne Literatur besteht u. a. darin, dass dieses Intrigenzeugs überwunden wird. Das hat mich provoziert. Das ist ein Interesse, das auf viele, viele Jahre zurückgeht. Ich habe an der Universität verschiedene Lehrveranstaltungen zu dem Thema gemacht. Zuletzt dann eine große Vorlesung, und aus dieser Vorlesung ist dann dieses Buch eigentlich herausgekommen. Meine Erkenntnis, die hinter dem ganzen Interesse stand, war die, dass im Erzählen der Menschheit, seit wir das Erzählen der Menschheit überhaupt überliefert haben, immer wieder die Intrige so etwas wie ein zentraler Motor des Erzählens, auch des Theaterspielens, ist, und, wenn man dann so tut, als sei das eine Quantité négligeable, dann macht man einen Fehler."

Angelika Schett: „Oder ist ignorant."

Peter von Matt: „Oder ist ignorant, ja. Es ist halt in den Wissenschaften wie anderswo: Jeder tut ein bisschen, was der andere tut. Und dann läuft die Sache so im Kreis herum."

Angelika Schett: „Harro von Senger, Sie lächeln schon ganz beipflichtend bezüglich der Aussage über die Wissenschaft von Peter von Matt. Sie sind ja der List sehr zugetan, aber auf einem anderen Hintergrund, nämlich dem chinesischen. Viele kennen wahrscheinlich auch schon Bücher von Ihnen – die Strategeme, die chinesischen Listen. Ihre These ist ja, dass wir Europäer ganz listenblind seien und die Chinesen uns da eine Menge voraushaben.

Können Sie dazu mal was sagen. Gerade auf dem Hintergrund, was Peter von Matt gerade sagte, die Weltliteratur ist voller Intrigen und Listen seien geradezu ein Motor des Geschehens. Also haben wir ja doch was mit Listen und Intrigen am Hut."

Harro von Senger: „Nun, ich gebe Herrn Peter von Matt völlig recht. Die Literatur, die Weltliteratur, auch im europäisch-westlichen Bereich, ist voller List. Die chinesische Literatur ist auch voller List, aber es besteht dann doch folgender Unterschied – meines Erachtens: Wir können drei Stufen der Listwahrnehmung unterscheiden. Die Nullstufe bei Adam und Eva. Sie erkennen nicht, dass die Schlange listig ist. Sie sind also listenblind im schlimmsten Sinne des Wortes. Adam und Eva essen beide dann den Apfel und werden bestraft. Das ist die Nullstufe der Listwahrnehmung. Dann kommt die mittlere Stufe der Listwahrnehmung, die wir bei Machiavelli finden, den Sie auch mehrmals erwähnen, Herr von Matt. Die besteht darin, dass der Schriftsteller, in diesem Falle Machiavelli, sich bewusst ist, dass in einem Vorgang List vorkommt und dass er das *verbalisiert.* Wir können das z.B. im *Il Principe* feststellen, dass er von Cesare Borgia an einer Stelle sagt: ‚Und nun wendet er eine List an.'[2] So steht das auch in der Reclam-Übersetzung. Es wird dann beschrieben, was er getan hat: Er hat sich verstellt, und die Orsini sind dann darauf hereingefallen. Die waren dann wieder listenblind. Sie haben das mit dem Leben bezahlt. Das ist die Höchststufe der Listwahrnehmung in der westlichen Literatur, dass also in einem Text, wenn es gut geht, irgendwann mal das Wort ‚List', wie bei Machiavelli, oder bei Molière in

Monsieur de Pourceaugnac ‚stratagème' vorkommt, dass also der Held dort sagt zu Lucie: ‚Beruhige dich, wir haben einige stratagèmes, wir werden das Problem schon lösen.'"[3]

Angelika Schett: „‚Stratagème' heißt List?"

Harro von Senger: „Ist ein Wort für List. Und nun kommt China, die chinesische Literatur, und da beobachte ich ein Phänomen, das mir aus der westlichen Literatur nicht bekannt ist, und ich habe das so dann eben auch nicht in Herrn von Matts Zitaten gefunden. Ich kann das ganz kurz anhand eines Dramas veranschaulichen. Es stammt aus der Yuan-Zeit und ist etwa 800 Jahre alt. Da wird jemand verfolgt, von zwei Häschern. Und sie kommen nun an einen Brunnen, und dort liegen die Kleider des Verfolgten. Für eine gewisse Zeit glauben sie, der hat sich in den Brunnen gestürzt und Selbstmord begangen. Bis plötzlich einer der Häscher sagt: ‚Wir sind einem Strategem aufgesessen.' Und nun kommt das Entscheidende, was meines Erachtens in der westlichen Literatur – ich bin sehr froh, dass Sie mich jetzt vielleicht gleich korrigieren werden – nicht vorkommt, nämlich folgende Frage. Der andere Häscher fragt: ‚Welchem Strategem?' Und was in der westlichen Literatur eben, glaube ich, auch nicht vorkommt, das ist die Antwort: ‚Dem Strategem, die Zikade entschlüpft ihrer goldglänzenden Hülle. Während wir hier nach ihm suchen', geht's dann weiter, ‚ist er schon längst über alle Berge, und wir haben kostbare Zeit verloren.' Diese Frage, dass in irgendeinem westlichen literarischen Werk der Autor ein Strategemopfer oder einen Beobachter fragen lässt: ‚Welches Strategem?' und dass dann eine andere Romanfigur oder Dramen- oder Tragödienfigur antwortet: ‚Ja diese Strategemtechnik hat den und den Namen' – das gibt es, glaube ich, bei uns nicht."

Angelika Schett: „Also werden bei uns die Strategeme, Listen nicht so dingfest gemacht?"

Peter von Matt: „Ja, was Herr von Senger jetzt gesagt hat und was er ja auch in seinen Werken und Büchern großartig dargestellt hat, immer wieder, ist die Tatsache, dass in der chinesischen Kultur, in der chinesischen Zivilisation, eine Art von Klassifizierung der List vorhanden ist, dass man die Listen in einer Weise benennt und kennt, dass man auf sie auch reflektierend zurückgreift. Wenn Sie sagen: ‚Die goldglänzende Zikade', also: ‚Es ist die List der goldglänzenden Zikade.' Es gibt natürlich in der westlichen Tradition solche Dinge schon auch, aber sie sind ganz sicher nicht in der Weise fast, ja fast wissenschaftlich klassifiziert wie im Chinesischen, was ich jetzt gehört habe. Aber wenn Sie denken, es gibt sehr viele Sprichwörter, die auf bestimmte Listverfahren hinweisen, die ich dann auch in Ihrer Auflistung der Strategeme zum Teil gefunden habe. Also: ‚Mit der Wurst nach dem Schinken werfen' sagen wir z. B. Man setzt etwas ein, um damit das Größere zu gewinnen. Oder: ‚Den Sack schlagen und den Esel meinen.' Das sind sprichwörtliche Formen der Benennung eines bestimmten listigen oder listähnlichen Verhaltens. Das andere, würde ich denken, ist auf die verschiedenen zivilisatorischen Räume verteilt. Bei den Jägern gibt es ganz sicher eine auch verbalisierte Skala von Tricks, also wie man den Köder legt, wie man dieses oder jenes Tier erreicht. In der Kriegsführung gibt es sicher die Kriegslisten, für die es, würde ich jetzt vermuten, auch eine bestimmte Nomenklatur gibt, in den Lehrbüchern, soweit diese immer noch existieren. Aber es stimmt natürlich, es ist ein Unterschied im Bewusstsein der List gegenüber und im Nachdenken, und wahrscheinlich auch in der Praxis des listigen Verhaltens. Meine Vermutung ist, dass diese Differenz in der moralisch-ethischen Beurteilung der List liegt."

Angelika Schett: „Das würde ich auch denken, weil hier geht's ja dann doch offensichtlich auch um eine andere Wertung in den jeweiligen Kulturkreisen."

Harro von Senger: „Andere Wertung der List. Es stimmt, was Sie sagen. Die List wird in China zweifellos anders gewertet. Warum? Sie wird der Kardinaltugend Weisheit zugeordnet. Das wichtigste chinesische Wort für ‚Intelligenz', ‚Klugheit' – Aussprache ‚zhi' – bedeutet gleichzeitig auch noch ‚Strategem' bzw. ‚Listkundigkeit'. Daraus ergibt sich natürlich eine grundsätzlich positive Bewertung der Listkundigkeit. Ein intelligenter Mensch aus chinesischer Sicht – der muss was von List verstehen, der kann nicht einfach so ahnungslos sein, wie gewisse Helden sind in den Romanen und Tragödien, die Sie da beschreiben."

Angelika Schett: „Welche Helden z. B.?"

Harro von Senger: „Sie schreiben: ‚Der Grieche ist gutmütig' in *The Postman Always Rings Twice.*[4] Der sieht gar nichts! Wenn das ein Chinese gewesen wäre, hätte er schnell gemerkt, dass da zwischen seiner Frau und diesem Herkömmling etwas läuft. Das ist z. B. solch ein Ahnungsloser. ‚Ahnungslos' – dieses Wort haben Sie oft benutzt.[5] Auch bei *Othello*. Das ist ja auch ein völlig ahnungsloser Typ. Das sind aus chinesischer Sicht keine wirklichen Helden. Chinesische Helden sind eher Odysseus-Typen. Das sind nicht unbedingt Gewaltmenschen, das müssen irgendwie schlaue Leute sein. Wobei es dann da wieder Gradunterschiede gibt: Zwei schlaue Helden kämpfen gegeneinander, und einer ist dann am Schluss noch etwas schlauer als der andere."

Angelika Schett: „Ganz kurz möchte ich unterbrechen. List und Gewalt. Das ist ja auch etwas. Sie, Herr von Matt, sagen ‚List oder Gewalt', und Sie, Herr von Senger, sagen, bei den Chinesen sei das nicht ein ‚Entweder-oder'."

Harro von Senger: „Nein, da sind verschiedene Kombinationen möglich. List ohne Gewalt und Gewalt mit List. Dafür haben Chinesen ein sehr schönes Sprichwort: Das ist wie ein Tiger, dem man noch Flügel aufsetzt, also ein gewalttätiger

Listiger. Beide Kombinationen sind möglich. Für uns ist es undenkbar, dass ein Diktator oder eine Supermacht listig ist. ‚Die arbeitet ja nur mit ihren Waffen.‘ So denken wir. Nein, nein, aus chinesischer Sicht kann gerade eine Supermacht zu all den Waffen, die sie hat, noch extrem listig sein. Chinesen haben das Sensorium. Ganz zum Schluss Ihres Werkes schreiben Sie, Herr von Matt, die Politik arbeite mit Intrige, und ohne ein Sensorium dafür kann man die Weltpolitik nicht verstehen.[6] Aus chinesischer Sicht lautet das etwa so: Die Politik und das ganze menschliche Leben arbeiten mit List – also es würde dann nicht so negativ mit ‚Intrige‘ bezeichnet – und ohne ein Sensorium für die List kann man das ganze menschliche Leben nicht verstehen. Und was ‚List‘ betrifft: Das ist natürlich auch noch ein großer Unterschied, wie ich ihn sehe. Aus chinesischer Sicht ist List nicht immer nur Täuschung, Lüge und Betrug. List kann auch täuschungsfrei sein, wie das im *Duden* steht."

Angelika Schett: „Ich darf auf die ‚Iphigenie‘ zu sprechen kommen, weil da auch Gewalt und List vorkommen. Herr von Matt, ich zitiere aus Ihrem Buch: ‚Gilt es, Listen zu ersinnen, sind die Frauen geschickt.‘ Da ist ja auch die Kombination, dass, wer nicht so viele Ressourcen hat – von Macht oder so etwas, halt auf die List ausweichen muss, deshalb auch ‚die listigen Frauen‘, weil in einer männerdominierten Welt denen nichts anderes übrig bleibt. Oder David und Goliath, also immer in diesem Gefälle von ‚jemand hat viel mehr zur Verfügung‘, da muss der andere halt auf den Intellekt, der ja irgendwie mit der List verbunden ist, zurückgreifen. Also doch eine andere Aufteilung. Ist das richtig?"

Peter von Matt: „Ich glaube schon. Wobei ich natürlich schon davon ausgehen würde, dass List und Gewalt von Natur aus nicht unbedingt ständig harmonisieren oder in einem Gleichgewicht sind. Denn es gibt zweifellos auch in der chinesischen Tradition – Sie müssen mich, Herr von Senger, korrigieren, wenn ich das falsch sage – die Konfrontation des Mächtigen mit dem Schwachen, wobei der Schwache gar keine Möglichkeit zur Gewalt hat, sondern eben der Gewalt des Mächtigen mit anderen Mitteln begegnen muss. Aber ich würde erwarten, dass vielleicht diese Konfrontation, die die europäische Tradition sehr stark prägt, nicht wahr, der Schwache, der zur List greift, gegen den Mächtigen, der die brutale Gewalt hat, dass diese Konfrontation vielleicht in einer anderen Weise [in China] reflektiert wird. Sie ist auch innerhalb der europäischen Tradition verschieden reflektiert worden. Bei Homer z.B. verachtet Achill die List, aber nicht aus ethischen Gründen, sondern aus Gründen der Ritterlichkeit. ‚Ich hab List nicht nötig', also ich bin so stark – List ist schon ein Schwächezeichen. Und er weigert sich, Troja mit einer List zu erobern, was dann letztlich doch nicht anders geht. Aber für uns dann später, in der späteren Entwicklung der griechischen und vor allem dann der christlichen Tradition steht List unter dem schweren Stigma der Lüge, der Falschheit, des Verstoßes gegen die Wahrheit. Der ganze Intrigendiskurs in der europäischen Geschichte und Kultur ist überaus massiv geprägt von dieser Dominanz des Themas ‚Darf ich gegen die Wahrheit verstoßen? Darf ich lügen, um einer besseren Sache willen? Darf ich täuschen?' – denn Täuschung ist ja eine Form von Lüge – um einer richtigen Sache willen? Während, so wie ich jetzt von Herrn von Senger höre, dieses Spannungsfeld offenbar im Chinesischen mehr eher ein spielerisches ist als ein ethisches oder moralisches Dilemma."

Harro von Senger: „Habe ich das richtig in Erinnerung, dass Sie gerade über Achill, der so gegen die List ist, geschrieben haben, er wurde überlistet und kam so in den Krieg?"[7]

Peter von Matt: „Er wird auch überlistet, das stimmt."

Harro von Senger: „Ist das nicht der, den die Mutter in Mädchenkleidung gesteckt hat? Und dann nachher kam der Odysseus und hat doch das Spielchen mit den goldenen Waffen inszeniert. Und dann haben diese Mädchen zuerst alle miteinander gespielt. Und dann hat Odysseus irgendein Kriegshorn oder dergleichen ertönen lassen. Ein Mädchen hat dann sofort zur Waffe gegriffen. Dadurch hat Odysseus den Achill gefunden. Achill wurde also erst durch eine List in den Krieg hineingezogen. Man ersieht daraus, dass es besser für Achill gewesen wäre, wenn er von klein auf etwas von List verstanden hätte, dann hätte er diesen ganzen Krieg vermeiden können und wäre nicht auf diese List hereingefallen. Das ist gerade wieder so ein Beispiel eines Helden, der völlig listenblind, würde ich mal sagen, ist. Daher ist er auf die List des Odysseus hereingefallen. Aus chinesischer Sicht wird, wie ich schon gesagt habe, die List erstens zur Weisheit gezählt, zur Klugheit – ein kluger Mensch muss einfach listig sein. Das kann man übrigens schon bei Konfuzius nachweisen. Er hat Leute als ‚Weise' bezeichnet, die mit List irgendwelche Probleme gelöst haben. Und zweitens, List wird eben nicht mit Lüge oder Betrug gleichgesetzt, sondern es wird [in China] so verstanden, wie das auch im *Duden* übrigens steht. Im *Duden* wird die List definiert als ‚Mittel, mit dem man etwas (andere täuschend) zu erreichen sucht, was man auf normalem Wege nicht erreichen könnte'. Die *Duden*-Redaktion, die mir übrigens sämtliche, etwa 50 Belege aus der deutschen Literatur geschickt hat, hat mir diese Klammer um ‚andere täuschend' erklärt damit, dass die Täuschung und die Lüge eben nicht zum Wesen der List gehören."

Peter von Matt: „Die *Duden*-Redaktion würde ich jetzt nicht sozusagen als den Vatikan der Wortdeutungen [ansehen]."

Harro von Senger: „Als Brücke zu China, darum zitiere ich es. Die *Duden*-Redaktion ist kein Vatikan, aber es ist merkwürdig, dass die *Duden*-Redaktion gestützt nur auf deutschsprachige literarische Auszüge, die sie mir alle geschickt hat, zu einem eigentlich identischen Ergebnis in Bezug auf die Deutung der List kommt, wie man sie in China schon seit Jahrtausenden hat. List ist eine Dialektik zwischen routinemäßigem Denken und außerroutinemäßigem Denken, Denken nach Schema F und Denken völlig außerhalb des Schemas F. Das findet man eben intelligent, dass ein Mensch nicht immer so routinemäßig denken kann, sondern manchmal aus dieser Routine ausbricht und auf einem Weg zu einem Ziel kommt, über den dann andere Menschen sagen: ‚Darauf wäre ich jetzt nicht gekommen', und das findet man intelligent, und daran freut man sich dann auch, sogar wenn ein Bösewicht eine Listtechnik anwendet, die man dann genau bezeichnen kann und sagen kann, das ist jetzt die und die Listtechnik. Wie im Beispiel des Verfolgten. Der Leser findet das raffiniert, auch wenn der Held kein Sympathieträger ist. Dass dieser jetzt auf solch einen Lösungsweg gekommen ist, das ist etwas, worüber Chinesen diskutieren: Ist es *die* Listtechnik? Ist es eine andere? Das ist eine intellektuelle Anregung, über verschiedene Deutungen dieser List, nicht moralisch, sondern nur unter dem Gesichtspunkt der Listtechnik, zu diskutieren."

Peter von Matt: „Natürlich, aber ich meine, die Konstellationen des Schlauen gegen den Mächtigen oder die Genialität des Schlauen, die Attraktivität des raffinierten Mechanemas, um den griechischen Begriff für die Intrige zu nehmen, für das Strategem, diese Faszination gibt es ja auch. Das Problem ist, dass früher oder später List ja auf jemandes Kosten geht. In dem Moment, wo wir den ganzen konkreten Prozess sehen, stellt sich die Frage, auch für uns selber die ästhetische Frage, die ja auch in der deutschen Literaturtheorie, in der Klassik etwa, häufig diskutiert wurde: ‚Dürfen wir Wohlgefallen haben an den Strategien und Strategemen eines Intriganten, die auf Kosten guter Menschen gehen?‘ Und Schiller sagt einmal, es ist nicht möglich, eine brillante Strategie nicht mit einer gewissen Faszination zu verfolgen, einfach wegen der inneren Logik und wegen der Erfindungskraft des Listigen. Aber irgendwann stellt sich ja dann die Frage eben: ‚Auf wessen Kosten ist das gegangen?‘ In der europäischen Tradition gibt es dieses Dilemma immer, zwischen der Faszination des Listigen um seiner reinen Genialität willen und der moralischen Dimension. Das europäische Erzählen hat sich ja dann sehr stark z. B. in die Tierfabel geschlichen, weil sie dort von Tieren, von listigen Tieren reden und erzählen konnten, die ja dann als Tiere eben nicht unter den gleichen moralischen Normen wie die Menschen stehen. Das Bedürfnis aber, den Listigen zu verfolgen und den Listigen zu beobachten, und das Gefallen an der List des Listigen und an dessen Tricks, ich glaube, das ist jenseits der Differenz zwischen Westen und Osten ein menschliches Basisphänomen. Sonst würden nicht überall solche Geschichten erzählt.“

Angelika Schett: „Das macht ja auch viel von dem Verlauf der Geschichte aus usw. Mir fällt gerade ein, mir fällt kein literarisches Beispiel ein, aber es gibt ja auch so Geschichten, bei denen irgendwann die Unschuld siegt und nicht diese unglaublich ziselierte Listigkeit. Also dass so das reine Gemüt eigentlich nachher viel besser rauskommt als die Person, die sich ich weiß nicht was für Ränkeschmiedereien usw. ausgedacht hat. Das gibt’s bei uns ja glaube ich schon auch.“

Peter von Matt: „Ja, wir haben ja auch solche Kategorien, z. B. in der Märchenforschung gibt es viele so Typologien von bestimmten Handlungsmustern. Zum Beispiel der ‚fox outfoxed‘. Also der Fuchs in der eigenen Schlinge. Was übrigens auch wieder in einem Sprichwort vorkommt: ‚Wer einem anderen eine Grube gräbt, fällt selbst hinein.‘ Und die Situationen des in die eigene Falle Tretens und Geratens, die sind verwandt mit dem, was Sie jetzt gesagt haben, der Rettung der Unschuldigen dadurch, dass der Schlaue überschlau ist."

Harro von Senger: „Zum ‚fox outfoxed'.[8] Da haben Sie eine interessante Fabel gebracht: der Fuchs und der Storch.[9] Der Fuchs lädt zuerst den Storch ein und serviert ihm auf einem flachen Teller Flüssiges, sodass der Storch mit seinem langen Schnabel das nicht essen kann. Nachher lädt der Storch den Fuchs ein und serviert ihm etwas in Flaschen mit ganz schmalem Hals, sodass der Fuchs die köstlichen Speisen nicht essen kann. Ich finde, dies ist eine sehr interessante, gleichgewichtige Fabel. Ich weiß jetzt nicht, auf wessen Kosten? Auf beider Kosten geht diese Fabel letzten Endes, beide kommen dran. Aber aus chinesischer Sicht stellt sich die interessante Frage erst noch: Was ist das für eine Listtechnik, die jetzt hier der Fuchs und dann nachher der Storch anwenden? Wie genau heißt jetzt diese Listtechnik? Wittgenstein sagt: ‚Die Grenzen meiner Sprache sind die Grenzen meiner Welt.' Durch diese Listterminologie, die man von den Chinesen bekommt, kann man zu ganz neuen Grenzen vorstoßen und sich fragen: ‚Was wollen die beiden eigentlich?'"

Angelika Schett: „Wüssten Sie da was?"

Harro von Senger: „Es wird leider nicht näher erläutert. Sie, Herr von Matt, haben nicht geschrieben, warum Fuchs und Storch das machen. Ich habe mir etwas zusammengereimt, das ist – Sie können mich aber gerne korrigieren – das Strategem Nr. 15 ‚Diao hu li shan – Den Tiger vom Berg in die Ebene locken'. Jemanden also in eine hilflose Situation versetzen, und vermutlich ist es, ethisch gesehen, eine ‚Scherzstrategem-Geschichte'. Wahrscheinlich soll man lachen über diese beiden Figuren. Es soll nicht etwas Böses angetan werden, es ist hier auch keine böse Verstellung zu sehen, sondern es ist vermutlich ein Scherz, eine Scherzlist, wie ich das nenne. Es gibt destruktive List, konstruktive List und Scherzlist. Aber bitte, Sie kennen das vielleicht noch besser. Sie haben es ja zitiert. Sie können das vielleicht noch besser erklären."

Peter von Matt: „Ich würde sagen, in der europäischen Tradition kann man auf den Vorgang, der in dieser Geschichte dargestellt wird, verweisen, rein mit dem Begriff ‚der Fuchs und der Storch'. Diese Fabeln, die waren so allgemein bekannt – man sieht ja schon, in Rhäzüns z. B. gibt es aus der Romanik ein wunderbares Fresko mit dem Fuchs und dem Storch. In fast allen romanischen Kirchen oder in sehr vielen kommen irgendwo auf einem Kapitell der Fuchs und der Storch vor. Es hat dann zum Teil sogar theologische Deutungen gegeben davon und alles Mögliche. Aber die Tatsache, dass diese kleinen Grundgeschichten so verbreitet waren, hat dazu geführt, dass in gewisser Weise so etwas wie eine Terminologie entstanden ist. Sicher nicht in dieser reflektierten Klarheit wie in der chinesischen Zivilisation. Aber dass man mit einem Wort dann doch darauf verweisen kann und das dann auch anwenden kann auf bestimmte Verhaltensweisen – dem müsste man einmal nachgehen. So z. B. der Hase und der Igel. Das ist eine klassische List! Und wenn ich heute irgendwo in einer Gesellschaft sage, das ist wie der Hase und der Igel, dann wissen alle, was gemeint ist, und sie wissen genau, es ist eine bestimmte List. Der Hase rennt sich zu Tode, und der Igel hat einfach sich aufgeteilt."

Angelika Schett: „Ist vielleicht der Unterschied, Harro von Senger, dass wir das alle kennen und wissen und auch unsere Assoziationen dazu haben, aber dass wir das nicht jetzt als Erfahrungshintergrund oder als Ressource in unsere Handlungen einbauen? Oder wir vielleicht irgendwie tumblistig sind?"

Harro von Senger: „Die Listen wurden nie so zusammengestellt wie in China. In China wurde vor etwa 500 Jahren das Traktat geschrieben *Sanshiliu Ji: Miben Bingfa - Die 36 Strategeme: Das geheime Buch der Kriegskunst*. Die Kapitel sind mit Listtechnikbezeichnungen betitelt, also nicht mit irgendwelchen Anekdoten, sondern mit Listtechnikbezeichnungen, z.B. das erste Kapitel ‚Man tian guo hai: Den Himmel täuschend das Meer überqueren'. Dann kommt in jedem Kapitel ein Theorieteil sowie ein Exempla-, also ein Beispielteil. In dem Beispielteil werden konkrete historische Beispiele aus der chinesischen Militärgeschichte gebracht, bei denen die betreffende Listtechnik angewandt worden ist. Natürlich, irgendwo sprechen Sie, Herr Peter von Matt, zu Recht von anthropologischer Universale.[10] Die Listigkeit ist auch nach meiner Überzeugung, da sind wir völlig einer Meinung, eine weltweite anthropologische Konstante. Überall gibt es List. Dass sich das bei uns auch sprachlich niedergeschlagen hat, sogar in gewissen Listformeln, ist dann einfach logisch, das muss so sein. Aber wir sind dann nie so weit in der Systematisierung und in der Zusammenstellung dieser Listtechniken gegangen. ‚Hase und Igel', ‚jemanden aufs Glatteis führen', ‚den Wind aus den Segeln nehmen' - ich sehe jetzt einen Zusammenhang zwischen diesen Sprichwörtern. Für mich sind das alles Listformeln. Aber wenn man verfolgt, wie diese Redewendungen in der Presse verwendet werden, dann stellt man fest, dass sie zum Teil auch zur Kennzeichnung von listigen Vorgängen verwendet werden. Oft aber werden sie einfach nur rhetorisch eingesetzt. Der Journalist findet, dass er damit etwas Farbe in seinen Artikel bringt, wenn er eine Redewendung wie ‚Hase und Igel' verwendet. Diese deutschen Listformeln werden aber nicht mit dem ausgeprägten Listsensorium benutzt, mit dem Chinesen z.B. die amerikanische Politik oder Menschenrechtskritik usw. mit ganz präzisen Listtechniken bezeichnen und sagen, das ist *die* Listtechnik, die die Amerikaner mit ihrer neuen Menschenrechtskritik jetzt wieder praktizieren, passt auf Chinesen, durchschaut das, fallt jetzt nicht auf diese List hinein und, und, und."

Peter von Matt: „Das heißt aber doch wohl, dass dieser Katalog der Listen und diese Wissenschaft von der List, die in diesem Katalog sich eigentlich spiegelt, dieses wissenschaftliche, systematische Umgehen mit List und Listformen, dass das ja auch gelehrt wird. Denn sonst würde das nicht in dieser Weise existieren. Hier liegt vielleicht überhaupt der entscheidende Punkt: Es ist bei uns unvorstellbar, dass man die Kinder Listen lehrt, weil man dann genau in die moralische Falle tappt oder sagt: ‚Ich lehre sie eigentlich das Lügen und Betrügen', während in China – wenn ich Ihnen das jetzt unterstelle, Sie können ja dann sagen, es stimme nicht, aber was ich jetzt von Ihnen gehört habe – würde man die jungen Leute diesen Katalog der Listen lehren, damit sie sich vernünftig durch das Leben schlagen können. Hier öffnet sich sicher eine Kluft, die ist natürlich interessant, und die hängt mit Kategorien der Sittlichkeit, der Moral zusammen. Nicht dass die Chinesen nicht moralisch wären! Aber, sie stehen nicht unter diesem, vermute ich, unter diesem rigiden Wahrheitsbegriff, der sich bei uns im Verlauf der Zeit, seit den Griechen und dann im Christentum, entwickelt hat."

Angelika Schett: „Interessant, wenn ich das noch schnell dazwischen sagen darf, ist ja auch, das kommt bei Ihnen im Buch auch vor, Peter von Matt, dass es ja auch eine Befähigung der Menschen ist, das Leben, das Schicksal in die Hand zu nehmen und es nicht als von oben gesteuertes über sich ergießen zu lassen. Gerade das Listigsein – also das gibt es ja auch bei uns, das hat ja auch ganze geschichtliche Hintergründe, Philosophie und so ist davon durchzogen. Da sind wir ja auch ein bisschen im Zwiespalt. Ist das für die Chinesen leichter, weil das so eine Tradition hat und so katalogisiert ist. Haben die da nicht so viele moralische Bauchschmerzen?“

Harro von Senger: „Herr von Matt, Sie erwähnen ja sehr häufig Grimms Märchen. Ich habe auch die Fußnoten in Ihrem Buch gelesen, viele verweisen darauf. Ich würde nie sagen, diese Märchen seien listfrei. Grimms Märchen sind gespickt mit List. Ich erinnere an Hänsel und Gretel. Da fängt es ja schon an mit den Eltern, die in der Nacht sagen, wir müssen unsere Kinder verhungern lassen, wir haben kein Geld mehr für sie. Sie verschweigen das vor den Kindern. Der Hänsel hört das zufällig usw., bis hin zur Gretel, die dem Hänsel sagt, steck ein Hühnerbeinchen durch das Gitter, damit die Hexe noch nicht weiß, dass du schon gemästet bist, bis hin zur Szene, wo die Gretel der Hexe sagt, die ihr sagt, sie solle den Ofen anfeuern: ‚Ich weiß nicht, wie man das macht, könntest du, Hexe, das vormachen?‘ Gretel spiegelt da Unwissen vor, und dann kann sie die Hexe in den Ofen stoßen. So wird den Kindern bei uns schon von klein auf List beigebracht. Aber jetzt der große Unterschied. Das ist die Wahrnehmungsstufe. In China gibt es auch solche Geschichten. Aber dort wird dann eben sehr oft noch die Listtechnik den Kindern beigebracht. Nur das ist der Unterschied. Das Märchen ‚Hänsel und Gretel‘ würde ich – vom Verfasser her gesehen – als ein listenblindes Märchen bezeichnen, weil das Wort List nicht ein einziges Mal vorkommt, geschweige denn irgendeine Listtechnik. Es wird einfach nur der Vorgang geschildert, der uns natürlich sehr listig vorkommt. So wird das Kind irgendwie unterbewusst ständig mit List berieselt. ‚Das tapfere Schneiderlein‘ ist ein weiteres Beispiel. Es sollte übrigens eher ‚Das listige Schneiderlein‘ heißen, denn tapfer ist es ja eigentlich nicht. Vom Baum herab wirft es abwechselnd mal dem einen, mal dem anderen Riesen Steine an den Kopf, aber wo ist da die Tapferkeit?“

Angelika Schett: „Als Ironisierung würde ich sagen."

Harro von Senger: „Es ist sehr listig. Es wendet die List Nr. 33, das Strategem des Zwietrachtsäens, und Strategem Nr. 3, ‚Mit dem Messer eines anderen töten', an und kommt so zum Erfolg. Das ist der Unterschied, dass den Chinesen noch bewusst gemacht wird, wie die einzelnen Listen, die da geschildert werden, heißen. Die Folge ist, dass dieses Sensorium, das Sie, Herr von Matt, einfordern am Ende Ihres Buches ‚zum Verständnis der Weltpolitik', viel besser geschult wird in China als bei uns. Bei uns wird es auch geschult, aber nicht so gut wie in China. Hier würde ich den Unterschied sehen."

Peter von Matt: „Das würde ich Ihnen ohne Weiteres abnehmen. Ich bin ja auch der Meinung, dass in der Politik der Bereich der List in einem hoch entwickelten Sinne eigentlich immer auch der Bereich der Diplomatie war, und dass Diplomatie die viel höher stehende Form der politischen Auseinandersetzung ist als das gegenseitige Sich-tot-Schlagen, an dem wir heute ja wieder in einer Weise zu tragen haben und das wir heute wieder in einer Weise mit ansehen müssen, das ja eigentlich an die finstersten Zeiten der Weltgeschichte erinnert, während gerade die Formen der Diplomatie verkümmern. Weltpolitisch haben wir heute eine verkümmerte Diplomatie und eine hoch entwickelte Schießerei. Da faszinieren mich, Herr von Senger, Ihre Aussagen über die hoch entwickelten Lehren vom listigen Sich-Verhalten bei den Chinesen, das fasziniert mich außerordentlich. Ich glaube, es kann sogar sein, dass wir hier in der westlichen Welt in eine Falle der moralischen Tradition getreten sind, indem wir nämlich meinen: ‚Ich habe recht, und weil ich recht habe, darf ich losschlagen.' Und es wird im Bewusstsein, dass man recht hat, geschossen und bombardiert gegen Leute, die in der genau gleichen Weise von ihrem eigenen Recht überzeugt sind, und das führt zu einer vollkommen absurden Situation.

Diese wäre viel besser zu bewältigen, wenn man mit subtileren Mitteln gegeneinander losginge. Denn dann würde man zuletzt auch sehen, wer wirklich der Gescheitere ist."

Harro von Senger: „Zur Diplomatie darf ich vielleicht eine kleine Episode erzählen, über die der *Spiegel* berichtet hat. Der damalige deutsche Umweltminister Klaus Töpfer hat in Peking die Menschenrechte eingefordert. Daraufhin hat ihm der chinesische Ministerpräsident geantwortet, ja, die Menschenrechte können wir schon gewähren, wäre Deutschland aber auch bereit, jährlich zwischen zehn und 15 Millionen Chinesen aufzunehmen. Daraufhin steht im *Spiegel* über Töpfer, der Zynismus dieser Antwort habe ihn so entwaffnet, dass er nichts mehr gesagt habe. Es fiel das Wort ‚Zynismus'. Eine zynische Antwort ist so etwas wie eine höhnische oder harte Antwort. Wenn Sie diese Antwort jetzt einem Chinesen zeigen, wird er das nicht in die Schublade des Zynismus legen, sondern er wird sagen, das war eine hochgradig listige Antwort. Und jetzt stellt sich für einen Chinesen, unabhängig von jeder Moral – wer hat jetzt da recht oder unrecht –, die Frage: Wie heißen die Listtechniken, mit denen der chinesische Ministerpräsident den deutschen Umweltminister in Bruchteilen von Sekunden in einem Thema, in dem sich ein Deutscher unglaublich stark fühlt, an die Wand gespielt? Da hat man jetzt wunderbare Antworten. Diese Terminologie haben wir aber leider nicht. Listige Formeln haben wir zwar, die wurden aber nie geordnet oder zusammengestellt. Hier kam das Kraftentziehungsstrategem Nr. 19 ‚Fu di chou xin – Unter dem Kessel das Brennholz wegziehen' zum Einsatz. Zudem benutzte er das Strategem Nr. 30 ‚Fan ke wei zhu – Die Rolle des Gastes in die des Gastgebers umkehren'. Dieses Strategem kommt übrigens in einigen der Tragödien, die Sie, Herr Peter von Matt, erwähnen, auch vor."

Peter von Matt: „Bei Volpone."[11]

Harro von Senger: „… und Mosca. Dort spielt dieses Strategem auch eine wichtige Rolle. Der chinesische Ministerpräsident wandelte also die Rolle des Gastes in die des Gastgebers um. Der Gast ist der passive Teilnehmer eines Dialogs, der Gastgeber der aktive. Der deutsche Umweltminister brachte die Menschenrechtsfrage überhaupt erst ins Gespräch, er war da am Drücker, und durch die Gegenfrage war plötzlich der chinesische Ministerpräsident am Drücker. Der Deutsche wollte nicht mehr weiter über Menschenrechte reden. Wenn wir das ganz genau analysieren wollen und uns fragen: ‚Um was geht es? Wollte der Chinese den Deutschen vorführen, blamieren?' Sicher nicht. Letztendlich benutzte er ein Fluchtstrategem, das Strategem Nr. 36 ‚Zou wei shang – Wegrennen ist das Beste'. Der Chinese wollte so schnell wie möglich von diesem Thema weg, aber auf eine elegante Art und Weise. Nicht indem er bieder und wahrhaft sagt: ‚Hören Sie, Sie sind Umweltminister, lassen Sie uns über die Umwelt reden!', sondern indem der andere nicht mehr weiterredet, beendet er das Gespräch."

Angelika Schett: „Harro von Senger, Sie haben gerade gesagt ‚bieder und wahrhaft'. Ich hatte ja schon einmal vor geraumer Zeit Iphigenie angesprochen. Peter von Matt, könnten Sie kurz zusammenfassen, wie die Iphigenie ihr Problem löst, bei Goethe, nicht bei Euripides."

Peter von Matt: „Ja, also es ist ja eine alte Geschichte, und Goethe hat sie wieder aufgegriffen. Die Iphigenie ist Priesterin auf einer Insel. Ihr Bruder wird gefangen. Sie hat zuerst nicht gewusst, dass es ihr Bruder ist. Er soll hingerichtet werden, weil es ein Gesetz gibt, dass die Fremden hingerichtet werden, und zwar von der Iphigenie selber soll er geopfert werden, denn die Iphigenie ist Priesterin dort. Sie steht also in der akuten Gefahr, dass sie ihren eigenen Bruder töten muss. Jetzt beginnt sie mit dem Bruder zusammen eine

List, und das ist diese List, die in älteren ‚Iphigenien' durchgeführt wird. Und sie fängt damit an. Es soll dem König etwas vorgegaukelt werden, damit die Iphigenie und ihr Bruder ein Schiff erreichen können, und mit diesem Schiff wollen sie dann zusammen abhauen. In dem entscheidenden Gespräch zwischen Iphigenie und dem König, wo sie ihn in dieser Weise jetzt belügen müsste und den entscheidenden Schritt im Zusammenhang der List, des Plots, des Mechanemas durchführen müsste, mitten in diesem Gespräch sagt sie: ‚Nein! Schluss! Ich will nicht lügen! Entweder oder! Ich setz es jetzt auf die Wahrheit! Man soll die Wahrheit sagen als Mensch. Ich sag dir, was es ist! Das ist mein Bruder, ich bin aus diesem Geschlecht der Tantaliden, wir haben geplant, dass wir jetzt abhauen, ich bitte dich, lass uns gehen', aber, das ist jetzt die Situation der Wahrheit, und sie riskiert damit eigentlich alles. Sie übergibt die ganze Verantwortung dem König, aber sie pokert sozusagen auf dessen Humanität. Bei Goethe – das ist ja ein Schauspiel der Humanität –, bei Goethe ist es dann so, dass durch die Wahrheit der andere eben erschüttert wird, bewegt wird, und selber human wird und die beiden ziehen lässt."

Angelika Schett: „Genau! Und bei Ihnen Harro von Senger, mit der chinesischen Optik, gucken Sie das ein bisschen anders?"[12]

Harro von Senger: „Also es ist völlig richtig, dem stimme ich allem völlig zu, was Sie sagen, dass sie nicht lügt. Aber von dem weiten Listbegriff her gesehen bedeutet Nichtlügen nicht ‚Nichtlistigsein'. Man kann, ohne zu lügen, listig sein. Es ist genau so, wie Sie, Herr von Matt, gesagt haben: Sie legt das Schicksal der beiden in die Hand des Königs. Aber sie macht das eben raffiniert! Sie sagt z. B.: ‚Lass mich mit reinem Herzen und reiner Hand hinübergehen und unser Haus entsühnen. Du hältst mir Wort!' Er hat ihr eben irgendwann mal versprochen gehabt, dass er sie ziehen lässt. Und wenn man das eben jetzt alles noch einmal etwas genauer anschaut, dann hat sie so raffiniert ihm die Wahrheit gesagt und ihn so an seiner Ehre gepackt, an sein Wort erinnert, dass er ihr bei irgendwelchen Umständen die Heimreise gestatte, dass sie eigentlich das Strategem 19 anwendet, das Kraftentziehungsstrategem ‚Unter dem Kessel das Brennholz wegziehen'. Jede Lust, dieser ehrlichen, wahrhaftigen, so edlen Frau noch irgendeinen Wunsch abzuschlagen, der vergeht diesem König angesichts von so viel Ehrlichkeit und Wahrhaftigkeit. So gesehen gelingt ihr dann mit dieser List auch ein bisschen das Strategem Nr. 34. Ich bringe in meinem Buch *Strategeme*[13] unter der List 34 solche Beispiele, dass man sich völlig ergibt dem Gegner und unglaublich devot ist. Das ist die List des leidenden Fleisches. Also dass man sich praktisch opfert, bereit ist zu sterben, und dadurch den anderen so unglaublich berührt, dass der andere dann einem eigentlich seine Wünsche erfüllt. Goethe hat das so gesehen wie Sie, Herr von Matt. Das sieht man dann nachher auch an Orest, der gesagt hat: ‚Gewalt und List, der Männer höchster Ruhm, wird durch die Wahrheit dieser hohen Seele beschämt und reines, kindliches Vertrauen zu einem Edelmanne wird belohnt!' Goethe lässt den Orest sagen, das war jetzt keine List. Aber wenn ich die chinesische Strategembrille aufsetze, geht Goethe von dem engen Listbegriff – List gleich Lüge und Betrug – aus und sieht dann natürlich keine List. Aber von dem weiten, auf das Element der Täuschung verzichtenden Listbegriff aus gesehen, kann man das sicher auch als eine ganz besonders gut gelungene und ethisch völlig einwandfreie, eine reine – Sie sagen ja ‚weiße Intrige'[14], es ist keine Intrige – aber eine ‚weiße List', eine blendend weiße List ansehen."

Peter von Matt: „Ja, das ist natürlich interessant. Sie lesen jetzt diesen Plot der Iphigenie gewissermaßen listwissenschaftlich, listtheoretisch, und Sie sehen da, die sagt das und das in der und der Situation. Also wendet sie dieses Liststrategem an. Worauf Sie jetzt selber hingewiesen haben, dass natürlich im Stück selber die Deutung eine andere ist. Die Frage ist jetzt, ist die Deutung auch bei der Iphigenie eine andere? Denn wenn die Figur selber an diesen Wahrheitstrick, wie Sie sagen würden, um der Wahrheit als eines höchsten Wertes willen, glaubt, dann mag sie vielleicht formal das Liststrategem Nr. soundso erfüllen, aber von ihrem Bewusstsein her und von ihrer sittlichen Haltung und sittlichen Entscheidung her ist es keine List, sondern sie riskiert sowohl ihr eigenes Leben wie das Leben des Bruders, um durch das Gewicht der Wahrheit und Ehrlichkeit den König zu überzeugen. Das setzt eine Ehrlichkeitskultur voraus, die natürlich im deutschen 18. Jahrhundert, das ist das Zeitalter Kants, extrem entwickelt war. Dass die Wahrheit, das Nichtlügen die entscheidende Grundhaltung des Menschen schlechthin ist. Das widerspricht natürlich – ich meine, das ist großartig, als Theorie großartig, als sittliches System –, widerspricht aufs Krasseste der menschlichen Natur, würde ich sagen. Davon bin ich überzeugt. Es lässt sich ja auch nicht durchführen, es lässt sich nicht durchhalten. Das kann man dann an so Diskussionen sehen, die Kant etwa geführt hat über die kleine alltägliche Lüge, wenn ich irgendjemandem etwas vorschwindle usw., was wir von morgens bis abends immer wieder so oder anders tun. Das wird dann dort unter ein so rigides Gesetz gestellt, dass es eigentlich letztlich nicht durchführbar ist."

Angelika Schett: „Was ja heute auffällt übrigens, das nur noch schnell in Klammern, dass es geradezu eine Ratgeberflut gibt, Tugenden so umzumünzen, also quasi: ‚Bitte lüge! Nicht die Wahrheit sagen!' Es dreht sich ja völlig, weil wir ja auch sozial unerträglich wären, würden wir dauernd sagen, was die Wahrheit ist. Und das wird ja dann auch ganz schwierig, was ist sie überhaupt? Es geht um Wirklichkeiten, die alle anders erleben. Aber, worauf ich noch dabei hinauskommen möchte, Peter von Matt, Sie schreiben ja zu Beginn Ihres Buches, alles ist Täuschung. Also die Natur täuscht, und die Menschen auch. Die Natur verfolgt damit einen Zweck, die Menschen ein Ziel. Sie machen ja auch in Ihren Beobachtungen nicht einmal vor der ‚gutmütigen Erdbeere‘[15], die Sie als solche bezeichnen, halt. Denn auch die täuscht ja was. Sie unterscheiden da ja auch zwei Sachen: Eine Wirklichkeit vortäuschen, die nicht ist, oder eine Wirklichkeit verdecken. Das ist ja eine Konstante allüberall. Wie kommt es eigentlich, dass wir das so gar nicht gern hatten, zumindest viele Jahrhunderte hindurch, und auch wahrscheinlich uns auch noch heute schwer damit tun, als listiger Kerl in der Öffentlichkeit gebrandmarkt zu werden. Es hat immer noch so etwas Anrüchiges. Dabei müssten wir eigentlich wissen, das ist allüberall, und es gehört zu uns, und es gehört vielleicht auch zur – eben zum Intellekt, zu der Bekömmlichkeit unseres sozialen Wesens usw. Und doch ist noch ein Stachel in der Geschichte, den Sie auch vorhin schon mal beiläufig genannt haben ‚auf Kosten anderer‘.“

Peter von Matt: „Ja, also man darf jetzt natürlich nicht so tun, und ich glaube auch, dass die Chinesen nicht ohne Weiteres einfach sich so verhalten, dass sie sagen: ‚Wenn du mich heute übers Ohr haust, dann bist du halt einfach der Schlauere gewesen.‘ Oder wenn der eine dem anderen durch Hinterlist, Betrug und Tricks sein Vermögen nimmt oder seine Frau oder sein Haus oder seine Kuh oder was auch immer, dass man dann nicht einfach händereibend auseinandergeht und sagt: ‚Der hat eben in der Schule besser aufgepasst beim Strategem Nr. 23‘, sondern dass dann schon Normen auftreten, wie z. B. eben, dass Eigentum Eigentum ist, und was mir gehört, kann mir ein anderer nicht einfach wegnehmen. Oder dass Anlügen halt auch ein Verstoß ist gegen etwas, was wir unmittelbar als richtig empfinden. Ich glaube nicht, ich würde jetzt nicht sagen, dass sämtliche moralische Normen, die wir haben, dass die eigentlich nur so eine Art Dekoration wären. Es gibt einen großen Bestand von sittlichen, moralischen Normen, der wechselhaft ist. Das haben wir erlebt. In meinem eigenen Leben habe ich mitverfolgt, dass Verhaltensweisen, die fast unter Todesstrafe standen, plötzlich das Selbstverständlichste von der Welt wurden. Aber einen gewissen Kernbestand gibt es, und von dem darf man sich ja nicht verabschieden, sonst müsste man ja alle Juristen entlassen, alle Polizisten entlassen und alle Gefängnisse öffnen. Insofern glaube ich, dass es schon, bei der ganzen Listkultur, auch der chinesischen Listkultur, zweifellos auch einen Bereich gibt, wo diese in Austrag kommt mit den Kategorien von Gut und Böse und von Richtig und Falsch. Oder ist das nicht so?"

Angelika Schett: „Oder ist das der Eindeutigkeitswahn der europäischen Geistesgeschichte?"

Harro von Senger: „Ich darf vielleicht auf das Yin-Yang-Symbol[16] hinweisen, das in China so figürlich noch nicht so lange existiert, vielleicht etwa seit 1000 Jahren, aber vom geistigen Gehalt her bis in die Zeit des Konfuzius zurückgeht, wonach das Weltganze eine Kugel ist. Sie besteht aus zwei Hälften, einer schwarzen und einer lichten Hälfte. Beides gehört zusammen. Beides bedingt einander. Das eine kann ohne das andere nicht existieren. Nun, diese dunkle Hälfte, die symbolisiert auch Lüge, List natürlich, die Nacht usw. Natürlich ursprünglich die beschattete Seite eines Hügels. Die lichte Hälfte symbolisiert die besonnte Seite eines Hügels. Man sieht ja schon aus diesem Symbol, dass aus chinesischer Sicht irgendwie beides untrennbar zusammengehört. Also man kann nicht sagen, wir wollen eine lügenfreie Welt oder eine listfreie Welt haben. Das wäre irgendwie unrealistisch aus chinesischer Sicht. Es geht darum, mit diesen beiden Dingen verantwortungsvoll umzugehen. Natürlich gibt es dann die Normen und die Regeln, aber die waren in China immer für den Staat, sie sind es zum Teil heute noch. Das ist ein Rechtssystem für die Obrigkeit, nicht für den Bürger. Mit diesem Rechtssystem konnte sich der Bürger nicht selbst verwirklichen. Eine meiner Theorien dafür, dass in China die Listkunde so entwickelt wurde, ist, dass Chinesen Individuen wie wir sind, die sich in gleicher Weise verwirklichen wollten, wie wir uns auch immer verwirklichen wollten. Die moralischen und die rechtlichen Normen haben ihnen das verwehrt. Was haben Chinesen gemacht? Sie haben diese Umwege entwickelt. Um nur ein Beispiel zu erwähnen – die berühmte Frau Zhu Yingtai[17], die um etwa 500 nach Christus unbedingt eine Schule besuchen wollte. Aber es gab nur Knabenschulen. Sie konnte nicht. Das war das Recht damals, das war die Moral damals. Was hat sie getan? In Kenntnissetzung ihrer Eltern zog sie Männerkleidung an. Solche Geschichten kennen wir übrigens auch. Aber eben jetzt in China. Zhu Yingtai hat natürlich diese Normen durchbrochen. Wir können sogar sagen, sie hat damals, vor 1500 Jahren, ein Menschenrecht verwirklicht, das Recht auf Bildung hat sie verwirklicht. Wenn wir jetzt schon ins Moralische hinein wollen, könnten wir das naturrechtlich auslegen und sagen: ‚Seht, ein Beweis für die Existenz eines kulturunabhängigen Menschenrechts.' Es wird ein Gespräch mit dem Konfuzius überliefert.[18] Jemand sagte: ‚In meinem Dorf herrscht Aufrichtigkeit. Wenn der Vater ein Schaf stiehlt, wird der Sohn ihn anzeigen.' Daraufhin entgegnet Konfuzius: ‚In meinem Dorf herrscht eine andere Aufrichtigkeit. Wenn der Vater ein Schaf stiehlt, wird der Sohn ihn nicht anzeigen.' Das ist die offene Proklamation im Konfuzianismus zugunsten der Lüge! Denn ein Sohn, dessen Vater etwas gestohlen hat, wird von Konfuzius verpflichtet, die Obrigkeit mit ihren Polizisten usw. anzulügen, wenn der nach dem Vater fragt. Er muss ihn verstecken, er muss sagen, ich weiß nicht, wo der ist."

Peter von Matt: „Aber das betrifft ja dann – das ist ja nur mehr die Frage, ob die Liebe zum Vater, zwischen Vater und Sohn, nicht das höhere Gut sei als die wahre Aussage. Es ist aber nicht so, dass daraus der Schluss gezogen werden kann, du kannst lügen und betrügen, wie du willst. Sondern es wird gesagt, in dem und dem Fall ist es etwas anderes. Das würde ich sagen, das ist nachvollziehbar, das ist eine moralische Kategorie, die kulturell gestützt sein kann. Das würde mich jetzt überzeugen."

Harro von Senger: „Aber das führt dann dazu, dass der Sohn Listen anwenden muss, wenn er einen kriminellen Vater schützen soll."

Angelika Schett: „Ja, aber da ist doch noch eine andere Ebene. Also ich muss jetzt noch einmal Peter von Matts Frage über die chinesische Alltagspraxis aufgreifen. Wenn einer wirklich jemanden übers Ohr haut, das ist ja was anderes, als wenn ich aus Liebe meinen Vater schütze. Oder wenn jemand irgendwie sonst nicht feine Dinge tut. Da bleiben die ja nicht cool und sagen dann selbstkritisch: ‚Ich war listenblind. Beim nächsten Mal muss ich besser auf der Hut sein'?"

Harro von Senger: „Nein, nein, das ist völlig richtig. Auch in China stößt die List an ethische Schranken. Das fällt in der heutigen VR China vor allem einmal auf im Bereich des Konsumentenschutzes. Da gibt es sehr viele ganz kriminelle Produzenten, die Milchpulver herstellen, an denen Dutzende von Babys sterben. Die Presse ist voll von solchen ganz negativen Beispielen sehr destruktiver Listanwendung, die dann natürlich auch kriminalisiert wird. Und die wird auch nicht bewundert, das ist völlig klar. Ich würde auch sagen, in China werden im Prinzip drei Typen der Listanwendung unterschieden: konstruktiv-aufbauend-nachhaltig, destruktiv, bis ins Kriminelle reichend und nicht nachhaltig, da wird auch in China gesagt, letzten Endes lohnt sich das nicht, und schließlich die Scherzlist. So wird das schon auch in China gesehen. Aber nicht die List abstrakt, sondern immer nur die Listanwendung. Die List abstrakt wird nicht negativ gesehen."

Angelika Schett: „Aber wenn man es denn immer so genau wüsste. Peter von Matt, Sie haben in Ihrem Buch eigentlich auch geschrieben, dass z.B. die böse Intrige plötzlich Gutes bewirkt. Oder, wenn man eine gute List anwendet, kippt sie in das andere. Das ist ja vielleicht auch das Problem der List, dass wir nicht genau wissen, irgendetwas wird in Bewegung gesetzt, und wir wissen da nicht genau, wo das endet. Das ist ja vielleicht auch noch ein Punkt."

Peter von Matt: „Ja, ich meine, das reine Strategem gibt es ja nicht. Es gibt immer nur das Strategem innerhalb einer bestimmten Situation und innerhalb einer Konstellation von Menschen, sei es von ‚guten' oder ‚bösen'. Ich verweise auf die Geschichte der europäischen Komödie. Die europäische Komödie ist voll von Listen guter Leute, die sich gegen die Macht von Ausbeutern oder unterdrückenden Vätern usw. wenden, und die diese Macht dadurch brechen. Diese Schlauheit, diese List wird von uns genossen. Wir feiern das in der Komödie. Wir gehen gerne in die Komödie, um zu sehen, wie Figaro eben den Grafen Almaviva austrickst. Umgekehrt besteht in der Tradition der Komödie eben halt dann die List der Schurken und Bösewichte darin, dass sie gute Menschen in äußerste Verzweiflung treiben. Aber die List an sich – man kann nicht sagen, dass in der europäischen Kultur die List an sich unbedingt negativ konnotiert sei. Das würde ich nicht festhalten. Es kann sein, an den Wörtern hängt es sehr stark. Die Intrige z.B. ist sehr stark als Wort negativ konnotiert in unserer Kultur."

Harro von Senger: „Die Hinterlist wohl auch."

Peter von Matt: „Mit der Intrige verbindet man einen Schuft oder eine sehr unangenehme weibliche Person. Während die

Realität der Literatur zeigt, dass hier das Spektrum sehr groß ist: von Intrigen, die wir begeistert verfolgen und gutheißen, die auch gute Menschen retten, bis hin zum Gegenteil. Man kann nicht immer von der Alltagssprache ausgehen, weil die Alltagssprache halt doch eigentlich eine lottrige Angelegenheit ist und mit sehr grauen Rändern operiert."

Angelika Schett: „Noch eine Replik von Ihnen, Herr Harro von Senger."

Harro von Senger: „Zur negativen List, die jemanden schädigt, da hat mich jetzt z.B. in Ihrem Buch der Fuchs fasziniert, um nochmals auf ihn zurückzukommen. Der Löwe lädt alle Tiere ein, da er krank sei, und alle Tiere gehen dann auch arglos und listenblind zu ihm hinein. Der Fuchs geht nicht, er spiegelt einen Schnupfen vor. Denn der sagt, es ist nie jemand wieder herausgekommen.[19] Das ist natürlich etwas, das in China ganz groß dasteht in der Listanwendung – das Listdurchschauen! Das ist ein ganz großer Wert in der chinesischen Intelligenz. Nicht immer nur: Wie wende ich eine List an? Sondern: Wie durchschaue ich sie? Und da helfen dann eben die Listtechniken und die Bezeichnungen der Listtechniken gegen destruktive List. Abschließend möchte ich noch sagen, ich möchte Ihnen, Herr von Matt, auch recht geben, dass die List eigentlich in unserer Kultur eine gute Position hat. Denn es gibt doch das Wort: ‚Seid klug wie die Schlangen und sanft wie die Tauben.'"

Angelika Schett: „In der *Bibel*."

Harro von Senger: „Von Jesus Christus höchstpersönlich gesagt! Aber wenn man Priester fragt – ich habe unlängst einen Pater der Stiftsschule Einsiedeln gefragt, der 1946 seine Primiz gefeiert hat, er hat 1000 Predigten gehalten – aber er hat nie eine Predigt über diesen Jesus-Spruch gehalten, was ich sehr bedauerlich finde."

Peter von Matt: „Ja, das würde ich nur unterstützen [lacht]."

Angelika Schett [lacht]: „Danke schön!“

Sprecherin: „Das waren der Literaturwissenschaftler Peter von Matt und der Sinologe Harro von Senger über ‚List – Lug und Trug oder hohe Kunst?‘ in der ‚Passage 2‘ von Angelika Schett.“

Die chinesische Listenliste: Die 36 Strategeme

Gemäß dem Traktat *36 Strategeme (Das geheime Buch der Kriegskunst – Sanshiliu Ji (Miben Bingfa)* aus der Zeit um 1500 u. Z.

1. Den Himmel täuschend das Meer überqueren/Den Kaiser täuschen [, indem man ihn in ein Haus am Meeresstrand einlädt, das in Wirklichkeit ein verkleidetes Schiff ist] und [ihn so dazu veranlassen,] das Meer [zu] überqueren
2. [Die ungeschützte Hauptstadt des Staates] Wei belagern, um [den durch die Hauptstreitmacht des Staates Wei angegriffenen Staat] Zhao zu retten
3. Mit dem Messer eines anderen töten
4. Ausgeruht den erschöpften Feind erwarten
5. Eine Feuersbrunst für einen Raub ausnützen
6. Im Osten lärmen, im Westen angreifen
7. Aus einem Nichts etwas erzeugen
8. Sichtbar die [verbrannten] Holzstege wieder instand setzen, insgeheim [aber vor beendeter Reparatur heimlich] nach Chencang [zu einem Angriff auf den Gegner] marschieren

9. [Scheinbar unbeteiligt] die Feuersbrunst am gegenüberliegenden Ufer beobachten
10. Hinter dem Lächeln den Dolch verbergen
11. Den Pflaumenbaum anstelle des Pfirsichbaums verdorren lassen
12. Mit leichter Hand das [einem unerwartet über den Weg laufende] Schaf [geistesgegenwärtig] wegführen
13. Auf das Gras schlagen, um die Schlangen aufzuscheuchen
14. Für die Rückkehr der Seele einen Leichnam ausleihen
15. Den Tiger vom Berg in die Ebene locken
16. Will man etwas fangen, muss man es zunächst loslassen
17. Einen Backstein hinwerfen, um einen Jadestein zu erlangen
18. Will man eine Räuberbande unschädlich machen, muss man deren Anführer fangen
19. Unter dem Kessel das Brennholz wegziehen
20. Das Wasser trüben, um die [ihrer klaren Sicht beraubten] Fische zu fangen
21. Die Zikade entschlüpft ihrer goldglänzenden Hülle
22. Die Türe schließen und den Dieb fangen
23. Sich mit dem fernen Feind verbünden, um den nahen Feind anzugreifen
24. Einen Weg [durch den Staat Yu] für einen Angriff gegen [dessen Nachbarstaat] Guo ausleihen [, um nach der Besetzung von Guo auch Yu zu erobern]
25. [Ohne Veränderung der Fassade eines Hauses in dessen Innerem] die Tragbalken stehlen und die Stützpfosten austauschen

26. Die Akazie schelten, [dabei aber] auf den Maulbeerbaum zeigen
27. Verrücktheit mimen, ohne das Gleichgewicht zu verlieren
28. Auf das Dach locken, um dann die Leiter wegzuziehen
29. Einen [dürren] Baum mit [künstlichen] Blumen schmücken
30. Die Rolle des Gastes in die des Gastgebers umkehren
31. Das Strategem des schönen Menschen/der schönen Frau
32. Das Strategem der Öffnung der Tore [einer in Wirklichkeit nicht verteidigungsbereiten Stadt]
33. Das Agentenstrategem/Das Strategem des Zwietrachtsäens
34. Das Strategem des leidenden Fleisches
35. Das Verkettungsstrategem/Die Strategemverkettung
36. [Rechtzeitiges] Weglaufen ist [bei sich abzeichnender völliger Aussichtslosigkeit] das Beste

Zur Einführung: *KdL*, *Strategeme 1*; *Strategeme 2*; *List*; *Klaviatur*, s. auch *www.36strategeme.de*, *www.supraplanung.eu*, *https://www.china-outofthebox.ch/*, Zugang zu Online-Publikationen: *https://katalog.ub.uni-freiburg.de/opac/*, im Suchfeld den Namen „Senger, Harro von" eingeben.

Danksagung

Für wertvolle Anregungen, gestützt auf die Durchsicht von Teilen oder des Gesamttextes meines Buchmanuskripts oder gestützt auf mündlichen oder schriftlichen Gedankenaustausch, sowie für Korrekturlesen danke ich Dr. iur. Robert

Kolb, Professor an der Universität Genf, Abteilung für Völkerrecht und Internationale Organisationen; meiner Frau Marianne von Senger; Dr. sc. nat. Beda Bischof, Eidgenössisches Institut für Geistiges Eigentum, Bern; Dr. phil. Christopher Detweiler, Verfasser der von mir betreuten einzigen westlichen Doktorarbeit über „Junshi Moulüexue (Militärische Moulüe-Kunde)", Co-Founder und Senior Partner von ERAISON Capital AG, Zürich (*https://veraison.ch/team/christopher-detweiler/*); Prof. Dr. phil. Hans van Ess, Vizepräsident für den Bereich Forschung der Ludwig-Maximilians-Universität, Präsident der Max Weber Stiftung – Deutsche Geisteswissenschaftliche Institute im Ausland, Departement für Asienstudien, Institut für Sinologie; Ge Cungen, Bundeskanzlerstipendiat der Alexander von Humboldt-Stiftung im Fachbereich Sinologie der Albert-Ludwigs-Universität Freiburg i. Br. (2007–2008); Dr. Mirko Kirschkowski, vormals Wissenschaftlicher Angestellter des Seminars für Alte Geschichte der Philosophischen Fakultät der Albert-Ludwigs-Universität Freiburg i. Br., nunmehr Direktor Leibniz-Institut für Katalyse Rostock (LIKAT); Dr. oec. HSG Reto Müller, Präsident a. D. des Verwaltungsrates/CEO, Helbling Unternehmensgruppe, Zürich; Henrique Schneider, Stellvertretender Direktor Ressortleiter Wirtschaftspolitik Umwelt- und Energiepolitik, Schweizerischer Gewerbeverband sgv; Siegmar Schulz, bis 2003 China-Manager des VW-Werks (Wolfsburg), von 2001 bis 2020 als ehrenamtlicher Senior Experte beim Service (SES) Leiter des ortsansässigen SES Büros in Wolfsburg; Herrn Ignaz Staub, Ombudsmann der Tamedia-Gruppe, Zürich; Frau Xi Jing, rechtswissenschaftliche Doktorandin am Institut universitaire de hautes études internationales et du développement, Genf, und Mitarbeiterin des Schweizerischen Instituts für Rechtsvergleichung, Lausanne (Januar 2016 bis Februar 2007).

Abkürzungsverzeichnis, Bibliografie

36SfM	Harro von Senger: *36 Strategeme für Manager*, Carl Hanser Verlag, 5., überarbeitete Aufl., München 2016
a. a.	abgerufen am (bei Zitaten aus dem Internet)
a. a. O.	am angeführten Ort
Abs.	Absatz
AP	Allgemeines Programm (in Satzungen der KPCh)
Art.	Artikel
Aufl.	Auflage
Bd.	Band
BIP	Bruttoinlandsprodukt
Bericht 2017	*Xi Jinping daibiao shiba jie Zongyang Weiyuanhui xiang dang de Shijiu Dazuo baogao* (Von Xi Jinping im Namen des 18. Zentralkomitees dem 19. Parteitag der KPCh erstatteter Bericht), 18. 10. 2017 (chinesisch)[20], *Xi Jinping: Bericht auf dem XIX. Parteitag der Kommunistischen Partei Chinas*, 18. 10. 2017 (deutsch)[21], a. a. 11. 01. 2013
Bericht 2022	*Xi Jinping: Gao ju Zhogguo tese shehuizhuyi weida qizhi wie quanian jianshe shuhuizhuyi xiandaihua guojia er tuanjie fendou – Zai Zhongguo Gongchandang ershi ci quanguo daibiao dahui shang de baogao* (Xi Jinping: Das große Banner des Sozialismus chinesischer Prägung hochhalten und gemeinsam für den umfassenden Aufbau eines modernen sozialistischen Landes kämpfen – Bericht auf dem 20. Parteitag der KPCh) (16. 10. 2022) (chinesisch)[22], *Xi Jinping: Das große Banner des Sozialismus chinesischer Prägung hochhalten und vereint für den umfassenden Aufbau eines modernen sozialistischen Landes kämpfen – Bericht auf dem XX. Parteitag der Kommunistischen Partei Chinas* (16. 10. 2022) (deutsch)[23]
bzw.	beziehungsweise
BRICS	Brasilien, Russland, Indien, China, Südafrika (Staatengruppe)

ca.	circa
Chefred.	Chefredakteur
China-Str 23	Auswärtiges Amt (Hg.): *China-Strategie der Bundesregierung*, Stand 2023[24]
d. h.	das heißt
Da Moulüe	Li Bingyan: *Da Moulüe yu Xin Junshi Biange (Supraplanung auf hoher Ebene und die neuen militärischen Umwälzungen)*, JC 2004
DDR	Deutsche Demokratische Republik
Ders.	Derselbe Autor
DGCL	*Das große China-Lexikon: Geschichte – Geographie – Gesellschaft – Politik – Wirtschaft – Bildung – Wissenschaft – Kultur*, hg. von Brunhild Staiger, Stefan Friedrich und Hans-Wilm Schütte unter Mitarbeit von Reinhard Emmerich, Wissenschaftliche Buchgesellschaft, Darmstadt 2003
DS	*Der Spiegel*, überregionale Wochenzeitschrift, Hamburg
DW	*Die Welt*, überregionale Tageszeitung, Berlin
DZ	*Die Zeit*, überregionale Wochenzeitung, Hamburg
Einführung	Harro von Senger: *Einführung in das chinesische Recht*, Verlag C. H.Beck, München 1994
et al.	und andere
etc.	et cetera
EU	Europäische Union
FAZ	*Frankfurter Allgemeine Zeitung*, überregionale Tageszeitung, Frankfurt
geb.	geboren
gest.	gestorben
GMRB	*Guanming Ribao* (Licht-Tageszeitung), überregionale Tageszeitung, Beijing
Hg.	Herausgeber
hg.	herausgegeben
ibid.	ebenda
i. Br.	im Breisgau

JC	Jiefangjun Chubanshe (Volksbefreiungsarmeeverlag), Beijing
Jh.	Jahrhundert
Jullien	François Jullien: *Vortrag vor Managern über Wirksamkeit und Effizienz in China und im Westen*, Merve Verlag, Berlin 2006
Kap.	Kapitel
KdL	Harro von Senger: *Die Kunst der List*, Verlag C. H. Beck, München, 6. Aufl. 2016
Kevin Rudd 2022	Kevin Rudd: „The Return of Red China. Xi Jinping Brings Back Marxism", in: *Foreign Affairs*, 9.11.2022[25], *https://asiasociety.org/policy-institute/return-red-china*, *https://www.foreignaffairs.com/china/return-red-china*, a. a. 05.02.2023
Klaviatur	Harro von Senger: *Die Klaviatur der 36 Strategeme*, Carl Hanser Verlag, München 2013
KPCh	Kommunistische Partei Chinas
List	Harro v. Senger (Hg.): *Die List*, Suhrkamp, Frankfurt am Main, 5. Aufl. 2017
MSK	*Meister Suns Kriegskanon.* Aus dem Chinesischen übersetzt und kommentiert von Harro von Senger (Reclams Universal-Bibliothek Nr. 18841)
MoS	Harro von Senger, Marcel Senn (Hg.): *Maoismus oder Sinomarxismus? Rechtswissenschaftlich-sinologische Tagung an der Universität Zürich, 5. und 6. Dezember 2014*, Franz Steiner Verlag, Stuttgart 2016
NFZM	*Nanfang Zhoumo* (Südliches Wochenende), Wochenzeitung aus Guangzhou
Nr.	Nummer
NVK	Nationaler Volkskongress (das Einkammerparlament der VR China)
NZZ	*Neue Zürcher Zeitung*, überregionale Tageszeitung, Zürich
NZZaSo	*NZZ am Sonntag*
o. A.	ohne Autor

o. J.	ohne Jahr
o. O.	ohne Ort
OSJD	*Ouzhou Jingji Shishang Daobao (Europe Business & Lifestyle)*, erschien monatlich in Hamburg
PluG	Harro von Senger: *Partei, Ideologie und Gesetz in der VR China*, Verlag Peter Lang, Bern et al. 1982
PR	*Peking Rundschau*, in den 1970er-Jahren deutschsprachige Wochenzeitschrift, Beijing
Q	*Qiushi* (Wahrheitssuche), überregionale Halbmonatszeitschrift, Organ des ZK der KPCh, Beijing
RR	*Renmin Ribao* (Volkszeitung), überregionale Tageszeitung, Beijing
RRH	*Renmin Ribao Haiwaiban* (Volkszeitung Übersee-ausgabe), überregionale Tageszeitung, Beijing
S.	Seite
s.	siehe
Satzung 1982	Satzung der KPCh vom 06.09.1982[26]
Satzung 1992	Satzung vom 18.10.1992[27]
Satzung 1997	Satzung vom 18.09.1997[28]
Satzung 2002	Satzung der KPCh vom 14.11.2002[29]
Satzung 2007	Satzung der KPCh vom 21.10.2007[30]
Satzung 2012	Satzung der KPCh vom 14.11.2012[31]
Satzung 2017	Satzung der KPCh vom 24.10.2017[32]
Satzung 2022	Satzung der KPCh vom 22.10.2022[33]
SOZ	Shanghaier Organisation für Zusammenarbeit
SoZ	*SonntagsZeitung*, Zürich
SP 2008	Harro von Senger: *Supraplanung*, Carl Hanser Verlag, München 2008

SP 2018	Harro von Senger: *Supraplanung*, 2. Auflage, Carl Hanser Verlag, München, 2018
Strategeme 1	Harro von Senger: *36 Strategeme. Lebens- und Überlebenslisten aus drei Jahrtausenden*, Bd. 1 und Bd. 2 in einem Bd.; 2. Auflage, Fischer Taschenbuch Verlag, Frankfurt am Main 2021, 1. Band
Strategeme 2	Harro von Senger: *36 Strategeme. Lebens- und Überlebenslisten aus drei Jahrtausenden*, Bd. 1 und Bd. 2 in einem Bd.; 2. Auflage, Fischer Taschenbuch Verlag, Frankfurt am Main 2021, 2. Band
Sun Zi 2023	Harro von Senger (Übersetzung, Kommentar): *Sun Zi. Die Kunst des Krieges*, Reclam Verlag, Stuttgart 2023
SW	Harro von Senger: „Strategemische Weisheit: Chinesische Wörter im Sinnbezirk der List“, in: *Archiv für Begriffsgeschichte*, Bd. XXXIX, Bouvier Verlag, Bonn 1996, S. 27–102
SZ	*Süddeutsche Zeitung*, überregionale Tageszeitung, München
TA	*Tages-Anzeiger*, überregionale Tageszeitung, Zürich
u. a.	unter anderem
u. Z.	unserer Zeitrechnung
UNO	United Nations Organisation = Vereinte Nationen
usw.	und so weiter
v. u. Z.	vor unserer Zeitrechnung
VR	Volksrepublik
Verfassung 1982	Verfassung der VR China, verabschiedet auf der 5. Tagung des V. NVK am 04. 12. 1982
Verfassung 2018	Verfassung der VR China vom 04. 12. 1982 unter Einschluss der Teilrevisionen vom 12. April 1988 (verabschiedet auf der 1. Tagung des VII. NVK), 29. 03. 1993 (verabschiedet auf der 1. Tagung des VIII. NV), 15. 03. 1999 (verabschiedet auf der 2. Tagung des IX. NVK), 04. 03. 2004 (verabschiedet auf der 2. Tagung des X. NVK) und 11. 03. 2018 (verabschiedet auf der 1. Tagung des XIII. NVK, seither nicht mehr revidiert, auch nicht vom XIV. NVK (05.–13. 03. 2023)[34]

WHB	*Wenhui Bao* (Artikelsammelzeitung), überregionale Tageszeitung, Shanghai
WidB	Harro von Senger: *Weglaufen ist das Beste und andere Strategeme aus dem Reich der Mitte zur listkundigen Stressbewältigung*, Kiener Verlag, München 2023
XW	*Xinhua Wenzhai* (Lesefrüchte aus dem neuen China), Halbmonatszeitschrift, Beijing
z. B.	zum Beispiel
Ziff.	Ziffer
ZK	Zentralkomitee
ZQB	*Zhongguo Qingnian Bao* (Chinesische Jugendzeitung), überregionale Beijinger Tageszeitung

Hinweise

1. Chinesische Schriftzeichen werden mittels Pinyin-Umschrift[35] transkribiert, wie z. B. „Shanghai“, das wie „Schanghai“ ausgesprochen wird. Ausgenommen sind „Tsiang Kaishek“ und „Jangtse“ (Pinyin: „Jiang Jieshi“, „Chang Jiang“).
2. Der Name „Mao Zedong“ wurde in der VR China unterschiedlich transkribiert, vor 1975 „Mao Tse-tung“, zwischen 1975 und 1980 „Mao Tsetung“ und seit 1980 „Mao Zedong“.
3. Durch Kursivdruck werden Buch- und Periodikatitel sowie vom Verfasser hervorgehobene Textstellen gekennzeichnet.
4. Eckige Klammern umschließen von mir eingefügte Ergänzungen oder Wortänderungen in Zitaten oder Übersetzungen.

Anmerkungen

1 Ausgestrahlt unter dem Titel „Die List – Lug und Trug oder hohe Kunst in großer Not?“ vom Schweizer Radio DRS 2 im Sendeformat „Passage 2“ am 22.09.2006, 20.05 bis 21.00 Uhr, sowie am 24.09.2006, 15.05 bis 16.00 Uhr. Angelika Schett und Peter von Matt haben freundlicherweise die Genehmigung zur Veröffentlichung der Gesprächsabschrift erteilt, wofür ich mich hier bedanke. Das Gespräch ist zeitweise online zugänglich, zu finden mit dem Suchausdruck „Die List – Lug und Trug oder hohe Kunst?“, siehe auch *https://www.china-outofthebox.ch/ein-interkulturelles-gesprach-uber-die-list/*, a. a. 18.09.2023. Die Abschrift der Tonbandaufnahme besorgte Maximilian Kalkhof, Sinologiestudent an der Albert-Ludwigs-Universität Freiburg im Breisgau.

2 „... er griff zur Hinterlist“, in: Niccolò Machiavelli: *Der Fürst*, 7. Kapitel, übersetzt/eingeleitet und mit Anmerkungen versehen von Dr. Friedrich Blaschke, Leipzig 1924, S. 26.

3 Wörtlich heißt es: „Eraste: ‚C'est assez de vous dire que nous avons en main divers stratagèmes tous prêts à produire dans l'occasion...‘“

4 Peter von Matt: *Die Intrige*, München 2006, S. 340. Es geht hier um den Roman *The Postman Always Rings Twice* von James M. Cain.

5 Zum Beispiel Peter von Matt, a. a. O., S. 175, S. 429.

6 Peter von Matt, a. a. O., S. 465.

7 Peter von Matt, a. a. O., S. 232.

8 Peter von Matt, a. a. O., S. 313.

9 Peter von Matt, a. a. O., S. 316.

10 Peter von Matt, a. a. O., S. 277.

11 Peter von Matt, a. a. O., S. 306 ff.

12 *KdL*, S. 47 ff.

13 *Strategeme 2*, Kap. 34.16 „Befreiung durch Unterwerfung“.

14 Peter von Matt, a. a. O., S. 98.

15 Peter von Matt, a. a. O., S. 21.

16 S. *36SfM*, S. 8 f.

17 *Strategeme 2*, Kap. 21.20 „Frauen im Männergewand“.

18 *Kungfutse: Gespräche Lun Yü*, aus dem Chinesischen übertragen und hg. von Richard Wilhelm, Düsseldorf 1979, S. 135.

19 Peter von Matt, a. a. O., S. 304.

20 *http://www.gov.cn/zhuanti/2017-10/18/content_5232613.htm*, a. a. 11.01.2023 (chinesisch).

21 *http://german.china.org.cn/txt/2017-11/20/content_50064368.htm*, a. a. 11.01.2023 (deutsch).

22 *http://www.gov.cn/xinwen/2022-10/25/content_5721685.htm*, a. a. 11.01.2023 (chinesisch), a. a. 29.03.2023.

23 *http://zurich.china-consulate.gov.cn/det/zlghd/202210/t20221027_10792878.htm* (deutsch), a. a. 29.03.2023.

24 *file:///D:/benutzer/harro/Documents/Falsch/Chinastrategie%20Deutschland%2014%207%20%2023.pdf*, a. a. 19.07.2023.

25 The Return of Red China, *https://www.foreignaffairs.com/china/return-red-china?utm_medium=newsletters&utm_source=twofa&utm_campaign=The%20Return%20of%20Red%20China&utm_content=20221111&utm_term=FA%20This%20Week%20-%20112017*, a. a. 09.01.2023.

[26] „Zhongguo Gongchandang Zhangcheng (Shi'er Da 1982 nian 9 yue 6 ri tongguo)" (Satzung der KPCh (vom 12. Parteitag am 06.09.1982 verabschiedet), *http://www.qizhiwang.org.cn/n1/2020/0701/c422542-31766698.html*, a. a. 10.01.2023; deutsche Übersetzung in: *Jahrbuch des öffentlichen Rechts der Gegenwart. Neue Folge*, Bd. 33, J. C. B. Mohr, Tübingen 1984, S. 442 ff.

[27] „Zhongguo Gongchandang Zhangcheng (1992 nian ban)" (Satzung der KPCh (Fassung vom Jahr 1992)), *https://fuwu.12371.cn/2014/12/24/ARTI1419399356558735_all.shtml*, a. a. 10.01.2023.

[28] „Zhongguo Gongchandang Zhangcheng (1997 nian ban)" (Satzung der KPCh (Fassung vom Jahr 1997)), *https://news.12371.cn/2015/03/11/ARTI1426058924024547.shtml*, a. a. 10.01.2023.

[29] „Zhongguo Gongchandang Zhangcheng (2002 nian xiugai)" (Satzung der KPCh (revidiert im Jahr 2002)), *http://news.12371.cn/2015/03/11/ARTI1426058071921337.shtml*, a. a. 10.01.2023.

[30] „Zhongguo Gongchandang Zhangcheng, 2007 nian 10 yue 21 ri tongguo" (Satzung der KPCh, verabschiedet am 21.10.2007), *http://www.gov.cn/ztzl/17da/content_786434.htm*, a. a. 10.01.2023.

[31] „Zhongguo Gongchandang Zhangcheng (2012 nian xiugai), 2012 nian 11 yue 14 ri tongguo" (Satzung der KPCh (im Jahr 2012 revidiert), verabschiedet am 14.11.2012), *http://german.china.org.cn/china/archive/cpc18/2012-09/27/content_26653640.htm*; deutsche Übersetzung: „Statut der Kommunistischen Partei Chinas", 14.11.2012, *http://german.china.org.cn/china/archive/cpc18/2012-09/27/content_26653640.htm*, a. a. 10.01.2023.

[32] „Zhongguo Gongchandang Zhangcheng, 2017 nian 10 yue 24 ri tongguo" (Satzung der KPCh, verabschiedet am 24.10.2017), *http://www.12371.cn/special/zggcdzc/zggcdzcqw/*, deutsche Übersetzung: „Statut der Kommunistischen Partei Chinas", 18.09.2017, *http://german.china.org.cn/china/archive/cpc19/2017-09/18/content_50020236.htm*, a. a. 10.01.2023.

[33] *Zhongguo Gongchandang Zhangcheng (2022 nian xin duizhao bano)* (Satzung der KPCh. Die neue Version von 2022 im Vergleich zur alten Version von 2017), *https://www.12371.cn/2022/10/27/ARTI1666845926836204.shtml*, a. a. 10.01.2023.

[34] © 2018 National People's Congress Observer: „CONSTITUTION OF THE PEOPLE'S REPUBLIC OF CHINA", *https://npcobserver.files.wordpress.com/2018/12/PRC-Constitution-2018.pdf*, a. a. 18.03.2023.

[35] Siehe hierzu Harro von Senger: „Beijing statt Peking. 25 Jahre phonetische Lautschrift Pinyin", in: *NZZ*, 17.03.1983, S. 39.